Ein Brand lässt sich nicht verhindern ...

... aber seine Ausbreitung

HEBEL Porenbeton. Sicherheit eingebaut. Wände aus HEBEL Montagebauteilen besitzen eine geprüfte Feuerwiderstandsdauer von mindestens 360 Minuten. Das sind 6 Stunden Extra-Sicherheit, um das Feuer zu bekämpfen, bevor es auf angrenzende Bereiche oder Nachbargebäude übergreift.

Xella Aircrete Systems GmbH | Telefon (freecall): 0800 5235665 | info-xas@xella.com | www.hebel.de

Prof. Dipl.-Ing. DDr. Ulrich Schneider
Prof. Dr. Jean Marc Franssen
ARat. Ing. Christian Lebeda

Baulicher Brandschutz

Nationale und Europäische Normung
Bauordnungsrecht
Praxisbeispiele

2., aktualisierte und erweiterte Auflage

Bibliografische Information Der Deutschen Bibliothek
Die Deutsche Bibliothek verzeichnet diese Publikation in der Deutschen
Nationalbibliografie; detaillierte bibliografische Daten sind im Internet über
http://dnb.ddb.de abrufbar.

Schneider / Franssen / Lebeda
Baulicher Brandschutz

2. Aufl. Berlin: Bauwerk, 2008

ISBN 978-3-89932-086-2

© Bauwerk Verlag GmbH, Berlin 2008
www.bauwerk-verlag.de
info@bauwerk-verlag.de

Alle Rechte, auch das der Übersetzung,
vorbehalten.

Ohne ausdrückliche Genehmigung des
Verlags ist es auch nicht gestattet, dieses Buch
oder Teile daraus auf fotomechanischem Wege
(Fotokopie, Mikrokopie) zu vervielfältigen
sowie die Einspeicherung und Verarbeitung
in elektronischen Systemen vorzunehmen.

Zahlenangaben ohne Gewähr

Druck und Bindung:
Appel & Klinger Druck und Medien GmbH, Kronach

Vorwort

Die 2. Auflage des Buches Baulicher Brandschutz, erscheint nach intensiver Bearbeitung und erheblicher Erweiterung um mehrere Kapitel, als Handbuch und Nachschlagewerk für Praktiker, Brandschutzsachverständige, Planer, Lehrende und Lernende. Die grundlegenden Änderungen in den deutschen Baugesetzen (MBO, MIndBauRL) seit 2000 und die vielen neuen europäischen Normen im Brandschutz haben dazu geführt in dem Buch doppelgleisig zu fahren, wobei der aktuelle bauaufsichtliche Stand der Baugesetzgebung, die Bauregelliste und die Musterliste der technischen Baubestimmungen im Vordergrund stehen und vergleichend dazu die europäischen Brandschutznormen sowie die Eurocodes dargestellt werden.

Die Brennbarkeit von Baustoffen nach neuen und alten Regelwerken und das Temperaturverhalten von Konstruktionsbaustoffen werden als grundlegende Elemente des baulichen Brandschutzes vorgestellt und umfassend beschrieben. Ein wesentlicher Teil des Buches behandelt darüber hinaus das Brandverhalten von Bauteilen und Sonderbauteilen anhand von Beispielen und ausgeführten Konstruktionen.

Ein vollkommen neuer Bereich in dem Buch umfasst die Vorstellung der Eurocodes 1 bis 6, unter Einbeziehung von konkreten Berechnungsbeispielen nach EC 2 bis EC 6. Damit sollen den Anwendern Anleitungen in die Hand gegeben werden, welche die praktische Umsetzung der Eurocodes in konkreten Anwendungsfällen erleichtern soll. Die Beispiele wurden im Wesentlichen von Hr. Prof. Franssen, Liège ausgearbeitet, welcher seit vielen Jahren bei der Erarbeitung der Eurocodes aktiv mitgewirkt hat.

Auch für Studierende der Architektur, des Bauingenieurwesens oder Brandschutzes soll das Buch als Leitfaden zur Einarbeitung in den baulichen Brandschutz im Kontext mit der aktuellen Brandschutzgesetzgebung und Normung in Deutschland und als Basis für eine solide Umsetzung von Brandschutzkenntnissen in der Berufspraxis dienen.

Meinen Mitautoren, insbesondere Herrn Prof. J.M. Franssen, sowie Herrn ARat. Ing. C. Lebeda, Frau Dipl.Ing. M. Oswald und Herrn Dipl.-Ing. H. Kirchberger danke ich für die fachlichen Beiträge zu diesem Buch sowie die sorgfältige Erstellung des Layouts. Ohne ihre Unterstützung wäre diese kompakte Zusammenstellung nicht möglich gewesen.

Wien, im März 2008   Ulrich Schneider

Inhaltsverzeichnis

1	**Einleitung**	11
1.1	Allgemeines	11
1.2	Brandschutz	12
1.2.1	Definitionen	12
1.2.2	Technische Brandschutzmaßnahmen	13
1.2.3	Organisatorische Brandschutzmaßnahmen	13
1.3	Ziele des Brandschutzes	14
1.4	Brandursachen	15
1.5	Brandrisiko	16
1.6	Brandschutzplanung – Interessen und Aufgaben	22
1.7	Literatur zum Kapitel 1	28
2	**Brandschutzkonzepte als Grundlage für den baulichen Brandschutz**	30
2.1	Stand der Erkenntnisse	30
2.2	Anforderungen an zielorientierte Brandschutzkonzepte	32
2.3	Spezielle Gesichtspunkte für Brandschutzkonzepte von Sonderbauten	36
2.3.1	Allgemeines	36
2.3.2	Brandschutzplanung	37
2.3.3	Brandabschnitte und Rauchabschnitte	37
2.3.4	Baustoffe und Brandbelastung	38
2.3.5	Kommunikation, Rettungswege, Treppenräume und Aufzüge	39
2.3.6	Entrauchungskonzept und Anlagen für die Entrauchung	39
2.3.7	Brandmeldekonzept	40
2.3.8	Löschanlagenkonzept	40
2.3.9	Löschwasserkonzept	40
2.3.10	Evakuierung und Panikreaktionen	41
2.3.11	Technische Dokumentation	41
2.3.12	Gefahrenabwehr	42
2.4	Brandschutzkonzept nach BauPrüfVO NW	42
2.5	Schlussfolgerungen	44
2.6	Literatur zum Kapitel 2	45
3	**Brandschutzanforderungen nach bauaufsichtlichen Verwendungsvorschriften**	47
3.1	Einführung	47

3.2	Grundanforderungen der MBO 2002	49
3.3	Bauprodukte und Bauarten nach MBO 2002	54
3.4	Allgemeine Anforderungen an das Brandverhalten von Baustoffen und Bauteilen nach MBO 2002	56
3.4.1	Brandverhalten von Baustoffen	56
3.4.2	Brandverhalten von Bauteilen	56
3.4.3	Tragende Wände und Stützen nach § 27 MBO	57
3.4.4	Außenwände, Brüstungen und Schürzen nach § 28 MBO	58
3.4.5	Trennwände nach § 29 MBO	58
3.4.6	Brandwände nach § 30 MBO	58
3.4.7	Decken nach § 31 MBO	61
3.4.8	Dächer nach § 32 MBO	61
3.4.9	Erster und zweiter Rettungsweg nach § 33 MBO	62
3.4.10	Treppen nach § 34 MBO	62
3.4.11	Notwendige Treppenräume, Ausgänge nach § 35 MBO	62
3.4.12	Notwendige Flure, offene Gänge nach § 36 MBO	63
3.4.13	Fenster, Türen, sonstige Öffnungen nach § 37 MBO	64
3.4.14	Umwehrungen nach § 38 MBO	64
3.4.15	Aufzüge nach § 39 MBO	64
3.4.16	Leitungsanlagen, Installationsschächte und -kanäle nach § 40 MBO	66
3.4.17	Lüftungsanlagen nach § 41 MBO	66
3.4.18	Feuerungsanlagen, sonstige Anlagen zur Wärmeerzeugung nach §42 MBO	66
3.5	Muster–Liste der Technischen Baubestimmungen (Fassung: 2007/02)	67
3.5.1	Vorbemerkungen	67
3.5.2	Technische Regeln für die Planung, Bemessung und Konstruktion baulicher Anlagen und ihrer Teile	68
3.6	Bauregelliste des Deutschen Instituts für Bautechnik (DIBt)	77
3.6.1	Allgemeine Regelungen	77
3.6.2	Bauregelliste A Teile 1, 2 und 3	78
3.6.3	Bauregelliste B	80
3.6.4	Liste C	81
3.6.5	Allgemeine bauaufsichtliche Zulassungen	82
3.6.6	Europäische technische Zulassungen	82
3.6.7	Nachweise, Prüfungen und Überwachung	82
3.6.8	Brandschutztechnische Anforderungen in bauaufsichtlichen Verwendungsvorschriften gemäß Anlage 0.1.1 und 0.2.1 zur Bauregelliste A Teil 1, Ausgabe 2006/01	83
3.7	Literatur zum Kapitel 3	86
4	**Nachweis des Brandschutzes in Europa**	**88**
4.1	Bauproduktenrichtlinie	88
4.2	Grundlagendokument Nr. 2 – Brandschutz	91
4.2.1	Grundsätzliche Vorgehensweise	91

4.2.2	Bauteilklassifizierung	100
4.2.3	Baustoffklassifizierung	105
4.2.4	Klassifizierung von Bedachungen	109
4.2.5	Klassifizierung nichtbrennbarer Baustoffe durch Entscheidung der Kommission der Europäischen Gemeinschaft	110
4.2.6	Brandschutzprüfungen für Bauteile und Baustoffe	112
4.3	Brandschutzbemessung nach Eurocodes	118
4.4	Literatur zum Kapitel 4	123

5 Reale Brände und Prüfbrandkurven 124

5.1	Einführung	124
5.2	Brandentstehung	125
5.2.1	Bedingungen für die Brandentstehung	125
5.2.2	Zündtemperatur und Mindestverbrennungstemperatur	126
5.3	Physikalische und chemische Vorgänge beim Brand	128
5.3.1	Allgemeines	128
5.3.2	Der Verbrennungsvorgang	129
5.4	Grundlagen der Verbrennungsprozesse	131
5.5	Flammenbildung und Feuerplumes	138
5.6	Flammenausbreitung nach der Entzündung	141
5.7	Natürlicher Ablauf von Bränden	145
5.8	Brandmodelle nach den Technischen Vorschriften und Normen	151
5.9	Literatur zum Kapitel 5	157

6 Nachweis des baulichen Brandschutzes im Industriebau nach DIN 18 230-1 und der Industriebaurichtlinie 160

6.1	Brandsimulation mittels Wärmebilanzrechnung	160
6.1.1	Einführung	160
6.1.2	Grundlagen der Wärmebilanzrechnung mit Mehrraum-Zonenmodellen	161
6.2	Berechnung der äquivalenten Branddauer nach DIN 18230-1	165
6.3	Berechnung der rechnerisch erforderlichen Feuerwiderstandsdauer nach DIN 18 230-1	170
6.4	Rechnerische Brandbelastung q_R	172
6.5	Abbrandfaktor m	174
6.6	Umrechnungsfaktor c	174
6.7	Wärmeabzugsfaktor w	175
6.8	Sicherheitsbeiwert γ und Beiwert δ	178

6.9	Zusatzbeiwert α_L	180
6.10	Anforderungen an die Bauteile sowie Größe der Brandbekämpfungsabschnitte nach der MIndBauRL	181
6.10.1	Grundsätze	181
6.10.2	Brandsicherheitsklassen und Bauteile für Brandbekämpfungsabschnitte nach MIndBauRL	183
6.10.3	Berechnung der Flächen von Brandbekämpfungsabschnitten BBA	187
6.10.4	Feuerwiderstandsklassen von Bauteilen nach der MIndBauRL	191
6.10.5	Maximale Flächen von Brandbekämpfungsabschnitten erdgeschossiger Industriebauten ohne Bemessung der tragenden Bauteile nach MIndBauRL	192
6.11	Literatur zum Kapitel 6	194
7	**Brandverhalten von Baustoffen**	**196**
7.1	Vorbemerkungen zum Brandverhalten von Baustoffen	196
7.2	Beurteilung der Brennbarkeit von Baustoffen	197
7.3	Zuordnung der Brennbarkeitsklassen von Bauteilen zur Gebäudeklasse	203
7.4	Literatur zum Kapitel 7	208
8	**Temperatureigenschaften von Konstruktionsbaustoffen**	**210**
8.1	Einführung	210
8.2	Temperaturverhalten von Beton	211
8.2.1	Festigkeit, E-Modul und Temperaturdehnungen von Beton	211
8.2.2	Temperaturverhalten von Beton unter Brandbeanspruchung	218
8.2.3	Temperatureigenschaften von Beton nach Eurocode 2	225
8.3	Berechnung der Temperaturverteilungen in Stahlbetonbauteilen bei Brandbeanspruchung	227
8.3.1	Grundlagen der Temperaturberechnung und thermische Eigenschaften von Beton	227
8.3.2	Thermische Eigenschaften von Beton nach Eurocode 2	233
8.3.3	Vergleich berechneter Bauteiltemperaturen mit Messergebnissen aus Brandversuchen	234
8.4	Temperaturverteilungen in Stahlbetonbauteilen	236
8.4.1	Temperaturverteilung bei einseitig beanspruchten Betonwänden	236
8.4.2	Temperaturverteilung in dreiseitig beanspruchten Betonbalken	238
8.4.3	Temperaturverteilung in Stützen	240
8.5	Temperaturverhalten von Bau- und Betonstahl sowie Spannstahl	241
8.5.1	Allgemeines zum Verhalten von Stahlbauteilen im Brandfall	241
8.5.2	Warmkriechverhalten von Beton- und Spannstählen und Werte crit T nach DIN 4102 Teil 4	243
8.5.3	Festigkeit und Spannungs-Dehnungs-Beziehungen von Spannstählen	248

8.5.4	Thermische Dehnungen von Beton- und Spannstählen	250
8.5.5	Temperatureigenschaften von Betonstahl nach Eurocode 2	251
8.5.6	Thermische Eigenschaften von Baustahl	253
8.5.7	Thermische Eigenschaften von Baustahl nach Eurocode 3	256
8.5.8	Berechnung der Temperaturen in Stahlbauteilen	258
8.6	Temperaturverhalten von Holz	259
8.6.1	Allgemeines	259
8.6.2	Abbrandgeschwindigkeit von Holz	262
8.6.3	Festigkeit, E-Modul und thermische Dehnung von Holz	265
8.6.4	Thermische Eigenschaften von Holz	266
8.7	Temperaturverhalten von Mauerwerk	268
8.7.1	Vorbemerkung	268
8.7.2	Mechanische Temperatureigenschaften von Porenbeton	269
8.7.3	Thermische Eigenschaften von Porenbeton	271
8.7.4	Temperaturberechnungen für Porenbetonwände	273
8.8	Literatur zum Kapitel 8	276
9	**Brandverhalten von Bauteilen**	**280**
9.1	Feuerwiderstandsklassen	280
9.2	Klassifizierung der Feuerwiderstandsfähigkeit von Bauteilen	280
9.3	Einflüsse auf den Feuerwiderstand von Bauteilen	284
9.4	Nachweis der Feuerwiderstandsklasse	287
9.4.1	Grundlagen	287
9.4.2	Brandversuche nach DIN EN 1363-1 und -2 – Versuchseinrichtungen, Probekörper, alternative Verfahren	288
9.4.3	Durchführung von Brandversuchen	289
9.5	Bauteile mit genormter Feuerwiderstandsklasse	292
9.5.1	Vorbemerkungen	292
9.5.2	Klassifizierung nach DIN 4102-4/+A1:2004-11 bzw. DIN 4102-22:2004-11	293
9.5.3	Klassifizierte Wände – Grundlagen	293
9.5.3.1	Grundlagen der Klassifizierung	293
9.5.3.2	Wandarten, Wandfunktionen	294
9.5.3.3	Wanddicken, Wandhöhen	297
9.5.3.4	Bekleidungen, Dampfsperren	297
9.5.3.5	Zweischalige Wände	297
9.5.4	Einbauten und Installationen in Wänden	297
9.6	Klassifizierte Massivbauteile aus Stahlbeton und Mauerwerk	299
9.6.1	Stahlbetonwände und -stützen	299
9.6.2	Balken und Decken aus Stahlbeton	303
9.6.3	Bauteile aus hochfestem Beton	307
9.6.4	Feuerwiderstandsklassen von Wänden, Pfeilern und Wandabschnitten aus Mauerwerk	308

9.6.4.1	Grundlagen der Bemessung	308
9.6.4.2	Bemessung nach DIN 4102-4/+A1:2004-11	310
9.7	Anschlüsse von Wänden und Decken	315
9.8	Brandschutzbekleidungen für klassifizierte Bauteile	320
9.9	Klassifizierte Stahlbauteile nach DIN 4102-4 und nach Zulassung	324
9.9.1	Grundlagen zur Bemessung von Stahlbauteilen	324
9.9.2	U/A-Wert-Berechnung von Stahlstützen und Stahlunterzügen	325
9.9.3	Brandschutzbekleidungen für Stahlunterzüge	327
9.9.4	Bekleidungsdicken für Stahltragwerke mit geforderter Feuerwiderstandsklasse	328
9.9.5	Konstruktionsgrundsätze	328
9.9.6	Stahlbeschichtung mit Dämmschichtbildnern	331
9.10	Klassifizierte Holzbauteile	333
9.10.1	Grundlagen	333
9.10.2	Feuerwiderstandsklassen von Holzbauteilen	334
9.10.3	Vereinfachtes Verfahren zur Bemessung mit ideellen Restquerschnitten	334
9.10.4	Genaueres Verfahren der Bemessung mit reduzierter Festigkeit und Steifigkeit nach DIN 4102-4/+A1:2004-11	336
9.10.5	Klassifizierte Holztafelwände und Verbindungen	341
9.11	Literatur zum Kapitel 9	347
10	**Brandverhalten von Sonderbauteilen**	**350**
10.1	Allgemeines	350
10.2	Brandwände – Grundlagen	352
10.2.1	Grundlagen	352
10.2.2	Anwendungsbereich	354
10.2.3	Randbedingungen	354
10.2.4	Bauteilausbildung gemäß DIN 4102-4/+A1:2004/11	359
10.3	Nichttragende Außenwandbauteile	361
10.4	Feuerschutzabschlüsse	364
10.4.1	Allgemeines	364
10.4.2	Feuerschutztüren und -tore	365
10.5	Brandschutzklappen	370
10.6	Lüftungsleitungen und Wanddurchführungen	372
10.7	Kabelabschottungen	375
10.8	Brandschutzverglasungen	379
10.9	Elektrische Installationsanlagen mit Funktionserhalt	384
10.10	Rohrleitungen und Rohrdurchführungen	384
10.11	Installationsschächte und -kanäle	386

10.12	Bedachungen	388
10.13	Literatur zum Kapitel 10	392

11 Maßnahmen gegen die Ausbreitung von Feuer und Rauch 395

11.1	Brandschutz durch räumliche Trennung	395
11.2	Brandschutz durch Abschottung	395
11.2.1	Brandwände	395
11.2.2	Brandabschnitte in Gebäuden	397
11.2.3	Anforderungen an Brandwände	400
11.2.4	Anschlüsse und Abschlüsse von Brandwänden	401
11.2.5	Öffnungen in Brandwänden	405
11.3	Sonstige Brandabschnitte oder feuerbeständige Bereiche	405
11.4	Brandschutztechnische Unterteilung durch Komplextrennwände	405
11.5	Literatur zum Kapitel 11	408

12 Maßnahmen zur Personenrettung – Rettungswege 409

12.1	Grundanforderungen an Rettungswege	409
12.2	Anforderungen an Treppen	417
12.3	Rettungswege nach der Muster-Hochhaus-Richtlinie (MHHR)	422
12.4	Anforderungen an die Lage und Zugänglichkeit von Gebäuden	425
12.5	Literatur zum Kapitel 12	426

13 Grundlagen der rechnerischen Nachweisverfahren für Bauteile im Brandfall nach Eurocode 428

13.1	Vorbemerkungen	428
13.2	Zuverlässigkeitsnachweis gemäß dem semiprobabilistischen Sicherheitskonzept nach EN 1990	430
13.3	Bemessungsgrundlagen nach EN 1991-1-2: Allgemeine Einwirkungen	432
13.4	Beispiele für Lastannahmen	435
13.4.1	Charakteristische Einwirkungen für ein Bürogebäude	435
13.4.2	Träger auf zwei Stützen für ein Einkaufszentrum	436
13.4.3	Träger auf zwei Stützen für ein Dachtragwerk	436
13.4.4	Näherungslösungen für Lastannahmen	436
13.5	Teilsicherheitsbeiwerte für Baustoffkennwerte	440
13.6	Thermische Einwirkungen nach EN 1991-1-2	441
13.6.1	Temperatur-Zeit-Beziehungen	441
13.6.2	Äquivalente Normbranddauer	442

13.6.3	Parametrische Temperatur-Zeitkurven	443
13.6.4	Zonenmodelle	443
13.6.5	Lokale Temperaturberechnungen	445
13.6.6	CFD-Modelle	450
13.6.7	Beispiel für ein lokales Brandereignis im Parkhaus	450
13.7	Bauteilberechnungen	451
13.7.1	Auswahl der Berechnungsmethode	451
13.7.2	Berechnungsmethoden nach EN 1991-1-2	453
13.7.3	Beziehung zwischen dem Berechnungsmodell und dem analysierten Tragwerksteil	455
13.7.4	Last-, Zeit- oder Temperatur-Bereich für nominelle Brände	456
13.8	Literatur zum Kapitel 13	458

14 Bemessung von Stahlbetontragwerken nach Eurocode 2 461

14.1	Allgemeine Grundlagen	461
14.2	Tabellarische Daten nach EN 1992-1-2	461
14.3	Berechnungsmethoden nach EN 1992-1-2	462
14.3.1	Einführung	462
14.3.2	Anwendungsbeispiel: Berechnung einer Kragstütze nach EC 2, Abschnitt 5.3	463
14.3.3	Anwendungsbeispiel: Stütze – nach der 500 °C-Isothermen-Methode	467
14.3.4	Anwendungsbeispiel: Stütze – Methode der Zonenmodellierung	470
14.3.5	Vereinfachte Berechnungsmethode nach Momenten-Krümmungs-Beziehungen	471
14.3.6	Fortgeschrittene Berechnungsverfahren	472
14.4	Literatur zum Kapitel 14	477

15 Bemessung von Stahlbauteilen nach Eurocode 3 479

15.1	Allgemeine Grundsätze	479
15.2	Materialmodell für Baustahl nach EN 1993-1-2	479
15.3	Temperaturmodell für Stahlbauteile	482
15.3.1	Unbekleidete Stahlprofile	482
15.4	Erwärmung von Stahlbauteilen im Brandfall	483
15.4.1	Wärmestrom und Wärmeübergang	483
15.4.2	Ummantelte Stahlprofile	485
15.5	Mechanische Modelle unter Berücksichtigung des Brandangriffes	488
15.6	Beispiele nach EN 1993-1-2	489
15.6.1	Druckbeanspruchte Stahlstütze	489
15.6.1.1	Tragfähigkeit einer Stahlstütze mit ungeschütztem Querschnitt nach 30 min Branddauer	490
15.6.1.2	Stahlstütze ummantelt mit Brandschutzplatten	491

15.7	Literatur zum Kapitel 15	492

16 Bemessung von Verbundbauteilen nach Eurocode 4 494

16.1	Allgemeine Grundsätze	494
16.2	Brandschutztabellen und prinzipielle Angaben nach EC 4	494
16.3	Vereinfachte Berechnungsverfahren	499
16.3.1	Bemessungsmethoden für Platten und Balken	499
16.3.2	Verbundplatten mit ungeschütztem Stahlblech	500
16.3.3	Verbundbauteile mit ungeschützten Stahlprofilen	500
16.3.4	Verbundstützen	501
16.4	Berechnungsbeispiele nach Eurocode 4	502
16.5	Literatur zum Kapitel 16	509

17 Bemessung von Holzbauteilen nach Eurocode 5 510

17.1	Allgemeine Grundsätze	510
17.2	Grundlage des vereinfachten Berechnungsmodells für Holzbauteile	510
17.3	Berechnungsmodell nach EN 1995-1-2	510
17.3.1	Mechanische Eigenschaften	510
17.3.2	Abbrandraten nach EN 1995-1-2	511
17.3.3	Feuerwiderstand von Holzbauteilen	511
17.4	Anwendungsbeispiel – Holzleimbinder	513
17.5	Berechnungsbeispiel – Vollholzbalken	514
17.6	Literatur zum Kapitel 17	516

18 Bemessung von Mauerwerksbauten nach Eurocode 6 517

18.1	Allgemeine Grundlagen	517
18.2	Bestimmung der Feuerwiderstandsdauer von Mauerwerkswänden anhand von Tabellenwerten	518
18.3	Berechnungsmethoden nach EN 1996-1-2	523
18.3.1	Anwendungsbereich	523
18.3.2	Vereinfachte Bemessungsverfahren – Zonenmethode	523
18.3.3	Fortgeschrittene Bemessungsverfahren	528
18.4	Literatur zum Kapitel 18	531

19 Stichwortverzeichnis 532

1 Einleitung

1.1 Allgemeines

Die Entwicklungen der letzten Jahrzehnte im Hochbau lassen erkennen, dass neben den Standsicherheitsüberlegungen, die durch die Statik und Bemessung von Bauwerken geregelt sind, zunehmend andere Bereiche der Bautechnik wie Wärmeschutz, Feuchteschutz, Schallschutz, Brandschutz und Umweltschutz bei der Planung und Errichtung an Bedeutung gewinnen, d. h. bei dem Entwurf von Bauwerken und der Bemessung von Bauteilen sind gemäß der Bauproduktenrichtlinie (BPR) vom 21.12.1988 folgende wesentlichen Anforderungen zu beachten:

— Mechanische Festigkeit und Standsicherheit
— Brandschutz
— Hygiene, Gesundheit und Umweltschutz
— Nutzungssicherheit
— Schallschutz
— Energieeinsparung und Wärmeschutz

Im Hinblick auf die spätere Nutzung und den Betrieb großer Gebäude sind danach neben der Standsicherheit vor allem der Brandschutz und die Energieeinsparung von wesentlicher Bedeutung.

Zukünftig sollte der Brandschutz auch aufgrund der ständig anwachsenden Brandgefahren durch die Zunahme der brennbaren Stoffe sowohl hinsichtlich der Vielfältigkeit der Brandursachen und Brandobjekte als auch in Bezug auf die Größe der Brände bei der Planung vermehrt Beachtung finden. Die wirtschaftliche Entwicklung der letzten Jahre hat diesbezüglich zu einer vermehrten Berücksichtigung auf volkswirtschaftliche Belange geführt, so dass auch der Einfluss der Brandschäden auf die Volkswirtschaft, u. a. im Interesse der Arbeitsplatzsicherung, einen beachtenswerten Stellenwert besitzt.

Die Tabelle 1.1.1 zeigt die Brandschäden in 13 europäischen Ländern bezogen auf das jeweilige Bruttosozialprodukt und die durchschnittliche Anzahl der Brandopfer pro 10^6 Einwohner. Der Zusammenstellung kann man entnehmen, dass die Brandsicherheit in den einzelnen Ländern unterschiedlich hoch ist. Über die eigentlichen Ursachen dieser Unterschiede ist bereits vielfach spekuliert worden, stichhaltige Begründungen liegen darüber allerdings nicht vor. Neben den bautechnischen Gegebenheiten und Bauarten in den einzelnen Ländern spielen zweifelsohne die gesellschaftlichen und sozioökonomischen Bedingungen bei den Brandschäden eine wesentliche Rolle.

Die Brandschadenstatistiken zeigen, dass in den Industrieländern der enorme Anstieg der Brandschadensummen in den letzten Jahren in erster Linie auf Großschäden zurückzuführen ist. Die Schäden sind einerseits durch die Großräumigkeit der Objekte, mangelnde Brandabschnittsbildungen und Löschvorkehrungen, Nichtbeachtung von Sicherheitsvorschriften und andererseits durch die ständig zunehmenden Wertkonzentrationen und den Anstieg der Brandbelastungen durch vermehrtes Inventar sowie durch zusätzliche für den Innenausbau verwendete brennbare Materialien bedingt. Eine dadurch verursachte rasche und ungehemmte Brandausbreitung erfordert im Hinblick auf die Sicherheit der Personen, die sich in den betroffenen Gebäuden befinden, wirksame Gegenmaßnahmen. Darüber hinaus muss selbstverständlich der Sachschaden im Interesse der Volkswirtschaft so gering als möglich gehalten werden.

Tabelle 1.1.1: Brandschäden und Brandopfer in 13 europäischen Ländern**) in Anlehnung an [1] und [8]

Land	Direkte Brandschäden in % des BSP	Index	Brandopfer pro 10^6 Einwohner*)	Index
Belgien	0,45	164%	19,6	148 %
Dänemark	0,39	142%	14,6	110 %
Deutschland	0,19	69%	13,0	98 %
England	0,24	88%	19,4	146 %
Finnland	0,19	69%	22,0	166 %
Frankreich	0,26	95%	15,7	118 %
Holland	0,20	73%	6,4	48 %
Italien	0,15	55%	7,8	59 %
Luxemburg	0,53	194%	9,0	68 %
Norwegen	0,34	124%	17,0	128 %
Österreich	0,16	58%	6,9	52 %
Schweden	0,21	77%	15,8	119 %
Schweiz	0,25	91%	5,2	39 %
Mittelwert	0,27	100%	13,3	100 %

*) Berechnungsgrundlagen sind ggf. unterschiedlich in den Ländern.
**) USA/Canada BSP = 0,35/ Brandopfer = 27 pro 1 Million Einwohner.

1.2 Brandschutz

1.2.1 Definitionen

Unter dem Begriff „*Brandschutz*" versteht man alle Maßnahmen zur Vermeidung von Bränden und zur Minimierung von Brandschäden.

Unter dem Begriff „*Vorbeugender Brandschutz*" versteht man die Gesamtheit aller Maßnahmen vor Brandausbruch, die geeignet sind, Brände möglichst zu vermeiden oder diese an ihrer Ausbreitung zu hindern, um die Brandschäden gering zu halten. Dazu zählen organisatorische und technische Brandschutzmaßnahmen. Die Bereitstellung von Mitteln für die erste und erweiterte Löschhilfe sowie die Versorgung mit Löschmitteln und Vorbereitungen zum Einsatz derselben gehören zu den betrieblichen und abwehrenden Brandschutzmaßnahmen. Die technischen Maßnahmen werden üblicherweise in bauliche und anlagentechnische Brandschutzmaßnahmen unterteilt (siehe Bild 1.2.1).

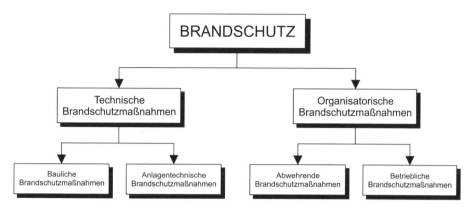

Bild 1.2.1: Struktur des Brandschutzes im Bauwesen

1.2.2 Technische Brandschutzmaßnahmen

— Beispiele für bauliche Brandschutzmaßnahmen:

- Konzeption (Lage, Erschließung, Gebäudehöhe bzw. Bauklasse, Schutzabstände),
- Gebäudeunterteilungen (Brandabschnitte u. dgl.),
- Bauteilanforderungen (Wände, Decken, Abschlüsse, Verglasungen und dgl.),
- Baustoffanforderungen (z. B. brennbare oder nichtbrennbare Baustoffe),
- Rettungswege (Art, Länge, Breite).

— Beispiele für anlagentechnische Brandschutzmaßnahmen:

- Brandmeldeanlagen (BMA),
- Brandrauchentlüftungsanlagen,
- Rauch- und Wärmeabzugsanlagen (z.B. natürliche oder maschinelle Rauchabzüge),
- Druckbelüftungsanlagen,
- Löscheinrichtungen (z. B. Sprinkleranlagen, Gaslöschanlagen).

1.2.3 Organisatorische Brandschutzmaßnahmen

— Beispiele für den betrieblichen Brandschutz:

- Brandschutzordnungen und Brandverhütung,
- Brandschutzbeauftragter,
- Brandschutzpläne, Fluchtwegpläne.

— Abwehrender Brandschutz:

- Öffentliche Feuerwehr,
- Werkfeuerwehr,

- Hausfeuerwehr,
- Feuerwehrpläne,
- Löschwesen.

1.3 Ziele des Brandschutzes

Brandschutzmaßnahmen dienen zwei grundlegenden Schutzzielen:

> Den Schutz von Leben und Gesundheit von Personen im betroffenen Gebäude und dessen Umgebung **(Personenschutz)**.
>
> Den Schutz von Eigentum und die Begrenzung finanzieller Schäden im betroffenen Gebäude und dessen Umgebung **(Sachwertschutz)**.

Weitere Schutzinteressen sind:

— Schutz der Umwelt (Luft, Wasser, Erdreich),
— Sicherstellung der Versicherbarkeit des Bauwerkes.

Der vorbeugende **bauliche Brandschutz** umfasst im Rahmen dieser Zielsetzungen u.a. die folgenden Einzelmaßnahmen:

— Vorbeugende Maßnahmen gegen die Entstehung und Ausbreitung von Feuer und Rauch durch:

- Festlegung der Nutzung,
- Erschließung des Gebäudes,
- Festlegung der Abstände zu angrenzenden Gebäuden,
- Wahl der Bauart in der Konstruktionsbaustoffe,
- Wahl der sonstigen Baustoffe.

— Anordnung von Flucht- und Rettungswegen und von Einrichtungen zur Rettung von Menschen und Tieren:

- Flucht- und Rettungswege,
- Treppenräume, Flure,
- Fluchttunnel,
- Entrauchungsmöglichkeiten,
- Feuerwehraufzüge.

— Ermöglichung einer wirksamen Brandbekämpfung durch die Feuerwehr oder stationäre Löschanlagen:

- Brandentdeckung,
- Brandmeldung,
- Zugänglichkeit und Aufstellflächen für die Feuerwehr,
- Löscheinrichtungen,

- Löschwasserversorgung,
- Löschwasserrückhaltung.

Die vorbeugenden Brandschutzmaßnahmen zur Gewährleistung des Personen- und Sachwertschutzes lassen sich somit wie folgt zusammenfassen (siehe Tabelle 1.3.1):

Tabelle 1.3.1: Brandschutzmaßnahmen für den Personen- und Sachschutz

Personenschutz	Sachwertschutz
• Brandverhütung	• Brandverhütung
• Rettungswege	• Sachwertkonzentration vermeiden
• Begrenzen der Brandausbreitung	• Frühzeitiger Löscheinsatz
• Frühzeitiger Löscheinsatz	• Begrenzen der Brandausbreitung
• Verhindern des Vollbrandes	• Verhindern des Vollbrandes
• Begrenzen der Personengefährdung nach folgenden Prioritäten: – Begrenzung der Rettungsweglängen – Rauchabfuhr – Begrenzung der Wärmeentwicklung – Gebäudeeinsturz vermeiden	• Begrenzen der Sachschäden nach folgenden Prioritäten: – Brandmeldung und -bekämpfung – Rauchabfuhr – Begrenzung der Wärmeentwicklung – Wasserschäden vermeiden – Gebäudeeinsturz vermeiden

Aus der Zusammenstellung geht hervor, dass ein guter Personenschutz in der Regel auch zu einem guten Sachschutz führt und umgekehrt.

1.4 Brandursachen

Die Brandursachen werden i.d.R. nach folgendem Schema erfasst:

— Natürliche Brandursachen (z. B. Blitzschlag, Selbstentzündung),
— Technische Brandursachen (z. B. Feuerstätten, Rauchfänge, feuergefährliche Arbeiten, Überhitzung, Elektrizität),
— Brandstiftung (z. B. Kinderbrandstiftung, Eigenbrandstiftung, Fremdbrandstiftung).

In Europa liegen kaum detaillierte Daten über Brandursachen öffentlich vor. Diese Daten werden im Allgemeinen von den Sicherheitsorganen (Polizei, Staatsanwaltschaften) und den Versicherungen erhoben. Beide Gruppen halten diese Daten zumeist unter Verschluss. Detaillierte Daten über die Häufigkeit von Brandursachen liegen zurzeit nur aus den USA vor. In den USA erhebt eine Bundesbehörde (Federal Emergency Management Agency, United States Fire Administration) bundesweit die Brandursachen und fasst diese in jährlichen Statistiken zusammen [8]. In der Tabelle 1.4.1 ist eine kurze Zusammenstellung der Brandursachen nach [8] angegeben.

Tabelle 1.4.1: Zusammenstellung der häufigsten Brandursachen des Jahres 1995 nach [8]

Brandursache	Anteil in %	Anteil mit zugeordneten Anteilen an unbekannten Brandursachen
Brandstiftung	15,5	29,4
Kinderbrandstiftung	2,9	5,5
Unvorsichtiges Rauchen	3,2	6,0
Heizung	3,8	7,2
Kochen	5,4	10,3
Elektrische Verteiler (Kabel)	4,5	8,5
Elektrogeräte (Haushalt)	2,1	4,0
Offene Flammen	6,6	12,5
Explosionen, Feuerwerke	3,0	5,8
Sonstige Elektrogeräte	2,0	3,8
Natürliche Brandursache (Sonne, Blitze,..)	1,3	2,5
Wärmestrahlung von anderen Brandherden	2,4	4,5
Unbekannte Brandursachen	47,2	aufgeteilt

Es ist zu beachten, dass eine Vielzahl von ungeklärten Brandursachen vorliegt, d.h. die statistischen Daten sind mit vergleichsweise großen Unsicherheiten behaftet. Auch die Schwankungen der Brandursachen zwischen den Jahren und den Bundesstaaten ist sehr hoch. Es ist aber davon auszugehen, dass auch in Mitteleuropa die Brandursachen ähnlich verteilt sind. Neben den Brandursachen werden in [8] auch Angaben über die Todesfälle und sozioökonomischen Faktoren (direkte u. indirekte Zusammenhänge mit den gesellschaftlichen Zuständen) gemacht.

Grundsätzlich ist zu beachten, dass es in allen Bereichen mit brennbaren Stoffen o. Ä. zu Bränden kommen kann, d. h. ein Brand ist in Gegenwart brennbarer Stoffe niemals vollständig auszuschließen, selbst wenn augenscheinlich an dem betrachteten Ort keinerlei Zündquellen vorhanden sind. Eine Brandschutzbewertung nach dem Grundsatz „Hier kann es doch gar nicht brennen!" ist prinzipiell abzulehnen.

1.5 Brandrisiko

Obwohl die Gefahr, durch einen Brand das Leben zu verlieren, im Vergleich zu anderen Gefahren statistisch gesehen relativ gering ist, besteht allgemein die Tendenz, gegenüber Ereignissen, die eine höhere Anzahl von Opfern fordern können, ein erhöhtes Sicherheitsniveau zu verlangen als bei Ereignissen, die maximal nur ein Opfer verursachen können. Im Bauwesen werden die zulässigen Versagenswahrscheinlichkeiten tragender Konstruktionen bei höheren Risiken, d. h. bei mehreren Opfern pro Ereignis, etwa mit 10^{-6} oder weniger und bei normalen Risiken mit maximal einem Opfer pro Ereignis mit etwa 10^{-5} bewertet.

Internationale Statistiken von Industrieländern belegen, dass das persönliche Risiko für den Brandfall mit etwa 10^{-5} pro Jahr anzusetzen ist. Das Bild 1.5.1 zeigt, dass die bauordnungsrechtlichen Vorschriften und das persönliche Risiko von Land zu Land geringfügig divergieren. Bei der Bewertung der in Bild 1.5.1 angegebenen Daten ist zu beachten, dass die Art der Datenerhebung in den einzelnen Ländern nicht nach einheitlichen Kriterien erfolgt. Im Mittel ist das akzeptierte Sicherheitsniveau mit etwa 5 bis 10 Brandopfern pro 1 Million Einwohner pro Jahr in Mitteleuropa jedoch akzeptiert, die Risikorate im Straßenverkehr ist etwa um den Faktor 10 höher.

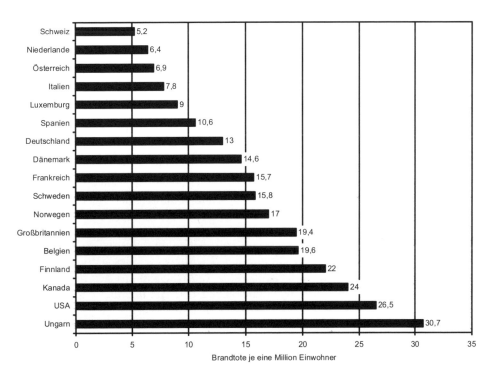

Bild 1.5.1: Durchschnittliche Anzahl von Brandopfern pro Jahr (1979 – 1992) in Anlehnung an [1] und [8]

Die Verteilungen von Personen- und Sachschäden durch Brände ergeben sich nach vorliegenden Untersuchungen aus Deutschland, Frankreich und Großbritannien wie folgt (siehe Tabelle 1.5.1). Danach sind ca. 80 % der Brandopfer in Wohngebäuden zu beklagen.

Erst bei Brandkatastrophen, bei denen mehrere Menschen durch Feuer, Rauch oder abstürzende Teile etc. gleichzeitig umkommen, wird der Öffentlichkeit das allgegenwärtige Gefahrenpotential eines Brandes bewusst. Die in den Statistiken angeführten Zahlen über die Todesopfer betreffen im Allgemeinen jedoch nur jene Personen, die durch die direkte Einwirkung eines Brandes getötet wurden. Personen, die erst später ihren Brandverletzungen oder sonstigen beim Brand erlittenen schweren Verletzungen erliegen, sind in diesen Statistiken im Allgemeinen nicht erfasst.

Tabelle 1.5.1: Verteilung der Todesfälle und Sachschäden bei Gebäudebränden

Verteilung der Todesfälle nach Gebäudenutzung und Ursache		Verteilung der Sachschäden	
77–84%	in Wohngebäuden	43%	am Gebäudeinhalt
9–10%	in anderen Gebäuden	36%	an Folgekosten
74–97%	durch Rauch und Hitze	21%	am Gebäude selbst
3–26%	durch andere Ursachen		

Die häufigste Todesursache bei Bränden ist Ersticken, d.h. Vergiftung durch Kohlenmonoxid (CO) oder durch das Einatmen von CO und anderen Rauchgasen. Todesfälle durch Verbrennungen sind bezogen auf die vorher genannte Todesursache eher gering. Amerikanische Untersuchungen haben ergeben, dass der Anteil der durch Ersticken beklagten Todesopfer 62,4 % beträgt, während durch Verbrennung 26 % und durch körperliche Verletzung 10,7 % der Opfer ums Leben kommen [8]. Die prozentuelle Aufteilung der Todesopfer lässt erkennen, dass der Großteil der Brandopfer im zivilen Bereich zu beklagen ist, wobei es sich hier vornehmlich um kleinere Wohnungsbrände handelt und dabei hauptsächlich ältere Personen betroffen sind [8].

Im Vergleich dazu hält sich die Anzahl von Todesfällen im industriellen und gewerblichen Bereich in Grenzen, was wiederum bei der Menge an Beschäftigten nicht zu vermuten wäre. Die Erklärung dafür liegt in der Tatsache, dass es sich dort meist um Brände handelt, die durch frühzeitige Entdeckung und Alarmierung der betroffenen Arbeitnehmer genügend Zeit zum Verlassen der Räumlichkeiten zulassen. Des Weiteren sind die Arbeitnehmer in der Regel körperlich gesund und sehr gut mit den Örtlichkeiten (Rettungswegen) vertraut, so dass zum Verlassen des Gefahrenbereiches keine zusätzlichen Maßnahmen erforderlich sind.

Die Vielfalt von Verletzungen, die Personen im Zusammenhang mit Bränden erleiden, kommt in den statistischen Auswertungen nicht zum Ausdruck. Personen, die infolge eines Brandes kleinere Verletzungen erleiden, werden in diesen Statistiken nicht erfasst. Auch die am Unfallort sofort Verarzteten und nicht in Spitäler eingelieferten Verletzten gehören zu dieser Gruppe. Wenige Großbrände bewirken daher ggf. eine sprunghafte Veränderung der Statistiken in den jeweiligen Jahren.

Ein Vergleich der Risikogruppen zeigt, dass der zivile Bereich überdurchschnittlich stark vertreten ist. Vor allem die in allen Variationen vorkommenden Kleider- und Bettbrände sind für die große Anzahl (59 %) an Verletzten im zivilen Bereich ausschlaggebend; ebenso die durch Tätigkeiten im Haushalt hervorgerufenen Verbrennungen (siehe Bild 1.5.2). Hingegen ist der prozentuelle Anteil an Verletzten im industriellen und gewerblichen Bereich, wo zwar anzunehmen wäre, dass die Gefahr wesentlich höher ist, eher gering. Dieses ist auch durch die Vielzahl der vorbeugenden

Brandschutzmaßnahmen bzw. durch die Gesamtheit aller Sicherheitsvorrichtungen und Vorschriften im industriellen und gewerblichen Sektor bedingt.

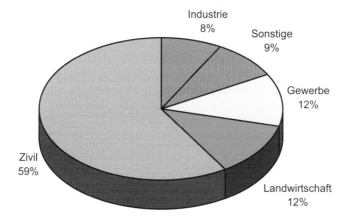

Bild 1.5.2: *Anteile der Risikogruppen an den Verletzten in [%], Beobachtungszeitraum 1986 – 1990 nach [8]*

Der starke Anstieg der Schadenssummen in den zurückliegenden Jahren im industriellen Bereich resultiert vor allem aus Großschäden. Aber auch die zunehmende Wertkonzentration sowie die Verwendung hochwertiger Technologien, wie z.B. die in einem Betrieb vorhandenen EDV-Anlagen, sind für das Anwachsen der Schadenssummen von Bedeutung. Ähnlich wie im industriellen Bereich verhält es sich im zivilen Sektor. Obwohl auch hier die Zahl an Brandfällen leicht zurückgegangen ist, ist die Schadenssumme enorm gestiegen. Dieses starke Anwachsen der Schadenssumme ist ebenfalls auf die steigenden Wertkonzentrationen in den Wohnobjekten sowie die Zunahme der Bevölkerungsdichte und die daraus resultierende Vergrößerung der Flächen von Wohnobjekten zu sehen.

Sicherheitsbetrachtungen zum Brandschutz sollen grundsätzlich nicht zur "Maximierung von Brandschutzmaßnahmen" führen, weil dadurch die Bau- und Unterhaltungskosten überproportional zunehmen (siehe Bild 1.5.3). Anzustreben ist eine risikogerechte "Optimierung" – d.h. durch Anpassung an die jeweiligen Verhältnisse – ist anzustreben, dass die Aufwendungen und Schadenskosten zueinander in einem sicherheitstechnisch und wirtschaftlich gesunden Verhältnis stehen.

Betriebswirtschaftliche Betrachtungen führen zu Überlegungen bzw. zu einem Vergleich "Aufwand für den Brandschutz" und "erwartete Schadenskosten". Geringerer Aufwand für den Brandschutz bedingt im Katastrophenfall einen großen Schaden und umgekehrt. Die Superposition zwischen Aufwand und Schadenskosten führt bei Betrachtung des Minimums zur Bestimmung des betriebswirtschaftlich optimalen Brandschutzes. Das Brandrisiko für eine bestimmte Gebäudeart wird üblicherweise mit der nachstehenden Formel beschrieben:

$$R = P_0 \cdot L_x \leq R_{grenz} \qquad \text{Gl. (1.5.1)}$$

R   Vorhandenes Risiko
R_{grenz} Grenzrisiko (allgemein oder technisch akzeptiertes Risiko)
P_0 Eintretenswahrscheinlichkeit eines Brandereignisses
L_x Wahrscheinlicher Schadensumfang (Summe der direkten und indirekten Sach- und Personenschäden im Ereignisfall)

Für jedes Gebäude ist das vorhandene Risiko R größer als null. Das Niveau des akzeptablen Risikos (Grenzrisikos) hängt ab von der Gebäudenutzung, d. h. von der im Gebäude befindlichen Personenzahl, deren Rettungsmöglichkeit sowie den voraussehbaren Sachschäden, inklusive von Betriebsunterbrechungen o.Ä.

Tatsächlich macht es jedoch keinen Sinn, durch überdurchschnittlich hohe Brandschutzmaßnahmen das Risiko sehr klein zu machen, weil dadurch die Kosten für die Aufwendungen evtl. viel höher werden als die Kosten für die zu erwartenden Brandschäden, d. h. es entsteht ein ökonomisches Ungleichgewicht zwischen den Aufwendungen und Schadenswerten (siehe Bild 1.5.3). Die genaue Festlegung des optimalen Brandschutzes ist allerdings nur bedingt möglich, weil sich u. a. die Kosten für Personenschäden nur schwer quantifizieren lassen.

Für Risikobetrachtungen sind Kenntnisse über die Eintrittswahrscheinlichkeit von Bränden unabdingbar. Im Rahmen verschiedener Arbeiten wurde deshalb die Häufigkeit von Bränden (Eintretenswahrscheinlichkeit) untersucht. Die nachstehende Tabelle 1.5.2 zeigt vorliegende Forschungsergebnisse über Entstehungsbrände in unterschiedlichen Nutzungen.

Die Wahrscheinlichkeit der Entwicklung von Entstehungsbränden zu Vollbränden hängt stark von den aktiven Brandbekämpfungsmaßnahmen ab. Im Folgenden sind diesbezüglich einige Grundwerte genannt, die in der Bundesrepublik Deutschland im Rahmen der DIN 18 230 – 1, Ausgabe Mai 1998, verwendet werden (siehe Tabelle 1.5.3)

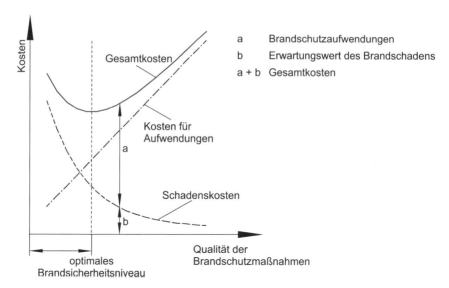

Bild 1.5.3: Optimiertes ökonomisches Brandsicherheitsniveau unter Berücksichtigung der Kosten für Brandschutzaufwendungen und Brandschäden

Tabelle 1.5.2: Eintretenswahrscheinlichkeit von Bränden

Gebäudenutzung	Quelle	Eintretenswahrscheinlichkeit von Bränden pro Million m² Geschossfläche und Jahr
Industriegebäude	Großbritannien [9]	2
	Deutschland [10]	2
	CIB/W14 [11]	2
Büros	Großbritannien [9]	1
	USA [12]	1
	CIB/W14 [11]	0,5 ÷ 5
Wohnungen	Großbritannien [9]	2
	Kanada [13]	5
	Deutschland [14]	1
	CIB/W14 [11]	0,5 ÷ 2

Tabelle 1.5.3: Wahrscheinlichkeit der Brandentwicklung zum Vollbrand nach [15]

Brandbekämpfungsmaßnahme durch	Wahrscheinlichkeit der Fortentwicklung eines Brandes zum Vollbrand
Öffentliche Feuerwehr	0,1
Sprinkleranlage	0,01
gut ausgerüstete Werksfeuerwehr in Verbindung mit Brandmeldeanlage	≥ 0,01 ÷ 0,001
Sprinkleranlage und gut ausgerüstete Werksfeuerwehr	≥ 0,0001

Das in einem Gebäude vorhandene Risiko hängt von der Bauklasse (z. B. ein- oder mehrgeschossig), der Nutzung (z. B. Industriebau, Krankenhaus, Altersheim) und der Personenanzahl ab (siehe Tabelle 1.5.4 nach [16]).

Tabelle 1.5.4: Wahrscheinlichkeit der Brandentwicklung zum Vollbrand nach [16]

Gebäude/Nutzung	Brandrisiko	p_1 [10^{-7}/m²Jahr]	$p_1/p_{1,normal}$
Museum, Galerie	gering	0,4	0,1
Hotel, Schule, Büro	normal	4	1
Fabrik	hoch	40	10
Lackiererei, chemisches Labor	sehr hoch	400	100
Farbenwerke, Feuerwerkskörperproduktion	ultra hoch	4000	1000

Das Grenzrisiko R_{grenz} ist von den vorgegebenen bzw. angestrebten Schutzzielen abhängig. Dabei sind grundsätzlich zu unterscheiden der:

— erforderliche Personenschutz unter Beachtung der

- Selbstrettung,
- Fremdrettung,

— erforderliche Sachwertschutz bezüglich

- Gebäudesubstanz,
- Gebäudeinhalt (z. B. Gebäudeinhalt ersetzbar/nicht wieder ersetzbar),
- Betriebsunterbrechung,
- Nachbarschaft.

Die Brandschutzüberlegungen sollten durch eine ganzheitliche Betrachtung zu einem in sich konsistenten Katalog von Maßnahmen führen. Durch die „Optimierung" der Maßnahmen (Brandschutz nach Maß) ist eine den jeweiligen Verhältnissen und Randbedingungen angepasste Ausgewogenheit der Brandschutzvorkehrungen anzustreben [4]. Entsprechend dem jeweiligen Einzelfall stehen dabei der bauliche Brandschutz oder der abwehrende Brandschutz im Vordergrund. Von Seiten der Gesetzgebung wird im Allgemeinen dem baulichen Brandschutz Vorrang eingeräumt.

1.6 Brandschutzplanung – Interessen und Aufgaben

Das Planungsrecht regelt im Grundsatz **wo** und **was** gebaut werden darf. Planungsrecht ist Bundesrecht. Es findet sich im Wesentlichen im „Baugesetzbuch". Die Planungshoheit liegt bei der jeweiligen Gemeinde. Diese überplant ihr Gemeindegebiet mit vorbereiteten und verbindlichen Bebauungsplänen (Flächennutzungsplan).

Im Rahmen der Bauplanung ist der vorbeugende Brandschutz ein wesentlicher Faktor. Die Aufgaben und Interessen der beteiligten Behörden, Architekten oder Planer und des Bauherrn sind dabei zu beachten und eventuell auszugleichen. Grundsätzlich umfasst diese Aufgabe folgende Teilbereiche:

a) Interessen des Bauherrn

Der Bauherr hat die Absicht, ein Gebäude zu errichten und dabei eine bestimmte wirtschaftliche Nutzung optimal auszuführen. Sein Nutzungsbestreben findet zunächst nur dort eine Einschränkung, wo ihm finanzielle Grenzen gesetzt sind. Da er kein Baufachmann ist, bedient er sich der Hilfe eines Architekten bzw. Planers. Folgende Interessen sind somit feststellbar:

— bestimmte wirtschaftliche Nutzung des Bauwerkes,
— ausreichende Investitionsmittel und
— besondere gestalterische Vorstellungen.

b) Aufgaben des Architekten oder Planers

Der Architekt ist in erster Linie Planer und Gestalter, oft Künstler. Auf der Grundlage seines technischen Wissens und Könnens versucht er, den Bau zu gestalten, harmonische Formen und ästhetische Linien zu verwirklichen und Baukunst zu schaffen. Für ihn sind die Wünsche des Bauherrn und die zur Verfügung stehenden Geldmittel der primäre Rahmen.

Da aber Bauen nicht im freien Raum geschieht, sondern zugleich einen Eingriff in die Interessen Dritter, insbesondere der Allgemeinheit darstellt, erfolgt der Interessenausgleich durch das geschriebene Recht – im Falle des Bauens durch das Baurecht.

Die freie Entfaltung des Nutzungsstrebens des Bauherrn und des Gestaltungswillens des Architekten wird durch das Baurecht daher eingeschränkt, so dass auch den berechtigten Anliegen der Nachbarn und der Öffentlichkeit Rechnung getragen ist. Die Aufgaben des Architekten sind daher:

— das Bauwerk nach Vorstellungen des Bauherrn zu entwerfen,
— den Bau zu gestalten, harmonische Formen und ästhetische Linien zu verwirklichen,
— den Rahmen der verfügbaren Geldmittel nicht zu überschreiten,
— die Einhaltung des Baurechts.

c) Aufgaben der Baubehörde

Die den Brandschutz betreffenden Bestimmungen des Baurechts sind das Ergebnis von Überlegungen, wie den Brandgefahren begegnet werden kann, um den Personenschutz und eventuell auch den Sachschutz sicherzustellen („Brandschutzphilosophie"). Daneben stehen die Gebiete der Brandschutzforschung und -technik, in denen durch wissenschaftliche Arbeiten neue technische Verfahren entwickelt und festgelegt werden, so dass die Forderungen der „Brandschutzphilosophie" verwirklicht werden können.

Beide Gebiete sind im stetigen Wandel begriffen, wobei insbesondere die Erfahrungen der Praxis immer wieder Anlass geben, die bestehenden Vorstellungen abzuwandeln bzw. neue wissenschaftlich-technische Verfahren zu realisieren. Darüber hinaus bestimmen nicht selten politische Vorgaben die Fortschreibung des Baurechts.

Neue Technologien können neue Risiken herbeiführen – man denke an die Entwicklungen in der Kernkrafttechnik. Das Baurecht wird daher auch stets auf Anwendbarkeit und Verbesserung des Brandschutzes geprüft. Primäre Aufgaben der Baubehörden sind demzufolge:

— Prüfung des Bauvorhabens hinsichtlich der öffentlichen Belange, Gefährdung der öffentlichen Sicherheit oder Ordnung, Leben und Gesundheit,
— Prüfung berechtigter Anliegen der Nachbarn,
— Anwendung des Baurechts als Maßstab für die Genehmigung.

d) Baurecht

Die Grundlagen bauaufsichtlicher Brandschutzforderungen in Deutschland sind in Gesetzen (z. B. Bauordnungen) und den dazugehörigen Verordnungen sowie in den Technischen Baubestimmungen und Verwaltungsvorschriften enthalten. Die Technischen Baubestimmungen und Verwaltungsvorschriften werden über Erlasse eingeführt und mit den Gesetzen und Verordnungen verbunden. Zu den Technischen Baubestimmungen gehören insbesondere die eingeführten DIN–Normen. Verwaltungsvorschriften werden im Einzelfall erlassen, um wichtige Bereiche abzudecken (z. B. Industriebaurichtlinie, Richtlinie für die Verwendung brennbarer Materialien im Hochbau). Sonstige technische Richtlinien sind z. B. VDE–Vorschriften oder die Richtlinien des VDS.

Die wichtigste Vorschrift ist die jeweils gültige Landesbauordnung. Das Baugesetz ist jeweils unmittelbar wirksames Recht. Die Vorschriften der Bauordnung gelten auch dann, wenn bei der Errichtung baulicher Anlagen im Bauschein nicht auf die Beachtung der einen oder anderen Bestimmung hingewiesen wird [17]. In den Landesbauordnungen können natürlich nicht alle technischen Tatbestände perfekt geregelt werden. Das hat der Gesetzgeber den Verordnungen (VO) überlassen. Sie lassen sich in zwei Gruppen zusammenfassen:

— Durchführungsverordnungen und
— Sonderverordnungen.

Die wichtigsten Durchführungsverordnungen sind die Bauvorlagen-VO und die Allgemeine Durchführungs-VO oder 1. Durchführungs-VO zur Bauordnung. In der Bauvorlagen-VO wird z. B. festgelegt, wie Brandschutznachweise zu erbringen sind. Die Verordnung regelt damit den Nachweis des Brandschutzes durch Prüfzeugnis oder auch durch Gutachten. Die Allgemeine Durchführungs-VO konkretisiert dagegen einzelne Bestimmungen der Bauordnung. In einigen Bundesländern gibt es darüber hinaus noch Ausführungsbestimmungen zur Allgemeinen Durchführungs-VO.

Auf dem Gebiet der Sonderverordnungen werden bestimmte bauliche Anlagen besonderer Art oder Nutzung erfasst, die häufiger gebaut werden als z. B. die individuellen baulichen Anlagen. Die Sonderverordnungen werden ggf. durch Richtlinien und Ausführungsbestimmungen ergänzt. In diesem Zusammenhang ist hier z. B. die Industriebaurichtlinie oder die Schulbaurichtlinie zu nennen: diese Verwaltungsvorschrift konkretisiert die Bestimmungen für den Schulbau genauer und schränkt den Ermessensspielraum der Baubehörde ein. Auf den baulichen Brandschutz im Industriebau wird im Kapitel 6 ausführlich eingegangen.

e) **Bautechnische Brandschutzplanung**

Die bautechnische Brandschutzplanung umfasst eine Vielzahl von Einzelaspekten, welche von dem Architekten oder Planer nur unter Beiziehung von Experten aus den verschiedenen Bereichen wie Behörden, Sachverständigen und Fachplanern behandelt werden können. Zu beachten sind u. a. folgende Bereiche:

e_1) **Bebauungsplan**

— Bauweise, offen oder geschlossen,
— Art der baulichen Nutzung des Baugebietes (z. B. Kleinsiedlungs-, Wohn-, Gewerbe- oder Industriegebiet),
— zulässiges Maß der baulichen Nutzung (z. B. Zahl der Vollgeschosse, Anteil der bebaubaren Fläche),
— Öffnungen nach öffentlichen Verkehrsflächen und angrenzenden Grundstücken.

e_2) **Bauvorlagen**

— Anordnung der baulichen Anlage auf dem Grundstück,
— Grundrisse aller Geschosse und des nutzbaren Dachraumes mit Angaben der vorgesehenen Nutzung der Räume und mit Einzeichnung der

- Kamine,
- Feuerstätten,
- ortsfesten Behälter für brennbare Flüssigkeiten und
- Aufzugs-, Lüftungs- und Abfallschächte,

— Schnitte, aus denen die Geschosshöhen, die lichten Raumhöhen und der Verlauf der Treppen und Rampen ersichtlich sind, mit dem Anschnitt des vorhandenen und des künftigen Geländes,
— Ansichten der geplanten baulichen Anlagen und evtl. der anschließenden Gebäude,
— Maße und die Art der verwendeten Baustoffe und Bauarten,
— Erschließungsplanung für die Versorgung (inklusive Löschwasserversorgung) und Entsorgung (z.B. Abwasser),
— bei Änderung baulicher Anlagen zu beseitigende und neue Bauten.

e₃) **Baubeschreibung**

— Angaben, die nicht aus den Bauzeichnungen zu ersehen sind und die Konstruktion und Nutzung erläutern,
— Betriebsbeschreibung

- Art der gewerblichen Tätigkeit,
- Art, Zahl und Aufstellungsort von Maschinen oder Apparaten,
- Art der zu verwendenden Rohstoffe und Erzeugnisse sowie deren Lagerung,
- Zahl der Beschäftigten.

e₄) **Ergänzende Nachweise und Detailpläne für die Beurteilung des Brandschutzes**

— Flucht- und Rettungswege, einschließlich entsprechender Pläne,
— Brauchbarkeitsnachweise für Bauteile (Prüfungszeugnis, Gutachten),
— Projektierungspläne für

- Ent- und Belüftung,
- Klimatisierung,
- Heizung,
- Rauch- und Wärmeabfuhr,
- Brandmeldeanlage,
- ortsfeste Löschanlagen,
- Löschwasserversorgung,
- Installation von Löscheinrichtungen,
- Bestuhlungs- und Einrichtungspläne.

e₅) **Brandschutz der Gemeinde**

— Art, Stärke und Ausrüstung der öffentlichen Feuerwehr,
— Anmarschwege der Feuerwehr,
— Löschwasserversorgung,
— Feuermelde- und Alarmeinrichtungen.

Alle Schäden und Nachteile, die von einem Grundstück und seiner Bebauung ausgehen und das Nachbargrundstück sowie dessen Bebauung betreffen könnten, sollen durch Nachbarschutzbestimmungen verhindert werden. Auf den Brandfall bezogen sind viele Bestimmungen – z. B. über Brandwände, Außenwände und Dächer –, die der Entstehung und Ausbreitung eines Brandes entgegenwirken sollen, „nachbarschützend". Andere, die Anordnung der Gebäude auf dem Grundstück betreffenden Bestimmungen, haben den Schutz der Personen im Gebäude, des Gebäudes selbst bzw. der Rettungskräfte im Auge. Dazu gehören beispielsweise auch die Abstände zu Starkstrom-Freileitungen oder Eisenbahnanlagen.

Die Anordnung der Gebäude auf dem Grundstück bestimmt weiterhin die Zugangsmöglichkeit zu den Gebäudefronten und damit die Möglichkeit für die Feuerwehr,

Menschen und Tiere zu retten und wirksame Löscharbeiten durchführen zu können. Diesbezüglich sind eventuell spezielle Zufahrten und Aufstellflächen für die Feuerwehr auszuweisen.

In dem nachstehenden Bild 1.6.1 ist die Vorgehensweise für eine brandschutztechnische Bauplanung in Verbindung mit den baurechtlichen Grundlagen schematisch dargestellt.

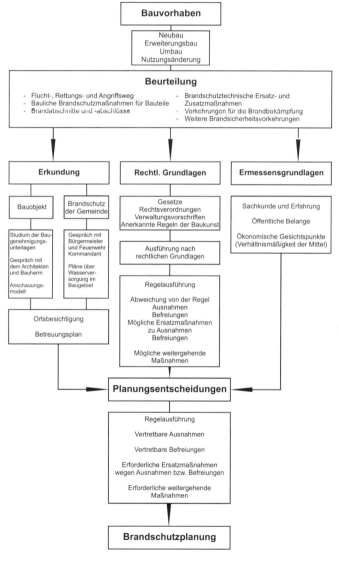

Bild 1.6.1:   Schematischer Ablauf für die Brandschutzplanung nach [21]

1.7 Literatur zum Kapitel 1

[1] Wilmot, R.: European Fire Costs, the Wasteful Statistical Gap. Ass. Int. Pour l`Etude de l`Economie de l`Assurance „Association de Genève", 1979

[2] Temme, H.-G.: Bauordnungsrechtliche Forderungen nach Gesamt-Brandschutzkonzepten. VdS-Tagung; Ingenieurmäßige Verfahren im Brandschutz (5), Köln, April 1998

[3] Wiese, J.; Reichelt P.: Erstellung von Gesamtbrandschutzkonzepten und deren Bewertung unter Verwendung von ingenieurmäßigen Brandsicherheitsnachweisen. VdS-Tagung; Ingenieurmäßige Verfahren im Brandschutz (5), Köln, April 1998

[4] Schneider, U.: Brandschutzkonzepte für Sonderbauten. TAE-Tagung; Baulicher Brandschutz – Brandschutzkonzepte für ausgedehnte Gebäude, Esslingen, Februar 1998

[5] Schneider, U.; Lebeda, C.: Zielorientierte Brandschutzkonzepte. Baumagazin 5/97, S. 16–31. Fachzeitschriftenverlag technopress, Wien, Oktober 1997

[6] Bayerl, E.: Überlegungen des BMBau zur Anwendung von ingenieurmäßigen Verfahren für die Planung und Genehmigung von Bauten des Bundes. VdS Tagung; Ingenieurmäßige Verfahren im Brandschutz (4), Köln, April 1997

[7] BMBau: Brandschutzleitfaden für Gebäude besonderer Art und Nutzung. Brandschutzleitfaden für Bauten des Bundes; Bonn, März 1998

[8] Tri Data Corporation: Fire in the United States 1986 – 1995. Federal Emergency Management Agency, United States Fire Administration, National Fire Data Center, FA-183, August 1998

[9] Baldwin. R.; Thomas, P.H.: Passive and active fire protection – the optimum combination. Fire Research Station, Fire Research Note Nr. 963, London, 1973

[10] DIN 18230: Baulicher Brandschutz im Industriebau. Teil 1: Rechnerisch erforderliche Feuerwiderstandsdauer. Deutsches Institut für Normung e.V., Beuth Verlag GmbH; Berlin, Mai 1998

[11] CIB (Conseil International du Bâtiment) W14 Workshop „Structural Fire Safety" – A Conceptional Approach Towards a Probability Based Design Guide on Structural Fire Safety. Fire Safety Journal. Volume 6. Nr. 1. Elsevier Sequoia S.A.; Lausanne 1983

[12] Wiggs, R.: BOMA International Office Building. Fire Survey, Skyscraper Management, 59(6), 1973

[13] Lie, T.T.: Safety Factors for Fire Loads. Canadian Journal of Civil Engineering, Vol. 6., Nr. 4, Dec. 1979

[14] N.N.: Landesamt für Brand- und Katastrophenschutz, Bayern, 1983

[15] Bub, H.; Hosser, D.; Kerksen-Bradley, M.; Schneider, U.: Eine Auslegungssystematik für den baulichen Brandschutz. Brandschutz im Bauwesen, Heft 4; Erich Schmidt Verlag GmbH, Berlin, 1983

[16] Schleich, J.B.; Cajot, L.-G.: Brandsicherheitskonzept unter Berücksichtigung von Naturbrand. EGKS Vereinbarung PA/PB/PC-D57, Projekt zur Verbreitung von Forschungsergebnissen, Abschlussbericht, Arbed-Research Centre, 40009 Esch/Alzette, Luxemburg, August 2001

[17] Schmidt-Ludwig, N.; Steinhoff, D.: Grundlagen des Brandschutzes im Bauwesen, Heft 1; Allgemeine Anforderungen. Erich Schmidt Verlag, Berlin, 1982

[18] Klose, A.: Vorbeugender baulicher Brandschutz. Fachbeitrag im Promatbericht: Bautechnischer Brandschutz 97, Promat GmbH, Ratingen, 1997

[19] Böckenförde, D.; Temme, H.-G.; Krebs, W.: Musterbauordnung für die Länder der Bundesrepublik Deutschland. Fassung gem. Beschluss der ARGEBAU vom 4. Mai 1990; Werner Verlag GmbH, Düsseldorf, 1990

[20] Klose, A.: Brandsicherheit baulicher Anlagen; Bd. 1: Neue Normen für die Beurteilung des Brandverhaltens von Baustoffen und Bauteilen. Werner Verlag GmbH, Düsseldorf, 1978

[21] Schneider, U.: Baulicher Brandschutz. Vorlesungsmanuskript, Schriftenreihe „Wiener Baustofflehreblätter", Institut für Baustofflehre, Bauphysik und Brandschutz, TU Wien, 1997/98

[22] Schneider, U.; Lebeda, C.: Baulicher Brandschutz. 1. Auflage, Kohlhammer, 2000

2 Brandschutzkonzepte als Grundlage für den baulichen Brandschutz

2.1 Stand der Erkenntnisse

Aufgrund von Brandereignissen (Großbränden) bei Sonderbauten und der zunehmenden Anwendung von Ingenieurmethoden im Brandschutz hat sich gezeigt, dass der Brandschutz in derartigen (großen) Gebäuden gesondert zu behandeln ist und dass die Brandsicherheit und die zugehörigen Maßnahmen im Rahmen einer ganzheitlichen Betrachtung ermittelt und festgelegt werden müssen. In den zurückliegenden Jahren sind deshalb von Behörden, Verbänden und Wissenschaftlern verschiedene Strukturen für Brandschutzkonzepte ausgearbeitet bzw. vorgeschlagen worden. Eine diesbezügliche Zusammenstellung von Veröffentlichungen aus jüngerer Zeit enthält die nachstehende Tabelle 2.1.1.

Die Zusammenstellung zeigt, dass die Strukturen der Brandschutzkonzepte unter den verschiedensten Gesichtspunkten entwickelt wurden, wobei naturgemäß den von Behörden vorgestellten Konzepten ein größeres Gewicht zukommt. Darin wird das Bemühen deutlich, die Wünsche der Bauherrn und Architekten nach immer größeren Baustrukturen und baulichen Anlagen durch angepasste Brandschutzregeln zu unterstützen.

Tabelle 2.1.1: Brandschutzkonzepte für Gebäude bzw. Sonderbauten

Sachverständigenkommission Flughafen Düsseldorf [1]	Apr. 1997
MBW – NW §7 (neu), BauPrüfVO [3]	Jan. 1998
Schneider, AGB, Bruchsal, TAE-Esslingen [4]	Feb. 1998
BMVBW Brandschutzleitfaden, Bonn [5]	Nov. 1998
Schneider u. Lebeda, TU Wien, Anforderungen an Brandschutzkonzepte für Sonderbauten [6]	Jan. 1999
Schneider, U; TU Wien, Ingenieurmethoden im baulichen Brandschutz, 1. Auflage [8]	Jan. 2001
vfdb-Richtlinie 01/01/ [7]	Jun. 1999
vfdb-Leitfaden [13]	Mai 2006

Übereinstimmung herrscht bei den Verfassern von Brandschutzkonzepten darüber, dass die Konzepte sich an konkreten Schutzzielen orientieren müssen. Im §17 MBO, Ausgabe 1996, sind die allgemeinen Schutzziele des Brandschutzes wie folgt definiert:

Bauliche Anlagen müssen so beschaffen sein, dass

— der Entstehung eines Brandes und der Ausbreitung von Feuer und Rauch vorgebeugt wird,
— die Rettung von Menschen und Tieren sowie wirksame Löscharbeiten

möglich sind.

Daneben lassen sich aus der MBO und den LBOs weitere spezielle Schutzziele ableiten:

— Die Gebäudebenutzer sollen das Gebäude verlassen können, ohne in eine gefährliche Situation oder sonstige widrige Umstände zu geraten (Prinzip der Selbstrettung).
— Die Feuerwehrleute müssen durch vorbeugende Brandschutzmaßnahmen in der Lage sein:

  • wirksam zu retten,
  • die Ausbreitung eines Brandes zu verhindern.

— Ein Großbrand oder das Freisetzen von größeren Mengen an Gefahrstoffen sind zu vermeiden (Umweltschutz).
— Schädliche Auswirkungen eines Brandes auf die Nachbarschaft sollen weitestgehend vermieden werden (Nachbarschutz).

Ob und inwieweit ein besonderes Schutzziel in Frage kommt, ist in jedem Einzelfall zu prüfen. Hierbei kann es aus wirtschaftlichen Überlegungen sinnvoll sein (hohe Brand- und Folgeschäden), die Schutzziele hinsichtlich ihrer Art zu erhöhen, zum Beispiel im Hinblick auf:

— die Bausubstanz und Struktur des Gebäudes (z. B. Denkmalschutz),
— den Inhalt des Gebäudes (z. B. Schutz von kulturellem Erbe),
— den laufenden Betrieb (z. B. militärische Sicherheit, Datensicherung),
— Betriebsausfälle, die nicht oder nur räumlich und zeitlich begrenzt hingenommen werden können (z. B. bei Forschungseinrichtungen).

Die Schutzziele sind nicht nur inhaltlich zu definieren, sondern es müssen geeignete Kriterien aufgestellt und quantifiziert werden. Es ist prinzipiell somit davon auszugehen, dass bei Sonderbauten (schutz-) **zielorientierte Brandschutzkonzepte** zugrunde gelegt werden müssen, selbst wenn der Terminus „zielorientiert" nicht expressis verbis in den entsprechenden Richtlinien erscheint. Im Bundesleitfaden [5] wird diesbezüglich vom „individuellen Brandschutzkonzept" gesprochen; im Entwurf zu §7 (neu) der BauPrüfVO NW [3] wird im Titel nur die Formulierung Brandschutzkonzept verwendet. In der vfdb-Richtlinie [7] wird im Vorwort ausdrücklich auf die Einhaltung der Schutzziele hingewiesen. In der Industriebaurichtlinie [12] wird an Stelle von Schutzzielkriterien das Wort Sicherheitskriterien verwendet.

2.2 Anforderungen an zielorientierte Brandschutzkonzepte

Unter Fachleuten besteht weitestgehend Einigkeit über den Umfang und Inhalt von Brandschutzkonzepten. In [1], [3] und [4] sind die wesentlichen Grundlagen derartiger Konzepte beschrieben. Eine umfassende Darstellung ist im Bundesleitfaden [5] gegeben. Die Beiträge in [6], [7] und [8] beruhen im Wesentlichen auf Grundlagen die sich aus den Ingenieurmethoden für den Brandschutz ableiten.

Nach [5], [6] und [7] beginnt die Erstellung eines individuellen (= zielorientierten) Brandschutzkonzeptes mit der

— Nutzungsanalyse,
— Schutzzieldefinition und
— Brandgefahrenermittlung.

Im Rahmen dieses Planungsschrittes sind u. a. auch die Beurteilungs- und Rechtsgrundlagen zu spezifizieren und Risikoschwerpunkte zu benennen.

I. Allgemeine Angaben zur Liegenschafts- und Gebäudeanalyse:

Nach [7] und [8] sind diesbezüglich folgende Detailschritte vorgesehen:

— Beschreibung des Gebäudes, der baulichen Anlage und der örtlichen Situation im Hinblick auf den Brandschutz,
— Beurteilungsgrundlagen (Planungsstand und Rechtsgrundlage),
— Art der Nutzung (langfristige Nutzungsplanung),
— Anzahl und Art der die bauliche Anlage nutzenden Personen,
— Brandbelastung der Nutz- und Lagerflächen,
— Darstellung der Schutzziele und insbesondere Beschreibung der Schwerpunkte der Schutzziele, z. B. bezüglich Personen-, Sachwert-, Denkmal-, Unfall- und Umweltschutz,
— Brandgefahren und besondere Zündquellen,
— Risikoanalyse und Benennung der Risikoschwerpunkte.

Aus den Zwischenergebnissen der Liegenschafts- und Gebäudeanalyse, den Schutzzielbetrachtungen und der Brandgefahrenermittlung resultieren definitive Planungskriterien, aus denen gezielte vorbeugende Brandschutzmaßnahmen, unter Einbeziehung der technischen und logistischen Möglichkeiten des abwehrenden Brandschutzes (Feuerwehren, Betriebsfeuerwehren und Werknotdienste), ermittelt werden können. Der vorbeugende Brandschutz umfasst die Bereiche

— baulicher Brandschutz und
— anlagentechnischer Brandschutz.

II. Baulicher Brandschutz:

In [7] und [8] sind bezüglich des baulichen Brandschutzes folgende Maßnahmen genannt:

— Zugänglichkeit der baulichen Anlagen vom öffentlichen Straßenraum wie Zugänge, Zufahrten,
— Erster und Zweiter Rettungsweg und Rettungswegausbildung,
— Anordnung von Brandabschnitten und anderen brandschutztechnischen Unterteilungen sowie die Ausführung deren trennender Bauteile,
— Anordnung und Ausführung von Rauchabschnitten (Rauchschürzen, Rauchschutztüren),
— Abschluss von Öffnungen in abschnittsbildenden Bauteilen.
— Feuerwiderstand von Bauteilen (Standsicherheit, Raumabschluss, Isolierung usw.),
— Brennbarkeit der Stoffe.

In Bezug auf die Rettungswege sind in [5] zusätzlich folgende Maßnahmen genannt:

— Notbeleuchtung nach VDE 6108,
— Beschilderung nach DIN 4844.

In [1], [6] und [8] wird zusätzlich auf die Ermittlung bzw. evtl. notwendige Begrenzung der

— Brandbelastungen

hingewiesen.

III. Anlagentechnischer Brandschutz:

Über die anlagentechnischen Brandschutzmaßnahmen ist in [7] und [8] eine umfassende Darstellung zu finden:

— Brandmeldeanlagen mit Darstellung der überwachten Bereiche, der Brandkenngrößen und der Stelle, auf die aufgeschaltet wird,
— Alarmierungseinrichtung mit Beschreibung der Auslösung und Funktionsweise,
— Automatische Löschanlagen mit Darstellung der Art der Anlage und der geschützten Bereiche,
— Brandschutztechnische Einrichtungen wie Steigleitungen, Wandhydranten, Druckerhöhungsanlagen, halbstationäre Löschanlagen und Einspeisstellen für die Feuerwehr,
— Rauchableitung mit Darstellung der Anlage einschließlich der Zulufteinrichtungen und den zu entrauchenden Bereichen,
— Einrichtungen zur Rauchfreihaltung mit Schutzbereichen,
— Maßnahmen für den Wärmeabzug mit Darstellung der Art der Anlage,
— Lüftungskonzept soweit es den Brandschutz berührt (z. B. Umsteuerung der Lüftungsanlagen von Um- auf Abluftbetrieb),

- Angabe zum Funktionserhalt von sicherheitsrelevanten Anlagen einschließlich der Netzersatzversorgung,
- Blitz- und Überspannungsschutzanlage,
- Sicherheits- und Notbeleuchtung,
- Angaben zu Aufzügen (z. B. Brandfallsteuerung, Aufschaltung der Notrufabfrage, Feuerwehraufzüge),
- Beschreibung der Funktion und Ausführung der Gebäudefunkanlage.

In [5] sind diesbezüglich zusätzlich erwähnt:

- Sonderschutzanlagen z. B. für Tanklager, Lackierereien und Gefahrstofflager,
- Explosionsschutz z. B. Gasmeldeanlagen,
- Druckerzeugung (Über- und Unterdruck).

Der organisatorische Brandschutz ist nach [8] unterteilt in die Bereiche

- betrieblicher Brandschutz und
- abwehrender Brandschutz.

IV. Organisatorischer (betrieblicher) Brandschutz:

In [7] und [8] sind diesbezüglich folgende Regelungen enthalten:

- Angabe über das Erfordernis einer Brandschutzordnung nach DIN 14096, einer Evakuierungsplanung und von Rettungswegplänen,
- Kennzeichnung der Rettungswege und Sicherheitseinrichtungen,
- Bereitstellung von Kleinlöschgeräten (Feuerlöscher, Brandschutzdecke),
- Hinweis auf die Ausbildung des Personals in der Handhabung von Kleinlöschgeräten und auf die jährliche Einweisung der Mitarbeiter in die Brandschutzordnung,
- Einrichtung einer Werkfeuerwehr.

In [5] wird in diesem Zusammenhang zusätzlich auf

- die Sicherheitsvorschriften für Feuerarbeiten,
- den Brandschutz bei Bauarbeiten

hingewiesen.

V. Abwehrender Brandschutz:

Der abwehrende Brandschutz umfasst nach [7] und [8] folgende Bereiche:

- Löschwasserversorgung und -rückhaltung,
- Erstellung von Feuerwehrplänen nach DIN 14095,
- Flächen für die Feuerwehr (Aufstell- und Bewegungsflächen),
- Einrichtung von Schlüsseldepots (Feuerwehrschlüsselkästen),
- Festlegung zentraler Anlaufstellen für die Feuerwehr.

Es ist klar, dass unter diesem Punkt auch die Ausrüstung und Stärke der zuständigen

— öffentlichen Feuerwehr bzw.
— Werkfeuerwehr

zu behandeln sind. Es ist zwingend erforderlich für den Nutzer und Betreiber eine ausführliche Dokumentation, der für die Nutzung relevanten Randparameter des Brandschutzkonzeptes zu erstellen.

VI. Technische Dokumentationen und wiederkehrende Prüfungen:

Im Einzelnen sollte sich dies auf folgende Bereiche erstrecken [8]:

— Brandschutzpläne,
— Pläne und Beschreibungen der anlagentechnischen Brandschutzmaßnahmen,
— Hinweise zur Wartung, wiederkehrende Prüfungen und Funktionsprüfung,
— Angaben zur notwendigen Dokumentation (Prüfbücher),
— Hinweise zur Nutzung (Bestuhlung- bzw. Lagerpläne),
— Hinweise zur Verantwortlichkeit im Betrieb (Brandschutzbeauftragter).

Für den Bereich des **Industriebaues** liegen bereits umfangreiche Erfahrungen über zielorientierte Brandschutzkonzepte vor. In anderen Bereichen von Sonderbauten (Messegebäude, Sportarenen, Flughafengebäude) ist die Methodik eher neu bzw. weitestgehend unbekannt. In der Tabelle 2.2.1 ist eine Grobstruktur für ein Brandschutzkonzept von Industriegebäuden nach [6] und [8] beispielhaft angegeben. Prinzipiell sind in der angegebenen Grobstruktur sämtliche Gesichtspunkte des oben beschriebenen Brandschutzkonzeptes enthalten.

Tabelle 2.2.1: Beispiel für ein Brandschutzkonzept von Industriegebäuden

Brandschutztechnisches Gesamtkonzept	
Punkt I	Grundstücke, Bebauung Zusätzliche Bauvorlagen
Punkt II	Baulicher Brandschutz Flucht und Rettungswege
Punkt III	Brandschutzeinrichtungen im Gebäude Sonstige sicherheitstechnische Einrichtungen Umweltschutz, Gefahrstoffe
Punkt IV	Betrieblicher / Organisatorischer Brandschutz
Punkt V	Abwehrender Brandschutz
Punkt VI	Abnahmen und Dokumentation Wiederkehrende Prüfungen

2.3 Spezielle Gesichtspunkte für Brandschutzkonzepte von Sonderbauten

2.3.1 Allgemeines

Bei Sonderbauten mit großen Menschenansammlungen (z. B. über 1000 Personen) sind ggf. spezielle Brandschutzmaßnahmen erforderlich, welche im Folgenden diskutiert werden.

Oberstes Schutzziel für Sonderbauten für große Menschenansammlungen ist zweifelsfrei der **Personenschutz**; die Bedeutung von Maßnahmen, welche dem Sach- oder Umweltschutz dienen, tritt demgegenüber zurück. Abgesehen von Fragen des Nachbarschutzes sind diese im Hinblick auf ökonomische Erwägungen im Einzelfall jedoch keinesfalls zu vernachlässigen, sondern können entsprechend der jeweiligen Gebäudeart oder -nutzung ebenfalls einen sehr hohen Stellenwert erlangen.

Der Personenschutz ist deshalb von besonderer Bedeutung, weil es auch darum geht, neben der Flucht und Rettung sowie einer schnellen Erstbekämpfung des Brandes, der Entstehung einer Panik vorzubeugen. Das Verhalten von großen Menschengruppen im Falle einer **Panik ist nahezu unvorhersehbar**. Die Erfahrung zeigt jedoch, dass solche Ereignisse häufig mit gesundheits- oder lebensbedrohenden Situationen verbunden sind.

Das eine Panik auslösende Ereignis – z. B. ein Feuer – mag im Einzelfall nur bedingt als lebensbedrohend gelten. Die Folgen einer Panik können aber viel größere Auswirkungen haben als das Primärereignis selbst. Hieraus leitet sich auch die Notwendigkeit von besonderen Brandschutzmaßnahmen ab, die auf die Art der Nutzung (Veranstaltung) und die Anzahl der Besucher abgestimmt sein müssen.

Der **Personenschutz** in Sonderbauten für große Menschenansammlungen ist deshalb vorrangig unter den Gesichtspunkten

— der Menschenrettung, u. a. Flucht und Rettung von Personen oder Personengruppen, auch aus speziellen Gebäudebereichen und
— der Verhinderung einer Panik

zu betrachten, wobei aufgrund der großen Personenzahl grundsätzlich **die Selbstrettung** sichergestellt werden muss. Dafür sind u. a. Maßnahmen erforderlich, die der

— Schadensvermeidung
— Alarmierung und Warnung
— Evakuierung
— Fluchtwegsicherung
— Rettungswegsicherung

dienen. Im Folgenden sind solche Maßnahmen unter dem Gesichtspunkt des baulichen Brandschutzes dargestellt. Eine umfassende Behandlung dieses Themas für alle Sonderbauten ist aus Gründen der gebotenen Kürze nicht möglich.

2.3.2 Brandschutzplanung

Bei Sonderbauten empfiehlt sich die Erstellung **spezieller Bauvorlagen** für den Brandschutz. Insbesondere gehören zu diesen Bauvorlagen z. B.:

— Baupläne mit Eintragung der Brandabschnitte, brandschutztechnischen Unterteilungen, Feuerschutzabschlüsse und Schottungen,
— Flucht- und Rettungswegpläne,
— Vorlage eines Evakuierungskonzeptes eventuell mit einer Evakuierungsberechnung,
— Pläne von RWA-Anlagen und maschinellen Entrauchungseinrichtungen mit Eintragung der Rauchabschnitte, Entrauchungsquerschnitte bzw. Luftwechselraten und Auslösestellen,
— Pläne der Lüftungsanlagen in den zugehörigen Räumen mit Darstellung der darin vorhandenen Brandschutzeinrichtungen,
— Darstellung der Brandmeldeanlagen mit Unterzentralen, Feuerwehrtableaus, Auslösestellen etc.,
— Darstellung der ELA-Anlagen (Lautsprecheranlagen),
— Pläne der stationären Löschanlagen mit Darstellung der Löschbereiche,
— Hydrantenpläne mit Darstellung der Hydranten innerhalb und außerhalb des Sonderbaues,
— Feuerwehrpläne, Lageplan mit Zufahrt und Aufstellflächen für die Feuerwehr.

2.3.3 Brandabschnitte und Rauchabschnitte

Bei der Erstellung eines **Gebäudekonzepts** sollte auch darauf geachtet werden, gesicherte Bereiche oder zumindest großräumige Unterteilungen zu schaffen, um der Entstehung von Brandkatastrophen vorzubeugen. Sonderbauten müssen daher, soweit irgend möglich, in funktional getrennte

— Brandabschnitte und
— Rauchabschnitte

unterteilt werden. An den Abschnittsgrenzen sind qualifizierte Bauteile zu verwenden. Die Bildung von Rauchabschnitten muss auf der Basis eines **Entrauchungskonzeptes** erfolgen. Neben den vertikalen Durchbrüchen und Installationsdurchführungen sind auch alle horizontalen Öffnungen (z. B. in Geschossdecken) im gesamten Gebäude mit brandschutztechnisch klassifizierten **Abschottungen** zu versehen. Das gilt insbesondere auch für Abschottungen

— in vertikalen Schächten für Ver- und Entsorgungseinrichtungen,
— für elektrotechnische Installationen,
— für bauliche Abschottungen von Installationsgängen,

— in Technikräumen,
— in Lüftungs- und anderen Technikzentralen.

Alle Durchführungen in Wänden mit spezifizierter Feuerwiderstandsdauer nach DIN- oder EN-Normen sind mit entsprechenden

— qualifizierten Feuerschutzabschlüssen
— qualifizierten Schottungen
— rauchdichten Türen
— qualifizierten Verglasungen

zu versehen. Die technischen Anforderungen an feuerwiderstandsfähige Türen sollten so ergänzt werden, dass auch ein Mindestmaß an Rauchdichtheit gewährleistet ist. Ständig aus betrieblichen Gründen offenzuhaltende Feuerschutzabschlüsse müssen über zugelassene Feststellanlagen für Feuerschutzabschlüsse, die von Rauchmeldern angesteuert sind, geschlossen werden, da die Auslösetemperaturen von thermischen Meldern (Schmelzlot) zu hoch sind, um ein rechtzeitiges Schließen einzuleiten und damit die Rauchübertragung zu verhindern. Eine rauchmeldergesteuerte Auslösung von Brandschutzklappen (z. B. in Lüftungsanlagen) kann ebenfalls erforderlich oder zweckmäßig sein.

2.3.4 Baustoffe und Brandbelastung

Vorliegende Erfahrungen und Erkenntnisse, die anhand von Großbränden in Sonderbauten gewonnen wurden, haben ergeben, dass der Einbau von brennbaren bzw. vermeintlich „kaum" brennbaren (schwerentflammbaren) **Baustoffen** stets mit Risiken verbunden ist, welche durch die Verwendung weiterer brennbarer Materialien für technische und nutzungsspezifische **Ausstattungen** signifikant erhöht werden. Die Vermeidung brennbarer Materialien für die Ausstattungen ist nur bedingt möglich. Ebenso ist eine gezielte Kontrolle von **Zündquellen** in öffentlich zugänglichen Bereichen praktisch nicht möglich, so dass prinzipiell in allen Bereichen mit brennbaren Baustoffen oder Ausstattungen mit dem Auftreten von Bränden gerechnet werden muss.

In Sonderbauten muss aus den o. g. Gründen von Seiten der Planung die Vermeidung brennbarer Baustoffe und Ausstattungen angestrebt werden. Dass durch die Verwendung **schwerentflammbarer Baustoffe** angestrebte Sicherheitsniveau lässt sich nicht erreichen, wenn gleichzeitig andere normalentflammbare Baustoffe oder Brandlasten vorhanden sind, die zu einem größeren Primärbrand führen können (z. B. Mobiliar, Ausstattungsmaterialien). Darüber hinaus ist der Anteil an brennbaren Stoffen, die aus der Nutzung herrühren, zu minimieren und ggf. sogar definitiv zu begrenzen. Das gilt auch für Einbauten, Möbel und anderes Inventar. Wenn hierfür brennbare Materialien verwendet werden sollen, sollte die Auflage gemacht werden, nur schwerentflammbare Stoffe zu verwenden.

Soweit in Sonderbauten brennbare Baustoffe nicht zu vermeiden sind, ist ihr Einbau ausdrücklich bauaufsichtlich zu genehmigen [1]. Voraussetzung der Genehmigung ist, dass sich aus ihrer Verwendung keine Personengefährdung (z. B. durch die rasche

Ausbreitung von Feuer oder Rauch) ergibt und ihr Einbau aus betrieblichen Gründen erforderlich ist.

2.3.5 Kommunikation, Rettungswege, Treppenräume und Aufzüge

Weiträumige und mitunter mehrgeschossige Gebäude für große Menschenansammlungen erfordern besondere **Maßnahmen zum Personenschutz**. Dabei spielen neben den organisatorischen Maßnahmen (z. B. Kommunikation, Notruf, Warndurchsagen) die baulichen Vorkehrungen eine maßgebliche Rolle. Maßnahmen für den Personenschutz sollten somit die Bereiche

— Kommunikation
— Flucht- und Rettungswege
— Sicherheit von notwendigen Fluren und Treppenräumen
— Sicherheit von Aufzügen

umfassen, wobei für die im Einzelnen zu treffenden Maßnahmen die spezifischen baulichen Gegebenheiten der Sondergebäude zu berücksichtigen sind.

2.3.6 Entrauchungskonzept und Anlagen für die Entrauchung

Die Entrauchung von Sonderbauten ist für den Personenschutz von wesentlicher Bedeutung. Die Rauchentstehung und -ausbreitung sollten lokalisiert werden, um frühzeitig entsprechende Entrauchungsmaßnahmen einleiten zu können. Für Sonderbauten ist daher ein umfassendes **Entrauchungskonzept** zu erstellen. Dabei sollte grundsätzlich eine geschossweise Entrauchung – ggf. in einzelne Rauchabschnitte unterteilt – vorgesehen werden. Zur Sicherstellung einer wirksamen Brandbekämpfung und der Flucht und Rettung sollten automatisch angesteuerte **Entrauchungsgeräte** u. a. in folgenden Bereichen installiert werden:

— Untergeschosse mit Personenansammlungen,
— Flure und Arbeitsräume in Kellergeschossen,
— wichtige und schwer zugängliche Technikbereiche in Kellergeschossen,
— Obergeschosse, Atrien,
— Treppenräume, Aufzugsschächte
— große überdachte Bereiche, Passagen.

Im Rahmen des Entrauchungskonzeptes sollte eine gesonderte Bewertung der Rauchentwicklung durch brennbare Baustoffe erfolgen. Das Rauchpotential der vorhandenen brennbaren Stoffe in den zu beurteilenden Bereichen müsste bei der Planung von Entrauchungseinrichtungen berücksichtigt werden.

Die **Wirksamkeit der Entrauchung** durch maschinelle Entrauchungs- oder NA-Anlagen, insbesondere nach einer Neuerrichtung, ist durch theoretische Berechnungen und im Zweifelsfall durch Entrauchungsversuche im Maßstab 1:1, d. h. am Bauwerk selbst, nachzuweisen. Über die Versuche sind Protokolle zur Vorlage bei der zuständigen Behörde zu erstellen. Rauchabzüge ohne allgemeines bauaufsichtliches Prüfzeugnis bzw. zusammenfassendes Prüfzeugnis sind nicht zulässig. MA- und NA-Anlagen sind, z. B. gemäß TPrüfVO NW vom Betreiber regelmäßig prüfen zu lassen.

2.3.7 Brandmeldekonzept

Eine rasche, verzögerungsfreie, automatische Meldung von Feuer und Rauch in Sonderbauten ist in der Regel unverzichtbar, weil dies die einzige Maßnahme ist, durch die die Feuerwehr ohne Zeitverzögerung mit hoher Zuverlässigkeit informiert wird. Für Sonderbauten sollten daher i.d.R. **Brandfrüherkennungsanlagen** vorgesehen werden. Eine Überwachung aller Räume einschließlich der Hohlräume in Wandverkleidungen und Zwischendecken – soweit brennbare Baustoffe vorhanden sind – ist notwendig. Die Anlage sollte in der Regel bei der öffentlichen Feuerwehr (bei Vorhandensein einer WF dorthin) aufgeschaltet sein, um kurze Eingreifzeiten zu ermöglichen. Soweit ein Räumungsalarm zu berücksichtigen ist, müssen die Kriterien zur Auslösung des Alarms anhand von Brandmeldungen, die in der BMZ einlaufen festgelegt werden. Über die ELA-Anlage sollte auch die Evakuierung einzelner Gebäudebereiche (Brandabschnitte) ermöglicht werden.

2.3.8 Löschanlagenkonzept

Stationäre Löschanlagen sollen sicherstellen, dass sich ein Entstehungsbrand nicht ausbreiten kann und möglichst ganz gelöscht wird. Sie werden insbesondere in Bereichen eingesetzt, die

— schwer zugänglich sind,
— extreme Brandauswirkungen erwarten lassen und
— eine rasche Bekämpfung des Entstehungsbrandes erfordern.

Die Art und der Umfang **stationärer Löschanlagen** ist stets dem vorhandenen Risiko und den bestehenden Bedingungen für die Entstehung und Ausbreitung von Bränden anzupassen. Bei Sonderbauten ist daher eine objektbezogene Risikoanalyse im Hinblick auf die Zweckmäßigkeit der Installation stationärer Löschanlagen erforderlich. Aus der Analyse sollte hervorgehen, für welche Bereiche stationäre Löschanlagen zweckmäßig sind.

2.3.9 Löschwasserkonzept

Bei Sonderbauten muss eine Löschwasserversorgung unter Berücksichtigung der Größe des Objektes geplant werden. Die **öffentliche Versorgung** mit Löschwasser reicht insbesondere in ländlichen Bereichen häufig nicht aus, um bei Großbränden die notwendigen Löschwassermengen bereitzustellen. Im Rahmen des Brandschutzkonzeptes sind deshalb Angaben zur **Bereitstellung von Löschwasser** erforderlich für

— stationäre Löschanlagen und
— den abwehrenden Brandschutz.

Für Sonderbauten ist somit eine **Löschwasserversorgung** aufzubauen, wobei sich die zur Verfügung zu stellenden Löschwassermengen an der Größe der Gesamtanlage orientieren müssen. Die gesamte Löschwasserversorgung und **Hydrantenanlage** ist im Rahmen des zu erstellenden Brandschutzkonzeptes zu behandeln.

2.3.10 Evakuierung und Panikreaktionen

Die Erfahrung zeigt, dass im Zuge der Evakuierung großer Menschenmengen einzelne Personen oder -gruppen in **Panikreaktionen** verfallen und völlig unkontrolliert reagieren und z.B. Erwachsene nicht einmal mehr auf Kinder Rücksicht nehmen. Zuschauerausschreitungen und Unglücke in Großbritannien und Belgien, die zu Panikfällen führten, waren 1985/1986 z. B. in Nordrhein-Westfalen und Hessen Anlass für sicherheitstechnischen Überprüfungen der Sportstadien für Bundesligaspiele. Aufgrund der gewonnenen Erkenntnisse wurden bauliche und betriebliche Anforderungen aufgestellt und die betreffenden Stadien entsprechend nachgerüstet. Konkrete Regelungen zur Vermeidung einer Panik sind jedoch in den Bauordnungen oder Sonderbauverordnungen nicht enthalten. Der Gefahr der Entstehung einer Panik in Sonderbauten für große Menschenansammlungen muss somit gesondert Rechnung getragen werden. Technische Regelungen hierzu sollten auf der Basis wissenschaftlicher Grundlagen getroffen werden.

Anzumerken ist diesbezüglich, dass eine Panik mit baulichen Mitteln allein nicht verhindert werden kann. Bauliche Vorkehrungen können jedoch die Auswirkungen einer aufkommenden Panik mildern. Die Betreiber von Sonderbauten müssen diesbezüglich besondere Vorkehrungen treffen und z.B. ihr **Betriebspersonal** für den Notfall besonders schulen und fortbilden. Nur so ist gewährleistet, dass sich eine beginnende Panik durch gezielte Gegenmaßnahmen des Personals nicht weiter ausbreitet oder eventuell sogar verhindert werden kann.

2.3.11 Technische Dokumentation

Brandschutzkonzepte für Sonderbauten und die daraus folgenden bautechnischen, anlagentechnischen und betrieblichen Maßnahmen sind vollständig zu dokumentieren. Die **Dokumentation** ist dem jeweiligen technischen Stand anzupassen. Insbesondere gehören zu dieser Dokumentation:

— Baupläne mit Eintragung der Brandabschnitte, brandschutztechnischen Unterteilungen, Feuerschutzabschlüssen und Schottungen,
— Flucht- und Rettungswegpläne,
— Bereiche mit gefährlichen Brandlasten oder definierten Brandbelastungen,
— Pläne der räumlichen Anordnung der Lüftungsanlagen mit Darstellung der darin vorhandenen Brandschutzeinrichtungen,
— Pläne von RWA-Anlagen und -Gruppen,
— Pläne von maschinellen Entrauchungseinrichtungen,
— Darstellung der BMA mit Unterzentralen und Feuerwehrtableaus und Melderplänen,
— Darstellung der ELA-Anlage und Lautsprecherpläne,
— Pläne von stationären Löschanlagen und Darstellung der Löschbereiche,
— Hydrantenpläne mit Darstellung der Wandhydranten im Gebäude,

- Feuerwehreinsatzpläne mit Darstellung der Zufahrten und Aufstellflächen,
- Brandschutzordnung nach DIN 14096 Teil A, B und C,
- Abnahme-, Wartungs- und Prüfpläne.

2.3.12 Gefahrenabwehr

Neben den baulichen und betrieblichen Maßnahmen, der Alarmierung und Warnung von gefährdeten Personen und der Rettungswegsicherung ist von entscheidender Bedeutung, wie schnell die Feuerwehr und die Rettungsdienste mit **ausreichenden Einsatzkräften**, erforderlichen Fahrzeugen und Geräten einsetzbar sind. Bei der Erstellung ganzheitlicher Brandschutzkonzepte für Sonderbauten der hier behandelten Art muss somit die Leistungsfähigkeit der **zuständigen Feuerwehr** und der **verfügbaren Rettungsdienste** berücksichtigt werden, wie z. B. die personelle Stärke und Ausrüstung, die Ausbildung und Einsatzerfahrung der Bediensteten und die Einhaltung der Hilfsfrist.

Das Gesetz über den Feuerschutz und die Hilfeleistung bei Unglücksfällen und öffentlichen Notständen (FSHG) regelt die Einrichtung und Aufgaben der Feuerwehren. Im Hinblick auf die kommunale Verantwortung für die Feuerwehren enthält das FSHG keine Detailvorschriften zur Organisation, Stärke, Ausrüstung und zum Einsatz der Feuerwehren.

Bei Menschenansammlungen in Sonderbauten mit Veranstaltungscharakter sind **Brandsicherheitsdienste** der öffentlichen Feuerwehr und **Kräfte für den Rettungsdienst** unerlässlich. Die Größenordnung der bereitzustellenden Einsatzkräfte und Geräte ist frühzeitig vor Veranstaltungsbeginn (in der Regel 14 Tage vorher) mit den Aufsichtsbehörden abzusprechen. Veranstaltungen, von denen durch Vorführungen besondere Gefahren ausgehen können (zirzensische Vorführungen mit Feuer, pyrotechnische Effekte bei Open-Air-Veranstaltungen, pyrotechnische Effekte auf Bühnen in geschlossenen Veranstaltungsräumen etc.), sind von der Aufsichtsbehörde gesondert zu genehmigen.

Soweit aufgrund der Art des Sonderbaus spezifische bauliche **Maßnahmen für die Gefahrenabwehr** erforderlich sind, müssen diese vorab zwischen Betreiber und Behörden abgestimmt werden. Erforderlich ist eventuell die Bildung eines Krisenstabes mit entsprechenden Kompetenzen. Dafür sind entsprechende Räumlichkeiten vor Ort mit Kommunikationseinrichtungen und ein entsprechendes Krisenmanagement erforderlich.

2.4 Brandschutzkonzept nach BauPrüfVO NW

Es ist sinnvoll, dass die Aufsichtsbehörden bei größeren Sonderbauten die Zusammenarbeit suchen. Die zuständigen Brandschutzdienststellen sollten ebenfalls schon bei der Planung von Sonderbauten eingeschaltet werden, da sie unmittelbar für die Gefahrenabwehr im Rahmen des Brandschutzkonzeptes zuständig sind. Den Architekten wird die Zusammenarbeit mit anerkannten und erfahrenen **Brandschutzsachverständigen** und der zuständigen Genehmigungsbehörde bereits in der **Planungsphase** empfohlen, so dass die Einreichpläne und das zugehörige Brandschutzkonzept oder -gutachten gemeinsam eingereicht werden können. Dadurch werden Verzögerungen im Genehmigungsverfahren vermieden.

Aus den vorstehenden Überlegungen geht hervor, dass es nicht sinnvoll ist, ein Musterbrandschutzkonzept für alle Sonderbauten zu entwickeln. Sinnvoll ist es jedoch bestimmte Mindeststandards zu definieren wie dies z. B. in [3] geschehen ist. Nach §7 (neu) BauPrüfVO NW, (Fassung Jan. 98), wird diesbezüglich Folgendes gefordert:

(1) Dem Antrag auf Erteilung einer Genehmigung für die Errichtung, Änderung und Nutzungsänderung von baulichen Anlagen und Räumen besonderer Art oder Nutzung ist neben den Bauvorlagen nach §§ 2 bis 6 ein zielorientiertes Brandschutzkonzept mit Angaben nach Absatz 2 beizufügen, das eine Gesamtbewertung des baulichen und abwehrenden Brandschutzes der baulichen Anlage enthält.

(2) Das Brandschutzkonzept muss insbesondere folgende Angaben enthalten:

1. Zu- und Durchfahrten sowie Aufstell- und Bewegungsflächen für die Feuerwehr,

2. den Nachweis der erforderlichen Löschwassermenge sowie den Nachweis der Löschwasserversorgung,

3. Bemessung, Lage und Anordnung der Löschwasser-Rückhalteanlagen,

4. das System der äußeren und der inneren Abschottungen in Brandabschnitte bzw. Brandbekämpfungsabschnitte sowie das System der Rauchabschnitte mit Angaben über die Lage und Anordnung und zum Verschluss von Öffnungen in abschottenden Bauteilen,

5. Lage, Anordnung und Kennzeichnung der Rettungswege mit Angaben zur Sicherheitsbeleuchtung und Ersatzstromanlage,

6. die höchstzulässige Zahl der Nutzer der baulichen Anlage,

7. Lage und Anordnung haustechnischer Anlagen, insbesondere der Leitungsanlagen, ggf. mit Angaben zu ihrer Brandlast im Bereich von Rettungswegen,

8. Lage und Anordnung der Lüftungsanlagen mit Angaben zur brandschutztechnischen Ausbildung,

9. Lage, Anordnung und Bemessung der Rauch- und Wärmeabzugsanlagen mit Eintragung der Querschnitte bzw. Luftwechselraten,

10. Darstellung der elektro-akustischen Alarmierungsanlage (ELA-Anlage),

11. Lage, Anordnung und ggf. Bemessung von Anlagen, Einrichtungen und Geräten zur Brandbekämpfung (wie Feuerlöschanlagen, Steigleitungen, Wandhydranten, Schlauchanschlussleitungen) mit Angaben zu Löschbereichen und zur Bevorratung von Sonderlöschmitteln,

12. Hydrantenpläne mit Darstellung der Löschbereiche,

13. Lage und Anordnung von Brandmeldeanlagen mit Unterzentralen und Feuerwehrtableaus, Auslösestellen,

14. Feuerwehrpläne,

15. betriebliche Maßnahmen zur Brandverhütung und Brandbekämpfung sowie zur Rettung von Personen (wie Werkfeuerwehr, Betriebsfeuerwehr, Hausfeuerwehr, Brandschutzordnung, Maßnahmen zur Räumung, Räumungssignale),

16. Angaben darüber, welchen materiellen Anforderungen der BauO NW oder in Vorschriften aufgrund der BauO NW nicht entsprochen wird und welche ausgleichenden Maßnahmen stattdessen vorgesehen werden,

17. Verwendete Rechenverfahren zur Ermittlung von Brandschutzklassen nach Methoden des Brandschutzingenieurwesens.

(3) Das Brandschutzkonzept kann auch nach Einreichung des Bauantrags jedoch vor Erteilung der Baugenehmigung vorgelegt werden. Änderungen und Ergänzungen des Brandschutzkonzepts nach Erteilung der Baugenehmigung bedürfen einer zusätzlichen Baugenehmigung.

Diese Grundanforderungen genügen, um den nach bauaufsichtlichen Vorschriften zu beurteilenden Brandschutz von Sonderbauten prinzipiell zu regeln. Im Rahmen der ganzheitlichen Betrachtung des Brandschutzes ergeben sich darüber hinaus evtl. zusätzliche Anforderungen aus anderen Rechtsbereichen, die ebenfalls zu beachten sind.

2.5 Schlussfolgerungen

Dem Brandschutz in Sonderbauten, die nicht in Sonderbauverordnungen oder -richtlinien geregelt sind, kommt eine besondere Bedeutung zu. Der Brandsicherheitsnachweis für Sonderbauten lässt sich ehestens auf der Basis von zielorientierten Brandschutzkonzepten führen. Dem zielorientierten Brandschutzkonzept liegt eine ganzheitliche Betrachtung des Brandschutzes unter Beachtung der gebäudespezifischen Nutzungen und Schutzziele zugrunde.

Bei Sonderbauten der vorliegenden Art ist aufgrund ihrer großflächigen Ausdehnungen der Personenschutz ein wesentliches Schutzziel; wobei aufgrund der großen Personenzahlen, die Möglichkeit der Selbstrettung (Flucht), als wesentliches Beurteilungskriterium zu bewerten ist.

Brandschutzkonzepte für Sonderbauten lassen sich ableiten aus den brandschutztechnischen Gesamtkonzepten für bestehende Sonderbauverordnungen und -richtlinien; diese müssen jedoch ggf. erweitert werden, so dass den Gesichtspunkten

— Personenschutz (Selbstrettung)
— Evakuierung und Panikreaktionen
— Gefahrenabwehr

besonders Rechnung getragen werden kann.

Die Aufstellung eines universellen Brandschutzkonzeptes für Sonderbauten ist nicht möglich, weil die Art und der Umfang der Nutzungen, die Gebäudeabmessungen und Personenbewegungen in Sonderbauten sehr unterschiedlich sind.

2.6   Literatur zum Kapitel 2

[1]   Sachverständigenkommission Flughafen Düsseldorf: Analyse des Brandes am 11. April 1996, Empfehlungen und Konsequenzen für den Rhein-Ruhr-Flughafen Düsseldorf, Teil I und Teil II. Staatskanzlei NW, Düsseldorf, April 1997

[2]   Schneider, U.; Lebeda, C.: Brandschutz in Garagen. Bundesbaublatt, Heft 7, S. 45/50, Bauverlag GmbH., Wiesbaden, Juli 1999

[3]   Ministerium für Bauen und Wohnen des Landes Nordrhein-Westfalen: Entwurf zu §7 (neu) BauPrüfVO, Bauvorlagen für bauliche Anlagen und Räume besonderer Art oder Nutzung (Brandschutzkonzept), Düsseldorf, Jan. 1998

[4]   Schneider, U.: Brandschutzkonzepte für Sonderbauten. TAE-Tagung: Baulicher Brandschutz – Brandschutzkonzepte für ausgedehnte Gebäude, Esslingen, Februar 1998

[5]   Bundesministerium für Verkehr, Bau- und Wohnungswesen: Brandschutzleitfaden für Gebäude besonderer Art und Nutzung. 2. Auflage, Bonn, Nov. 1998

[6]   Schneider, U.; Lebeda, C.: Anforderungen an Brandschutzkonzepte für Sonderbauten mit größeren Menschenansammlungen. Zeitschrift vfdb, Heft 1, S. 30/40, Kohlhammer Verlag, Stuttgart, Jan. 1999

[7]   vfdb – Richtlinie 01/01: Brandschutzkonzept. Stand Juni 1999

[8]   Schneider, U.; Ingenieurmethoden im Baulichen Brandschutz, 1. Auflage, expert Verlag, Remmingen, Jan. 2001

[9] Max, U.; Schneider, U.: Grundlagen und Verfahren zur Validierung von Rechenprogrammen für die Brandsimulation. Abschlussbericht BMVBW, Bruchsal, Okt. 99

[10] Wiese, J.; Reichelt P.: Erstellen von Gesamtbrandschutzkonzepten und deren Bewertung unter Verwendung von ingenieurmäßigen Brandsicherheitsnachweisen. VdS-Fachtagung „Ingenieurmäßige Verfahren im Brandschutz (5)", Köln, 1998

[11] Schneider, U.: Festlegung von Brandszenarien für den Entwurf von Gebäuden und für die Risikobetrachtung. VdS-Fachtagung „Ingenieurmäßige Verfahren im Brandschutz (2)", Köln, 1995

[12] Projektgruppe der ARGEBAU „Brandschutz im Industriebau": Richtlinie über den baulichen Brandschutz im Industriebau – IndBauRL. Ausgabe 03/2000

[13] Hosser, Dietmar (Hrsg.); Technischer Bericht, TB 04/01, Leitfaden Ingenieurmethoden des Brandschutzes, 1. Auflage, vfdb, Vereinigung zur Förderung des Deutschen Brandschutzes e.V., Referat 4

3 Brandschutzanforderungen nach bauaufsichtlichen Verwendungsvorschriften

3.1 Einführung

Die Grundlagen bauaufsichtlicher Brandschutzanforderungen sind in den einzelnen Bundesländern jeweils in Gesetzen und dazugehörigen Verordnungen sowie in Verwaltungsvorschriften und eingeführten Technischen Baubestimmungen, die über Erlasse bauaufsichtlich eingeführt werden, festgelegt. Die wichtigste Vorschrift ist die jeweils gültige Landesbauordnung (LBO), diese ist unmittelbar wirksames Recht in dem jeweiligen Bundesland. Die Vorschriften der LBO gelten auch dann, wenn bei der Errichtung einer baulichen Anlage in der Genehmigung nicht auf die Einhaltung der einen oder anderen Bestimmung besonders hingewiesen wird (s. Bild 3.1.1).

Länderübergreifend werden von Vertretern der obersten Baubehörden der einzelnen Bundesländer in der Fachkommission Bauaufsicht der Argebau u. a. die Musterbauordnung sowie Muster-Sonderbauverordnungen und für bestimmte Gebäudeanlagen Muster-Richtlinien erarbeitet und den Bundesländern zur Verfügung gestellt bzw. zur bauaufsichtlichen Einführung empfohlen. Die nachstehende Tabelle 3.1.1 zeigt in einer Übersicht die derzeit gültigen Muster-Richtlinien der Fachkommission Bauaufsicht zum Brandschutz.

Eine Vorstellung einzelner M-RL bzw. M-VO ist im Rahmen dieses Berichtes nicht möglich. Die zugehörigen Dokumente der Fachkommission sind in der Tabelle 3.2.1 aufgeführt, die vollständigen Texte sind im Internet kostenlos verfügbar (www.is-argebau.de). Ebenso wird auch nicht auf einzelne Bauordnungen der Länder eingegangen. Als Grundlage aller weiteren Betrachtungen dient hier zunächst allein die Musterbauordnung (MBO), Fassung Nov. 2002. Die Musterbauordnung wurde per 30.09.2006 in 7 (von 16) Bundesländern bauaufsichtlich eingeführt. Des Weiteren wird auf die Muster-Liste der eingeführten Technischen Baubestimmungen (LTB), Fassung Sept. 2006, eingegangen. Auf die besondere Bedeutung dieser Liste wurde in Bild 3.1.1 bereits hingewiesen, des Weiteren sind die in Tabelle 3.1.1 aufgeführten Muster-Richtlinien auch in der Muster-Liste der eingeführten Technischen Baubestimmungen teilweise direkt aufgeführt (vergl. Tabelle 3.5.1).

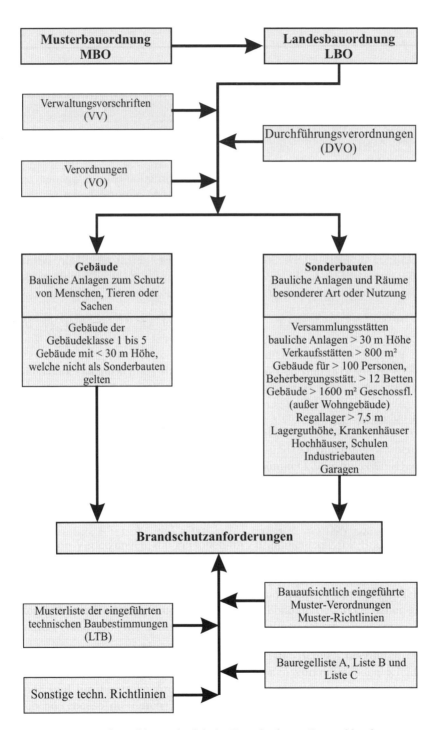

Bild 3.1.1   Baurecht und bauaufsichtliche Vorschriften in Deutschland

Tabelle 3.1.1: Muster-Richtlinien (M-RL) der Fachkommission Bauaufsicht der Argebau (Stand: Juni 2007) für bauliche Anlagen

Industriebau-Richtlinie – MIndBauRL (Fassung März 2000)*)
Kunststofflager-Richtlinie – MKLR (Fassung Juni 1996)
Leitungsanlagen-Richtlinie – MLAR (Fassung November 2005)
Lüftungsanlagen-Richtlinie – M-LüAR (Fassung September 2005)
Richtlinie über autom. Schiebetüren in Rettungswegen – MautSchR (Fassung Dezember 1997)
Richtlinie über brandschutztechnische Anforderungen an hochfeuerhemmende Bauteile in Holzbauweise – M-HFHHolzR (Fassung Juli 2004)
Richtlinie über brandschutztechnische Anforderungen an Systemböden – MsysBöR (Fassung September 2005)
Richtlinie über den Brandschutz bei der Lagerung von Sekundärstoffen aus Kunststoff – MKLR (Fassung Juni 1996)
Richtlinie zur Bemessung von Löschwasser-Rückhalteanlagen beim Lagern wassergefährdender Stoffe – LöRüRL (Fassung August 1992)
Richtlinien über elektr. Verriegelungssysteme von Türen in Rettungswegen – M-EltVTR (Fassung Dezember 1997)
Richtlinien über Flächen für die Feuerwehr (Fassung Februar 2007)

*) Diese wird im Bericht 24 „Baulicher Brandschutz im Industriebau" des Bundesverbandes Porenbeton behandelt.

3.2 Grundanforderungen der MBO 2002

Die MBO gilt für die baulichen Anlagen und Bauprodukte. Bauliche Anlagen sind aus Bauprodukten hergestellte Anlagen, insbesondere Gebäude, welche dem Schutz von Menschen, Tieren oder Sachen dienen. Nach der MBO werden Gebäude in fünf Gebäudeklassen eingeteilt:

    I.   Gebäudeklasse 1

    II.   Gebäudeklasse 2

    III.   Gebäudeklasse 3

    IV.   Gebäudeklasse 4

    V.   Gebäudeklasse 5

GKL 1	a	Freistehende Gebäude mit einer Höhe* bis zu 7 m und nicht mehr als zwei Nutzungseinheiten von insgesamt nicht mehr als 400 m²**	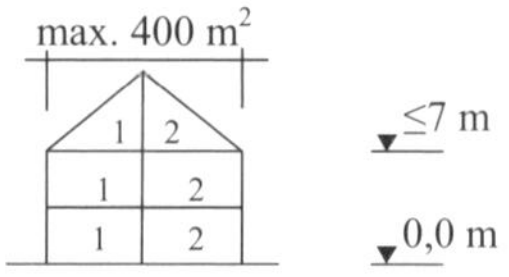 max. 400 m² — ≤7 m / 0,0 m
	b	Freistehende land- und forstwirtschaftlich genutzte Gebäude	 0,0 m
GKL 2		Gebäude mit einer Höhe* bis zu 7 m und nicht mehr als zwei Nutzungseinheiten von insgesamt nicht mehr als 400 m²**	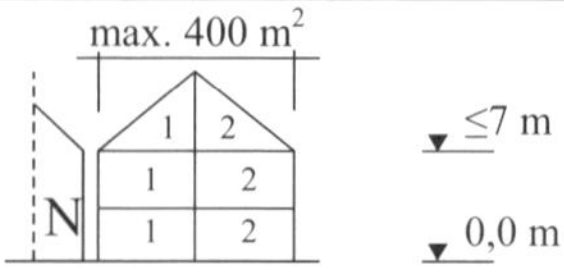 max. 400 m² — ≤7 m / 0,0 m
GKL 3		Sonstige Gebäude mit einer Höhe* bis zu 7 m	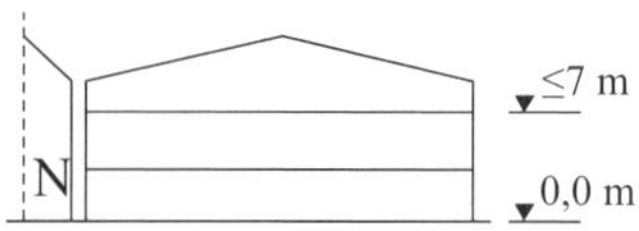 ≤7 m / 0,0 m
GKL 4		Gebäude mit einer Höhe* bis zu 13 m und Nutzungseinheiten mit jeweils nicht mehr als 400 m²**	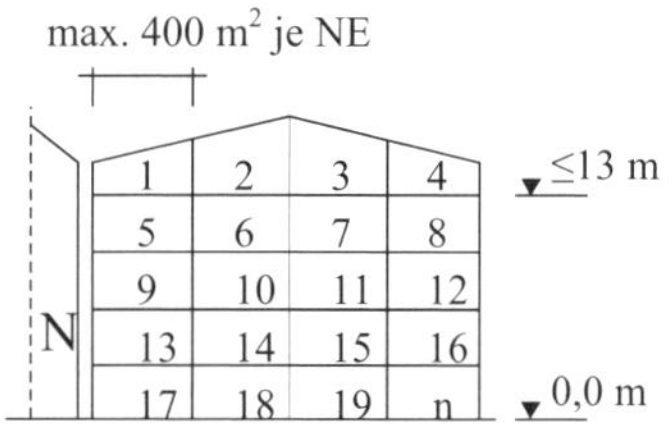 max. 400 m² je NE — ≤13 m / 0,0 m
GKL 5		Sonstige Gebäude einschließlich unterirdischer Gebäude	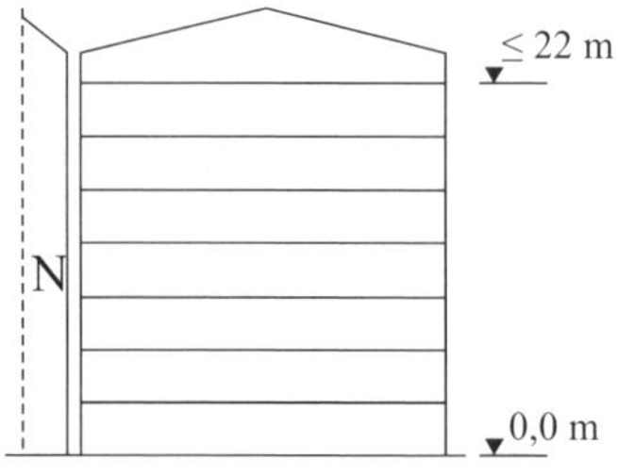 ≤ 22 m / 0,0 m

* Höhe ist das Maß der Fußbodenoberkante des höchstgelegenen Geschosses, in dem ein Aufenthaltsraum möglich ist, über der Geländeoberfläche im Mittel.
** Die Grundflächen der Nutzungseinheiten im Sinne dieses Gesetzes sind die Brutto-Grundflächen; bei der Berechnung der Brutto-Grundflächen bleiben Flächen im Kellergeschoss außer Betracht.

Bild 3.2.1: Gebäudeklassen nach § 2 Abs. 3 der MBO 2002

Bei der Festlegung der Gebäudeklassen werden die Gebäudehöhen mit der Größe der Nutzungseinheiten kombiniert, um die brandschutztechnischen Risiken mit baulichen Maßnahmen möglichst gering zu halten. Als Gebäudehöhe gilt das Maß der Fußbodenoberkante des höchstgelegenen Geschosses mit einem Aufenthaltsraum über der mittleren Geländeoberfläche. Nutzungseinheiten sind einem Nutzungszweck zugeordnete Bereiche, die gegenüber anderen Nutzungen brandschutztechnisch abgetrennt sind und ein eigenes Rettungswegsystem haben; z. B. Wohnungen, Praxen, kleine Läden oder Verwaltungsbereiche. Alle Nutzungseinheiten, einschließlich der Umfassungsbauteile, bilden die Brutto-Grundfläche nach DIN 277. In dem Bild 3.2.1 sind die Gebäudeklassen nach MBO § 2 Abs. 3 dargestellt und erläutert.

Neben den Gebäudeklassen sind in der MBO Sonderbauten angeführt, welche die Anlagen und Räume besonderer Art oder Nutzung umfassen. Dazu gehören neben den in Bild 3.1 angegebenen baulichen Anlagen u. a.:

— Schank- und Speisegaststätten mit mehr als 40 Gastplätzen
— Beherbergungsstätten mit mehr als 12 Betten
— Spielhallen mit mehr als 150 m^2 Grundfläche
— Krankenhäuser, Heime und sonstige Einrichtungen zur Unterbringung oder Pflege von Personen
— Tageseinrichtungen für Kinder, Behinderte und alte Personen
— Schulen, Hochschulen und ähnliche Einrichtungen
— Justizvollzugsanstalten und bauliche Anlagen für den Maßregelvollzug
— Freizeit- und Vergnügungsparks
— Camping- und Wochenendplätze

Auf der nachstehenden Tabelle 3.2.1 sind die derzeit vorliegenden Muster-Verordnungen der Fachkommission Bauaufsicht zusammengestellt. Die Richtlinie über die bauaufsichtliche Behandlung von Hochhäusern, Fassung Mai 1981, wird derzeit überarbeitet, ein Entwurf Stand Mai 2006 liegt vor.

Tabelle 3.2.1: Muster-Verordnungen für Sonderbauten, Feuerungs- und Garagenanlagen (Stand: Oktober 2007)

Beherbergungsstättenverordnung – MBeVO (Fassung Dezember 2000)
Feuerungsverordnung – M-FeuVO (Fassung Juni 2005)
Garagenverordnung – MGarVO (Fassung August 1997)
Richtlinie über die bauaufsichtliche Behandlung von Hochhäusern – MHochhausRL (Fassung Mai 1981)
Verkaufsstättenverordnung – MvkVO (Fassung September 1995)
Versammlungsstättenverordnung – MVStättV (Fassung Juni 2005)
Richtlinie über den Bau und Betrieb Fliegender Bauten – MFlBauR (Fassung Dezember 1997)
Verwaltungsvorschriften über Ausführungsgenehmigungen für Fliegende Bauten und deren Gebrauchsabnahmen – M-FlBauVwV (Fassung Februar 2007)
Schulbau-Richtlinie – MSchulbauR (Fassung Juli 1998)

In den allgemeinen Anforderungen an bauliche Anlagen sind in der MBO im Hinblick auf die einzuhaltenden Schutzziele u. a. folgende Grundsätze genannt:

§ 3 Abs. 1: Anlagen sind so anzuordnen, zu errichten, zu ändern und in Stand zu halten, dass die öffentliche Sicherheit und Ordnung, insbesondere Leben, Gesundheit und die natürlichen Lebensgrundlagen, nicht gefährdet werden.

§ 3 Abs. 2: Bauprodukte und Bauarten dürfen nur verwendet werden, wenn bei ihrer Verwendung die baulichen Anlagen bei ordnungsgemäßer Instandhaltung während einer dem Zweck entsprechenden angemessenen Zeitdauer die Anforderungen dieses Gesetzes oder aufgrund dieses Gesetzes erfüllen und gebrauchstauglich sind.

§ 3 Abs. 3: Die von der für das Bauwesen zuständigen Senatsverwaltung durch öffentliche Bekanntmachung als Technische Baubestimmungen eingeführten technischen Regeln sind zu beachten. Von den Technischen Baubestimmungen kann abgewichen werden, wenn mit einer anderen Lösung in gleichem Maße die allgemeinen Anforderungen des Absatzes 1 erfüllt werden; § 17 Abs. 3 und § 21 bleiben unberührt.

Die zugehörigen brandschutztechnischen Anforderungen an bauliche Anlagen sind in den im Folgenden genannten Abschnitten der MBO aufgeführt:

2. Abschnitt: Allgemeine Anforderungen an die Bauausführung

　　§ 12 Standsicherheit

　　§ 14 Brandschutz

3. Abschnitt: Bauprodukte, Bauarten

　　§ 17 bis § 25

4. Abschnitt: Wände, Decken, Dächer

　　§ 26 Allgemeine Anforderungen an das Brandverhalten von Baustoffen und Bauteilen

　　§ 27 bis § 32 Bauteile

5. Abschnitt: Rettungswege, Öffnungen, Umwehrungen

　　§ 33 bis § 36 Rettungswege

　　§ 37 bis § 38 Fenster, Türen, Umwehrungen

6. Abschnitt: Technische Gebäudeausrüstung

　　§ 39 Aufzüge

　　§ 40 Leitungsanlagen, Installationsschächte und -kanäle

　　§ 41 Lüftungsanlagen

§ 42 Feuerungsanlagen, sonstige Anlagen zur Wärmeerzeugung, Brennstoffversorgung

Zu den Grundanforderungen nach MBO gehören insbesondere die Forderungen gemäß:

§ 12, Satz 1: Jede bauliche Anlage muss im Ganzen und in ihren einzelnen Teilen für sich allein standsicher sein. Die Standsicherheit anderer baulicher Anlagen und die Tragfähigkeit des Baugrundes der Nachbargrundstücke dürfen nicht gefährdet werden.

In der Baupraxis wird vielfach übersehen, dass der Satz 1 des § 12 auch den konstruktiven Brandschutz für den Lastfall Brandeinwirkung umfasst!

§ 14: Bauliche Anlagen sind so anzuordnen, zu errichten, zu ändern und in Stand zu halten, dass der Entstehung eines Brandes und der Ausbreitung von Feuer und Rauch (Brandausbreitung) vorgebeugt wird und bei einem Brand die Rettung von Menschen und Tieren sowie wirksame Löscharbeiten möglich sind.

Bild 3.2.2: *Grundanforderungen und zusammengefasste Einzelanforderungen nach der Musterbauordnung bzw. den Landesbauordnungen*

Aus dem Bild 3.2.2 geht hervor, dass die baulichen Brandschutzanforderungen in den Landesbauordnungen umfassend geregelt sind. Die bauordnungsrechtlichen Vorschriften sind „grundsätzlich" einzuhalten, was im juristischen Sprachgebrauch bedeutet, „es gibt Ausnahmen". Solche Ausnahmen setzen entweder eine Regel- oder Sollvorschrift oder eine Ermächtigung (Kann-Vorschrift) voraus. Diesbezüglich ist in der MBO der § 67 Abweichungen anzuwenden.

Die brandschutztechnischen baulichen Detailanforderungen, welche sich aus dem § 14 ergeben, sind in den §§ 27 bis 42 geregelt. Weitere Wichtige Brandschutzregelungen in der MBO sind in den §§ 4 bis 6, §§ 63 bis 77 und §§ 81 bis 82 zu finden. Zunächst werden hier jedoch die Regelungen der MBO bezüglich der Bauprodukte und Bauarten behandelt, welche im Zusammenhang mit der europäischen Normung von Bedeutung sind.

3.3 Bauprodukte und Bauarten nach MBO 2002

Gemäß MBO § 17 gelten u. a. folgende Grundsätze:

§ 17 Abs. 1: Bauprodukte dürfen für die Errichtung, Änderung und Instandhaltung baulicher Anlagen nur verwendet werden, wenn sie für den Verwendungszweck:

1. von den nach § 17 Abs. 2 bekannt gemachten technischen Regeln nicht oder nicht wesentlich abweichen (geregelte Bauprodukte) oder nach § 17 Abs. 3 zulässig sind und wenn sie aufgrund des Übereinstimmungsnachweises nach § 22 das Ü-Zeichen tragen oder

2. nach den Vorschriften des Bauproduktengesetzes (BauPG) gemäß der Bauproduktenrichtlinie vom 31. Dez. 1988 in den Verkehr gebracht und gehandelt werden dürfen, das CE-Kennzeichen der Europäischen Gemeinschaften tragen und dieses Zeichen die nach § 17 Abs. 7 festgelegten Klassen- und Leistungsstufen des Bauproduktes angibt.

§ 17 Abs. 2: Das Deutsche Institut für Bautechnik macht im Einvernehmen mit der deutschen Bauaufsichtsbehörde für Bauprodukte, für die nicht nur die Vorschriften nach Absatz 1 Satz 1 Nr. 2 maßgebend sind, in der Bauregelliste A die technischen Regeln bekannt, die zur Erfüllung der in diesem Gesetz an bauliche Anlagen gestellten Anforderungen erforderlich sind. Diese technischen Regeln gelten als Technische Baubestimmungen im Sinne des § 3 Abs. 3.

§ 17 Abs. 3: Bauprodukte, für die technische Regeln in der Bauregelliste nach § 3 Abs. 2 bekannt gemacht worden sind, und von diesen wesentlich abweichen oder für die es allgemein anerkannte Regeln der Technik nicht gibt (nicht geregelte Bauprodukte), müssen

1. eine allgemeine bauaufsichtliche Zulassung (MBO § 18) oder

2. ein allgemeines bauaufsichtliches Prüfzeugnis (MBO § 19) oder

3. eine Zustimmung im Einzelfall (MBO § 20)

haben. Ausgenommen sind Bauprodukte mit untergeordneter Bedeutung. Diese werden in der Liste C der Bauregelliste veröffentlicht.

§ 17 Abs. 4: Die oberste Bauaufsichtsbehörde kann durch Rechtsverordnung vorschreiben, dass für bestimmte Bauprodukte, auch soweit sie Anforderungen nach anderen Rechtsverordnungen unterliegen, hinsichtlich dieser Anforderungen bestimmte Nachweise der Verwendbarkeit und bestimmte Übereinstimmungsnachweise nach Maßgabe der §§ 17 bis 20 und §§ 22 bis 25 zu führen sind, wenn die anderen Rechtsvorschriften diese Nachweise verlangen oder zulassen.

§ 17 Abs. 7: Das Deutsche Institut für Bautechnik (DIBt) kann im Einvernehmen mit der obersten Bauaufsichtsbehörde in der Liste B der Bauregelliste festlegen, welche Klassen und Leistungsstufen die Bauprodukte nach § 17 Abs. 1 Nr. 2 erfüllen müssen.

Gemäß den §§ 18 bis 22 gelten u. a. folgende Grundsätze:

Nach § 18 MBO erteilt das DIBt eine allgemeine bauaufsichtliche Zulassung für nicht geregelte Bauprodukte, wenn deren Verwendbarkeit im Sinne des § 3 Abs. 2 der MBO nachgewiesen ist.

Gemäß § 19 MBO bedürfen Bauprodukte, deren Verwendung nicht der Erfüllung erheblicher Anforderungen an die Sicherheit baulicher Anlagen dient, oder die nach allgemein anerkannten Prüfmethoden beurteilt werden, anstelle einer allgemeinen bauaufsichtlichen Zulassung nur eines allgemeinen bauaufsichtlichen Prüfzeugnisses. Das DIBt macht dieses in der Bauregelliste A bekannt. Ein allgemeines bauaufsichtliches Prüfzeugnis wird von einer Prüfstelle nach § 25 Abs. 1 Satz 1 für nicht geregelte Bauprodukte erteilt, wenn die Verwendbarkeit nach MBO § 3 Abs. 2 nachgewiesen ist.

Nach § 20 MBO dürfen mit Zustimmung der obersten Bauaufsichtsbehörde im Einzelfall Bauprodukte, die nach dem Bauproduktengesetz oder sonstigen Richtlinien der EU in den Verkehr gebracht werden und nicht geregelte Bauprodukte verwendet werden, wenn die Verwendbarkeit nach § 3 Abs. 2. MBO nachgewiesen ist.

Gemäß § 21 MBO dürfen Bauarten, die von Technischen Baubestimmungen wesentlich abweichen, bei der Errichtung, Änderung oder Instandhaltung baulicher Anlagen nur verwendet werden, wenn

1. eine allgemeine bauaufsichtliche Zulassung (MBO § 18) oder

2. eine Zustimmung im Einzelfall (MBO § 20)

erteilt worden ist.

Nach § 22 MBO bedürfen Bauprodukte einer Bestätigung ihrer Übereinstimmung mit den technischen Regeln nach § 17 Abs. 2, den allgemeinen bauaufsichtlichen Zulassungen, den allgemeinen bauaufsichtlichen Prüfzeugnissen oder den Zustimmungen im Einzelfall. Die Bestätigung der Übereinstimmung erfolgt durch

1. Übereinstimmungserklärung des Herstellers (MBO § 23) oder

2. Übereinstimmungszertifikat nach MBO § 24 von einer Zertifizierungsstelle gemäß § 25

entsprechend der Vorschreibung durch die Baubehörde. Die Übereinstimmungserklärung und die Erklärung, dass ein Übereinstimmungszertifikat erteilt ist, hat der Hersteller durch Kennzeichnung der Bauprodukte mit dem Übereinstimmungszeichen (Ü-Zeichen) unter Hinweis auf den Verwendungszweck abzugeben.

3.4 Allgemeine Anforderungen an das Brandverhalten von Baustoffen und Bauteilen nach MBO 2002

3.4.1 Brandverhalten von Baustoffen

Nach § 26 der MBO werden Baustoffe nach den Anforderungen an ihr Brandverhalten wie folgt unterschieden:

— nichtbrennbare Baustoffe,
— schwerentflammbare Baustoffe,
— normalentflammbare Baustoffe.

Baustoffe, die nicht mindestens normalentflammbar sind (leichtentflammbare Baustoffe), dürfen nicht verwendet werden. Dies gilt nicht, wenn sie in Verbindung mit anderen Baustoffen nicht leichtentflammbar sind.

3.4.2 Brandverhalten von Bauteilen

Bauteile werden nach den Anforderungen an ihre Feuerwiderstandsfähigkeit unterschieden in:

— feuerbeständige Bauteile,
— hochfeuerhemmende Bauteile,
— feuerhemmende Bauteile.

Die Feuerwiderstandsfähigkeit bezieht sich bei tragenden und aussteifenden Bauteilen auf die Standsicherheit, bei raumabschließenden Bauteilen auf deren Widerstand gegen die Brandausbreitung. Bauteile werden zusätzlich nach dem Brandverhalten ihrer Baustoffe unterschieden in

— Bauteile aus nichtbrennbaren Baustoffen.
— Bauteile, deren tragende und aussteifende Teile aus nichtbrennbaren Bauteilen bestehen und die bei raumabschließenden Bauteilen zusätzlich eine in der Bauteilebene durchgehende Schicht aus nichtbrennbaren Baustoffen haben (Mindestanforderung für feuerbeständig).
— Bauteile, deren tragende und aussteifende Teile aus brennbaren Baustoffen bestehen und die allseitig eine brandschutztechnisch wirksame Bekleidung aus nichtbrennbaren Baustoffen (Brandschutzbekleidung) und Dämmstoffen aus nichtbrennbaren Baustoffen haben (entspricht der Mindestanforderung für hochfeuerhemmend).

— Bauteile aus brennbaren Baustoffen.

Bauteile, die feuerbeständig sein müssen, müssen in den wesentlichen Teilen aus nichtbrennbaren Baustoffen bestehen. Dieses gilt insbesondere für bauliche Anlagen in der Gebäudeklasse 5.

Bauteile, deren tragende und aussteifende Teile aus brennbaren Baustoffen bestehen und die allseitig eine brandschutztechnisch wirksame Bekleidung und Dämmstoffe aus nichtbrennbaren Baustoffen besitzen, dürfen in der Gebäudeklasse 4 (hochfeuerhemmend) zur Anwendung kommen.

In der folgenden Tabelle 3.4.1 ist das mögliche Anwendungsspektrum von Bauteilen mit bestimmten Feuerwiderstandsdauern und der möglichen Baustoffklasse angegeben.

Tabelle 3.4.1: Zusammenhang zwischen Feuerwiderstandsfähigkeit und Baustoffart bei Bauteilen nach der Musterbauordnung

	feuerbeständig und aus nichtbrennbaren Baustoffen	feuerbeständig	hochfeuerhemmend	feuerhemmend
alle Bestandteile sind nichtbrennbar (Satz 2 Nr. 1)	x	x	x	x
tragende und aussteifende Teile sind nichtbrennbar (Satz 2 Nr. 2)	–	x	x	x
tragende und aussteifende Teile sind brennbar; sie haben eine Brandschutzbekleidung, nichtbrennbare Dämmstoffe (Satz 2 Nr. 3)	–	–	x	x
alle Teile sind brennbar zulässig (Satz 2 Nr. 4)	–	–	–	x

3.4.3 Tragende Wände und Stützen nach § 27 MBO

Tragende und aussteifende Wände müssen im Brandfall ausreichend standsicher sein. Nach § 27 der MBO gelten die Anforderungen gemäß Tabelle 3.4.2.

Tabelle 3.4.2: Brandschutzanforderungen an tragende Wände und Stützen

Gebäudeklasse	Anforderung	Bemerkung
GKL 5	feuerbeständig	keine
GKL 4	hochfeuerhemmend	≤ 13 m Höhe
GKL 2 u. 3	feuerhemmend	≤ 7 m Höhe
Geschosse im Dachraum	Anforderung nach GKL	wenn darüber Aufenthaltsräume sind
Offene Gänge als Flure	Anforderungen nach GKL	nicht für Balkone
Kellergeschosse	feuerbeständig	GKL 3 bis 5
	feuerhemmend	GKL 1 bis 2

3.4.4 Außenwände, Brüstungen und Schürzen nach § 28 MBO

Außenwände und Außenwandteile wie Brüstungen und Schürzen sind so auszubilden, dass eine Brandausbreitung auf und in diesen Bauteilen ausreichend lang begrenzt ist. Nichttragende Außenwände müssen aus nichtbrennbaren Baustoffen bestehen; brennbare Baustoffe sind zulässig, wenn sie als raumabschließende Bauteile mindestens feuerhemmend sind. Die Oberflächen von Außenwänden sowie deren Bekleidungen müssen einschließlich der Dämmstoffe und Unterkonstruktionen schwerentflammbar sein. Bei Doppelfassaden oder hinterlüfteten Außenwandbekleidungen sind gegen die Brandausbreitung besondere Vorkehrungen zu treffen. Die obigen Anforderungen gelten für Gebäude der GKL 1 bis 3 nur teilweise, d. h. die Baustoffe dürfen ggf. normalentflammbar sein.

3.4.5 Trennwände nach § 29 MBO

Trennwände müssen als raumabschließende Bauteile von Räumen und Nutzungseinheiten innerhalb von Geschossen ausreichend lang widerstandsfähig gegen die Brandausbreitung sein. Sie müssen die Feuerwiderstandsfähigkeit der tragenden und aussteifenden Bauteile haben, jedoch mindestens feuerhemmend sein. Trennwände zum Abschluss von Räumen und erhöhter Brandgefahr müssen feuerbeständig sein. Die o. g. Anforderungen gelten nicht für Gebäude der GKL 1 und 2.

3.4.6 Brandwände nach § 30 MBO

Brandwände müssen als raumabschließende Bauteile zum Abschluss von Gebäuden (Gebäudeabschlusswand) oder zur Unterteilung von Gebäuden in Brandabschnitte (innere Brandwand) ausreichend lange die Brandausbreitung auf andere Gebäude oder Brandabschnitte verhindern. Brandwände sind erforderlich als Gebäudeabschlusswand, ausgenommen von Gebäuden ohne Aufenthaltsräume und ohne Feuerstätten mit nicht mehr als 50 m^3 Brutto-Rauminhalt, wenn diese Abschlusswände an oder mit einem Abstand bis zu 2,50 m gegenüber der Grundstücksgrenze errichtet werden, es sei denn, dass ein Abstand von mindestens 5 m zu bestehenden oder nach den baurechtlichen Vorschriften zulässigen künftigen Gebäuden gesichert ist.

Ausgedehnte Gebäude sind in Abständen von nicht mehr als 40 m durch innere Brandwände zu unterteilen. Zur Unterteilung landwirtschaftlich genutzter Gebäude dienen Brandabschnitte von nicht mehr als 10 000 m³ Brutto-Rauminhalt.

Brandwände sind auch erforderlich als Gebäudeabschlusswand zwischen Wohngebäuden und angebauten landwirtschaftlich genutzten Gebäuden. Wenn der umbaute Raum des Gebäudes kleiner 2000 m³ ist, sind feuerbeständige Wände zulässig.

Brandwände müssen auch unter zusätzlicher mechanischer Beanspruchung feuerbeständig sein und aus nichtbrennbaren Baustoffen bestehen.

Anstelle von Brandwänden sind folgende Konstruktionen zulässig:

1. Für Gebäude der Gebäudeklasse 4 sind Wände zulässig, die auch unter zusätzlicher mechanischer Beanspruchung hochfeuerhemmend sind.

2. Für Gebäude der Gebäudeklassen 1 bis 3 sind hochfeuerhemmende Wände zulässig.

3. Für Gebäude der Gebäudeklassen 1 bis 3 sind Gebäudeabschlusswände zulässig, die jeweils von innen nach außen die Feuerwiderstandsfähigkeit der tragenden aussteifenden Teile des Gebäudes haben, mindestens jedoch feuerhemmende Bauteile sind, und von außen nach innen die Feuerwiderstandsfähigkeit feuerbeständiger Bauteile haben.

Brandwände müssen bis zur Bedachung durchgehen und in allen Geschossen übereinander angeordnet sein. Abweichend davon dürfen anstelle innerer Brandwände die Wände geschossweise versetzt angeordnet werden, wenn

1. für Gebäude der Gebäudeklasse 4 die Wände auch unter zusätzlicher mechanischer Beanspruchung mindestens hochfeuerhemmend sind,

2. die Decken, soweit sie in Verbindung mit diesen Wänden stehen, feuerbeständig sind, aus nichtbrennbaren Baustoffen bestehen und keine Öffnungen haben,

3. die Bauteile, die diese Wände und Decken unterstützen, feuerbeständig sind und aus nichtbrennbaren Baustoffen bestehen,

4. die Außenwände in der Breite des Versatzes in dem Geschoss oberhalb oder unterhalb des Versatzes feuerbeständig sind und

5. Öffnungen im Bereich des Versatzes so angeordnet oder andere Vorkehrungen getroffen sind, dass eine Brandausbreitung in andere Brandabschnitte nicht zu befürchten ist.

Brandwände sind 0,30 m über die Bedachung zu führen oder in Höhe der Dachkante mit einer beiderseits 0,50 m auskragenden feuerbeständigen Platte aus nichtbrennbaren Baustoffen abzuschließen; darüber dürfen brennbare Teile des Daches nicht hinweggeführt werden. Bei Gebäuden der GKL 1 bis 3 sind Brandwände mindestens bis unter die Dachkante zu führen. Verbleibende Hohlräume sind vollständig mit nichtbrennbaren Baustoffen auszufüllen.

Müssen Gebäude oder Gebäudeteile, die übereck zusammenstoßen, durch eine Brandwand getrennt werden, so muss der Abstand dieser Wand von der inneren Ecke mindestens 5 m betragen; das gilt nicht, wenn der Winkel der inneren Ecke mehr als 120 Grad beträgt oder mindestens eine Außenwand auf 5 m Länge als öffnungslose feuerbeständige Wand aus nichtbrennbaren Baustoffen ausgebildet ist.

Bauteile mit brennbaren Baustoffen dürfen über Brandwände nicht hinweggeführt werden. Außenwandkonstruktionen, die eine seitliche Brandausbreitung begünstigen können, wie Doppelfassaden oder hinterlüftete Außenwandbekleidungen, dürfen ohne besondere Vorkehrungen über Brandwände nicht hinweggeführt werden. Bauteile dürfen in Brandwände nur soweit eingreifen, dass deren Feuerwiderstandsfähigkeit nicht beeinträchtigt wird.

Öffnungen in Brandwänden sind zulässig. Sie sind in inneren Brandwänden nur zulässig, wenn sie auf die für die Nutzung erforderliche Zahl und Größe beschränkt sind; die Öffnungen müssen feuerbeständige, dicht- und selbstschließende Abschlüsse haben. In inneren Brandwänden sind feuerbeständige Verglasungen nur zulässig, wenn sie auf die für die Nutzung erforderliche Zahl und Größe beschränkt sind.

Bei sehr großen Gebäuden werden aus Gründen des Brandschutzes selbst die Außenwände in der Regel aus nichtbrennbaren Baustoffen und feuerbeständigen Bauteilen errichtet, um eine gezielte Brandbekämpfung und den Nachbarschaftsschutz sicherzustellen (s. Bild 3.4.1).

Bild 3.4.1: *Die Wände der Messe Friedrichshafen wurden aus Porenbeton sowie einer Stahlbeton-Fertigteil-Skelettkonstruktion errichtet.*

3.4.7 Decken nach § 31 MBO

Decken müssen als tragende und raumabschließende Bauteile zwischen Geschossen im Brandfall ausreichend lang standsicher und widerstandsfähig gegen die Brandausbreitung sein. Sie müssen

1. in Gebäuden der Gebäudeklasse 5 feuerbeständig,

2. in Gebäuden der Gebäudeklasse 4 hochfeuerhemmend,

3. in Gebäuden der Gebäudeklasse 2 und 3 feuerhemmend

sein. Dies gilt für Geschosse im Dachraum nur, wenn darüber Aufenthaltsräume möglich sind. Im Kellergeschoss müssen Decken in Gebäuden der Gebäudeklassen 3 bis 5 feuerbeständig, in Gebäuden der Gebäudeklassen 1 und 2 feuerhemmend sein. Decken müssen feuerbeständig sein unter und über den Räumen mit Explosions- oder erhöhter Brandgefahr, ausgenommen in Wohngebäuden der Gebäudeklassen 1 und 2, sowie zwischen dem landwirtschaftlich genutzten Teil und dem Wohnteil eines Gebäudes.

Öffnungen in Decken, für die eine Feuerwiderstandsfähigkeit vorgeschrieben ist, sind nur zulässig in Gebäuden der Gebäudeklassen 1 und 2, innerhalb derselben Nutzungseinheit mit nicht mehr als insgesamt 400 m² in nicht mehr als zwei Geschossen und im Übrigen, wenn sie Abschlüsse mit der Feuerwiderstandsfähigkeit der Decke haben.

3.4.8 Dächer nach § 32 MBO

Bedachungen müssen gegen eine Brandbeanspruchung von außen durch Flugfeuer und strahlende Wärme ausreichend lang widerstandsfähig sein (harte Bedachung). Bedachungen, die diese Anforderungen nicht erfüllen, sind zulässig bei Gebäuden der Gebäudeklassen 1 bis 3, wenn diese Gebäude bestimmte Bedingungen erfüllen (vergl. MBO § 32).

Dachüberstände, Dachgesimse und Dachaufbauten, lichtdurchlässige Bedachungen, Lichtkuppeln und Oberlichte sind so anzuordnen und herzustellen, dass Feuer nicht auf andere Gebäudeteile und Nachbargrundstücke übertragen werden kann. Von Brandwänden und von Wänden, die anstelle von Brandwänden zulässig sind, müssen mindestens 1,25 m entfernt sein: Oberlichte, Lichtkuppeln und Öffnungen in der Bedachung, wenn diese Wände nicht mindestens 30 cm über die Bedachung geführt sind, Dachgauben und ähnliche Dachaufbauten aus brennbaren Baustoffen, wenn sie nicht durch diese Wände gegen Brandübertragung geschützt sind.

Dächer von traufseitig aneinandergebauten Gebäuden müssen als raumabschließende Bauteile für eine Brandbeanspruchung von innen nach außen einschließlich der sie tragenden und aussteifenden Bauteile feuerhemmend sein. Öffnungen in diesen Dachflächen müssen waagrecht gemessen mindestens 2 m von der Brandwand oder der Wand, die anstelle der Brandwand zulässig ist, entfernt sein. Dächer von Anbauten, die an Außenwände mit Öffnungen oder ohne Feuerwiderstandsfähigkeit anschließen, müssen innerhalb eines Abstandes von 5 m von diesen Wänden als raumabschließende Bauteile für eine Brandbeanspruchung von innen nach außen einschließlich der sie tragenden und aussteifenden Bauteile die Feuerwiderstandsfähigkeit der Decken des Gebäudeteils haben, an den sie angebaut werden.

3.4.9 Erster und zweiter Rettungsweg nach § 33 MBO

Für Nutzungseinheiten mit mindestens einem Aufenthaltsraum wie Wohnungen, Praxen, selbständige Betriebstätten müssen in jedem Geschoss mindestens zwei voneinander unabhängige Rettungswege ins Freie vorhanden sein; beide Rettungswege dürfen jedoch innerhalb des Geschosses über denselben notwendigen Flur führen.

Für Nutzungseinheiten nach Absatz 1, die nicht zu ebener Erde liegen, muss der erste Rettungsweg über eine notwendige Treppe führen. Der zweite Rettungsweg kann eine weitere notwendige Treppe oder eine mit Rettungsgeräten der Feuerwehr erreichbare Stelle der Nutzungseinheit sein. Ein zweiter Rettungsweg ist nicht erforderlich, wenn die Rettung über einen sicher erreichbaren Treppenraum möglich ist, in den Feuer und Rauch nicht eindringen können (Sicherheitstreppenraum).

3.4.10 Treppen nach § 34 MBO

Die tragenden Teile notwendiger Treppen müssen

1. in Gebäuden der Gebäudeklasse 5 feuerhemmend und aus nichtbrennbaren Baustoffen,

2. in Gebäuden der Gebäudeklasse 4 aus nichtbrennbaren Baustoffen,

3. in Gebäuden der Gebäudeklasse 3 aus nichtbrennbaren Baustoffen oder feuerhemmend

sein. Tragende Teile von Außentreppen nach § 35 Abs. 1 Satz Nr. 3 für Gebäude der Gebäudeklassen 3 bis 5 müssen aus nichtbrennbaren Baustoffen bestehen. Die nutzbare Breite der Treppenläufe und Treppenabsätze notwendiger Treppen muss für den größten zu erwartenden Verkehr ausreichen.

3.4.11 Notwendige Treppenräume, Ausgänge nach § 35 MBO

Jede notwendige Treppe muss zur Sicherstellung der Rettungswege aus den Geschossen ins Freie in einem eigenen, durchgehenden Treppenraum liegen (notwendiger Treppenraum). Notwendige Treppenräume müssen so angeordnet und ausgebildet sein, dass die Nutzung der notwendigen Treppen im Brandfall ausreichend lang möglich ist.

Von jeder Stelle eines Aufenthaltsraumes sowie eines Kellergeschosses muss mindestens ein Ausgang in einen notwendigen Treppenraum oder ins Freie in höchstens 35 m Entfernung erreichbar sein. Übereinanderliegende Kellergeschosse müssen jeweils mindestens zwei Ausgänge in notwendige Treppenräume oder ins Freie haben. Jeder notwendige Treppenraum muss an einer Außenwand liegen und einen unmittelbaren Ausgang ins Freie haben. Innenliegende notwendige Treppenräume sind zulässig, wenn ihre Nutzung ausreichend lang nicht durch Raucheintritt gefährdet werden kann.

Die Wände notwendiger Treppenräume müssen als raumabschließende Bauteile

1. in Gebäuden der Gebäudeklasse 5 die Bauart von Brandwänden haben,
2. in Gebäuden der Gebäudeklasse 4 auch unter zusätzlicher mechanischer Beanspruchung hochfeuerhemmend und
3. in Gebäuden der Gebäudeklasse 3 feuerhemmend

sein. Dies ist nicht erforderlich für Außenwände von Treppenräumen, die aus nichtbrennbaren Baustoffen bestehen und durch andere an diese Außenwände anschließende Gebäudeteile im Brandfall nicht gefährdet werden können. Der obere Abschluss notwendiger Treppenräume muss als raumabschließendes Bauteil die Feuerwiderstandsfähigkeit der Decken des Gebäudes haben; dies gilt nicht, wenn der obere Abschluss das Dach ist und die Treppenräume bis unter die Dachhaut reichen. In notwendigen Treppenräumen müssen

— Bekleidungen, Putze, Dämmstoffe, Unterdecken und Einbauten aus nichtbrennbaren Baustoffen bestehen,
— Wände und Decken aus brennbaren Baustoffen eine Bekleidung aus nichtbrennbaren Baustoffen in ausreichender Dicke haben,
— Bodenbeläge, ausgenommen Gleitschutzprofile, aus mindestens schwerentflammbaren Baustoffen bestehen.

3.4.12 Notwendige Flure, offene Gänge nach § 36 MBO

Flure, über die Rettungswege aus Aufenthaltsräumen oder aus Nutzungseinheiten mit Aufenthaltsräumen zu Ausgängen in notwendige Treppenräume oder ins Freie führen (notwendige Flure), müssen so angeordnet und ausgebildet sein, dass die Nutzung im Brandfall ausreichend lang möglich ist.

Die Wände notwendiger Flure müssen als raumabschließende Bauteile feuerhemmend, in Kellergeschossen, deren tragende und aussteifende Bauteile feuerbeständig sein müssen, feuerbeständig sein. Die Wände sind bis an die Rohdecke zu führen. Sie dürfen bis an die Unterdecke der Flure geführt werden, wenn die Unterdecke feuerhemmend und ein demjenigen nach Satz 1 vergleichbarer Raumabschluss sichergestellt ist. Türen in diesen Wänden müssen dicht schließen; Öffnungen zu Lagerbereichen im Kellergeschoss müssen feuerhemmende, dicht- und selbstabschließende Abschlüsse haben.

In notwendigen Fluren sowie in offenen Gängen müssen

— Bekleidungen, Putze, Unterdecken und Dämmstoffe aus nichtbrennbaren Baustoffen bestehen,

— Wände und Decken aus brennbaren Baustoffen eine Bekleidung aus nichtbrennbaren Baustoffen in ausreichender Dicke haben.

3.4.13 Fenster, Türen, sonstige Öffnungen nach § 37 MBO

Brandschutztechnisch wichtige Anforderungen sind:

— Eingangstüren von Wohnungen, die über Aufzüge erreichbar sein müssen, müssen eine lichte Durchgangsbreite von mindestens 0,90 m haben.
— Jedes Kellergeschoss ohne Fenster muss mindestens eine Öffnung ins Freie haben, um eine Rauchableitung zu ermöglichen. Gemeinsame Kellerlichtschächte für übereinanderliegende Kellergeschosse sind unzulässig.
— Fenster, die als Rettungswege nach § 33 Abs. 2 Satz 2 dienen, müssen im Lichten mindestens 0,90 m x 1,20 m groß und nicht höher als 1,20 m über der Fußbodenoberkante angeordnet sein. Liegen diese Fenster in Dachschrägen oder Dachaufbauten, so darf ihre Unterkante oder ein davorliegender Austritt von der Traufkante horizontal gemessen nicht mehr als 1 m entfernt sein.

3.4.14 Umwehrungen nach § 38 MBO

Für die Flucht und Rettung ist u.a. wichtig:

— Fensterbrüstungen von Flächen mit einer Absturzhöhe bis zu 12 m müssen mindestens 0,80 m, von Flächen mit mehr als 12 m Absturzhöhe mindestens 0,90 m hoch sein.
— Geringere Brüstungshöhen sind zulässig, wenn durch andere Vorrichtungen wie Geländer die nach Absatz 4 vorgeschriebenen Mindesthöhen eingehalten werden.

3.4.15 Aufzüge nach § 39 MBO

Aufzüge im Inneren von Gebäuden müssen eigene Fahrschächte haben, um eine Brandausbreitung in andere Geschosse ausreichend lang zu verhindern. In einem Fahrschacht dürfen bis zu drei Aufzüge liegen. Aufzüge ohne eigene Fahrschächte sind zulässig

— innerhalb eines notwendigen Treppenraumes, ausgenommen in Hochhäusern,
— innerhalb von Räumen, die Geschosse überbrücken,
— zur Verbindung von Geschossen, die offen miteinander in Verbindung stehen dürfen,
— in Gebäuden der Gebäudeklassen 1 und 2;

sie müssen sicher umkleidet sein. Die Fahrschachtwände müssen als raumabschließende Bauteile

— in Gebäuden der Gebäudeklasse 5 feuerbeständig sein und aus nichtbrennbaren Baustoffen bestehen,
— in Gebäuden der Gebäudeklasse 4 hochfeuerhemmend, und
— in Gebäuden der Gebäudeklasse 3 feuerhemmend

sein; Fahrschachtwände aus brennbaren Baustoffen müssen schachtseitig eine Bekleidung aus nichtbrennbaren Baustoffen in ausreichender Dicke haben. Fahrschachttüren und andere Öffnungen in Fahrschachtwänden mit erforderlicher Feuerwiderstandsfähigkeit sind so herzustellen, dass die Anforderungen einer ausreichend langen Verhinderung der Brandausbreitung in andere Geschosse nicht beeinträchtigt werden (s. Bild 3.4.2).

Bild 3.4.2   *Ausführung der F 90-Wände an den Treppenhäusern und Fahrstuhlschächten des Commerzbank-Hochhauses in Frankfurt/M. aus bewehrten Porenbeton-Wandplatten*

Gebäude mit einer Höhe nach § 2 Abs. 3 Satz 2 von mehr als 13 m müssen Aufzüge in ausreichender Zahl haben. Von diesen Aufzügen muss mindestens ein Aufzug Kinderwagen, Rollstühle, Krankentragen und Lasten aufnehmen können und Haltestellen in allen Geschossen haben. Dieser Aufzug muss von allen Wohnungen in dem Gebäude und von der öffentlichen Verkehrsfläche aus stufenlos erreichbar sein. Fahrkörbe zur Aufnahme einer Krankentrage müssen eine nutzbare Grundfläche von mindestens 1,10 m x 2,10 m, zur Aufnahme eines Rollstuhles von mindestens 1,10 m x 1,40 m haben; Türen müssen eine lichte Durchgangsbreite von mindestens 0,90 m haben. In einem Aufzug für Rollstühle und Krankentragen darf der für Rollstühle nicht erforderliche Teil der Fahrkorbgrundfläche durch eine verschließbare Tür abgesperrt werden. Vor den Aufzügen muss eine ausreichende Bewegungsfläche vorhanden sein.

3.4.16 Leitungsanlagen, Installationsschächte und -kanäle nach § 40 MBO

Leitungen dürfen durch raumabschließende Bauteile, für die eine Feuerwiderstandsfähigkeit vorgeschrieben ist, nur hindurchgeführt werden, wenn eine Brandausbreitung ausreichend lang nicht zu befürchten ist oder Vorkehrungen hiergegen getroffen sind; dies gilt nicht für Decken

1. in Gebäuden der Gebäudeklassen 1 und 2,
2. innerhalb von Wohnungen,
3. innerhalb derselben Nutzungseinheit mit nicht mehr als insgesamt 400 m² in nicht mehr als zwei Geschossen.

In notwendigen Treppenräumen, in Räumen nach § 35 Abs. 3 Satz 3 und in notwendigen Fluren sind Leitungsanlagen nur zulässig, wenn eine Nutzung als Rettungsweg im Brandfall ausreichend lang möglich ist.

Für Installationsschächte und -kanäle gelten Absatz 1 sowie § 41 Abs. 2 Satz 1 und Abs. 3 entsprechend.

3.4.17 Lüftungsanlagen nach § 41 MBO

Lüftungsanlagen müssen betriebssicher und brandsicher sein; sie dürfen den ordnungsgemäßen Betrieb von Feuerungsanlagen nicht beeinträchtigen.

Lüftungsleitungen sowie deren Bekleidungen und Dämmstoffe müssen aus nichtbrennbaren Baustoffen bestehen; brennbare Baustoffe sind zulässig, wenn ein Beitrag der Lüftungsleitung zur Brandentstehung und Brandweiterleitung nicht zu befürchten ist. Lüftungsleitungen dürfen raumabschließende Bauteile, für die eine Feuerwiderstandsfähigkeit vorgeschrieben ist, nur überbrücken, wenn eine Brandausbreitung ausreichend lang nicht zu befürchten ist oder wenn Vorkehrungen hiergegen getroffen sind. Dies gilt nicht

1. für Gebäude der Gebäudeklassen 1 und 2,
2. innerhalb von Wohnungen,
3. innerhalb derselben Nutzungseinheit mit nicht mehr als 400 m² in nicht mehr als zwei Geschossen.

3.4.18 Feuerungsanlagen, sonstige Anlagen zur Wärmeerzeugung nach §42 MBO

— Feuerstätten und Abgasanlagen (Feuerungsanlagen) müssen betriebssicher und brandsicher sein. Sie dürfen in Räumen nur aufgestellt werden, wenn nach der Art der Feuerstätte und nach Lage, Größe, baulicher Beschaffenheit und Nutzung der Räume Gefahren nicht entstehen.

- Abgase von Feuerstätten sind durch Abgasleitungen, Schornsteine und Verbindungsstücke (Abgasanlagen) so abzuführen, dass keine Gefahren oder unzumutbare Belästigungen entstehen.
- Behälter und Rohrleitungen für brennbare Gase und Flüssigkeiten müssen betriebssicher und brandsicher sein.

3.5 Muster–Liste der Technischen Baubestimmungen (Fassung: 2007/02)

3.5.1 Vorbemerkungen

Die Liste der Technischen Baubestimmungen enthält technische Regeln für die Planung, Bemessung und Konstruktion baulicher Anlagen und ihrer Teile, deren Einführung als Technische Baubestimmungen auf der Grundlage des § 3 Abs. 3 MBO erfolgt. Technische Baubestimmungen sind allgemein verbindlich, da sie nach § 3 Abs. 3 MBO beachtet werden müssen. Es werden nur die technischen Regeln eingeführt, die zur Erfüllung der Grundsatzanforderungen des Bauordnungsrechts unerlässlich sind. Die Bauaufsichtsbehörden sind allerdings nicht gehindert, im Rahmen ihrer Entscheidungen zur Ausfüllung unbestimmter Rechtsbegriffe auch auf nicht eingeführte allgemein anerkannte Regeln der Technik zurückzugreifen.

Soweit technische Regeln durch die Anlagen in der Liste geändert oder ergänzt werden, gehören auch die Änderungen und Ergänzungen zum Inhalt der Technischen Baubestimmungen. Anlagen, in denen die Verwendung von Bauprodukten (Anwendungsregelungen) nach harmonisierten Normen nach der Bauproduktenrichtlinie geregelt ist, sind durch den Buchstaben "E" kenntlich gemacht. Gibt es im Teil I der Liste keine technischen Regeln für die Verwendung von Bauprodukten nach harmonisierten Normen und ist die Verwendung auch nicht durch andere allgemein anerkannte Regeln der Technik geregelt, können Anwendungsregelungen auch im Teil II Abschnitt 5 der Liste enthalten sein.

Europäische technische Zulassungen enthalten im Allgemeinen keine Regelungen für die Planung, Bemessung und Konstruktion baulicher Anlagen und ihrer Teile, in die die Bauprodukte eingebaut werden. Die hierzu erforderlichen Anwendungsregelungen sind im Teil II Abschnitt 1 bis 4 der Liste aufgeführt.

Im Teil III sind Anwendungsregelungen für Bauprodukte und Bausätze, die in den Geltungsbereich von Verordnungen nach § 17 Abs. 4 und § 21 Abs. 2 MBO fallen (zurzeit nur die Verordnung zur Feststellung der wasserrechtlichen Eignung von Bauprodukten und Bauarten durch Nachweise nach der Musterbauordnung (WasBauPVO)) aufgeführt.

Die technischen Regeln für Bauprodukte werden nach § 17 Abs. 2 MBO in der Bauregelliste A bekannt gemacht. Sofern die in Spalte 2 der Liste aufgeführten technischen Regeln Festlegungen zu Bauprodukten (Produkteigenschaften) enthalten, gelten vorrangig die Bestimmungen der Bauregellisten.

3.5.2 Technische Regeln für die Planung, Bemessung und Konstruktion baulicher Anlagen und ihrer Teile

Die o. g. Technischen Regeln sind im Teil I der Muster-LTB angegeben. Die nachstehende Tabelle 3.5.1 zeigt in einer Inhaltsübersicht die technischen Regeln für die Planung, Bemessung und Konstruktion baulicher Anlagen und ihrer Teile.

Tabelle 3.5.1: *M-Liste der Techn. Baubestimmungen Teil I: Technische Regeln für die Planung, Bemessung und Konstruktion baulicher Anlagen und ihrer Teile*

	Inhaltsübersicht		
1	Technische Regeln zu Lastannahmen und Grundlagen der Tragwerksplanung	3	Technische Regeln zum Brandschutz
2	Technische Regeln zur Bemessung und zur Ausführung	4	Technische Regeln zum Wärme- und zum Schallschutz
2.1	Grundbau	4.1	Wärmeschutz
2.2	Mauerwerksbau	4.2	Schallschutz
2.3	Beton-, Stahlbeton- und Spannbetonbau	5	Technische Regeln zum Bautenschutz
2.4	Metallbau	5.1	Schutz gegen seismische Einwirkungen
2.5	Holzbau	5.2	Holzschutz
2.6	Bauteile	6	Technische Regeln zum Gesundheitsschutz
2.7	Sonderkonstruktionen	7	Technische Regeln als Planungsgrundlagen

Im vorliegenden Zusammenhang sind vor allem Abschnitt 1 „Technische Regeln zu Lastannahmen und Grundlagen der Tragwerksplanung", Abschnitt 2: „Technische Regeln zur Bemessung und zur Ausführung", Abschnitt 3: „Technische Regeln zum Brandschutz" von Bedeutung. Der Abschnitt 1 enthält insbesondere die DIN 1055-100: „Grundlagen der Tragwerksplanung, Sicherheitskonzept und Bemessungsregeln", die für die Anwendung der Eurocodes im deutschen Baurecht von besonderer Bedeutung ist. Im Teil 2 der Muster-LTB sind im Wesentlichen die gültigen DIN – Normen für den konstruktiven Ingenieurbau aufgeführt, wie z.B. DIN 1053, DIN 1045, DIN 18 800, DIN 1050 und die Eurocodes 3 und 4.

Im Abschnitt 3 der Muster-LTB sind die in den folgenden Tabellen 3.5.2 und 3.5.3 angegebenen Technischen Baubestimmungen und Richtlinien aufgeführt.

Tabelle 3.5.2: Technische Regeln zum Brandschutz – Normen (M-LTB, Stand Feb. 2007)

Kenn./ Lfd. Nr.	Bezeichnung	Titel	Ausgabe	Bezugsquelle/ Fundstelle
3.1	DIN 4102	Brandverhalten von Baustoffen und Bauteilen		
	-4 Anlage 3.1/8	Zusammenstellung und Anwendung klassifizierter Baustoffe, Bauteile und Sonderbauteile	März 1994	*)
	-4/A1 Anlage 3.1/11	Zusammenstellung und Anwendung klassifizierter Baustoffe, Bauteile und Sonderbauteile; Änderung A1	November 2004	*)
	-22 Anlage 3.1/10	Anwendungsnorm zu DIN 4102-4 auf der Bemessungsbasis von Teilsicherheitsbeiwerten	November 2004	*)
	DIN V ENV 1992-1-2 Anlage 3.1/9	Eurocode 2: Planung von Stahlbeton- und Spannbetontragwerken Teil 1-2: Allgemeine Regeln; Tragwerksbemessung für den Brandfall	Mai 1997 2001	*) **)
	DIN-Fachbericht 92	Nationales Anwendungsdokument (NAD) – Richtlinie zur Anwendung von DIN V ENV 1992-1-2	Oktober 2007	*)
	DIN V ENV 1993-1-2 Anlage 3.1/9	Eurocode 3: Bemessung und Konstruktion von Stahlbauten – Teil 1-2: Allgemeine Regeln; Tragwerksbemessung für den Brandfall	Mai 1997	*)
	DIN-Fachbericht 95	Nationales Anwendungsdokument (NAD) – Richtlinie zur Anwendung von DIN V ENV 1993-1-2:1997-05	2000	*)
	DIN V ENV 1994-1-2 Anlage 3.1/9	Eurocode 4: Bemessung und Konstruktion von Verbundtragwerken aus Stahl und Beton – Teil 1-2: Allgemeine Regeln; Tragwerksbemessung für den Brandfall	Juni 2997	*)
	DIN-Fachbericht 94	Nationales Anwendungsdokument (NAD) – Richtlinie zur Anwendung von DIN V ENV 1994-1-2:1997-06	2000	*)
	Richtlinie	DiBt-Richtlinie zur Anwendung von DIN V ENV 1994-1-2 in Verbindung mit DIN 18800-5	Oktober 2007	**) 5/2007, S.165
	DIN V ENV 1995-1-2 Anlage 3.1/9	Eurocode 5: Entwurf, Berechnung und Bemessung von Holzbauwerken – Teil 1-2: Allgemeine Regeln; Tragwerksbemessung für den Brandfall	Mai 1997	*)
	DIN-Fachbericht 95	Nationales Anwendungsdokument (NAD) – Richtlinie zur Anwendung von DIN V ENV 1995-1-2:1997-05	2000	*)
	DIN V ENV 1996-1-2 Anlage 3.1/9	Eurocode 6: Bemessung und Konstruktion von Mauerwerksbauten – Teil 1-2: Allgemeine Regeln; Tragwerksbemessung für den Brandfall	Mai 1997 ***)	*)
	DIN-Fachbericht 96	Nationales Anwendungsdokument (NAD) – Richtlinie zur Anwendung von DIN V ENV 1996-1-2:1997-05	2000 ***)	*)

*) Beuth Verlag GmbH, 10772 Berlin ; **)Deutsches Institut für Bautechnik, "DIBt-Mitteilungen", zu beziehen beim Verlag Ernst & Sohn, Bühringstr. 10, 13086 Berlin; ***) derzeit gestrichen/zurückgezogen, Stand Jan. 2008.

Im Hinblick auf die zukünftige Bedeutung der Eurocodes für den Brandschutz wird darauf im Kapitel 10 ausführlich eingegangen. An dieser Stelle sei nur Folgendes angemerkt. Die Mitgliedsländer der EU betrachten die Eurocodes 1 bis 9 als Bezugsdokumente für folgende Zwecke:

— als Mittel zum Nachweis der Übereinstimmung der Hoch- und Ingenieurbauten mit den wesentlichen Anforderungen der Bauproduktenrichtlinie 89/106/EWG (s. Kapitel 4), insbesondere der Anforderung Nr. 1: Mechanischer Widerstand und Stabilität, und der Anforderung Nr. 2: Brandschutz,
— als Grundlage für die Spezifizierung von Verträgen für die Ausführung von Bauwerken und dazu erforderlichen Ingenieurleistungen,
— als Rahmenbedingung für die Herstellung harmonisierter Spezifikationen (Normen) für Bauprodukte ENs und ETAs).

Die Eurocodes liefern Regelungen für den Entwurf, die Berechnung und Bemessung von kompletten Tragwerken und Bauteilen, die sich für die tägliche Anwendung eignen. Für ungewöhnliche Bauwerke können zusätzliche Spezialkenntnisse für den Planer erforderlich sein.

An der Tabelle 3.5.2 fällt auf, dass mit zwei Ausnahmen sämtliche Brandschutznormen der Normenreihe DIN 4102 fehlen. Der Grund ist der, dass diese Normen gemäß der Bauproduktenrichtlinie vom 21.12.1988 und dem Bauproduktengesetz vom 28.04.1998 zwischenzeitlich durch harmonisierte europäische Normen ersetzt wurden und derzeit nur noch im Rahmen der laufenden Koexistenzzeiträume verwendet werden dürfen. Auf die Zusammenhänge zwischen deutschem Baurecht und europäischer Normung wird im folgenden Kapitel 4 ausführlich eingegangen.

Die in Tabelle 3.5.2 angeführten Normen

— DIN 4102 Teil 4: Zusammenstellung und Anwendung klassifizierter Baustoffe, Bauteile und Sonderbauteile, März 1994,
— DIN 4102 Teil 4/A1: Zusammenstellung und Anwendung klassifizierter Baustoffe, Bauteile und Sonderbauteile; Änderung A1, Nov. 2004,
— DIN 4102 Teil 22: Anwendungsnorm zu DIN 4102-4 auf der Bemessungsbasis von Teilsicherheitsbeiwerten, Nov. 2004,

gelten als Europäische Anlagen zu den Technischen Baubestimmungen, d.h. der Bauteilkatalog nach DIN 4102 Teil 4 und seine Anlagen ist auch im Rahmen der fortschreitenden europäischen Normung zunächst weiterhin gültig. Dieses gilt hingegen nicht für z. B. abgelaufene Prüfzeugnisse nach DIN 4102 oder bauaufsichtliche Zulassungen, welche nicht mehr den Technischen Baubestimmungen entsprechen. Auf die DIN 4102 Teil 4/A1 wird im Kapitel 9.5 eingegangen.

Die DIN 4102-22: 2004/11 ist hingegen eine Anwendungsnorm mit dem Ziel, die Anwendbarkeit von DIN 4102-4: 1994/03 einschließlich DIN 4102-4/A1: 2004/11 auch nach der Überarbeitung der nationalen Bemessungsnormen (wie DIN 1045-1, DIN 1052) auf der Basis von Teilsicherheitsbeiwerten (semiprobabilistischer Ansatz) sicherzustellen. In der Norm sind zum Bereich Bauteile folgende Erläuterungen gegeben:

Anwendungsbereich: Diese Norm gilt zusammen mit DIN 4102-4:1994-03. Sie gilt insbesondere für eine Bemessung im Brandfall nach einer Bemessung bei Umgebungstemperatur auf der Basis der Produktbemessungsnormen nach zulässigen Spannungen bzw. nach dem Traglastverfahren. Diese Norm gibt darüber hinaus weitere allgemeine Korrekturen und Berichtigungen zu DIN 4102-4:1994-03.

ANMERKUNG 1: Der brandschutztechnische Nachweis nach den europäischen Bemessungsnormen (Eurocode) setzt eine Bemessung bei Umgebungstemperatur ebenfalls nach Eurocode voraus.

ANMERKUNG 2: Für den brandschutztechnischen Nachweis nach einer Bemessung bei Umgebungstemperatur nach den nationalen Produktbemessungsnormen auf der Basis von Teilsicherheitsbeiwerten sind in DIN 4102-22 weitere Festlegungen angegeben.

Die Änderungen nach DIN 4102-4/A1 waren erforderlich, um die Anwendbarkeit von DIN 4102-4:1994-03 für die nächste Zeit sicherzustellen. Sie war insbesondere erforderlich, um zwischenzeitliche Änderungen der nationalen Produktbemessungsnormen nach zulässigen Spannungen bzw. nach dem Traglastverfahren zu berücksichtigen.

Die vorhandenen Berichtigungen 1 bis 3 wurden mit in diese Norm aufgenommen.

Der Anwender wird zukünftig, zumindest während der Übergangsphase, drei mögliche Routen der Bemessung begehen können:

a) Bemessung bei Umgebungstemperatur ("Kaltbemessung") mit Spannungsnachweis wie bisher (Vergleich mit zulässiger Spannung) und Benutzung von DIN 4102-4 :1994-03 einschließlich dieser Norm für eine Bemessung im Brandfall ("Heißbemessung");

b) Bemessung bei Umgebungstemperatur mit überarbeiteter nationaler Bemessungsnorm auf der Basis von Teilsicherheitsbeiwerten und DIN 4102-4 :1994-03 einschließlich DIN 4102-22 im Regelfall zusammen mit dieser Norm für eine Heißbemessung;

c) Bemessung nach den europäischen Bemessungsnormen (Eurocode) sowohl bei Umgebungstemperatur als auch für den Brandfall.

Anhang A enthält weitere Erläuterungen zur Anwendbarkeit von DIN 4102-4:1994-03.

Des Weiteren sind in DIN 4102-4/A1 Änderungen zum Nachweis der Feuerwiderstandsklasse von Bauteilen aus hochfestem Beton betreffend Balken, Plattenbalken, Druckglieder und Wände und Änderungen zum Mauerwerksbau betreffend Baustoffklasse, Wände, Mauerwerk, Wandbauplatten, Pfeiler und Stürze aufgeführt.

Im Anhang A (informativ) der DIN 4102-4/A1 sind weiterhin umfassende Erläuterungen zur Bemessung im Brandfall nach DIN 4102-4 gegeben. Danach ist zukünftig Folgendes zu erwarten:

Die Eurocodes zur Bemessung im Brandfall werden langfristig wesentliche Teile von DIN 4102-4 ersetzen. Da augenblicklich in Deutschland die nationalen Bemessungsnormen für den "kalten Zustand" entsprechend den Grundlagen der Eurocodes überarbeitet werden und zum großen Teil schon veröffentlicht sind (Bemessung nach Teilsicherheitsbeiwerten), werden Teile von DIN 4102-4 in der jetzigen Form nicht mehr anwendbar sein, wenn der rechnerische Nachweis im kalten Zustand nach den neuen Bemessungsnormen geführt wurde und wenn der Lastausnutzungsgrad nach DIN 4102-4 von Bedeutung ist. Aus diesem Grund wurde eine "Anwendungsnorm" zu DIN 4102-4 erarbeitet, die als DIN 4102-22 "Brandverhalten von Baustoffen und Bauteilen – Teil 22: Anwendungsnorm zu DIN 4102-4 auf der Bemessungsbasis von Teilsicherheitsbeiwerten" veröffentlicht wurde.

a) Die Aussagen zu konstruktiven Gestaltungen beziehungsweise Bemessungen von Bauteilen bezogen auf den Brandfall, aber auch zu Aussagen zum Brandverhalten von Baustoffen basieren im Wesentlichen auf langjährigen Erfahrungen aus Prüfungen an Baustoffen und Bauteilen nach der Normenreihe DIN 4102 als Grundlage für bauaufsichtliche Nachweisverfahren. Grundlage zu diesen Aussagen waren selbstverständlich reine nationale Produktnormen. In der derzeitigen gültigen Ausgabe von DIN 4102-4 vom März 1994 werden in etwa 160 im Wesentlichen Produktnormen undatiert zitiert. Normungstechnisch betrachtet bedeutet dies, dass etwaige Folgeausgaben zu den zitierten Normen direkt in DIN 4102-4 einfließen. Dies ist sicherlich ein sinnvolles Vorgehen unter besonderer Berücksichtigung der Tatsache, dass DIN 4102-4 ein sehr umfangreiches Dokument ist und es entsprechend aufwändig wäre, überarbeitet zu werden. Weiterhin gilt dies insbesondere unter Berücksichtigung der derzeitigen nationalen Produktnormen, die im Wesentlichen auf Festlegungen basieren und nicht auf Anforderungen.

b) Augenblicklich befinden wir uns in Europa mitten in einem Prozess der Harmonisierung im Normungsbereich. Die Europäischen Produktnormen sind im Gegensatz zu den nationalen Normen in der Regel Anforderungsnormen. Das Spektrum unterschiedlicher jedoch ähnlicher Produkte (CE-gekennzeichnet) wird entsprechend größer sein. Ob die Aussagen, die für Produkte, die auf nationalen Produktnormen basieren und in DIN 41024 zitiert und bezüglich des Brandverhaltens klassifiziert sind, auch auf die neuen CE-gekennzeichneten Produkte zutreffen, ist nicht gewiss. Diese Problematik ist sicherlich von größerer Bedeutung für die Aussagen zum Brandverhalten von Baustoffen als zu den Aussagen zur Feuerwiderstandsfähigkeit von Bauteilen.

c) Relativiert werden obige Aussagen dadurch, dass die Europäischen Produktnormen sich selbstverständlich auf die neuen Europäischen Klassifizierungen zum Brandverhalten von Baustoffen und Bauteilen beziehen. In einigen Europäischen Produktnormen werden Aussagen zum Brandverhalten des Bauproduktes direkt aufgenommen, d. h., dem Produkt wird eine bestimmte europäische Brandschutzklasse zugeordnet (ähnlich dem Vorgehen von DIN 4102-4). Entsprechend werden die Aussagen in DIN 4102-4 zu diesen Produkten nicht mehr erforderlich. Bei anderen Europäischen Produktnormen ist das Brandverhalten nach Europäischen Klassifizierungsnormen nachzuweisen und entsprechend zu deklarieren.

d) Es sind im Wesentlichen drei Bereiche für DIN 4102-4 zu unterscheiden, die in diesem Zusammenhang von Interesse sind:

d_1) Für in DIN 4102-4 zitierte Produkte sind keine europäischen Produktspezifikationen (Europäische Produktnormen oder europäisch technische Zulassungsrichtlinien) in Vorbereitung.
Dieser Fall ist unproblematisch, da die Aussagen von DIN 4102-4 weiterhin uneingeschränkt gültig bleiben. Diese Aussagen beziehen sich selbstverständlich auf das nationale Klassifizierungssystem der Normenreihe DIN 4102, das im Übrigen weiterhin bestehen bleiben wird (parallel zum europäischen Klassifizierungssystem).

d_2) Es liegen Europäische Produktnormen vor oder sind in Vorbereitung.
Auch dieser Fall ist eher von geringer Problematik, da in der ersten Phase der Vorbereitung Europäischer Produktnormen die Aussagen in DIN 4102-4 zur nationalen Klassifizierung vollständig gültig bleiben und nach der Übergangsfrist (national klassifizierte Bauprodukte dürfen nicht mehr in den Verkehr gebracht werden) die Aussagen von DIN 4102-4 nur noch hypothetischen Charakter behalten. Während der Übergangsfrist (sowohl Bauprodukte auf der Basis von rein nationalen Produktnormen als auch auf der Basis von Europäischen Produktnormen dürfen, in der Regel während einer Dauer von ca. 21 Monaten, nebeneinander in den Verkehr gebracht werden) bleiben die Aussagen von DIN 4102-4 ebenfalls vollständig gültig (bezogen auf die nationalen Produktnormen).

d_3) Es handelt sich um Bauarten.
Festlegungen für Bauarten sind Hauptbestandteil von DIN 4102-4. Mit der Ausnahme von Europäischen Normen zu "Bausätzen" ("Kit"-Normen) werden Bauarten europäisch nicht genormt (die Bauproduktenrichtlinie bezieht sich lediglich auf Bauprodukte und nicht auf Bauarten, also dem Zusammenfügen von Bauprodukten zu baulichen Anlagen oder Teilen von baulichen Anlagen).

Dieser Fall d_3) ist also der kritische und entsprechend genauer zu betrachten.

Bauarten werden z. B. aus unterschiedlichen Bauprodukten wie Bewehrungsstahl und Beton (dieser wiederum aus Zement, Zuschlag usw.) zu Stahlbeton oder aber auch Stahlprofilen zusammen mit Brandschutzmaßnahmen wie Bekleidungen oder Beschichtungen jeweils unter Berücksichtigung von Lagerungsbedingungen und äußeren und inneren Belastungen erstellt. Genau für diese Fälle ist DIN 4102-4 die Grundlage des Brandschutznachweises.

Die Aussagen von DIN 4102-4 sind nicht ohne weiteres direkt auf die neuen europäischen Produkte übertragbar. In vielen Fällen kann jedoch davon ausgegangen werden, dass die möglichen Änderungen auf Grund der Europäischen Produktnormen in ihren Auswirkungen eher gering sein werden. Allerdings sollten zur Absicherung Vergleichsversuche durchgeführt werden (siehe auch unten).

Bemessungen nach den neuen nationalen Bemessungsnormen im "kalten" Zustand basieren auf Teilsicherheitsbeiwerten in Anlehnung an die Prinzipien der Eurocodes (semi-probabilistischer Ansatz). Dies bedeutet, dass eine unreflektierte Benutzung von DIN 4102-4 bei Bauteilbemessungen, die von der Lastausnutzung abhängig sind, zu fehlerhaften Ergebnissen führen kann. Solange die Kaltbemessung über den Nachweis von zulässigen Spannungen nach alter Denkweise durchgeführt wurde, ist die Anwendung von DIN 4102-4 unproblematisch. Um die Anwendbarkeit von DIN 4102-4 für die Fälle sicherzustellen, bei denen nach den neuen baustoffspezifischen Bemessungsnormen der Nachweis im Kaltzustand erfolgte, sind alternative bzw. zusätzliche Nachweise erforderlich.

Erfolgt die Kaltbemessung dagegen direkt nach Eurocodes, so erfolgt die Bemessung für den Brandfall über die "heißen" Eurocodes. Dies ist ein konsistentes Gesamtpaket.

Auch wenn es für den Anwender von DIN 4102-4 unerfreulich ist, dass in der Zukunft zusätzliche Überlegungen erforderlich sein werden und eine Anwendungsnorm zu berücksichtigen ist, so scheint es hierzu augenblicklich keine vernünftige Alternative zu geben. Dies liegt im Wesentlichen darin begründet, dass die große Zahl der Europäischen Produktnormen über einen längeren Zeitraum veröffentlicht werden. DIN 4102-4 müsste genau genommen während dieser Zeit ständig überarbeitet und entsprechend angepasst werden, was normungstechnisch nicht sinnvoll machbar ist. Weiterhin wären u. U. prüftechnische Nachweise erforderlich, um sicherzustellen, dass die Europäischen Produktnormen ähnliche Ergebnisse bezüglich der Feuerwiderstandsdauer von Bauteilen ergeben.

Nach eingehenden Beratungen wurde beschlossen, eine Zwischenlösung dahingehend zu wählen, dass alle relevanten normativen Verweisungen auf die letzten gültigen rein nationalen Normen datiert werden. Wenn die mit diesen Normen in Übereinstimmung stehenden Produkte nicht mehr auf dem Markt erhältlich sind, weil diese nach der Übergangsfrist durch Produkte auf der Basis von neuen europäischen Produktspezifikationen abgelöst werden, fallen entsprechend die Aussagen nach DIN 4102-4 für Bauarten mit diesen Produkten weg. Entsprechend wären dann für diese Bauarten Verwendbarkeitsnachweise nach Bauregelliste erforderlich.

Interessierte Kreise werden jedoch die Möglichkeit haben, im Zuge von Nachweisen feststellen zu lassen, dass auch die Produkte nach einer neuen europäischen Produktspezifikation mit den alten Aussagen von DIN 4102-4:1994-03 in Übereinstimmung stehen. Der für DIN 4102-4 zuständige Arbeitsausschuss wird die Nachweise dann begutachten und bei positiver Aussage den zuständigen Gremien der Obersten Bauaufsichtsbehörden zur Veröffentlichung in der Muster-Liste der technischen Baubestimmungen der Anlage zu DIN 4102-4 empfehlen. In unbestimmten Abständen ist dann vorgesehen, dass die neuen normativen Verweisungen über Änderungen in DIN 4102-4 berücksichtigt werden.

Insbesondere für das Brandverhalten von Baustoffen wurde auf europäischer Ebene eine Reihe von Maßnahmen ergriffen, die zum Teil die oben genannten Probleme zu DIN 4102-4 relativieren. Für die Klassifizierung zum Brandverhalten von Baustoffen wurde schon im Jahre 1996 eine Liste derjenigen Baustoffe veröffentlicht, die ohne Prüfung als nichtbrennbar (Euroklasse A1) einzustufen sind. Weiterhin besteht die Möglichkeit für Bauprodukte, eine europäische Klassifizierung zum Brandverhalten über ein Prozedere zu erlangen, das über entsprechende Stellen auf Kommissionsebene durchgeführt wird (CWFT: classification without further testing). Siehe hierzu auch die oben aufgeführten Aussagen zu den Europäischen Produktnormen.

Ziel sollte es sein, europäisch einen entsprechenden "Teil 4" zu erstellen, der zumindest so anwendungsfreundlich ist wie die jetzige DIN 4102-4 (in ihrem ursprünglich angedachten Konzept). Eine Zuordnung der Feuerwiderstandsklassen und der Baustoffklassen zu den verbalen bauaufsichtlichen Brandschutzanforderungen der Musterbauordnung erfolgt im Übrigen in der Bauregelliste A Teil 1 in den Anlagen 01 bzw. 02.

Es ist vorgesehen, eine konsolidierte Fassung von DIN 4102-4 auf der Basis von DIN 4102-22 in der näheren Zukunft zu veröffentlichen, um eine bessere Anwendbarkeit der Norm sicherzustellen. Für Nachweise "im Bestand" wird der Anwender dann auf DIN 4102-4:1994-03 zusammen mit dieser Norm zurückgreifen können.

Von den in der Tabelle 3.5.3 aufgeführten Richtlinien ist vor allem die Muster-Industriebaurichtlinie (MIndBauR) von Bedeutung. Die Industriebaurichtlinie regelt die Mindestanforderungen an den Brandschutz von Industriebauten vor allem im Hinblick auf

— die Feuerwiderstandfähigkeit der Bauteile und die Brennbarkeit der Baustoffe,
— die Größe der Brandabschnitte bzw. Brandbekämpfungsabschnitte.

Zur Ermittlung dieser Größen hat der Planer bei der Anwendung der MIndBauRL die Wahl zwischen drei Verfahren:

— Verfahren nach Abschnitt 6: Festlegung der Feuerwiderstandsklasse der Bauteile nach vorliegenden Tabellen, unter Berücksichtigung festgelegter Flächen für die Brandabschnitte bzw. für einzelne Geschosse.
— Verfahren nach Abschnitt 7: Festlegung der Feuerwiderstandsklasse durch Berechnung nach DIN 18 230-1 „Baulicher Brandschutz im Industriebau" und Berechnung der zugehörigen Fläche für den Brandabschnitt bzw. Brandbekämpfungsabschnitt.

— Verfahren nach Abschnitt 4.3: Anwendung von Methoden des Brandschutzingenieurwesens gemäß Anhang 1 zur rechnerischen Ermittlung (z.B. durch Wärmebilanzrechnung) der o. g. Größen (eine entsprechende Norm DIN 18230-4 ist derzeit in Bearbeitung).

Auf die MIndBauR wird im Kapitel 6 noch ausführlich eingegangen.

Tabelle 3.5.3: Technische Regeln zum Brandschutz – Richtlinien (M-LTB, Stand Feb. 2007)

Kenn./ Lfd. Nr.	Bezeichnung	Titel	Ausgabe	Bezugsquelle/ Fundstelle
1	2	3	4	5
3.2	nicht besetzt			
3.3	Richtlinie Anlage 3.3/1	Muster-Richtlinie über den baulichen Brandschutz im Industriebau (Muster-Industriebaurichtlinie-MIndBauR)	März 2000	**)
3.4	Richtlinie	Muster-Richtlinie über brandschutztechnische Anforderungen an Systemböden (MSysBöR)	September 2005	**)
3.5	Richtlinie Anlage 3.5/1	Richtlinie zur Bemessung von Löschwasser-Rückhalteanlagen beim Lagern wassergefährdender Stoffe (LöRüRL)	August 1992	**)
3.6	Richtlinie	Muster-Richtlinie über brandschutztechnische Anforderungen an Lüftungsanlagen (Muster-Lüftungsanlagen-Richtlinie M-LüAR)	September 2005	**)
3.7	Richtlinie	Muster-Richtlinie über brandschutztechnische Anforderungen an Leitungsanlagen (Muster-Leitungsanlagenrichtlinie – MLAR)	November 2005	**)
3.8	Richtlinie	Muster-Richtlinie über den Brandschutz bei der Lagerung von Sekundärstoffen aus Kunststoff (Muster-Kunststofflagerrichtlinie – MKLR)	Juni 1996	Anlage F oder ****)
3.9	Richtlinie	Muster-Richtlinie über brandschutztechnische Anforderungen an hochfeuerhemmende Bauteile in Holzbauweise – M-HFHHolzR	Juli 2004	**) oder ****)

*)   Beuth Verlag GmbH, 10772 Berlin
**) Deutsches Institut für Bautechnik, "DIBt-Mitteilungen", zu beziehen beim Verlag Ernst & Sohn, Bühringstr. 10, 13086 Berlin
****) GWV Fachverlage GmbH, A.-Lincoln-Str. 46, 65189 Wiesbaden

Abschließend sei noch kurz auf die in der Anlage 3.1/9 der Muster-LTB eingegangen. Danach ist Folgendes zu beachten:

— Die Vornormen DIN V ENV 1993-1-2, DIN V ENV 1994-1-2, DIN V ENV 1995-1-2 und DIN V ENV 1996-1-2 dürfen unter Beachtung ihrer Nationalen Anwendungsdokumente dann angewendet werden, wenn die Tragwerksbemessung für die Gebrauchslastfälle bei Normaltemperatur nach den Vornormen DIN V ENV 1993-1-1, DIN V ENV 1994-1-1, DIN V ENV 1995-1-1 bzw. DIN V ENV 1996-1-1 unter Beachtung ihrer Nationalen Anwendungsdokumente erfolgt ist.

- Die Vornorm DIN V ENV 1992-1-2 darf unter Beachtung der „DIBt-Richtlinie zur Anwendung von DIN V ENV 1992-1-2 in Verbindung mit DIN 1045-1" dann angewendet werden, wenn die Tragwerksbemessung für die Gebrauchslastfälle bei Normaltemperatur nach DIN 1045-1: 2001-07 erfolgt ist.
- Bei der Anwendung der technischen Regel ist DIN V ENV 1991-2-2: 1997-05 - Eurocode 1 – Grundlagen der Tragwerksplanung und Einwirkungen auf Tragwerke – Teil 2-2: Einwirkungen auf Tragwerke; Einwirkungen im Brandfall einschließlich dem Nationalen Anwendungsdokument (NAD) – Richtlinie zur Anwendung von DIN V ENV 1991-2-2: 1997-05 (DIN-Fachbericht 91) zu beachten.
- Das Nachweisverfahren der Stufe 3 nach Eurocode ist nur im Rahmen der Zustimmung im Einzelfall anwendbar.
- Für DIN V ENV 1992-1-2, DIN V ENV 1994-1-2 und DIN V ENV 1996-1-2 gilt: Die in den Tabellen zu den Mindestquerschnittsabmessungen angegebenen Feuerwiderstandsklassen entsprechen den Feuerwiderstandsklassen nach DIN 4102 Teil 2 gemäß der nachstehenden Tabelle 3.5.4. Die Tabelle 3.5.4 entspricht den bauaufsichtlichen Anforderungen gemäß Tabelle 1 Anlage 0.1.2 der Bauregelliste A Teil1 (s. Abschnitt 3.6).

Tabelle 3.5.4: Europäische Brandschutzklassen und Brandschutzklassifizierungen nach DIN 4102 Teil2 gemäß den bauaufsichtlichen Anforderungen

Bauaufsichtliche Anforderung	Tragende Bauteile ohne Raumabschluss		Tragende Bauteile mit Raumabschluss		Nichttragende Innenwände	
	Klasse nach DIN EN 13501-2	Klasse nach DIN 4102-2	Klasse nach DIN EN 13501-2	Klasse nach DIN 4102-2	Klasse nach DIN EN 13501-2	Klasse nach DIN 4102-2
feuerhemmend	R30	F 30	REI30	F 30	EI30	F 30
feuerbeständig	R90	F 90	REI90	F90	EI 90	F 90
Brandwand	-		REI-M 90		EI-M 90	

Es bedeuten:
R – Tragfähigkeit   I – Wärmedämmung
E – Raumabschluss   M – Widerstand gegen mechanische Beanspruchung

3.6 Bauregelliste des Deutschen Instituts für Bautechnik (DIBt)

3.6.1 Allgemeine Regelungen

Die Landesbauordnungen unterscheiden zwischen geregelten, nicht geregelten und sonstigen Bauprodukten. Geregelte Bauprodukte entsprechen den in der Bauregelliste A Teil 1 bekannt gemachten technischen Regeln oder weichen von ihnen nicht wesentlich ab. Nicht geregelte Bauprodukte sind Bauprodukte, die wesentlich von den in der Bauregelliste A Teil 1 bekannt gemachten technischen Regeln abweichen oder für die es keine Technischen Baubestimmungen oder allgemein anerkannten Regeln der Technik gibt.

Die Verwendbarkeit ergibt sich:

a) für geregelte Bauprodukte aus der Übereinstimmung mit den bekannt gemachten technischen Regeln

b) für nicht geregelte Bauprodukte aus der Übereinstimmung mit

- der allgemeinen bauaufsichtlichen Zulassung oder
- dem allgemeinen bauaufsichtlichen Prüfzeugnis oder
- der Zustimmung im Einzelfall.

Geregelte und nicht geregelte Bauprodukte dürfen verwendet werden, wenn ihre Verwendbarkeit in dem für sie geforderten Übereinstimmungsnachweis bestätigt ist und sie deshalb das Übereinstimmungszeichen (Ü-Zeichen) tragen.

Sonstige Bauprodukte sind Produkte für die es allgemein anerkannte Regeln der Technik gibt, die jedoch nicht in der Bauregelliste A enthalten sind. An diese Bauprodukte stellt die Bauordnung zwar die gleichen materiellen Anforderungen, sie verlangt aber weder Verwendbarkeits- noch Übereinstimmungsnachweise; sie sind deshalb auch nicht in der Bauregelliste A erfasst.

Die Festlegungen der Bauregelliste A Teile 1, 2 und 3 und der Liste C betreffen die Voraussetzungen für die Verwendung von Bauprodukten (und die Anwendung von Bauarten im Falle der Bauregelliste A Teil 3) und nicht die Voraussetzungen für das Inverkehrbringen sowie den freien Warenverkehr von Bauprodukten im Sinne des Bauproduktengesetzes (BauPG). Die Festlegungen in der Bauregelliste A Teile 1, 2 und 3 und der Liste C werden nach Ablauf einer von der Europäischen Kommission festgelegten sog. Koexistenzperiode daher nicht unmittelbar gestrichen (zur Koexistenzperiode s. Abschnitt 4.2.6).

3.6.2 Bauregelliste A Teile 1, 2 und 3

Die **Bauregelliste A** gilt nur für Bauprodukte und Bauarten im Sinne der Begriffsbestimmung der Landesbauordnungen. Die für die Bemessung und Ausführung der baulichen Anlagen zu beachtenden technischen Regeln, die als Technische Baubestimmungen (LTB) öffentlich bekannt gemacht sind, bleiben hiervon unberührt.

In der **Bauregelliste A Teil 1** werden technische Regeln für Bauprodukte angegeben, die zur Erfüllung der Anforderungen der Landesbauordnungen von Bedeutung sind und die die betroffenen Produkte hinsichtlich der Erfüllung der für den Verwendungszweck maßgebenden Anforderungen hinreichend bestimmen. Diese technischen Regeln bezeichnen die geregelten Bauprodukte. Im Einzelfall sind technische Regeln ggf. nur für bestimmte Verwendungszwecke maßgeblich. Weitere Bestimmungen sind in den Anlagen zur Bauregelliste A Teil 1 enthalten.

In der Liste wird eine Norm aus der Reihe DIN 4102 dann genannt, wenn

— Regelungen zum Erreichen einer Feuerwiderstandsklasse zu beachten sind oder
— die Ermittlung der Baustoffklasse bedeutsam ist.

Auf eine Normangabe wird in der Regel verzichtet, wenn die Baustoffklasse als bekannt vorausgesetzt werden kann – z. B. die Nichtbrennbarkeit von Stahl – oder wenn in der zitierten Produktnorm auf DIN 4102 hingewiesen wird.

Je nach Zusammensetzung der Bauprodukte und der Art ihrer Verwendung können Anforderungen im Hinblick auf den Gesundheits- bzw. Umweltschutz gestellt sein, die durch die in der Bauregelliste A enthaltenen technischen Regeln nicht abgedeckt sind.

In die Bauregelliste A Teil 1 können auch Normen und sonstige Bestimmungen und/oder technische Vorschriften anderer Vertragsstaaten des Abkommens über den Europäischen Wirtschaftsraum aufgenommen werden, sofern das festgestellte Schutzniveau gleichermaßen dauerhaft erreicht wird.

Wenn eine nicht harmonisierte europäische Norm für ein Bauprodukt, das den in der Bauregelliste A Teil 1 aufgeführten Produktbereichen zugehörig ist, in der Bauregelliste A Teil 1 nicht aufgeführt ist, indiziert dieses, dass diese europäische Norm keine allgemein anerkannte Regel der Technik im Sinne der Landesbauordnungen ist. Das Bauprodukt gilt im Sinne der Landesbauordnungen jedoch nicht als sonstiges Bauprodukt, sondern als nicht geregeltes Bauprodukt (siehe Kapitel 3.6.1).

Die **Bauregelliste A Teil 2** enthält nicht geregelte Bauprodukte,

— deren Verwendung nicht der Erfüllung erheblicher Anforderungen an die Sicherheit baulicher Anlagen dient und für die es keine allgemein anerkannten Regeln der Technik gibt oder
— für die es Technische Baubestimmungen oder allgemein anerkannte Regeln der Technik nicht oder nicht für alle Anforderungen gibt und die hinsichtlich dieser Anforderungen nach allgemein anerkannten Prüfverfahren beurteilt werden können.

Sie bedürfen anstelle einer allgemeinen bauaufsichtlichen Zulassung nur eines allgemeinen bauaufsichtlichen Prüfzeugnisses. Der Übereinstimmungsnachweis bezieht sich auf die Übereinstimmung mit dem allgemeinen bauaufsichtlichen Prüfzeugnis. Ausgenommen sind die in der Liste C aufgeführten nicht geregelten Bauprodukte (siehe Abschnitt 3.6.4).

Die **Bauregelliste A Teil 3** enthält nicht geregelte Bauarten,

— deren Anwendung nicht der Erfüllung erheblicher Anforderungen an die Sicherheit baulicher Anlagen dient und für die es keine allgemein anerkannten Regeln der Technik gibt oder
— für die es allgemein anerkannte Regeln der Technik nicht gibt oder nicht für alle Anforderungen gibt und die hinsichtlich dieser Anforderungen nach allgemein anerkannten Prüfverfahren beurteilt werden können.

Sie bedürfen anstelle einer allgemeinen bauaufsichtlichen Zulassung nur eines allgemeinen bauaufsichtlichen Prüfzeugnisses. Der Übereinstimmungsnachweis bezieht sich auf die Übereinstimmung mit dem allgemeinen bauaufsichtlichen Prüfzeugnis. Hierbei hat der Anwender der Bauart zu bestätigen, dass die Bauart entsprechend den Bestimmungen des allgemeinen bauaufsichtlichen Prüfzeugnisses ausgeführt wurde und die hierbei verwendeten Produkte den Bestimmungen des allgemeinen bauaufsichtlichen Prüfzeugnisses entsprechen.

Die **Bauregelliste A Teil 3** enthält nicht geregelte Bauarten,

— deren Anwendung nicht der Erfüllung erheblicher Anforderungen an die Sicherheit baulicher Anlagen dient und für die es keine allgemein anerkannten Regeln der Technik gibt oder
— für die es allgemein anerkannte Regeln der Technik nicht gibt oder nicht für alle Anforderungen gibt und die hinsichtlich dieser Anforderungen nach allgemein anerkannten Prüfverfahren beurteilt werden können.

Sie bedürfen anstelle einer allgemeinen bauaufsichtlichen Zulassung nur eines allgemeinen bauaufsichtlichen Prüfzeugnisses. Der Übereinstimmungsnachweis bezieht sich auf die Übereinstimmung mit dem allgemeinen bauaufsichtlichen Prüfzeugnis. Hierbei hat der Anwender der Bauart zu bestätigen, dass die Bauart entsprechend den Bestimmungen des allgemeinen bauaufsichtlichen Prüfzeugnisses ausgeführt wurde und die hierbei verwendeten Produkte den Bestimmungen des allgemeinen bauaufsichtlichen Prüfzeugnisses entsprechen.

3.6.3 Bauregelliste B

In die **Bauregelliste B** werden Bauprodukte aufgenommen, die nach Vorschriften der Mitgliedstaaten der Europäischen Union – einschließlich deutscher Vorschriften – und der Vertragsstaaten des Abkommens über den Europäischen Wirtschaftsraum zur Umsetzung von Richtlinien der Europäischen Gemeinschaften in den Verkehr gebracht und gehandelt werden dürfen und die eine CE-Kennzeichnung tragen.

In die **Bauregelliste B Teil 1** werden unter Angabe der vorgegebenen technischen Spezifikation oder Zulassungsleitlinie Bauprodukte aufgenommen, die aufgrund des Bauproduktengesetzes (BauPG) oder aufgrund der zur Umsetzung der Richtlinie 89/106/EWG des Rates vom 21.12.1988, geändert durch die Richtlinie 93/68/EWG des Rates vom 22.07.1993, zur Angleichung der Rechts- und Verwaltungsvorschriften der Mitgliedstaaten über Bauprodukte (Bauproduktenrichtlinie) von anderen Mitgliedstaaten der Europäischen Union und anderen Vertragsstaaten des Abkommens über den Europäischen Wirtschaftsraum erlassenen Vorschriften in den Verkehr gebracht und gehandelt werden. In der Bauregelliste B Teil 1 wird in Abhängigkeit vom Verwendungszweck festgelegt, welche Klassen und Leistungsstufen, die in den technischen Spezifikationen oder Zulassungsleitlinien festgelegt sind, von den Bauprodukten erfüllt sein müssen. Welcher Klasse oder Leistungsstufe ein Bauprodukt entspricht, muss aus der CE-Kennzeichnung erkenntlich sein.

Für Bauprodukte der Bauregelliste B Teil 1, mit Ausnahme der Bauprodukte, für die eine europäische technische Zulassung ohne Leitlinie erteilt wird, werden von der Europäischen Kommission sog. Koexistenzperioden im Amtsblatt der Europäischen Union (Ausgabe C) bekannt gemacht, nach deren Ablauf die CE-Kennzeichnungspflicht für das Inverkehrbringen des Bauprodukts besteht.

Während der Koexistenzperiode können Bauprodukte in den EU-Mitgliedstaaten und anderen EWR-Staaten sowohl mit der CE-Kennzeichnung als auch aufgrund der bislang geltenden nationalen Regelungen in den Verkehr gebracht werden. Nach Ablauf der Koexistenzperiode können Bauprodukte, die vor Ablauf der Koexistenzperiode nach den jeweiligen nationalen Regelungen in den Verkehr gebracht worden sind („Lagerbestände"), in baulichen Anlagen noch verwendet werden.

In die **Bauregelliste B Teil 2** werden Bauprodukte aufgenommen, die aufgrund der Vorschriften zur Umsetzung der Richtlinien der Europäischen Gemeinschaften mit Ausnahme von solchen, die die Bauproduktenrichtlinie umsetzen, in den Verkehr gebracht und gehandelt werden, wenn die Richtlinien wesentliche Anforderungen nach § 5 Abs. 1 BauPG nicht berücksichtigen und wenn für die Erfüllung dieser Anforderungen zusätzliche Verwendbarkeitsnachweise oder Übereinstimmungsnachweise nach den Bauordnungen erforderlich sind; diese Bauprodukte bedürfen neben der CE-Kennzeichnung auch des Übereinstimmungszeichens (Ü-Zeichen) nach den Bauordnungen der Länder.

Welche wesentliche Anforderung nach § 5 Abs. 1 BauPG von den Richtlinien nicht abgedeckt wird, ist in Spalte 4 der Bauregelliste B Teil 2 angegeben. Die Spalten 5 und 6 enthalten die zur Berücksichtigung dieser wesentlichen Anforderung nach den Bauordnungen der Länder erforderlichen Verwendbarkeits- und Übereinstimmungsnachweise. Wesentliche Anforderungen nach § 5 Abs. 1 BauPG sind mechanische Festigkeit, Standsicherheit, Brandschutz, Hygiene, Gesundheit, Umweltschutz, Nutzungssicherheit, Schallschutz, Energieeinsparung und Wärmeschutz. Die wesentlichen Anforderungen sind in den Grundlagendokumenten nach Art. 12 der Richtlinie 89/106/EWG des Rates vom 21.12.1988 präzisiert.

3.6.4 Liste C

Bauprodukte, für die es weder Technische Baubestimmungen noch allgemein anerkannte Regeln der Technik gibt und die für die Erfüllung bauordnungsrechtlicher Anforderungen nur eine untergeordnete Bedeutung haben, werden in die **Liste C** aufgenommen. Bei diesen Produkten entfallen die Verwendbarkeits- und Übereinstimmungsnachweise. Diese Bauprodukte dürfen kein Übereinstimmungszeichen (Ü-Zeichen) tragen.

Ungeachtet dessen können jedoch je nach Zusammensetzung der Bauprodukte und der Art ihrer Verwendung Anforderungen im Hinblick auf den Brandschutz, Gesundheits- oder Umweltschutz gestellt sein. Solche Anforderungen ergeben sich zum Beispiel aus dem Verwendungsverbot für Baustoffe, die auch in Verbindung mit anderen Baustoffen leichtentflammbar sind.

3.6.5 Allgemeine bauaufsichtliche Zulassungen

Für die im Bereich der nicht geregelten Bauprodukte erteilten allgemeinen bauaufsichtlichen Zulassungen macht das Deutsche Institut für Bautechnik die bauaufsichtlichen Zulassungen nach Gegenstand und wesentlichem Inhalt öffentlich bekannt (siehe www.dibt.de/ Zulassungen/ Bestellservice für erteilte Zulassungen/ Zulassungen/National (abZ)).

3.6.6 Europäische technische Zulassungen

Die europäischen technischen Zulassungen für Bauprodukte und Bausätze macht das Deutsche Institut für Bautechnik nach Gegenstand und wesentlichem Inhalt öffentlich bekannt (siehe www.dibt.de/ Zulassungen/ Bestellservice für erteilte Zulassungen/ Zulassungen/Europa (ETA)).

3.6.7 Nachweise, Prüfungen und Überwachung

Bauprodukte, für die in der Bauregelliste A Teil 1 technische Regeln angegeben sind und Bauprodukte, die in der Bauregelliste A Teil 2 genannt sind, sowie Bauarten, die in der Bauregelliste A Teil 3 enthalten sind, bedürfen für ihre Verwendung eines Übereinstimmungsnachweises. Die jeweils erforderliche Art dieses Nachweises ist wie folgt unterschieden:

— Übereinstimmungserklärung des Herstellers (ÜH),
— Übereinstimmungserklärung des Herstellers nach vorheriger Prüfung des Bauprodukts durch eine anerkannte Prüfstelle (ÜHP) oder
— Übereinstimmungszertifikat durch eine anerkannte Zertifizierungsstelle (ÜZ).

Maßgebend ist öffentlich-rechtlich stets die jeweils vorgeschriebene Art des Übereinstimmungsnachweises, auch wenn in der technischen Regel etwas anderes vorgesehen ist. Eine in einer technischen Regel vorgesehene Fremdüberwachung ist daher öffentlich-rechtlich unbeachtlich, wenn in der Regelliste kein Übereinstimmungszertifikat vorgeschrieben ist.

Sind in den technischen Regeln Prüfungen von Bauprodukten, insbesondere Eignungsprüfungen, Erstprüfungen oder Prüfungen zur Erlangung von Prüfzeugnissen oder Werksbescheinigungen vorgesehen, so sind diese Prüfungen im Rahmen der vorgeschriebenen Übereinstimmungsnachweise durchzuführen.

Die werkseigene Produktionskontrolle ist die vom Hersteller vorzunehmende kontinuierliche Überwachung der Produktion, die sicherstellen soll, dass die von ihm hergestellten Bauprodukte den maßgebenden technischen Regeln entsprechen. Sie bestimmt sich nach DIN 18200:2000-05, Abschnitt 3. Im Übrigen sind für die werkseigene Produktionskontrolle die in den technischen Regeln enthaltenen Bestimmungen maßgebend. Dabei gelten Bestimmungen für die Eigenüberwachung als Bestimmungen für die werkseigene Produktionskontrolle.

Werden Bauprodukte nicht in Serie von Betrieben hergestellt, die oder deren Betreiber in die Handwerksrolle eingetragen sind, gelten die Anforderungen an die werkseigene Produktionskontrolle im Sinne von DIN 18200:2000-05, Abschnitt 3, bei Einhaltung der handwerklichen Regeln als erfüllt.

Die Fremdüberwachung bestimmt sich nach DIN 18200: 2000-05, Abschnitte 4.1 und 4.3. Im Übrigen sind die für die Fremdüberwachung in den technischen Regeln enthaltenen Bestimmungen maßgebend.

In DIN EN-Normen enthaltene Bestimmungen für den Konformitätsnachweis gelten als Bestimmungen für den Übereinstimmungsnachweis. Wenn die technische Regel normative Anhänge enthält, gelten diese mit, es sei denn, sie sind im Einzelfall als technische Regeln ausgenommen.

Werden Bauprodukte, für die technische Regeln in der Bauregelliste A Teil 1 bekannt gemacht sind und die von diesen wesentlich abweichen, ausschließlich für Verwendungszwecke nach Liste C hergestellt und eingesetzt, so ist ein Übereinstimmungsnachweis nicht erforderlich. Eine Kennzeichnung mit dem Ü-Zeichen ist in diesen Fällen nicht zulässig.

In der Bauregelliste A Teil 1 wird in Spalte 5 bestimmt, in welchen Fällen bei wesentlichen Abweichungen von den technischen Regeln der Verwendbarkeitsnachweis durch eine allgemeine bauaufsichtliche Zulassung (Z) oder an deren Stelle durch ein allgemeines bauaufsichtliches Prüfzeugnis (P) zu führen ist.

Bauprodukte, die in der Bauregelliste A Teil 2 genannt sind, und Bauarten, die in der Bauregelliste A Teil 3 genannt sind, bedürfen zum Nachweis ihrer Verwendbarkeit nur eines allgemeinen bauaufsichtlichen Prüfzeugnisses (P).

Die Prüfstellen, die allgemeine bauaufsichtliche Prüfzeugnisse erteilen, sowie die Prüf-, Überwachungs- und Zertifizierungsstellen, die im Rahmen des Übereinstimmungsnachweises eingeschaltet werden, müssen für den jeweiligen Bereich nach den Landesbauordnungen anerkannt sein.

3.6.8 Brandschutztechnische Anforderungen in bauaufsichtlichen Verwendungsvorschriften gemäß Anlage 0.1.1 und 0.2.1 zur Bauregelliste A Teil 1, Ausgabe 2006/01

Bauaufsichtliche Anforderungen an Bauteile zur Gewährleistung einer bestimmten Dauer der Feuerwiderstandsfähigkeit werden durch die Bezeichnungen „feuerhemmend", „hochfeuerhemmend" und „feuerbeständig" ausgedrückt. Die Klassifizierungen nach den europäischen Normen DIN EN 13501-2, DIN EN 13501-3 und DIN EN 13501-5 sind für den Nachweis der geforderten Feuerwiderstandsdauer eines Bauteiles alternativ anwendbar (s. Kapitel 4.2). Die Zuordnung der Klassen nach DIN 4102 bzw. nach DIN EN 13501 zu den bauaufsichtlichen Anforderungen ersetzt nicht die für die jeweiligen Bauprodukte und Bauarten vorgeschriebenen bauaufsichtlichen Verwendbarkeitsnachweise bzw. Anwendbarkeitsnachweise. Bei geregelten Bauprodukten nach Bauregelliste A Teil 1 erfolgt die Klassifizierung im Rahmen des Übereinstimmungsnachweises.

Bei CE-gekennzeichneten Bauprodukten nach Bauregelliste B Teil 1 erfolgt die Klassifizierung im Rahmen des Konformitätsnachweises. Bei Bauprodukten und Bauarten nach Bauregelliste A Teile 2 und 3 ist diesbezüglich das Brandverhalten oder die Feuerwiderstandsfähigkeit durch ein allgemeines bauaufsichtliches Prüfzeugnis, bei anderen nicht geregelten Bauprodukten durch eine allgemeine bauaufsichtliche Zulassung nachzuweisen.

Die in DIN 4102-2:1977/09, Abschnitt 8.8.2, Tabelle 2 angegebenen Bezeichnungen entsprechen folgenden Anforderungen in bauaufsichtlichen Verwendungsvorschriften (s. Tabelle 3.6.1).

Die jeweiligen bauaufsichtlichen Anforderungen an die Feuerwiderstandsfähigkeit von Bauteilen ergeben sich aus den Regelungen der Landesbauordnungen zu Wänden, Decken und Dächern. Zusätzlich werden Bauteile nach dem Brandverhalten ihrer Baustoffe unterschieden in:

1. Bauteile aus nichtbrennbaren Baustoffen,
2. Bauteile, deren tragende und aussteifende Teile aus nichtbrennbaren Baustoffen bestehen und die bei raumabschließenden Bauteilen zusätzlich eine in Bauteilebene durchgehende Schicht aus nichtbrennbaren Baustoffen haben,
3. Bauteile, deren tragende und aussteifende Teile aus brennbaren Baustoffen bestehen und die allseitig eine brandschutztechnisch wirksame Bekleidung aus nichtbrennbaren Baustoffen (Brandschutzbekleidung) und Dämmstoffen haben,
4. Bauteile aus brennbaren Baustoffen.

Bei hochfeuerhemmenden Bauteilen nach Nr. 3 ist das Brandschutzvermögen der brandschutztechnisch wirksamen Bekleidung aus nichtbrennbaren Baustoffen (Brandschutzbekleidung) zusätzlich zur Feuerwiderstandsfähigkeit nachzuweisen und nach DIN EN 13501-2 mit K_2 60 zu klassifizieren.

Nach deutschem Baurecht muss die Feuerwiderstandsfähigkeit von Decken grundsätzlich sowohl von oben nach unten als auch von unten nach oben erfüllt sein. Die europäischen Klassifizierungen berücksichtigen eine Brandbeanspruchung von unten nach oben. Damit auf eine zusätzliche Brandprüfung mit Brandbeanspruchung auf der Oberseite verzichtet werden kann, müssen feuerwiderstandsfähige Holzbalkendecken bei den Brandprüfungen oberseitig zusätzlich bestimmte konstruktive Bedingungen erfüllen.

Die europäische Klassifizierung der Feuerwiderstandsfähigkeit von Bauteilen berücksichtigt das Brandverhalten der Baustoffe nicht. Das Brandverhalten der Baustoffe wird deshalb nach DIN EN 13501-1 zusätzlich bestimmt.

Die in DIN 4102-1:1998-05, Abschnitt 3 und in der Berichtigung 1:1998-08 zu DIN 4102-1 angegebenen Baustoffklassen entsprechen den folgenden bauaufsichtlichen Verwendungsvorschriften.

Tabelle 3.6.1: *Feuerwiderstandsklassen von Bauteilen nach DIN 4102-2: 1977/09 und ihre Zuordnung zu den bauaufsichtlichen Verwendungsvorschriften*

Bauaufsichtliche Anforderungen	Klassen nach DIN 4102-2	Kurzbezeichnung nach DIN 4102-2
feuerhemmend	Feuerwiderstandsklasse F 30	F30-B[1])
feuerhemmend und aus nichtbrennbaren Baustoffen	Feuerwiderstandsklasse F 30 und aus nichtbrennbaren Baustoffen	F30-A[1])
hochfeuerhemmend	Feuerwiderstandsklasse F 60 und in den wesentlichen Teilen aus nichtbrennbaren Baustoffen	F 60 - AB[2])
	Feuerwiderstandsklasse F 60 und aus nichtbrennbaren Baustoffen	F 60 - A[2])
feuerbeständig	Feuerwiderstandsklasse F 90 und in den wesentlichen Teilen aus nichtbrennbaren Baustoffen	F 90 - AB[3)4)]
feuerbeständig und aus nichtbrennbaren Baustoffen	Feuerwiderstandsklasse F 90 und aus nichtbrennbaren Baustoffen	F 90 - A[3)4)]
[1]) Bei nichttragenden Außenwänden auch W 30 zulässig.		
[2]) Bei nichttragenden Außenwänden auch W 60 zulässig.		
[3]) Bei nichttragenden Außenwänden auch W 90 zulässig.		
[4]) Nach bestimmten bauaufsichtlichen Verwendungsvorschriften einiger Länder wird auch F 120 gefordert.		

Bauaufsichtliche Vorschriften können Anforderungen an Baustoffe hinsichtlich des brennenden Abtropfens/Abfallens im Brandfall enthalten. Für schwerentflammbare und normalentflammbare Bauprodukte – ausgenommen Bodenbeläge – werden bei den Prüfungen nach DIN 4102-1 Ergebnisse über das brennende Abtropfen oder das Abfallen brennender Probenteile festgestellt, bei den schwerentflammbaren Bauprodukten außerdem Werte über die Rauchentwicklung. Tritt brennendes Abtropfen/Abfallen auf bzw. wird bei schwerentflammbaren Bauprodukten – ausgenommen Bodenbeläge – der Grenzwert für die Rauchentwicklung überschritten, ist dies zusätzlich zur Baustoffklassifizierung mit dem Ü-Zeichen anzugeben. An Bauprodukte in baulichen Anlagen und Räumen besonderer Art oder Nutzung können bezüglich

Rauchentwicklung und Entstehung toxischer Gase weitere bauaufsichtliche Anforderungen gestellt werden.

Tabelle 3.6.2: Baustoffklassen nach bauaufsichtlichen Verwendungsvorschriften

Bauaufsichtliche Anforderung	Baustoffklasse nach DIN 4102-1
nichtbrennbare Baustoffe	A A 1 A 2

brennbare Baustoffe
    schwerentflammbare Baustoffe
    normalentflammbare Baustoffe
	B
	B 1
	B 2

leichtentflammbare Baustoffe	B 3

Nachdem sich die Baustoffklassen von brennbaren Baustoffen nach DIN 4102 und DIN EN 13501-1 grundsätzlich unterscheiden, sind im bauaufsichtlichen Verfahren in der Regel die europäischen Klassen (s. Kapitel 4.2.4) zu verwenden. Bei nichtbrennbaren Baustoffen der Klasse A bzw. A2 stimmen die Baustoffklassen praktisch überein.

3.7 Literatur zum Kapitel 3

[1]   Musterbauordnung – MBO; Fassung November 2002; www.is-argebau.de (Januar 2008)

[2]   Muster–Liste der Technischen Baubestimmungen; Teil I: Technische Regeln für die Planung, Bemessung und Konstruktion baulicher Anlagen und ihrer Teile; Fassung Februar 2007; www.is-argebau.de (Januar 2008)

[3]   Muster–Liste der Technischen Baubestimmungen; Teil I: Änderungen – September 2007; www.is-argebau.de (Januar 2008)

[4]   Muster–Liste der Technischen Baubestimmungen; Teil II: Anwendungsregelungen für Bauprodukte und Bausätze nach europäischen technischen Zulassungen und harmonisierten Normen nach der Bauproduktenrichtlinie; Fassung Februar 2007; www.is-argebau.de (Januar 2008)

[5]   Muster–Liste der Technischen Baubestimmungen;Teil II: Änderungen – September 2007; www.is-argebau.de (Januar 2008)

[6] Muster–Liste der Technischen Baubestimmungen; Teil III: Anwendungsregelungen für Bauprodukte und Bausätze nach europäischen technischen Zulassungen und harmonisierten Normen nach der Bauproduktenrichtlinie im Geltungsbereich von Verordnungen nach § 17 Abs. 4 und § 21 Abs. 2 MBO; Fassung Februar 2007; www.is-argebau.de (Januar 2008)

[7] Muster–Liste der Technischen Baubestimmungen; Teil III: Änderungen – September 2007; www.is-argebau.de (Januar 2008)

[8] Bauregelliste A, Bauregelliste B und Liste C – Ausgabe 2007/1 – DIBt Mitteilungen Sonderheft Nr. 34 vom 23. August 2007, Verlag Ernst & Sohn, Berlin 2007

4 Nachweis des Brandschutzes in Europa

4.1 Bauproduktenrichtlinie

Die Bauproduktenrichtlinie (BPR) gilt für Bauprodukte (Produkte, die dauerhaft in Bauwerke des Hoch- oder Tiefbaus eingebaut sind), soweit sie für die wesentlichen Anforderungen an Bauwerke Bedeutung haben. Diese Richtlinie des Rates der Europäischen Gemeinschaften zur Angleichung der Rechts- und Verwaltungsvorschriften der Mitgliedsstaaten über Bauprodukte (89/106/EWG) wurde am 21.12.1988 veröffentlicht. Die Ziele dieser Richtlinie sind:

— der Abbau technischer Handelshemmnisse im Baubereich,
— die Harmonisierung bautechnischer Regeln.

Im Artikel 3 der Richtlinie sind die wesentlichen auf Bauwerke anwendbare Anforderungen, welche die technischen Merkmale eines Bauproduktes beeinflussen, angeben. Diese sind:

— Mechanische Festigkeit und Standsicherheit
— Brandschutz
— Hygiene, Gesundheit und Umweltschutz
— Nutzungssicherheit
— Schallschutz
— Energieeinsparung und Wärmeschutz

Jede EG-Richtlinie bedarf – anders als die Verordnungen – der Umsetzung in nationales Recht. Das Inverkehrbringen und der freie Warenverkehr wurden durch den Bund mit dem Bauproduktengesetz (BauPG) umgesetzt. Die Regelungen der Verwendung der in den Verkehr gebrachten Bauprodukte liegen in der Kompetenz der Bundesländer, die dazu ihre Bauordnungen novelliert haben. Diese Ländergesetze mit den ihnen nachgeordneten Rechts- und Verwaltungsvorschriften enthalten – wie bisher – die konkreten Brandschutzanforderungen, wobei sie sich jedoch künftig bei der Formulierung von Anforderungen auf europäische Stufen bzw. Klassen stützen werden.

Welche dieser Klassen das sein werden, d. h. welche Klasse beispielsweise dem Begriff "feuerbeständig" zugeordnet wird, bedarf einer nationalen Festlegung, die in der Bauregelliste erfolgt.

Die europäischen Klassen (Bereich zwischen zwei Grenzwerten) oder Stufen (nur in einer Richtung begrenzt) finden sich in harmonisierten Normen oder in Leitlinien für Europäische Technische Zulassungen (ETAG) bzw. in den erteilten Zulassungen (ETA). Für ihre Erarbeitung sind zwei europäische Organisationen zuständig: die Normungsorganisation CEN/CENELEC und die Europäische Organisation für die Erteilung Technischer Zulassungen (EOTA). Beide Institutionen benötigen für die Harmonisierung Mandate der Europäischen Kommission.

Das nachstehende Bild 4.1.1 gibt einen Überblick von den im Harmonisierungskonzept erstellten Grundlagendokumenten und den im nationalen Bereich anzuwendenden Baugesetzen, Rechts- und Verwaltungsvorschriften und nationalen Spezifikationen.

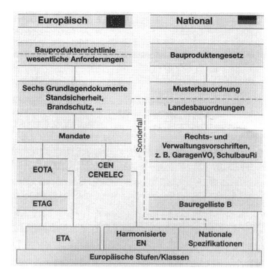

Bild 4.1.1:   Die Grundlagendokumente im Harmonisierungskonzept

Die Umsetzung der Bauproduktenrichtlinie erfolgte Anfang der 90er Jahre im Rahmen des Bauproduktengesetzes (BauPG), d.h. des Gesetzes über das Inverkehrbringen von Bauprodukten und den freien Warenverkehr mit Bauprodukten zur Umsetzung der Richtlinie 89/106/EWG des Rates vom 21.12.1988 zur Angleichung der Rechts- und Verwaltungsvorschriften der Mitgliedsstaaten über Bauprodukte vom 10.08.1992 (Neufassung 28.04.1998).

In der MBO, Fassung Dez. 1993, wurden erstmalig die neuen Verwendungsregelungen für Bauprodukte §§ 22 bis 24c veröffentlicht und den Ländern zur Übernahme in die Landesbauordnungen empfohlen bzw. eigene Verwendungsregelungen für Bauprodukte in die LBO aufzunehmen. Die unmittelbare Umsetzung des Bauproduktenrechtes in der MBO erfolgt im § 17 Abs. 1 Punkt 2 (s. Abschnitt 3.3). Wichtig sind dabei vor allem die Festlegungen hinsichtlich der CE-Kennzeichnung sowie der erforderlichen Angabe von Klassen- und Leistungsstufen, welche die Leistung des Bauproduktes charakterisieren.

Auf der Grundlage der Bauproduktenrichtlinie und dem Grundlagendokument 2 (GD 2) „Brandschutz", werden verschiedene europäische technische Regeln (europäische Spezifikationen) erarbeitet. Das Strukturschema der Gesamtheit aller Arbeiten und erstellten Dokumente ist auf dem nachstehenden Bild 4.1.2 angegeben. Von besonderer Bedeutung sind als europäische Spezifikationen

— die harmonisierten europäischen Bauproduktnormen (hEN, erarbeitet von CEN, Merkmal: Anhang ZA),
— die europäischen technischen Zulassungen für Bauprodukte und Bausätze (ETA, erteilt von den EOTA-Zulassungsstellen).

Alle Bauprodukte und Bausätze (kits) nach technischen Spezifikationen erhalten eine CE-Kennzeichnung und sind in der EU frei handelbar. Es ist zu beachten, dass ein Bausatz ein ganzes Haus sein kann, d.h. dieses Haus muss eine CE-Kennzeichnung haben!

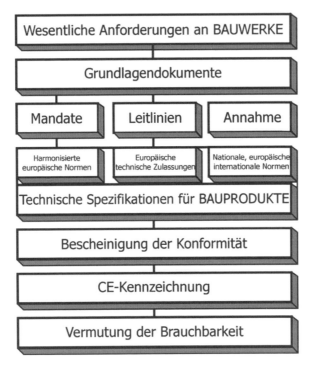

Bild 4.1.2:   Strukturschema der Bauproduktenrichtlinie zur Erstellung europäischer technischer Spezifikationen

Bauprodukte nach einer hEN dürfen somit in der EU nach dem BauPG gehandelt werden. Die Verwendung dieser Bauprodukte regeln die LBO mit der Bauregelliste B Teil 1 durch Festlegung der Klassen und Leistungsstufen und durch Verweis auf Verwendungsvorschriften auf der Grundlage der Musterliste der Technischen Baubestimmungen (Muster-LTB). Die Muster-LTB enthält zusätzliche Verwendungsregelungen für „europäische" Bauprodukte zur Anpassung an die (deutschen) Bemessungs- und Ausführungsregeln als

— Technische Baubestimmungen,
— europäische Anlagen zu Technischen Baubestimmungen (z.B. DIN 4102-4/A1: 2004-11).

Das Bauproduktenrecht legt u. a. die Übergangsregelungen für die Einführung europäischer Spezifikationen fest. Zunächst erfolgt die Veröffentlichung einer hEN im Amtsblatt der EU mit Angabe des Datums, ab wann die EN-Norm angewendet werden darf. Spätestens 9 Monate nach der Verfügbarkeit muss die Veröffentlichung im Bundesanzeiger erfolgen. Nach Bekanntmachung der EN-Norm beginnt der Koexistenzzeitraum, in der Regel 12 Monate. Zum Ende des Koexistenzzeitraumes muss die entsprechende nationale Norm für das gleiche Bauprodukt zurückgezogen werden.

Nach Ablauf des Koexistenzzeitraumes dürfen somit nur noch Bauprodukte mit der CE-Kennzeichnung in den Handel gelangen. Für europäisch technische Zulassungen (ETA) beträgt der Koexistenzzeitraum in der Regel 24 Monate. In dem folgenden Bild 4.1.3 ist als Beispiel eine CE-Kennzeichnung nach europäischer Spezifikation angegeben.

Bild 4.1.3:   *CE-Kennzeichnung (Beispiel für einen Porenbetonstein)*

4.2 Grundlagendokument Nr. 2 – Brandschutz

4.2.1 Grundsätzliche Vorgehensweise

Das GD 2 „Brandschutz" wurde im Amtsblatt der Europäischen Gemeinschaften Nr. C 62/1 vom 28. Februar 1994 veröffentlicht. In der Einführung werden in dem Dokument die Strategien des Brandschutzes, einschließlich der Anwendung von Ingenieurmethoden und die allgemeinen Brandschutzanforderungen beschrieben. Danach werden die brandschutztechnischen Einwirkungen und Nachweismethoden vorgestellt und schließlich werden die eigentlichen Hauptthemen, d.h. die Vorgaben für Bauwerksteile und Produkte, um Brandschutzziele zu erfüllen und technische Spezifikationen (Normen) zu erarbeiten, behandelt.

Die Vorgaben nach dem GD 2 für nationale Vorschriften zur Formulierung von Brandschutzanforderungen umfassen u. a. die Forderungen:

— Angabe der Leistungsanforderungen an das Bauwerk in Zahlenwerten oder allgemeinen Begriffen,
— Angabe einer Mindestleistung der Bauprodukte bei Brand; z.B. Feuerwiderstand, Brandverhalten der Baustoffe, Leistungsfähigkeit der Brandschutzeinrichtungen,
— Angabe der kritischen Bedingungen im Brandbereich, denen Menschen in oder in der Nähe von Bauwerken bei einem Brand ausgesetzt sein können.

Im Anhang I zur BPR sind die wesentlichen Anforderungen konkretisiert, d.h. die 6 genannten Anforderungen werden generell präzisiert und beschrieben. Nach dem Anhang I sind die wesentlichen Anforderungen Nr. 2 „Brandschutz" wie folgt festgelegt:

Ein Bauwerk muss derart entworfen und ausgeführt sein, dass bei einem Brand

— die Tragfähigkeit während eines bestimmten Zeitraumes erhalten bleibt,
— die Entstehung und Ausbreitung von Feuer und Rauch innerhalb eines Bauwerks begrenzt wird,
— die Ausbreitung von Feuer auf benachbarte Bauwerke begrenzt wird,
— die Bewohner das Gebäude unverletzt verlassen oder durch andere Maßnahmen gerettet werden können,
— die Sicherheit der Rettungsmannschaften berücksichtigt ist.

Mit Ausnahme des 3. Punktes sind die o. a. Anforderungen in der MBO bzw. der LBO vollständig enthalten. Die Angabe von kritischen Bedingungen ist in der MBO nur indirekt enthalten, z.B. in der Grundsatzanforderung „Verhinderung der Feuer- und Rauchausbreitung". In der Industriebau-Richtlinie und der Muster-Versammlungsstätten VO ist diesbezüglich hingegen direkt die Einhaltung einer raucharmen Schicht gefordert, d.h. auch der o. g. 3. Punkt ist im deutschen Baurecht verankert.

Die Konkretisierung der Schutzziele gemäß GD 2 umfasst folgende fünf Gesichtspunkte:

— die Standsicherheit im Brandfall durch

  • Gewährleistung der Sicherheit der Nutzer im Gebäude,
  • Gewährleitung der Sicherheit der Rettungskräfte und der Feuerwehr,

- Sicherstellung der Funktionsfähigkeit von Bauprodukten, die dem Brandschutz dienen;

— die Begrenzung der Entstehung und Ausbreitung von Feuer und Rauch innerhalb des Bauwerks durch

- Verhütung der Brandentstehung,
- Begrenzung der Entstehung von Feuer und Rauch,
- Begrenzung der Brandausbreitung;

— die Begrenzung der Brandausbreitung auf benachbarte Bauwerke durch

- Verhinderung von Großbränden,
- Ermöglichung einer wirksamen Brandbekämpfung;

— die Rettung der Nutzer des Bauwerks durch

- Anlage und Bemessung baulicher Rettungswege,
- Abtrennung der Rettungswege,
- Begrenzung der Brandentstehung in Rettungswegen,
- Rauchschutzmaßnahmen;

— die Sicherung der Rettungsmannschaften durch

- bauliche Maßnahmen,
- organisatorische Maßnahmen.

Die o. g. fünf Brandschutzziele sind grundsätzlich in der MBO bzw. LBO enthalten. Ein Vergleich mit den deutschen Regelwerken zeigt, dass diese Voraussetzung in allen Fällen gegeben ist.

Das Brandschutzkonzept nach GD 2 ist in dem Abschnitt 4.2.2 „Tragfähigkeit des Bauwerkes", Abschnitt 4.2.3 „Begrenzung der Entstehung und Ausbreitung von Feuer und Rauch innerhalb des Bauwerkes", Abschnitt 4.2.4 „Begrenzung der Brandausbreitung auf benachbarte Bauwerke", Anschnitt 4.2.5 „Rettung der Nutzer des Bauwerks" und Abschnitt 4.2.6 „Sicherheit der Rettungsmannschaften" angegeben. Das vollständige Brandschutzkonzept ist in den nachstehenden Tabellen 4.2.1 bis 4.2.7 dargestellt.

Aus den Vorgaben der o. g. fünf Brandschutzziele für Bauprodukte bzw. Bauwerksteile wurden für die Erarbeitung der technischen Spezifikationen entsprechende Leistungskriterien entwickelt, welche jeweils wie folgt gegliedert sind:

— Beschreibung der Brandschutzfunktion,
— Angabe der Beanspruchungen bzw. Einwirkungen, der das Produkt bzw. Bauwerk ausgenutzt ist,
— Angabe der Leistungskriterien für das Produkt bzw. Bauwerksteil,

— Benennung von Klassen wegen unterschiedlicher Vorschriften (in Europa) nach den jeweiligen Hauptkriterien (Beispiel: Anforderung an die Feuerwiderstandsfähigkeit nach den Kriterien Tragfähigkeit, Raumabschluss, Wärmedämmung).

Tabelle 4.2.1: Tragfähigkeit des Bauwerkes

	Abschnitt im GD Brandschutz
Grundsätzliches (z. B. Angaben zu Schutzzielen)	4.2.2.1
Bauwerksteile	4.2.2.2
Produkte	4.3.1
Tragende Bauteile ohne Raumabschluss (Balken, Stützen)	.. 3.2
Tragende Bauteile mit Raumabschluss (Wände, Decken, Dächer)	.. 3.3
Beitrag zum Feuerwiderstand: Unterdecken, Bekleidungen, Schutzteile, Beschichtungen	.. 3.4
Selbständige Unterdecken	.. 3.5.3
wassergef. Konstruktionen	–
Berieselungsanlagen	.. 6.2

Tabelle 4.2.2: Verhütung der Brandentstehung

	Abschnitt im GD Brandschutz	
Allgemeines (z.B. Nutzungsanweisungen)	4.2.3.2.1	
	Bauwerksteile 4.2.3.2 ..	Produkte 4.3.1 ..
Lüftungsanlagen	.... 2 g)	.. 3.6
Elektrische Anlagen	.... 2 a)	.. 4.1
Feuerungsanlagen	.... 2 b)	.. 4.2
Gasinstallationen	.... 2 c)	.. 4.3
Blitzschutzanlagen	.... 2 d)	.. 4.4
Anlagen zur Messung entzündbarer Gase	.... 2 e)	.. 5.3
Explosionsschutzeinrichtungen	.... 2 f)	.. 6.6

Tabelle 4.2.3: Ausbreitung von Feuer und Rauch im Brandentstehungsraum

	Abschnitt im GD Brandschutz	
Allgemeines (z. B. Brandeinwirkungen auf Baustoffe)	4.2.3.3.1	
	Bauwerksteile 4.2.3.3 ..	Produkte 4.3.1 ..
Wände/Decken (Oberfläche und im Innern) Bodenbeläge, Rohre und Kanäle	... 2	... 1
Dächer (Brand im Gebäudeinnern)	-	.. 2.1
Nichtautomatische Brandmeldeanlagen	... 2 d) 8	.. 5.1
Automatische Brandmelde- und Alarmanlagen	... 2 d) 9	.. 5.2
Sprinkleranlagen	... 2 d) 2	.. 6.1
Sprühwasserlösch-/ Berieselungsanlagen	... 2 d) 3	.. 6.2
CO_2-Löschanlagen	... 2 d) 4	.. 6.3
Halon-(Ersatz-) Löschanlagen	... 2 d) 5	.. 6.4
Schaumlöschanlagen	... 2 d) 6	-
Pulverlöschanlagen	... 2 d) 7	-
Rauch- und Wärmeabzugsanlagen	... 2 d) 10	.. 7.2
Wandhydranten	... 2 d) 1	.. 9.1

Tabelle 4.2.4: Begrenzung der Ausbreitung von Feuer und Rauch über den Brandentstehungsraum hinaus

	Abschnitt im GD Brandschutz	
Allgemeines (z. B. Abschottungen, Rauchschutz)	4.2.3.4.1	
	Bauwerksteile 4.2.3 ..	Produkte 4.3.1 ..
Außenwände. Oberflächen	.4.2 b)	.1
Tragende Bauteile mit Raumabschluss (Wände, Decken, Dächer)	-	.3.3
Unterdecken	.4.2 c)	.3.4
Nichttragende Wände, innen	-	.3.5.1
Nichttragende Wände, außen	.4.2 b)	.3.5.2
Selbständige Unterdecken	-	.3.5.3
Doppelböden	-	.3.5.4

Fortsetzung Tabelle 4.2.4

Feuerschutzabschlüsse	-	.3.5.5
Fahrschachttüren	-	.3.5.6
Abschluss für Förderanlagen	-	.3.5.7
Abschottung für Kabel- und Rohrdurchführungen	-	.3.5.8
Installationsschächte und -kanäle	-	.3.5.9
Schornsteine und Abgasleitungen	-	.3.5.10
Lüftungsanlagen	.2.2 g)	.3.6
Automatische Brandmelde- und Alarmanlagen	.3.2 d) 9	.5.2
Rauchschutztüren	-	.7.1
Rauch-und Wärmeabzugsanlagen	.3.2 d) 10	.7.2
Druckerzeugungsanlagen	.4.2 d)	.7.3

Tabelle 4.2.5: Begrenzung der Brandausbreitung auf benachbarte Bauwerke

	Abschnitt im GD Brandschutz	
Grundsätzliches (z. B. Abstände, Begrenzung ungeschützter Bereiche)	4.2.4.1	
	Bauwerksteile 4.2.3 ...	Produkte 4.3.1 ..
Außenwände, Oberflächen	. 4.2 b)	.. 1
Dächer, Brand im Innern	-	.. 2.1 b)
Bedachungen, Brand von außen	-	.. 2.2
Tragende Bauteile mit Raumabschluss (Wände, einschließlich Brandwände, Dächer)	-	.. 3.3
Nichttragende Außenwände	. 4.2 b)	.. 3.5.2
Automatische Berieselungsanlagen	. 3.2 d) 3	.. 6.2

Tabelle 4.2.6: Rettung der Nutzer des Bauwerks

	Abschnitt im GD Brandschutz	
Grundsätzliches (z. B. Sicherheits- und Selbst-/ Fremdrettungsmaßnahmen)	4.2.5.1	
	Bauwerksteile 4.2 ...	Produkte 4.3.1 ..
Wände/Decken (Oberflächen) Bodenbeläge	-	.. 1.1
Tragende Wände/ Decken	-	.. 3.3
Unterdecken	-	.. 3.4
Nichttragende Wände	-	.. 3.5.1
Selbständige Unterdecken	-	.. 3.5.3
Feuerschutzabschlüsse	-	.. 3.5.5
Fahrschachttüren	-	.. 3.5.6
Notstromversorgung	. 5.2 c) 11	.. 4.5
Elektrische Kabelanlagen	-	.. 4.6
Wasserversorgung für Brandschutzanlagen	. 5.2 c) 12	.. 4.7
Nichtautomatische Brandmeldeanlagen	. 3.3.2 d) 8	.. 5.1
Brandmeldeanlagen		
Automat. Brandmelde- und Alarmanlagen	. 3.3.2 d) 9	.. 5.2
Anlagen zur Meldung entzündbarer Gase	. 3.2.2 e)	.. 5.3
Brandwarnanlagen	. 5.2 c) 6	.. 5.4
Übertragung für Brandmeldeanlagen	. 5.2 c) 7	.. 5.5
Rauchschutztüren	-	.. 7.1
Rauch- und Wärmeabzugsanlagen	. 3.3.2 d) 10	.. 7.2
Druckerzeugungsanlagen	. 3.4.2 d)	.. 7.3
Notbeleuchtung	. 5.2 c) 8	.. 8.1
Beschilderung für Notausgänge	. 5.2 c) 9	.. 8.2
Sicherheitsvorkehrungen an Türen	-	.. 8.3
Wandhydranten	. 3.3.2 d) 1	.. 9.1
Feuerwehraufzüge	. 6.2 i)	.. 9.4
Notkommunikationseinrichtungen	. 6.2 j)	.. 9.5

Tabelle 4.2.7: Sicherheit der Rettungsmannschaften

	Abschnitt im GD Brandschutz	
Grundsätzliches (z. B. Sicherheitsmaßnahmen für Feuerwehr und Brandbekämpfungseinrichtungen)	4.2.6.1	
	Bauwerksteile 4.2 ...	Produkte 4.3.1 .
Notstromversorgung	. 5.2 c) 11	.. 4.5
Elektrische Kabelanlagen	-	.. 4.6
Wasserversorgung für Brandschutzanlagen	. 5.2 c) 12	.. 4.7
Übertragung für Brandmeldeanlagen	. 5.2 c) 7	.. 5.5
Rauch-und Wärmeabzugsanlagen	. 3.3.2 d) 10	.. 7.2
Druckerzeugungsanlagen	. 3.4.2 d)	.. 7.3
Notbeleuchtung	. 5.2 c) 8	.. 8.1
Löschwassersteigleitungen	-	.. 9.2
Hydranten	. 6.2 h)	.. 9.3
Feuerwehraufzüge	. 6.2 i)	.. 9.4
Notkommunikationseinrichtungen	. 6.2 j)	.. 9.5

Die Leistungskriterien an tragende und nichttragende Bauteile nach dem GD 2 „Brandschutz" sind in der nachstehenden Tabelle 4.2.8 angegeben.

Tabelle 4.2.8: Grundlagendokument Brandschutz – Leistungskriterien

Kurzzeichen	Kriterium
R (Résistance)	Tragfähigkeit
E (Étanchéité)	Raumabschluss
I (Insulation)	Wärmedämmung (unter Brandeinwirkung)
W (Radiation)	Begrenzung des Strahlungsdurchtritts
M (Mechanical action)	Mechanische Einwirkungen auf Wände (Stoßbeanspruchung)
K (Fire protection ability)	Brandschutzwirkung durch eine Bekleidung

Die drei Hauptkriterien im Bereich "Feuerwiderstandsdauer" sind Tragfähigkeit (R), Raumabschluss (E) und Wärmedämmung (I). Im Rahmen der Mandatierung und der darauf basierenden Normung konnte man sich für diese Kriterien auf folgende Begriffsbestimmungen verständigen (s. auch EN 13 501-2).

a)   Tragfähigkeit R

Die Tragfähigkeit R ist die Fähigkeit des Bauteils, unter festgelegten mechanischen Einwirkungen einer Brandbeanspruchung auf einer oder mehreren Seiten ohne Verlust der Standsicherheit für eine Zeitdauer zu widerstehen.

Die Kriterien für die Feststellung des unmittelbar bevorstehenden Zusammenbruchs sind je nach Typ des tragenden Bauteils unterschiedlich. Sie sind sowohl für auf Biegung beanspruchte Bauteile, z. B. Decken, Dächer, wie auch für axial belastete Bauteile, z. B. Stützen, Wände, durch eine Verformungsgeschwindigkeit und einen Grenzwert für die aktuelle Verformung definiert.

b)   Raumabschluss E

Der Raumabschluss E ist die Fähigkeit eines raumabschließenden Bauteils, einer einseitigen Brandeinwirkung standzuhalten, ohne dass die Übertragung signifikanter Mengen Flammen oder heißer Gase auf die dem Feuer abgewandte Seite eine Ausbreitung des Brandes auf dieser Seite und folglich die Entzündung der nicht vom Feuer beanspruchten Oberfläche oder des hieran angrenzenden Materials zur Folge hat. Die Beurteilung des Raumabschlusses erfolgt auf der Grundlage von

— Rissen oder Öffnungen, die bestimmte Abmessungen überschreiten,
— Entzündung eines Wattebausches,
— andauernder Entflammung auf der vom Feuer abgewandten Seite.

Dabei hängt es von der Art der Klassifizierung ab, welcher dieser drei Aspekte jeweils zur Anwendung kommt (z. B. wird der Wattebausch nur bei Bauteilen angewandt, die die Anforderungen hinsichtlich der Wärmedämmung erfüllen).

c)   Wärmedämmung I

Die Wärmedämmung I ist die Fähigkeit eines Bauteils, einer einseitigen Brandeinwirkung standzuhalten, ohne dass eine signifikante Wärmeübertragung auf die dem Feuer abgewandte Seite eine Übertragung des Brandes zur Folge hat. Die Übertragung muss so begrenzt werden, dass weder die vom Feuer abgewandte Oberfläche noch Materialien in der Nähe dieser Oberfläche entzündet werden. Das Bauteil muss außerdem über eine ausreichende Wärmesperre verfügen, damit in der Nähe sich befindliche Personen geschützt sind.

Ein Kriterium in der Tabelle 4.2.8, welches im deutschen Baurecht bisher nicht verankert war, betrifft die Brandschutzwirkung durch eine Bekleidung (K-Kriterium). Es ist u. a. anzuwenden bei Gebäuden der GK 4 mit brennbarer Tragkonstruktion und brandschutztechnisch wirksamer Bekleidung. Wenn eine solche Tragkonstruktion sich z.B. bei 220 °C entzünden kann, dann wäre die wirksame Bekleidung so auszulegen, dass die Oberflächentemperatur der Tragkonstruktion, an der ungünstigsten Stelle, in Beurteilungszeit von z.B. 60 Minuten Branddauer, die Temperatur von 220 °C nicht erreicht.

4.2.2 Bauteilklassifizierung

Die jeweiligen bauaufsichtlichen Anforderungen an die Feuerwiderstandsfähigkeit von Bauteilen ergeben sich aus der MBO bzw. den Regelungen der Landesbauordnungen zu Wänden, Decken und Dächern entsprechend den bauaufsichtlichen Verwendungsvorschriften gemäß Anlage 0.1.1 zur Bauregelliste A Teil 1 (s. Abschnitt 3.6.8). Die europäische Klassifizierung erfolgt nach den Normen DIN EN 13501-2, DIN EN 13501-3 und DIN EN 13502-4 (zurzeit Entwurf, anwendbar mit Erscheinen der Norm). Die klassifizierten Eigenschaften zum Feuerwiderstandsverhalten entsprechen den auf Tabelle 4.3 angegebenen Anforderungen in bauaufsichtlichen Verwendungsvorschriften.

Die Tabelle 4.2.9 ist in der Anlage 0.1.2 zur Bauregelliste A Teil 1, Ausgabe 2006/1, in den DIBt Mitteilungen (Sonderheft 33, S. 78) gemäß § 17 Abs. 2 veröffentlicht und insoweit Bestandteil des deutschen Baurechts.

Tabelle 4.2.9: Feuerwiderstandsklassen von Bauteilen Nach DIN EN 13501-2 und ihre Zuordnung zu den bauaufsichtlichen Anforderungen

Bauaufsichtliche Anforderung	Tragende Bauteile		Nichttragende Innenwände	Nichttragende Außenwände	Doppelböden	Selbstständige Unterdecken
	ohne Raumabschluss	mit Raumabschluss				
feuerhemmend	R 30	REI 30	EI 30	E 30 (i→o) und EI 30-ef (i←o)	REI 30	EI 30 (a↔b)
hochfeuerhemmend	R 60	REI 60	EI 60	E 60 (i→o) und EI 60-ef (i←o)	–	EI 60 (a↔b)
feuerbeständig	R 90	REI 90	EI 90	E 90 (i→o) und EI 90-ef (i←o)	–	EI 90 (a↔b)
Feuerwiderstandsfähigkeit 120 Min.	R 120	REI 120	–	–	–	–
Brandwand	–	REI 90-M	EI 90-M	–	–	–

Für Sonderbauteile nach DIN EN 13501-2, DIN EN 13501-3 und DIN EN 13501-4 (zurzeit Entwurf) und ihrer Zuordnung zu den bauaufsichtlichen Anforderungen nach MBO bzw. LBO sind die Feuerwiderstandsklassen gemäß Anlage 0.1.2 zur Bauregelliste A Teil 1, Ausgabe 2006/1, in der nachstehenden Tabelle 4.2.10 angegeben. Die zugehörigen Erläuterungen der Klassifizierungskriterien und weitere zusätzliche Angaben enthält die folgende Tabelle 4.2.11.

Tabelle 4.2.10: Feuerwiderstandsklassen von Sonderbauteilen nach DIN EN 13501-2, DIN EN 13501-3 und DIN EN 13501-4 und ihre Zuordnung zu den bauaufsichtlichen Anforderungen

Bauaufsichtliche Anforderungen	Sonderbauteil					
	Feuerschutzabschlüsse (auch in Förderanlagen)		Rauchschutztüren[2]	Kabelabschottungen	Rohrabschottungen	Lüftungsleitungen
	ohne Rauchschutz	mit Rauchschutz				
feuerhemmend	$EI_230\text{-}C..$[2]	$EI_230\text{-}C..S_m$[2]		EI 30	EI 30-U/U[4] EI30-C/U[5]	EI 30(v_eh_o i↔o)-S
hochfeuerhemmend	$EI_260\text{-}C..$[2]	$EI_260\text{-}C..S_m$[2]		EI 60	EI 60-U/U[4] EI60-C/U[5]	EI 60(v_eh_o i↔o)-S
feuerbeständig	$EI_290\text{-}C..$[2]	$EI_290\text{-}C..S_m$[2]		EI 90	EI 90-U/U[4] EI90-C/U[5]	EI 90(v_eh_o i↔o)-S
Feuerwiderstandsfähigkeit 120 Minuten	-	-		EI 120	EI 120-U/U[4] EI 120-C/U[5]	-
rauchdicht und selbstschließend			$S_m\text{-}C...$[2]			

Bauaufsichtliche Anforderungen	Sonderbauteil					
	Klappen in Lüftungsleitungen	Installationsschächte und -kanäle	elektr. Leitungsanlagen mit Funktionserhalt	Abgasanlagen	Brandschutzverglasungen[3]	Fahrschachttüren in feuerwiderstandsfähigen Fahrschachtwänden[7]
feuerhemmend	EI 30 (v_eh_o i↔o)-S	EI 30 (v_eh_o i↔o)	P 30	EI 30(i↔o)-O oder EI 30(i←o) und Gxx[6]	E 30	E 30
hochfeuerhemmend	EI 60 (v_eh_o i↔o)-S	EI 60 (v_eh_o i↔o)	P 60	EI 60(i↔o)-O oder EI 60(i←o) und Gxx[6]	E 60	E 60
feuerbeständig	EI 90 (v_eh_o i↔o)-S	EI 90 (v_eh_o i↔o)	P 90	EI 90(i↔o)-O oder EI 90(i←o) und Gxx[6]	E 90	E 90

1 Zurzeit Entwurf, anwendbar mit Erscheinen der Norm.
2 Festlegungen zur Lastspielzahl für die Dauerfunktionsprüfungen werden noch getroffen.
3 Brandschutzverglasungen nach dieser Tabelle sind nicht als feuerhemmend, hochfeuerhemmend oder feuerbeständig zu verwenden; Brandschutzverglasungen, bei denen eine Übertragung von Feuer und Wärme über eine bestimmte Dauer (Feuerwiderstandsdauer) verhindert wird, werden nach Tabelle 1 klassifiziert.
4 Für die Abschottung von brennbaren Rohren oder Rohren mit einem Schmelzpunkt < 1000 °C; für Trinkwasser-, Heiz- und Kälteleitungen mit Durchmessern < 110 mm ist auch die Klasse EI ...-U/C zulässig.
5 Für die Abschottung mit nichtbrennbaren Rohren mit einem Schmelzpunkt > 1000 °C.
6 Anwendung der Klasse in Verbindung mit G nur bei festen Brennstoffen; Rußbrandbeständigkeit G mit Angabe eines Abstandes in mm zu brennbaren Baustoffen (gemäß Prüfung).
7 Fahrschachtabschlüsse nach dieser Tabelle zum Einbau in feuerhemmende, hochfeuerhemmende oder feuerbeständige Fahrschachtwände erfüllen die Anforderungen an den Raumabschluss und sind nach DIN EN 81-58 zu klassifizieren; eine Übertragung von Wärme wird nicht behindert; die konstruktiven Randbedingungen nach Bauregelliste A Teil 1, Anlage 6.1 sind sinngemäß zu beachten.

Tabelle 4.2.11: Erläuterungen der Klassifizierungskriterien und der zusätzlichen Angaben zur Klassifizierung des Feuerwiderstandes nach DIN EN 13501-2, DIN EN 13501-3

Herleitung des Kurzzeichens	Kriterium	Anwendungsbereich
R (Résistance)	Tragfähigkeit	zur Beschreibung der Feuerwiderstandsfähigkeit
E (Etanchéité)	Raumabschluss	
I (Isolation)	Wärmedämmung (unter Brandeinwirkung)	
W (Radiation)	Begrenzung des Strahlungsdurchtritts	
M (Mechanical)	Mechanische Einwirkung auf Wände (Stoßbeanspruchung)	
S_m (Smoke$_{max.\ leakage\ rate}$)	Begrenzung der Rauchdurchlässigkeit (Dichtheit, Leckrate), erfüllt die Anforderungen sowohl bei Umgebungstemperatur als auch bei 200°C	Rauchschutztüren (als Zusatzanforderung auch bei Feuerschutzabschlüssen), Lüftungsanlagen einschließlich Klappen
C... (Closing)	Selbstschließende Eigenschaft (ggfs. mit Anzahl der Lastspiele) einschl. Dauerfunktion	Rauchschutztüren, Feuerschutzabschlüsse (einschließlich Abschlüsse für Förderanlagen)
P	Aufrechterhaltung der Energieversorgung und/oder Signalübermittlung	Elektrische Kabelanlagen allgemein
G	Rußbrandbeständigkeit	Schornsteine
K_1, K_2	Brandschutzvermögen	Wand- und Deckenbekleidungen (Brandschutzbekleidungen)
I_1, I_2	unterschiedliche Wärmedämmungskriterien	Feuerschutzabschlüsse (einschließlich Abschlüsse für Förderanlagen)
i→o i←o i↔o (in -out)	Richtung der klassifizierten Feuerwiderstandsdauer	Nichttragende Außenwände, Installationsschächte/-kanäle, Lüftungsanlagen/-klappen
a↔b (above -below)	Richtung der klassifizierten Feuerwiderstandsdauer	Unterdecken
v_e, h_o (vertical, horizontal)	für vertikalen/horizontalen Einbau klassifiziert	Lüftungsleitungen/-klappen
U/U (uncapped/uncapped)	Rohrende offen innerhalb des Prüfofens/ Rohrende offen außerhalb des Prüfofens	Rohrabschottungen
C/U (capped/uncapped)	Rohrende geschlossen innerhalb des Prüfofens/Rohrende offen außerhalb des Prüfofens	Rohrabschottungen
U/C	Rohrende offen innerhalb des Prüfofens/ Rohrende geschlossen außerhalb des Prüfofens	Rohrabschottungen

Die Zuordnung der Klassen nach DIN 4102 bzw. DIN EN 13501 zu den bauaufsichtlichen Anforderungen ersetzt nicht die für die jeweiligen Bauprodukte und Bauarten vorgeschriebenen bauaufsichtlichen Verwendbarkeitsnachweise bzw. Anwendbarkeitsnachweise.

Bei geregelten Bauprodukten nach Bauregelliste A Teil 1 erfolgt die Klassifizierung im Rahmen des Übereinstimmungsnachweises. Bei CE-gekennzeichneten Bauprodukten nach Bauregelliste B Teil 1 erfolgt die Klassifizierung im Rahmen des Konformitätsnachweises.

Bei Bauprodukten und Bauarten nach Bauregelliste A Teile 2 und 3 ist das Brandverhalten oder die Feuerwiderstandsfähigkeit durch ein allgemeines bauaufsichtliches Prüfzeugnis, bei anderen nicht geregelten Bauprodukten durch eine allgemeine bauaufsichtliche Zulassung nachzuweisen.

Die Tabelle 4.2.12 enthält die derzeit europäischen vorgesehenen Klassen einschließlich möglicher zusätzlicher Kriterien für einige Klassen und richtungsabhängiger Klassifizierungen. Hervorgehoben sind die Klassen, auf die sich derzeit die deutschen bauaufsichtlichen Anforderungen stützen. Dabei sind einige Details noch in der Diskussion, vor allem im Bereich der Rauch- und Wärmeabzüge, wo noch weitere Differenzierungen in der Beratung sind. Neben diesen Angaben sind noch weitere Klassifizierungen vorgesehen für Rauchschutztüren, Rauchschürzen und Abgasanlagen.

Tabelle 4.2.12: Vorgesehene Klassen und zusätzliche Kriterien zur Klassifizierung von Bauteilen

Bauteile	Kriterien	Zusatz-kriterium	Richtungs-abhängige Klassifizierung	15	20	30	45	60	90	120	180	240
Tragende Bauteile ohne Raumabschluss: Stützen, Balken, usw.	R			X	X	X	X	X	X	X	X	X
Tragende, raumabschließende Wände	RE					X	X		X	X	X	X
	REI			X	X	X	X	X	X	X	X	X
	REI-M							X		X	X	X	X
	REW					X		X	X	X	X	X
Decken, Dächer	RE					X	X		X	X	X	X
	REI			X	X	X	X	X	X	X	X	X
Nichttragende Innenwände	E					X	X		X	X	X		
	EI			X	X	X	X	X	X	X	X	X
	EI-M							X		X	X	X	
	EW					X	X		X	X	X		
Nichttragende Außenwände	E		i→o			X			X		X	X	
	EI		i←o										
			i↔o			X			X		X	X	
	EW					X	X		X				
Selbständige Unterdecken	EI		a→b										
			a←b	X		X	X	X	X	X	X	X
			a↔b										
Hohlraumböden	R	ETK (f)		X		X						
	RE	Reduzierte TK (r)						X					
	REI								X				
Feuerschutzabschlüsse	E			X	X	X	X	X	X	X	X	X
	EI$_1$	C		X	X	X	X	X	X	X	X	X
	EI$_2$	S		X	X	X	X	X	X	X	X	X
	EW					X	X		X				
Abschlüsse in bahngebundenen Förderanlagen	E			X		X	X	X	X	X	X	X
	EI$_1$	C		X	X	X	X	X	X	X	X	X
	EI$_2$			X	X	X	X	X	X	X	X	X
	EW					X	X		X				

Fortsetzung Tabelle 4.2.12

Bauteile	Kriterien	Zusatz-kriterium	Richtungs-abhängige Klassifizierung		15	20	30	45	60	90	120	180	240
Abschottungen und Fugenverschlüsse	E				X		X	X	X	X	X	X	X
	EI				X	X	X	X	X	X	X	X	X
Installationsschächte und -kanäle	E		v_e	i→o	X	X	X	X	X	X	X	X	X
	EI		h_o	i←o	X	X	X	X	X	X	X	X	X
				i↔o									
Lüftungsleitungen	E		v_e	i→o					X		X		
	EI	S	h_o	i←o	X	X	X	X	X	X	X	X	X
				i↔o									
Brandschutzklappen in Lüftungsleitungen	E		v_e	i→o	X		X		X	X	X		
	EI	S	h_o	i←o	X	X	X	X	X	X	X	X	X
				i↔o									
Kabelanlagen einschließlich Brandschutzsysteme	PH				X		X		X	X			
	P				X		X		X	X	X		
RWA-Leitungen[1] multi	E		v_e						X		X	X	X
	EI	S	h_o						X		X	X	X
single	EI_{600}		v_e	h_o					X		X	X	X
RWA-Klappen[1]	EI_{600}		v_e						X		X	X	X
	EI 600		h_o						X		X	X	X

[1] Kriterien werden noch beraten.

Anmerkung: Auf die hervorgehobenen Klassen stützen sich derzeit die bauaufsichtlichen Anforderungen.

Nicht zu finden in dieser Zusammenstellung sind die bei uns national üblichen Klassifizierungen für Verglasungen. Europäisch gelten diese Elemente nicht als eigenständige, feuerwiderstandsfähige Bauteile, sondern werden zusammen mit Wänden und Decken erfasst, entweder als Teil- oder Gesamtverglasung, und sind insofern in den für diese Bauteile vorgesehenen Klassen (EI, EW, E) enthalten.

Keine eigene Feuerwiderstandsdauer haben auch – und hier entsprechen sich geltende deutsche und künftige europäische Regelungen – Produkte und Systeme zum Schutz von Bauteilen. Hierzu gehören die üblichen Unterdecken – Tabelle 4.2.12 enthält nur die selbständigen Unterdecken –, aber auch alle Bekleidungsmaterialien und Beschichtungen, mit deren Hilfe die Feuerwiderstandsdauer gewährleistet wird. Die Klassifizierung hinsichtlich der Feuerwiderstandsdauer erfolgt immer nur für das gesamte Bauteil. Die Schutzschichten selbst werden jedoch geprüft und mit bestimmten Werten charakterisiert, die zusammen mit dem CE-Zeichen für diese Produkte angegeben werden können. Sie sind dann zusammen mit bestimmten Bauteilen verwendbar, wobei auch, soweit möglich, die Feuerwiderstandsdauer auf der Basis der europäischen Bemessungsnormen (Brandschutzteile der Eurocodes) ermittelt werden kann. Schutzschichten oder Bekleidungen, die eine Entzündung des dahinterliegenden Materials über eine bestimmte Zeit behindern sollen, nicht aber eine Feuerwiderstandsdauer sicherstellen, werden hinsichtlich ihrer Schutzwirkung eigenständig klassifiziert.

Gewöhnungsbedürftig ist bei der Angabe der Klassen die europäische Möglichkeit, unterschiedliche Zeiten für die einzelnen Versagenskriterien anzugeben. Während bisher alle jeweiligen Kriterien in einem Kennbuchstaben subsumiert wurden, z. B. bedeutet F 30, dass alle Kriterien mindestens 30 Minuten lang erfüllt sind, wird dies europäisch aufgegliedert. Der Anforderung F 30 an eine tragende, raumabschließende Wand kann z. B. die europäische Klasse REI 30/REW 60/RE 90 entsprechen.

4.2.3 Baustoffklassifizierung

Mit dem Begriff "Brandverhalten" wird das englische "reaction to fire" und der bisher in Deutschland übliche Begriff "Brandverhalten von Baustoffen" bezeichnet. Im GD 2, Abschnitt 3.2, hatte man sich auf drei Beanspruchungsstufen geeinigt:

— kleine Zündquelle (z. B. Zündholz),
— einzelner brennender Gegenstand (Single Burning Item – SBI),
— Vollbrand.

Diesen Einwirkungen galt es, Prüfverfahren zuzuordnen. Für die kleine Zündquelle wurde der bei in DIN 4102-1 genormte Kleinbrenner genommen, für den Vollbrand kommen der so genannte Nichtbrennbarkeitsofen und die Brennwertermittlung zur Anwendung, und für die mittlere Stufe wurde ein neues Prüfverfahren, der Single-Burning-Item-Test, entwickelt.

Stellungnahmen der Mitgliedstaaten, die in einem "harmonisierten" Klassensystem ihr erforderliches Schutzniveau wiederfinden müssen, führten dazu, für die hohe Beanspruchungsstufe zwei Klassen, für den mittleren Bereich drei Klassen und für die kleine Zündquelle eine Klasse vorzusehen. Darüber hinaus ist, wenn mindestens ein Mitgliedstaat in einem Bereich keine Anforderungen stellt, eine Klasse "keine Leistung festgestellt" vorgesehen. So ergaben sich für jedes der beiden Klassifizierungssysteme sieben Klassen.

Für den nächsten Schritt, "Festlegung der Klassengrenzen", war ein so genanntes Referenzszenarium erforderlich. Hierfür bot sich der in ISO 9705 genormte "Full-scale room test for surface products" an, der zwei "Standard-Zündquellen" von 100 kW und 300 kW Wärmeabgabe vorsieht; diese wurden der hohen und der mittleren Beanspruchungsstufe zugeordnet. Die kleine Zündquelle ist praktisch ein Großversuch, die Zündflamme würde an einer großflächigen Probe kein anderes Verhalten zeigen.

Tabelle 4.2.13 nennt für Bauprodukte, ausgenommen Bodenbeläge, die zur Anwendung kommenden Prüfverfahren sowie die zu erfüllenden Kriterien (wegen der einzelnen Grenzwerte s. DIN EN 13501-1); die Zusatzkriterien Rauchentwicklung und brennendes Abtropfen/Abfallen können die Mitgliedstaaten gemäß dem jeweils für notwendig erachteten Schutzniveau fordern. Für die Bodenbeläge sind die Klassen nahezu gleich, nur ist die vertikale Brandprüfung im SBI durch die horizontale in EN ISO 9239-1 ersetzt und das brennende Abtropfen entfällt naturgemäß.

Tabelle 4.2.13: Anforderungen an Brandverhaltensklassen für Bauprodukte (ausgenommen Bodenbeläge)

Klasse	Prüfverfahren	Klassifizierungskriterien	Zusatzkriterien
A1	EN ISO 1182 und	Temperaturerhöhung, Masseverlust, Entflammung	Keine Rauchentwicklung und kein brennendes Abtropfen/Abfallen ist vorausgesetzt
	EN ISO 1716	Brennwertbegrenzungen [1]	
A2	EN 13 823 (SBI) und entweder	Frei werdende Wärme, Flammenausbreitung	Rauchentwicklung, brennendes Abtropfen/Abfallen
	EN ISO 1182 oder	Temperaturerhöhung, Masseverlust, Entflammung	
	EN ISO 1716	Brennwertbegrenzungen	
B	EN 13 823 (SBI) und	Frei werdende Wärme, Flammenausbreitung	Rauchentwicklung, brennendes Abtropfen/Abfallen
	EN ISO 11 925-2	Entzündbarkeit	
C	EN 13 823 (SBI) und	Frei werdende Wärme, Flammenausbreitung	Rauchentwicklung, brennendes Abtropfen/Abfallen
	EN ISO 11 925-2	Entzündbarkeit	
D	EN 13 823 (SBI) und	Frei werdende Wärme	Rauchentwicklung, brennendes Abtropfen/Abfallen
	EN ISO 11 925-2	Entzündbarkeit	
E	EN ISO 11 925-2	Entzündbarkeit	brennendes Abtropfen/Abfallen
F	Keine Leistung festgestellt.		
[1]	In bestimmten Fällen ist die festgelegte Überschreitung zulässig, wenn frei werdende Wärme und Flammenausbreitung unbedenklich sind.		

Für Kabel sind die Diskussionen bereits so weit vorangeschritten, dass eine Entscheidung der Europäischen Kommission über die Klassen für das Brandverhalten in absehbarer Zeit zu erwarten ist. Tabelle 4.2.14 zeigt das Klassifizierungssystem für das Brandverhalten von Kabeln, wie es nach dem gegenwärtigen Diskussionsstand aufgebaut sein wird.

Für die Prüfung des Brandverhaltens von elektrischen Kabeln soll auf bereits seit langem etablierte internationale Prüfverfahren zurückgegriffen werden. Die Norm EN 50266-2-4 soll allerdings auf der Basis von Untersuchungsergebnissen um die Messung der Wärmefreisetzung und der Rauchentwicklung ergänzt werden, um so eine Korrelation zu den Brandverhaltensklassen für die anderen Bauprodukte herzustellen. Klassengrenzen für die einzelnen Klassen sollen festgelegt werden, sobald Untersuchungen, die zurzeit durchgeführt werden, abgeschlossen sind. Die Rauchentwicklung und das brennende Abtropfen/Abfallen sind als zusätzliche Kriterien vorgesehen, die immer geprüft werden, während die Säure- und die Korrosionsbeständigkeit optional festgestellt werden können, wenn in den Mitgliedstaaten solche Anforderungen bestehen.

Tabelle 4.2.14: Brandverhalten von Kabeln, europäisches Klassifizierungssystem nach dem gegenwärtigen Diskussionsstand

Klasse	Prüfverfahren	Klassifizierungskriterien	Zusatzkriterien
A_c	EN ISO 1716	Brennwert PCS	Keine Rauchentwicklung und kein brennendes Abtropfen/Abfallen vorausgesetzt
B_c	EN 50 266-2-x und	Flammenausbreitung FS, freigesetzte Wärme THR, Peak RHR, Geschwindigkeit der Brandausbreitung, FIGRA	Rauchentwicklung, brennendes Abtropfen/Abfallen, Säurebeständigkeit/Korrosionsbeständigkeit
	EN 50 265-2-1	Flammenausbreitung H	
C_c	EN 50 266-2-y und	Flammenausbreitung FS, freigesetzte Wärme THR, Peak RHR, Geschwindigkeit der Brandausbreitung, FIGRA	Rauchentwicklung, brennendes Abtropfen/Abfallen, Säurebeständigkeit/Korrosionsbeständigkeit
	EN 50 265-2-1	Flammenausbreitung H	
D_c	EN 50 266-2-y und	Flammenausbreitung FS, freigesetzte Wärme THR, Peak RHR, Geschwindigkeit der Brandausbreitung, FIGRA	Rauchentwicklung, brennendes Abtropfen/Abfallen, Säurebeständigkeit/Korrosionsbeständigkeit
	EN 50 265-2-1	Flammenausbreitung H	
E_c	EN 50 265-2-1	Flammenausbreitung H	brennendes Abtropfen/Abfallen, Säurebeständigkeit/Korrosionsbeständigkeit
F_c	Keine Leistung festgestellt.		

Die jeweiligen bauaufsichtlichen Anforderungen an die Feuerwiderstandsfähigkeit von Bauprodukten enthalten zusätzliche Anforderungen an das Brandverhalten ihrer Baustoffe. Unterschieden werden:

− Bauteile aus nichtbrennbaren Baustoffen,
− Bauteile, deren tragende und aussteifende Teile aus nichtbrennbaren Baustoffen bestehen und die bei raumabschließenden Bauteilen zusätzlich eine in Bauteilebene durchgehende Schicht aus nichtbrennbaren Baustoffen haben,
− Bauteile, deren tragende und aussteifende Teile aus brennbaren Baustoffen bestehen und die allseitig eine brandschutztechnisch wirksame Bekleidung aus nichtbrennbaren Baustoffen (Brandschutzbekleidung) und Dämmstoffen haben,
− Bauteile aus brennbaren Baustoffen.

Das Brandverhalten der wesentlichen Baustoffe der Bauprodukte wird gemäß Anlage 0.1.2 und 0.2.2 zur Bauregelliste A Teil 1, Ausgabe 2006/1, DIBt Mitteilungen, Sonderheft 33, S. 83, im Rahmen der Klassifizierung der Feuerwiderstandsfähigkeit nach DIN 4102-2 berücksichtigt und nach DIN 4102-1 oder DIN EN 13501-1 (Tabelle 4.2.15) bestimmt. Die Feuerwiderstandsfähigkeit von hochfeuerhemmenden Bauteilen nach Tabelle 4.2.9 in Verbindung mit den zusätzlichen Anforderungen an die Brandschutzbekleidung kann jedoch nicht nach DIN 4102-2 nachgewiesen werden und ist deshalb in Tabelle 4.2.15 nicht aufgeführt. Eine Klassifizierung dieser Bauteile kann daher nur nach Tabelle 4.2.9 erfolgen. Die nach DIN EN 13501-1 klassifizierten Eigenschaften zum Brandverhalten von Baustoffen (ausgenommen Bodenbeläge) entsprechen den in Tabelle 4.2.15 angegebenen bauaufsichtlichen Anforderungen gemäß den bauaufsichtlichen Verwendungsvorschriften nach MBO bzw. LBO.

Tabelle 4.2.15: *Klassifizierung des Brandverhaltens von Baustoffen nach DIN EN 13501-1 (ausgenommen Bodenbeläge)*

Bauaufsichtliche Anforderung	Zusatzanforderungen		Europäische Klasse nach DIN EN 13501-1
	kein Rauch	kein brenn. Abfallen/ Abtropfen	
Nichtbrennbar	X	X	A1
	X	X	A2 -s1, d0
Schwerentflammbar	X	X	B-s1, d0 C -s1, d0
		X	A2 -s2, d0 A2 -s3, d0 B -s2, d0 B-s3, d0 C -s2, da C -s3, d0
	X		A2 -s1, d 1 A2 -s1, d2 B-s1, d1 B-s1, d2 C-s1, d1 C -s1, d2
			A2 -s3, d2 B-s3,d2 C -s3, d2
Normalentflammbar		X	D -s1, d0 D -s2, d0 D -s3, d0 E
			D-s1,dl D-s2, dl D -s3, d1 D -s1, d2 D -s2, d2 D -s3, d2 E-d2
Leichtentflammbar			F

Die nach DIN EN 13501-1 klassifizierten Eigenschaften zum Brandverhalten von Bodenbelägen gemäß Tabelle 4.2.16 entsprechen den folgenden bauaufsichtlichen Anforderungen in den bauaufsichtlichen Verwendungsvorschriften nach MBO bzw. LBO. In der Tabelle 4.2.17 sind die zusätzlichen Angaben zur Klassifizierung der Baustoffe erläutert.

Das Brandverhalten von Baustoffen wird auf der Grundlage der Norm DIN 4102-1 oder der Norm DIN EN 13501-1 klassifiziert. In den Tabelle 4.2.15 und Tabelle 4.2.16 wurden die bauaufsichtlichen Anforderungen den Brandverhaltensklassen der jeweiligen europäischen Norm zugeordnet. Die Klassifizierung nach DIN EN 13501-1 ist für den Nachweis des Brandverhaltens von Baustoffen alternativ zur DIN 4102-1 anwendbar. Die Anwendung der Klassifizierung nach DIN EN 13501-1 für Bodenbeläge wird in Tabelle 4.2.17 zusätzlich erläutert.

Tabelle 4.2.16: Klassifizierung von Bodenbelägen

Bauaufsichtliche Anforderungen	Europäische Klasse nach DIN EN 13501-1
Nichtbrennbar	$A1_{fl}$
	$A2_{fl}$ - s1
Schwerentflammbar	B_{fl} - s1
	C_{fl} - s1
Normalentflammbar	$A2_{fl}$ - s2
	B_{fl} - s2
	C_{fl} - s2
	D_{fl} - s1
	D_{fl} - s2
	E_{fl}
Leichtentflammbar	F_{fl}

Tabelle 4.2.17: Erläuterungen der zusätzlichen Angaben zur Klassifizierung des Brandverhaltens von Baustoffen (einschl. Bodenbelägen) nach DIN EN 13501-1

Herleitung des Kurzzeichens	Kriterium	Anwendungsbereich
s (Smoke)	Rauchentwicklung	Anforderungen an die Rauchentwicklung
d (Droplets)	Brennendes Abtropfen/Abfallen	Anforderungen an das brennende Abtropfen/Abfallen
...fl (Floorings)	–	Brandverhaltensklasse für Bodenbeläge

4.2.4 Klassifizierung von Bedachungen

Die nach DIN EN 13501-5 klassifizierten Eigenschaften zum Verhalten von Bedachungen bei einer Brandbeanspruchung von außen entsprechen nach Tabelle 4.2.18 folgenden Anforderungen in bauaufsichtlichen Verwendungsvorschriften gemäß MBO bzw. LBO.

Tabelle 4.2.18: Klassen von Bedachungen nach DIN EN 13501-5 und ihre Zuordnung zu den bauaufsichtlichen Anforderungen

Bauaufsichtliche Anforderung	Klasse nach DIN EN 13501-5
Widerstandsfähig gegen Flugfeuer und strahlende Wärme (harte Bedachung)	B_{ROOF} (t1)
Keine Leistung festgestellt (weiche Bedachung)	F_{ROOF} (t1)

4.2.5 Klassifizierung nichtbrennbarer Baustoffe durch Entscheidung der Kommission der Europäischen Gemeinschaft

Die EU-Kommission hat in ihrer Entscheidung vom 04. Okt. 1996 (96/603/EWR) zur Festlegung eines Verzeichnisses von Produkten, die in die Kategorien (Baustoffklasse A) „Kein Beitrag zum Brand", gemäß der Entscheidung 94/611/EG zur Durchführung des Artikels 20 der Richtlinie 89/106/EWG des Rates über Bauprodukte, eine Liste erstellt, welche alle diejenigen Baustoffe (Materialien) enthält, die aufgrund ihres niedrigen Brennbarkeitsgrades in die Klassen A, gemäß den Tabellen 1 und 2 des Anhangs zur Entscheidung 94/611/EG eingestuft werden können. Materialien, die ohne Prüfung in die Brandverhaltensklasse A eingestuft wurden, sind in der nachstehenden Tabelle 4.2.19 aufgeführt. Die folgenden Erläuterungen sind in diesem Zusammenhang zu beachten.

Die Produkte sind ausschließlich aus einem oder mehreren der folgenden Materialien herzustellen, wenn sie ohne Prüfung in die Klasse A eingestuft werden sollen. Produkte, die durch Verleimung eines oder mehrerer der nachstehenden Materialien hergestellt werden, sind ohne Prüfung den Klassen A zuzuordnen, sofern der Leim gewichts- oder volumenmäßig (hier findet der niedrigste Wert Anwendung) 0,1 % nicht übersteigt.

Tabelle 4.2.19: Baustoffe der Baustoffklasse A (nichtbrennbar) gemäß Entscheidung der EU-Kommission

Material	Bemerkungen
Blähbeton	
Geblähter Perlit	
Geblähter Vermiculit	
Mineralwolle	
Schaumglas	
Beton	Einschließlich Fertigbeton, Betonfertigteile und Spannbetonprodukte
Betonzuschlag (Schwer- und Leichtbeton mit mineralischen Zuschlagstoffen, ausgenommen integrierte Wärmedämmung)	Kann Zusatzmittel und Zusatzstoffe (z.B. Flugasche), Pigmente und andere Materialien enthalten. Umfasst Fertigteile
Im Autoklav behandelter Porenbeton (Gasbeton)	Einheiten, die hydraulische Bindemittel enthalten, z.B. Zement und/oder Kalk, kombiniert mit Feinmaterialien (kieselhaltige Materialien, Flugasche, Hochofenschlacke) und luftporenbildendem Material. Umfasst Fertigteile
Faserzement	
Zement	
Kalk	
Hochofenschlacke/Flugasche (PFA)	
Mineralische Zuschlagstoffe	

Fortsetzung Tabelle 4.2.19

Material	Bemerkungen
Eisen, Stahl und nicht rostender Stahl	Nicht in fein verteilter Form
Kupfer und Kupferlegierungen	Nicht in fein verteilter Form
Zink und Zinklegierungen	Nicht in fein verteilter Form
Aluminium und Aluminiumlegierungen	Nicht in fein verteilter Form
Gips und Putz auf Gipsbasis	Kann Zusatzstoffe enthalten (Verzögerungsmittel, Füllstoffe, Fasern, Pigmente, Löschkalk, Luft und Wasser zurückhaltende Stoffe und Plastikatoren), Schwerbetonzuschlagstoffe (z.B. Natursand oder gemahlener Schlackensand) oder Leichtbetonzuschlagstoffe (z.B. Perlit oder Vermiculit)
Mörtel mit anorganischen Bindemitteln	Vorwurf-/Putzmörtel und Estrichmörtel, mit einem oder mehreren anorganischen Bindemitteln, z.B. Zement, Kalk, Mauermörtelzement und Gips
Toneinheiten	Einheiten aus Ton oder anderen tonigen Materialien, mit oder ohne Sand, Brennstoff oder anderen Zusätzen. Umfasst Ziegelsteine, Platten, Pflaster- und Schamotte-Einheiten (z.B. Schornsteinauskleidungen)
Kalziumsilikat-Einheiten	Einheiten aus einem Gemisch aus Kalk und natürlichen kieselhaltigen Materialien (Sand, Kies oder Felsgestein oder entsprechende Gemische). Kann Farbkörper enthalten
Naturstein- und Schieferprodukte	Bearbeitetes oder unbearbeitetes Element aus Naturstein (Ergussstein, Sedimentstein oder metamorphes Gestein) oder Schiefer
Gipseinheit	Umfasst Blöcke und andere Einheiten aus Kalziumsulfat und Wasser, gegebenenfalls mit Fasern, Füllstoffen, Zuschlagstoffen und anderen Zusätzen und farbpigmentiert
Terrazzo	Einschließlich vorgefertigte Terrazzobetonplatten und in-situ-Fußbodenbelag
Glas	Einschließlich gehärtetes, chemisch vorgespanntes, Verbund- und mit Drahteinlagen verstärktes Glas
Glaskeramische Erzeugnisse	Glaskeramische Erzeugnisse aus einer kristallinen und einer Rest-Glasphase
Keramische Erzeugnisse	Einschließlich trocken gepresste und extrudierte Produkte, glasiert oder unglasiert

Produkte in Form von Tafeln (z.B. Dämmstoffe) mit einer oder mehreren organischen Schichten oder Produkte, die nicht homogen verteiltes organisches Material enthalten (Leim ausgenommen), sind von dieser Liste ausgeschlossen.

Produkte, die durch Beschichtung eines der nachstehenden Materialien mit einer anorganischen Schicht (z.B. beschichtete Metallprodukte) hergestellt werden, können ohne Prüfung den Klassen A zugeordnet werden.

Keines der nachstehend aufgeführten Produkte darf gewichts- oder volumenmäßig (hier findet der niedrigste Wert Anwendung) mehr als 1 % des homogen verteilten Materials enthalten.

4.2.6 Brandschutzprüfungen für Bauteile und Baustoffe

Die in den vorhergehenden Abschnitten angeführten europäischen Klassifizierungsnormen stützen sich ab auf eine Vielzahl von Prüfnormen, welche hinsichtlich Anzahl und Inhalt die deutschen Prüfnormen der Reihe DIN 4102 weit übertreffen bzw. nur bedingt entsprechen. Nach Ablauf der Koexistenzperiode wird die jeweilige deutsche Norm durch die entsprechende europäische Norm ersetzt, d.h. es werden danach keine Brandschutzprüfungen mehr nach der deutschen Norm durchgeführt und darauf beruhende allgemeine bauaufsichtliche Zulassungen, Prüfzeugnisse oder Zustimmungen im Einzelfall erteilt. Bis zum 3. Mai 2010 soll das System der europäischen Brandschutznormung komplett und vollständig sein. Ab diesem Zeitpunkt gelten dann nur noch die europäischen Normen sowie die vorhandenen gültigen Zulassungen, Prüfzeugnisse und Zustimmungen im Einzelfall sowie die in der Muster-LTB aufgeführten Normen und die in der Bauregelliste Teil A, B und C aufgeführten Normen und Richtlinien.

Ohne auf die Inhalte einzelner Normen weiter einzugehen, werden im Folgenden die wesentlichen europäischen Bauteil- und Baustoffprüfungen den deutschen Prüfnormen gegenübergestellt. Die nachstehende Tabelle 4.2.20 zeigt die wesentlichen Baustoff- und Bauteilprüfungen nach deutschen Normen. Sie dient zum Vergleich mit europäischen Normen, welche als DIN EN ... bzw. EN ... bezeichnet werden, und in den Tabelle 4.2.21 und Tabelle 4.2.22 angegeben sind.

Tabelle 4.2.20: Liste wichtiger Baustoff- und Bauteilprüfnormen nach DIN

Dokument	Ausgabe	Titel
		1 Brandverhalten von Baustoffen
DIN 4102-1	1998 05	Brandverhalten von Baustoffen und Bauteilen – Teil 1: Baustoffe; Begriffe, Anforderungen und Prüfungen
DIN 4102-1 Berichtigung 1	1998 08	Berichtigung zu DIN 4102-1:1998-05
DIN 4102-7	1998 07	Brandverhalten von Baustoffen und Bauteilen – Teil 7: Bedachungen; Begriffe, Anforderungen und Prüfungen

Fortsetzung Tabelle 4.2.20

Dokument	Ausgabe	Titel
DIN 4102-12	1998 11	Brandverhalten von Baustoffen und Bauteilen – Teil 12: Funktionserhalt von elektrischen Kabelanlagen; Anforderungen und Prüfungen
DIN 4102-13	1990 05	Brandverhalten von Baustoffen und Bauteilen; Brandschutzverglasungen; Begriffe, Anforderungen und Prüfungen
DIN 4102-14	1990 05	Brandverhalten von Baustoffen und Bauteilen; Bodenbeläge und Bodenbeschichtungen; Bestimmung der Flammenausbreitung bei Beanspruchung mit einem Wärmestrahler
DIN 4102-15	1990 05	Brandverhalten von Baustoffen und Bauteilen; Brandschacht
DIN 4102-16	1998 05	Brandverhalten von Baustoffen und Bauteilen – Teil 16: Durchführung von Brandschachtprüfungen
DIN 4102-17	1990 12	Brandverhalten von Baustoffen und Bauteilen; Schmelzpunkt von Mineralfaser-Dämmstoffen; Begriffe, Anforderungen, Prüfung
E DIN 4102-19	1998-12	Brandverhalten von Baustoffen und Bauteilen – Teil 19: Wand- und Deckenbekleidung in Räumen – Versuchsraum für zusätzliche Beurteilungen
		2 Brandverhalten von Bauteilen
DIN 4102-3	1977 09	Brandverhalten von Baustoffen und Bauteilen; Brandwände und nichttragende Außenwände, Begriffe, Anforderungen und Prüfungen
DIN 4102-4	1994 03	Brandverhalten von Baustoffen und Bauteilen; Zusammenstellung und Anwendung klassifizierter Baustoffe, Bauteile und Sonderbauteile
DIN 4102-4/A1	2004 11	Brandverhalten von Baustoffen und Bauteilen – Teil 4: Zusammenstellung und Anwendung klassifizierter Baustoffe, Bauteile und Sonderbauteile; Änderung A1(Gilt in Verbindung mit DIN 4102-4 (1994-03))
DIN 4102-6	1977 09	Brandverhalten von Baustoffen und Bauteilen; Lüftungsleitungen, Begriffe, Anforderungen und Prüfungen
DIN 4102-8	2003 10	Brandverhalten von Baustoffen und Bauteilen – Teil 8: Kleinprüfstand
DIN 4102-22	2004 11	Brandverhalten von Baustoffen und Bauteilen – Teil 22: Anwendungsnorm zu DIN 4102-4 auf der Bemessungsbasis von Teilsicherheitsbeiwerten(Gilt in Verbindung mit DIN 4102-4 (1994-03))
		3 Brandverhalten von Feuerschutzabschlüsse
DIN 4102-5	1977 09	Brandverhalten von Baustoffen und Bauteilen; Feuerschutzabschlüsse, Abschlüsse in Fahrschachtwänden und gegen Feuer widerstandsfähige Verglasungen, Begriffe, Anforderungen und Prüfungen

Fortsetzung Tabelle 4.2.20

Dokument	Ausgabe	Titel
DIN 4102-9	1990 05	Brandverhalten von Baustoffen und Bauteilen; Kabelabschottungen; Begriffe, Anforderungen und Prüfungen
DIN 4102-11	1985 12	Brandverhalten von Baustoffen und Bauteilen; Rohrummantelungen, Rohrabschottungen, Installationsschächte und -kanäle sowie Abschlüsse ihrer Revisionsöffnungen; Begriffe, Anforderungen und Prüfungen
DIN 4102-18	1991 03	Brandverhalten von Baustoffen und Bauteilen; Feuerschutzabschlüsse; Nachweis der Eigenschaft „selbstschließend" (Dauerfunktionsprüfung)
DIN V 4102-21	2002 08 (Vornorm)	Brandverhalten von Baustoffen und Bauteilen – Teil 21: Beurteilung des Brandverhaltens von feuerwiderstandsfähigen Lüftungsleitungen
DIN 18089-1	1984 01	Feuerschutzabschlüsse; Einlagen für Feuerschutztüren; Mineralfaserplatten; Begriff, Bezeichnung, Anforderungen, Prüfung
DIN 18090	1997 01	Aufzüge-, Fahrschacht-, Dreh-, und Falttüren für Fahrschächte mit Wänden der Feuerwiderstandsklasse F 90
DIN 18091	1993 07	Aufzüge; Schacht-Schiebetüren für Fahrschächte mit Wänden der Feuerwiderstandklasse F 90
DIN 18092	1992 04	Aufzüge; Vertikal-Schiebetüren für Kleingüteraufzüge in Fahrschächten mit Wänden der Feuerwiderstandsklasse F 90
DIN 18093	1987 06	Feuerschutzabschlüsse; Einbau von Feuerschutztüren in massive Wände aus Mauerwerk oder Beton; Ankerlagen, Ankerformen, Einbau
DIN 18272	1987 08	Feuerschutzabschlüsse; Bänder für Feuerschutztüren; Federband und Konstruktionsband
		3 Brandverhalten von Rauchschutztüren
DIN 18095-1	1988 10	Türen; Rauchschutztüren; Begriffe und Anforderungen
DIN 18095-2	1991 03	Türen; Rauchschutztüren; Bauartprüfung der Dauerfunktionstüchtigkeit und Dichtheit
DIN 18095-3	1999 06	Rauchschutzabschlüsse – Teil 3: Anwendung von Prüfergebnissen

Nicht in Tabelle 4.2.20 enthalten sind Prüfnormen für Kabel, Leitungen, Schottungen, Feuerschutzabschlüsse und Verglasungen. Nach Abschluss der europäischen Arbeiten an den Brandschutznormen werden von der Tabelle voraussichtlich nur noch die DIN 4102-4, -4/A1 und -22 verwendet werden. Alle anderen Normen sind so lange gültig wie es durch die Koexistenzperiode festgelegt wird.

Tabelle 4.2.21: Liste wichtiger europäischer Prüf- und Klassifizierungsnormen zur Beurteilung und Klassifizierung des Brandverhaltens von Baustoffen

Dokument	Ausgabe	Titel
1 Prüfverfahren zur Beurteilung des Brandverhaltens von Baustoffen		
DIN EN 13238	2007-12 (Norm-Entwurf)	Prüfungen zum Brandverhalten von Bauprodukten – Konditionierungsverfahren und allgemeine Regeln für die Auswahl von Trägerplatten; Deutsche Fassung prEN 13238:2007
DIN EN 13823	2002-06	Prüfungen zum Brandverhalten von Bauprodukten – Thermische Beanspruchung durch einen einzelnen brennenden Gegenstand für Bauprodukte mit Ausnahme von Bodenbelägen; Deutsche Fassung EN 13823: 2002
DIN EN ISO 1182	2002-07	Prüfungen zum Brandverhalten von Bauprodukten – Nichtbrennbarkeitsprüfung (ISO 1182: 2002); Deutsche Fassung EN ISO 1182: 2002
DIN EN ISO 1716	2002-07	Prüfungen zum Brandverhalten von Bauprodukten – Bestimmung der Verbrennungswärme (ISO 1716: 2002); Deutsche Fassung EN ISO 1716: 2002
DIN EN ISO 9239-1	2002-06	Prüfungen zum Brandverhalten von Bodenbelägen – Teil 1: Bestimmung des Brandverhaltens bei Beanspruchung mit einem Wärmestrahler (ISO 9239-1: 2002); Deutsche Fassung EN ISO 9239-1: 2002
DIN EN ISO 11925-2	2002-07	Prüfungen zum Brandverhalten von Bauprodukten – Teil 2: Entzündbarkeit bei direkter Flammeneinwirkung (ISO 11925-2: 2002); Deutsche Fassung EN ISO 11925-2: 2002
DIN V ENV 1187	2006-10	Prüfverfahren zur Beanspruchung von Bedachungen durch Feuer von außen; Deutsche Fassung ENV 1187:2002 + A1:2005
DIN EN 14390	2007-04	Brandverhalten von Bauprodukten - Referenzversuch im Realmaßstab an Oberflächenprodukten in einem Raum; Deutsche Fassung EN 14390:2007
2 Klassifizierung des Brandverhaltens von Bauprodukten; Baustoffe und Bedachungen		
DIN EN 13501-1/A1	2007-11 (Norm-Entwurf)	Klassifizierung von Bauprodukten und Bauarten zu ihrem Brandverhalten – Teil 1: Klassifizierung mit den Ergebnissen aus den Prüfungen zum Brandverhalten von Bauprodukten; Deutsche Fassung EN 13501-1:2007
DIN EN 13501-5	2006-03	Klassifizierung von Bauprodukten und Bauarten zu ihrem Brandverhalten – Teil 5: Klassifizierung mit den Ergebnissen aus Prüfungen von Bedachungen bei Beanspruchung durch Feuer von außen; Deutsche Fassung EN 13501-5:2005

Die Tabelle 4.2.21 zeigt zunächst die Liste der europäischen Normen zur Prüfung und Klassifizierung des Brandverhaltens von Baustoffen. Eine Unterscheidung zwischen Prüfnorm und Klassifizierungsnorm ist in der deutschen Normenreihe DIN 4102 nicht üblich. Die Anzahl der „deutschen" und europäischen Normen zur Prüfung und Klassifizierung des Brandverhaltens von Baustoffen ist etwa gleich.

In der nachstehenden Tabelle 4.2.22 sind die wesentlichen Prüfnormen und die zugehörigen Klassifizierungsnormen für die Beurteilung des Feuerwiderstandes von Bauteilen zusammengestellt. Die europäische Liste der Bauteilprüfungen ist deutlich länger als die Liste der zugehörigen Prüfungen nach DIN 4102-2. Das liegt daran, dass die Feuerwiderstandsprüfungen für tragende und nichttragende Bauteile jeweils in verschiedenen EN-Normen geregelt sind. Für die Klassifizierung von tragenden und nichttragenden Bauteilen kommt die DIN EN 13501-2 zur Anwendung. Die Sonderbauteile wie Feuerschutzabschlüsse, Kabelschottungen, Lüftungsleitungen, Klappen und Installationsschächte werden nach DIN EN 13501-3 klassifiziert.

Tabelle 4.2.22: *Liste wichtiger europäischer Prüf- und Klassifizierungsnormen zur Beurteilung und Klassifizierung des Feuerwiderstandes von Bauteilen*

Dokument	Ausgabe	Titel
1 Prüfverfahren zur Beurteilung des Feuerwiderstandes von Bauteilen		
DIN EN 1363-1	1999-10	Feuerwiderstandsprüfungen – Teil 1: Allgemeine Anforderungen; Deutsche Fassung EN 1363-1: 1999
DIN EN 1363-2	1999-10	Feuerwiderstandsprüfungen – Teil 2: Alternative und ergänzende Verfahren; Deutsche Fassung EN 1363-2: 1999
DIN V ENV 1363-3	1999-09 (Vornorm)	Feuerwiderstandsprüfungen – Teil 3: Nachweis der Ofenleistung; Deutsche Fassung ENV 1363-3: 1998
DIN EN 1364-1	1999-10	Feuerwiderstandsprüfungen für nichttragende Bauteile – Teil 1: Wände; Deutsche Fassung EN 1364-1: 1999
DIN EN 1364-2	1999-10	Feuerwiderstandsprüfungen für nichttragende Bauteile – Teil 2: Unterdecken; Deutsche Fassung EN 1364-2: 1999
DIN EN 1365-1	1999-10	Feuerwiderstandsprüfungen für tragende Bauteile – Teil 1: Wände; Deutsche Fassung EN 1365-1: 1999
DIN EN 1365-2	2000-02	Feuerwiderstandsprüfungen für tragende Bauteile – Teil 2: Decken und Dächer; Deutsche Fassung EN 1365-2: 1999
DIN EN 1365-3	2000-02	Feuerwiderstandsprüfungen für tragende Bauteile – Teil 3: Balken; Deutsche Fassung EN 1365-3: 1999

Fortsetzung Tabelle 4.2.22

Dokument	Ausgabe	Titel
DIN EN 1365-4	1999-10	Feuerwiderstandprüfungen für tragende Bauteile – Teil 4: Stützen; Deutsche Fassung EN 1365-4: 1999
DIN EN 1365-5	2005-02	Feuerwiderstandprüfungen für tragende Bauteile – Teil 5: Balkone und Laubengänge; Deutsche Fassung EN 1365-5:2004
DIN EN 1365-6	2005-02	Feuerwiderstandprüfungen für tragende Bauteile – Teil 6: Treppen; Deutsche Fassung EN 1365-6:2004
DIN EN 1366-1	1999-10	Feuerwiderstandprüfungen für Installationen – Teil 1: Leitungen; Deutsche Fassung EN 1366-1:1999
DIN EN 1366-2	1999-10	Feuerwiderstandprüfungen für Installationen – Teil 2: Brandschutzklappen; Deutsche Fassung EN 1366-2:1999
DIN EN 1366-3	2006-10 (Norm-Entwurf)	Feuerwiderstandprüfungen für Installationen – Teil 3: Abschottungen; Deutsche Fassung prEN 1366-3:2006
DIN EN 1366-4	2006-08	Feuerwiderstandprüfungen für Installationen – Teil 4: Abdichtungssysteme für Bauteilfugen; Deutsche Fassung EN 1366-4:2006
DIN EN 1366-5	2007-11 (Norm-Entwurf)	Feuerwiderstandprüfungen für Installationen – Teil 5: Installationskanäle und -schächte; Deutsche Fassung prEN 1366-5:2007
DIN EN 1366-6	2005-02	Feuerwiderstandprüfungen für Installationen – Teil 6: Doppel- und Hohlböden; Deutsche Fassung EN 1366-6:2004
DIN EN 1366-7	2004-09	Feuerwiderstandprüfungen für Installationen – Teil 7: Förderanlagen und ihre Abschlüsse; Deutsche Fassung EN 1366-7:2004
DIN EN 1366-8	2004-10	Feuerwiderstandprüfungen für Installationen – Teil 8: Entrauchungsleitungen; Deutsche Fassung EN 1366-8:2004
DIN EN 1366-9	2007-11 (Norm-Entwurf)	Feuerwiderstandprüfungen für Installationen – Teil 9: Entrauchungsleitungen für einen Einzelabschnitt; Deutsche Fassung prEN 1366-9:2007
DIN EN 1366-10	2004-12 (Norm-Entwurf)	Feuerwiderstandprüfungen für Installationen – Teil 10: Entrauchungsklappen; Deutsche Fassung prEN 1366-10:2004
DIN EN 1634-1	2000-03	Feuerwiderstandprüfungen für Tür- und Abschlusseinrichtungen – Teil 1: Feuerschutzabschlüsse; Deutsche Fassung EN 1634-1:2000

Fortsetzung Tabelle 4.2.22

Dokument	Ausgabe	Titel
DIN EN 1634-2	2006-10 (Norm-Entwurf)	Prüfungen zum Feuerwiderstand und zur Rauchdichte für Feuer- und Rauchschutzabschlüsse, Fenster und Beschläge – Teil 2: Charakterisierungsprüfungen zum Feuerwiderstand von Beschlägen; Deutsche Fassung prEN 1634-2:2006
DIN EN 1634-3	2005-01	Prüfungen zum Feuerwiderstand und zur Rauchdichte für Feuer- und Rauchschutzabschlüsse, Fenster und Beschläge – Teil 3: Rauchschutzabschlüsse; Deutsche Fassung EN 1634-3:2004
2 Klassifizierung des Feuerwiderstandes von Bauteilen		
DIN EN 13501-2/A1	2007-11 (Norm-Entwurf)	Klassifizierung von Bauprodukten und Bauarten zu ihrem Brandverhalten – Teil 2: Klassifizierung mit den Ergebnissen aus den Feuerwiderstandsprüfungen, mit Ausnahme von Lüftungsanlagen; Deutsche Fassung EN 13501-2/prA1:2007
DIN EN 13501-3	2006-03	Klassifizierung von Bauprodukten und Bauarten zu ihrem Brandverhalten – Teil 3: Klassifizierung mit den Ergebnissen aus den Feuerwiderstandsprüfungen an Bauteilen von haustechnischen Anlagen: Feuerwiderstandsfähige Leitungen und Brandschutzklappen; Deutsche Fassung EN 13501-3:2005
DIN EN 13501-4	2007-04	Klassifizierung von Bauprodukten und Bauarten zu ihrem Brandverhalten – Teil 4: Klassifizierung mit den Ergebnissen aus den Feuerwiderstandsprüfungen von Anlagen zur Rauchfreihaltung; Deutsche Fassung EN 13501-4:2007

4.3 Brandschutzbemessung nach Eurocodes

Im Folgenden sind die bisher vom DIN veröffentlichten Eurocodes und Nationalen Anwendungsdokumente zusammengestellt (siehe Tabelle 4.3.1).

Mit Ausnahme von Eurocode 9 ("Aluminium") wurden für alle vorgenannten Europäischen Vornormen Nationale Anwendungsdokumente (NAD) zu den in den Vornormen enthaltenen Festlegungen zum Anwendungsbereich der Vornormen, zu den indikativen Werten (sog. "boxed values") und zu weiteren technischen Detailregelungen erstellt. Diese Festlegungen dienen insbesondere zur Sicherstellung des gegenwärtigen deutschen Sicherheitsniveaus. Die Eurocodes 6 und 9 sind derzeit noch nicht in der M-LTB aufgeführt (Stand September 2007).

Tabelle 4.3.1: Veröffentlichte Eurocodes und NAD – Bemessung zum Brandschutz (aus DIN 4102-4/A1:2004-11)

DIN V ENV 1991-2-2:1997-05	Eurocode 1 – Grundlagen der Tragwerksplanung und Einwirkungen auf Tragwerke – Teil 2-2: Einwirkungen auf Tragwerke; Einwirkungen im Brandfall; Deutsche Fassung ENV 1991-2-2:1995
DIN V ENV 1992-1-2:1997-05	Eurocode 2 – Planung von Stahlbeton- und Spannbetontragwerken – Teil 1-2: Allgemeine Regeln; Tragwerksbemessung für den Brandfall; Deutsche Fassung ENV 1992-1-2:1995
DIN V ENV 1993-1-2:1997-05	Eurocode 3 – Bemessung und Konstruktion von Stahlbauten – Teil 1-2: Allgemeine Regeln; Tragwerksbemessung für den Brandfall; Deutsche Fassung ENV 1993-1-2:1995
DIN V ENV 1994-1-2:1997-06	Eurocode 4 – Bemessung und Konstruktion von Verbundtragwerken aus Stahl und Beton – Teil 1-2: Allgemeine Regeln; Tragwerksbemessung für den Brandfall; Deutsche Fassung ENV 1994-1-2:1994
DIN V ENV 1995-1-2:1997-05	Eurocode 5 – Bemessung und Konstruktion von Holzbauwerken – Teil 1-2: Allgemeine Regeln; Tragwerksbemessung für den Brandfall; Deutsche Fassung ENV 1995-1-2:1994
DIN V ENV 1996-1-2:1997-05	Eurocode 6 – Bemessung und Konstruktion von Mauerwerksbauten – Teil 1-2: Allgemeine Regeln; Tragwerksbemessung für den Brandfall; Deutsche Fassung ENV 1996-1-2:1995
DIN V ENV 1999-1-2:1999-10	Eurocode 9 – Entwurf, Berechnung und Bemessung von Aluminiumkonstruktionen – Teil 1-2: Tragwerksbemessung für den Brandfall; Deutsche Fassung ENV 1999-1-2:1998

Tabelle 4.3.2: Veröffentlichte Eurocodes und NAD – Bemessung zum Brandschutz (aus Muster-Liste der Technischen Baubestimmungen – Fassung Februar 2007)

DIN V ENV 1992-1-2 Anlage 3.1/9	Eurocode 2: Planung von Stahlbeton- und Spannbetontragwerken – Teil 1-2: Allgemeine Regeln; Tragwerksbemessung für den Brandfall	Mai 1997
Richtlinie	DIBt-Richtlinie zur Anwendung von DIN V ENV 1992-1-2:1997-05 in Verbindung mit DIN 1045-1:2001-07	2001
DIN V ENV 1993-1-2 Anlage 3.1/9	Eurocode 3: Bemessung und Konstruktion von Stahlbauten – Teil 1-2: Allgemeine Regeln; Tragwerksbemessung für den Brandfall	Mai 1997
DIN-Fachbericht 93	Nationales Anwendungsdokument (NAD) -Richtlinie zur Anwendung von DIN V ENV 1993-1-2:1997-05	2000
DIN V ENV 1994-1-2 Anlage 3.1/9	Eurocode 4: Bemessung und Konstruktion von Verbundtragwerken aus Stahl und Beton – Teil 1-2: Allgemeine Regeln; Tragwerksbemessung für den Brandfall	Juni 1997

Fortsetzung Tabelle 4.3.2

DIN-Fachbericht 94	Nationales Anwendungsdokument (NAD) – Richtlinie zur Anwendung von DIN V ENV 1994-1-2:1997-06	2000
DIN V ENV 1995-1-2 Anlage 3.1/9	Eurocode 5: Entwurf, Berechnung und Bemessung von Holzbauwerken – Teil 1-2: Allgemeine Regeln; Tragwerksbemessung für den Brandfall	Mai 1997
DIN-Fachbericht 95	Nationales Anwendungsdokument (NAD) – Richtlinie zur Anwendung von DIN V ENV 1995-1-2:1997-05	2000

Tabelle 4.3.3: *Veröffentlichte Eurocodes – Bemessung zum Brandschutz (von CEN Homepage – Stand 30.10.2007)*

EN 1991-1-2:2002	Eurocode 1: Actions on structures – Part 1-2: General actions – Actions on structures exposed to fire
EN 1992-1-2:2004	Eurocode 2: Design of concrete structures – Part 1-2: General rules – Structural fire design
EN 1993-1-2:2005	Eurocode 3: Design of steel structures – Part 1-2: General rules – Structural fire design
EN 1994-1-2:2005	Eurocode 4: Design of composite steel and concrete structures – Part 1-2: General rules – Structural fire design
EN 1995-1-2:2004	Eurocode 5: Design of timber structures – Part 1-2: General – Structural fire design
EN 1996-1-2:2005	Eurocode 6: Design of masonry structures – Part 1-2: General rules – Structural fire design
EN 1999-1-2:2007	Eurocode 9: Design of aluminium structures – Part 1-2: Structural fire design
EN 1993-1-2:2005/AC:2005	Eurocode 3: Design of steel structures – Part 1-2: General rules – Structural fire design
EN 1995-1-2:2004/AC:2006	Eurocode 5: Design of timber structures – Part 1-2: General – Structural fire design

Die oben aufgeführten Eurocodes 1 bis 5 wurden zwischenzeitlich zwecks Überführung in Europäische Normen überarbeitet. Zu den als Europäische Normen erstellten neuen Eurocodes werden nationale Festlegungen, ähnlich denen in den NAD, in Form von Nationalen Anhängen zu den einzelnen Eurocodes in Zusammenarbeit mit den zuständigen Gremien der Obersten Bauaufsichtsbehörden erstellt. Die Vorgabe der Europäischen Kommission war, die Anzahl der national festzulegenden Parameter im Vergleich zu den Vornormen erheblich zu reduzieren, um sicherzustellen, dass die Zahl der Varianten in den einzelnen Mitgliedsländern möglichst gering ist.

Die neuen Eurocodes (s. Tabelle 4.3.4) liegen derzeit als Vornorm DIN ENV vor und wurden noch nicht veröffentlicht und in die M–LTB aufgenommen, weil die neuen Nationalen Anwendungsdokumente (NAD) noch in Arbeit sind. Die neuen NADs werden nach heutiger Kenntnis frühestens 2008 veröffentlicht, so dass die Eurocodes dann auch verbindlich eingeführt werden können.

Tabelle 4.3.4: Überarbeitete Eurocodes und NAD – Bemessung zum Brandschutz (Stand Okt. 2007; Beuth Verlag)

DIN EN 1991-1-2:2003-09	Eurocode 1: Einwirkungen auf Tragwerke - Teil 1-2: Allgemeine Einwirkungen; Brandeinwirkungen auf Tragwerke; Deutsche Fassung EN 1991-1-2:2002
DIN EN 1992-1-2:2006-10	Eurocode 2: Bemessung und Konstruktion von Stahlbeton- und Spannbetontragwerken - Teil 1-2: Allgemeine Regeln - Tragwerksbemessung für den Brandfall; Deutsche Fassung EN 1992-1-2:2004
DIN EN 1993-1-2:2006-10	Eurocode 3: Bemessung und Konstruktion von Stahlbauten - Teil 1-2: Allgemeine Regeln - Tragwerksbemessung für den Brandfall; Deutsche Fassung EN 1993-1-2:2005 + AC:2005
DIN EN 1994-1-2:2006-11	Eurocode 4: Bemessung und Konstruktion von Verbundtragwerken aus Stahl und Beton - Teil 1-2: Allgemeine Regeln - Tragwerksbemessung für den Brandfall; Deutsche Fassung EN 1994-1-2:2005
DIN EN 1995-1-2:2006-10	Eurocode 5: Bemessung und Konstruktion von Holzbauten - Teil 1-2: Allgemeine Regeln - Tragwerksbemessung für den Brandfall; Deutsche Fassung EN 1995-1-2:2004 + AC:2006
DIN EN 1996-1-2:2006-10	Eurocode 6: Bemessung und Konstruktion von Mauerwerksbauten - Teil 1-2: Allgemeine Regeln - Tragwerksbemessung für den Brandfall; Deutsche Fassung EN 1996-1-2:2005
DIN EN 1999-1-2:2007-05	Eurocode 9: Bemessung und Konstruktion von Aluminiumtragwerken - Teil 1-2: Tragwerksbemessung für den Brandfall; Deutsche Fassung EN 1999-1-2:2007
DIN-Fachbericht 91, Technische Regel, 2000 DIN-Fachbericht 91	Nationales Anwendungsdokument (NAD) - Richtlinie zur Anwendung von DIN V ENV 1991-2-2:1997-05 - Eurocode 1: Grundlagen der Tragwerksplanung und Einwirkungen auf Tragwerke - Teil 2-2: Einwirkungen auf Tragwerke; Einwirkungen im Brandfall
DIN-Fachbericht 92, Technische Regel, 2000 DIN-Fachbericht 92	Nationales Anwendungsdokument (NAD) - Richtlinie zur Anwendung von DIN V ENV 1992-1-2:1997-05 - Eurocode 2: Planung von Stahlbeton- und Stahlbetontragwerken – Teil -2: Allgemeine Regeln; Tragwerksbemessung für den Brandfall
DIN-Fachbericht 93, Technische Regel, 2000 DIN-Fachbericht 93	Nationales Anwendungsdokument (NAD) - Richtlinie zur Anwendung von DIN V ENV 1993-1-2:1997-05 - Eurocode 3: Bemessung und Konstruktion von Stahlbauten - Teil 1-2: Allgemeine Regeln; Tragwerksbemessung für den Brandfall
DIN-Fachbericht 94, Technische Regel, 2000 DIN-Fachbericht 94	Nationales Anwendungsdokument (NAD) - Richtlinie zur Anwendung von DIN V ENV 1994-1-2:1997-06 - Eurocode 4: Bemessung und Konstruktion von Verbundtragwerken aus Stahl und Beton - Teil 1-2: Allgemeine Regeln; Tragwerksbemessung für den Brandfall

Fortsetzung Tabelle 4.3.4

DIN-Fachbericht 95, Technische Regel, 2000 DIN-Fachbericht 95	Nationales Anwendungsdokument (NAD) - Richtlinie zur Anwendung von DIN V ENV 1995-1-2:1997-05 - Eurocode 5: Bemessung und Konstruktion von Holzbauten - Teil 1-2: Allgemeine Regeln; Tragwerksbemessung für den Brandfall
DIN-Fachbericht 96, Technische Regel, 2000 DIN-Fachbericht 96	Nationales Anwendungsdokument (NAD) - Richtlinie zur Anwendung von DIN V ENV 1996-1-2:1997-05 - Eurocode 6: Bemessung und Konstruktion von Mauerwerksbauten - Teil 1-2: Allgemeine Regeln; Tragwerksbemessung für den Brandfall
DIBtDINVENV1992-1-2AnwRL, Bekanntmachung, 2002-02	DIBt-Richtlinie zur Anwendung von DIN V ENV 1992-1-2 in Verbindung mit DIN 1045-1
DINVENV1992-1-2Bek ND, Verwaltungsvorschrift, 2005-09-26	Technische Baubestimmungen; DIN V ENV 1992-1-2 (1997-05); Eurocode 2: Planung von Stahlbeton- und Spannbetontragwerken - Teil 1-2: Allgemeine Regeln - Tragwerksbemessung für den Brandfall
DINVENV1993-1-2Bek ND, Verwaltungsvorschrift, 2005-09-26	Technische Baubestimmungen; DIN V ENV 1993-1-2 (1997-05); Eurocode 3: Bemessung und Konstruktion von Stahlbauten - Teil 1-2: Allgemeine Regeln - Tragwerksbemessung für den Brandfall
DINVENV1994-1-2Bek ND, Verwaltungsvorschrift, 2005-09-26	Technische Baubestimmungen; DIN V ENV 1994-1-2 (1997-06); Eurocode 4: Bemessung und Konstruktion von Verbundtragwerken aus Stahl und Beton - Teil 1-2: Allgemeine Regeln - Tragwerksbemessung für den Brandfall
DINVENV1995-1-2Bek ND, Verwaltungsvorschrift, 2005-09-26	Technische Baubestimmungen; DIN V ENV 1995-1-2 (1997-05); Eurocode 5: Bemessung und Konstruktion von Holzbauwerken - Teil 1-2: Allgemeine Regeln - Tragwerksbemessung für den Brandfall
DINVENV1996-1-2Bek ND, Verwaltungsvorschrift, 2005-09-26	Technische Baubestimmungen; DIN V ENV 1996-1-2 (1997-05); Eurocode 6: Bemessung und Konstruktion von Mauerwerksbauten - Teil 1-2: Allgemeine Regeln - Tragwerksbemessung für den Brandfall

Eine Anwendbarkeit der überarbeiteten Eurocodes ist erst dann gegeben, wenn alle zur Bemessung erforderlichen Teile dieser Europäischen Normen zum einen als DIN-Normen veröffentlicht sind und zum anderen die zugehörigen Nationalen Anhänge in Form von Vornormen vorliegen. Auf die Berechnung nach Eurocode 2, 3, 5, und 6 wird ab Kapitel 13 ausführlich eingegangen.

4.4 Literatur zum Kapitel 4

[1] Richtlinie 89/106/EWG des Rates vom 21. Dezember 1988 zur Angleichung der Rechts- und Verwaltungsvorschriften der Mitgliedstaaten über Bauprodukte (ABL EG Nr. L 40 Seite 12) geändert durch Richtlinie 93/68/EWG des Rates vom 22. Juli 1993

[2] Gesetz über das Inverkehrbringen von und den freien Warenverkehr mit Bauprodukten zur Umsetzung der Richtlinie 89/106/EWG des Rates vom 21. Dezember 1988 zur Angleichung ... über Bauprodukte und andere Rechtsakte der Europäischen Gemeinschaften (Bauproduktengesetz - BauPG) vom 28. April 1998 (BGBl. I Seite 812)

[3] Hertel, Helmut: Überlegungen zu einem europäischen Sicherheitskonzept für den Brandschutz von baulichen Anlagen. vfdb, Heft 3, 1989, Seite 120

[4] Entscheidung 2000/367/EG der Europäischen Kommission vom 3. Mai 2000 über die Klassifizierung des Feuerwiderstands von Bauprodukten, Bauwerken und Teilen davon; Amtsblatt der Europäischen Gemeinschaften Nr. L 133 vom 06.06.2000, Seite 28 f.

[5] Entscheidung 2000/147/EG der Europäischen Kommission vom 8. Februar 2000 über die Klassifizierung des Brandverhaltens von Bauprodukten; Amtsblatt der Europäischen Gemeinschaften Nr. L 50 vom 23.02.2000 Seite, 14 f.

[6] Leitpapier G der Europäischen Kommission: Das europäische Klassifizierungssystem für das Brandverhalten von Bauprodukten

[7] Amtsblatt der Europäischen Gemeinschaften Nr. L 267 vom 19.10.1996, Seite 23 f., berichtigt durch ABL EG Nr. L 156 vom 13.06.1997, Seite 60

[8] Entscheidung 2000/553/EG der Europäischen Kommission vom 6. September 2000 hinsichtlich des Verhaltens von Bedachungen bei einem Brand von außen; Amtsblatt der Europäischen Gemeinschaften Nr. L 235 vom 19.09.2000, Seite 19 f.

5 Reale Brände und Prüfbrandkurven

5.1 Einführung

Ein Schadenfeuer bzw. Brand ist allgemein folgendermaßen definiert:

„Brand ist ein Feuer, das auf keinem bestimmungsmäßigen Brandherd entstanden ist oder sich über diesen hinaus ausbreitet und Sachschaden verursacht hat, wobei Feuer als äußere Erscheinungsform der Verbrennung definiert ist."

Nach den Normen der Feuerwehren DIN 14011 und ÖNORM F 1000 Teil 2 versteht man unter dem Begriff Brand ein *"nicht bestimmungsgemäßes Brennen, das sich unkontrolliert ausbreiten kann."*

Die Brandlehre, die sich mit dem nicht bestimmungsgemäßen Brennen – also dem Schadenfeuer – befasst, weicht insofern von den ingenieurmäßig gelehrten Disziplinen Haus- und Feuerungstechnik, Brennstofftechnik, Energieversorgung usw. ab, als sie sich nicht mit der Nutzanwendung der Verbrennung (Nutz- oder Zweckfeuer) – also dem bestimmungsmäßigen Brennen – beschäftigt. Die chemischen und physikalischen Voraussetzungen und Begleiterscheinungen für beide Arten des Brennens sind naturgemäß gleich. Das nachstehende Bild 5.1.1 zeigt die verschiedenen Erscheinungsformen von Bränden.

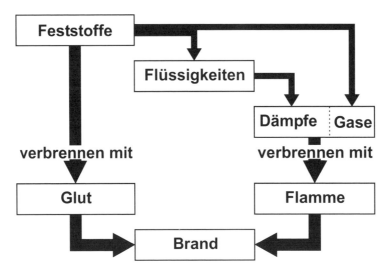

Bild 5.1.1: *Erscheinungsformen von realen Bränden [1]*

Man unterscheidet zwischen Flammenbrand und Glutbrand. Der Unterschied liegt darin, dass der Flammenbrand bei einer Verbrennung von Gasen und Dämpfen, der Glutbrand bei einer Verbrennung von festen, pyrolisierenden Stoffen auftritt. Bei der Verbrennung fester Stoffe ist grundsätzlich das Auftreten beider Brandarten möglich. Glutbrände entstehen entweder in der Entstehungsphase eines Brandes, z.B. bei ungenügendem Sauerstoffangebot, so dass ein Schwelbrand entsteht oder nach Beendigung der Vollbrandphase, wenn sich Glutnester in den verkohlten Resten der Bau- oder Lagerstoffe bilden.

5.2 Brandentstehung

5.2.1 Bedingungen für die Brandentstehung

Bei einer Brandentstehung und auch für eine Brandausbreitung müssen bestimmte Voraussetzungen vorhanden sein. Diese Voraussetzungen können in zwei Gruppen unterteilt werden:

— stoffliche Voraussetzungen,
— energetische Voraussetzungen.

Betrachtet man die stoffliche (materielle) Seite, so ist das gleichzeitige Auftreten folgender drei Bedingungen ausschlaggebend für die Entstehung und Ausbreitung eines Brandes, d. h. die nachstehend angeführten Bedingungen müssen mindestens erfüllt sein, damit ein Brand eintritt:

— Ein brennbarer Stoff mit entsprechender Entzündbarkeit (reaktionsfähiger Oberfläche) muss vorhanden sein. Die Verbrennung kann nur ablaufen, wenn ein genügend brennbarer Stoff in einer für die Verbrennung geeigneten Form und Verteilung vorhanden ist.
— Sauerstoff als ein Bestandteil der umgebenden Luft, die Zugang zu dem entzündbaren Stoff hat, muss in ausreichender Menge vorhanden sein. Sauerstoff ist das Oxidationsmittel der Verbrennung.
— Das richtige Mengen- bzw. Mischungsverhältnis in der Grenzfläche zwischen brennbarem Stoff und Sauerstoff muss vorhanden sein. Das Mengenverhältnis ist abhängig von der Art des brennbaren Stoffes.

Neben den stofflichen Voraussetzungen der Verbrennung – das Vorhandensein von brennbarem Stoff und Sauerstoff im richtigen Mengenverhältnis – ist ein Brennen nur dann möglich, wenn gleichzeitig die energetischen Voraussetzungen erfüllt sind. Diese betreffen das Einleiten der Verbrennung (Entzünden) und die Unterhaltung der Verbrennung (Brandentwicklung). Dafür sind folgende Voraussetzungen erforderlich:

— Zündenergie bzw. Zündtemperatur,
— Mindestverbrennungstemperatur.

Damit es zum Brennen kommt, bedarf es eines energetischen Anstoßes, d. h. es muss dem Brandgut genügend Zündenergie, z. B. durch das Zünden einer geeigneten Zündquelle, zugeführt werden. Zur Abschätzung der erforderlichen Zündenergie gibt man die Temperatur an, auf die das Gemisch aus brennbarem Stoff und Sauerstoff zur Einleitung des Brennens gebracht werden muss. Diese Temperatur bezeichnet man als Zündtemperatur. Für eine Entzündung eines Stoffes sind

— eine ausreichende Oberflächentemperatur sowie
— die Wärmeeinstrahlung auf die Oberfläche

maßgebend.

Die Voraussetzungen für die Brandentstehung werden üblicherweise im sogenannten Branddreieck dargestellt (s. Bild 5.2.1).

Bild 5.2.1: *Schematische Darstellung der für eine Brandentstehung notwendigen Voraussetzungen (Branddreieck)*

Die oben genannten materiellen und energetischen Voraussetzungen müssen stets gleichzeitig erfüllt sein, um eine Brandentstehung zu verursachen und den Brand aufrechtzuhalten. Beim Fehlen von nur einer dieser Voraussetzungen ist ein Brand unmöglich.

Ist nun die Verbrennung infolge des Erreichens oder Überschreitens der für den entzündbaren Stoff charakteristischen Zündtemperatur durch Aufnahme von Wärme eingeleitet, so ist eine Mindestenergie notwendig, damit die Verbrennung selbständig weiterläuft. Zur Abschätzung dieser Energie gibt man die Mindestverbrennungstemperatur an, bei der das Brennen gerade noch möglich ist.

5.2.2 Zündtemperatur und Mindestverbrennungstemperatur

Die Zündtemperatur ist die niedrigste, unter festgelegten Bedingungen ermittelte Temperatur, bei der sich ein brennbarer Stoff in Luft entzündet.

Für kompakte feste Stoffe gibt es zurzeit kein allgemein gültiges Prüfverfahren zur Bestimmung der Zündtemperatur, da die Vorgänge beim Entzünden sehr komplex sind. So laufen z. B. bei Holz, Kohle, Papier, Kunststoffe bereits schon unterhalb der Zündtemperatur bestimmte Zersetzungsprozesse ab, bei denen brennbare Stoffe (Pyrolysegase) entstehen. Obwohl bei Gas-Luft-Gemischen die Vorgänge beim Entzünden einfacher verlaufen, sind auch hier die Mechanismen noch nicht eindeutig geklärt (s.

Kapitel 5.3). In Tabelle 5.2.1 sind die Zündtemperaturen verschiedener Stoffe angegeben.

Für die Entzündung ist neben einer ausreichenden Oberflächentemperatur eine bestimmte Höhe der Wärmeeinstrahlung auf die Oberfläche erforderlich. In Tabelle 5.2.2 sind beispielhaft brennbare Stoffe und die zugehörigen Entzündungskriterien zusammengestellt.

Tabelle 5.2.1: Zündtemperatur brennbarer Stoffe mit Pilotflamme nach [2]

Stoff (flüssig)	Temperatur (°C)	Stoff (fest)	Temperatur (°C)
Azeton	540	Braunkohle	250-280
Benzin	470-530	Holz	220-320
Gasöl	350-400	Koks	500-640
Schmieröl	510-610	Papier	360
Spiritus	425-650	PMMA	270
Terpentinöl	275	PVC	220-350

Da in der Praxis die Zündtemperatur zur Beurteilung der Zündgefahr jedoch nicht ausreicht, muss auch die Mindestzündenergie berücksichtigt werden. Sie wird auch dazu herangezogen, um zu beurteilen, ob eine explosionsfähige Atmosphäre durch die zeitlich begrenzte Einwirkung einer Zündquelle, wie z. B. eine Funkenentladung, zur Entzündung gebracht werden kann.

Tabelle 5.2.2: Entzündungskriterien für brennbare Stoffe mit/ohne Pilotflamme

Stoff	Wärmestrom für die Entzündung [kW/m^2]		Oberflächentemperatur für die Entzündung [°C]	
	Pilotflamme	spontan	Pilotflamme	spontan
Holz	12	28	220-350	600
Spanplatte	18	-	240-350	-
Pressspanplatte	27	-	280-350	-
PMMA	21	-	270	-
PVC	25	30-50	220-350	340-520
PU-weich	16	-	270	-
POM	17	-	-	-
PM	12	-	-	-
PE	22	-	-	-
Sperrholz	20	-	393	-
Melamin-Beschichtung	25	-	440	-
B1-Spanplatte	17	-	353	-
PVC-Beschichtung	12	-	284	-
FR-PS Schaum	14,8	-	326	-

Neben der Zündtemperatur, die für das Einleiten der Verbrennung bzw. das Entzünden ausschlaggebend ist, wird für das selbständige Brennen eine Mindestverbrennungstemperatur benötigt. Die Mindestverbrennungstemperatur kennzeichnet den Reaktionszustand eines Systems, bei dem die Reaktionswärme gerade noch ausreicht, um den Energiekreislauf unter Berücksichtigung der Wärmeverluste zu schließen, so dass das Feuer nicht erlischt (s. Bild 5.2.2).

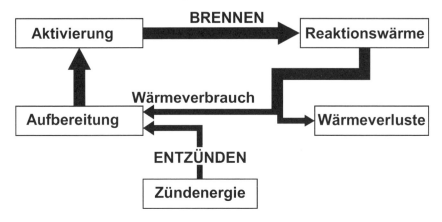

Bild 5.2.2: Energiekreislauf der Verbrennung

Zunächst wird durch die Zufuhr von Zündenergie der brennbare Stoff aufbereitet, das System aktiviert und die Reaktionsgeschwindigkeit soweit gesteigert, bis das System durch eigene Energieproduktion ein selbständiges Brennen ermöglicht, d. h. dass ab Erreichen der Mindestverbrennungstemperatur das System selbst genügend Energie produziert, um die weitere Aufbereitung der brennbaren Stoffe, die Reaktionsaktivierung sowie die Wärmeverluste an die Umgebung zu decken. Eine weitere Energiezufuhr von außen ist nicht mehr notwendig. Die Mindestverbrennungstemperaturen liegen daher zum Teil erheblich über den Zündtemperaturen.

Aufgrund der überschüssigen Reaktionswärme, die für Aufbereitung und Aktivierung nicht verbraucht wird, steigt die Temperatur im System selbständig weiter auf die Brandtemperatur an, welche letztendlich getrennt als Flammentemperatur und als Brandraumtemperatur (Rauchgastemperatur) interpretiert wird. Es ist somit zu beachten, dass die in dem Bild 5.2.2 angegebenen Wärmeverluste vor allem die Brandbeanspruchung der Bauteile und die Rauchentwicklung bewirken.

5.3 Physikalische und chemische Vorgänge beim Brand

5.3.1 Allgemeines

Brände sind ihrer Natur nach exotherme Reaktionen, die den Grundsätzen der Chemie unterliegen. Aber auch physikalische Einflüsse spielen während eines Brandes eine wesentliche Rolle. Die wissenschaftliche Beschreibung

— der chemischen Grundlagen der Verbrennung,
— der physikalischen Grundlagen der Verbrennung,
— des Verbrennungsvorganges,

ist Gegenstand der Fachdisziplin „Wärme- und Brennstofftechnik". Die Verbrennung an sich ist ein chemischer und physikalischer Vorgang, wobei die Physik die Zustände und Zustandsänderungen der Materie und die Chemie die stofflichen Eigenschaften der Materie und die zugehörigen Stoffänderungen beschreibt.

Aufgabe der Verbrennungslehre ist, die stofflichen Umwandlungen reaktionskinetisch und thermodynamisch zu beschreiben. Der damit einhergehende Energie- und Stoffaustausch mit der Umgebung gehört in den Bereich des Brandschutzingenieurwesens und wird in der Verbrennungslehre insoweit behandelt, wie es zum Verständnis der Einleitung und des Fortschreitens der Verbrennung sowie zur Beschreibung der Ausbreitungsmöglichkeiten und Wirkungen der Wärme und Brandgase notwendig ist.

5.3.2 Der Verbrennungsvorgang

Noch 1722 wurde von Stahl angenommen, dass brennbare Stoffe einen "Feuerstoff" (Phlogiston) enthalten, der bei der Verbrennung entweicht [1]. Die damaligen Erkenntnisse resultierten aus der Beobachtung, dass brennbare Stoffe infolge der entwickelten Verbrennungsprodukte leichter werden. Die unterschiedliche Brennbarkeit von Stoffen erklärte man mit einem unterschiedlichen Gehalt an Phlogiston. Beim Löschen mit Wasser würde man ein Freisetzen des Phlogiston verhindern.

Erst vor gut 220 Jahren entdeckten Priestley und Scheele 1774 den Sauerstoff, den man zunächst als *"Feuerluft"* bzw. *"dephlogisierte Luft"* deutete. Kurze Zeit später erkannte der Chemiker Lavoisier, dass es sich beim Sauerstoff um ein Element handelt, das zu 21 Vol.-% in der Luft vorkommt. Er nannte das Gas "Oxygène" [1]. Trotz dieser grundlegenden Entdeckung dauerte es jedoch noch viele Jahre, bis man zu der heutigen Deutung der Verbrennungsvorgänge kam.

Bei der Verbrennung handelt es sich um eine chemische Reaktion, bei dem sich ein brennbarer Stoff unter Wärmeentwicklung und Feuererscheinung mit Sauerstoff zu den Verbrennungsprodukten verbindet. Aufgrund des ersten chemischen Massengesetzes bzw. *"Gesetz von der Erhaltung der Masse"*, welches erstmals zu Ende des 18. Jahrhunderts von Lavoisier und Lomonossow klar formuliert wurde, ergibt sich, dass ein Brennstoff nicht "verbrennt", sondern dass bei einem Brand Stoffumwandlungen stattfinden, die in der Chemie als chemische Reaktionen bezeichnet werden.

Chemische Reaktionen sind mit Energieumsetzungen gekoppelt, wobei Verbrennungsvorgänge immer exotherme Vorgänge sind, d. h., es werden große Energiebeträge in Form von Licht und Wärme frei. Das resultiert daraus, dass jeder Stoff einen bestimmten Energiegehalt hat, der sich beim Zusammentreten mehrerer Stoffe verändert, wobei im Falle der Verbrennung (exotherme Reaktion) überschüssige Energie abgegeben wird. Diese Energie wird als Brennwert (Heizwert) des brennenden Stoffes bezeichnet. Der für die Verbrennung nötige Sauerstoff ist selbst unbrennbar, er ermöglicht aber das Verbrennen (Oxidation) anderer Stoffe.

Auch das Verhältnis der Oberfläche eines Stoffes zu seiner Masse ist eine wichtige Zustandsgröße, die brandschutztechnisch entsprechend berücksichtigt werden muss.

So zählt z. B. kompaktes Eisen zu den nichtbrennbaren Stoffen, jedoch kann Eisenpulver unter bestimmten Voraussetzungen entzündet werden und neigt sogar zur Selbstentzündung. Die Form und Verteilung brennbarer Stoffe ist somit entscheidend für ihre Brennbarkeit und die zu erwartende Verbrennungseffektivität.

Bei einem Brand werden die brennbaren Stoffe und der Sauerstoff unter Freiwerden von Wärme (Brandtemperatur bis 1500° C) umgewandelt, und es entstehen neue, feste und gasförmige Verbrennungsprodukte. Feste Verbrennungsprodukte sind überwiegend unschädliche anorganische Anteile (Asche) bzw. nicht verbrannte Kohlenstoffe (Ruß). Als gasförmige Verbrennungsprodukte (Rauchgase) treten u.a. Wasserdampf (H_2O) und nicht giftige, aber erstickend wirkendes Kohlendioxyd (CO_2) sowie auch Atemgifte wie Kohlenmonoxyd (CO), Salzsäure (HCl), Nitrose Gase (NO, NO_2), Phosgen ($COCl_2$), Blausäure (HCN), Methylalkohol (CH_3OH) und Dioxine auf.

Die Physik spielt insofern bei der Verbrennung eine Rolle, als durch den Feuerangriff die betroffenen Stoffe bzw. Bauteile eine

— Änderung ihrer Aggregatzustände,
— Änderung ihrer Temperaturen,
— Volumenzunahme und Ausdehnung,
— Änderung der mechanischen Eigenschaften

erfahren.

Neben diesen Wirkungen der Wärme besitzen Stoffe bzw. Bauteile die Fähigkeit, Wärme durch

— Wärmeleitung,
— Konvektion und
— Wärmestrahlung

zu transportieren. Alle drei Effekte spielen bei dem Verbrennen, bei der Brandentwicklung und Ausbreitung sowie bei den Auswirkungen von Bränden in Gebäuden eine entscheidende Rolle.

In der Praxis werden daher die brennbaren Stoffe in Brandklassen eingeteilt. Diese grobe Klassifizierung von Stoffen in Gruppen dient der Zuordnung von geeigneten Löschmitteln zu den brennenden Stoffen (siehe Bild 5.3.1).

Klasse	Art der Brände	Bildzeichen
A	Brände fester Stoffe, hauptsächlich organischer Natur, die normalerweise unter Glutbildung verbrennen.	
B	Brände von Flüssigkeiten	
C	Brände von Gasen	
D	Brände von Metallen	

Bild 5.3.1: Brandklasseneinteilung nach DIN EN 2 und Bildzeichen nach DIN 14406 / Bl.1

5.4 Grundlagen der Verbrennungsprozesse

Die meisten Schadenfeuer sind mit dem Abbrand brennbarer Feststoffe verbunden, allerdings sind teilweise auch brennbare Flüssigkeiten und Gase betroffen. Aufgrund der sehr unterschiedlichen und zum Teil komplexen chemischen Zusammensetzung von Stoffen lässt sich das Brandverhalten nicht einheitlich beschreiben. Zu unterscheiden sind [3]:

— Gasbrände von Kohlenwasserstoffen aufgrund der Reaktion mit Luftsauerstoff,
— Flüssigkeitsbrände aufgrund der Verdampfung an der Flüssigkeitsoberfläche und Reaktionen mit Luftsauerstoff,
— Feststoffbrände aufgrund einer chemischen Zersetzung oder Pyrolyse zur Erzeugung brennbarer Produkte, welche mit dem Luftsauerstoff reagieren.

Prinzipiell geht es beim Verbrennen von Feststoffen darum, Stoffe mit im Allgemeinen sehr hohem Molekulargewicht in Komponenten mit niedrigem Molekulargewicht umzuwandeln und diese zu verbrennen. Die Umwandlung erfordert relativ viel Energie, d. h. viel mehr als beispielsweise eine reine Verdampfung, so dass das Verbrennen von Feststoffen nur bei vergleichsweise hohen Oberflächentemperaturen (typischer Wert: 400 °C) erfolgt. Die Zusammensetzung der Pyrolyseprodukte, die aus den Feststoffoberflächen entweichen können, ist sehr komplex, wobei der chemische Aufbau des Feststoffes für den Pyrolyseprozess von grundlegender Bedeutung ist.

Die thermische Zersetzung kann über die Gasphase (Sublimation) aufgrund eines Schmelzvorganges oder über die Pyrolyse erfolgen. Kombinationen der o. g. Vorgänge sind ebenfalls möglich. Im Bild 5.4.1 sind die verschiedenen Möglichkeiten der thermischen Zersetzung von Feststoffen angegeben. Bei Flüssigkeiten entfallen die Prozesse Sublimation und Schmelzen, d. h., es finden lediglich Verdampfungen und Zersetzungen statt.

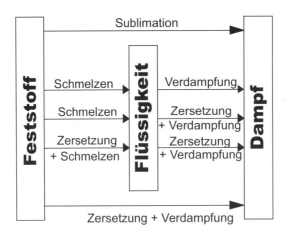

Bild 5.4.1: Thermische Zersetzung von brennbaren Feststoffen oder Flüssigkeiten im Brandfall nach [3]

Im Allgemeinen verbrennen die Zersetzungsprodukte mit Flammenbildung. In Sonderfällen (Glutbrände o. Ä.) kommt es jedoch nur zu einem Glimmen und einer starken Rauchbildung, d. h. die Pyrolyseprodukte kondensieren im Wesentlichen in der kalten Luft und bilden Aerosole ohne Flammenbildung. Die einfachste Form der Verbrennung von reinen Feststoffen bzw. Gasen lässt sich anhand einer linearen Pyrolysegleichung bzw. Reaktionsgleichung beschreiben:

$$\dot{m} = -k \cdot m \qquad \text{Gl. (5.4.1)}$$

$\dot{m}$ Abbrandrate in kg/s
m Masse des brennenden Stoffes bzw. Gases in kg
k Pyrolysekoeffizient in s^{-1}

Die Temperaturabhängigkeit der Reaktionsgeschwindigkeit des Prozesses wird durch die Arrhenius-Gleichung beschrieben:

$$k = A \cdot \exp(-E_A/RT) \qquad \text{Gl. (5.4.2)}$$

A Reaktionskonstante in s^{-1}
T absolute Temperatur in K
E_A Aktivierungsenergie in J/mol
R Gaskonstante = 8.314 J/mol K

Die Aktivierungsenergien für Kunststoffe liegen typischerweise zwischen 18 kJ/mol (Phenolharz) und 72 kJ/mol (Polymethylen), wobei die Zersetzungstemperaturen zwischen 225 °C und 396 °C liegen. Grundsätzlich sind die Werte A und E_A nach der Gl. (5.4.2) für die meisten Stoffe jedoch nicht bekannt, so dass die praktische Anwendung von Gl. (5.4.1) bei Feststoffen im Allgemeinen nicht möglich ist.

Bei der Verbrennung sind prinzipiell zwei unterschiedliche Arten der Flammenbildung zu unterscheiden:

— Die Vormischflamme – bei welcher sich der Brennstoff mit der Luft vor dem Verbrennen vermischt (z.B. Industriebrenner),
— die Diffusionsflamme – bei welcher sich der Brennstoff mit dem von außen hinzutretenden Sauerstoff verbindet und spontan verbrennt (natürliche Verbrennung).

Bei Diffusionsflammen ist die Abbrandrate somit direkt mit der Rate der Gasproduktion und dem Sauerstoffzutritt verbunden, d. h., es findet eine verzögerungsfreie Verbrennung statt.

Eine besondere Situation entsteht bei der Verbrennung von Flüssigkeiten und Feststoffen, weil die Produktion der Verdampfungs- bzw. Pyrolyseprodukte auf der Brennstoffoberfläche unmittelbar mit der Energiezufuhr und -abfuhr an der brennbaren Oberfläche verbunden ist (s. Bild 5.4.2), d.h., die Produktionsraten und Abbrandraten sind über verschiedene Mechanismen untereinander verknüpft. Daraus werden in der Praxis die verschiedenen Abbrandmodelle für Feststoffe und Flüssigkeiten abgeleitet.

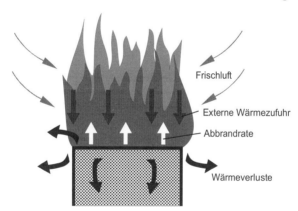

Bild 5.4.2: Wärme- und Stofftransportvorgänge einer brennenden Oberfläche

Die spezifische Verbrennungsrate auf der Oberfläche eines Feststoffes ist gegeben durch:

$$\dot{m} = \frac{\dot{Q}_F - \dot{Q}_L}{L_v} \qquad \text{Gl. (5.4.3)}$$

$\dot{m}$ spezifische Abbrandrate in g/m²s
$\dot{Q}_F$ Wärmezufuhr durch die Flamme oder Umgebung (Strahlung) in kW/m²
$\dot{Q}_L$ Wärmeabfuhr durch Verluste (Wärmeableitung in den brennbaren Stoff) in kW/m²
L_v Pyrolyseenergie zur Produktion der Pyrolysegase oder Verdampfungswärme zur Produktion von Dampf in kJ/g

Die verschiedenen Einheiten lassen sich wie folgt umrechnen bzw. vergleichen:

Brandleistung: 1 W = 1 J/s   1 kW = 1 kJ/s

Brandenergie: 1 kWs = 1 KJ   1 kWh = 3,6 MJ (Megajoule)

Die Energiefreisetzung bzw. Brandleistung durch die Verbrennung wird berechnet aus der spezifischen Abbrandrate, dem Heizwert, der Brandfläche und ggf. unter Berücksichtigung einer Verbrennungseffektivität:

$$\dot{Q}_C = \dot{m} \cdot H_U \cdot \chi \cdot A_f \qquad \text{Gl. (5.4.4)}$$

$\dot{Q}_C$ Brandleistung in kW
$\dot{m}$ Abbrandrate in kg/m²h
H_U Heizwert in kWh/kg
χ Verbrennungseffektivität (ca. 0,7 bis 1,0; Regelfall 1,0)
A_f Brandfläche bzw. Summe der brennenden Oberflächen in m²

Die spezifische Brandleistung hängt in der Praxis von einer Vielzahl von Einflussgrößen ab. Neben den o. g. Materialeigenschaften H_U und L_V spielen der Verbrennungsprozess und damit verbunden insbesondere der Luftwechsel mit der Umgebung sowie der Energieaustausch infolge Konvektion und Strahlung eine entscheidende Rolle. Durch Umformung der Gl. (5.4.3) und Gl. (5.4.4) erhält man:

$$\frac{\dot{Q}_C}{A_f} = (\dot{Q}_F - \dot{Q}_L) \cdot \chi \cdot \left(\frac{H_U}{L_V}\right) \qquad \text{Gl. (5.4.5)}$$

In der nachstehenden Tabelle 5.4.1 sind einige charakteristische Verbrennungsdaten von Feststoffen und Flüssigkeiten zusammengestellt. Die Pyrolyseenergie L_v wurde durch Messung des Gewichtsverlustes in einer Stickstoffumgebung unter definiertem Wärmefluss gemessen. Der untere Heizwert H_U wurde im Bombenkalorimeter bestimmt.

Im Folgenden wird der flächenmäßige Abbrand von Holz auf einer Brandfläche von 20 m² bei einem Vollbrand berechnet:

Holz verbrennt nach vorliegenden Messungen und Normen ca. mit einer Abbrandgeschwindigkeit von 0,7 mm/min, daraus ergibt sich bei einer Oberfläche von 1 m² ein Abbrand von 0,0007 m³ Holz/min·m². Bei einer angenommenen Rohdichte von 750 kg/m³ ergibt sich ein Massenabbrand von 750*0,0007 = 0,525 kg/min·m² (31,5 kg/h). Daraus ergibt sich bei einem Heizwert für Holz von 4,8 kWh/kg eine Brandleistung von 4,8 * 31,5 = 151 kW/m². Bei einer Brandfläche von 20 m² ergibt sich somit eine resultierende Brandleistung von 151 * 20 = 3,02 MW (dies entspricht etwa der Brandleistung eines Zimmerbrandes).

Tabelle 5.4.1: *Verbrennungsdaten von Feststoffen und Flüssigkeiten nach [2], [4], [5] und [6]*

Brennstoff	H_U [kJ/g]	H_U/L_V	H_U/O_2 [kJ/gO_2]	L_V [kJ/g]
Eiche (red oak)	17,3	4,62	13,30	3,74
PU-Schaum (hart)	24,12	5,14-8,37	13,99	1,52
Polyoxymethylengranulat	15,46	6,37	14,50	-
PU-Schaum (flexibel)	23,04	6,63-13,34	13,99	1,22
PVC-Granulat	18,00	6,66	12,96	-
Nylon-Granulat	29,58	13,10	12,67	-
Epoxid-FR-Glasfaser	20,33	13,38	-	1,52
PMMA-Granulat	24,84	15,46	12,98	1,62
Polystyrolschaum (hart)	39,85	20,51-30,02	12,97	-
Polypropylengranulat	43,31	21,37	12,66	-
Polystyrolgranulat	39,96	23,04	12,97	1,76
Polyethylengranulat	43,28	24,84	12,65	-
Polyethylenschaum	43,28	30,02	12,65	-
Methanol (liquid)	19,80	16,50	13,22	1,20
Styrol (liquid)	40,51	63,30	-	0,64
Heptane (liquid)	44,60	92,83	-	0,48

Die theoretische Beschreibung des Abbrandes von Holz bereitet allergrößte Schwierigkeiten, weil neben der Pyrolyse hierbei die Verkohlung und Rissbildung der Oberflächenzone sowie der dazu parallel ablaufende Feuchtetransport eine entscheidende Rolle spielen (s. Bild 5.4.3). Die verschiedenen Holzarten weisen in der Praxis sehr große Unterschiede im Abbrandverhalten auf.

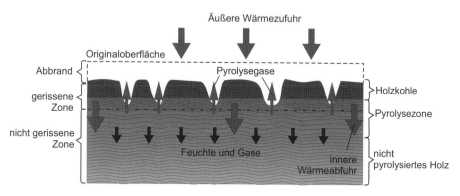

Bild 5.4.3: *Abbrand eines Holzbauteiles mit den verschiedenen Reaktionszonen*

Die Schadenfeuer von brennbaren Flüssigkeiten und Polymeren (Thermoplaste) lassen sich demgegenüber theoretisch einfacher beschreiben. Zu unterscheiden sind dabei Brände in offenen Behältern und Lachenbrände, wobei die Größen der Lachen von der Beschaffenheit des Bodens sowie der Viskosität und der Oberflächenspannung der Flüssigkeit abhängen. Für den Abbrand brennbarer Flüssigkeiten in offenen Wannen mit > 0,2 m Durchmesser (pool fires) wird in der Literatur die folgende Beziehung angegeben:

$$\dot{m} = \dot{m}_\infty \cdot \left(1 - e^{-k\cdot\beta\cdot D}\right) \qquad \text{Gl. (5.4.6)}$$

$\dot{m}$ Abbrandrate bei einem Pooldurchmesser D in kg/m²s
D   Pooldurchmesser in m (> 2 m)
k   Extinktionskoeffizient in m^{-1}
β   Korrektur der freien Weglänge (-)
$\dot{m}_\infty$ Abbrandrate bei unendlichem Pooldurchmesser in kg/m²s

Die zugehörige Brandleistung errechnet sich aus:

$$\dot{Q}_C = H_U \cdot \dot{m} \cdot A_f \qquad \text{Gl. (5.4.7)}$$

H_u Heizwert in kJ/kg
$\dot{Q}_C$ Brandleistung in kJ/s
A_f Pool- bzw. Brandfläche in m²

In der nachstehenden Tabelle 5.4.2 sind für einige brennbare Flüssigkeiten die entsprechenden Eingangsgrößen zusammengestellt. Die angegebenen Werte T_f geben die erwarteten Flammentemperaturen an. Für die Bewertung der brennbaren Flüssigkeiten ist es interessant zu wissen, welcher Anteil der Brandenergie durch die Flammen in Form von Strahlungswärme freigesetzt wird. In der nachstehenden Tabelle 5.4.3 sind diesbezüglich einige Angaben zusammengestellt. In der Praxis sind danach Strahlungsanteile zwischen 20 % und 40 % (60 %) relevant. Im Mittel liegen diese bei ca. 30 % ± 5 %.

In der Literatur werden für Poolbrände auch Formeln angegeben, welche die Sinkgeschwindigkeit der brennenden Flüssigkeitsoberflächen in Abhängigkeit vom Poolradius beschreiben. Für Pooldurchmesser > 1,0 m gelten danach die in Tabelle 5.4.4 genannten Grenzwerte für die maximalen Sinkgeschwindigkeiten.

Nachfolgend wird die theoretische Brandleistung eines Poolbrandes von Benzin auf einer Brandfläche von 20 m² bei einem Vollbrand berechnet:

Benzin verbrennt etwa mit einer Abbrandgeschwindigkeit von 4 mm/min in einem Pool, daraus ergibt sich bei einer Oberfläche von 1 m² ein Abbrand von 0,002 m³ Benzin/min·m². Bei einer angenommen Rohdichte von 800 kg/m³ ergibt sich ein Massenabbrand von 800 * 0,004 = 3,2 kg/min·m² (192 kg/h·m²). Daraus ergibt sich bei einem Heizwert für Benzin von 11,9 kWh/kg eine Brandleistung von 11,9 * 192 = 2284,8 kW/m². Bei einer Poolfläche von 20 m² ergibt sich somit eine resultierende Brandleistung von 2284,8 * 20 = 45,7 MW.

Tabelle 5.4.2: Eingangsdaten für Poolbrände nach [7] und [8]

Material	Dichte [kg/m^3]	H_u [MJ/kg]	$\dot{m}_\infty$ [kg/m^2/s]	$k \cdot \beta$ [m^{-1}]	k [m^{-1}]	T_f [K]
Alkohole						
Methanol	796	20,0	0,017	-	-	1300
Ethanol	794	26,8	0,015	-	0,4	1490
Organische Flüssigkeiten						
Butane	573	45,7	0,078	2,7 (± 0,3)	-	-
Benzene	874	40,1	0,085	2,7 (± 0,3)	4,0	1460
Hexane	650	44,7	0,074	1,9 (± 0,4)	-	1300
Heptane	675	44,6	0,101	1,1 (± 0,3)	-	-
Xylene	870	40,8	0,090	1,4 (± 0,3)	-	-
Acetone	791	25,8	0,041	1,9 (± 0,3)	0,8	-
Petroleum Produkte						
Benzine	740	44,7	0,048	3,6 (± 0,4)	-	-
Gasoline	740	43,7	0,055	2,1 (± 0,3)	2,0	1450
Kerosin	820	43,2	0,039	3,5 (± 0,8)	2,6	1480
Transformer oil Hydrocarbon	760	46,4	0,039	0,7	-	1500
Fuel oil, heavy	940-1000	39,7	0,035	1,7 (± 0,6)	-	-
Crude oil	830-880	42,6	0,022-0,045	2,8 (± 0,4)	-	-
Feststoffe						
Polymethyl-methacrylate	1184	24,9	0,020	3,3 (± 0,8)	1,3	1260

Tabelle 5.4.3: Anteil der Strahlungswärme an der Gesamtenergie bei Poolbränden nach [9]

Flüssigkeit	Pooldurchmesser [m]	Strahlungsanteil [%]
Methanol	1,22	17,0
Butane	0,3-0,76	19,9-26,9
Gasoline	1,22-3,05	40,0-13,0*
Gasoline	1,0-10,0	60,1-10,0*
Benzene	1,22	36,0-38,0
Hexane	-	40
Ethylene	-	38

*) In diesen Fällen waren die kleinen Durchmesser mit den großen Strahlungsanteilen verknüpft.

Tabelle 5.4.4: Maximale Sinkgeschwindigkeit brennbarer Flüssigkeiten in offenen Pools mit > 1 m Durchmesser nach [4]

Flüssigkeit	maximale Sinkgeschwindigkeit in mm/min
Erdgas (flüssig)	6,6
n – Butane, C_4H_{10}	7,9
n – Hexane, C_6H_{14}	7,3
Xylol	5,8
Methanol	1,7
Leichtöle	2,5-4,2

5.5 Flammenbildung und Feuerplumes

Die Ausbildung von Feuer und Rauch oberhalb einer brennenden Oberfläche kann generell in drei Bereiche unterteilt werden:

— Die Flammenzone (Nahfeld des Brandes) besteht aus einer ständigen Flamme und einem beschleunigten Strom brennender Gase;
— Die intermittierende Flammenzone ist der Bereich vorübergehender Flammenbildung mit nahezu konstanter Strömungsgeschwindigkeit;
— Der Auftriebsplume oberhalb der Flamme ist ein Bereich mit abnehmender Strömungsgeschwindigkeit und Temperatur bei zunehmender Höhe.

In Bild 5.5.1 sind die Ausbildung der Flamme und des Plumes schematisch dargestellt. In der Praxis wird der Brandbereich entweder als Punktquelle aufgefasst, oder dem Feuerplume wird ein sogenannter virtueller Quellpunkt zugeordnet. Der Winkel zwischen Plumeachse und Plumekegel beträgt ungefähr 15°.

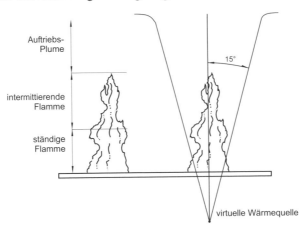

Bild 5.5.1: Schematische Darstellung der Ausbildung von Flamme und Plume nach [11]

Die Höhe des Flammenbereiches inklusive der intermittierenden Zone beträgt nach [10] für l/D < 6 und $Q^{2/5}/D < 26$:

$$l = 0{,}23 \cdot \dot{Q}_C^{2/5} \qquad \text{Gl. (5.5.1)}$$

l Flammenhöhe in m
Q_c gesamte Brandleistung des Feuers in kW
D Durchmesser des Brandherdes in m

Für den Bereich $7 < \dot{Q}_C^{2/5}/D < 700\,\text{kW}^{2/5}/\text{m}$ gilt nach [12] allgemein:

$$l = 0{,}23 \cdot Q_C^{2/5} - 1{,}02 \cdot D \qquad \text{Gl. (5.5.2)}$$

Die Geschwindigkeiten und Temperaturen im Bereich der Flammen- und Plumeachse im Abstand z oberhalb der Brandherdgrundfläche lassen sich wie folgt berechnen [13]:

Geschwindigkeit:

$$u_0 = Q_C^{1/5} \cdot k \cdot \left(\frac{z}{Q_C^{2/5}}\right)^{\eta} \qquad \text{Gl. (5.5.3)}$$

Temperatur:

$$\Delta T = \frac{T_0}{2 \cdot g} \cdot \left(\frac{k}{C}\right)^2 \cdot \left(\frac{z}{Q_C^{2/5}}\right)^{2\eta-1} \qquad \text{Gl. (5.5.4)}$$

Für die obigen Gleichungen gelten die in Tabelle 5.5.1 aufgeführten Werte für k, η und C.

Tabelle 5.5.1: Parameter zur Berechnung der Geschwindigkeit und Temperatur im Feuer und Plume nach [13]

Bereich	$z/\dot{Q}_C^{2/5}$ [m/kW$^{-2/5}$]	k	η	C
Flamme	< 0,08	6,8 m$^{1/2}$/s	1/2	0,9
Intermittierend	0,08-0,20	1,9 m/kW$^{1/5}$s	0	0,9
Plume	>0,20	1,1 m$^{4/3}$/kW$^{1/3}$s	-1/3	0,9

Im nachstehenden Bild 5.5.2 ist die entsprechende Temperaturbeziehung für Methangasdiffusionsflammen mit Brandleistungen zwischen 14,4 und 57,5 kW sowie einer Flammentemperatur von 820 °C ausgewertet [13].

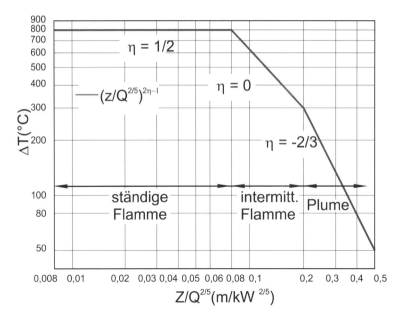

Bild 5.5.2: Temperaturerhöhung über der Zentralachse eines Feuerplumes nach [13]

Zur Berechnung der entsprechenden Rauchgasmengen des Feuerplumes kommen verschiedene Plumeformeln zur Anwendung. Unter Annahme einer kreisförmigen oder quadratischen Wärmequelle ergibt sich nach [14]:

$$\dot{m}_{Pl} = 0{,}071 \cdot Q_P^{1/3} \cdot z^{5/3} \qquad \text{Gl. (5.5.5)}$$

$\dot{m}_{Pl}$ Massenstrom des Plumes der Höhe z in kg/s
Q_p konvektive Brandleistung in kW (d.h. Abzug der Strahlungsleistung von ca. 25–30 %)
z   Höhe des Plumes in m oberhalb der Brandherdgrundfläche

Für runde oder quadratische Brandherde gilt die obige Gl. (5.5.5) für alle Plumehöhen von:

$$z > \frac{0{,}035 \cdot Q_P^{2/3}}{\left(D_f \cdot 0{,}074 \cdot Q_P^{2/5}\right)^{2/3}} \qquad \text{Gl. (5.5.6)}$$

wobei D_f der Durchmesser oder die Seitenlänge in m ist.

Für einen Brand mit dem Umfang U gilt nach [15] folgende Formel:

$$\dot{m}_{Pl} = 0{,}096 \cdot U \cdot \rho_0 \cdot z^{3/2} \cdot \left(g \cdot T_0/T_f\right)^{1/2} \qquad \text{Gl. (5.5.7)}$$

U   Umfang des Brandes in m
ρ_0 Dichte der Luft: 1,22 kg/m^3
T_0 Umgebungstemperatur: 293 K
T_f Flammentemperatur: z.B. 1100 K

Die Gl. (5.5.7) gilt nur dann, wenn die Plumehöhe z gleich oder kleiner ist als die Flammenhöhe. Mit den o. g. Werten vereinfacht sich die Gl. (5.5.7) zu:

$$\dot{m}_{Pl} = 0{,}188 \cdot U \cdot z^{3/2} \qquad \text{Gl. (5.5.8)}$$

Folgende Nebenbedingungen sind dabei zu berücksichtigen:

z < 5U und 200 < Q < 750 kW/m^2

Es ist weiterhin zu beachten, dass die Gl. (5.5.7) nur für Flammentemperaturen von ca. 1100 K gilt.

Unter der Annahme, dass die Flammenhöhe 2,8 m beträgt und die raucharme Schichthöhe z eines Raumes 2,5 m ist, ergibt sich aus Gl. (5.5.9) die theoretisch erforderliche Volumenrate für eine Entrauchung zu:

$$V_S = \frac{0{,}7431 \cdot U}{\rho_S} \qquad \text{Gl. (5.5.9)}$$

V_s Volumenrate in m^3/s
ρ_s Dichte der Rauchgase in kg/m^3 (z.B. T_s = 500 K, ρ_s = 0,70 kg/m^3)

Eine übersichtliche Zusammenstellung von Plumeformeln und Gleichungen zur Berechnung der Flammenhöhen und Rauchgasmengen ist in [16] zu finden.

5.6 Flammenausbreitung nach der Entzündung

Die Flammenausbreitung auf einer brennenden Feststoffoberfläche hängt von vielen Faktoren ab, welche in der Tabelle 5.6.1 zusammengestellt sind.

Tabelle 5.6.1: *Einflüsse auf die Flammenausbreitung bei brennbaren Feststoffen*

Umgebungseinflüsse	Materialeinflüsse	
	chemisch	physikalisch
Temperatur	Art des Brandgutes	Temperatur
Zusammensetzung der Luft	Brandverzögerer	Richtung der Oberfläche
Luftgeschwindigkeit	Brandbeschleuniger	Richtung der Ausbreitung
Lufttemperatur	Löschmittel	Dicke des Feststoffes
Luftfeuchtigkeit		Wärmeleitfähigkeit
Konvektion		Wärmekapazität
Wärmestrahlung		Dichte des Feststoffes
		Geometrie

Wichtig ist vor allem die Orientierung der Flamme auf der brennenden Oberfläche, d. h. Ausbreitungsrichtung. Die vertikale Flammenausbreitung erfolgt je nach Stoff etwa 3- bis 20-mal schneller als eine horizontale Ausbreitung. Einen großen Einfluss auf die Flammenausbreitung hat auch die Vorheizung der Stoffe. Durch die Vorheizung erfolgt eine Aufbereitung des Brandgutes und die Flammenausbreitung kann um mehr als eine Zehnerpotenz ansteigen. Für die horizontale Flammenausbreitung im ISO Spread of Flame Test wurde folgende Beziehung für die Ausbreitungsgeschwindigkeit gefunden [17]:

$$v = \frac{1}{[C \cdot (\dot{q}_{0,i} - \dot{q}_E)]^2} \qquad \text{Gl. (5.6.1)}$$

Darin bedeuten:

v	Flammenausbreitung in mm/s
$\dot{q}_{0,i}$	Wärmefluss für die Entzündung mit Pilotflamme in kW/m²
$\dot{q}_E$	externer Wärmefluss in kW/m²
C	Ausbreitungskoeffizient in $(s/mm)^{1/2} \cdot (m^2/kW)$

Für den Ausbreitungskoeffizienten C ist in [17] die folgende Beziehung angegeben:

$$C = \frac{(\pi \cdot k \cdot \rho \cdot c_P)^{1/2}}{2 \cdot h \cdot l^{1/2} \cdot \dot{q}_F} \qquad \text{Gl. (5.6.2)}$$

Darin ist $\dot{q}_F$ der Wärmefluss von der Flamme über die Länge l der Oberfläche und h der effektive Wärmeübergangskoeffizient zur Oberfläche. Der Ausdruck $(k \cdot \rho \cdot c_p)^{1/2}$ beschreibt die Wärmeeindringzahl der betrachteten Oberfläche.

Anhand von Versuchen mit der o. g. ISO-Apparatur wurden die entsprechenden Parameter für bestimmte Stoffe ermittelt. Einige sind in der Tabelle 5.6.2 zusammengestellt. Die vorliegenden Daten reichen jedoch bei weitem nicht aus, um die in der Praxis vorkommenden Fälle abzudecken.

Tabelle 5.6.2: Parameter für die horizontale Flammenausbreitung nach [17]

Stoffart	C $(s/mm)^{1/2}$ (m^2/kW)	$\dot{q}_{0,i}$ (kW/m²)	$\dot{q}_E$ (kW/m²)
Beschichtete Faserplatte	0,30	19	12
Unbeschichtete Faserplatte	0,057	19	≤ 2
Spanplatte	0,12	28	7
Hardbord	0,13	27	4
PMMA	0,16	21	≤ 2
Sperrholz, vinylbeschichtet	0,17	29	15
Sperrholz	0,08	29	8
Polyester	0,11	28	≤ 2

Die praktisch beobachteten Ausbreitungsgeschwindigkeiten liegen nach vorliegenden Erfahrungen bei 0,1 mm/s bis 120 mm/s [2]. Aufgrund der sehr komplexen Zusammenhänge wird in der Praxis die Flammenausbreitung häufig anhand einfacherer Modelle beschrieben. Nach NFPA [18] wird für die Ausbreitung der Brandleistung (nicht der Flamme) folgende Beziehung vorgeschlagen:

$$\dot{Q}_C = \alpha \cdot (t - t_i)^2 \qquad \text{Gl. (5.6.3)}$$

$\dot{Q}_C$ Brandleistung in kW
t_i Zeit bis zur Entzündung in s
t Zeit in s
α Ausbreitungsfaktor in kJ/s^3

In der nachstehenden Tabelle 5.6.3 sind die entsprechenden α-Werte in Abhängigkeit von den im NFPA-Standard genannten Stoffen angegeben.

Tabelle 5.6.3: Flammenausbreitungsparameter für das quadratische Ausbreitungsmodell gemäß NFPA nach [18]

Stoffgruppen	Flammenausbreitung	α [kJ/s^3]	Zeitdauer in [s] für $Q_c = 10^3$ kW
keine Angabe	langsam	0.0029	587
Baumwolle lose, Polyestermatratze	mittel	0.0117	252
Kunststoffschaum, gestapelte Holzplatten, gefüllte Postsäcke	schnell	0.0469	146
Methylalkohol, schnellbrennende Polstermöbel	sehr schnell	0.1876	73

Allgemein lässt sich die quadratische Ausbreitung durch das in [19] beschriebene Brandausbreitungsmodell genauer angeben. Für eine von der Zeit abhängige quadratische Brandfläche A_f gilt:

$$A_f = (v \cdot (t - t_i))^2 \qquad \text{Gl. (5.6.4)}$$

A_f Brandfläche in m^2
v Brandausbreitung nach der Entzündung in x- und y-Richtung in m/s
t_i Zeit bis zur Entzündung in s
t Zeit in s

Die Brandleistung auf dieser Brandfläche bei vollständiger Verbrennung ist:

$$\dot{Q}_C = \dot{r} \cdot H_U \cdot A_f \qquad \text{Gl. (5.6.5)}$$

$\dot{r}$ spez. Abbrandgeschwindigkeit in kg/m^2 h

H_u Heizwert in kWh/kg

Ein Vergleich der Faktoren in den Gleichungen Gl. (5.6.4) und Gl. (5.6.5) zeigt, dass die folgende Beziehung gilt:

$$v = \left(\frac{\alpha}{\dot{r} \cdot H_U} \right)^{1/2}$$
Gl. (5.6.6)

Mit den spezifischen mittleren Brandleistungen von 100 kW/m², 300 kW/m² und 800 kW/m² für die in Tabelle 5.6.3 nach NFPA angegebenen Stoffgruppen errechnen sich aus Gl. (5.6.4) Ausbreitungsgeschwindigkeiten von etwa 10 mm/s, 12.5 mm/s und 15 mm/s, d. h. im NFPA-Modell wird die Flammenausbreitungsgeschwindigkeit tatsächlich nicht berücksichtigt. Das NFPA-Modell hebt somit allein auf die spezifischen Brandleistungen ab.

Nach den vorliegenden Erfahrungen ist die nach NFPA angegebene Spannweite für Brandausbreitungsgeschwindigkeiten zu gering! Der für Methylalkohol und schnellbrennende Polyestermöbel genannte Wert von 15 mm/s ist bei einem fortentwickelten Brand mit Sicherheit falsch. In Tabelle 5.6.4 sind diesbezüglich die neueren Werte genannt.

Im Rahmen von Brandschutzberechnungen bzw. Brandsimulationen hat sich die Anwendung des in [19] beschriebenen Modells gemäß den Gleichungen Gl. (5.6.4) und Gl. (5.6.5) bewährt. Die praktisch anzunehmenden Werte für die Brandausbreitung sind in Tabelle 5.6.5 zusammengestellt. Für den Industriebereich haben sich Werte von 5 bis 15 mm/s bewährt. Bei Großbränden (z. B. Brand der Fordwerke in Köln) wurden anhand der Auslösung von Sprinklergruppen Ausbreitungsgeschwindigkeiten von rund 15 mm/s beobachtet.

Tabelle 5.6.4: Brandausbreitung bei festen Stoffen nach [20]

Brennbare Stoffe/Objekte	Mittlere Brandausbreitungsgeschwindigkeiten in mm/s
Bauten mit Holzkonstruktionen, Möbel usw.	16-20
Gummierzeugnisse in Stapeln auf offener Fläche	18
Bretterstapel	33
Rundholzstapel	3,8-12
Kautschuk in geschlossenem Lager	6,6
Strohdach (trocken)	40,0
Papier in Rollen	4,5
Textilerzeugnisse in geschlossenem Lager	5,5
Torf in Stapeln	16
Decken aus B2-Baustoffen bei Werkhallen	28-53

Tabelle 5.6.5: Brandausbreitungsgeschwindigkeit für geometrische Ausbreitungsmodelle (t2-Modelle) nach Gl. (5.6.4)

Brandausbreitung	Brandausbreitungsgeschwindigkeit in mm/s	
	nach [2]	nach DIN 18232 [21]
Entstehungsphase	1-2	-
langsam	5	2,5
mittel	8	4,0
schnell	12-20	7,5
sehr schnell	30-50	-
Flashover	80-120	-

Die für DIN 18 232 angegebenen Ausbreitungsgeschwindigkeiten sind aus den in der Norm angegebenen Brandentwicklungsdauern und den zugrunde gelegten Brandflächen (die in der Norm nicht explizit angegeben sind) rechnerisch ermittelt worden (siehe Lit. [21]).

5.7 Natürlicher Ablauf von Bränden

Die Entwicklung eines Schadenfeuers hängt unter anderen von der Art der brennbaren Stoffe, der Zündquelle, der Art und Verteilung der Brandlast, der Ventilation des betroffenen Raumes, den verwendeten Baustoffen, den Löscheinrichtungen und dem Verhalten der betroffenen Personen bzw. der Löschkräfte ab. Der Ablauf eines Brandes erfolgt hinsichtlich Temperaturhöhe und Zeit im Allgemeinen in vier Abschnitten (s. Bild 5.7.1). Entsprechend dem jeweiligen Schadenfeuer können die vier Phasen unterschiedlich lang sein bzw. u. U. nur sehr kurz auftreten.

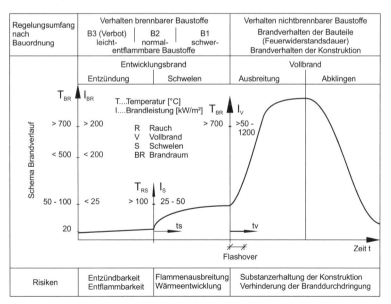

Bild 5.7.1: Brandphasen eines vollständigen Schadenfeuers nach [22]

Die beiden ersten Abschnitte sind charakterisiert durch die Brandentstehung und -fortentwicklung, die beiden letzten durch den voll entwickelten Brand und das Abklingen des Brandes. Im ersten Zeitabschnitt des Brandes, der Zündphase, wird zunächst der Stoff gezündet. Durch die Zündquelle geraten umliegende Stoffe ebenfalls zur Entzündung, was von der Art dieser Stoffe, deren Abmessungen, der Oberflächenbeschaffenheit, der Luftzufuhr und anderen Dingen abhängt.

Hieraus entsteht im zweiten Zeitabschnitt u. U. ein Schwelbrand. Dabei kann sich die Glut entsprechend den örtlichen Gegebenheiten so ausbreiten, dass sich der betroffene Raum durch die frei werdende Wärmeenergie langsam aufheizt bis es lokal ggf. zu einer Entzündung kommt. Die Schwelbrandphase kann wenige Minuten oder viele Stunden dauern. Danach geht der Schwelbrand in einen voll entwickelten Brand über oder er erlischt.

Die Fortentwicklung des Brandes kann bereits wenige Minuten nach der Entzündung oder erst im späten Brandstadium erfolgen. Bei Temperaturen von 500 bis 600 °C unterhalb der Decke eines vom Brand betroffenen Raumbereiches ist eine schlagartige Brandausbreitung mit ca. 10,0 m/min (Flashover) zu erwarten. Entsprechend der Materialart der Baustoffe (Baustoffklasse, Oberflächenbeschaffenheit, Beschichtung), der vorangegangenen thermischen Aufbereitung der Stoffe und den vorherrschenden Temperaturen kommt es dabei zur schlagartigen Entzündung der beteiligten Stoffe. Beim Vollbrand steigen die Temperaturen in der ersten Phase mit ca. 50 bis 100 °C/min an und überschreiten ggf. 1000 °C. Nach Überschreiten eines Temperaturmaximums in der Regel nach dem Abbrand von ca. 70 bis 80 % des Brandgutes, wird die letzte Phase, die Abkühlungsphase, eingeleitet.

Die Dauer des voll entwickelten Brandes richtet sich nach der Menge der brennbaren Stoffe, nach dem Sauerstoffangebot und nach den örtlichen Gegebenheiten. Dabei kann es passieren, dass brennbares Material in einem mit dem Brandraum verbundenen Nebenraum zunächst nicht zur Entzündung kommt, weil der Brandraum dem Nebenraum den gesamten Sauerstoff entzieht oder der Nebenraum durch einströmende, kühlende Frischluft im Zuluftstrom zum Brandraum liegt. Erst wenn der Nebenraum genügend Sauerstoff erhält und die Wärmestrahlung bzw. die Rauchgasströme den Nebenraum erfassen, breitet sich das Feuer auch auf diesen Raum aus.

Bei Vorhandensein einer größeren Menge an leichtentflammbaren Stoffen (z. B. Dekorationsstoffe) kann die Brandentstehungszeit sehr kurz sein. Nahezu übergangslos kann nach der Entzündung ein voll entwickelter Brand mit steil ansteigenden Temperaturen entstehen. Ist die gesamte Brandlast relativ klein, dann stellt sich nach dem Erreichen eines ausgeprägten Temperaturmaximums im Allgemeinen relativ schnell die Abkühlungsphase ein. Die Temperaturen bei derartigen Bränden verlaufen meist ähnlich wie die Temperaturen bei Benzinbränden, wie sie beispielhaft in Bild 5.7.2 wiedergegeben und der Einheitstemperaturzeitkurve (ETK) nach DIN 4102 gegenübergestellt sind [23].

Während in der ersten Phase eines Entstehungsbrandes als Brandrisiken die Zündquellen und die Entflammbarkeit der Baustoffe und des Inventars als Hauptpunkte zu nennen wären, wird die zweite Phase durch die Flammenausbreitung und Wärmeentwicklung charakterisiert. Parallel hierzu sind im Allgemeinen die Risiken Rauch, d. h., die Reizwirkung, Toxizität und ggf. Korrosivität der Rauchgase zu nennen, die auch in den weiteren Zeitabschnitten des Brandes eine zentrale Rolle spielen.

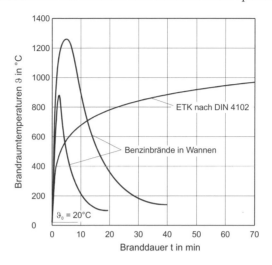

Bild 5.7.2: Temperatur-Zeit-Verläufe bei Benzinbränden im Vergleich zur Einheitstemperaturkurve (ETK) nach DIN 4102

Im Zuge der Brandentstehung und Fortentwicklung stehen die Brandlast und – bezogen auf das Bauwesen – das Baustoffverhalten im Vordergrund. Das Brandverhalten der Baustoffe ist innerhalb der Technischen Baubestimmungen hauptsächlich durch die Bestimmungen gemäß DIN 4102 Teil 1 und DIN EN 13501-1 geregelt.

In den beiden letzten Brandphasen ist im Allgemeinen allein das Bauteilverhalten für den Feuerwiderstand maßgebend. Die Brandausbreitung kann hier durch das Bauteilversagen beeinflusst werden, wobei zwischen Verlust von Raumabschluss und Tragfähigkeit unterschieden wird. Im Sinne der Technischen Baubestimmungen liegt ein Versagen auch dann vor, wenn bei Erhaltung der Tragfähigkeit ein raumabschließendes Bauteil so durchwärmt wird, dass brennbare Stoffe auf der dem Feuer abgekehrten Seite zur Entzündung gebracht werden können oder Flammen bzw. heiße Rauchgase durch Risse oder aufgehende Fugen durchtreten.

Um einheitliche Prüf- und Beurteilungsgrundlagen zu schaffen, wurde auf internationaler Ebene eine sogenannte Einheitstemperaturzeitkurve (ETK) für Brandprüfungen an Bauteilen festgelegt. Sie ist in dem Bild 5.7.2 dargestellt und entspricht der Standardkurve der internationalen Norm ISO 834, die in vielen Ländern der Erde als Normbrandkurve bzw. Bezugsgröße verwendet wird. Allerdings hat sich gegenüber der deutschen Bauteil-Prüfnorm DIN 4102-2, im Zuge der europäischen Harmonisierung der Normen eine signifikante Änderung bezüglich der Temperaturmessung im

Prüfofen ergeben. Nach EN 1363-1 und EN 1363-2 wird die Prüftemperatur nunmehr mit einem trägen Thermoelement (Platten-Thermometer) gemessen (Bild 5.7.3). Die Trägheit des Platten-Thermometers führt dazu, dass im ETK–Versuch in den ersten 10 bis 20 Minuten wesentlich höhere Brandleistungen im Prüfofen erreicht werden müssen, um die ETK–Kurve zu erreichen.

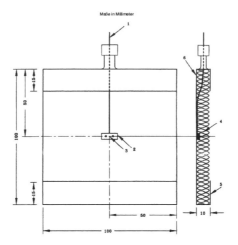

Bild 5.7.3:   Platten-Thermometer nach DIN EN 1363-1

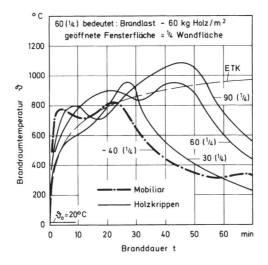

Bild 5.7.4:   Temperatur-Zeit-Verläufe bei Holzkrippen- und Mobiliarbränden in einem zum Abbruch bestimmten Wohnhaus im Vergleich zur Einheitstemperaturzeitkurve nach [25] und [27]

Um die Unterschiede und Zusammenhänge zwischen dieser Idealkurve, die gewissermaßen nur den Temperaturzeitablauf eines möglichen Brandes wiedergibt, und definierten, „natürlichen" Bränden zu ermitteln, wurden zahlreiche Untersuchungen durchgeführt. Hervorzuheben sind hier die in Borehamwood und Lehrte durchgeführten Versuche (siehe [24] bis [27]).

Das Bild 5.7.4 zeigt Temperaturverläufe in Räumen eines zum Abbruch bestimmten, viergeschossigen Wohnhauses, in dem verschiedene Brände mit Holzkrippen und Mobiliar gelegt wurden [27].

Der Temperaturverlauf wird danach in erster Linie durch die Brandbelastung, die als flächenbezogene Wärmemenge q sämtlicher in einem Brandabschnitt vorhandenen brennbaren Stoffe in kWh/m^2 angegeben wird, und durch die Ventilation, die z. B. durch einen Öffnungsfaktor definiert werden kann, bestimmt. Die Brandlast bezogen auf die Brandabschnittsfläche ergibt sich zu:

$$q = \frac{\sum (M_i \cdot H_{Ui})}{A} \qquad \text{Gl. (5.7.1)}$$

q   Brandbelastung in kWh/m^2 oder MJ/m^2
M_i Masse des einzelnen brennbaren Stoffes in kg
H_{Ui} Heizwert des einzelnen brennbaren Stoffes in kWh/kg bzw. MJ/kg – ermittelt nach DIN 51 900
A   rechnerische Brandabschnittsfläche bzw. Grundfläche eines Prüfraumes in m^2

Sofern es sich um Brandlasten handelt, deren Abbrandverhalten aus Versuchen o. Ä. bekannt ist, kann der Temperaturverlauf in einem Raum unter Berücksichtigung der vorstehend erläuterten Größen auch rechnerisch vorausbestimmt werden (Wärmebilanzrechnung). Dabei können weitere, die örtlichen Gegebenheiten differenzierende Faktoren berücksichtigt werden. Mit ihrer Hilfe können z. B. die Raumform und Ventilation, die Wärmekapazität der umgebenden Bauteile und andere thermische Einflüsse erfasst werden (vergl. [11] und [19]).

Im Bauwesen wird traditionell im Wesentlichen die Einheitstemperaturkurve als Beurteilungsmaßstab für das Bauteilverhalten verwendet. Die Beurteilung der Bauteile auf der Basis sogenannter natürlicher Brände bzw. realer Schadenfeuer ist in DIN 4102 nicht vorgesehen, wenngleich dieses Verfahren in besonderen Einzelfällen zur Durchführung von Grenzbetrachtungen gelegentlich auch herangezogen wurde bzw. wird.

Aufgrund neuerer Entwicklungen wird im nationalen Bereich (z. B. in der Muster-Industriebaurichtlinie bzw. nach DIN 18 230-1, „Baulicher Brandschutz im Industriebau", siehe Kapitel 6) und auch international darüber hinausgehend bereits stark auf Brandschutzbeurteilungen abgehoben, welche auf realen Schadenfeuern basieren. Diesbezüglich liegen umfangreiche Veröffentlichungen und Erfahrungen vor, welche auch teilweise bereits in die Eurocodes zum Brandschutz eingeflossen sind (siehe Kapitel 13 bis 18).

Aufgrund der Vielzahl der zu berücksichtigenden Parameter ist es praktisch unmöglich, in allen Fällen das zu erwartende reale Schadenfeuer theoretisch exakt vorherzubestimmen. Aus diesem Grunde ist es im Rahmen der Ingenieurmethoden zum Nachweis ausreichender Brandsicherheit üblich geworden, sogenannte Bemessungsbrände (Design Fires) und Bemessungsbrandszenarien („Design Fire Scenarios") zu definieren und anzuwenden. Die „Design Fires" sind als Hilfsmittel und grober Ersatz für genauere Beurteilungen auf der Basis realer Schadenfeuer anzusehen.

Ausgehend von der Überlegung, dass Berechnungen von Brandabläufen unter komplexen Randbedingungen ehestens für die Rekonstruktion von Schadenfeuern von Bedeutung sind, ist die Festlegung eines repräsentativen Bemessungsbrandes für den Brandschutzentwurf geeignet, wenn dieser eine ausreichende Brandsicherheit gewährleistet.

Prinzipiell sollten für die Brandschutzbemessung jedoch alle Möglichkeiten offen bleiben. Das Bemessungskonzept nach Design Fires ist jedoch von Vorteil, weil es zu einem vergleichsweise einfachen Vorgehen führt. Wichtig ist dabei, dass bei dem unterstellten Feuer die zu erwartenden Temperatur- oder Rauchentwicklungen und eventuell toxischen bzw. korrosiven Gase auf der sicheren Seite liegend berücksichtigt werden. Dabei ist das Zusammenwirken aller Räume im Gebäude zu beachten.

Typische Werte hinsichtlich der Temperaturen und Brandleistungen im Verlaufe von fiktiven Schadenfeuern sind in der nachstehenden Tabelle 5.7.1 angegeben. Nicht bei allen Bränden tritt ein Flashover auf, insbesondere ist dieser dann nicht zu erwarten, wenn die Brandbelastungen klein sind.

Tabelle 5.7.1: *Die vier charakteristischen Brandphasen eines vollständigen Schadenfeuers ohne Löscheinwirkung*

Brandphase	Temperaturbereich in °C	Brandleistung in kW/m²
Entzündung	20-50	< 25
Schwelen	50-150	25-50
Ausbreitung	500-1250	50-1200
Abklingen	500-20	< 200

Entsprechend der jeweils vorliegenden Fragestellung sind die Bemessungsbrandszenarien im Rahmen des Brandschutzkonzeptes zu behandeln. Diese liefern für die Risikobetrachtung auf der „sicheren Seite" liegende Bewertungen. Entscheidend ist dabei das zugrunde liegende Brandmodell (Abbrandmodell), das für den jeweiligen Einzelfall festzulegen ist und gewissermaßen ein „abdeckendes Schadenfeuer" simulieren soll [28].

Abdeckende Schadenfeuer sind bisher nur in den entsprechenden Brandschutznormen (z. B. DIN 4102, Teil 2) als Normbrände festgelegt. In Einzelfällen liegt der Normbrand gemäß DIN 4102-2 (ETK) weit auf der „sicheren Seite", d. h., es werden F-90 -Brände unterstellt, die in der Praxis gar nicht auftreten können, z. B. weil es in der Menge an brennbaren Stoffen fehlt. Im Prinzip kann der Normbrand (ETK) jedoch auch auf der unsicheren Seite liegen, z. B. bei Kohlenwasserstoffbränden auf Ölplattformen, so dass sich in solchen Fällen die Anwendung anderer Bemessungsbrandkurven anbietet bzw. erforderlich ist.

5.8 Brandmodelle nach den Technischen Vorschriften und Normen

Die Beurteilung des Brandverhaltens von Baustoffen und Bauteilen einschließlich Sonderbauteilen ist praktisch nur anhand von Modellprüfverfahren möglich. Das setzt aber voraus, dass auch der zu erwartende Brand möglichst allgemeingültig modellmäßig erfasst wird. Entsprechend den zu begegnenden Risiken können Prüfverfahren entwickelt und Versagenskriterien festgelegt werden. Für das Brandmodell bietet sich das auf dem Bild 5.8.1 dargestellte Schema an, dessen prinzipielle Richtigkeit sich u. a. auch bei verschiedenen, praxisnahen Brandversuchen gezeigt hat.

Der Entstehungsbrand beginnt, wenn brennbare Materialien, Sauerstoff und eine Zündquelle vorhanden sind. Im Gebäude sind die erstgenannten Voraussetzungen immer gegeben, z. B. in Form der Einrichtung. Zündquellen sind ebenfalls genügend vorhanden, darüber hinaus ist eine Entzündung auch aufgrund von Brandstiftung, Fehlverhalten (Rauchen trotz Verbot) und Reparaturarbeiten zu unterstellen. Es gilt also der Grundsatz: Wo brennbare Stoffe lagern bzw. genutzt werden oder brennbare Baustoffe, Ausbaustoffe eingebaut sind, dort kann ein Brand grundsätzlich nicht ausgeschlossen werden.

Der Verlauf des Entstehungsbrandes ist von der Entzündlichkeit, der Entflammbarkeit, von der Geschwindigkeit der Flammenausbreitung und von der Verbrennungswärme der vom Brand ergriffenen Stoffe abhängig. Steigt die Temperatur im Brandraum weiter an, kommt es zum Feuerübersprung (Flashover), bei dem alle im Brandraum befindlichen Materialien nahezu gleichzeitig entflammen und die Temperatur in kürzester Zeit um mehrere 100 °C ansteigt. Die Zeit bis zum Feuerübersprung kann je nach den stofflichen und geometrischen Voraussetzungen und nach dem Sauerstoffangebot sehr unterschiedlich sein.

Als Vollbrand wird das Brandgeschehen nach dem Feuerübersprung bezeichnet. Die im Raum befindlichen brennbaren Stoffe verbrennen unter allmählich steigender Temperatur bis zu einem Maximum, dessen Höhe letztendlich vom Sauerstoffangebot abhängt und über den Werten der Einheitstemperaturzeitkurve nach DIN 4102 Teil 2 bzw. ISO 834 liegen kann. Nach Abbrand der Brandlast kühlt der Raum allmählich ab, und zwar in Abhängigkeit vom Wärmespeicherungsvermögen der umgebenden Bauteile und der Größe der im Raum befindlichen Öffnungen.

Neben der Einheitstemperaturzeitkurve (ETK) kommen in der Brandschutzprüftechnik die Schwelbrandkurve, die sogenannte Hydrocarbonkurve und andere Brandkurven zur Anwendung. Im Rahmen des Grundlagendokuments (GD) „Brandschutz" [12] werden die Feuereinwirkungen in folgende „Beanspruchungsstufen" unterteilt:

- kleine Zündquelle (z. B. Zündholzflamme für Baustoffe, auch kleine Flamme bei Abschottungen),
- einzelne brennende Gegenstände (z. B. brennendes Möbelstück für Baustoffe, brennendes Lagergut für Dächer),
- Vollbrand (entweder als natürlicher Brand oder als konventionelle Temperatur-Zeit-Kurve).

Das Bild 5.8.1 zeigt die vereinbarten konventionellen Temperaturzeitkurven. Davon dient die weltweit genormte Einheitstemperaturzeitkurve (ETK) als die Regelbeanspruchung zur Ermittlung der Feuerwiderstandsdauer von Bauteilen, während die anderen Einwirkungen auf bestimmte Anwendungsfälle beschränkt sind.

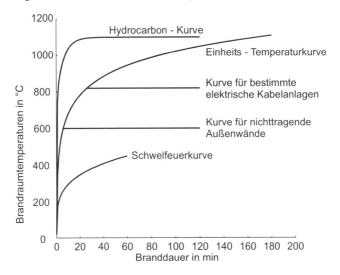

Bild 5.8.1: *Konventionelle Temperaturzeitkurven nach dem Grundlagendokument Brandschutz [29]*

Die Hydrocarbonkurve findet überwiegend Anwendung für den „Off-shore"-Bereich, wo hohe Brandlasten bei ausreichendem Sauerstoffangebot einen schnelleren Temperaturanstieg bewirken können, als ihn die ETK aufweist. Noch höhere Temperaturen als bei der ETK und der Hydrocarbonkurve können in Verkehrstunneln auftreten. Hierauf weist das GD hin, überlässt es aber dem Mandat, sich europaweit auf eine Kurve zu einigen.

Die Kurve, für bestimmte elektrische Kabelanlagen nach Bild 5.8.1 (Leitungsquerschnitte bis 2,5 mm² und für Leitungen zur Alarmierung, Notbeleuchtung, Notkommunikation) ist ein Kompromiss der deutschen Normung mit CENELEC; dort hat man sich gegen eine generelle Beanspruchung gesperrt wie sie DIN 4102 Teil 12 „Brandverhalten von Bauteilen, Funktionserhalt von elektrischen Kabelanlagen" vorsieht.

Die Kurve für nichttragende Außenwände gilt nur für die Brandbeanspruchung von außen und berücksichtigt die dabei im Allgemeinen geringeren Temperaturen gegenüber einem Brand im Innern des Gebäudes. Für die Anwendung der Schwelfeuerkurve wird beispielhaft auf Brandschutzbeschichtungen verwiesen, die nur durch den Wärmestrom des Feuers aktiviert werden. Mit diesen Versuchen soll verhindert werden, dass Produkte eine Klassifizierung unter ETK-Beanspruchung erreichen, die in der Praxis bei einem möglichen langsamen Temperaturanstieg wesentlich geringer ist; d. h., die im GD verfolgte Absicht ist es, nur solche Produkte unter Einwirkung der ETK zu klassifizieren, die auch unter der Schwelfeuerkurve keinen Anlass zu Beanstandungen gegeben haben (s. Bild 5.8.1).

Die Annahmen über den Verlauf eines Brandes in einem Tunnel erweisen sich in den Ländern unterschiedlich. Es gibt u.a. die folgenden Standard-Temperaturkurven (s. Bild 5.8.2):

(1) Einheitstemperaturkurve – ISO 834 (ÖNORM EN 1363, DIN 4102)

(2) Hydrokarbonkurve (Eurocode 1-2-2) in den Staaten Nordeuropas

(3) RABT/ZTV-Kurve (Richtlinie für die Ausstattung und den Betrieb von Tunneln in Deutschland, als Grundlage der EBA-Kurve bzw. ZTV-Kurve)

(4) Rijkswaterstraat-Kurve in den Niederlanden

Die unterschiedlichen Brandlasten der transportierten Güter bei Bahn und Straße, wie auch die verschiedenen Transportmittel und die Art des Verkehrs haben zu jeweils spezifischen Temperatur-Zeit-Kurven geführt, d.h. die in Europa derzeit verwendeten Temperatur-Zeit-Kurven wurden allesamt für spezielle Bedingungen konzipiert und können nicht ohne weiteres für die Bahn oder Straße vereinheitlicht werden.

− Die Einheitstemperaturkurve, kurz ETK-Kurve, gilt eigentlich nur für den Hochbau (z.B. Wohnungsbau, Gewerbebau).
− Die Hydrocarbonkurven HC und HC_{inc} wurden für Kohlenwasserstoffbrände von Industrie- und Off-Shore-Anlagen entworfen.
− Die RWS-Kurve wurde für Straßentunnel konzipiert, wobei ein Unfall mit einem Tanklastfahrzeug mit 50 m^3 Benzininhalt unterstellt wird.
− Die RABT- oder auch ZTV-Kurve wurde für Straßentunnel entwickelt. Das Unfall-Brandszenarium ist nicht genau definiert, die Kurve beschreibt im Prinzip jedoch ehestens einen Flüssigkeitsbrand von ca. 10 to (12,5 m^3) Flüssigkeit.
− Die EBA-Kurve gilt für Eisenbahntunnel. Sie basiert auf der RABT-Kurve und wurde in der Grundkonzeption nur für den Brand eines Personenwaggons ohne Brandübersprung ausgelegt. Ein Stuva-Bericht zeigt, dass die EBA-Kurve auch den Brand eines Personenzuges mit Brandübersprung auf neun Waggons abdeckt.

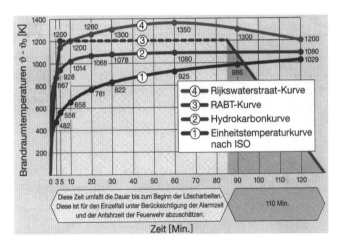

Bild 5.8.2: Standard-Temperaturkurven im Vergleich nach [30]

In Ermangelung einheitlicher Regelungen werden von Behördensachverständigen Temperatur-Zeit-Kurven, welche für den Hochbau gelten, auch für den Sachschutz von Tunnelanlagen vorgeschrieben. Auch werden Temperatur-Zeit-Kurven, welche für Straßentunnel entwickelt wurden, z.B. die RABT-, die ZTV- oder auch die RWS-Kurve, den Eisenbahntunneln zu Grunde gelegt. Die Hydrocarbonkurve wird sowohl in Straßentunneln als auch in Eisenbahntunneln mit Güterverkehr angewandt [30].

Anhand von Brandsimulationen lässt sich zeigen, dass die im Eurocode definierten Hydrocarbonkurven (HC- und HC_{inc}-Kurve) den qualitativen Verlauf von Tunnelbränden mit brennbaren Flüssigkeiten gut nachbilden.

Trotz aller Bestrebungen im Zuge der Schaffung des Eurocodes, die in den europäischen Ländern zur Anwendung kommenden Kurven zu vereinheitlichen, gibt es derzeit keine standardisierte Kurve für die Bemessung von Bauteilen im Brandfall. Temperaturen in der Größenordnung von ca. 1000 °C werden im Hochbau erst nach ca. 2 h Branddauer erreicht. Im Tunnel kann hingegen die Brandtemperatur schon nach ca. 5 bis 10 min bei 1200 °C und darüber liegen und die Branddauern sind in der Regel deutlich länger als 90 Minuten [30].

In der Praxis werden die Tunnelbrandkurven in der Regel projektbezogen festgelegt. In dem Bild 5.8.3 sind mehrere Temperatur-Zeitverläufe für verschiedene Bahnprojekte der ÖBB zusammengestellt. Zu den projektbezogenen geschlossenen Kurven des Lainzer Tunnels und dem Tunnel im Unterinntal sei noch angemerkt, dass diese Kurven sowohl Feststoff- als auch Flüssigkeitsbrände abdecken sollen. Der abfallende Ast der Kurven nach der 90. bzw. 120. Minute gilt nur für einen erfolgreichen Löscheinsatz der Feuerwehr. Da aber durch die schnelle Temperaturentwicklung bei Flüssigkeitsbränden ein erfolgreicher Löscheinsatz nicht immer garantiert werden kann, wird empfohlen, für Eisenbahntunnel mit Mischverkehr in der Regel von den sogenannten „offenen Temperatur-Zeit-Kurven" auszugehen.

Der qualitative Verlauf der HC-Modellierung wird für alle in Betracht gezogenen Brandszenarien der Bahn als repräsentativ angesehen. Der Unterschied zu den schnelleren Temperaturanstiegen bei der Lainzertunnelkurve, der BEG-Kurve und auch der Kurven der Neubaustrecke Wien–St.Pölten ist in den Auswirkungen minimal. Auch zeigte sich aus allen Brandversuchen, dass ein Temperaturanstieg von 0 °C (20 °C) auf 1200 °C in 9 Minuten (LT-Kurve) in den Brandkammern trotz des Einsatzes stärkster Brenner nicht optimal nachgefahren werden konnte. Der Grund lag darin, dass in Brandkammern nach DIN 4102-2 bzw. ÖN 3800-2 auch die stärksten Brenner einen 100-MW-Brand nicht zuverlässig simulieren können, dazu sind kleine Brandkammern mit Keramikfaserauskleidungen erforderlich. Alle dokumentierten tatsächlichen Temperaturverläufe der Brandversuche zeigten einen Brandverlauf, welcher dem der HC-Modellierung sehr ähnlich war (1200 °C in ca. 11 bis 12 Minuten) [30].

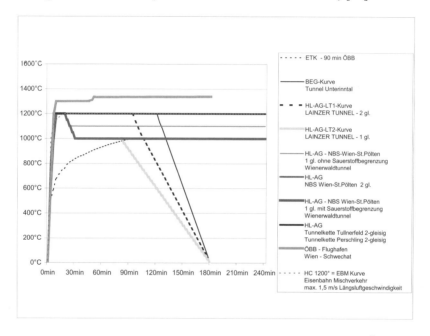

Bild 5.8.3: *Temperatur-Zeit-Kurven für verschiedene Bahnprojekte in Österreich nach [AA1 01]*

Für die Festlegung allgemein gültiger Temperatur-Zeit-Kurven wurden beispielhaft Flüssigkeitsbrände wie z.B. ein Diesellachenbrand unter der Annahme eines leckgeschlagenen Tanks, oder ein Feststoffbrand mit gestapelten Autoreifen als Ladung oder auch sogenannte 100-MW-Brände, wie sie bei Bränden von Triebfahrzeugen der Bahn auftreten können, untersucht. Alle diese Brandszenarien können in der Regel unter den Einhüllenden der $HC_{1200°}$-Kurve eingeordnet werden (s. Bild 5.8.1).

Einschränkend gilt für die $HC_{1200°}$-Kurve, dass sie nur für eine max. Längsluftgeschwindigkeit im Tunnel von 1,5 m/s verwendet werden kann. Auch dürfen Querschnittsflächen des Fahrraumes von 81 m² bei der Bahn nicht überschritten werden.

Die HC-Kurve mit Plateautemperaturen von 1100 °C kann unter bestimmten Bedingungen (reduzierte Sauerstoffzufuhr) für eingleisige Eisenbahntunnel zum Einsatz kommen.

Für die U-Bahn U1/1 der Wiener Linien wurden im Juli 2002 vom Institut für Baustofflehre, Bauphysik und Brandschutz (IBBB (Bem.: heute Institut für Hochbau und Technologie)) der TU Wien Festlegungen von Brandszenarien und Berechnungen der Temperaturentwicklungen bei U-Bahn-Bränden im Bauabschnitt U1/1 durchgeführt. Als Ergebnis wurden Abbrandkurven für U-Bahnwagen entwickelt, welche als Design-Fire-Kurve für Bauteile in Bahnhöfen (Stationen) entlang der U-Bahnlinie U1/1 gelten. Die Design-Fire-Kurve U1/1 für Bauteile ist wie folgt definiert (s. Tabelle 5.8.1):

Tabelle 5.8.1: *Verlauf der ermittelten U1/1-Kurve für die Bauteilbemessung*

Zeit [min]	0	5	20	30	40	90
Temperatur [°C]	0	950	1100	1100	500	0

Die in der Realität auftretende Brandentwicklungsphase von 15 bis 25 min vor dem steilen Temperaturanstieg zwischen 0 und 5 min ist in der Bauteiltemperaturkurve nicht berücksichtigt. Letztere wird jedoch für die Beurteilung des Personenschutzes und der rechnerische Berechnung von Entrauchungssystemen in Bahnhöfen zusätzlich verwendet.

Die erforderlichen Berechnungsgrundlagen zur Ermittlung des Feuerwiderstandes – entweder bei Beanspruchung durch eine konventionelle Temperaturzeitkurve oder durch einen natürlichen Brand – werden im GD angesprochen, und es wird auf die Probleme zur Beurteilung des Raumabschlusses hingewiesen, wenn ein Versagen durch Rissbildung o. Ä. zu befürchten ist. Besonderer Vereinbarungen bedarf es noch, wie Feuerwiderstandsklassifizierungen anzugeben sind, wenn andere Einwirkungen als die Einheitstemperaturzeitkurve (ETK) angewendet wurden.

Aus der vorstehenden Beschreibung verschiedener Brandverläufe kann gefolgert werden, dass es in der Entstehungsphase des Brandes auf das Brandverhalten der brennbaren Baustoffe und Einrichtungsgegenstände (die sich im Regelfall einer Reglementierung entziehen) ankommt. In diese Phase fällt die generelle Anforderung der Bauordnung, der Entstehung und Ausbreitung eines Schadenfeuers wirksam vorzubeugen.

Um in der Vollbrandphase der Ausbreitung eines Brandes (Feuer und Rauch) vorzubeugen, müssen die raumabschließenden Bauteile und das Tragwerk so ausgelegt sein, dass sie für bestimmte Zeitdauern ihre Aufgaben erfüllen können. Ebenfalls lassen sich Rettungs- und Löscharbeiten nur durchführen, wenn ein Gebäude für eine ausreichende Zeit standsicher bleibt. An diesem Schema orientiert sich auch die Klassifizierung von Baustoffen und Bauteilen nach DIN 4102. Die allgemeinen Anforderungen an den baulichen Brandschutz gemäß dem Grundlagendokument stehen grundsätzlich

– die relevanten Abweichungen sind oben genannt – mit den deutschen Anforderungen im Einklang.

5.9 Literatur zum Kapitel 5

[1] Rempe, A.; Rodewald, G.: Brandlehre. 4. Auflage, Verlag W. Kohlhammer GmbH, Stuttgart, 1993

[2] Schneider, U.; Max, U.; Halfkann, K.: Zusammenstellung von Brandlasten und Brandschutzdaten für rechnerische Untersuchungen. Beuth-Kommentare, Baulicher Brandschutz im Industriebau, 1. Auflage, S. 179/209, Beuth Verlag, Berlin, 1996

[3] Schneider, U.; Lebeda, C.: Bewertung des Abbrandverhaltens von Stoffen und Waren. Beitrag in Ingenieurmäßige Verfahren im Brandschutz (5). VdS Schadenverhütung, Köln, 1998

[4] Drysdale, D.: An Introduction to Fire Dynamics. John Wiley and Sons Ltd., 5. Auflage, Chichester/New York, 1994

[5] Tewarson, A.: Heat release in fires. Fire and Materials, Vol. 4, pp 185/191, 1980

[6] Tewarson, A.; Pion, R.F.: Flammebility of Plastics. I. Burning Intensity. Combustion and Flame, Vol. 26, pp 85/103, 1976

[7] Lee, B.T.: Heat Release Rate Characteristics of some Combustible Fuel Sources in Nuclear Power Plants. NBSIR 85-3195. Nat. Bureau of Standards, Gaithersburg, 1985

[8] Babrauskas, V.: Estimating Large Pool Fire Burning Rates. Fire and Technology, Vol. 19, no. 4, pp 251-261, Nov. 1983

[9] Mudan, K.S.: Thermal Radiation Hazards from Hydrocarbon Pool Fires. Progress in Energy and Combustion Science, Vol. 10, 1, pp. 59-80, 1984

[10] Zukoski, E.E.; Kubota, T.; Cetegen, B.: Entrainment in fire plumes. Fire Safety Journal, Vol. 3, pp 107/121, 1981

[11] Schneider, U.: Grundlagen der Ingenieurmethoden im Brandschutz, Werner Verlag, Düsseldorf, 2002

[12] Heskestad, G.: Luminous height of turbulent diffusion flames. Fire Safety Journal, Vol. 5, pp 103/108, 1983

[13] Mc Caffrey, B.J.: Purely buoyant diffusion flames, some experimental results. National Bureau of Standards, NBSIR 79-1910, Gaithersburg, 1979

[14] Barnfield, J. et al.: The Application of Fire Engineering Principles to Fire Safety in Buildings. Draft British Standard Code of Practice, Report No. 93/314187, Warrington, 1983

[15] Thomes, P.H.; Hinkley, P.L.; Simms, O.L.: Investigations into the flow of hot gases in roof venting. Fire Research Technical Paper No. 7, HSMO. London, 1963

[16] Beyler, C.L.: Fire Plumes and Ceiling Jets. Fire Safety Journal, Vol. 11, pp 53/75, 1986

[17] Quintiere, J.G.: A simplified theory of generalising results from a radiant panel rate of flame spread apparatus. Fire and Materials, Vol. 5, pp 52/60, 1981

[18] NFPA 92 B: Guide for Smoke Management Systems in Malls, Atria and Large Areas, NFPA Standard, Quiney MA, USA, 1995

[19] Schneider, U.; Ingenieurmethoden im Baulichen Brandschutz. 4. Auflage, expert verlag, Remmingen, 2006

[20] Anonym: Brandschutz Formeln und Tabellen. Staatsverlag der Deutschen Demokratischen Republik, Berlin, 1997

[21] Schneider, U. et al.: DIN 18232 – Stand der Erkenntnisse und neue Forschungsergebnisse für die Bemessung von Rauchabzügen. Tagungsband Braunschweiger Brandschutztage, Heft 129, TU Braunschweig, Okt. 1997

[22] Schneider, U.: Grundlagen zur Festlegung von Brandszenarien für den Brandschutzentwurf, Zeitschrift vfdb, Heft 3, Verlag W. Kohlhammer GmbH, S.92–100, Stuttgart, 1995

[23] Kordina, K.; Meyer-Ottens, R.: Beton Brandschutz Handbuch. 1. Auflage, Beton Verlag GmbH, Düsseldorf, 1981

[24] Butcher, E.G.; Chitty, T.B.; Ashton, L.A.: The temperature attained by steel in building fires. Fire Research Techn. Paper No. 15. HMSO, London, 1966

[25] Ehm, H.; Arnault, P.: Versuchsbericht über die Untersuchungen mit natürlichen Bränden im kleinen Versuchshaus. Europäische Konvention der Stahlbauverbände, DOC C.E.A.C.M. 3.1-62/29-D.F, 1971

[26]   Arnault, P.; Ehm, H.; Kruppa, J.: Rapport experimental sur les essais avec des feux naturels executes dans la petite installation. Convention Européenne de la construction metallique, DOC C.E.C.M. – 3173-11-F, 1971

[27]   Bechtold, R; Ehlert, K.-P.; Wesche, J.: Brandversuche in Lehrte. Schriftenreihe Bau- und Wohnforschung des BMBau, Bericht Nr. 04.037, Bonn, 1978

[28]   Theobald, C. R.: Growth and development of Fires in Industrial Buildings. CP 40/78, BRE Fire Research Station, Borhamwood, 1978

[29]   Europäische Kommission: Grundlagendokument; Wesentliche Anforderung Nr. 2, Brandschutz. Amtsblatt der EU, Nr. C 62/23, Brüssel, Febr. 1994

[30]   Schneider, U.; Horvath, J.: Brandschutz-Praxis in Tunnelbauten. Bauwerk Verlag, Berlin, 2006

6 Nachweis des baulichen Brandschutzes im Industriebau nach DIN 18 230-1 und der Industriebaurichtlinie

6.1 Brandsimulation mittels Wärmebilanzrechnung

6.1.1 Einführung

In den Baugesetzen und Bauvorschriften, die im Wesentlichen auf den Wohnbau abstellen, sind die Anforderungen an den baulichen Brandschutz allein durch die bauaufsichtlich anerkannte Normbrandkurve (ETK) festgelegt. Die Normbrandkurve stellt insoweit ein bestimmtes, allgemein akzeptiertes Brandszenarium dar, welches die in der Praxis zu erwartenden realen Brände auf der sicheren Seite liegend abdecken soll. Reale Brände weichen von dem Normbrand, der in den 20er Jahren des letzten Jahrhunderts auf der Grundlage von Wohnungsbränden abgeleitet wurde, mehr oder weniger stark ab. Dadurch wird es möglich, dass es bei vielen Bauwerken zu überdurchschnittlich hohen baulichen Brandschutzanforderungen kommt. Dieses ist vor allen Dingen dadurch bedingt, dass aufgrund des Fehlens brennbarer Materialien (Inventar, Lagergüter, brennbare Baustoffe) Brände von längerer Dauer gar nicht möglich sind.

Es besteht somit das Anliegen, die zu erwartenden realen Brandverläufe möglichst genau vorherzusagen und dementsprechend die Auslegung der baulichen und anlagentechnischen Brandschutzmaßnahmen sowie die Bemessung der Bauteile vorzunehmen. Dieser Wunsch besteht vor allem im Bereich der Sonderbauten, für die es keine Sonderbauverordnungen gibt z. B. für Industriebauten, Gebäude für Energieanlagen, Gebäude mit großen Menschenansammlungen (Flughäfen etc.). Die Brandwirkungen realer Brände lassen sich unmittelbar aus den Rauch- und Temperatur-Zeitverläufen innerhalb eines Raumes oder Brandabschnittes ableiten. Für die Ermittlung der Brandwirkungen kommen nach DIN 18 230-1 und der MIndBauRL zwei grundsätzlich verschiedene Methoden in Betracht:

— Methode der Wärmebilanzrechnung (Brandsimulation) [1],
— Methode der äquivalenten Branddauer (rechnerisch) [2].

Nach beiden genannten Methoden wird davon ausgegangen, dass der Brandablauf im Wesentlichen durch das vorhandene brennbare Inventar, die vorhandenen Lüftungsbedingungen und die vorliegende Bauart bzw. Art der verwendeten Baustoffe bestimmt wird. Darauf wird im Folgenden kurz eingegangen; zuerst wird die Brandsimulation anhand der Wärmebilanzrechnung beschrieben, im Anschluss daran wird das $t_ä$-Verfahren nach DIN 18230-1 erläutert [2].

6.1.2 Grundlagen der Wärmebilanzrechnung mit Mehrraum-Zonenmodellen

Im Folgenden werden die physikalischen Grundlagen von Zonenmodellen beschrieben, welche ursprünglich für kleinere Nutzungseinheiten und später bis hin zu Anwendungen im Sonderbau und für Mehrzweckgebäude entwickelt wurden. Hier wird insbesondere auf die sehr weit entwickelten Mehrraum-Zonenmodelle eingegangen, wobei in der vorliegenden Beschreibung das in Deutschland überwiegend verwendete Brandsimulationsmodell MRFC (Multi-Room-Fire-Code) zu Grunde gelegt ist. Das Programm MRFC wurde erstmalig in [3] beschrieben, inzwischen wurde es generell erweitert und dem Stand der Technik angepasst. Anhand zahlreicher Verifizierungen durch Nachrechnungen von Versuchsergebnissen und „blinden" Vorausrechnungen von Experimenten konnte gezeigt werden, dass das Programm MRFC für die Unterstützung bzw. Anwendung von Ingenieurmethoden im Brandschutz geeignet ist. Im Zuge dieser Anwendungen werden u.a. die Brandraumtemperaturen in Gebäuden, Temperaturen in den Bauteilen, die Verrauchung und Brandrauchströmungen durch Öffnungen direkt berechnet.

Dem Simulationsmodell MRFC (**M**ulti-**R**oom-**F**ire-**C**ode) liegt ein Verfahren zu Grunde, bei dem über eine Kopplung von beliebig zugeordneten Räumen mit jeweils mehreren Zonen, die das Brandgeschehen bestimmenden Parameter wie Flammen- und Rauchgastemperaturen sowie Rauchgasströmungen an Öffnungen, Druckverteilungen und die entstehenden Bauteiltemperaturen berechnet werden können. In dem Modell bestehen die betrachteten Schichten im Raum aus der zuströmenden Luft, dem Feuerplume und den Rauchgasen, für die jeweils eine homogene Temperaturverteilung angenommen wird. Die Massen- und Energieströme werden jeweils gesondert für den Brandbereich (Fireplume) sowie für jeweils zwei Schichten im Brandraum und in den angrenzenden Bereichen oder Räumen bilanziert und im Programm in Zeitschritten von ca. 1 bis 10 s iterativ berechnet.

In Bild 6.1.1 ist ein Element des Modells mit unterschiedlichen Annahmen für die betreffenden Räume dargestellt. Dabei ist jeweils ein Raum im Aufriss aus einer betrachteten Mehrraumgeometrie herausgeschnitten. Die Räume sind bei einem in der Ausbreitung begriffenen Brand jeweils in zwei Gaskörper (Fälle 2 und 3) unterteilt. Sonst wird für jeden Raum nur eine einzige Schicht mit homogener Temperaturverteilung berechnet (Fälle 1 und 4). Der eigentliche Flammenbereich wird gesondert behandelt (nur im Brandraum). Je nach Ventilationsverhältnissen und Brandverlauf können in den einzelnen Räumen somit eine, zwei oder drei Zonen vorliegen, womit das Brandgeschehen in einem ganzen Gebäude raumweise abgebildet werden kann.

Als unbekannte Größen gehen in das Rechenmodell in den gemäß Bild 6.1.1 dargestellten Fällen 2a, 2b und 3 für jeden Raum i folgende physikalische Größen in die Berechnung ein:

— Abbrandgeschwindigkeit des brennenden Inventars
— Gastemperatur der heißen Zone $T_{g1,i}$

- Gastemperatur der warmen Zone $T_{g2,i}$
- Höhe der Brandrauchschicht z_i
- Druck am Fußboden $p_{u,i}$

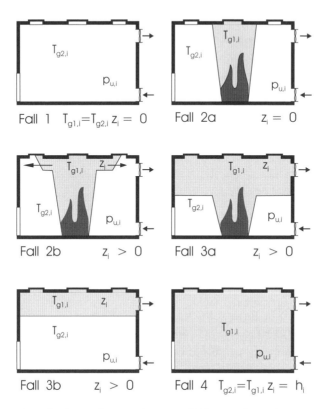

Bild 6.1.1: Typische Raumelemente bei einer Mehrraumbetrachtung gemäß MRFC 3.1 mit unterschiedlicher Aufteilung des Brandrauches bzw. der Raumtemperaturen je nach Brandverlauf in einer Mehrraumgeometrie nach [1; 3]

Mit diesen Unbekannten lassen sich alle Energie- und Massenströme sowie die Temperatureinwirkungen in den Bauteilen bestimmen. Für die Berechnung der Decken-, Fußboden- und Wandtemperaturen muss deshalb raumweise für jedes Bauteil die Fourier-Gleichung gelöst werden. Die Kopplung zwischen einzelnen Räumen erfolgt dadurch, dass die Abflüsse aus den angekoppelten Räumen als Zuflüsse der vorgeschalteten Räume wieder in die Bilanz eingehen. Als Strömungsmodell kommt die in der Lüftungstechnik verwendete Bernoulligleichung zur Anwendung, welche aufgrund der hohen Temperaturen mit der allgemeinen Gasgleichung gekoppelt werden muss. Die Verbindung zwischen den Brandrauchschichten und den kalten Schichten wird über Einmischströme, d. h. über die Bilanz des zeitabhängigen Plumes (Brandquelle) hergestellt.

Zur Lösung des Gleichungssystems stehen für jede Schicht eine Massen- und eine Energiebilanz, die Bernoulli- und Gasgleichung sowie die Fouriergleichung zur Verfügung. Das entstehende umfangreiche Gleichungssystem wird mit einer modifizierten Powell Hybrid Methode gelöst. Ausgehend von einem Startwert (alter Zustand) werden dabei die Unbekannten solange variiert, bis alle Gleichungen mit einer vorgegebenen Genauigkeit (Konvergenzkriterium) erfüllt sind. Räume im Sinne des Rechenprogramms können sein [1; 3]:

— Brandabschnitte, Brandbekämpfungsabschnitte,
— einzelne baulich ausgebildete Räume, Geschosse oder Treppenräume,
— miteinander verbundene Räume oder Geschossbereiche.
— Hallen oder Hallenbereiche oder Räume die durch

- Einbauten,
- Teilabtrennungen,
- virtuelle Trennungen

in miteinander verbundene Raumbereiche unterteilbar sind. Letzteres ist gegeben, wenn die Halle zumindest teilweise durch im Raum angeordnete Unterzüge oder Einbauten in verschiedene Bereiche unterteilt ist. In der Praxis können im MRFC derzeit 40 miteinander verbundene Räume oder Raumbereiche gleichzeitig berechnet werden, wobei ein Raum stets als Brandraum angenommen wird. Eine große Halle wird z. B. in 12 virtuelle Räume unterteilt, wobei ein beliebiger Bereich den Brandraum bilden kann. Die Rauchgasströme zwischen den einzelnen Räumen und der Umgebung werden im Programm zurzeit in folgender Form berücksichtigt:

— Massenstrom des Feuerplumes,
— Massenströme durch vertikale Öffnungen,
— Massenströme durch horizontale Öffnungen,
— Massenströme durch Schächte, Kanäle,
— Zwangsmassenströme (Zu- und Abluftventilatoren).

Eingabewerte bei Simulationsbeginn sind u. a. die Gebäudegeometrie, -bauteile und -lüftung sowie der Brandherd, die chemische Zusammensetzung des Brandgutes und der Heizwert, die Ausbreitungsgeschwindigkeit des Brandes, die spezifischen Abbrandraten. Einen wesentlichen Einfluss auf die Ergebnisse der Brandsimulation hat die Bestimmung der pro Zeiteinheit in Wärmeenergie umgesetzten Menge an Brandgut. Im Zuge der Berechnung wird automatisch geprüft, ob und inwieweit Sauerstoff für eine vollständige Verbrennung des Brandgutes zur Verfügung steht. Wenn genügend Sauerstoff vorhanden ist, findet im Wesentlichen eine Verbrennung mit Luftüberschuss statt und der Brandablauf ist brandlastgesteuert. Bei Sauerstoffmangel findet dagegen ein ventilationsgesteuerter Brand statt. Dieser führt zu einer unvollständigen Verbrennung, bei der u. a. größere Mengen von CO und gasförmige, unverbrannte Kohlenstoffverbindungen in die Rauchgase gelangen. Ebenso fallen je nach Art des Brandgutes Ruß und Asche an. Im Programm MRFC wird automatisch kontrolliert, welche Brand- bzw. Sauerstoffbedingungen jeweils vorliegen und welche Rauchgaskomponenten entstehen.

Für die Bestimmung der Brandleistung (Abbrandrate bzw. Energiefreisetzung) stehen im Programm umfangreiche Abbrandmodelle zur Verfügung – diese sind [1]:

— zeitabhängiges Ausbreitungsmodell für flächenartige Brände auf ebenen oder prismatischen Flächen,
— Vorgabe einer Abbrandfunktion über drei Zeitbereiche nach Messergebnissen, Normen oder Fachliteratur,
— Vorgabe der Energiefreisetzung nach Messergebnissen über bis zu 100 Stützstellen, zwischen denen linear oder durch Spline-Funktionen interpoliert wird,
— geometrieabhängiges Abbrandmodell für Holzkrippen,
— temperatur- und ventilationsabhängiges Ölbrandmodell,
— temperatur- und ventilationsabhängiges Kabelbrandmodell.

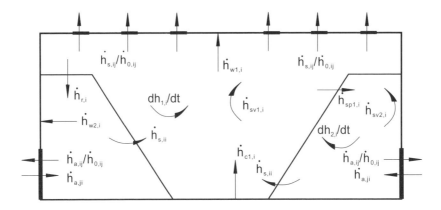

Bild 6.1.2:   Energiebilanzen und Energieströme für den Brandraum im Modell MRFC

Für den Brandraum sind in Bild 6.1.2 die Energieströme exemplarisch dargestellt. Das Brandszenarium, d. h., die pro Zeiteinheit freigesetzte Wärmemenge wird über das angegebene Abbrandmodelle schrittweise berechnet, wobei in Abhängigkeit von der zur Verfügung stehenden Sauerstoffmenge sowohl ein vollständiger als auch ein unvollständiger Abbrand berücksichtigt wird. Die Energiezufuhr entspricht daher bei vollständiger Verbrennung dem Wärmepotential des Brandgutes und bei unvollständiger Verbrennung dem Wärmepotential der Brandgutmenge, die aufgrund der chemischen Zusammensetzung mit der zur Verfügung stehenden Sauerstoffmenge vollständig verbrannt werden kann. Neben der Energiefreisetzung werden die Energieströme aus Konvektion und Strahlung

— der Rauchgase und Flamme, die durch Öffnungen oder über maschinelle Rauchabzugsanlagen abgeführt werden,
— die innerhalb des Gebäudes von den Rauchgasschichten an die Bauteile abgegeben werden,

berechnet. In die Energiebilanzen der einzelnen Rauchgasschichten gehen darüber hinaus weitere Energieverluste, z. B. Wärmeabsorption vorhandener Einbauten oder durch Brandbekämpfungsmaßnahmen, z. B. durch Sprinklerung, sowie die Änderung der in den Gasschichten gespeicherten Wärme in die Berechnung ein. Auf die Beschreibung dieser speziellen Programmteile wird hier nicht eingegangen und stattdessen auf [1; 16] verwiesen.

Aus den berechneten Bauteiltemperaturen lässt sich das Brandverhalten der Bauteile direkt berechnen („heiße" Bemessung). Bei Vorgabe eines geeigneten Referenzbauteiles kann durch Vergleich des Verhaltens dieses Bauteils bei der Wärmebilanzrechnung, im Vergleich zu einer (simulierten) Normbrandberechnung, die äquivalente Branddauer $t_ä$ für das berechnete Brandszenarium ermittelt werden.

6.2 Berechnung der äquivalenten Branddauer nach DIN 18230-1

Die Methode der Berechnung der äquivalenten Branddauer, die in der DIN 18 230 „Baulicher Brandschutz im Industriebau" zur Anwendung kommt, beruht auf einer vereinfachten Rechenmethode und nicht auf einer vollständigen Brandsimulation [1; 2]. Sie bildet die Grundlage des gemäß der Industriebaurichtlinie anerkannten Bemessungsverfahrens für den baulichen Brandschutz im Industriebau. Es geht in der DIN 18 230-1 darum, festzustellen, welche bautechnischen Anforderungen (z. B. F 30, F 60 oder F 90) an die Bauteile von Industriegebäuden zu stellen sind, wenn die

— Gebäudeabmessungen, Brandabschnitte, Bauart
— Art, Mengen und das Abbrandverhalten der Bau-, Produktions- und Lagerstoffe,
— Lüftungs- und Ventilationsbedingungen
— brandschutztechnische Infrastruktur

bekannt sind und eine brandschutztechnische Bemessung erforderlich ist. Anhand des Rechenverfahrens wird die erforderliche Feuerwiderstandsdauer ermittelt und daraus die Brandschutzklasse der Gebäude abgeleitet (s. Bild 6.2.1).

Die zu beurteilenden Gebäude werden in Brandabschnitte oder in Brandbekämpfungsabschnitte unterteilt. Der Nachweis nach der DIN 18 230-1, in Verbindung mit der Industriebaurichtlinie, wird für jeden Brandbekämpfungsabschnitt durchgeführt [5]. Die wesentlichen Eingangsparameter für die brandschutztechnische Bemessung der Bauteile nach der DIN 18 230-1 [6] sind:

— potentielle Wärmeenergie, die anhand der Brandbelastung (brennbare Stoffe) im Brandbekämpfungsabschnitt berechnet wird,
— das Abbrandverhalten dieser brennbaren Stoffe während eines Vollbrandes unter guten Ventilationsbedingungen, also die Freisetzung der vorhandenen Wärmeenergie (Abbrandfaktor m),
— die Wärmeverluste durch Öffnungen (Wärmeabzugsfaktor w),
— Wärmeverluste durch die äußeren Umfassungsbauteile (Umrechnungsfaktor c),

- die räumlichen Verhältnisse der betrachteten Abschnitte (Kubatur),
- die brandschutztechnische Infrastruktur (betrieblicher, anlagentechnischer und abwehrender Brandschutz, d.h. Branderkennung und Brandbekämpfung).

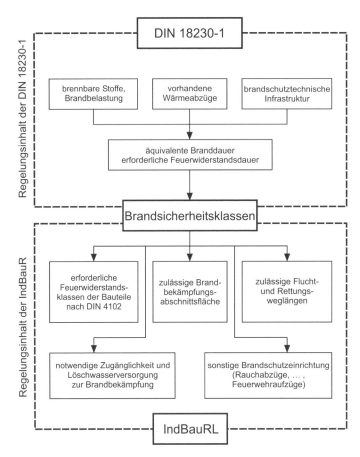

Bild 6.2.1: Regelungsinhalte von DIN 18 230-1 und der Industriebaurichtlinie (IndBauRL) nach [4]

Die äquivalente Branddauer entspricht der Zeit in Minuten, bei der im Normbrand (Einheitstemperaturzeitkurve nach DIN 4102 Teil 2) dieselbe Brandwirkung im Bauteil durch eine definierte Temperatur wie im natürlichen Schadenfeuer erreicht wird. Hierdurch wird ein direkter Bezug zur Bauteilprüfung nach DIN 4102-2 hergestellt. Dieser Zusammenhang ist in Bild 6.2.2 dargestellt.

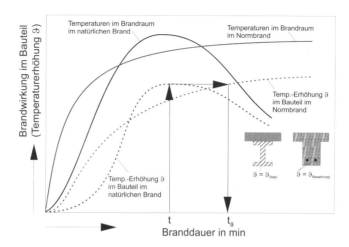

Bild 6.2.2:   Umrechnung der Brandwirkung eines Naturbrandes auf die Brandeinwirkung nach DIN 4102 Teil 2 nach [7; 8]

Die äquivalente Branddauer $t_ä$ gemäß DIN 18230-1 berechnet sich aus der Brandbelastung, dem Wärmeabzugsfaktor und dem Umrechnungsfaktor. Mit der äquivalenten Branddauer werden die maximalen Brandwirkungen auf Bauteile ermittelt, die sich ergeben würden, wenn keine Brandbekämpfung erfolgt. Sie entspricht daher den maximalen Brandwirkungen und stellt das wichtigste Zwischenergebnis in der Berechnung dar.

Auf der Basis der äquivalenten Branddauer werden Anforderungen an die erforderliche Feuerwiderstandsdauer für die einzelnen Bauteile entsprechend ihrer Bedeutung berechnet. Es wird festgelegt, wie lange diese Bauteile einem Brand unter Berücksichtigung der vorgesehenen Brandbekämpfungsmaßnahmen widerstehen sollen. Es werden für diese Bauteile tolerierbare Versagenswahrscheinlichkeiten zugelassen. Das Gebäude und seine Bauteile werden so bemessen, dass ihre Funktionsfähigkeit bzw. ihre Standfestigkeit auch während des Vollbrandes der individuell vorhandenen Brandlast im Brandbekämpfungsabschnitt erhalten bleibt. Mit Sicherheitsfaktoren und der wahrscheinlichkeitstheoretischen Berücksichtigung der brandschutztechnischen Infrastruktur (Auftretenswahrscheinlichkeit gefährlicher Vollbrände) erhält man letztendlich die erforderliche Feuerwiderstandsdauer erf t_F [9].

In der Industriebaurichtlinie wird weiterhin die äquivalente Branddauer $t_ä$ bei der Ermittlung der Größe von Brandbekämpfungsabschnitten verwendet [5]. Die äquivalente Branddauer $t_ä$ berechnet sich in der DIN 18230-1 aus:

$t_ä = q_R \cdot c \cdot w$ Gl. (6.2.1)

mit

$q_R = M \cdot H_u \cdot m$ Gl. (6.2.2)

$t_ä$	äquivalente Branddauer [min]
q_R	vorhandene rechnerische Brandbelastung [kWh/m²]
c	Umrechnungsfaktor [min·m²/kWh]
w	Wärmeabzugsfaktor [-]
M	flächenbezogende Brandlast [kg/m²]
H_u	unterer Heizwert nach DIN 8 230-3 [1] [kWh/kg]
m	Abbrandfaktor m nach DIN 18230-3 [1]

Wird die äquivalente Branddauer für einen Teilabschnitt berechnet, so sind die jeweiligen Werte des Teilabschnitts einzusetzen. Bei mehrgeschossigen Brandbekämpfungsabschnitten muss die äquivalente Branddauer für jedes Geschoss bestimmt werden. Für das Geschoss unterhalb des Dachgeschosses muss mindestens die äquivalente Branddauer des globalen Nachweises angesetzt werden. Für den Fall, dass Sicherheitsbeiwert γ, Zusatzbeiwert δ und Wärmeabzugsfaktor gleich 1,0 sind, gilt:

$$\text{erf } t_F = t_ä = q_R \cdot c \qquad \text{Gl. (6.2.3)}$$

Es wird somit angenommen, dass die äquivalente Brandwirkung auf die Bauteile bei vorgegebener Brandbelastung nur von der Wärmedämmung der Bauteile abhängt und nicht von der Bauart (siehe [7] und [8]). Aufgrund vorliegender Forschungsergebnisse kann gesagt werden, dass diese Bedingung dann erfüllt ist, wenn die äquivalente Branddauer $t_ä$ an einem dicken Stahlbauteil (Stahlplatte) in etwa 50 mm Tiefe bestimmt wird [10]. Die Stahlplatte wirkt in so einem Fall als Wärmekalorimeter mit einer für den Brandfall geeigneten Verzögerung. Alternativ ist die Ermittlung von $t_ä$ in Bauteilen aus Normalbeton in ca. 3 cm Tiefe (Überdeckung) möglich. Auf diese Weise lassen sich Naturbrände hinsichtlich ihrer Brandwirkung auf die Bauteile in einem Normbrand nach DIN 4102 überführen (s. Bild 6.2.2 nach [8]).

Eine aus der Gl. (6.2.1) abgeleitete äquivalente experimentelle Beziehung ist in Bild 6.2.3 dargestellt [1; 7]. Die durch eine Gerade dargestellten Versuchsergebnisse gelten für eine gemauerte Brandkammer von etwa 20 m² Grundfläche mit einer Fensteröffnung. Für Holzkrippen und Möbel ergibt sich die Beziehung:

$$t_ä = 0{,}28 \cdot \frac{M \cdot H_u}{\sqrt{A_t^* \cdot A_w}} \qquad \text{Gl. (6.2.4)}$$

Erweitert man die Gl. (6.2.4) im Zähler und Nenner durch die Brandraumgrundfläche A_B, so erhält man die folgende Gleichung:

$$t_ä = 0{,}28 \cdot \frac{M \cdot H_u}{A_B} \cdot \frac{A_B}{\sqrt{A_t^* \cdot A_w}} \qquad \text{Gl. (6.2.5)}$$

A_w	vertikale Öffnungen in m²
A_t^*	Fläche der Umfassungsbauteile abzüglich Öffnungen in m²

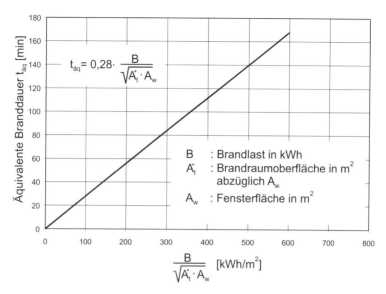

Bild 6.2.3: *Äquivalente Branddauer bei natürlichen Bränden mit Holzkrippen und Holzmöbeln nach [11]*

Der Faktor $A_B/\sqrt{A_t^* \cdot A_w}$ lässt sich als Wärmeabzugsfaktor für die gewählte Versuchsanordnung interpretieren. Der DIN 18 230-1 liegen lineare Beziehungen entsprechend dem Bild 6.2.3 zugrunde. Für den Fall $m = 1,0$ ergeben sich nach Gl. (6.2.1) die in Bild 6.2.4 angegebenen Beziehungen. Ein Vergleich von Bild 6.2.3 und Bild 6.2.4 zeigt, dass im Bemessungskonzept die $t_ä$-Werte geringfügig unter den experimentellen Werten von Holzkrippenbränden in einem Versuchsraum mit sehr hoher Wärmedämmung (Schamottemauerwerk) liegen. In Bezug auf praktische Verhältnisse ist dieses gerechtfertigt, weil die Innenwände im Industriebau kaum so hohe Wärmedämmungen haben und es bei sehr großen Brandabschnitten nur unter extrem ungünstigen Randbedingungen zu einem Vollbrand kommt. Im Allgemeinen sind im Industriebau ehestens Entstehungsbrände und fortentwickelte Brände ohne Flashover zu erwarten.

Für beliebige andere Stoffe mit $m > 1,0$ bzw. $< 1,0$ gelten die Kurven in Bild 6.2.4 nicht, d.h., es ergeben sich Werte, die entweder oberhalb oder unterhalb der dargestellten Kurven liegen. Durch die Kalibrierung der m-Faktor Versuchseinrichtung, mittels Holzkrippen als Vergleichsstoff (mit $m = 1,0$), wird sichergestellt, dass die normierten Beziehungen in DIN 18 230-1 für alle Stoffe und Waren gelten, wenn die m-Faktoren gemäß dem Teil 2 der Norm ermittelt und die ermittelten Brandlasten entsprechend den m-Faktoren nach DIN 18230, Teil 3, umgerechnet werden.

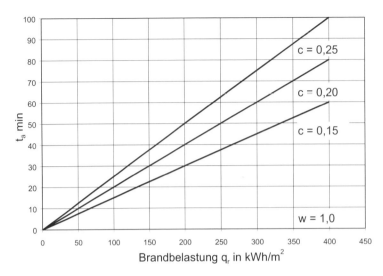

Bild 6.2.4: Äquivalente Branddauer von Stoffen und Waren mit m = 1,0 gemäß DIN 18 230, Teil 1, nach Gl. (6.2.1) nach [2; 7]

6.3 Berechnung der rechnerisch erforderlichen Feuerwiderstandsdauer nach DIN 18 230-1

Die rechnerisch erforderliche Feuerwiderstandsdauer erf t_F für Bauteile der Brandsicherheitsklasse SK_b 3 (Haupttragwerke) berechnet sich nach [2] aus:

$$\text{erf } t_F = t_ä \cdot \gamma \cdot \alpha_L \qquad \text{Gl. (6.3.1)}$$

Für Bauteile der Brandsicherheitsklassen SK_b 1 und SK_b 2 berechnet sich die rechnerisch erforderliche Feuerwiderstandsdauer zu:

$$\text{erf } t_F = t_ä \cdot \delta \cdot \alpha_L \qquad \text{Gl. (6.3.2)}$$

erf t_F	rechnerisch erforderliche Feuerwiderstandsdauer [min]
$t_ä$	äquivalente Branddauer [min]
γ	Sicherheitsbeiwert für SK_b 3 [-]
δ	Beiwert für SK_b 1 und SK_b 2 [-]
α_L	Zusatzbeiwert [-]

Für Bauteile, die Brandbekämpfungsabschnitte trennen, z. B. Brandwände, darf die brandschutztechnische Infrastruktur bei der Berechnung von erf t_F nicht berücksichtigt werden, d. h. α_L ist gleich eins zu setzen. Mit der rechnerisch erforderlichen Feuerwiderstandsdauer erfolgt auf der Grundlage der Industriebaurichtlinie die Einstufung in eine Feuerwiderstandsklasse:

- $0 \leq \text{erf } t_F \leq 15$ min $\rightarrow$ keine Feuerwiderstandsklasse

- $15 < \text{erf } t_F \leq 30$ min → feuerhemmend (F30)

- $30 < \text{erf } t_F \leq 60$ min → hochfeuerhemmend (F60)

- $60 < \text{erf } t_F \leq 90$ min → feuerbeständig (F90)

Das gesamte Nachweisverfahren zur Ermittlung von $t_ä$ und erf t_F nach DIN 18230-1 ist auf dem folgenden Bild 6.3.1 dargestellt und in [6] ausführlich kommentiert.

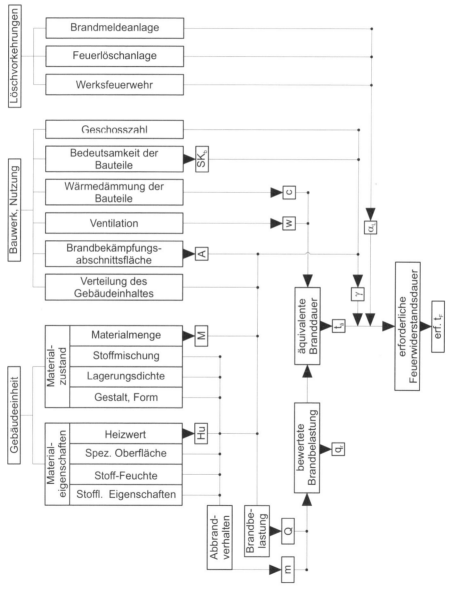

Bild 6.3.1:   Ermittlung der äquivalenten Branddauer $t_ä$ und der erforderlichen Feuerwiderstandsdauer erf t_F nach DIN 18230-1 nach [1; 4]

In dem Bild 6.3.1 sind alle Einflussgrößen, welche die äquivalente Branddauer mitbestimmen, schematisch dargestellt. Die Zuordnung von erf t_F zur Feuerwiderstandsklasse für die Bauteile des Hauptragwerkes erfolgt nach der Industriebaurichtlinie [5].

6.4 Rechnerische Brandbelastung q_R

Die rechnerische Brandbelastung q_R setzt sich aus der Summe der ungeschützten Brandlasten $q_{R,u}$ und der geschützten Brandlasten $q_{R,g}$ zusammen.

$$q_R = q_{R,u} + q_{R,g} \qquad \text{Gl. (6.4.1)}$$

q_R rechnerische Brandbelastung [kWh/m²]
$q_{R,u}$ rechnerische Brandbelastung, ungeschützt [kWh/m²]
$q_{R,g}$ rechnerische Brandbelastung, geschützt [kWh/m²]

Wobei die rechnerische Brandbelastung der ungeschützten Stoffe nach Gl. (6.4.2) und die rechnerische Brandbelastung der geschützten Stoffe nach Gl. (6.4.3) bestimmt wird:

$$q_{R,u} = \Sigma (M_i \cdot H_u \cdot m_i)/A_B \qquad \text{Gl. (6.4.2)}$$

$$q_{R,g} = \Sigma (M_i \cdot H_{gi} \cdot m_i \cdot \Psi_i)/A_B \qquad \text{Gl. (6.4.3)}$$

M_i Masse des einzelnen ungeschützten oder geschützten Stoffes [kg]
H_{ui} Heizwert des einzelnen Stoffes ermittelt nach DIN 51 900-2 [kWh/kg]
m_i Abbrandfaktor des einzelnen brennbaren Stoffes nach DIN 18 230-3
Ψ_i Kombinationsbeiwert für geschützte brennbare Stoffe nach DIN 18 230-1
A_B Fläche des Brandbekämpfungsabschnittes; bei Teilabschnitten ist anstatt A_B die Fläche A_A bzw. bei Teilflächen A_T anzusetzen [m²]

In jedem Brandbekämpfungsabschnitt ist eine rechnerische Mindestbrandlast von 15 kWh/m² anzusetzen. Dies scheint für Betriebe mit sehr geringen Brandlasten, wie zum Beispiel bei metallverarbeitenden Betrieben, als realistisch. Die Norm unterscheidet weiterhin zwischen:

— ungeschützten Brandlasten q_u, die vollständig berücksichtigt werden müssen;
— geschützten Brandlasten q_g mit abgeminderter Berücksichtigung;
— Brandlasten q_0, die unberücksichtigt bleiben.

Die für die Berechnung maßgebliche rechnerische Brandbelastung wird aus den ungeschützten und den geschützten Brandlasten errechnet:

$$q_R = q_{R,u} + q_{R,g} = \Sigma(M_i \cdot H_{ui} \cdot m_i)_u/A_B + (M_i \cdot H_{ui} \cdot m_i \cdot \Psi_i)_g/A_B \qquad \text{Gl. (6.4.4)}$$

Folgende Stoffe dürfen bei der Ermittlung der Brandlast unberücksichtigt bleiben:

— Stoffe, bei denen eine Entzündung während der zu erwartenden Brandeinwirkung ausgeschlossen ist,

— Fußböden der Klasse B1, die ohne Hohlräume auf Massivdecken verlegt sind,
— Bestandteile von Bauteilen, die brennbar sind und durch eine nichtbrennbare Baustoffschicht geschützt sind, so dass sie während der rechnerisch erforderlichen Feuerwiderstandsdauer nachweislich nicht zum Brandgeschehen beitragen,
— Bauteile des Dachtragwerkes, die einen nach SK_b 3 bemessenen Brandschutz von unten haben,
— gasförmige Betriebsmittel in Leitungen, wenn sie außerhalb des Brandbekämpfungsabschnittes abgeschieden werden können und wenn die Mindestbrandbelastung von 15 kWh/m^2 nicht überschritten wird.
— brennbare Stoffe in Räumen mit Bauteilen, welche brandschutztechnisch bemessen und von den übrigen Räumen wirksam abgetrennt sind,
— Verkabelungen in Schaltschränken, wenn die Schränke aus nichtbrennbaren Baustoffen bestehen, allseitig dicht geschlossen sind und bis auf den Boden reichen. Da Schaltschränke häufig kleine Lüftungsöffnungen zum Beispiel in Form von Bodenschlitzen besitzen, sollten die Brandlasten in die Berechnung einbezogen werden,
— brennbare Stoffe, die sich auch nach der Brandeinwirkung noch im wassernassen Zustand befinden.

Im Übrigen sind alle brennbaren Betriebs- und Lagerstoffe, Verpackungen sowie brennbare Baustoffe von Bauteilen einschließlich deren Bekleidungen zu berücksichtigen. Brennbare Baustoffe sind alle Baustoffe, die in die Baustoffklasse B nach DIN 4102, Teil 1 einzuordnen sind, d.h., auch Baustoffe der Klasse B1 sind als Brandlast zu berücksichtigen [12].

Der Kombinationsbeiwert Ψ beschreibt den Schutzgrad der Brandlast in Behältern und berücksichtigt das Zusammenwirken von ungeschützten und geschützten Brandlasten. Er ist für Behälter mit brennbaren Flüssigkeiten und für brennbare pastöse Stoffe und Feststoffe in geschlossenen Systemen anwendbar. Eine mögliche Explosionswirkung staubförmiger Stoffe und brennbarer Gase ist in der Norm nicht behandelt.

Im vereinfachten Rechenverfahren werden zwei Arten von Kombinationsbeiwerten angegeben. Diese sind abhängig von der Bauart und dem Schutz der Behälter. Wenn eine zusätzliche ungeschützte Brandlast von 45 kWh/m^2 oder größer im Brandbekämpfungsabschnitt vorhanden ist, dann wird für den ungünstigen Behälter (dieser stellt die größte Brandlast dar) der Kombinationsbeiwert $\Psi = 0{,}8$ gesetzt. Für alle anderen Behälter gilt $\Psi = 0{,}55$. Die so ermittelte Brandlast kann nach der Norm als gleichmäßig verteilt angenommen werden. Wird das genauere Verfahren angewendet, so wird der Kombinationsbeiwert entsprechend der Einwirkung aus einer ungeschützten Brandlast und der Bauart der Behälter rechnerisch ermittelt. Die speziellen Regelungen sind dem Anhang C der DIN 18 230-1 zu entnehmen [2].

Wenn Trapezblechdächer aus brennbaren Baustoffen bestehen und nach DIN 18 234-1 ausgeführt sind, kann die Brandlast unberücksichtigt bleiben. Diese Dächer leiten bei unterseitiger Brandbeanspruchung einen Brand während einer größeren Brandbeanspruchung nur begrenzt weiter. Bei einer Brandbeanspruchung $t_ä$ größer 15 min muss mit einer Entzündung und einem Mitbrennen gerechnet werden, wenn eine lokale Zündenergie vorhanden ist. Daher ist es dann erforderlich, die Brandlast aus brennbaren Dachaufbauten mindestens mit einem Anteil von 50 % anzurechnen. Es wird davon ausgegangen, dass die restlichen 50 % der Energie direkt ins Freie entweichen. Bei Lichtkuppeln aus brennbaren Baustoffen wie Polycarbonat, Polyester oder Ähnlichem muss bei einem Brand davon ausgegangen werden, dass diese Stoffe einen Einfluss auf die Temperaturentwicklung im Gebäudeinnern haben. Ihre Brandlast sollte daher ebenfalls zu 50 % angerechnet werden.

6.5 Abbrandfaktor m

In einem vereinfachten Rechenverfahren wie in der DIN 18 230-1 können die Abläufe eines Naturbrandes mit Hilfe von wärmetechnischen und physikalisch-chemischen Materialkennwerten nur sehr grob berücksichtigt werden [1]. Daher wurde für die brennbaren Stoffe ein Prüfverfahren gemäß DIN 18 230-2 entwickelt, das die erforderlichen Kenn- und Rechenwerte für das Rechenverfahren liefert. Für das Abbrandverhalten der brennbaren Stoffe oder Stoffgemische spielen die Sauerstoffzufuhr (Ventilationsbedingungen), die Gestalt und spezifische Oberfläche sowie die Lagerungsdichte, die Lagerform und die Verteilung eine große Rolle, aber auch das Zusammenwirken mit anderen brennbaren Stoffen sowie die vom Brandraum abhängigen Faktoren wie Raumgeometrie und Raumanordnung, Größe, Form und Lage der Öffnungen sind zu beachten [13].

In der DIN 18 230-3 sind die Abbrandfaktoren für Lagerguthöhen bis 4,5 m angegeben; allerdings dürfen die m-Faktoren für Lagerguthöhen zwischen 4,5 m und 9 m durch Extrapolation ermittelt werden. Für Lagerguthöhen über 9,0 m sind Extrapolationen nicht zulässig, d.h. die DIN 18230-1 ist bei Lagerhöhen > 9 m nur unter Berücksichtigung zusätzlicher Brandschutzmaßnahmen (z.B. Sprinklerung) anzuwenden [16].

6.6 Umrechnungsfaktor c

Die in der Norm vorgesehene Abstufung des Umrechnungsfaktors c in Abhängigkeit von den Wärmeeindringzahlen des verwendeten Baustoffs berücksichtigt die von den Umfassungsbauteilen eines Brandbekämpfungsabschnittes aus der Brandenergie aufgenommene Speicherwärme. Dieser Anteil trägt nicht zu einer Beanspruchung der im Brandbekämpfungsabschnitt befindlichen Bauteile bei [6]. Der Umrechnungsfaktor c hat die Einheit [min · m^2/kWh], er wird zur Bestimmung der äquivalenten Branddauer benötigt (s. Tabelle 6.6.1).

Tabelle 6.6.1: Umrechnungsfaktor c nach DIN 18 230-1 [2]

c min m²/kWh	Einflussgruppe der Umfassungsbauteile	zugehörige Bauteile	Wärmeeindringzahl b $Wh^{1/2}/m^2K$
0,15	I	Verglasungen, Aluminium, Glas, Stahl, mehrschichtige Metallbauteile, die unter Brandeinwirkung ihre Dämmfähigkeit verlieren	> 42
0,20	II	Beton, Leichtbeton mit einer Rohdichte > 1000 kg/m³, Kalkstein, Bauteile mit Putz, Mauerziegel	12 bis 42
0,25	II	Baustoffe mit einer Rohdichte < 1000 kg/m³ wie z. B. Faserdämmstoffe, Porenbeton, Holz, Holzwolle-Leichtbauplatten, Leichtbeton, Dämmputz, mehrschichtige Metallbauteile, die unter Brandeinwirkung ihre Dämmfähigkeit behalten	< 12

6.7 Wärmeabzugsfaktor w

Der Wärmeabfluss durch die Rauchgase aus dem Brandbekämpfungsabschnitt führt zu einer Temperaturentlastung der Bauteile. Maßgebend für den Wärmeabzugsfaktor sind die wirksamen Öffnungen in den Wänden (Tore, Fenster) und im Dach sowie die maßgebende Höhe des Brandbekämpfungsabschnittes. Das Berechnungsverfahren unterscheidet nicht zwischen Zuluftöffnungen und Öffnungen, die im Brandfall Wärme aus dem Brandbekämpfungsabschnitt abführen. Falls sich ein w-Faktor kleiner 0,5 ergibt, ist w = 0,5 zu setzen [14]. Maschinelle Rauchabzüge sind im vereinfachten Verfahren nach DIN 18 230-1 grundsätzlich nicht anrechenbar. Für die Ermittlung des w-Faktors für maschinelle Rauchabzüge ist ein genauer Nachweis auf der Basis der Wärmebilanztheorie durchzuführen (siehe z. B. [1] und [15]). Als Wärmeabzugsflächen dürfen nach [2] die in Tabelle 6.7.1 genannten Öffnungen angerechnet werden:

Nicht angerechnet werden dürfen Verschlüsse von Öffnungen aus z.B.:

— Brandschutzverglasungen,
— angriffshemmenden Verglasungen,
— Drahtglas mit kreuzweise verlegten Drähten.

Tabelle 6.7.1: Anrechenbarkeit von Öffnungen bei der Berechnung des w-Faktors

Art des Öffnungsverschlusses	Anrechenbarkeit	
ständig offen	immer	
Flächen von RWA-Geräten	immer	
von außen ohne Gewaltanwendung zu öffnen	immer	
Verglasungen mit Kunststoffen mit einer Schmelztemperatur < 300°C	im Dachbereich zu 100 % in der oberen Hälfte des Außenwandbereiches:	bei $t_ä \leq 15$ min zu 50 %[a] bei $t_ä \geq 30$ min zu 100 % (Zwischenwerte durch Interpolation)
Verglasungen, die bei Brandeinwirkung ganz oder teilweise zerstört werden	Einfach-Fensterglas:	bei $t_ä \leq 15$ min zu 80 %[b] bei $t_ä \geq 30$ min zu 100 %
	handelsübliches Zweischeiben-Isolierglas:	bei $t_ä \leq 15$ min zu 35 %[a] bei 15 min < $t_ä$ 30 min zu 50 %[a] bei $t_ä \geq 30$ min zu 100 %
Flächen von Wärmeabzugsöffnungen	mit Nachweis, wenn die äquivalente Branddauer (ohne Berücksichtigung der betrachteten Öffnungen) größer ist als die Auslösezeit nach DIN 18232-7	
Flächen von Öffnungen mit Abdeckungen, die im Brandfall zerstört werden	mit Nachweis flächiger Freigabe der Öffnungen durch Brandeinwirkung nach ETK	

[a] Bei Vorhandensein einer Werkfeuerwehr darf der Wert verdoppelt werden.
[b] Bei Vorhandensein einer Werkfeuerwehr darf der Wert 100 % angesetzt werden.

Die horizontalen und vertikalen Öffnungsflächen, die bei Rauch- und Wärmeentwicklung automatisch öffnen, können voll angerechnet werden. Dieses sind zum Beispiel Flächen der Rauch- und Wärmeabzugsanlagen (RWA) nach DIN 18 232-2. Die Flächen der Dachlichtbänder und die Flächen der Lichtbänder in der oberen Wandhälfte dürfen zu 100 % angerechnet werden, wenn die Verglasung aus Kunststoffen mit einer Schmelztemperatur kleiner 300 °C bestehen (vergl. Tabelle 6.7.1). Der Wärmeabzugsfaktor w errechnet sich aus den bezogenen vertikalen Öffnungen a_v und den bezogenen horizontalen Öffnungsflächen a_h wie folgt:

$a_v = A_v/A_B$ mit $0{,}025 \leq a_v \leq 0{,}25$ Gl. (6.7.1)

$a_h = A_h/A_B$ Gl. (6.7.2)

a_v bezogene vertikale Öffnungsfläche [–]
a_h bezogene horizontale Öffnungsfläche [–]
A_v Fläche der vertikalen und geneigten Öffnungen in den Außenwänden [m²]
A_h Fläche der horizontalen und geneigten Öffnungen im Dach bzw. in der Geschossdecke [m²]

A_B Fläche des maßgebenden Bemessungsabschnittes [m²]
$A_{v,ob}$ Fläche der vertikalen Öffnungen in der oberen Hälfte der Außenwände [m²]

Falls der Wert für $a_h \leq 0{,}005$ ist, darf als A_v höchstens

$$A_v \leq 2 \cdot (A_{v,ob}) \qquad \text{Gl. (6.7.3)}$$

angesetzt werden, da aus den Öffnungen der oberen Wandfläche nur soviel Masse ausströmen kann, wie durch die gleiche Fläche an Öffnungen in der unteren Wandfläche nachströmt. Für die Öffnungsflächen sind etwa 90 % der Rohbaumaße anzusetzen. Der Faktor w berechnet sich wie folgt [2; 14]:

$$w = w_0 \cdot \alpha_w \geq 0{,}5 \qquad \text{Gl. (6.7.4)}$$

$$w_0 = \frac{1{,}0 + 145{,}0 \cdot (0{,}40 - a_v)^4}{1{,}6 + \beta_w \cdot a_h} \geq 0{,}5 \qquad \text{Gl. (6.7.5)}$$

$$\alpha_w = \left(\frac{6{,}0}{h}\right)^{0{,}3} \qquad \text{Gl. (6.7.6)}$$

$$\beta_w = 20{,}0 \cdot (1 + 10 \cdot a_v - 64 \cdot a_v^2) \geq 16 \qquad \text{Gl. (6.7.7)}$$

w   Wärmeabzugsfaktor [–]
w_0 Faktor zur Berücksichtigung der horizontalen und vertikalen Öffnungsflächen nach Gl. (6.7.5) [–]
α_w Faktor zur Berücksichtigung der mittleren Höhe h des maßgebenden Bemessungsabschnittes nach Gl. (6.7.6) [–]
h   mittlere lichte Höhe bzw. lichte Geschosshöhe [m]

In Gl. (6.7.5) bis Gl. (6.7.7) ist bei $a_v \leq 0{,}025$ der Wert $a_v = 0{,}025$ einzusetzen und für Werte $a_v > 0{,}25$ ist $a_v = 0{,}25$ einzusetzen. Die Werte für w_0 und α_w können auch aus den Bildern 1 und 2 der Norm DIN 18230-1 abgelesen werden. Der w-Faktor für mehrgeschossige Gebäude wird zukünftig in der DIN 18 230-1, Anhang B, normativ geregelt. Diese Regelung ist neu und stellt eine deutliche Verbesserung gegenüber der Ausgabe 1998 dar [17] (Stand: Januar 2008).

Sind die Brandlasten im Brandbekämpfungsabschnitt lokal konzentriert oder ungleichmäßig verteilt, darf der Wärmeabzugsfaktor w_T des Teilabschnitts in Abhängigkeit von der Größe des Teilabschnittes bzw. der Teilflächen nach der Gl. (6.7.8) ermittelt werden, wenn der Teilabschnitt bzw. die Teilfläche an mindestens zwei Stellen mit Öffnungen von mindestens 25 % der Fläche des Teilabschnittes A_A bzw. der Teilfläche A_T in offener Verbindung steht:

$$w_T = \left(0{,}45 + \frac{A_T}{A_G}\right) \cdot w \geq 0{,}5 \qquad \text{Gl. (6.7.8)}$$

w_T Wärmeabzugsfaktor des Teilabschnittes bzw. der Teilfläche [–]
A_T Fläche des Teilabschnittes bzw. der Teilfläche [m²]
A_B Fläche des Brandbekämpfungsabschnittes [m²]
w Wärmeabzugsfaktor des Brandbekämpfungsabschnittes [–]

Wenn die Wärmeabzugsflächen in einem Teilabschnitt ungleichmäßig verteilt sind, muss ein Teilabschnittsnachweis geführt werden. Es können sowohl horizontale als auch vertikale Wärmeabzugsöffnungen ungleichmäßig verteilt angeordnet sein. In der Norm werden aber nur ungleichmäßig verteilte horizontale Wärmeabzugsflächen behandelt. Die horizontalen Wärmeabzugsflächen gelten als ungleichmäßig verteilt, wenn folgendes Kriterium gilt:

$$a_{h,T} = (A_{h,T}/A_T) < (0{,}5 \cdot a_h) \qquad \text{Gl. (6.7.9)}$$

$a_{h,T}$ auf die Teilfläche bezogene Öffnungsfläche [–]
$A_{h,T}$ horizontale Öffnungsflächen des Teilabschnittes [m²]
A_T Teilfläche [m²]
a_h bezogene horizontale Öffnungsfläche [–]

Ein Teilflächennachweis ist in diesen Fällen gegenüber einem globalen Nachweis des Brandbekämpfungsabschnitts günstiger, solange das Verhältnis der Flächen A_T/A_B kleiner als 0,45 ist.

6.8 Sicherheitsbeiwert γ und Beiwert δ

Der Sicherheitsbeiwert γ gilt für Bauteile der Brandschutzklasse SK_b 3 (Haupttragwerk). Der Beiwert δ gilt für Bauteile der Brandschutzklasse SK_b 1 (Bauteile des Dachtragwerkes ohne statische Funktion) und SK_b 2 (Bauteile deren Versagen nicht zum Einsturz des Haupttragwerkes führt, z. B. Dachtragwerke, Feuerschutzabschlüsse, Schottungen, Schächte). Der Sicherheitsbeiwert γ und der Beiwert δ bewerten die unterschiedlichen Anforderungen an die Standfestigkeit der Bauteile im Brandfall. Sie wurden auf der Grundlage von Sicherheitsbetrachtungen ermittelt und sind Bestandteil des Sicherheitskonzepts der DIN 18 230-1 [9]. Es wird zwischen eingeschossigen und mehrgeschossigen Gebäuden unterschieden, da unterschiedliche Anforderungen in Bezug auf die tolerierbare Versagenswahrscheinlichkeit gestellt werden. Anhand der tatsächlich vorhandenen Fläche kann aus Tabellen der Sicherheitsbeiwert γ bzw. der Beiwert δ abgelesen oder interpoliert werden. Der Beiwert δ kann auch Werte kleiner 1,0 annehmen. Im Brandfall führt ein Versagen von Bauteilen der SK_b1 nur zu einem begrenzten Schaden.

Den Sicherheitsbeiwerten und Beiwerten liegen Sicherheitsbetrachtungen aufgrund der Auftretenswahrscheinlichkeit von Bränden, der Versagenswahrscheinlichkeit der Bauteile und der Wahrscheinlichkeit der Fortentwicklung eines Entstehungsbrandes zu einem Vollbrand aufgrund statistischer Auswertungen zugrunde. Den Sicherheitsbeiwerten γ (SK_b3) und den Beiwerten δ (SK_b2 und SK_b1) entsprechen die folgenden Versagenswahrscheinlichkeiten:

Brandsicherheitsklassen	SK_b3	SK_b2	SK_b1
für mehrgeschossige Gebäude von	$p_{f3} = 10^{-5}$	$p_{f2} = 10^{-4}$	$p_{fi} = 10^{-3}$
für eingeschossige Gebäude von	$p_{f3} = 5 \cdot 10^{-5}$	$p_{f2} = 5 \cdot 10^{-4}$	$p_{fi} = 5 \cdot 10^{-3}$

Tabelle 6.8.1:   Sicherheitsbeiwert γ nach DIN 18230-1 [2]

Fläche des Brandbekämpfungs- oder Teilabschnitts m²	eingeschossige Gebäude	mehrgeschossige Gebäude
≤ 2.500	1,00	1,25
5.000	1,05	1,35
10.000	1,10	1,45
20.000	1,20	1,55
30.000	1,25	1,60
60.000	1,35	-
120.000	1,50	-

Tabelle 6.8.2:   Beiwerte δ nach DIN 18230-1 [2]

Fläche des Brandbekämpfungs- oder Teilabschnitts m²	eingeschossige Gebäude		mehrgeschossige Gebäude	
	SK_b2	SK_b1	SK_b2	SK_b1
≤ 2.500	0,60	0,50	0,90	0,50
5.000	0,60	0,50	1,00	0,60
10.000	0,70	0,50	1,10	0,70
20.000	0,80	0,50	1,20	0,80
30.000	0,90	0,50	1,25	0,90
60.000	1,00	0,55	-	-
120.000	1,10	0,60	-	-

Der Sicherheitsbeiwert γ für Bauteile der Brandsicherheitsklasse SK_b 3 kann der Tabelle 6.8.1 entnommen werden. Die Beiwerte δ für Bauteile der Brandsicherheitsklassen SK_b 1 und SK_b 2 sind in Tabelle 6.8.2 angegeben. Zwischenwerte dürfen jeweils linear interpoliert werden. Für mehrgeschossige Gebäude > 30000 m² wurden keine Sicherheitsfaktoren berechnet bzw. angegeben. Bei Gebäuden dieser Art sind in jedem Fall zusätzliche Überlegungen erforderlich (siehe DIN 18230-1, Anhang A).

6.9 Zusatzbeiwert α_L

Der Zusatzbeiwert α_L berücksichtigt die Wahrscheinlichkeit, dass sich ein Entstehungsbrand bei einer guten brandschutztechnischen Infrastruktur nicht zu einem Vollbrand entwickelt. Angerechnet werden können:

— eine anerkannte Werkfeuerwehr (haupt- oder nebenberuflich),
— automatische Brandmeldeanlagen,
— stationäre Löschanlagen.

Der Zusatzbeiwert ergibt sich aus dem Produkt der aus der Tabelle 6.9.1 nach DIN 18 203-1 abgelesenen Werte für die jeweilige brandschutztechnische Infrastruktur. Eine ständige Personalbesetzung (alle Tage des Jahres, rund um die Uhr) ist mit einer automatischen Brandmeldeanlage für eine sofortige Brandbemerkung und Weitermeldung gleichwertig.

Tabelle 6.9.1: Zusatzbeiwerte α_L nach DIN 18 230-1

	1 Werkfeuerwehr		2 automatische Brandmeldeanlagen[1]	3 halbstationäre Löschanlagen[2]	4 selbsttätige stationäre Löschanlage	5 Gesamtbewertung der Maßnahmen α_L[3]
Schichtstärke (Personen)	hauptberuflich	nebenberuflich				
keine	1,00	1,00	0,90			Produkt der Spalten (1)·(2)·(3) oder (1)·(2)·(4)
1 Staffel (6)	0,90	0,95				
1 Gruppe (9)	0,85	0,90	0,95	0,85	0,60	
2 Staffeln (12)	0,80	0,85				
3 Staffeln (18)	0,70	0,80				
4 Staffeln (24)	0,60	0,75				

[1] Beinhaltet die Aufschaltung der Löschanlage auf eine ständig besetzte Stelle.
[2] Spalte 3 darf nur in Verbindung mit Spalte 2 und bei Vorhandensein einer Werkfeuerwehr angesetzt werden. Die Wirksamkeit der halbstationären Löschanlage ist im Einzelfall nachzuweisen.
[3] Sofern zu den Spalten 1 bis 4 keine anrechenbaren Maßnahmen vorhanden sind, ist der Tabellenwert hierfür mit 1,0 anzusetzen.
Anmerkung: Die automatische Brandmeldung ist bei selbstständigen Feuerlöschanlagen bereits im Zusatzbeiwert $\alpha_L = 0,6$ berücksichtigt, d.h. der zusätzliche Wert 0,9 bzw. 0,95 nach der Tabelle, Spalte 2, bleibt ohne Ansatz, sofern keine zusätzliche automatische Brandmeldeanlage verwendet wird.

Ferner gilt die Regelung, dass der Zusatzbeiwert bei geringer rechnerischer Brandbelastung noch weiter abgemindert werden darf und zwar auf:

— 80 % bei $q_R \leq 45$ kWh/m^2
— 90 % bei $q_R \leq 100$ kWh/m^2

wenn die Bewertung der Gesamtmaßnahmen durch α_L nach Tabelle 6.9.1 Spalte 5 jeweils $\leq 0,85$ ist. Bei geringer Brandbelastung und entsprechender brandschutztechnischer Infrastruktur wird somit davon ausgegangen, dass eine noch geringere Wahrscheinlichkeit des Überganges von Entstehungsbränden zu entwickelten Bränden besteht. Die gemäß DIN 18 230-1 zugrunde gelegte Auftretenswahrscheinlichkeit von Bränden beträgt $p_1 = 5 \cdot 10^{-6}$ je m^2 und Jahr. Für den Einsatz der öffentlichen Feuerwehr ist die Wahrscheinlichkeit, dass sich ein Entstehungsbrand zu einem Schadenfeuer entwickelt mit $p_2 = 1 \cdot 10^{-1}$ angesetzt. Den Sicherheitsbeiwerten liegt somit eine Auftretenswahrscheinlichkeit gefährlicher Brände von $p_1 \cdot p_2 = 5 \cdot 10^{-7}$ zu Grunde. Die Versagenswahrscheinlichkeit von Sprinkleranlagen liegt bei $1\ \% = 1 \cdot 10^{-2}$ und führt zu einem Zusatzbeiwert von $\alpha_L = 0{,}6$. Die Auftretenswahrscheinlichkeit gefährlicher Brände wird somit mit $5 \cdot 10^{-8}$ bewertet ([1] und [9]).

Eine Änderung in der Auftretenswahrscheinlichkeit um eine Zehnerpotenz führt überschlägig zu einer Erhöhung der Sicherheitsbeiwerte um den Faktor 1,1 oder zu einer Abminderung um den Faktor 0,9. Da eine öffentliche Feuerwehr bei den Sicherheitsbeiwerten berücksichtigt wurde, muss diese, falls sie im Sonderfall fehlt, durch eine Werkfeuer ersetzt werden, um die gleiche Sicherheit zu erreichen.

6.10 Anforderungen an die Bauteile sowie Größe der Brandbekämpfungsabschnitte nach der MIndBauRL

6.10.1 Grundsätze

Die im Folgenden kursiv abgedruckten Passagen und Paragraphen sind direkt aus der Industriebaurichtlinie (Ausgabe 2000, Abschnitt 7) zitiert [5]. Eine Neuausgabe der Muster-Industriebaurichtlinie ist in Bearbeitung und könnte 2008 erfolgen.

(7.1) Grundsätze des Nachweises

Auf der Grundlage der ermittelten Brandlasten wird durch das Rechenverfahren nach DIN 18230-1 aus dem globalen Nachweis oder aus dem Teilabschnittsnachweis

- *die äquivalente Branddauer $t_ä$ zur Bestimmung der zulässigen Fläche und*

- *die rechnerisch erforderliche Feuerwiderstandsdauer erf t_F zur Bestimmung der Anforderungen an die Bauteile nach den Brandsicherheitsklassen für einen Brandbekämpfungsabschnitt ermittelt.*

Ergibt sich aus dem Rechenverfahren nach DIN 18230-1 aus dem globalen Nachweis oder aus dem Teilabschnittsnachweis für die Brandsicherheitsklasse SK_b3 eine höhere rechnerisch erforderliche Feuerwiderstandsdauer als 90 Minuten, so darf nicht nach Abschnitt 7 verfahren werden.

Die Feuerwiderstandsklasse der Bauteile muss im jeweiligen Brandbekämpfungsabschnitt mindestens der rechnerisch erforderlichen Feuerwiderstandsdauer erf. t_f, höchstens jedoch einer Feuerwiderstandsdauer von 90 Minuten, entsprechen.

Erdgeschossige Industriebauten sind ohne Anforderungen an die Feuerwiderstandsfähigkeit der tragenden und aussteifenden Bauteile zulässig, wenn sie den Anforderungen nach Abschnitt 7.6.2 entsprechen.

Getrennte Nachweise sind erforderlich für die Ermittlung der zulässigen Flächen und die Ermittlung der erforderlichen Feuerwiderstandsdauer von Bauteilen.

Aus den Nachweisen für Teilflächen eines Brandbekämpfungsabschnittes können sich höhere Anforderungen als aus dem globalen Nachweis ergeben. Bei erforderlichen Feuerwiderstandsdauern von mehr als 90 min kann das Verfahren nach Abschnitt 7 der Muster-Industriebaurichtlinie nicht angewendet werden, weil das Bemessungsverfahren nach Abschnitt 7.5.1 der Muster-Industriebaurichtlinie auf eine rechnerische Brandbelastung abgestellt ist, die zu einer erforderlichen Feuerwiderstandsdauer von 90 min führt. Die Faktoren F1 bis F5 für die Flächenberechnung sind für andere Fälle nicht ausgelegt. In diesen Fällen können die brandschutztechnischen Nachweise über das Verfahren nach Abschnitt 6 der Muster-Industriebaurichtlinie oder mit Methoden des Brandschutzingenieurwesens nach Abschnitt 4.3 und Anhang I der Muster-Industriebaurichtlinie (bzw. Abschnitt 8 der in Arbeit befindlichen M-IndBauRL, Stand Januar 2008) geführt werden.

Die Anforderungen an die erforderliche Feuerwiderstandsdauer der Bauteile und an die Brennbarkeit der Baustoffe sind in der Muster-Industriebaurichtlinie abschließend geregelt. An die Feuerwiderstandsfähigkeit der Dachkonstruktion werden ebenfalls Anforderungen gestellt, weil im Industriebau üblicherweise große Flächen vorliegen können und der Einsturz der Dachkonstruktion ein zu berücksichtigendes Risiko darstellen kann. Bei diesen großen Dachflächen kann eventuell auch ein Feuerwehreinsatz von der Dachfläche aus vorgetragen werden. Daher werden nur an untergeordnete Bauteile brandschutztechnische Anforderungen durch Einstufung in die Brandsicherheitsklasse SK_b 1 gestellt. Wenn von einem derartigen Feuerwehreinsatz in Abstimmung mit der zuständigen Brandschutzdienststelle nicht ausgegangen werden muss, brauchen keine Anforderungen an diese Bauteile gestellt zu werden. Bauteile zur Verhinderung der Entstehung von kinematischen Ketten (aussteifende Bauteile) werden in die Brandsicherheitsklasse SK_b2 eingestuft.

Bauteile zur Trennung von Brandbekämpfungsabschnitten müssen einschließlich ihrer Unterstützungen, insbesondere auch bei einer brandschutztechnischen Infrastruktur, die zu einem $\alpha_L < 1$ (nach DIN 18230-1) führt, mindestens für die äquivalente Branddauer $t_ä$ ausgelegt werden. Eine Abminderung durch α_L bei der Ermittlung von erf t_F darf nur soweit in Ansatz gebracht werden, dass erf t_F nicht kleiner als $t_ä$ wird. Die Bemessung der Bauteile des Brandbekämpfungsabschnittes ist getrennt, d.h. von beiden Seiten zu führen. Maßgebend für die Bemessung der Bauteile ist die erforderliche Feuerwiderstandsdauer unter Berücksichtigung ihrer Brandsicherheitsklasse und der brandschutztechnischen Infrastruktur.

Für die Ermittlung der zulässigen Flächen sind die thermische Belastung des Tragwerkes und die äquivalente Branddauer $t_ä$ nach DIN 18230-1 maßgebend. Werkfeuerwehren, automatische Brandmeldeanlagen, selbsttätige Feuerlöschanlagen, halbstationäre Löschanlagen werden in dem nach Abschnitt 7.5 der Muster-Industriebaurichtlinie zu führenden Nachweis mit Hilfe des Faktors für die brandschutztechnische Infrastruktur berücksichtigt [5]. Die bei einem Löschangriff zu erwartenden Schwierigkeiten werden durch Faktoren für die Lage des Geschosses, für die Anzahl der Geschosse im Brandbekämpfungsabschnitt und für die Öffnungen in Decken innerhalb des Brandbekämpfungsabschnittes berücksichtigt.

Für erdgeschossige Industriebauten, die den Anforderungen nach Abschnitt 7.6.2 der Muster-Industriebaurichtlinie entsprechen, ist die brandschutztechnische Bemessung der Bauteile nicht erforderlich. Maßgebend für die zulässigen Flächen sind die äquivalente Branddauer, die Sicherheitskategorie und die Breite des Gebäudes. Es wird davon ausgegangen, dass für den Löschangriff der Feuerwehr entweder ausreichende Sicherheit aufgrund der geringen äquivalenten Branddauer besteht oder der Löschangriff wegen der geringen Breite des Gebäudes nur von außen erfolgt.

6.10.2 Brandsicherheitsklassen und Bauteile für Brandbekämpfungsabschnitte nach MIndBauRL

(7.2) Brandsicherheitsklassen

Entsprechend ihrer brandschutztechnischen Bedeutung werden an die einzelnen Bauteile unterschiedliche Anforderungen gestellt. Dazu werden die Bauteile einer der nachfolgenden Brandsicherheitsklassen (SK_b3 bis SK_b1) zugeordnet.

Eine Zuordnung von Bauteilen ohne brandschutztechnische Bedeutung zu den Brandsicherheitsklassen (z. B. innere nichttragende Trennwände; Bauteile, die ausschließlich unmittelbar die Dachhaut tragen) ist im Rahmen dieses Nachweisverfahrens nicht erforderlich.

(7.2.1) Brandsicherheitsklasse SK_b3

Entsprechend ihrer brandschutztechnischen Bedeutung werden an die nachfolgend genannten Bauteile hohe Anforderungen gestellt:

a) Wände und Decken, die Brandbekämpfungsabschnitte zu den Seiten, nach oben und nach unten von anderen Brandbekämpfungsabschnitten trennen;

b) Tragende und aussteifende Bauteile, deren Versagen zum Einsturz der tragenden Konstruktion (Tragwerk, Gesamtkonstruktion) oder der Konstruktion des Brandbekämpfungsabschnitts führen kann;

c) Lüftungsleitungen und dergleichen, die Brandbekämpfungsabschnitte überbrücken, einschließlich Brandschutzklappen;

d) Installationsschächte und -kanäle, die Brandbekämpfungsabschnitte überbrücken;

e) Feuerschutzabschlüsse, Rohrabschottungen, Kabelabschottungen und dergleichen in Bauteilen, die Brandbekämpfungsabschnitte trennen;

f) Stützkonstruktion von Behältern mit $\psi < 1$.

(7.2.2) Brandsicherheitsklasse SK_b2

Entsprechend ihrer brandschutztechnischen Bedeutung werden an die nachfolgend genannten Bauteile mittlere Anforderungen gestellt:

a) Bauteile, deren Versagen nicht zum Einsturz der tragenden Konstruktion (Tragwerk, Gesamtkonstruktion) oder der Konstruktion des Brandbekämpfungsabschnitts führen kann, wie nichtaussteifende Decken;

b) Bauteile des Dachtragwerkes, deren Versagen zum Einsturz der übrigen Dachkonstruktion des Brandbekämpfungsabschnitts führen kann, einschließlich ihrer Unterstützungen;

c) Feuerschutzabschlüsse, Rohrabschottungen, Kabelabschottungen und dergleichen in trennenden Bauteilen mit geforderter Feuerwiderstandsklasse;

d) Lüftungsleitungen und dergleichen, die Bauteile mit geforderter Feuerwiderstandsklasse überbrücken, einschließlich Brandschutzklappen;

e) Installationsschächte und -kanäle, die Bauteile mit geforderter Feuerwiderstandsklasse überbrücken;

(7.2.3) Brandsicherheitsklasse SK_b1

Entsprechend ihrer brandschutztechnischen Bedeutung werden an Bauteile des Dachtragwerkes, sofern das Versagen einzelner Bauteile nicht zum Einsturz der übrigen Dachkonstruktion des Brandbekämpfungsabschnitts führt, geringe Anforderungen gestellt.

(7.2.4) Bauteile des Dachtragwerkes, deren Versagen nicht zum Einsturz der übrigen Dachkonstruktion des Brandbekämpfungsabschnitts führt, werden keiner Brandsicherheitsklasse zugeordnet, sofern das Dach zur Brandbekämpfung nicht begangen werden muss.

(7.2.5) Eine brandschutztechnische Bemessung der Bauteile des Dachtragwerkes ist nicht erforderlich, wenn es vom übrigen Brandbekämpfungsabschnitt brandschutztechnisch abgetrennt ist und im Dachtragwerk keine zusätzlichen Brandlasten vorhanden sind.

Die Bestimmungen dieses Abschnittes sind maßgebend für die Bemessung der erforderlichen Feuerwiderstandsdauer der Bauteile. Sofern sich Abweichungen von den Abschnitten 9.1 und 9.2 der DIN 18230-1 ergeben, sind die Bestimmungen des Abschnittes 7.2 der Muster-Industriebaurichtlinie maßgebend.

Für Wände, die Brandbekämpfungsabschnitte trennen, ist zu beachten, dass diese entsprechend der Fußnote der Tabelle 8 der Muster-Industriebaurichtlinie die Anforderungen der Abschnitte 4.2.1 und 4.2.4 der DIN 4102-3 erfüllen müssen. Die Bestimmung führt dazu, dass die Wände in der Bauart von Brandwänden auszuführen sind.

Abweichungen sind für aussteifende Bauteile entsprechend Abschnitt 7.4.5 der Muster-Industriebaurichtlinie möglich, wenn sie redundant vorhanden sind.

(7.3) Brandschutzklassen

Aus der rechnerisch erforderlichen Feuerwiderstandsdauer erf t_F für die Brandsicherheitsklasse SK_b3 kann die Brandschutzklasse des Brandbekämpfungsabschnitts nach Tabelle 2 bestimmt werden.

Tabelle 2: Brandschutzklassen

rechnerisch erforderliche Feuerwiderstandsdauer für SK_b3 in min	Brandschutzklasse BK
< 15	I
> 15 bis < 30	II
> 30 bis < 60	III
> 60 bis < 90	IV
> 90	V

Tabelle 2 ermöglicht es, aus der rechnerisch erforderlichen Feuerwiderstandsdauer für die Bauteile der Sicherheitsklasse SK_b3 die Industriegebäude nach Brandschutzklassen BK I bis BK V zu ordnen. Der Begriff Brandschutzklasse hat sich nicht bewährt, er wurde in dem vorliegenden Entwurf Januar 2008 der MIndBauRL gestrichen [5].

(7.4) Brandbekämpfungsabschnitte

(7.4.1) Die Brandbekämpfungsabschnitte werden voneinander durch obere, seitliche und untere Bauteile getrennt, deren Feuerwiderstandsklasse sich aus Tabelle 8 ergibt.

(7.4.2) Brandbekämpfungsabschnitte mit einer Geschossfläche von mehr als 10 000 m² sind durch für die Feuerwehr zugängliche Verkehrswege in Flächen von höchstens 10 000 m² zu unterteilen. Diese Verkehrswege müssen eine Mindestbreite von 5,0 m haben und möglichst geradlinig zu Ausgängen führen. Bei Vorhandensein einer Werkfeuerwehr, einer selbsttätigen Feuerlöschanlage und bei einer rechnerischen Brandbelastung von weniger als 100 kWh/m² beträgt die Mindestbreite 3,5 m.

(7.4.3) Bauteile zur Trennung von Brandbekämpfungsabschnitten und Bauteile, die diese trennenden Bauteile unterstützen und aussteifen, müssen so beschaffen sein, dass sie bei einem Brand ihre Standsicherheit nicht verlieren und die Ausbreitung von Feuer und Rauch auf andere Brandbekämpfungsabschnitte verhindern. Die rechnerisch erforderliche Feuerwiderstandsdauer erf t_F muss mindestens der äquivalenten Branddauer $t_ä$ entsprechen. Diese Bauteile müssen aus nichtbrennbaren Baustoffen bestehen.

(7.4.4) Bauteile, die die trennenden Bauteile nach Abschnitt 7.4.3 unterstützen und/oder aussteifen, sind entsprechend der rechnerisch erforderlichen Feuerwiderstandsdauer erf t_F nach Abschnitt 7.4.3 des Brandbekämpfungsabschnittes, in dem sie eingebaut sind, zu bemessen.

(7.4.5) Bauteile, die eine Trennwand zwischen Brandbekämpfungsabschnitten aussteifen, müssen mindestens der Feuerwiderstandsklasse der ausgesteiften Wand angehören. Dies ist nicht erforderlich, wenn aussteifende Bauteile redundant in beiden angrenzenden Brandbekämpfungsabschnitten vorhanden sind und die Funktionsfähigkeit der Trennwand beim Versagen der Aussteifung auf der brandbeanspruchten Seite durch konstruktive Maßnahmen gewährleistet ist.

(7.4.6) Für die Wände zur Trennung von Brandbekämpfungsabschnitten und für Bauteile, die Decken zur Trennung von Brandbekämpfungsabschnitten unterstützen, sind Teilflächennachweise zu führen, wenn die Brandbelastung dieser Teilfläche den zweifachen Wert der durchschnittlichen Brandbelastung des Brandbekämpfungsabschnitts überschreitet. Als Teilfläche ist die Fläche bis zu einem Abstand von 10,0 m von der Wand bzw. der Stütze zu erfassen.

Nach Abschnitt 7.4.2 der Muster-Industriebaurichtlinie sind Brandbekämpfungsabschnitte in Flächen von höchstens 10 000 m² durch Verkehrswege mit einer Breite von mindestens 5 m zu unterteilen. Zur Unterteilung sind die in den Industriebetrieben für den innerbetrieblichen Transport eingerichteten Wege zulässig, wenn sie für die öffentliche Feuerwehr zugänglich sind. Mit der Breite von 5 m soll sowohl die Befahrbarkeit sichergestellt werden, als auch durch weitere Unterteilung eine mindestens zeitweise Verhinderung der Brandausbreitung erreicht werden. Bei Vorhandensein einer Werkfeuerwehr oder einer selbsttätigen Löschanlage oder einer Brandbelastung bis zu 100 kWh/m² genügen Verkehrswege bzw. Unterteilungen mit mindestens 3,5 m Breite. Für Werkfeuerwehren ist vorausgesetzt, dass diese über geeignete Fahrzeuge und Löscheinrichtungen verfügen.

Bei der Bemessung der Bauteile, die Brandabschnitte trennen oder trennende Bauteile unterstützen, wie z. B. Wände und Decken, muss die erforderliche Feuerwiderstandsdauer mindestens der äquivalenten Branddauer entsprechen. Es darf damit die brandschutztechnische Infrastruktur nicht berücksichtigt werden ($\alpha_L = 1{,}0$). Außerdem gehen Erhöhungen (γ in DIN 18230-1) aus Risikobetrachtungen (abhängig von der Fläche und der Anzahl der Geschosse) nicht in die Betrachtungen ein. Mit dieser Bestimmung wird erreicht, dass auch bei Ausfall oder Versagen eines Löschangriffes der Werkfeuerwehr oder der selbsttätigen Löschanlage der benachbarte Abschnitt entsprechend den Anforderungen der MBO gesichert ist.

In Abschnitt 7.4.6 der Muster-Industriebaurichtlinie werden Teilflächennachweise für Trennwände zwischen Brandbekämpfungsabschnitten und für Bauteile gefordert, die Decken von Brandbekämpfungsabschnitten unterstützen. Mit dieser Forderung wird dem Sachverhalt Rechnung getragen, dass nach DIN 18230-1 die Auswirkung eines

Brandes auf Wände und Stützen, die direkt dem Brand ausgesetzt sind, nicht ermittelt wird bzw. eine Verteilung der thermischen Belastung über den Raum angenommen ist. Für dem Feuer direkt ausgesetzte Bauteile können sich höhere Belastungen ergeben. Anstelle der nach 7.4.6 der Muster-Industriebaurichtlinie erforderlichen Bemessung können für Stützen auch örtlich konstruktive Maßnahmen ausreichen.

6.10.3 Berechnung der Flächen von Brandbekämpfungsabschnitten BBA

(7.5) Flächen von Brandbekämpfungsabschnitten

(7.5.1) Brandbekämpfungsabschnitte mit Flächen bis zu einer Größe von 60 000 m²

> *Die zulässige Fläche je Geschoss in einem ein- oder mehrgeschossigen Brandbekämpfungsabschnitt errechnet sich aus dem Grundwert für die Fläche von 3 000 m² mit den Faktoren F1 bis F5 gemäß nachstehender Gleichung:*
> *zul $A_{G,BBA}$ = 3 000 m² · F1 · F2 · F3 · F4 · F5*
> *Die Summe der so ermittelten Geschossflächen darf nicht mehr als 60 000 m² betragen.*

Die Faktoren F1 bis F5 sind den nachstehenden Tabellen 3 bis 7 zu entnehmen.

Tabelle 3: *Faktor F1 zur Berücksichtigung der äquivalenten Branddauer aus dem globalen Nachweis nach DIN 18230-1*

tä	0	15	30	60	≥ 90
F 1	10	5	3	1,5	1,0

Zwischenwerte dürfen linear interpoliert werden.

Tabelle 4: *Faktor F2 zur Berücksichtigung der brandschutztechnischen Infrastruktur*

Sicherheits-kategorie	K 1	K 2	K 3.1	K 3.2	K 3.3	K 3.4	K 4
F 2	1,0	1,5	1,8	2,0	2,3	2,5	3,5

Tabelle 5: *Faktor F3 zur Berücksichtigung der Höhenlage des Fußbodens des untersten Geschosses von oberirdischen Brandbekämpfungsabschnitten im Gebäude bezogen auf die mittlere Höhe der für die Feuerwehr zur Brandbekämpfung anfahrbaren Ebene*

Höhenlage des Fußbodens des untersten Geschosses eines Brandbekämpfungsabschnitts	-1 m	0 m	5 m	10 m	15 m	20 m
F 3	1,0	1,0	0,9	0,8	0,7	0,6

Zwischenwerte dürfen linear interpoliert werden.

Tabelle 6: *Faktor F4 zur Berücksichtigung der Anzahl der Geschosse des Brandbekämpfungsabschnitts*

Zahl der Geschosse des Brandbekämpfungsabschnitts	1	2	3	4	5	6
F 4	1,0	0,8	0,6	0,5	0,4	0,3

Tabelle 7: *Faktor F5 zur Berücksichtigung der Ausführung von Öffnungen in nach den Brandsicherheitsklassen SK_b2 und SK_b3 bemessenen Decken zwischen den Geschossen mehrgeschossiger Brandbekämpfungsabschnitte*

Zeile	Öffnungen in Decken	Faktor F 5
1	Mit klassifizierten Abschlüssen bzw. Abschottungen	1,0
2	mit nichtbrennbaren Baustoffen dicht geschlossen	0,7
3	gleich groß und übereinanderliegend in allen Decken und im Dach, größer als 10 % der Deckenfläche der Geschosse	0,4
4	zur Durchführung von technischen Einrichtungen, $A_{Öffnung} \leq 30\%$ Deckenspalte max. 2 % von $A_{Öffnung}$	0,3
5	die von Zeile 1 bis 4 nicht erfasst sind	0,2

Die Nachweise nach den Regelungen des Abschnitts 7 der Muster-Industriebaurichtlinie beruhen auf der Bewertung der vorhandenen oder vorgesehenen Brandbelastung mit einer abschließenden Festlegung der zulässigen Brandbelastung. Die festgelegte zulässige Brandbelastung ist für die Bau- und Betriebsgenehmigung eine bedeutende Grundlage; Überschreitungen dieser Werte können zu einem neuen Genehmigungsverfahren und zu weitergehenden Brandschutzmaßnahmen führen. Das Verfahren verlangt grundsätzlich, dass die Bauteile entsprechend der nach DIN 18230-1 ermittelten erforderlichen Feuerwiderstandsdauer bemessen werden. Unter dieser Prämisse wurden die Flächenregelungen getroffen.

Die Regelungen des Abschnitts 7 der Muster-Industriebaurichtlinie berücksichtigen daher als primäres Risikomerkmal die bewertete Brandbelastung – ausgedrückt in der äquivalenten Branddauer nach DIN 18230-1 – als Maßstab für die mögliche Brandentwicklung bzw. für die Brandeinwirkung auf die Konstruktion. Neben der „maximalen Brandintensität" sind bei der Risikobeurteilung die wesentlichen Einflussparameter für eine wirksame Brandbekämpfung durch die Feuerwehr eingeflossen. Unterstützend wirken die brandschutztechnischen Infrastrukturmaßnahmen; sie führen zu einer Vergrößerung der zulässigen Flächen. Als erschwerend für die Brandbekämpfung sind folgende Parameter für mehrgeschossige Gebäude und Brandbekämpfungsabschnitte bewertet und in die Flächenfestlegung eingebunden:

- die Höhenlage der Brandbekämpfungsabschnitte in Bezug auf die festgelegte Geländeoberfläche,
- die Zahl der Geschosse der einzelnen Brandbekämpfungsabschnitte und
- die Qualität der Geschosstrennung durch Decken (insbesondere der Schutz von Deckenöffnungen) innerhalb mehrgeschossiger Brandbekämpfungsabschnitte.

Diese Parameter führen zu einer Reduzierung der zulässigen Flächen. Die Werte und Faktoren sind unter maßgeblicher Mitwirkung der Feuerwehren so festgelegt worden, dass sich

- die Werte des Abschnitts 6 der Muster-Industriebaurichtlinie wieder als Eckwerte für eine äquivalente Branddauer von 90 Minuten ergeben,
- die Berücksichtigung der Sicherheitskategorien in den beiden Verfahren gleichwertig erfolgt, und dass
- die Interventionsmöglichkeiten der Feuerwehr insbesondere bei mehrgeschossigen Gebäuden im Rahmen des Sicherheitskonzeptes gewahrt bleiben.

Vorstehende Überlegungen haben für Industriebauten zu einem zweiteiligen Sicherheitskonzept geführt:

- Die Beurteilung von Fragen der Standsicherheit erfolgt im Rahmen der DIN 18230-1 mit den dortigen Festlegungen von Sicherheitsfaktoren und einer speziellen Bewertung der brandschutztechnischen Infrastruktur [2].
- Die Festlegung zulässiger Flächen baut auf dem „physikalischen Teil" der DIN 18230-1 auf, der mit der Ermittlung der äquivalenten Branddauer endet. Darauf wird das Sicherheitskonzept der Industriebaurichtlinie aufgesetzt, das z. B. die Wirkung der brandschutztechnischen Infrastruktur teilweise stärker (also höherwertig) berücksichtigt [5].

Insbesondere ist es nach diesem Regelwerk zulässig, Maßnahmen der brandschutztechnischen Infrastruktur nun sowohl bei der Bemessung der Bauteile nach DIN 18230-1 als auch bei dem Brandschutzkonzept nach Industriebaurichtlinie – bei der Festlegung der zulässigen Flächen – zu berücksichtigen. Das Verbot der sogenannten „Doppelanrechnung" von Brandschutzmaßnahmen ist aufgehoben. Die Regelung besteht aus einem Produktansatz, der verschiedene – voneinander unabhängige – risikobestimmende Faktoren miteinander kombiniert. Das Verfahren und die einzelnen Faktoren wurden so gewählt, dass eine Vereinheitlichung und eine Harmonisierung der verschiedenen Verfahren möglich ist und gleichzeitig bestimmte „Eckwerte" eingehalten werden. Aus diesen Überlegungen resultiert eine „rechnerische Bezugsfläche" von 3 000 m² als Basiswert für diesen Nachweis.

Es ist zu beachten, dass die sich aus der angegebenen Formel ergebenden Flächenwerte, zulässige Geschossflächen sind, so dass sich die zulässige Fläche des gesamten Brandbekämpfungsabschnittes aus dem jeweiligen Vielfachen dieser Werte errechnet. Es ist nicht zulässig, in einem Geschoss die zulässige Geschossfläche zu überschreiten, wenn „als Ausgleich" in einem anderen Geschoss dieses Brandbekämpfungsabschnittes eine entsprechend kleinere Fläche realisiert wird. Grund hierfür ist der Ansatz, wonach das Risiko geschossweise bewertet worden ist und die festgelegten Werte gleichzeitig Grenzwerte für das akzeptierte Restrisiko aus bauaufsichtlicher Sicht markieren.

(7.5.2) Brandbekämpfungsabschnitte mit einer Größe von mehr als 60 000 m²

Flächen von Brandbekämpfungsabschnitten, die größer als 60 000 m² sind, sind nur zulässig,

- *wenn sie in erdgeschossigen Industriebauten angeordnet sind (Abschnitt 7.6 gilt entsprechend),*

- *wenn ihre rechnerische Brandbelastung nicht mehr als 100 kWh/m² beträgt und*

- *wenn eine Werkfeuerwehr vorhanden ist.*

Dabei sind in Abhängigkeit von der Hallenhöhe folgende Flächengrößen zulässig:

- *bis zu 90 000 m² bei einer lichten Raumhöhe von mehr als 7,0 m,*

- *bis zu 120 000 m² bei einer lichten Raumhöhe von mehr als 12,0 m.*

Dabei sind folgende Anforderungen zu erfüllen:

- *Bei einer rechnerischen Brandbelastung von mehr als 15 kWh/m² ist eine selbsttätige Feuerlöschanlage anzuordnen.*

- *Brandbekämpfungsabschnitte ohne selbsttätige Feuerlöschanlage müssen für Fahrzeuge der Feuerwehr befahrbar sein.*

- *Die Brandbekämpfungsabschnitte müssen durch geeignete automatische Brandmeldeanlagen überwacht sein.*

- *Innerhalb der Brandbekämpfungsabschnitte sind Vorkehrungen für die Alarmierung des Personals und für die Brandbekämpfung (Selbsthilfeeinrichtungen) ausreichend anzuordnen. Die Löschwassermenge im Brandbekämpfungsabschnitt muss mindestens 192 m³/h betragen.*

Dabei sind in Brandbekämpfungsabschnitten ohne selbsttätige Feuerlöschanlagen rechnerische Brandbelastungen bis zu 45 kWh/m² zulässig, wenn die zugeordneten Flächen nicht mehr als 400 m² betragen.

In allen Brandbekämpfungsabschnitten sind zulässig:

- *Punktbrandlasten bis zu 200 kWh/m², wenn diese sich für eine Fläche von nicht mehr als 10 m² ergeben,*

– rechnerische Brandbelastungen bis zu 200 kWh/m², wenn die zugeordneten Flächen nicht mehr als 400 m² betragen und hierfür eine geeignete selbsttätige Feuerlöschanlage angeordnet ist.

Diese Flächen müssen untereinander einen Abstand von mindestens 6,0 m einhalten.

Es wurde die Notwendigkeit gesehen, für erdgeschossige Industriebauten mit Brandbekämpfungsabschnittgrößen von mehr als 60 000 m² bestimmte Voraussetzungen zu schaffen und Maßnahmen zu regeln, die solche Brandbekämpfungsabschnitte erst ermöglichen. Bei der Risikobeurteilung für diese übergroßen Brandbekämpfungsabschnitte wurde davon ausgegangen, dass sich Brandszenarien auf der Fläche eines Teilabschnitts von bis zu 10 000 m² beherrschen lassen. Insofern wurden ergänzende Brandschutzmaßnahmen dahingehend festgelegt, dass die übergroßen Brandbekämpfungsabschnitte in etwa dem Brandrisiko der Brandschutzklasse (BK) I entsprechen, auch wenn die zulässige Brandbelastung deutlich höher ist, als sie der BK I im Regelfall zugrunde liegt.

6.10.4 Feuerwiderstandsklassen von Bauteilen nach der MIndBauRL

Bei der Ermittlung der erforderlichen Feuerwiderstandsdauer der Bauteile nach DIN 18230-1 sind die in der Erläuterung genannten Voraussetzungen für die Ermittlung der Sicherheitsbeiwerte γ einzuhalten. Bei den Flächenfestlegungen sind außerdem die Regelungen dieser Richtlinie in Abschnitt 7.5.2 der Muster-Industriebaurichtlinie zu erfüllen.

*(7.6) **Anforderungen an die Bauteile***

(7.6.1) Brandbekämpfungsabschnitte mit Bemessung der Bauteile

Die Anforderungen an die Feuerwiderstandsfähigkeit der Bauteile bestimmen sich nach Tabelle 8.

Tabelle 8: *Erforderliche Feuerwiderstandsklassen von Bauteilen*

rechnerisch erforderliche Feuerwiderstandsdauer erf t_F nach DIN 18230-1 in Minuten	Feuerwiderstandsklasse nach DIN 4102 von Bauteilen, die Brandbekämpfungsabschnitte trennen oder überbrücken, und von Abschlüssen	Feuerwiderstandsklasse nach DIN 4102 von Bauteilen in der Brandsicherheitsklasse SK_b3, die nicht in Spalte 2 einzuordnen sind	Feuerwiderstandsklasse nach DIN 4102 von Bauteilen in der Brandsicherheitsklasse SK_b2 und SK_b1
1	2	3	4
≤ 15	F 30-A [1)] T 30 R 30, S 30 K 30, L 30, I 30	keine Anforderungen	keine Anforderungen
> 15 bis ≤ 30	F 30-A [1)] T 30 R 30, S 30 K 30, L 30, I 30	F 30 - AB [2) 3)]	F 30 - B T 30 R 30, S 30 K 30, L 30, I 30
> 30 bis ≤ 60	F 60-A [1)] T 60 R 60, S 60 K 60, L 60, I 60	F 60 - AB [2) 3)]	F 60 - B T 60 R 60, S 60 K 60, L 60, I 60
> 60 AB [4)]	F 90-A [1)] T 90 R 90, S 90 K 90, L 90, I 90	F 90 - AB [3)]	F 90 - B T 90 R 90, S 90 K 90, L 90, I 90

[1)] Die Wände sind nach DIN 4102 Teil 3 Abschnitt 4.3 zu prüfen. Dabei sind die Bedingungen in den Abschnitten 4.2.1 und 4.2.4 von DIN 4102 Teil 3 einzuhalten.
[2)] Für Bauteile in Industriebauten bis zu 2 Geschossen in F 30-B bzw. F 60-B
[3)] F 30, F 60, F90 mit einer brandschutztechnisch wirksamen Bekleidung aus nichtbrennbaren Baustoffen
[4)] Die Werte der Spalten 2 bis 4 gelten auch für eine rechnerisch erforderliche Feuerwiderstandsdauer erf t_f von mehr als 90 Minuten, die sich insbesondere aus einem Teilflächennachweis ergeben können.

In der Industriebaurichtlinie sind derzeit noch keine europäischen Klassen genannt, d.h. es gilt das bauaufsichtliche Konzept: feuerhemmend, hochfeuerhemmend und feuerbeständig.

6.10.5 Maximale Flächen von Brandbekämpfungsabschnitten erdgeschossiger Industriebauten ohne Bemessung der tragenden Bauteile nach MIndBauRL

Für eingeschossige Industriebauten ohne brandschutztechnische Bemessung der tragenden Bauteile werden die zulässigen maximalen Grundflächen bzw. BBA-Flächen unter Beachtung der vorhandenen Sicherheitskategorien nach Abschnitt 3.9 der Richtlinie, welche sich aus der brandschutztechnischen Infrastruktur ergeben, festgelegt.

(7.6.2) Brandbekämpfungsabschnitte ohne Bemessung der Bauteile

Erdgeschossige Industriebauten sind, sofern es sich nicht bereits aus den Regelungen nach Abschnitt 7.5.1 ergibt, ohne Anforderungen an die Feuerwiderstandsfähigkeit der tragenden und aussteifenden Bauteile zulässig, wenn die Flächen des Brandbekämpfungsabschnitts nicht größer, die Wärmeabzugsflächen im Dach (in von 100 bezogen auf die Fläche des Brandbekämpfungsabschnitts) nicht kleiner und die Breite des Industriebaus nicht größer sind als die Werte der Tabelle 9 und bei der Berechnung nach DIN 18230-1 eine äquivalente Branddauer von weniger als 90 min berechnet wird. Dies gilt nicht für Bauteile nach Abschnitt 7.4.3.

Tabelle 9: *Zulässige Größe der Flächen von Brandbekämpfungsabschnitten erdgeschossiger Industriebauten ohne Anforderungen an die Feuerwiderstandsfähigkeit der tragenden und aussteifenden Bauteile in m²*

Sicherheitskategorie	äquivalente Branddauer $t_ä$ in Min.			
	15	*30*	*60*	*90*
K 1	*9 000*	*5 500*	*2 700*	*1 800*
K 2	*13 500*	*8 000*	*4 000*	*2 700*
K 3.1	*16 000*	*10 000*	*5 000*	*3 200*
K 3.2	*18 000*	*11 000*	*5 400*	*3 600*
K 3.3	*20 700*	*12 500*	*6 200*	*4 200*
K 3.4	*22 500*	*13 500*	*6 800*	*4 500*
K 4	*30 000[1]*	*20 000[1]*	*10 000[1]*	*10 000[1]*
Mindestgröße der Wärmeabzugsflächen in % nach DIN 18230-1	*1*	*2*	*3*	*4*
Zulässige Breite des Industriebaus in m	*80*	*60*	*50*	*40*

[1] Die Anforderungen hinsichtlich der Wärmeabzugsflächen und der Breite des Industriebaus gelten nicht für Brandbekämpfungsabschnitte der Sicherheitskategorie K 4. Zwischenwerte dürfen linear interpoliert werden.

Eine Risikobewertung für erdgeschossige Industriebauten hat ergeben, dass unter bestimmten Randbedingungen auf die brandschutztechnische Bemessung der Konstruktion verzichtet werden kann und beispielsweise Industriebauten mit einer Konstruktion aus ungeschütztem Stahl weiterhin statthaft sind, auch wenn eine erforderliche Feuerwiderstandsdauer von mehr als 15 min berechnet wird. Wichtig für diese weitergehende Erleichterung ist neben der Wahrung des Bestandsschutzes aus der Muster-Industriebaurichtlinie in der Fassung Januar 1985 insbesondere eine Eingrenzung der möglichen Brandeinwirkung auf die Bauteile – ausgedrückt in der zulässigen äquivalenten Branddauer nach DIN 18230-1 – in Verbindung mit der vorhandenen brandschutztechnischen Infrastruktur. Als Akzeptanzkriterien für die verbleibenden Restrisiken wurden vor allem die bauaufsichtlichen Schutzziele

— erforderliche Standsicherheit der Konstruktion und
— wirksame Brandbekämpfung

herangezogen; Fragen des Personenschutzes sind durch die Regelungen der Rettungswege an anderer Stelle der Richtlinie bereits abschließend behandelt. Erdgeschossige Industriebauten nach Abschnitt 7.6.2 der Muster-Industriebaurichtlinie müssen statisch konstruktiv so errichtet werden, dass im Brandfall bei Versagen eines Bauteiles nicht ein plötzlicher Einsturz des gesamten Haupttragwerkes durch z. B. Bildung einer kinematischen Kette angenommen werden muss.

6.11 Literatur zum Kapitel 6

[1] Schneider, Ulrich: Ingenieurmethoden im Baulichen Brandschutz. 5. Auflage, expert verlag, Renningen, 2007

[2] DIN 18 230-1, Ausgabe 1998: Baulicher Brandschutz im Industriebau – Rechnerisch erforderliche Feuerwiderstandsdauer. Beuth Verlag GmbH, Berlin; sowie Entwurf für eine Neuauflage, Stand 15.01.2008

[3] Arbeitsgemeinschaft Brandsicherheit (AGB): Referenzhandbuch für MRFC (Multi Room Fire Code), Version 3.1, Bruchsal/Wien, 2007

[4] Schneider, U,; Lebeda Chr.: Baulicher Brandschutz. 1. Auflage, Verlag W. Kohlhammer, Stuttgart, 2000 (vergriffen)

[5] Fachkommission Bauaufsicht in der ARGEBAU: Muster-Industriebaurichtlinie, Baulicher Brandschutz im Industriebau, Ausgabe März 2000 (www.is-argebau.de); sowie Entwurf für eine Neuauflage, Stand Dezember 2007

[6] DIN Deutsches Institut für Normung e.V. (Herausgeber): Baulicher Brandschutz im Industriebau, Kommentar zu DIN 18230-1, 3. Auflage, Beuth Verlag, Berlin, 2003

[7] Schneider, U.: Ingenieurmethoden im Baulichen Brandschutz. 4. Auflage, Serie Kontakt und Studium, Band 531, ISBN-13-978-3-8189-2626-9, expert verlag, Renningen, 2006

[8] Schneider, U.: Bewertung des unterschiedlichen Brandverhaltens von Stoffen bei natürlichen Bränden. Zentralblatt für Industriebau, 18. Jahrgang, Heft 6, S. 230/236. C.R. Vincentz Verlag, Hannover, 1973

[9] Bub, H.; Hosser, D.; Kerksen-Bradley, M.; Schneider, U.: Eine Auslegungssystematik für den baulichen Brandschutz. Brandschutz im Bauwesen, Heft 4; Erich Schmidt Verlag, Berlin, 1983

[10] Klingelhöfer, H.G.: Entwicklung eines Prüfverfahrens zur Bewertung der Brandlasten in Industriebauten. Forschungsauftrag des IM NRW VB1-Nr. 5, MPA Dortmund-Aplerbek, 1977

[11] Ehm, H.: Tendenzen im baulichen Brandschutz, Vortragsveranstaltung: Stahl, Constructa 1970, S. 49 bis 67, Stahlbau-Verlag GmbH, Köln, 1970

[12] Schneider, U.; Becker, W.; Max, U.; Halfkann, K.: Zusammenstellung von Brandlasten und Brandschutzdaten für rechnerische Untersuchungen. Baulicher Brandschutz im Industriebau, Kommentar zu DIN 18230, 1. Auflage, S. 179–209, Beuth Verlag, Berlin, 1996

[13] Schneider, U.; Kersken, M.; Max, U.: Bewertung von Brandlasten in größeren Räumen, Teil II, Theoretische Untersuchungen, Forschungsbericht der AGB, Institut für Bautechnik, Berlin, Oktober 1991

[14] Arbeitsgemeinschaft Brandsicherheit (AGB): Neuberechnung der Wärmeabzugsfaktoren w für DIN 18230-1, Baulicher Branschutz im Industriebau, Arbeitsbericht NABau 12-04 AK, Nr. 14–90, Bruchsal/Wien, 1990

[15] Schneider, U.; Max, U.; Lebeda, C.; Kersken-Bradley, M.: Bemessungsvorschlag für maschinelle Rauchabzüge nach DIN 18232 Teil 5, Schadensprisma 3/94 und 4/94, Grützmacher Verlag, Berlin, August 1994

[16] Schneider, U.; Max, U.: Brandsimulation unter Berücksichtigung der Sprinklerwirkung. vfdb-Zeitschrift Forschung und Technik im Brandschutz, 56. Jahrgang, Heft 3, S. 101/122, Kohlhammer Verlag, Stuttgart, Aug. 2007

[17] Schneider, U.; Lebeda, C.: Geschossnachweis DIN 18230-1. Simulation mehrgeschossiger BBA für mehrgeschossige Gebäude der chemischen Industrie. Abschlussbericht, TU Wien, Dez. 2007

7 Brandverhalten von Baustoffen

7.1 Vorbemerkungen zum Brandverhalten von Baustoffen

Die in der Musterbauordnung und in den Landesbauordnungen gestellten Forderungen, soweit sie das Brandverhalten von Baustoffen und Bauteilen nach den Kriterien

— Brennbarkeit der Stoffe,
— Feuerwiderstandsdauer von Bauteilen und
— Dichtheit der Verschlüsse von Öffnungen

betreffen, sind mit sogenannten unbestimmten Rechtsbegriffen wie z. B. „schwerentflammbar" oder „nichtbrennbar" bei den Baustoffen sowie „feuerhemmend" und „feuerbeständig" bei den Bauteilen beschrieben. Diese Begriffe werden durch die in der Musterliste der ETB bauaufsichtlich eingeführten Normen, insbesondere der Normreihe DIN 4102 – Brandverhalten von Baustoffen und Bauteilen – sowie den harmonisierten europäischen Normen, z.B. der Reihe DIN EN 13501, konkretisiert, so dass die auf diesen Normen beruhenden Nachweise als Ausweis zur Erfüllung von gesetzlichen Anforderungen gelten. Insoweit müssen an die Prüf- und Beurteilungskriterien hohe Anforderungen, insbesondere bezüglich ihrer Reproduzierbarkeit, gestellt werden. Um zu reproduzierbaren Ergebnissen zu gelangen ist es notwendig, baustoff- und bauteilübergreifend die

— Anforderungs- bzw. Brandmodelle,
— Versagensmodelle und
— Beurteilungskriterien

für die zu klassifizierenden Baustoffe und Bauteile genau zu beschreiben. Die Anforderungs-(Brand-)modelle wurden bereits in den Kapiteln 4 und 5 erörtert. Die zugehörigen Beurteilungskriterien werden im Folgenden diskutiert. Baustoffe verhalten sich in Abhängigkeit von ihrer chemischen Zusammensetzung und ihrer physikalischen Struktur im Brandfall völlig unterschiedlich. Das Verhalten von Baustoffen wird allerdings nicht nur von der Art des Stoffes bestimmt, sondern auch von den Brandbedingungen sowie deren Abmessungen und Verwendung in der Praxis. Durch die Wahl des Baustoffes können die Möglichkeiten der Brandentstehung und die Brandausbreitung im Gebäude signifikant beeinflusst werden. Um das Brandverhalten von Baustoffen klassifizieren zu können, benötigt man einheitliche Prüfverfahren. Zunächst geht es darum hierbei festzustellen, ob der jeweilige Stoff brennbar oder nichtbrennbar ist. Die Prüfverfahren waren in den Vorschriften der Norm DIN 4102 Teil 1 „Brandverhalten von Baustoffen" und in ergänzenden Prüfgrundsätzen von amtlichen Prüfstellen festgelegt [1] und sind nunmehr in DIN EN 13 501-1 usw. geregelt (s. Abschnitt 4.2). Man bildet dabei drei Brandphasen nach:

- Zündung durch einen Streichholz – Kleinbrennertest,
- Entstehungsbrand in der Größenordnung eines brennenden Objektes mit etwa 30 kW (SBI-Test),
- vollentwickelter Brand – Ofentest.

Nach den Ergebnissen dieser Brandprüfungen werden die Baustoffe klassifiziert, d. h. sie werden bestimmten Baustoffklassen zugeordnet (vergl. Abschnitt 4.2, Tabelle 4.2.15). Das Brandverhalten der Baustoffe spielt bei den bauaufsichtlichen Brandschutzanforderungen in zweifacher Hinsicht eine wichtige Rolle. Zunächst werden Anforderungen an den Baustoff als Oberfläche von Bauteilen, z. B. bei Wand- und Deckenbekleidungen gestellt, d. h., das Verhalten bei unmittelbarer Berührung mit der Flamme oder Wärmestrahlung wird beurteilt. Weiterhin erfolgt eine Bewertung als konstruktiver Bestandteil eines tragenden und/oder raumabschließenden Bauteils, denn gemäß § 20 MBO müssen feuerbeständige Bauteile in den wesentlichen Teilen aus nichtbrennbaren Baustoffen bestehen (vergl. Abschnitt 3.4.2, Tabelle 3.4.1).

In diesem Zusammenhang sei darauf hingewiesen, dass die Klassifizierung nach nichtbrennbaren oder brennbaren Baustoffen kein reines Stoffverhalten beschreibt. Das Verhalten bei einer normativen Prüfung und auch bei einer tatsächlichen Brandbeaufschlagung ist u. a. abhängig von der Form, spezifischen Oberfläche und Masse des Stoffes, von dem Verbund mit anderen Stoffen sowie von den Verbindungsmitteln und der Verarbeitungstechnik. So wird z. B. das Brandverhalten von auf Oberflächen geklebten Polymeren u. U. ganz erheblich von der Art des Grundmaterials und des verwendeten Klebstoffes beeinflusst. Auch die Einbaulage ist zu beachten, d. h., gleichartige Baustoffe zeigen im Brandfall als Wand- oder Deckenbekleidungen im Allgemeinen ein völlig unterschiedliches Verhalten. Daraus folgt, dass Nachweise nur für den geprüften Baustoff bzw. Baustoffverbund in der entsprechenden Einbaulage gelten. Andere Baustoffverbunde können ein gänzlich anderes und speziell bei brennbaren Stoffen ein ungünstigeres Brandverhalten zeigen.

7.2 Beurteilung der Brennbarkeit von Baustoffen

Hinsichtlich der Brennbarkeit waren die Baustoffe wie folgt eingeteilt:

- Brennbarkeitsklasse A: nicht brennbar,
- Brennbarkeitsklasse B: brennbar.

Die brennbaren Baustoffe sind weiter unterteilt in die

- Brennbarkeitsklasse B 1: schwerentflammbar,
- Brennbarkeitsklasse B 2: normalentflammbar,
- Brennbarkeitsklasse B 3: leichtentflammbar.

Statt „entflammbar" wird in Österreich auch der Ausdruck „brennbar" verwendet, hinter beiden Ausdrücken verbergen sich jedoch etwa gleichartige Prüfverfahren und -kriterien [2]. In der nachstehenden Tabelle 7.2.1 sind die für den Nachweis des Brandverhaltens von Baustoffen einzuhaltenden Vorschriften bzw. Normen vor der

Einführung der europäischen Klassifizierung (2002/06) zusammengestellt. Weiterhin sind für jede Baustoffklasse einige typische Baustoffarten genannt.

Tabelle 7.2.1: *Frühere Nachweise des Brandverhaltens von Baustoffen nach DIN 4102*

Baustoffklasse	Zusätzliche Kriterien		Nachweis durch	Typ. Baustoffe
A 1 Nichtbrennbar	ohne brennbare Bestandteile	Baustoffe nach bestimmten Normen	DIN 4102 Teil 4	Beton, Ziegel
		Sonstige	Prüfzeugnis	Calciumsilikatplatten
	mit brennbaren Bestandteilen		Besonderer Nachweis ist erforderlich *[)]	Mineralfaserplatten mit geringfügiger Kunstharzbindung
A 2 Nichtbrennbar	es sind brennbare Bestandteile vorhanden	Baustoffe nach bestimmten Normen	DIN 4102 Teil 1	Gipskartonplatten
			Besonderer Nachweis ist erforderlich *[)]	Gipsfaserplatten, Mineralfasererzeugnisse mit Kunstharzbindung
		Sonstige		
B 1 Schwerentflammbar	Baustoffe nach bestimmten Normen		DIN 4102 Teil 1	Holzwolle-Leichtbauplatte, Hart-PVC
	Sonstige		Besonderer Nachweis ist erforderlich *[)]	PS-Schaum, Spanplatten mit Ausrüstung
B 2 Normalentflammbar	Baustoffe nach bestimmten Normen		DIN 4102 Teil 1	Holz, Dachpappen
	Sonstige		Prüfzeugnis	PU-Schaum

*[)] Besonderer Nachweis durch bauaufsichtliche Zulassung.

Vergleicht man die Klassifizierung zum Brandverhalten von Baustoffen nach DIN 4102-1 gemäß Tabelle 7.2.1 mit den heute gültigen europäischen Normen nach Kapitel 4, so ist Folgendes festzustellen [3].

Bei den nichtbrennbaren Baustoffen, für deren Prüfung der „DIN-Ofen" und die Heizwertermittlung (H_u) angewendet wurde, hatte man sich international schon vor langer Zeit auf einen "ISO-Ofen" und die Brennwertermittlung (H_o) verständigt. Der "ISO-Ofen" unterscheidet sich – kurz gesagt – vom "DIN-Ofen" durch eine veränderte Luftströmung im Innern (die zu längeren Entflammungen führen kann) sowie durch bessere Möglichkeiten zur Beobachtung der Probe. Auch das Auswerteverfahren für die Temperaturerhöhung im Innern des Ofens wurde geändert. Dem hat man mit einem anderen Grenzwert – T < 30 °C – Rechnung getragen, und umfangreiche Vergleichsversuche haben ergeben, dass für dieses Prüfverfahren die Grenzwerte der Euroklasse A1 denen der Klasse DIN 4102-A1 insgesamt entsprechen; die jetzt zusätzlich erforderliche Brennwertprüfung dürfte zu keiner Verschärfung führen. Für die Klassen A1 und A2 kann also gesagt werden, dass diese Klassen sich nicht nur nominell in Europa wiederfinden, sondern sich hinsichtlich des Brandverhaltens auch die Klasseninhalte insgesamt entsprechen dürften (wegen der Rauchentwicklung und Toxizität s. unten) [4].

Der mittlere Klassenbereich (DIN 4102-B1 und Euroklassen B und C) war das größte Problem. In Europa wurde deshalb für schwerentflammbare Baustoffe der SBI-Test entwickelt, welcher die Nachteile des Brandschachtes (geringe Höhe, Abtropfen in gekühlte Bereiche) nicht hat. Bei der Festlegung der Grenzwerte für den SBI wurde versucht, die Klassengrenze DIN 4102-B1/B2 der Euroklassengrenze C/D zuzuordnen. Allerdings muss gesagt werden, dass viele Hersteller ihre SBI-Versuchsergebnisse nicht offengelegt haben, so dass über die Vergleichbarkeit eine gewisse Unsicherheit hier besteht. Für die Klasse DIN 4102-A2 wurde durchgesetzt, dass die SBI-Prüfung zur Ermittlung der Flammenausbreitung für die Euroklasse A2 eingesetzt werden darf (vergl. [5] u. [6]).

Das Kleinbrennerverfahren nach DIN 4102-1 (es bestimmt die Klassengrenze B2/B3) wurde nahezu unverändert in eine europäische Norm übernommen, da wegen des Verwendungsverbots leichtentflammbarer Baustoffe in Deutschland diese Klassengrenze ein Ausschlusskriterium für die Baustoffverwendung ist; die Klassengrenze DIN 4102-B2/B3 entspricht also der Euroklassengrenze E/F.

Die Brandnebenerscheinung „Rauchentwicklung" wurde bisher nur bei nichtbrennbaren Baustoffen bewertet. Die Prüfung der Rauchentwicklung unterscheidet sich insofern von anderen Prüfverfahren dadurch, dass hier die Ventilationsbedingungen von besonders großem Einfluss auf das Prüfergebnis sind (und sich somit auch Schwankungen bei den Versuchsbedingungen deutlich auf das Prüfergebnis auswirken können). Europäisch wurde entschieden, die Rauchentwicklung nur im SBI, d. h. bei Flammenbeanspruchung und relativ guter Ventilation, zu messen, national hat man bisher im Brandschacht (ohne die Ergebnisse nach "außen" zu geben) und – für die nichtbrennbaren Baustoffe – unter Flammen- und Schwelbeanspruchung geprüft. Die europäischen Rauchentwicklungsklassen s1, s2 und s3 sind, indem sie zusätzlich zu den Klassen A2 bis D angegeben werden, optional; die Mitgliedstaaten können sie, je nach ihren Sicherheitsvorstellungen, in ihren Vorschriften anwenden oder auch nicht.

Aus deutscher Sicht sollte mit der Klasse A2 die Rauchklasse s1 verbunden werden, um so – wenn auch abgeschwächt – das bisherige Niveau beizubehalten, und es steht der Bauaufsicht frei, in Fällen, in denen bezüglich der Rauchentwicklung besondere Anforderungen gestellt werden (s. Bauregelliste A Teil 1, Anlage 0.2) die Klassen s1 oder s2 zu fordern. Der alte Streit, „die Rauchentwicklung lässt sich nur für den jeweiligen Praxisfall beurteilen", kontra, „starke Raucher lassen sich von schwachen Rauchern generell unterscheiden", wird sicherlich weitergeführt werden. Das brennende Abtropfen wird im SBI und – wie in DIN 4102-1 – mit dem Kleinbrenner festgestellt. Während es national nur eine Ja/Nein-Entscheidung gibt, sind europäisch drei Klassengrenzen (d0, d1 und d2) festgelegt worden. Vermutlich entspricht es unserem Niveau, d0 und d1 dem „Nein" und d2 dem „Ja" zuzuordnen. In der nachstehenden Tabelle 7.2.2 ist der Versuch gemacht, die früheren Brennbarkeitsklassen nach DIN 4102-1 den heutigen europäischen Klassen nach EN 13 501-1 gegenüberzustellen. Es wird deutlich, dass die neuen Klassen sehr differenziert sind, so dass es in der praktischen Umsetzung noch über längere Zeit zu Problemen kommen wird. Insgesamt ist jedoch zu erwarten, dass sich die mit den Baustoffklassen in DIN 4102-1 definierten Schutzniveaus im europäischen System wiederfinden. Gravierende Abweichungen sind in Einzelfällen nicht auszuschließen; hier muss man dann durch Anpassung der Vorschriften versuchen Härten zu mildern [5].

Tabelle 7.2.2: *Brandverhalten von Baustoffen (ausgenommen Bodenbeläge), Bauaufsichtliche Anforderungen – Europäische Klassen und Klassen nach DIN 4102-1*

Bauaufsichtliche Anforderungen		Europäische Klassen		Klassen nach DIN 4102	
Allgemein	Zusatzanforderungen				
nichtbrennbar	Rauch unbedenklich, kein brennendes Abtropfen	A1 A2	 -s1, d0	A1 A2	(A)
schwerentflammbar	Rauch unbedenklich [1], kein brennendes Abtropfen/Abfallen [2]	A2 B C	-s2, d0 -s2, d1 -s1, d0 -s1, d1 -s2, d0 -s2, d1	B1	(3)
	kein brennendes Abtropfen/Abfallen [2]	A2,B,C	-s3, d0 -s3, d1		(3)
	Rauch unbedenklich [1]	A2,B,C	-s1, d2 -s2, d2		(3)
	-	A2,B,C	-s3, d2		(3)
normalentflammbar	kein brennendes Abtropfen/Abfallen [2]	D E	-s1, d0+d1 -s2, d0+d1 -s3, d0+d1	B2	(4)
	-	D E	-s1, d0+d1 -s2, d0+d1 -s3, d0+d1		(3)
Keine Verwendung, wenn leichtentflammbar in Verbindung mit anderen Baustoffen.		F		B3	

[1] Kann für Bauprodukte in baulichen Anlagen und Räumen besonderer Art oder Nutzung gefordert werden.
[2] Wird in einigen Ländern z. B. für Außenwandverkleidungen an Obergeschossen gefordert.
[3] Angaben über Rauchentwicklung und brennendes Abtropfen/Abfallen im Prüfzeugnis.
[4] Angaben über brennendes Abtropfen/Abfallen im Prüfzeugnis.

Bei den Bodenbelägen findet man das Prüf- und Klassifizierungssystem nach DIN 4102-1 und DIN 4102-14 genau im europäischen System wieder, sieht man von den erwähnten Unterschieden bei den Nichtbrennbarkeitsklassen ab; diese dürften aber für übliche nichtbrennbare Bodenbeläge ohne Bedeutung sein (s. Tabelle 7.2.3).

Für die Prüfung von Bedachungen unter Brandbeanspruchung von außen stehen nach DIN EN 1187 drei Verfahren zur Verfügung. Maßgebliche Änderungen gegenüber DIN 4102-7 sind nicht zu erwarten, denn die vorgesehene Norm DIN EN 1187 Teil 1 enthält praktisch den Inhalt von DIN 4102-7. Bisher werden nach der DIN 4102-7 die verbrannten Flächen bewertet, künftig werden die verbrannten Längen nach oben und nach unten bei geneigten Dächern bzw. der Radius der Feuerausbreitung um den Brandsatz bei horizontalen Dächern beurteilt. Eine Änderung des bisherigen Sicherheitsniveaus ist dadurch nicht zu erwarten.

Tabelle 7.2.3: *Brandverhalten von Bodenbelägen Bauaufsichtliche Anforderungen – Europäische Klassen und bisherige Klassen nach DIN 4102*

Bauaufsichtliche Anforderungen		Europäische Klassen	Klassen nach DIN 4102	
allgemein	Zusatzanforderungen			
nichtbrennbar	Rauch unbedenklich	$A1_{FL}$ $A2_{FL}$-s1	A1 A2	(A)
schwerentflammbar	Rauch unbedenklich	B_{FL}-s1 C_{FL}-s1	B1	
normalentflammbar	-	$A2_{FL}$-s2 B_{FL}-s2 C_{FL}-s2 D_{FL}-s1 D_{FL}-s2 E_{FL}	B2	
Keine Verwendung, wenn leichtentflammbar in Verbindung mit anderen Baustoffen.		F_{FL}	B3	

Für die Beurteilung des Brandverhaltens ist weiterhin die Eigenschaft der Stoffe von Bedeutung, bei thermischen Einwirkungen toxische Gase zu bilden. Mangels genormter Prüfmethoden und Bewertungskriterien konnten hierfür noch keine europäischen Festlegungen getroffen werden, es können im Einzelfall durchaus diesbezüglich jedoch von der Baubehörde entsprechende Nachweise verlangt werden.

Die Beurteilung der Brennbarkeit von Baustoffen erfolgt im Einzelnen auf der Grundlage der EN 13501-1:2000 (D) gemäß den nachstehenden Tabellen (Tabelle 7.2.4 und Tabelle 7.2.5). Baustofflisten über die Zugehörigkeit in eine der angegebenen Klassen gibt es derzeit nur für nichtbrennbare Baustoffe, s. Abschnitt 4.2.5, Tabelle 4.2.19 (vergl. [7] u. [8]). Dadurch wird die Verwendung brennbarer Baustoffe erschwert, weil eine Vielzahl europäischer Brennbarkeitsklassen zu beachten ist (s. Tabelle 7.2.2) und es nicht unmittelbar offensichtlich ist, welche Brennbarkeitsklassen den jeweiligen Bauteilen im Einzelnen wirklich zugeordnet werden müssen, um z.B. den bauaufsichtlichen Anforderungen „normalentflammbar" oder „schwerentflammbar" in der Praxis wirklich zu entsprechen.

Tabelle 7.2.4: Europäische Klassen des Brandverhaltens von Bauprodukten (mit Ausnahme von Bodenbelägen)

Klasse	Prüfverfahren	Klassifizierungskriterien	Zusätzliche Klassifikation
A1	EN ISO 1182[a] und	$\Delta T \leq 30$ °C und $\Delta m \leq 50$ % und $t_f \leq 0$ s (d. h. keine anhaltende Entflammung)	-
	EN ISO 1716	$PCS \leq 2{,}0$ MJ/kg[a] und $PCS \leq 2{,}0$ MJ/kg[b][c] und $PCS \leq 1{,}4$ MJ/m²[d] und $PCS \leq 2{,}0$ MJ/kg[e]	-
A2	EN ISO 1182[a] oder	$\Delta T \leq 50$ °C und $\Delta m \leq 50$ % und $t_f \leq 20$ s	-
	EN ISO 1716 und	$PCS \leq 3{,}0$ MJ/kg[a] und $PCS \leq 4{,}0$ MJ/m²[b] und $PCS \leq 4{,}0$ MJ/m²[d] und $PCS \leq 3{,}0$ MJ/kg[e]	-
	EN 13823	$FIGRA \leq 120$ W/s und $LFS <$ Rand des Probekörpers und $THR_{600s} \leq 7{,}5$ MJ	Rauchentwicklung[f] und brennendes Abtropfen/Abfallen [g]
B	EN 13823 und	$FIGRA \leq 120$ W/s und $LFS <$ Rand des Probekörpers und $THR_{600s} \leq 7{,}5$ MJ	Rauchentwicklung[f] und brennendes Abtropfen/Abfallen [g]
	EN ISO 11925-2[i],[j]	$F_s \leq 150$ mm innerhalb von 60 s	-
C	EN 13823 und	$FIGRA \leq 250$ W/s und $LFS <$ Rand des Probekörpers und $THR_{600s} \leq 15$ MJ	Rauchentwicklung[f] und brennendes Abtropfen/Abfallen [g]
	EN ISO 11925-2[i],[j]	$F_s \leq 150$ mm innerhalb von 60 s	-
D	EN 13823 und	$FIGRA \leq 750$ W/s	Rauchentwicklung[f] und brennendes Abtropfen/Abfallen [g]
	EN ISO 11925-2[i],[j]	$F_s \leq 150$ mm innerhalb von 60 s	-
E	EN ISO 11925-2[i],[h]	$F_s \leq 150$ mm innerhalb von 20 s	Brennendes Abtropfen/Abfallen [h]
F	Keine Leistung festgestellt		

[a] Für homogene Bauprodukte und substantielle Bestandteile von nichthomogenen Bauprodukten.
[b] Für jeden äußeren nichtsubstantiellen Bestandteil von nichthomogenen Bauprodukten.
[c] Alternativ kann ein äußerer nichtsubstantieller Bestandteil ein $PCS \leq 2{,}0$ MJ/m² haben, vorausgesetzt das Produkt erfüllt die folgenden Kriterien der EN 13823: $FIGRA \leq 20$ W/s und $LFS <$ Rand des Probekörpers und $THR_{600s} \leq 4{,}0$ MJ und s1 und d0.
[d] Für jeden inneren nichtsubstantiellen Bestandteil von nichthomogenen Bauprodukten.
[e] Für das Produkt als Ganzes.
[f] In der letzten Phase der Entwicklung des Prüfverfahrens wurden Änderungen des Rauchmesssystems eingeführt, deren Auswirkungen weitere Untersuchungen erfordern. Daraus kann sich eine Korrektur der Grenzwerte und/oder der Parameter zur Beurteilung des Rauches ergeben.
s1 = $SMOGRA \leq 30$ m²/s² und $TSP_{600s} \leq 50$ m²; s2 = $SMOGRA \leq 180$ m²/s² und $TSP_{600s} \leq 200$ m²; s3 = weder s1 noch s2
[g] d0 = kein brennendes Abtropfen/Abfallen in EN 13823 innerhalb von 600 s;
d1 = kein brennendes Abtropfen/Abfallen länger als 10 s in EN 13823 während 600 s;
d2 = weder d0 noch d1; Entzündung des Papiers in EN ISO 11925-2 führt zur Einstufung in d2.
[h] Bestanden = keine Entzündung des Papiers (keine Einstufung);
nicht bestanden = Entzündung des Papiers (Einstufung d2).
[i] Bei einer Flammenbeanspruchung der Oberfläche und - sofern für die Endanwendung des Produkts relevant - einer Flammenbeanspruchung der Probenkante.
[j] Beanspruchung 30 s.
[h] Beanspruchung 15 s.

Tabelle 7.2.5: Europäische Klassen des Brandverhaltens von Bodenbelägen

Klasse	Prüfverfahren	Klassifizierungskriterien	Zusätzliche Klassifikation
$A1_{fl}$	EN ISO 1182[a] und	$\Delta T \leq 30$ °C und $\Delta m \leq 50$ % und $t_f \leq 0$ s (d. h. keine anhaltende Entflammung)	-
	EN ISO 1716	$PCS \leq 2{,}0$ MJ/kg[a] und $PCS \leq 2{,}0$ MJ/kg[b] und $PCS \leq 1{,}4$ MJ/m²[c] und $PCS \leq 2{,}0$ MJ/kg[d]	-
$A2_{fl}$	EN ISO 1182[a] oder	$\Delta T \leq 50$ °C und $\Delta m \leq 50$ % und $t_f \leq 20$ s	-
	EN ISO 1716 und	$PCS \leq 3{,}0$ MJ/kg[a] und $PCS \leq 4{,}0$ MJ/kg[b] und $PCS \leq 4{,}0$ MJ/m²[c] und $PCS \leq 3{,}0$ MJ/kg[d]	-
	EN ISO 9239-1[e]	Kritischer Wärmestrom $f \geq 8{,}0$ kW/m²	Rauchentwicklung[g]
B_{fl}	EN ISO 9239-1[e] und	Kritischer Wärmestrom $f \geq 8{,}0$ kW/m²	Rauchentwicklung[g]
	EN ISO 11925-2[h] Beanspruchung = 15 s	$F_s \leq 150$ mm innerhalb von 20 s	-
C_{fl}	EN ISO 9239-1[e] und	Kritischer Wärmestrom $f \geq 4{,}5$ kW/m²	Rauchentwicklung[g]
	EN ISO 11925-2[h] Beanspruchung = 15 s	$F_s \leq 150$ mm innerhalb von 20 s	-
D_{fl}	EN ISO 9239-1[e] und	Kritischer Wärmestrom $f \geq 3{,}0$ kW/m²	Rauchentwicklung[g]
	EN ISO 11925-2[h] Beanspruchung = 15 s	$F_s \leq 150$ mm innerhalb von 20 s	-
E_{fl}	EN ISO 11925-2[h] Beanspruchung = 15 s	$F_s \leq 150$ mm innerhalb von 20 s	-
F_{fl}	Keine Leistung festgestellt		

[a] Für homogene Bauprodukte und substantielle Bestandteile von nichthomogenen Bauprodukten.
[b] Für jeden äußeren nichtsubstantiellen Bestandteil von nichthomogenen Bauprodukten.
[c] Für jeden inneren nichtsubstantiellen Bestandteil von nichthomogenen Bauprodukten.
[d] Für das Produkt als Ganzes.
[e] Versuchsdauer = 30 min.
[f] Als kritischer Wärmestrom gilt der niedrigere der folgenden beiden Werte: Wärmestrom bei der die Flamme erlöscht, oder Wärmestrom nach einer Versuchsdauer von 30 min (d. h. die Größe, die der geringsten Flammenausbreitung entspricht).
[g] s1 = Rauch ≤ 750 % min s2 = nicht s1.
[h] Bei einer Flammenbeanspruchung der Oberfläche und - sofern für die Endanwendung des Produkts relevant - einer Flammenbeanspruchung der Probenkante.

7.3 Zuordnung der Brennbarkeitsklassen von Bauteilen zur Gebäudeklasse

Es besteht in Deutschland mit Ausnahme von nichtbrennbaren Baustoffen (Klasse A bzw. A2) die Schwierigkeit festzulegen, welche europäischen Klassen den bauaufsichtlichen Anforderungen schwerentflammbar, normalentflammbar und leichtentflammbar bezogen auf den Anwendungsfall genau entsprechen. In dem Entwurf ÖNORM B 3806 ist vorgeschlagen, in Abhängigkeit von der Gebäudeklasse den zugehörigen Bauteilen jeweils Brandverhaltensklassen nach EN 13501-1 zuzuordnen [2].

Um die nachstehend angeführten Tabellen zu verstehen, ist zu beachten, dass die österreichischen Gebäudeklassen GK 1 bis GK 5 nicht genau den Gebäudeklassen nach MBO entsprechen, d.h. es gibt Abweichungen, welche für praktische Anwendungen der angegebenen Tabellen 7.3.1 und 7.3.2 aber im Regelfall vernachlässigbar sind. So entspricht z.B. die GK 4 in Österreich etwa der GK 4 in Deutschland, mit dem Unterschied, dass die Gebäudehöhe nur 11 m bis FOK des OGs betragen darf. Darüber hinaus gelten bis 22 m die Anforderungen der GK 5. Die genaue Definition der GK 1 bis GK 5 sind der Richtlinie „Begriffsbestimmungen" des Österreichischen Instituts für Bautechnik (OIB) zu entnehmen ([9] u. [10], www.oib.or.at).

Die folgende Tabelle 7.3.1 zeigt vorgeschlagene Baustoffanforderungen an Fußböden und Deckenbereiche in Gebäuden mit Ausnahme der Rohdecken. Aus der Tabelle geht unmittelbar der hohe Differenzierungsgrad hervor, welcher in der Praxis zukünftig notwendig wird. Es wird darauf hingewiesen, dass die ÖNORM B 3806 derzeit (Okt. 2007) nur als Entwurf vorliegt, Änderungen in der Tabelle sind noch zu erwarten. Das gilt auch für die im Weiteren aufgeführten Tabellen 7.3.2 und 7.3.4. Für die bauaufsichtliche Behandlung des Brandverhaltens von Baustoffen in der Praxis sind Tabellen der vorgestellten Art von grundsätzlicher Bedeutung und es wäre sinnvoll entsprechende Richtlinien zu erstellen.

Die Tabelle 7.3.2 zeigt die Anforderungen an Wandbekleidungen allgemein sowie im Verlauf von Fluchtwegen. In Hochhäusern wird allgemein mindestens die Klasse B verlangt, im Verlauf von Fluchtwegen kommen A2-Baustoffe zur Anwendung. Für Dächer sind die Baustoffanforderungen in der Tabelle 7.3.3 zusammengestellt. Als Dämmstoffe dürfen bis zur GK 3 jeweils EPS, XPS oder PUR der Klasse E zur Anwendung kommen.

Die Baustoffe für luftführende Schächte, Kanäle, Lüftungsleitungen und in Gebäudetrennfugen sind in der Tabelle 7.3.4 angegeben. Die brandschutztechnische Klassifizierung von Leitungen muss bis zum Vorliegen diesbezüglicher Regelungen durch Prüfungen des Materials als „abgerollter" Rohwerkstoff erfolgen. Soweit bei Gebäudetrennfugen an das Bauteil Anforderungen hinsichtlich des Feuerwiderstandes gestellt werden, muss die Eignung der Fugenausbildung anhand einer Brandprüfung nachgewiesen werden.

Tabelle 7.3.1: Baustoffklassen im Fußboden- und Deckenbereich mit Ausnahme der Rohdecke nach [9], [10]

Bauteil	Gebäudeklassen		
	GK 1	GK 2	GK 3
Bodenbeläge im Verlauf von Fluchtwegen [1]			
– Gänge	nicht zutreffend	E	C_{fl}-s1 [2]
– Treppenhäuser	nicht zutreffend	E	C_{fl}-s1 [2]
Nicht ausgebauter Teil des Dachbodens			
– Beläge	D_{fl}	D_{fl}	D_{fl}
Fußbodenkonstruktionen			
a) Klassifiziertes System	D	D	D
oder b) Aufbau mit folgenden klassifizierten Komponenten			
Tragschicht	D	C[3] oder C	C[3] oder C
Dämmschicht	E	C oder E	C oder E
Konstruktionen unter der Rohdecke (einschließlich Berücksichtigung der Befestigung) [5], **ausgenommen Deckenbeläge**			
Klassifiziertes System	D-d0	D-d0	D-d0
oder Aufbau mit folgenden klassifizierten Komponenten			
Unterkonstruktion	D	D oder D	D oder A2[3]
Dämmschicht	C-d0	C-d0 oder E	C-d0 oder E
Bekleidung oder abgehängte Decke	D-d0	D-d0 oder B-d0	D-d0 oder B-d0
Deckenbeläge im Verlauf von Fluchtwegen [1]			
– Gänge	nicht zutreffend	D	C-s1, d0 [3]
– Treppenhäuser	nicht zutreffend	D	C-s1, d0 [3]

Bauteil	Gebäudeklassen		
	GK 4	GK 5	Hochhäuser
Bodenbeläge im Verlauf von Fluchtwegen [1]			
– Gänge	C_{fl}-s1	C_{fl}-s1	$A2_{fl}$
– Treppenhäuser	$A2_{fl}$	$A2_{fl}$	$A2_{fl}$
Nicht ausgebauter Teil des Dachbodens			
– Beläge	$A2_{fl}$	$A2_{fl}$	$A2_{fl}$
Fußbodenkonstruktionen			
a) Klassifiziertes System	D	D	B
oder b) Aufbau mit folgenden klassifizierten Komponenten			
Tragschicht	C[4] oder B	C[4] oder B	B oder A2
Dämmschicht	B oder E	B oder E	A2 oder E
Konstruktionen unter der Rohdecke (einschließlich Berücksichtigung der Befestigung) [5], **ausgenommen Deckenbeläge**			
Klassifiziertes System	D-d0	D-d0	B-d0
oder Aufbau mit folgenden klassifizierten Komponenten			
Unterkonstruktion	A2[3] oder A2[3]	A2[3] oder A2[3]	A2
Dämmschicht	B-d0 oder D-d0	B-d0 oder D-d0	B-d0
Bekleidung oder abgehängte Decke	C[4]-d0 oder B-d0	C-d0 oder B-d0	B-d0

205

Fortsetzung Tabelle 7.3.1

Deckenbeläge im Verlauf von Fluchtwegen [1]			
– Gänge	C-s1, d0	B-s1, d0	A2-s1, d0
– Treppenhäuser	A2-s1, d0	A2-s1, d0	A2-s1, d0

1) Die Anforderungen gelten unter Berücksichtigung der Befestigung und einer allfälligen Endbehandlung, z.B. Versiegelung.
2) Laubhölzer (z. B. Eiche, Rotbuche, Esche) mit einer Mindestdicke von 15 mm sind jedenfalls zulässig.
3) Es sind auch Holz und Holzwerkstoffe gemäß EN 13986 der Klasse D zulässig.
4) Bei Verwendung von Dämmstoffen der Klasse A2 sind auch Holz und Holzwerkstoffe gemäß EN 13986 der Klasse D zulässig.
5) Fehlen in Gängen und Treppen im Verlauf von Fluchtwegen Deckenbeläge, gelten für die Bekleidung zutreffendenfalls die höheren Anforderungen für Deckenbeläge gemäß 6.4.5.

Tabelle 7.3.2: Baustoffklassen für raumseitige Wandbekleidungen und -beläge nach [9], [10]

Bauteil	Gebäudeklassen					
	GK 1	GK 2	GK 3	GK 4	GK 5	Hochhäuser
Raumseitige Wandbekleidungen, ausgenommen im Verlauf von Fluchtwegen						
a) Klassifiziertes System oder	D	D	D	D	D	B
b) Aufbau mit folgenden klassifizierten Komponenten						
– Bekleidung	D _oder_	B D _oder_	B D _oder_	B C[1] _oder_	B C _oder_	B A2
– Dämmschicht	C	E C	E C	E B	D B	D A2[2]
Raumseitige Wandbekleidungen im Verlauf von Fluchtwegen [3]						
a) Klassifiziertes System [4] oder	nicht zutreffend	D	C	B	A2	A2
b) Aufbau mit folgenden klassifizierten Komponenten						
– Bekleidung[4]	nicht zutreffend	D	C[5]	A2 B	A2 B	A2 A2
– Unterkonstruktion	nicht zutreffend	D	A2 [5] _oder_	A2 [5] _oder_	A2 [5] _oder_	A2 [5] _oder_	A2
– Dämmschicht	nicht zutreffend	C	B	D	A2 [2] C	B	A2 [2]
Raumseitige Wandbeläge im Verlauf von Fluchtwegen [6]						
– Gänge	nicht zutreffend	D	C-s1, d0 [5]	C-s1, d0	B-s1, d0	A2-d0
– Treppenhäuser	nicht zutreffend	D	C-s1, d0 [5]	A2-s1, d0	A2-s1, d0	A2-s1, d0

1) Bei Verwendung von Dämmstoffen der Klasse A2 sind auch Holz und Holzwerkstoffe gemäß EN 13986 der Klasse D zulässig.
2) Bei Mantelbeton sind auch Dämmstoffe der Klasse B zulässig.
3) Fehlen in Gängen und Treppen im Verlauf von Fluchtwegen Wandbeläge, gelten für die Bekleidung zutreffendenfalls die höheren Anforderungen für Wandbeläge gemäß 6.3.3.
4) Die Oberflächen der Wandbekleidungen müssen geschlossen sein.
5) Es sind auch Holz und Holzwerkstoffe gemäß EN 13986 der Klasse D zulässig.
6) Die Anforderungen gelten unter Berücksichtigung der Befestigung und einer allfälligen Endbehandlung.

Tabelle 7.3.3: Baustoffklassen für Dächer nach [9], [10]

Bauteil	Gebäudeklassen					
	GK 1	GK 2	GK 3	GK 4	GK 5	Hochhäuser
Flachdächer [1]						
a) Oberste Schicht mindestens 5 cm Kies oder gleichwertig						
– Abdichtung	E	E	E	E	E	E
– Dämmschicht	E	E	E	A2 [2]	A2 [2]	A2 [2]
b) Oberste Schicht nicht 6.5.1.1 entsprechend						
– Abdichtung	flugfeuerbeständig	flugfeuerbeständig	flugfeuerbeständig	flugfeuerbeständig	flugfeuerbeständig	nicht zulässig
– Dämmschicht	E	E	E	A2 [3]	A2 [3]	
Steildächer						
– Eindeckung	flugfeuerbeständig	flugfeuerbeständig	flugfeuerbeständig	A2	A2	A2
– Unterdeckbahn	E	E	E	E	E	A2 [4]
– Unterdach	E	E	E	A2 [5]	A2 [5]	A2
– Dämmschicht	E	E	E	A2 [6][7]	A2 [7]	A2

[1] Bei Trapezprofildächern sind die besonderen diesbezüglichen Bestimmungen zu beachten (siehe hiezu Anhang B, ABl., der Stadt Wien, Nr. 52/1988).
[2] Es sind auch EPS, XPS und PUR gemäß ÖNORM B 6000 der Klasse E zulässig.
[3] Es sind auch EPS, XPS und PUR gemäß ÖNORM B 6000 der Klasse E zulässig, sofern die Flugfeuerbeständigkeit des Systems (Abdichtung und Dämmstoff) nachgewiesen wird.
[4] Hiervon sind Unterdeckbahnen der Klasse E ausgenommen, wenn sie auf mineralischem Untergrund verlegt werden und mit Baumaterial der Brandverhaltensklasse A2 oder Gleichwertigem abgedeckt sind.
[5] Es sind auch Holz und Holzwerkstoffe gemäß EN 13986 der Klasse D zulässig.
[6] Es sind auch Holzwolledämmplatten WW gemäß ÖNORM B 6000 und Holzspandämmplatten WS gemäß ÖNORM B 6022 jeweils Klasse B zulässig.
[7] Auf allen in Massivbauweise hergestellten nicht hinterlüfteten Dachkonstruktionen sind auch EPS, XPS und PUR gemäß ÖNORM B 6000 Klasse E zulässig. Bei mehr als einem Geschoss innerhalb des Dachumrisses ist geschossweise ein umlaufendes mind. 20 cm hohes und in voller Dämmstoffdicke hergestelltes Brandschutzschott aus Mineralwolle MW-WD gemäß ÖNORM B 6000 auszuführen.

Tabelle 7.3.4: *Baustoffklassen für Luftführende Schächte, Kanäle und Lüftungsleitungen* [9], [10]

Bauteil	Gebäudeklassen					Hoch-häuser
	GK 1	GK 2	GK 3	GK 4	GK 5	
Leitungen [1]	E	D	C [2]	B	A2	A2
Dämmstoff	C oder D	C oder D	C oder D	B oder C [3]	B oder C	A2
Bekleidung	E oder B	E oder B	E oder B	D oder B	D oder B	A2
Fugenfüllmaterial [4]	nicht zutreffend	A2	A2	A2	A2	A2

[1] Die Anforderungen gelten nicht für Strangentlüftungen im Zuge von Entwässerungsleitungen.
[2] Bei Vorhandensein einer Bekleidung gemäß 6.6.3 sind auch Produkte der Klasse D zulässig.
[3] Bei Verwendung von Dämmstoffen der Klasse A2 sind auch Holz und Holzwerkstoffe gemäß EN 13986 der Klasse D zulässig.
[4] Die Anforderungen gelten nicht für die Fugenabdeckung.

7.4 Literatur zum Kapitel 7

[1] DIN 4102 Teil 1: Brandverhalten von Baustoffen und Bauteilen. Baustoffe, Begriffe und Prüfungen. Beuth Verlag GmbH, Berlin, Mai 1998

[2] ÖNORM B 3806: Anforderungen an das Brandverhalten von Bauprodukten (Baustoffen); Ausgabe 2005/07 und Entwurf 2007/10

[3] N.N.: Brandschutz in Europa – Prüfverfahren und Klassifizierungen zur Beurteilung des Brandverhaltens von Baustoffen. 1. Auflage, Beuth Verlag GmbH, Berlin, 2002

[4] Hertel, H.: Erläuterungen zum Grundlagendokument Brandschutz. DIBt Mitteilungen, Heft 25, S.213 , Berlin, 1994

[5] Hertel, H.: Grundlagendokument Brandschutz. Promat, Fachbeitrag mit Erläuterungen, Promat GmbH, Ratingen, April 1995

[6] Deutsches Normungsinstitut für Bautechnik: Zulassungsgrundsätze für den Nachweis der Nichtbrennbarkeit von Baustoffen (Baustoffklasse A nach DIN 4102-1) – Fassung Juli 1984 und Zulassungsgrundsätze für den Nachweis der Schwerentflammbarkeit von Baustoffen (Baustoffklasse B1 nach DIN 4102-1) – Fassung August 1994, DIBt Mitteilungen, Heft 25, S. 9, Berlin, 1994

[7] Europäische Kommission: Bauprodukten Richtlinie, Richtlinie des Rates Nr. 89/106/EWG der EU Kommission, Brüssel, Dez. 1988

[8] 96/603/EG – L 267/96: Entscheidung über ein Verzeichnis von Produkten nach Kategorie A „Kein Beitrag zum Brand" gemäß Entscheidung 94/611/EG zur Durchführung von Artikel 20 der Richtlinie 89/106/EWG über Bauprodukte

[9] N.N.: OIB – Richtlinien – Begriffsbestimmungen, Ausgabe: April 2007

[10] N.N.: OIB – Richtlinie 2 – Brandschutz, Ausgabe: April 2007

8 Temperatureigenschaften von Konstruktionsbaustoffen

8.1 Einführung

Die Feuerwiderstandsdauer von Bauteilen hängt von der Brennbarkeit der verwendeten Baustoffe und deren Temperaturverhalten ab. Die vier wichtigsten Konstruktionsbaustoffe Beton, Mauerwerk, Stahl und Holz zeigen bei Feuereinwirkung hinsichtlich ihres Verhaltens signifikante Unterschiede, weil das thermische Verhalten dieser Baustoffe sehr unterschiedlich ist. Beton, Mauerwerk und Stahl sind nicht brennbar, d.h., die Geometrie und Form von Bauteilen aus diesen Baustoffen bleibt unter Feuereinwirkung im Wesentlichen erhalten. Demgegenüber ist Holz brennbar, so dass sich Holzbauteile mit dem Beginn des Brandes hinsichtlich ihrer Geometrie und ihrer thermischen Eigenschaften verändern, dadurch werden die tragenden Querschnitte kleiner, wohingegen die Lastspannungen kontinuierlich zunehmen.

Andererseits sind Holz, Mauerwerk und auch Beton schlechte Wärmeleiter, d. h., bei einem Brand werden die entsprechenden Bauteile nur in den Randzonen verbrannt bzw. erwärmt, wohingegen ihre Kernbereiche im Wesentlichen nur geringe Temperaturerhöhungen erfahren, d.h. die mechanischen Eigenschaften verändern sich unterschiedlich stark in den Randbereichen und bleiben in den Kernbereichen der Bauteile nahezu unverändert. Stahlbauteile nehmen demgegenüber die Wärme rasch auf und erwärmen sich schnell über den gesamten Querschnitt. Da nun die mechanischen Eigenschaften (z. B. Festigkeit und E-Modul) der Konstruktionsbaustoffe mit steigenden Temperaturen durchweg abnehmen, ist es verständlich, dass z. B. Bauteile aus Stahl relativ rasch ihre Tragfähigkeit einbüßen, weil sie bei einem Brand schnell erwärmt werden und kritische Temperaturen erreichen. Bauteile aus Holz werden ebenfalls nach kurzer Feuereinwirkung versagen, weil durch den Abbrand die tragenden Querschnitte rasch verringert werden, so dass in beiden Fällen die äußeren Lasten nicht mehr aufgenommen werden können.

Stahlbetonbauteile und Mauerwerk versagen demgegenüber erst dann, wenn die Randzonen der Bauteile soweit durchwärmt sind, so dass die tragenden Bewehrungen kritische Temperaturen erreichen, oder die Randschichten der Bauteile durch sehr hohe Temperaturen zermürbt sind. Stahlbeton- und Spannbetonbauteile erreichen daher einen hohen Feuerwiderstand, vor allem durch die vorhandenen Überdeckungen. Porenbetone verhalten sich noch günstiger, weil sie eine sehr geringe Wärmeleitung aufweisen und erst oberhalb 600 °C allmählich an Festigkeit verlieren. Stahlbauteile können nur dann einen hohen Feuerwiderstand erreichen, wenn sie gegen das rasche Aufwärmen geschützt werden, zum Beispiel durch

— Bekleidungen (z. B. Putze, Platten),

— Wasserkühlung (z. B. wassergefüllte Hohlprofile),
— Brandschutzbeschichtungen (Dämmschichtbildner),

oder wenn sie im Verbund mit Beton bzw. Stahlbeton als sogenannte Stahlverbundbauteile ausgeführt werden. Neben den mechanischen Baustoffeigenschaften sind somit auch die thermischen Eigenschaften der Konstruktionsbaustoffe wie

— Wärmeleitfähigkeit,
— Temperaturleitfähigkeit,
— Wärmekapazität,
— Dichte,
— Feuchtigkeit,
— Abbrandgeschwindigkeit

entscheidende Parameter für den Feuerwiderstand der entsprechenden Bauteile. Im Folgenden werden die wichtigsten Baustoffeigenschaften der genannten Konstruktionsbaustoffe beschrieben und diskutiert. Weitere Angaben sind in den Kapiteln 14 bis 18 zu finden.

8.2 Temperaturverhalten von Beton

8.2.1 Festigkeit, E-Modul und Temperaturdehnungen von Beton

Normalbeton, Konstruktionsleichtbeton und Porenbeton werden ausschließlich aus mineralischen Baustoffen gefertigt und gelten daher ohne Nachweis als nichtbrennbar (A 1). Die zur Aufnahme von Zugkräften eingebrachte Bewehrung aus Baustahl ändert daran nichts. Stahlbetonbauteile gelten je nach Abmessung der Querschnitte und Dicke der Überdeckung des Betonstahls mit Beton in der Regel als feuerbeständig, wobei bei schlaff bewehrten Stahlbetonbauteilen in aller Regel die aus statischen Gründen erforderlichen Abmessungen der tragenden Bauteile schon entsprechend hohe Feuerwiderstandsdauern ergeben. Die Einsturzgefahr ist bei tragenden Stahlbetonbauteilen mit schlaffer Bewehrung sehr gering, bei Spannbetonkonstruktionen und sehr schlanken Bauteilen naturgemäß etwas höher, weil die hochfesten Spannstähle etwas empfindlicher auf Temperaturerhöhungen reagieren als Bewehrungsstähle und bei schlanken Bauteilen in Folge ungleichmäßiger Erwärmung die Beanspruchungen 2. Ordnung deutlich ansteigen können.

Die Feuereinwirkung führt in der Regel nur zur Erwärmung der äußeren Betonschicht (ca. 3 bis 4 cm), wodurch sich die Bewehrung erwärmt. Entscheidend für das Brandverhalten des Stahl- oder Spannbetons ist letztlich immer das Verhalten der Bewehrungen. Man könnte Konstruktionen aus Stahlbeton- bzw. Spannbetonbauteilen auch als geschützte Stahlkonstruktion bezeichnen. Bauteile aus Beton erhöhen die Brandlast nicht, haben eine relativ schlechte Wärmeleitung und die Gefahr des Einsturzes ist gering bzw. ein Einsturz erfolgt in einem sehr späten Stadium des Brandverlaufes oder gar nicht, d.h. sie erreichen ohne besonderen Aufwand hohe Feuerwiderstandsdauern und entwickeln im Brandfall keine toxischen Gase. Selbst nach schweren Brandeinwirkungen ist es möglich, die Betonbauteile zu sanieren.

Typische Baustoffeigenschaften von durchschnittlichen Konstruktionsbetonen in Abhängigkeit von der Temperatur sind auf den Bildern 8.2.1 bis 8.2.10 dargestellt. Beispiele für die Druckfestigkeit von zylindrischen Betonproben, welche ohne Vorlast (Druckbeanspruchung) in der Erwärmungsphase bei hohen Temperaturen untersucht wurden, sind für Normalbeton auf Bild 8.2.1 und für Leichtbeton auf Bild 8.2.2 wiedergegeben. Die Bilder 8.2.3 und 8.2.4 zeigen dagegen die Hochtemperaturfestigkeit entsprechender Betone bei verschiedenen Vorlasten bzw. Druckspannungen während oder nach einer Temperatureinwirkung [1]. Die angegebenen Prüftemperaturen stellen jeweils die mittleren Temperaturen der Prüfquerschnitte dar, d. h. die geprüften Betonproben waren stets vollständig durchwärmt.

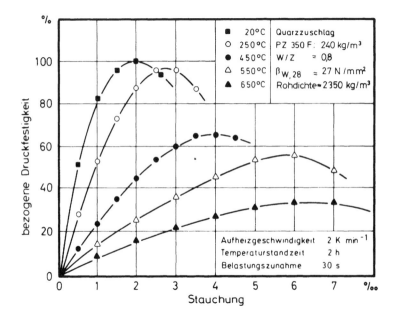

Bild 8.2.1: Bezogene Spannungs-Dehnungskurven von Normalbeton mit quarzhaltigem Zuschlag bei hohen Temperaturen (C25) nach [1]

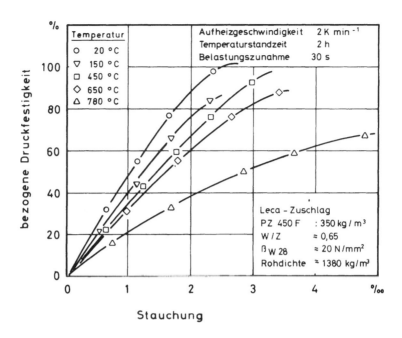

Bild 8.2.2: Bezogene Spannungs-Dehnungskurven von Leichtbeton mit Blähtonzuschlag bei hohen Temperaturen (LWC 20) nach [1]

Aus den Bildern 8.2.1 und 8.2.2 geht hervor, dass die Temperatur einen signifikanten Einfluss auf die Betonfestigkeiten hat, wobei sich Normal- und Leichtbeton etwa ähnlich verhalten. Oberhalb von 600 °C ist ein deutlicher Festigkeitsrückgang zu beobachten, wobei der E-Modul stark zurückgeht und die Bruchdehnungen erheblich zunehmen, d. h., der Beton wird duktiler bzw. „weicher".

Weiterhin zeigt sich, dass Betone, welche unter einer Vorlast (Druckbeanspruchung) erwärmt werden, vergleichsweise höhere Festigkeitswerte erreichen als solche, die unbelastet (d.h. ohne Druckbeanspruchung) erwärmt und bei der hohen Temperatur geprüft werden. Das Bestreben bei hoher Temperatur zu „Erweichen" nimmt mit zunehmender Druckbeanspruchung somit ab. Bei vergleichsweise niedrigen Temperaturerhöhungen von z. B. 100 °C wurden gelegentlich sogar Zunahmen der Betondruckfestigkeiten beobachtet. Bis zu Temperaturen von 200 °C sind bei der erstmaligen Erwärmung von Beton im Allgemeinen keinerlei Festigkeitseinbußen zu beobachten [2].

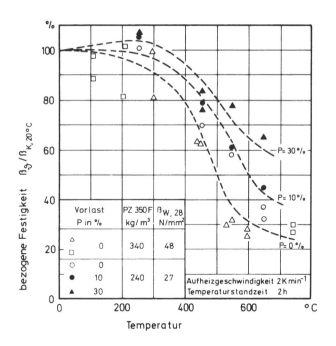

Bild 8.2.3: Bezogene Hochtemperaturfestigkeit von Normalbeton mit quarzhaltigem Zuschlag bei verschiedenen Vorlasten während der Aufheizung für Betone der Klassen C 25 und C 45 nach [1]

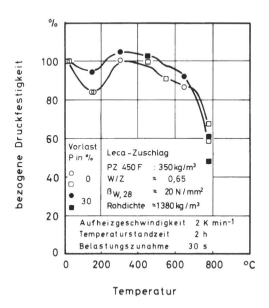

Bild 8.2.4: Bezogene Hochtemperaturfestigkeit von Leichtbeton LWC 20 mit Blähtonzuschlag bei unterschiedlicher Vorlast während der Aufheizung nach [1]

Insgesamt haben alle Betone günstige Temperatureigenschaften. Die verwendete Zuschlagsart spielt diesbezüglich eine bestimmte Rolle und hängt von der Zuschlagdichte und dem Temperaturwiderstand ab. Konstruktionsbetone mit Kalksteinzuschlägen verhalten sich geringfügig besser als Beton mit Quarzzuschlägen. Erstere haben im Allgemeinen eine geringfügig niedrigere Wärmeleitung und Wärmeausdehnung, was sich positiv auf das Brandverhalten auswirkt. Es ist jedoch zu beachten, dass bei Kalksteinzuschlägen bei Temperaturen von über 700 °C die Entsäuerung beginnt, d. h., die Zuschläge zersetzen sich allmählich [1], [3]. Derart geschädigte Betonbauteile lassen sich nach Bränden schlechter sanieren. Die Betongüteklasse spielt in diesem Zusammenhang ebenfalls nur eine geringe Rolle, d. h., die festgestellten Temperaturabhängigkeiten gelten für alle Normal- und Leichtbetone bis zu den Güteklassen C55 bzw. LWC45.

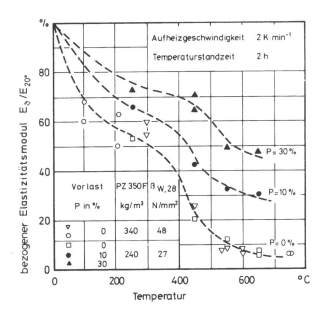

Bild 8.2.5:   Bezogener Hochtemperatur-E-Modul von Normalbeton C 25 und C 45 mit Quarzzuschlag bei verschiedenen Vorlasten während der Aufheizung nach [1; 2]

Der Elastizitätsmodul von Beton hängt wie die Festigkeit und Stauchung von den oben beschriebenen Haupteinflussgrößen ab. Eine zusammenfassende Darstellung der beispielhaft behandelten Betone enthalten die Bilder 8.2.5 und 8.2.6. Die E-Moduln von Betonen (siehe Bild 8.2.5 und Bild 8.2.6) verhalten sich analog zu den Festigkeiten. Die Betongüte ist diesbezüglich ebenfalls praktisch ohne Einfluss, d.h., die Temperaturabhängigkeiten gelten bis zur Güteklasse C 55 bzw. LWC 45. Allerdings erfolgt ein Rückgang der Elastizität auch schon bei kleineren Temperaturerhöhungen; die Verformungen brandbeanspruchter Betonbauteile nehmen schon oberhalb von 200 °C deutlich zu [2].

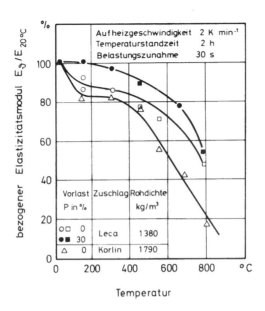

Bild 8.2.6: *Bezogener Hochtemperatur-E-Modul von Leichtbeton LWC 20 mit Blähton-zuschlag bei verschiedenen Vorlasten während der Aufheizung nach [2]*

Der Einfluss von Druckvorspannungen auf den E-Modul beim Aufheizen ist in den Bildern 8.2.5 und 8.2.6 ebenfalls deutlich erkennbar. Praktisch bedeutet dieses, dass druckbeanspruchte Betonbauteile beim Aufheizen länger ihre Steifigkeiten beibehalten als unbelastet aufgeheizte Bauteile. Die aufgebrachten Druckspannungen wirken den temperaturbedingten Rissbildungen entgegen, was sich insgesamt günstig auf das Temperaturverhalten des Materials und damit auch auf Betonbauteile auswirkt.

Noch deutlicher ist der Einfluss der Vorbelastung auf die Bruchstauchung bei hoher Temperatur. Die Versuchsergebnisse auf Bild 8.2.7 zeigen, dass bei einer Belastung von 30 % während der Aufheizung die Bruchstauchungen bei hohen Temperaturen knapp unter den bei Raumtemperatur beobachteten Werten von 2 ‰ liegen. Ein großer Teil der erhöhten Verformungsfähigkeit des Betons wird in diesem Fall offensichtlich durch die während der Aufheizphase ablaufenden transienten Kriechvorgänge vollständig kompensiert, so dass die Fähigkeit des Betons bei hohen Druckspannungen zu Plastifizieren praktisch erschöpft ist und die maximalen Bruchstauchungen unerwartet klein ausfallen.

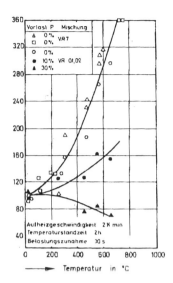

Bild 8.2.7: Hochtemperaturbruchstauchung von Normalbeton C25 und C45 bei verschiedenen Vorlasten während der Aufheizung nach [1; 2]

Von großer praktischer Bedeutung ist das thermische Ausdehnungsverhalten von Beton, weil die thermischen Dehnungen der Bauteile im Brandfall gegebenenfalls zusätzliche Zwangs- oder Eigenspannungen und Verformungen bzw. ungewollte Verschiebungen bewirken können. Bild 8.2.8 zeigt die thermische Dehnung verschiedener Betone mit quarzhaltigem Zuschlag, Kalkstein- und Blähtonzuschlag. Zum Vergleich ist die thermische Dehnung des häufig verwendeten Betonstahls BSt 420/500 RK mit in das Diagramm eingezeichnet worden. Die untersuchten Betone zeigen bei Temperaturen von mehr als 100 °C ein deutlich unterschiedliches Verhalten [3].

Bis etwa 500 °C entspricht das Ausdehnungsverhalten des Sandsteinbetons (Kiesbeton) etwa dem des Betonstahls. Diese Tatsache wirkt sich günstig auf das Verbundverhalten von Stahlbetonkonstruktionen im Brandfall aus. Infolge der Quarzumwandlung bei 573 °C nimmt die Dehnung des Betons im Bereich > 573 °C stark zu und erreicht schließlich bei 700 °C einen Wert von ca. 14 ‰ Ausdehnung. Der Kalksteinbeton zeigt eine geringere thermische Dehnung; die Differenz zum Sandsteinbeton beträgt im mittleren Temperaturbereich (200 ≤ 0 ≤ 500 °C) 1 bis 2 ‰, bei 700 °C dagegen 4 ‰. Dieses wirkt sich ebenfalls günstig auf die Verbundfestigkeit im Brandfall aus. Eine sehr geringe Temperaturdehnung weist der Konstruktionsleichtbeton mit Blähtonzuschlag auf; sie beträgt bei 800 °C maximal nur knapp 6 ‰. Bei höheren Temperaturen setzt Schrumpfen ein, das sich in Bild 8.2.8 nur andeutet. Die angegebenen Messwerte decken den in der Praxis zu erwartenden Wertebereich für die thermische Dehnung von Konstruktionsbetonen, Leichtbetonen und Stahlbeton ab [1].

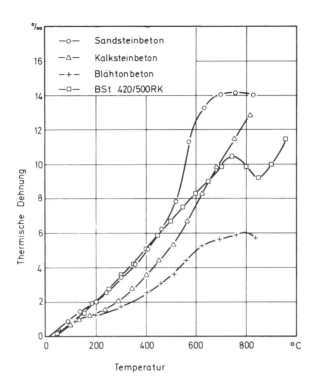

Bild 8.2.8: Thermische Dehnungen von Betonen mit verschiedenen Zuschlägen und Betonstahl nach [1;2]

Die Zugfestigkeit des Betons unter hohen Temperaturen spielt bei der konstruktiven Bemessung in der Regel nur eine untergeordnete Rolle, weshalb auch nur wenige Untersuchungen darüber vorliegen. Nach vorliegenden Erfahrungen fällt die Zugfestigkeit mit zunehmender Temperatur sehr schnell ab. Die nachstehende Tabelle 8.2.1 zeigt die Temperaturabhängigkeit der reinen Zugfestigkeit von Beton bezogen auf den Ausgangswert bei 20 °C. Der Zugbruch tritt bei Dehnungen auf, welche kleiner als 1/10 der Bruchdehnungen von Beton betragen.

Tabelle 8.2.1: Zugfestigkeit von Beton bei hohen Temperaturen nach [4]

Temperatur °C	20	100	200	300	400	500	≥ 600
bez. Zugfestigkeit	100	80	60	40	20	10	0

8.2.2 Temperaturverhalten von Beton unter Brandbeanspruchung

Das Temperaturverhalten von Beton unter Brandbeanspruchung wird durch große zeit- und temperaturabhängige Verformungen beeinflusst, wobei die Temperatur über die Aufheizrate mit der Zeit direkt verknüpft ist. Die Bilder 8.2.9 und 8.2.10 zeigen die Gesamtverformungen von Normal- und Leichtbeton unter einer Belastung P, welche in Prozent der Ausgangsdruckfestigkeit angegeben ist. Die Kurve P = 0 % stellt somit die reine thermische Ausdehnung des Betons dar. Bei P > 0 % treten elastische und nichtelastische Verformungen auf. Der Kriechanteil wird als instationäres Temperaturkriechen (transient creep) bezeichnet (siehe [2] bis [5]).

Unter dem instationären Temperaturkriechen von Beton (transient creep) versteht man die Ermittlung der Kriechverformung bei kontinuierlicher Erwärmung einachsig belasteter Betonproben unter konstanter Druckbelastung. Das Kriechen besitzt für das Brandverhalten große Bedeutung, da bei einer praxisgerechten Belastung und einem Temperaturanstieg im Betonquerschnitt die Gesamtverformung ε_{ges}, welche sich aus thermischen Verformungen (thermische Dehnung) ε_{th}, elastischen Verformungen ε_{el}, plastischen Verformungen ε_{pl} und dem instationären Kriechen $\varepsilon_{tr,k}$ (siehe Gl. (8.2.1)) zusammensetzt, entscheidend für das Bauteilverhalten im Brandfall ist.

$$\varepsilon_{ges} = \varepsilon_{th} + \varepsilon_{el} + \varepsilon_{pl} + \varepsilon_{tr,k} \qquad \text{Gl. (8.2.1)}$$

ε_{ges} Gesamtverformung bei Erwärmung in ‰
ε_{th} thermische Dehnung bei Erwärmung in ‰
ε_{el} elastische Verformung bei Erwärmung in ‰
ε_{pl} nichtelastische (plastische) Verformung bei Erwärmung in ‰
$\varepsilon_{tr,k}$ instationäres Temperaturkriechen bzw. transientes Kriechen bei Erwärmung in ‰

Aus Gl. (8.2.1) erhält man für die mechanisch bedingten Verformungen:

$$\varepsilon_m = \varepsilon_{ges} - \varepsilon_{th} = \varepsilon_{el} + \varepsilon_{pl} + \varepsilon_{tr,k} \qquad \text{Gl. (8.2.2)}$$

Das vorgeschlagene Modell wurde erstmalig in [2] veröffentlicht sowie in [6] angewendet und in [7] in modifizierter Form beschrieben. Die mechanischen Dehnungen ergeben sich danach aus der Differenz von $\varepsilon_{ges} - \varepsilon_{th}$ (vergl. Bild 8.2.9 und Bild 8.2.10). Die thermischen Dehnungen für Normalbeton sind prinzipiell dem Bild 8.2.8 oder [1] bis [7] zu entnehmen.

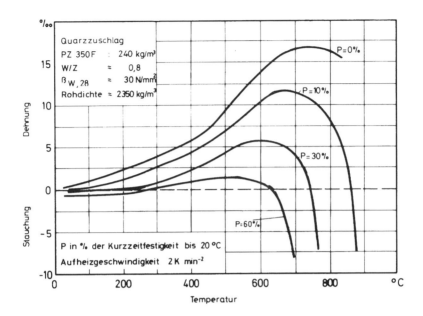

Bild 8.2.9: *Verformung einachsig belasteter Betonproben aus Normalbeton mit Quarzzuschlag bei instationärer Wärmebeanspruchung nach [2; 6]*

Der Elastizitätsmodul ist in den Bildern 8.2.5 und 8.2.6 angegeben. Die elastischen und plastischen Verformungen sind prinzipiell aus gemessenen σ-ε-Beziehungen abzuleiten, welche sich grundsätzlich aus Gl. (8.2.3) berechnen lassen [4; 6].

$$\sigma = f_c \cdot \frac{\varepsilon}{\varepsilon_u} \cdot \frac{n}{(n-1) + \left(\dfrac{\varepsilon}{\varepsilon_u}\right)^n} \qquad \text{Gl. (8.2.3)}$$

σ	Spannung
fc	Festigkeit bei hoher Temperatur (s. Bild 8.2.3 oder Bild 8.2.4)
ε	Dehnung (= $\varepsilon_{el} + \varepsilon_{pl}$)
ε_u	Bruchdehnung entsprechend f_c
n	Exponent n = 3 Normalbeton, n = 2,5 Leichtbeton

Die elastischen Dehnungen ergeben sich aus:

$$\varepsilon_{el} = \frac{\sigma}{E(T,P)} \qquad \text{Gl. (8.2.4)}$$

bzw. gemäß Gl. (8.2.3) mit n=3 nach dem Differenzieren am Nullpunkt (ε = 0) zu:

$$E = \left.\frac{d\sigma}{d\varepsilon}\right|_{\varepsilon=0} = 1{,}5 \cdot \frac{f_c}{\varepsilon_u} \qquad \text{Gl. (8.2.5)}$$

Dieser Wert ist in der Regel zu hoch; d.h. der E-Modul bzw. ε_{el} sollte aus Bild 8.2.5 bzw. Bild 8.2.6 als Sekantenmodul bestimmt werden. Ebenso ist auch ε_u von der Temperatur T und von der Druckbelastung beim Aufheizen abhängig, d.h. ε_u ist ebenfalls eine Funktion von T und P (siehe Bild 8.2.7). Die Druckfestigkeit von Normalbeton ist ebenfalls von der Temperatur und der Auflast P während der Aufheizung abhängig. Für den Fall P = 0 % sind in Bild 8.2.1 die zugehörigen σ-ε-Beziehungen angegeben. Bild 8.2.3 zeigt die Abhängigkeit von fc von T und P. Die nachstehende Gl. (8.2.6) zeigt die Abhängigkeit der Festigkeit fc von der Temperatur für P = 0 % nach [7]:

$f_c = f_c (20\ °C)$ für $T \leq 250\ °C$ Gl. (8.2.6 a)

$f_c = f_c (20\ °C) \cdot (1 - 0{,}0018(T-250))$ für $250\ °C < T \leq 750\ °C$ Gl. (8.2.6 b)

$f_c = f_c (20\ °C) \cdot (1 - 0{,}0004(T-750))$ für $750\ °C < T \leq 1000\ °C$ Gl. (8.2.6 c)

$f_c = 0$ für $1000\ °C > T$ Gl. (8.2.6 d)

Die Bruchdehnung ε_u in Abhängigkeit von T und P wird anhand von Gl. (8.2.7) ermittelt:

$\varepsilon_u = \varepsilon_u (20\ °C) + \Delta\varepsilon_u (T) \cdot f (P/100\ \%)$ Gl. (8.2.7 a)

$\varepsilon_u (20\ °C) = 2{,}2 \cdot 10^{-3}$ Gl. (8.2.7 b)

$\Delta\varepsilon_u (T) = [4{,}2 \cdot 10^{-6} + (T-20) \cdot 5{,}4 \cdot 10^{-9}] \cdot (T-20)$ für $20\ °C \leq T \leq 1000\ °C$ Gl. (8.2.7 c)

Nebenbedingung: $\Delta\varepsilon_u (T) \leq 7{,}8 \cdot 10^{-3}$

und $\quad f (P/100\ \%) = 1{,}0 \quad$ für $P = 0\ \%$

$\quad\quad\quad f (P/100\ \%) = 0{,}227 \quad$ für $P = 10\ \%$

$\quad\quad\quad f (P/100\ \%) = 0{,}095 \quad$ für $P = 30\ \%$

Nebenbedingung: $f (P/100\ \%) \leq 0{,}3 \quad$ Zwischenwerte für P dürfen linear interpoliert werden.

Die plastischen Verformungen lassen sich für den ansteigenden Bereich der σ-ε-Beziehung ($\varepsilon \leq \varepsilon_u$) aus der Differenz der Dehnungen nach Gl. (8.2.3) und Gl. (8.2.5) berechnen:

$\varepsilon_{pl} = \kappa \cdot \dfrac{\sigma}{E} = \varepsilon - \varepsilon_{el}$ für $\sigma_{el} < \sigma \leq \sigma_u$ und $\varepsilon \geq \varepsilon_{el} = \sigma \cdot E(T,P)$ Gl. (8.2.8)

Die Funktion κ ergibt sich näherungsweise nach [4]:

$$\kappa = \frac{1}{2} \cdot \left(1 - \sqrt{1 - \left(\frac{\sigma}{f_c}\right)^4}\right) \qquad \text{Gl. (8.2.9)}$$

Die mechanischen Verformungen ε_m nach Gl. (8.2.2) berechnen sich aus $\varepsilon_{ges} - \varepsilon_{th}$, wobei gemäß [2] dafür die Gl. (8.2.10) angegeben ist:

$$\varepsilon_m = \frac{\sigma}{E(T)} \cdot (1 + \varphi) \qquad \text{Gl. (8.2.10)}$$

Es wurde in [6] festgestellt, dass bei allen Aufheizgeschwindigkeiten von 0,5 bis 4 K/min die Messwerte normiert werden konnten, ohne die Druckabhängigkeit im E-Modul zu berücksichtigen. Weiterhin sind im φ-Wert neben dem Kriechanteil ε_{kr} auch elastische (Gl. (8.2.8)) und plastische (Gl. (8.2.9)) Anteile enthalten. Die Werte von φ berechnen sich aus der in [4] und [6] angegebenen Gleichung:

$$\varphi = C_1 \cdot \tanh \gamma_w (T - 20) + C_2 \cdot \tanh \gamma_o (T - T_g) + C_3 \qquad \text{Gl. (8.2.11)}$$

Die darin enthaltenen Parameter sind in der folgenden Tabelle 8.2.2 angegeben. Sie wurden gegenüber den ursprünglichen Werten in [4] und [7] nach vorliegenden Erfahrungen geringfügig korrigiert.

Tabelle 8.2.2: *Parameter für das transiente Kriechen (inkl. ε_{pl} u. $\Delta\varepsilon_{el}(T, P)$) von Normalbeton während der Aufheizung und Druckbeanspruchung nach [6]*

Parameter	Dim.	Beton		
		Quarz	Kalkstein	Blähton
C_1	1	2,5	2,5	2,5
C_2	1	0,7	1,4	3,0
C_3	1	0,7	1,4	2,9
γ_o	°C^{-1}	$7,5 \cdot 10^{-3}$	$7,5 \cdot 10^{-3}$	$7,5 \cdot 10^{-3}$
T_g	°C	800	700	600

Die Funktion γ_w berücksichtigt die Betonfeuchte und berechnet sich aus Gl. (8.2.12):

$$\gamma_w = (0,3 \cdot w^{0,5} + 2,2) \cdot 10^{-3} \quad \text{in °C}^{-1} \quad \text{mit } \gamma_w \leq 2,8 \cdot 10^{-3} \qquad \text{Gl. (8.2.12)}$$

w: Feuchtegehalt in Gewichtsprozent

Nach Bestimmung von ε_m aus Gl. (8.2.10), ε_{el} nach Gl. (8.2.4) sowie ε_{pl} aus Gl. (8.2.8) lässt sich der transiente Kriechanteil ε_{tr} unmittelbar bestimmen:

$$\varepsilon_{tr} = \varepsilon_m - \varepsilon_{el}(T,P) - \varepsilon_{pl}(T,P) \qquad \text{Gl. (8.2.13)}$$

Die obigen Beziehungen wurden erstmalig in [6] theoretisch beschrieben und in [7] ausführlich abgeleitet. Weiterhin wurden in [8] Beziehungen für den abfallenden Bereich der σ-ε-Beziehung ($\varepsilon > \varepsilon_u$) angegeben. Im Bereich der Abkühlung ist $T < T_{max}$. Es findet kein Rückkriechen statt (!), d.h. der Kriechvorgang ist abgeschlossen. Es ist zu beachten, dass ε_{th} in der Regel nicht reversibel ist, darüber liegen bisher nur wenige Messergebnisse vor. Im Zugbereich wird die σ-ε-Beziehung für den Druckbereich verwendet, wobei P = 0 % gesetzt wird und alle Werte der Festigkeit und der Dehnung auf 1/10 reduziert werden. Das geringe Zugkriechen wird nicht berücksichtigt.

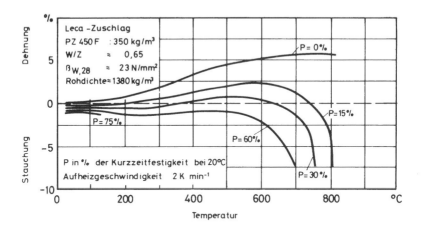

Bild 8.2.10: Verformung einachsig belasteter Betonproben aus Leichtbeton mit Blähtonzuschlag bei instationärer Wärmebeanspruchung nach [6]

Brandversuche an Betondruckgliedern zeigen deutlich das Zusammenwirken von Kriechen, thermischer Dehnung und Stauchung bei der Erwärmung. Die Dehnungen verringern sich bei höherer Belastung während der Aufheizung. Das Gesamtverformungsverhalten wird dabei nicht nur von den Hauptparametern Temperatur und Belastung (Druckspannung), sondern auch von anderen Größen wie der Zuschlagsart und Betonfeuchte beeinflusst. Insgesamt sind die beiden letztgenannten Einflussgrößen jedoch gering. Diesbezüglich wird auf die einschlägige Literatur verwiesen (siehe [1] bis [6]).

Die Relaxation von Beton unter Temperatureinfluss wurde ebenfalls untersucht. Unter Relaxation versteht man praktisch die Umkehrung eines Kriechvorganges, d.h. die Ermittlung der Zwangskräfte (P = P (t)) in dehnungsbehinderten Betonproben (ε = 0) unter Erwärmung. Versuche dieser Art sind für das Brandverhalten von Gesamttragwerken von Bedeutung. Die Verhinderung von Dehnungen bei zunehmender Temperatur führt zu Zwangskräften, welche von den angrenzenden Bauteilen aufgenommen und abgetragen werden müssen (siehe [2], [3] und [6]).

Bild 8.2.11 zeigt die Entwicklung von Zwangskräften bei kontinuierlicher Aufheizung von Betonprobekörpern bei vollständiger Dehnungsbehinderung in Abhängigkeit von der Temperatur und der Zeit. Die verschiedenen Versuche mit unterschiedlich hohen Anfangsbelastungen sind graphisch dargestellt. Danach ist die zeitliche Wirkung der Zwangskräfte diskontinuierlich. Die Zwangskräfte nehmen infolge des Kriechens vor allem zwischen 100 und 200 °C und der einsetzenden Dehydratation der CSH-Phasen oberhalb von 450 °C jeweils deutlich ab, d.h., für den zeitlichen Verlauf der Zwängungskräfte sind die beim Beton auftretenden thermischen Dehnungen sowie die Entwässerungs- und Dehydratationsvorgänge von gegenläufigem Einfluss. Bei Erwärmung über 450 °C fallen die Zwangskräfte bei weiterer Temperaturerhöhung ab. Die thermisch bedingte Ausdehnungsgeschwindigkeit des Betons wird in der Erwärmungsphase ab 500 °C von der rasch ansteigenden Kriechgeschwindigkeit infolge thermischer Zersetzung der CSH-Phasen übertroffen.

Vergleiche der Höhe der Zwangskräfte bei unterschiedlichen Aufheizgeschwindigkeiten zeigen, dass diese im Wesentlichen von der Temperaturhöhe und nicht von der Erwärmungsgeschwindigkeit abhängen [1]. Aus dem Bild 8.2.11 lässt sich ableiten, dass bei Stahlbetonbauteilen im Brandfall große Druckkräfte zu erwarten sind, wenn die Bauteile in ihrer Ausdehnung behindert werden. Die Zwangskräfte sind ohne weiteres 2- bis 4-mal höher als die aus der statischen Belastung herrührenden Druckkräfte.

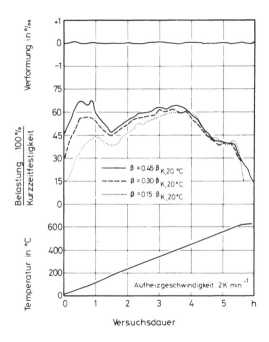

Bild 8.2.11:   Zwängungskräfte bei Betonprobekörpern unter vollständiger Dehnungsbehinderung in Abhängigkeit von Temperatur und Zeit bei verschieden hohen Belastungen β bzw. P in % zu Versuchsbeginn nach [6]

Das komplexe Verhalten des Betons unter Brandbeanspruchung lässt eine analytische Beschreibung des thermischen Verhaltens von Beton zu. In [4], [5], [6] und [7] sind diesbezüglich spezielle temperaturabhängige Werkstoffmodelle beschrieben. Ein differenziertes Modell ist oben angegeben. Im Eurocode 2 [9] und Eurocode 4 [10] Teile 1-2 wurden derart differenzierte Modelle nicht übernommen, so dass sie für die Berechnung von Zwangskräften nur näherungsweise geeignet sind. Die Tragfähigkeit von Stahlbetonbauteilen unter Normbrandbedingungen wird hingegen vom EC 2 gut wiedergegeben.

8.2.3 Temperatureigenschaften von Beton nach Eurocode 2

Die Festigkeits- und Verformungseigenschaften von einachsig gedrücktem Beton bei erhöhten Temperaturen werden den Spannungs-Dehnungsbeziehungen entsprechend Bild 8.2.12 entnommen.

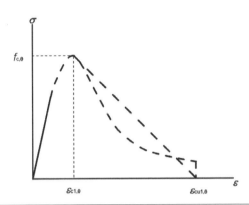

Bereich	Spannung $\sigma(\theta)$
$\varepsilon \leq \varepsilon_{c1,\theta}$	$\dfrac{3\varepsilon f_{c,\theta}}{\varepsilon_{c1,\theta}\left(2+\left(\dfrac{\varepsilon}{\varepsilon_{c1,\theta}}\right)^3\right)}$
$\varepsilon_{c1(\theta)} \leq \varepsilon \leq \varepsilon_{cu1,\theta}$	Für numerische Zwecke sollte ein abfallender Kurventeil angenommen werden. Lineare und nichtlineare Modelle sind zulässig.

Bild 8.2.12: Modell der Spannungs-Dehnungsbeziehungen für druckbeanspruchten Beton bei erhöhten Temperaturen

Die Spannungs-Dehnungsbeziehungen werden durch zwei Parameter definiert: Druckfestigkeit $f_{c,\theta}$ und der Stauchung $\varepsilon_{c1,\theta}$ entsprechend $f_{c,\theta}$. Für jeden der Parameter sind in Tabelle 8.2.3 Werte in Abhängigkeit von der Betontemperatur angegeben. Für Zwischenwerte der Temperatur ist eine lineare Interpolation zulässig. Die in Tabelle 8.2.3 angegebenen Werte können für Normalbeton mit quarz- oder kalksteinhaltigen (mindestens 80 Gew.-% kalksteinhaltiger Zuschlag) Zuschlägen angewendet werden. Die empfohlenen Werte für $\varepsilon_{cu1,\theta}$, die den Bereich des abfallenden Kurventeils definieren, sind in Tabelle 8.2.4 angegeben.

Tabelle 8.2.3: *Werte für die Hauptparameter der Spannungs-Dehnungsbeziehung von Normalbeton mit quarz- oder kalksteinhaltigem Zuschlag bei erhöhten Temperaturen*

Beton Temperatur	Quarzhältige Zuschläge			Kalksteinhaltige Zuschläge		
θ	$f_{c,\theta}/f_{ck}$	$\varepsilon_{c1,\theta}$	$\varepsilon_{cu1,\theta}$	$f_{c,\theta}/f_{ck}$	$\varepsilon_{c1,\theta}$	$\varepsilon_{cu1,\theta}$
[°C]	[–]	[–]	[–]	[–]	[–]	[–]
1	2	3	4	5	6	7
20	1,00	0,0025	0,0200	1,00	0,0025	0,0200
100	1,00	0,0040	0,0225	1,00	0,0040	0,0225
200	0,95	0,0055	0,0250	0,97	0,0055	0,0250
300	0,85	0,0070	0,0275	0,91	0,0070	0,0275
400	0,75	0,0100	0,0300	0,85	0,0100	0,0300
500	0,60	0,0150	0,0325	0,74	0,0150	0,0325
600	0,45	0,0250	0,0350	0,60	0,0250	0,0350
700	0,30	0,0250	0,0375	0,43	0,0250	0,0375
800	0,15	0,0250	0,0400	0,27	0,0250	0,0400
900	0,08	0,0250	0,0425	0,15	0,0250	0,0425
1000	0,04	0,0250	0,0450	0,06	0,0250	0,0450
1100	0,01	0,0250	0,0475	0,02	0,0250	0,0475
1200	0,00	–	–	0,00	–	–

Tabelle 8.2.4: $\varepsilon_{cu,\theta}$ *und* $\varepsilon_{ce,\theta}$ *zur Definition des abfallenden Astes der Spannungs-Dehnungsbeziehungen von Beton bei erhöhten Temperaturen nach EC 2*

Betontemperatur	$\varepsilon_{cu,\theta} \cdot 10^3$	$\varepsilon_{ce,\theta} \cdot 10^3$
θ_c [°C]	empfohlene Werte	empfohlene Werte
20	2,5	20,0
100	4,0	22,5
200	5,5	25,0
300	7,0	27,5
400	10	30,0
500	15	32,5
600	25	35,0
700	25	37,5
800	25	40,0
900	25	42,5
1000	25	45,0
1100	25	47,5
1200	-	-

In der Regel sollte die Zugfestigkeit des Betons – auf der sicheren Seite liegend – nicht zum Ansatz gebracht werden. Wenn die Zugfestigkeit jedoch beim vereinfachten oder allgemeinen Rechenverfahren berücksichtigt werden soll, dann wird der Abfall des charakteristischen Werts der Betonzugfestigkeit wird durch den Beiwert $k_{c,t}(\theta)$ nach Gl. (8.3.14) berücksichtigt.

$$f_{ck,t}(\theta) = k_{c,t}(\theta)\, f_{ck,t} \qquad \text{Gl. (8.2.14)}$$

Für $k_{c,t}(\theta)$ dürfen nach EC 2 die folgenden Werte verwendet werden, wenn genauere Daten nicht zur Verfügung stehen:

$$20\ °C \leq \theta \leq 100\ °C \ : \quad k_{c,t}(\theta) = 1{,}0 \qquad \text{Gl. (8.2.15 a)}$$

$$100\ °C < \theta \leq 600\ °C \ : \quad k_{c,t}(\theta) = 1{,}0 - 1{,}0\,(\theta - 100)/500 \qquad \text{Gl. (8.2.15 b)}$$

$$\theta > 600\ °C \ : \quad k_{c,t}(\theta) = 0{,}0 \qquad \text{Gl. (8.2.15 c)}$$

Bei thermischen Einwirkungen nach EN 1991-1-2, Abschnitt 3 (Simulation eines natürlichen Feuers), ist das Modell für die Spannungs-Dehnungsbeziehungen von Beton nach Bild 8.2.12 zu modifizieren, insbesondere für den Bereich abfallender Temperaturen (siehe

Tabelle 8.2.4). Dafür kommt u.a. das in Abschnitt 8.2.2 beschriebene Verfahren zum Einsatz.

Die thermische Dehnung $\varepsilon_c(\theta)$ von Beton darf, ausgehend von der Länge bei 20 °C, in Abhängigkeit der Betontemperatur θ (°C) wie folgt bestimmt werden:

- Quarzhaltige Zuschläge:

$$20\ °C \leq \theta \leq 700\ °C \ : \quad \varepsilon_c(\theta) = -1{,}8 \times 10^{-4} + 9 \times 10^{-6}\theta + 2{,}3 \times 10^{-11}\theta^3 \qquad \text{Gl. (8.2.16 a)}$$

$$700\ °C < \theta \leq 1200\ °C \ : \quad \varepsilon_c(\theta) = 14 \times 10^{-3} \qquad \text{Gl. (8.2.16 b)}$$

- Kalksteinhaltige Zuschläge:

$$20\ °C \leq \theta \leq 805\ °C \ : \quad \varepsilon_c(\theta) = -1{,}2 \times 10^{-4} + 6 \times 10^{-6}\theta + 1{,}4 \times 10^{-11}\theta^3 \qquad \text{Gl. (8.2.16 c)}$$

$$805\ °C < \theta \leq 1200\ °C \ : \quad \varepsilon_c(\theta) = 12 \times 10^{-3} \qquad \text{Gl. (8.2.16 d)}$$

8.3 Berechnung der Temperaturverteilungen in Stahlbetonbauteilen bei Brandbeanspruchung

8.3.1 Grundlagen der Temperaturberechnung und thermische Eigenschaften von Beton

Die Kenntnisse der Temperaturverteilung innerhalb von Stahl- bzw. Spannbetonbauteilen ist neben der Kenntnis des im Abschnitt 8.2.1 behandelten mechanischen Temperaturverhaltens von Betonbaustoffen eine weitere Voraussetzung für die Beurteilung des Bauteilverhaltens unter Brandbeanspruchung. Die Temperaturfelder können bei Brandprüfungen gemessen oder durch mathematische Behandlung des instationären Wärmeleitproblems rechnerisch ermittelt werden. Die mathematische Formulierung des Temperaturproblems wurde erstmalig von J. B. Fourier angegeben. Die nach ihm benannte partielle Differentialgleichung lautet:

$$c \cdot \rho \cdot \frac{\delta T}{\delta t} = \text{div}(\lambda) \cdot [\text{grad}(T)] + W \qquad \text{Gl. (8.3.1)}$$

c	Wärmekapazität	t	Zeit
ρ	Dichte	λ	Wärmeleitfähigkeit
T	Temperatur	W	Wärmequellen oder -senken

In der Praxis treten die durch W gekennzeichneten Wärmequellen und -senken tatsächlich auf, weil z. B. die Dehydratation des Betons bei hohen Temperaturen und die Verdampfung des Kapillarwassers mit Energieänderungen verknüpft sind, wodurch die Temperaturfelder merklich beeinflusst werden. Es hat sich jedoch als statthaft erwiesen, die numerische Behandlung der Gleichung dadurch zu vereinfachen, dass die genannten Effekte durch eine Modifizierung der Temperatur- und Wärmeleitfähigkeit berücksichtigt werden und W = 0 gesetzt wird. Somit ergibt sich aus der oben angeführten Gleichung für ein ebenes Temperaturfeld mit den Koordinaten x und y,

$$\frac{\delta T}{\delta t} = \frac{\lambda}{\rho \cdot c} \left(\frac{\delta^2 T}{\delta x^2} + \frac{\delta^2 T}{\delta y^2} \right) + \frac{1}{\rho \cdot c} \cdot \frac{d\lambda}{dT} \left[\left(\frac{\delta T}{\delta x} \right)^2 + \left(\frac{\delta T}{dy} \right)^2 \right] \qquad \text{Gl. (8.3.2)}$$

d. h., für die Berechnung der lokalen Temperaturänderungen müssen sowohl die Temperaturabhängigkeit der Temperaturleitfähigkeit a = a(T) des verwendeten Betons (siehe Bild 8.3.1)

$$a = \frac{\lambda}{\rho \cdot c} \qquad \text{Gl. (8.3.3)}$$

als auch die der Wärmeleitfähigkeit $\lambda = \lambda(T)$ bekannt sein. Für praktische Fälle ist es hinreichend genau, den zweiten Term in Gl. (8.3.2) zu vernachlässigen, weil die Glieder $(\delta T/\delta x)^2$ und $(\delta T/\delta y)^2$ im Vergleich zu den anderen Gliedern in Gl. (8.3.2) in der Regel klein sind, so dass sich die Gleichung wie folgt vereinfacht:

$$\frac{\delta T}{\delta t} = a(T) \cdot \left[\frac{\delta^2 T}{\delta x^2} + \frac{\delta^2 T}{\delta y^2} \right] \qquad \text{Gl. (8.3.4)}$$

Temperaturmessungen in brandbeanspruchten Stahlbetonbauteilen und theoretische Überlegungen haben gezeigt, dass die Temperatur im „ungestörten" Beton nahezu gleich der Temperatur ist, wie sie in der Achse eines im Beton eingebetteten Bewehrungsstahles auftritt. In erster Näherung dürfen somit die durch die eingelegten Bewehrungsstäbe hervorgerufenen Störungen des Temperaturfeldes brandschutztechnisch vernachlässigt werden, d. h., allein die thermischen Eigenschaften des Betons sind für die im Bauteil auftretenden Temperaturen als maßgebend anzusehen. Daraus ergibt sich eine weitere Vereinfachung für die Lösung der obigen Gleichung.

Die thermischen Eigenschaften des Betons im Brandfall sind aufgrund der sich überlagernden Transportvorgänge nur näherungsweise bekannt, so dass sich für die Lösung des Temperaturproblems für praktische Fälle die Einführung modifizierter Temperatur- und Wärmeleitfähigkeitsbeziehungen anbietet. In Bild 8.3.1 ist beispielsweise eine auf halbempirischem Wege gefundene Beziehung für die Temperaturleitfähigkeit von Konstruktionsbetonen mit quarzitischen Zuschlägen dargestellt.

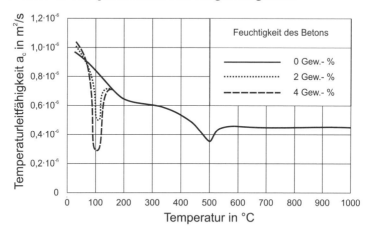

Bild 8.3.1: Temperaturleitfähigkeit ac von Normalbeton mit quarzhaltigen Zuschlägen bei hohen Temperaturen nach [1] und [4]

Aus Bild 8.3.1 geht deutlich der Einfluss der Betonfeuchtigkeit auf die Temperaturleitfähigkeit hervor. Im Bereich der Verdampfung des Kapillarwassers um 100 °C tritt mit zunehmender Feuchte eine Abnahme in der Leitfähigkeit auf, die durch den intensiven Verdampfungsvorgang im Beton erklärt werden kann. Oberhalb von 100 °C stellt sich ein etwa linearer Temperaturgang der Temperaturleitfähigkeit ein. Allerdings machen sich bei höheren Temperaturen auch die im Beton ablaufenden physikochemischen Prozesse noch bemerkbar, wie das relative Minimum der Temperaturleitfähigkeit im Bereich der Portlanditzersetzung im Zementstein um 500 °C deutlich zeigt. Die zugehörige Wärmesenke wird in der Berechnung nicht berücksichtigt. Die Beziehung der Temperaturleitfähigkeit a_c in numerischer Form für einen Quarzbeton lautet:

$\Theta_c < 100$ °C: $\quad$: $\quad$ $a_c = 1 - 0{,}002 \cdot (\Theta_c - 20)$ $\quad$ Gl. (8.3.5 a)

100 °C $\leq \Theta_c < 140$ °C $\quad$: $\quad$ $a_c = 0{,}84 - 0{,}2199 \cdot F +$
$\quad\quad\quad\quad\quad\quad\quad\quad\quad\quad\quad\quad 0{,}0287499 \cdot F^2 - 0{,}187499 \cdot 10^{-2} \cdot F^3$ $\quad$ Gl. (8.3.5 b)

140 °C $\leq \Theta_c < 200$ °C $\quad$: $\quad$ $a_c = 1 - 0{,}002 \cdot (\Theta_c - 20)$ $\quad$ Gl. (8.3.5 c)

für 200 °C $\leq \Theta_c < 525$ °C $\quad$: $\quad$ $a_c = 0{,}64 - 0{,}6760 \cdot 10^{-3} \cdot (\Theta_c - 200)$ $\quad$ Gl. (8.3.5 d)

für $\Theta_c \geq 525$ °C $\quad$: $\quad$ $a_c = 0{,}42$ $\quad$ Gl. (8.3.5 e)

a_c $\quad\quad$ Temperaturleitfähigkeit in $10^{-6} \cdot m^2/s$

Θ_c Temperatur in °C
F   Betonfeuchtigkeit in Gew. %

Im Normalfall darf der Feuchtegehalt des Betons der Ausgleichsfeuchte gleichgesetzt werden. Sind diese Daten nicht verfügbar, darf der Feuchtegehalt mit 2 % des Betongewichts angenommen werden. Ein hoher Feuchtegehalt verzögert die Betonerwärmung, erhöht jedoch die Abplatzgefahr bei sehr schneller Aufheizung des Betonbauteils. Für überschlägige Berechnungen darf die Temperaturleitzahl von Beton unabhängig von der Temperatur angenommen werden:

$a_c = 0{,}69 \cdot 10^{-6}$ m²/s für Beton mit quarzhaltigen Zuschlägen
$a_c = 0{,}65 \cdot 10^{-6}$ m²/s für Beton mit kalksteinhaltigen Zuschlägen

Bei Leichtbeton ist a_c stark von der Dichte abhängig. Es gelten näherungsweise folgende Werte nach [4]:

$a_c = 0{,}65 \cdot 10^{-6}$ m²/s für Leichtbeton mit $\rho = 1750$ kg/m³
$a_c = 0{,}43 \cdot 10^{-6}$ m²/s für Leichtbeton mit $\rho = 1250$ kg/m³

Den Einfluss der Feuchtigkeit von Beton auf die Wärmeleitfähigkeit λ_c von Normalbeton mit quarzhaltigen Zuschlägen bei hohen Temperaturen zeigt das Bild 8.3.2. Allerdings spielt dieser Einfluss nur bis zu Temperaturen von maximal 140 °C eine Rolle.

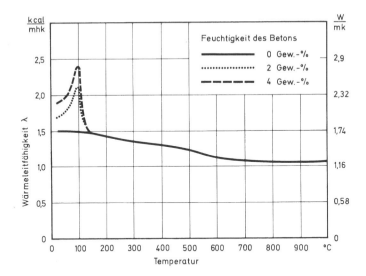

Bild 8.3.2:   Wärmeleitfähigkeit λc von Normalbeton mit quarzhaltigen Zuschlägen bei hohen Temperaturen nach [1]

Anhand der Messergebnisse nach Bild 8.3.2 wurden die Wärmeleitfähigkeit für Quarzbetone analytisch ermittelt. Es ergaben sich die folgenden Beziehungen für Quarzbeton:

$\Theta_c < 100\ °C$: $\lambda_c = 1{,}7455 + 0{,}1163 \cdot F +$
$\hspace{7em} + 0{,}001628 \cdot (\Theta_c\text{-}20) \cdot F$ \hfill Gl. (8.3.6 a)

$100\ °C \leq \Theta_c < 700\ °C$: $\lambda_c = 1{,}7455 - 0{,}000872 \cdot (\Theta_c - 100)$ \hfill Gl. (8.3.6 b)

$\Theta_c \geq 700\ °C$: $\lambda_c = 1{,}23$ \hfill Gl. (8.3.6 c)

λ_c \quad Wärmeleitfähigkeit in W/mK
Θ_c \quad Temperatur in °C
F \quad Betonfeuchtigkeit in Gew. %

Für überschlägige Berechnungen werden folgende konstante Werte empfohlen:

— $\lambda_c = 1{,}60$ W/mK für Beton mit quarzhaltigen Zuschlägen,
— $\lambda_c = 1{,}30$ W/mK für Beton mit kalksteinhaltigen Zuschlägen,
— $\lambda_c = 0{,}80$ W/mK für Beton mit Leichtzuschlägen.

Die Rohdichte von Normalbeton hängt bei 20 °C im Wesentlichen von dem Feuchtegehalt und der Trockenrohdichte ab und ist insoweit gut bestimmbar:

$$\rho = \rho_{tr} + W \hspace{10em} \text{Gl. (8.3.7)}$$

W \quad Gesamtwassergehalt im Beton in kg/m³
ρ_{tr} \quad Dichte der Trockenmasse (Trocknung bei 800 °C)

Im Temperaturbereich von 100 bis 140 °C wird das physikalisch gebundene Wasser verdampft, so dass die Rohdichte etwa linear abnimmt. Bis etwa 180 °C werden das Gelwasser und von 180 °C bis 800 °C das chemisch gebundene Wasser verdampft, so dass ein Gewichtsverlust von ca. 8 % zu erwarten ist. Danach ist die Dichte etwa konstant. Für Quarzbeton gilt:

$20\ °C \leq \Theta_c < 100\ °C$: $\rho = \rho_{tr} + W$ \hfill Gl. (8.3.8 a)

$100\ °C \leq \Theta_c < 140\ °C$: $\rho = \rho_{tr} + W \cdot (3{,}5 - 0{,}025 \cdot \Theta_c)$ \hfill Gl. (8.3.8 b)

$140\ °C \leq \Theta_c < 700\ °C$: $\rho = \rho_{tr} \cdot \left(1{,}012727 - 9{,}0909 \cdot 10^{-5} \cdot \Theta_c\right)$ \hfill Gl. (8.3.8 c)

$700\ °C \leq \Theta_c < 1200\ °C$: $\rho = 0{,}94 \cdot \rho_{tr}$ \hfill Gl. (8.3.8 d)

ρ_{tr} \quad Dichte des trockenen Betonmaterials [kg/m³]
Θ_c \quad Betontemperatur [°C]
W \quad Gesamtwassergehalt im Beton [kg/m³]

Als spezifische Wärmekapazität c_c wird die Wärmemenge bezeichnet, die erforderlich ist, um die Masse von 1 kg Beton um 1 °C zu erwärmen. Bei Beton ist die spezifische Wärmekapazität c_c sehr stark temperaturabhängig, weil die CSH-Phasen des Zementsteins sich bei höherer Temperatur zersetzen, wobei Wärme verbraucht wird. Ebenso verdampfen das Kapillar- und Gelwasser in den Betonporen, wozu die zugehörigen Verdampfungsenthalpien erforderlich sind. Je nach Feuchtigkeitsgehalt sind speziell im Temperaturbereich von ca. 100 °C bis 140 °C starke Anstiege des c_c-Wertes zu beobachten.

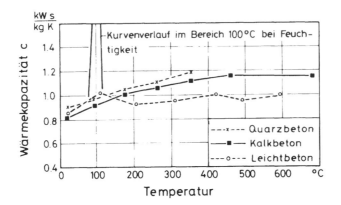

Bild 8.3.3: *Wärmekapazität c_c von Beton mit verschiedenen Zuschlägen bei hohen Temperaturen nach [1]*

In dem Bild 8.3.3 ist die spezifische Wärmekapazität von Beton mit verschiedenen Zuschlagsmaterialien dargestellt. Unterschieden sind trockene Betone und feuchter Beton. Letzterer zeigt bei 100 °C einen sprunghaften Anstieg der Wärmekapazität, welcher durch die Verdampfung des Wassers bedingt ist. Im Übrigen ist der Temperatureinfluss auf die Wärmekapazität klein. Deshalb kann die spezifische Wärmekapazität mit $c_c = 1,0$ kJ/kgK angenähert werden. Anhand der Beziehung Gl. (8.3.3) sowie Gl. (8.3.5) bis Gl. (8.3.8), wurden die spezifischen Wärmekapazitäten für quarzitische Normalbetone ($\rho = 2300$ kg/m³) mit einer Ausgangsfeuchte von 4 Gew.% ermittelt:

20 °C $\leq$ T < 100 °C : $c = 0{,}8346 + 0{,}0041 \cdot \Theta_c + 1 \cdot 10^{-5} \cdot \Theta_c^2$ Gl. (8.3.9 a)

100 °C $\leq$ T < 140 °C : $c = 2{,}542 - 0{,}0012 \cdot \Theta_c$ Gl. (8.3.9 b)

140 °C $\leq$ T < 200 °C : $c = 0{,}7976 + 6 \cdot 10^{-5} \cdot \Theta_c + 7 \cdot 10^{-6} \cdot \Theta_c^2$ Gl. (8.3.9 c)

200 °C $\leq$ T < 525 °C : $c = 1{,}0268 + 5 \cdot 10^{-5} \cdot \Theta_c + 1 \cdot 10^{-6} \cdot \Theta_c^2$ Gl. (8.3.9 d)

525 °C $\leq$ T < 700 °C : $c = 1{,}796 - 0{,}0008 \cdot \Theta_c$ Gl. (8.3.9 e)

700 °C $\leq$ T $\leq$ 1200 °C : $c = 1{,}22$ Gl. (8.3.9 f)

8.3.2 Thermische Eigenschaften von Beton nach Eurocode 2

Die Wärmeleitfähigkeit von Beton wird in EC2 innerhalb eines Bereiches grob festgelegt. Für den oberen Grenzwert der Wärmeleitfähigkeit λ_c (W/m K) von Normalbeton gilt:

20 °C $\leq \theta_c <$ 1200 °C : $\lambda_c = 2 - 0{,}2451\,(\theta_c/100) + 0{,}0107\,(\theta_c/100)^2$ Gl. (8.3.10 a)

Für den unteren Grenzwert der Wärmeleitfähigkeit λ_c von Normalbeton gilt:

20°C $\leq \theta_c <$ 1200°C : $\lambda_c = 1{,}36 - 0{,}136\,(\theta_c/100) + 0{,}0057\,(\theta_c/100)^2$ Gl. (8.3.10 b)

Für genauere Berechnungen sollten die in Abschnitt 8.3.1 angegebenen Werte zur Anwendung kommen.

Die spezifische Wärme $c_p(\theta)$ von trockenem Beton wird nach EC2 für quarz- und kalksteinhaltigem Zuschlag wie folgt bestimmt:

20 °C $\leq \theta_c \leq$ 100 °C   : $c_p(\theta) = 900$ Gl. (8.3.11 a)

100 °C $< \theta \leq$ 200 °C   : $c_p(\theta) = 900 + (\theta - 100)$ Gl. (8.3.11 b)

200 °C $< \theta \leq$ 400 °C   : $c_p(\theta) = 1\,000 + (\theta - 200)/2$ Gl. (8.3.11 c)

400 °C $< \theta \leq$ 1 200 °C   : $c_p(\theta) = 1100$ Gl. (8.3.11 d)

Die spezifischen Wärmen $c_p(\theta)$ [kJ /kg K] und $c_v(\theta)$ [kJ /m^3 K] sind in Bild 8.3.4 dargestellt. Sofern der Feuchtegehalt nicht explizit in der Berechnung berücksichtigt wird, darf die für die spezifische Wärme von Beton angegebene Funktionen nach Gl. (8.3.11) durch folgende, zwischen 100 °C und 115 °C liegende konstante Werte

— $c_{p.peak} = 900$ J/kg K für Feuchtegehalt von 0 % des Betongewichts,
— $c_{p.peak} = 1470$ J/kg K für Feuchtegehalt von 1,5 % des Betongewichts,
— $c_{p.peak} = 2020$ J/kg K für Feuchtegehalt von 3,0 % des Betongewichts

und einer linearen Beziehung zwischen (115 °C, $c_{p,peak}$) und (200 °C, $c_p = 1000$ J/kgK) ergänzt werden. Für andere Feuchtegehalte darf linear interpoliert werden. In Bild 8.3.4a sind die Spitzenwerte für die spezifische Wärme gewichtsbezogen dargestellt. Die Entsäuerung des Kalksteins ab ca. 700 °C ist in der vorgeschlagenen Beziehung nicht enthalten, d.h. diesbezüglich sind noch Verbesserungen möglich.

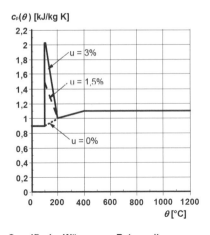 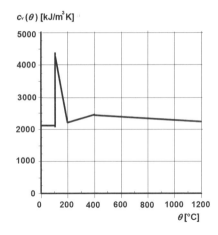

a) Spezifische Wärme von Beton mit quarzhaltigem Zuschlag $c_p(\theta)$ in Abhängigkeit von der Temperatur (Feuchtegehalt u = 0, 1,5 und 3 Gew.-%)

b) Räumliche spezifische Wärme von Beton mit quarzhaltigem Zuschlag $c_v(\theta)$ in Abhängigkeit von der Temperatur (Feuchtegehalt u = 3 Gew.-%, Rohdichte 2 300 kg/m³)

Bild 8.3.4: Gewichtsbezogene und volumetrische spezifische Wärme nach EC 2

In Bild 8.3.4 b ist die Veränderung der räumlichen spezifischen Wärme $c_v(\theta)$ (Produkt von $\rho(\theta)$ und $c_p(\theta)$) von Beton mit quarzhaltigen Zuschlägen, einem Feuchtegehalt von 3 Gew.-% und einer Rohdichte von 2300 kg/m³ dargestellt.

Die Veränderung der Rohdichte in Abhängigkeit von der Temperatur wird im Wesentlichen durch den Wasserverlust verursacht und kann wie folgt definiert werden:

$20\,°C \leq \theta_c \leq 115\,°C$: $\rho(\theta) = \rho(20\,°C)$ Gl. (8.3.12 a)

$115\,°C < \theta \leq 200\,°C$: $\rho(\theta) = \rho(20\,°C) \cdot (1 - 0{,}02(\theta - 115)/85)$ Gl. (8.3.12 b)

$200\,°C < \theta \leq 400\,°C$: $\rho(\theta) = \rho(20\,°C) \cdot (0{,}98 - 0{,}03(\theta - 200)/200)$ Gl. (8.3.12 c)

$400\,°C < \theta \leq 1\,200\,°C$: $\rho(\theta) = \rho(20\,°C) \cdot (0{,}95 - 0{,}07(\theta - 400)/800)$ Gl. (8.3.12 d)

8.3.3 Vergleich berechneter Bauteiltemperaturen mit Messergebnissen aus Brandversuchen

Bild 8.3.5 zeigt berechnete Temperaturen zusammen mit bei einem Normbrandversuch gemessenen Bauteiltemperaturen eines 3-seitig vom Feuer (ETK) beanspruchten Stahlbetonbalkens in bestimmten Messtiefen. Man sieht, dass die berechneten und die gemessenen Bauteiltemperaturen selbst nach Branddauern von über 90 Minuten sehr gut übereinstimmen, was als Beweis für die große Genauigkeit der Berechnungen angesehen werden kann. Insbesondere wird auch der bei experimentellen Untersuchungen zu beobachtende Temperaturhaltepunkt infolge der Verdampfung des Kapillarwassers bei etwa 100 °C in den Berechnungen mit guter Genauigkeit wiedergegeben.

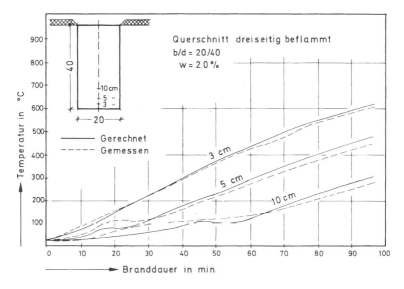

Bild 8.3.5: *Vergleich von berechneten und gemessenen Temperaturen in einem Stahlbetonbalken bei dreiseitiger Brandbeanspruchung gemäß DIN 4102-2 nach [11]*

Voraussetzung für eine zuverlässige Berechnung der Temperaturverteilung in den Bauteilen ist die genaue Erfassung bzw. Beschreibung des Wärmeüberganges zwischen der Bauteiloberfläche und den heißen Brandgasen bzw. dem Feuer. In brandschutztechnischen Berechnungen wird der konvektive Wärmeübergang im Allgemeinen gemäß der Newtonschen Wärmeübergangsgleichung berechnet:

$$q_c = \alpha \cdot (T_t - T) \qquad \text{Gl. (8.3.13)}$$

Der Wärmeübergang durch Strahlung ergibt sich aus:

$$q_r = \varepsilon \cdot \sigma \cdot \left[(T_t + 273)^4 - (T + 273)^4 \right] \qquad \text{Gl. (8.3.14)}$$

α Wärmeübergangszahl für Konvektion (W/m^2K)
T_t Brandgastemperatur (°C)
T Bauteiloberflächentemperatur (°C)
ε Gesamtemissionszahl (-); $\varepsilon = \varepsilon_f \cdot \varepsilon_w$
σ Stefan-Boltzmann-Konstante ($5{,}67 \cdot 10^{-8}$ W/m^2K^4)

In Tabelle 8.3.1 sind die Rechenwerte für die Wärmeübergangszahl α und Emissionszahl ε angegeben, die sich aus Rückrechnungen umfangreicher Temperaturmessungen in Bauteilprüfständen bei Normbrandversuchen ergeben haben. Im Eurocode 2 sind geringfügig höhere Werte angegeben, diese liegen in der Regel weit auf der „sicheren" Seite.

Die Wärmeübergangszahl hängt von der Strömungsgeschwindigkeit der Brandgase ab. Sie liegt in der Praxis zwischen 15 und 25 W/m^{2}K. Die Emissionszahl ε liegt bei Normbrandversuchen zwischen 0,4 und 0,5, wenn als maßgebende Brandraumtemperatur die ETK zugrunde gelegt wird. Darin ist eine Strahlung im Brandraum ε_f (Gasstrahlung) mit ca. 0,7 enthalten. Für Betonbauteile haben sich Werte um 0,45 bewährt. Bei Stahlbauteilen liegt der praktische Bereich ebenfalls zwischen 0,4 und 0,5. Bei natürlichen Bränden ist ε im Allgemeinen etwa 30 bis 40 % höher anzusetzen als im Normbrandversuch, d.h. ε = 0,6 oder 0,7. Die Emissionszahlen ε_w für Baustoffe liegen in der Regel um 0,7. Im Eurocode 1 (siehe Kapitel 13) ist $\varepsilon_f = 1,0$ gesetzt, so dass die Emissionszahlen ε etwas höher ausfallen als hier angegeben ist.

Tabelle 8.3.1: *Rechenwerte für Wärmeübergangszahl α und Emissionswert ε beim Normbrand*

Beanspruchungsseite	α [W/m^{2}K]	ε [-]
brandzugewandte Seite	15 bis 25	0,4 bis 0,5
brandabgewandte Seite	5 bis 9	0,8 bis 0,9

Zusammenfassend ist festzustellen, dass die numerische Berechnung von Temperaturfeldern in Stahlbetonbauteilen bei bekannten thermischen Randbedingungen zufriedenstellend gelöst ist. Allerdings gilt dies nur für Konstruktionsbetone, deren Temperatur- und Wärmeleitfähigkeit auch bei hohen Temperaturen hinreichend genau bekannt sind.

8.4 Temperaturverteilungen in Stahlbetonbauteilen

8.4.1 Temperaturverteilung bei einseitig beanspruchten Betonwänden

Legt man eine Temperaturbeanspruchung nach DIN 4102-2 (ETK) zugrunde, dann ergeben sich in einseitig beflammten Wänden oder Platten die in den Bildern 8.4.1 und 8.4.2 dargestellten Temperaturverteilungen. Bild 8.4.1 zeigt die Temperaturfelder in Normalbetonplatten nach verschiedenen Zeitpunkten im Normbrandversuch. Man erkennt daran, dass ab Plattendicken > 10 cm die Plattendicke selbst bis zu 90 min Branddauer praktisch keinen Einfluss auf die Temperaturfelder auf der Feuerseite hat. Die Temperaturen nahe der beflammten Oberfläche – jeweils linke Seite der 10 cm und 15 cm dicken Platten – geben Aufschluss über die Temperaturen, die z. B. an der Zugbewehrung von statisch bestimmt gelagerten Platten oder Scheiben auftreten. Aus den Temperaturen auf der feuerabgekehrten Seite – jeweils rechte Seite der Platten – und der nach Norm zulässigen Temperaturerhöhung von 140 °C im Mittel und 180 °C maximal, ergeben sich die für bestimmte Feuerwiderstandsklassen notwendigen Plattendicken.

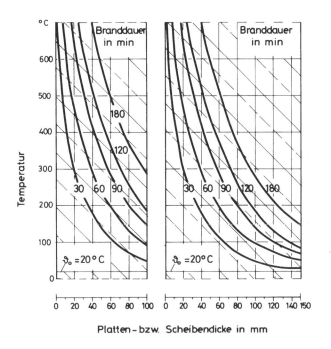

Bild 8.4.1:   Temperaturverteilung in einseitig nach DIN 4102 Teil 2 beanspruchten Platten bzw. Scheiben (Wänden) aus Normalbeton mit Quarzzuschlag nach [11]

Das Bild 8.4.2 zeigt die Temperaturverteilung in Scheiben bzw. Platten aus Leichtbeton mit Blähtonzuschlag mit einer Rohdichte von ca. 1350 kg/m^3. Aufgrund der niedrigeren Wärmeleitzahl des Leichtbetons fallen die Temperaturen an der dem Feuer abgewandten Seite niedriger aus als bei den Normalbetonplatten. Der Vergleich von Bild 8.4.1 und Bild 8.4.2 zeigt im Übrigen, dass die Temperaturen zu vergleichbaren Zeitpunkten im Leichtbetonquerschnitt erheblich niedriger liegen als beim Normalbeton mit quarzhaltigem Zuschlag. Dieser Einfluss ist, wie noch gezeigt wird, sowohl bei der Anordnung der Bewehrung (Überdeckung) als auch bei der Bestimmung der notwendigen Platten- bzw. Scheibendicken zur Erreichung bestimmter Feuerwiderstandsdauern von Bedeutung.

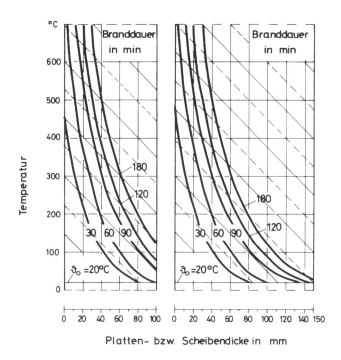

Bild 8.4.2: Temperaturverteilung in einseitig nach DIN 4102 Teil 2 beanspruchten Platten bzw. Scheiben (Wänden) aus Leichtbeton mit Blähtonzuschlag nach [11]

8.4.2 Temperaturverteilung in dreiseitig beanspruchten Betonbalken

Eine dreiseitige Brandbeanspruchung liegt dann vor, wenn die Oberseite des Balkens, z. B. durch eine Stahlbetonkonstruktion oder durch eine andere gleichwertige Abdeckung mindestens derselben Feuerwiderstandsklasse wie die des Balkens abgedeckt ist. Bei einer dreiseitigen Brandbeanspruchung werden die dem Feuer zugekehrten Balkenseiten am stärksten beansprucht. Am Übergang zur Abdeckung liegt dagegen eine geringere Beanspruchung vor. Die Temperaturen verlaufen für Normalbeton entsprechend den in Bild 8.4.3 dargestellten Isothermen. Ausschlaggebend für die Höhe der Temperaturen sind dabei die Abmessungen b, d und d_o. Da in der Praxis in erster Linie die Temperaturen in den unteren Balkenbereichen interessieren, werden im Folgenden diese Bereiche genauer untersucht.

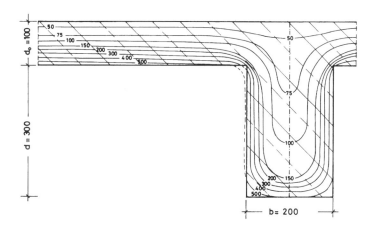

Bild 8.4.3: *Isothermen bei einem dreiseitig nach DIN 4102 Teil 2 beanspruchten Plattenbalken mit quarzhaltigem Zuschlag nach 30 Minuten Beanspruchungsdauer (Maße in mm, Temperaturen in °C) nach [11]*

Trägt man die Erwärmungszeit t, bei der in der Symmetrieachse von rechteckigen Balken die Temperatur T = 500 °C erreicht wird, in Abhängigkeit von der Balkenbreite b auf, dann ergeben sich die in Bild 8.4.4 wiedergegebenen Kurven. Sie gehen bei einer Balkenbreite b > 30 cm asymptotisch in horizontale Geraden über. Diese Geraden stellen die entsprechenden Erwärmungslinien für Platten bzw. Scheiben dar. Die dargestellten Kurven gelten für Balken mit Seitenverhältnissen d > 2b. Die Kurven gelten annähernd auch für Balken mit leicht angeschrägten Seiten.

Ist ein statisch bestimmt gelagerter Balken mit nur einem Bewehrungsstab in der Symmetrieachse bewehrt, so würde die auf der Ordinate eingetragene Zeit gleichzeitig die Feuerwiderstandsdauer in Minuten darstellen, wenn der Bewehrungsstab eine kritische Temperatur von 500 °C hat. Für Balken mit mehreren Bewehrungsstäben reichen die Angaben aus Bild 8.4.4 nicht aus, um das Tragverhalten im Brandfall zu beurteilen. Es hat sich als zweckmäßig erwiesen, für die Temperaturverteilung in Balken Isothermenbilder zu verwenden. Im Hinblick auf die neuen Prüfmethoden nach DIN EN 1363, DIN EN 1364 und DIN EN 1365 sei hier erwähnt, dass bei Branddauern > 30 min sich die „alten" und „neuen" Temperaturkurven im Brandraum jeweils annähern, so dass nach 90 Minuten Branddauer die Bauteiltemperaturen in der Regel einander entsprechen.

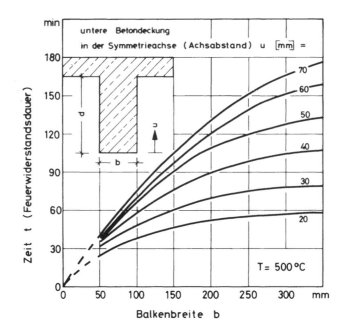

Bild 8.4.4: Erwärmungszeit t bis zum Erreichen von T = 500 °C in der Symmetrieachse von Rechteckbalken mit quarzhaltigem Zuschlag bei dreiseitiger Beanspruchung nach DIN 4102 Teil 2 in Abhängigkeit von der Balkenbreite b und dem Achsenabstand u nach [11]

8.4.3 Temperaturverteilung in Stützen

Die Temperaturentwicklung und -verteilung in einer vierseitig vom Normbrand (ETK) beanspruchten Stahlbetonstütze ist beispielhaft für eine Quadratstütze mit d = 300 mm in Bild 8.4.5 dargestellt. Anhand der gemessenen Isothermen lassen sich die zugehörigen Bewehrungstemperaturen direkt ablesen, so dass die Tragfähigkeit der Stütze beurteilt werden kann. Das folgende Bild 8.4.5 zeigt den Vergleich zwischen einer Berechnung und experimentellen Ergebnissen von Brandschutzprüfungen; die Werte stimmen gut überein. Wenn Stützen in Stahlbetonwände eingebunden werden, verlaufen die Temperaturen durch den Zusammenhang mit diesen Wänden ähnlich wie z. B. in einem Plattenbalken (siehe Bild 8.4.3). Weil dieser erwärmungstechnisch mit einer eingebundenen Stütze direkt vergleichbar ist, wird auf eine Wiedergabe entsprechender Beispiele bzw. Temperaturfelder verzichtet. Im Eurocode 2 Teil 1-2, Anhang B, sind im Übrigen ebenfalls Isothermenbilder von Stahlbetonbauteilen veröffentlicht.

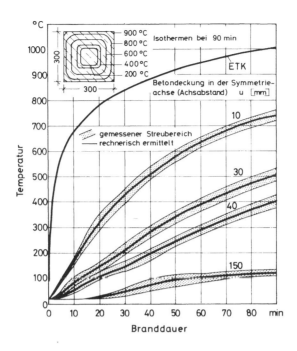

Bild 8.4.5: Temperaturen in den Symmetrieebenen im Abstand u von der Betonoberfläche in einer vierseitig nach DIN 4102 Teil 2 beanspruchten Stahlbetonstütze mit b/d = 300 mm/300 mm und Quarzzuschlag nach [11]

8.5 Temperaturverhalten von Bau- und Betonstahl sowie Spannstahl

8.5.1 Allgemeines zum Verhalten von Stahlbauteilen im Brandfall

Stahl ist wegen seines anorganischen Aufbaus nichtbrennbar und gehört zur Baustoffklasse A 1. Dennoch erreichen Bauteile aus Stahl im ungeschützten Zustand keine hohe Feuerwiderstandsdauer. Die Einheitstemperaturkurve hat nach 5 Minuten Branddauer eine Temperaturerhöhung der Brandgase von 550 K. Aufgrund der hohen Wärmeleitfähigkeit von Stahl erwärmt er sich unter diesen Brandbedingungen sehr schnell (ca. 40–50 K/min). Ein tragendes Bauteil aus Baustahl verliert seine Tragfähigkeit bereits bei 500 bis 600 °C und somit etwa nach 10 bis 15 Minuten Branddauer.

Stahlbauteile müssen deshalb durch einen Feuerschutzanstrich, Ummantelungen oder durch Betonüberdeckungen geschützt werden, wenn sie hohe Feuerwiderstandsdauern erreichen sollen. Diese kann auch durch Verbund mit Beton (Stahlverbundbauteile) hergestellt werden. Vereinzelt wurden erfolgreiche Versuche unternommen Stahlbauteile durch einen ständigen Wasserkreislauf zu kühlen (wassergekühlte Stützen). Die Klassifizierung dieses Verfahrens steht jedoch noch aus, d. h., wassergekühlte Stahlkonstruktionen müssen hinsichtlich ihres Brandschutzes stets im Einzelfall (allgemeine bauaufsichtliche Zulassung) beurteilt werden.

Ungeschützt können Stahlbauteile, die lediglich auf Zug beansprucht werden, Verwendung finden, wenn ihre zulässige Zugspannung nur zu etwa 3 % beansprucht wird und durch Formschluss ein Aufbiegen von Haken oder Ösen verhindert wird. Bei normalem Baustahl beträgt die zulässige Spannung dann 8 N/mm². Diese Methode wird insbesondere für Abhänger von Unterdecken und Lüftungskanälen angewendet.

Das typische Temperaturverhalten von Baustahl ist in Bild 8.5.1 anhand von Warmzerreißversuchen bei konstanten erhöhten Temperaturen gezeigt. Geprüft wurden Baustähle nach ASTM A36 mit einer Streckgrenze von 300 N/mm². Die Stähle wurden unbelastet aufgeheizt und danach mit konstanter Dehnungsgeschwindigkeit zwischen 72 und $102 \cdot 10^{-3}$ pro min im Zugversuch geprüft (Warmzerreißversuch). In Bild 8.5.1 sind die gemessenen Spannungswerte bezogen auf die Streckgrenze den Dehnungen gegenübergestellt. Der Baustahl zeigt ab 200 °C bereits einen Rückgang der Streckgrenze, wohingegen sich die Zugfestigkeit nicht verringert. Bei 500 °C ist die Zugfestigkeit allerdings bereits um rund 40 % verringert. Der Elastizitätsmodul fällt dagegen bereits ab 200 °C deutlich ab. Ab 300 °C zeigt der Stahl schon deutlich ausgeprägte Fließerscheinungen, d. h. die Verformungen gehen kontinuierlich vom elastischen Bereich in den Fließbereich über. Die Bruchdehnungen nehmen ebenfalls mit steigenden Temperaturen deutlich zu. Zwischen 500 °C und 600 °C verhält sich der Stahl wie ein rein elastoplastischer Werkstoff, der schon bei Ausnutzungen von 30 bis 50 % in den Fließbereich übergeht.

Die in sogenannten stationären Temperaturversuchen (Warmzerreißversuchen) ermittelten Materialeigenschaften entsprechen nicht in allen Punkten den Bedingungen in der Praxis. Üblicherweise sind Stahlbauteile auf Zug beansprucht, d. h., im Brandfall wird das Bauteil von Anbeginn durch die Temperatur und zusätzlich durch äußere Spannungen beansprucht. Es hat sich deshalb gezeigt, dass es sinnvoll ist, die Stahleigenschaften im Rahmen von instationären Kriechversuchen (Warmkriechversuche) zu ermitteln. Darauf wird im Folgenden noch eingegangen.

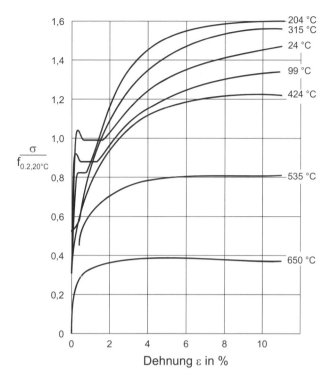

Bild 8.5.1: Spannungs-Dehnungslinien des Baustahls ASTM A36 im stationären Warmzerreißversuch

8.5.2 Warmkriechverhalten von Beton- und Spannstählen und Werte crit T nach DIN 4102 Teil 4

Unterwirft man Stahlproben während der Aufwärmphase einer konstanten Spannung, überlagern sich thermische Dehnungen, lastabhängige elastischen Verformungen und Kriechverformungen, die – je nach Stahlart – auch noch von der Erwärmungsgeschwindigkeit abhängig sind. Die Kurven von Bild 8.5.2 zeigen als Beispiel das Temperatur-Dehnungs-Verhalten verschiedener Bau- und Spannstähle unter konstanten Spannungen bei einer konstanten Aufheizgeschwindigkeit von 5 K/min.

Das Bild 8.5.2 zeigt, dass bei etwa gleichem Verhältnis von aufgebrachter Spannung zur Streckgrenze bzw. Zugfestigkeit die kaltgezogenen Spannstähle temperaturempfindlicher sind als naturharte Spann- und Baustähle, d. h., sie zeigen schon bei vergleichsweise niedrigeren Temperaturen erhebliche Kriechverformungen. Eine Trennung der Kriechverformungen von den unmittelbar daran anschließenden Fließverformungen ist kaum möglich, da unter den gleichmäßig ansteigenden Temperaturen die Fließgrenze allmählich auf die Größe der Kriechspannung herabgesetzt wird. Dem Fließbereich folgt unmittelbar – ohne Verfestigungsbereich – der Bruch; kaltgezogene und vergütete Spannstähle erreichen dabei ein Mehrfaches der unter Normaltemperatur erreichbaren Bruchdehnung δ_{10}. Aus den Kurvenverläufen gemäß Bild 8.5.2 ergeben sich zwei charakteristische Werte, die im Brandschutzwesen häufig zur Beurteilung des Tragverhaltens von Stahlbeton- bzw. Spannbetonbauteilen verwendet werden. Es sind dies:

— crit T = kritische Stahltemperatur. Hierunter wird die kritische Kriechtemperatur verstanden, die beim Erreichen einer Kriechgeschwindigkeit von $\varepsilon = 10^{-4}\,s^{-1}$ vorliegt.
— T_{Bruch} = Bruchtemperatur des Stahles beim Warmkriechversuch. Sie liegt etwas höher als crit T, ist experimentell jedoch nicht eindeutig bestimmbar.

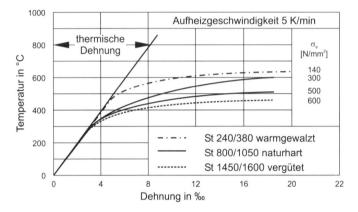

Bild 8.5.2: *Temperatur-Dehnungskurven verschiedener Beton- und Spannstähle unter konstanter Spannung bei gleichmäßiger Erwärmung nach [17]*

In Bild 8.5.3 sind crit T und T_{Bruch} von Betonstahl St 420/500 RK in Abhängigkeit von der Spannung und der Erwärmungsgeschwindigkeit dargestellt.

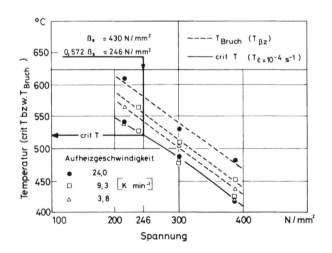

Bild 8.5.3: *crit T und T_{Bruch} von Betonstahl BSt 420/500 RK bei verschiedenen Spannungsausnutzungen und Aufheizgeschwindigkeiten nach [11]*

Die untere Kurve zeigt, dass die Erwärmungsgeschwindigkeit bezüglich crit T nur eine untergeordnete Bedeutung hat, was für die Normung dieses Wertes von Vorteil ist.

Bei Spannstählen liegen ähnliche Verhältnisse vor, d. h., in Abhängigkeit von der Stahlsorte, der Spannungsausnutzung und der Aufheizgeschwindigkeit ergeben sich unterschiedliche Versagenstemperaturen T_{Bruch} im Warmkriechversuch. Das Bild 8.5.4 zeigt die entsprechenden Kurven für drei verschiedene Spannstähle. Ein Vergleich von Bild 8.5.3 und Bild 8.5.4 zeigt, dass die charakteristischen Temperaturen umso niedriger liegen, je hochfester die Stähle sind und umso geringere Erwärmungsgeschwindigkeiten vorliegen.

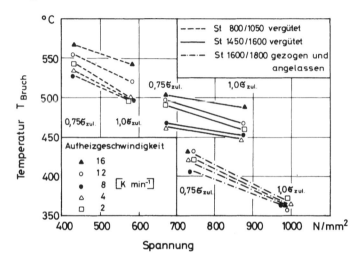

Bild 8.5.4: T_{Bruch} verschiedener Spannstähle im Warmkriechversuch nach [17]

Nach DIN 4102 Teil 4 ist die kritische Stahltemperatur crit T die Temperatur, bei der die Streckgrenze des Stahles auf die im Bauteil vorhandene Stahlspannung absinkt. Für die Beurteilung des Tragverhaltens von Stahlbetonbauteilen unter Brandbeanspruchung reicht diese Definition aus; sie wird durch die Definition beim Warmkriechversuch präzisiert. Bei statisch bestimmt gelagerten, auf Biegung beanspruchten Bauteilen wird zum Zeitpunkt, bei dem crit T erreicht wird, gleichzeitig die nach der Norm zulässige Durchbiegungsgeschwindigkeit erreicht. Weiterhin wird vereinfachend davon ausgegangen, dass die Differenz der Temperaturabhängigkeit zwischen Streckgrenze und Zug- bzw. Bruchfestigkeit gering ist, so dass beide Werte annähernd gleichgesetzt werden können. Diese Vereinfachung hat in der Norm zu folgenden Festlegungen geführt: Bei Betonstahl unter Gebrauchsspannung wird der Sicherheitsbeiwert $v = 1,75$ auf die Streckgrenze β_S bezogen. Der Wert crit T ist bei Betonstählen daher auf die Streckgrenze abgestimmt und den Kurven von Bild 8.5.5 zu entnehmen. In dieser Abbildung ist den Betonstählen BSt 420/500 und BSt 500/550 vereinfachend die gleiche „Kennlinie" zugewiesen, obwohl bekannt ist, dass der BSt 500/550 eine geringfügig ungünstigere Kennlinie besitzt.

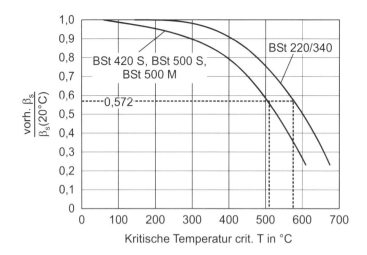

Bild 8.5.5: Abfall des Verhältnisses $\beta_S(T)/\beta_S(20\ °C)$ von Betonstählen in Abhängigkeit von der kritischen Temperatur nach DIN 4102, Teil 4 gemäß [14]

Bei Spannstählen werden demgegenüber die im Gebrauchszustand zulässigen Spannungen auf die Zugfestigkeit β_z bezogen; crit T ist bei Spannstählen daher auf die Zugfestigkeit abgestimmt und den Kurven von Bild 8.5.6 zu entnehmen.

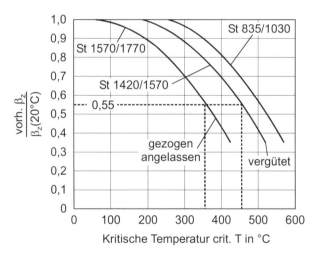

Bild 8.5.6: Abfall des Verhältnisses $\beta_z(T)/\beta_z(20\ °C)$ von Spannstählen in Abhängigkeit von der kritischen Temperatur nach DIN 4102, Teil 4 gemäß [14]

Um für die tägliche Bemessungspraxis einfache Bestimmungen zu erhalten, wird in DIN 4102 Teil 4: 1994-03 zwischen Regel- und Sonderfällen wie folgt unterschieden:

— Im Regelfall – d. h. bei Verwendung von Betonstählen BSt 420/500 und BSt 500/550 sowie bei der Verwendung von warmgewalzten Spannstählen St 835/1030 und St 885/1080 (Bemessung jeweils nach DIN 1045 bzw. DIN 4227

Teil 1) – wird von einer kritischen Stahltemperatur von crit T = 500 °C ausgegangen. Alle Bemessungstabellen in DIN 4102 Teil 4 bzw. die Angaben über die Mindestachsabstände der Bewehrung beziehen sich auf diesen Wert. Bei Verwendung von vergüteten oder kaltgezogenen Spannstählen sind die jeweils angegebenen Tabellenwerte der Überdeckungen um einen bestimmten Betrag Δu zu vergrößern.

– In Sonderfällen – d.h. bei Verwendung von Betonstahl BSt 220/340 oder kaltgezogenen Spannstählen St 1375/1570 und St 1470/1670 sowie für Ausnutzungsgrade aller Beton- und Spannstähle, die kleiner sind als in DIN 1045 und DIN 4227 Teil 1 jeweils angegeben ist – dürfen die für den Regelfall angegebenen Tabellenwerte nach den Angaben des Anhanges von DIN 4102 Teil 4 aufgrund der Kurven von Bild 8.5.5 und Bild 8.5.6 im Hinblick auf die Verwendung kleinerer Mindestachsabstände korrigiert werden.

Die für die Konstruktion der Überdeckungen erforderlichen Größen für crit T-Werte, die über oder unter 500 °C liegen, sind in der Tabelle 8.5.1 angegeben. Damit können die Überdeckungen aller von den Regelfällen abweichenden Stahl- oder Spannbetonkonstruktionen in einfacher Weise ermittelt werden. Die Werte Δu geben die jeweilig erforderlichen Erhöhungen/Erniedrigungen der Überdeckungsmaße in Millimeter an, um die entsprechend höheren/niedrigeren crit T-Werte zu berücksichtigen.

Tabelle 8.5.1: *Erhöhung und Erniedrigung der Überdeckungen aufgrund veränderter kritischer Temperaturen in Abhängigkeit von den Festigkeitsklassen der Beton- und Spannstähle nach DIN 4102 Teil 4 nach [19]*

Stahlsorte		Beanspruchung	crit T [°C]	Δu [mm]
Art	Festigkeits- klasse			
Betonstahl	BSt 220/340	$0{,}572\,\beta_s \cong 100\%$	570	-7,5
		$0{,}34\,\beta_s \cong 60\%$	650	-15
	BSt 420/500	$0{,}572\,\beta_s \cong 100\%$	500	0
	BSt 500/550	$0{,}44\,\beta_s \cong 77\%$	550	-5
		$0{,}27\,\beta_s \cong 47\%$	600	-10
Spannstahl, warmgewalzt, gereckt und angelassen	St 835/1030	$0{,}55\,\beta_z \cong 100\%$	500	0
	St 885/1080	$0{,}40\,\beta_z \cong 73\%$	550	-5
Spannstahl, vergütete Drähte	St 1080/1230 St 1325/1470	$0{,}55\,\beta_z \cong 100\%$	450	+5
	St 1420/1570	$0{,}40\,\beta_z \cong 73\%$	500	0
Spannstahl, kaltgezogene Drähte und Litzen	St 1470/1670	$0{,}55\,\beta_z \cong 100\%$	375	+12,5
		$0{,}35\,\beta_z \cong 64\%$	450	+5
	St 1375/1570	$0{,}55\,\beta_z \cong 100\%$	350	+15
	St 1570/1770	$0{,}42\,\beta_z \cong 76\%$	400	+10
		$0{,}34\,\beta_z \cong 62\%$	425	+7,5

8.5.3 Festigkeit und Spannungs-Dehnungs-Beziehungen von Spannstählen

An verschieden hoch aufgeheizten Spannstahlproben ergaben sich im heißen Zustand bei Zugprüfungen (Warmzerreißversuchen) charakteristische Spannungs-Dehnungsbeziehungen wie sie beispielhaft in Bild 8.5.7 wiedergegeben sind (vergl. [12]). Das Bild 8.5.7 zeigt Spannungs-Dehnungskurven verschiedener Spannstähle bei:

— 20, 300 und 500 °C Stahltemperatur (ausgezogene Kurven) sowie
— 20 °C nach vorangegangener einstündiger Erwärmung auf 300 °C und 500 °C (gepunktete Kurven).

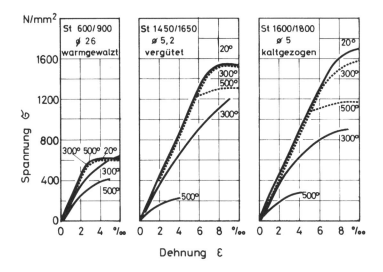

Bild 8.5.7: *Spannungs-Dehnungskurven verschiedener Spannstähle nach [12]*

Die kaltgezogenen Stähle verlieren ihre hohe Anfangsfestigkeit schon nach einstündigem Glühen bei 300 °C und anschließendem Abkühlen. Das ist darauf zurückzuführen, dass die mit der Vergütung erreichte Umbildung bzw. Neuordnung der Kristalle durch die Erwärmung auf 300 bzw. 500 °C weitgehend rückgängig gemacht wird. Vergütete und kaltverformte Stähle zeigen also bleibende Verluste der Festigkeit, wenn sie Temperaturen von mehr als 400 bzw. 300 °C ausgesetzt waren. Die Wiederverwendung von brandbeanspruchten, nicht eingestürzten Spannbeton- und Stahlbeton-Konstruktionen hängt somit davon ab, welche Temperaturen in den Stählen im Zuge des Brandes aufgetreten sind.

Trägt man die sich aus Bild 8.5.7 ergebenden Hochtemperaturfestigkeiten in Abhängigkeit von der Temperatur auf, so erhält man die in den Bildern 8.5.8 und 8.5.9 wiedergegebenen Beziehungen. Dem Verhalten der Spannstähle ist das Verhalten von Betonstählen und von Baustahl St 37 gegenübergestellt. Das Bild 8.5.8 zeigt die

Streckgrenze und Bild 8.5.9 die Zugfestigkeiten der geprüften Stähle. Man erkennt daran, dass die Spannstähle bereits ab 250 °C gravierende Verluste hinsichtlich ihrer Streckgrenze und Zugfestigkeit erleiden. Bei Baustählen treten diese Verluste erst bei wesentlich höheren Temperaturen auf.

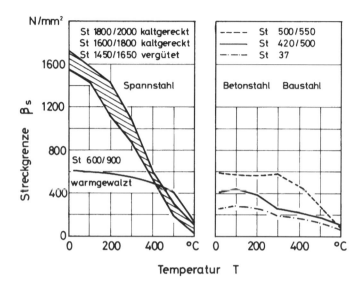

Bild 8.5.8: Streckgrenze β_S von Beton- und Spannstählen in Abhängigkeit von der Stahltemperatur nach [12]

Die überwiegende Mehrzahl der Stahlversuche unter hohen Temperaturen wurde im Zugbereich durchgeführt. Anhand vergleichender Versuche wurde festgestellt, dass einer Übertragung der Ergebnisse bei Zugbeanspruchung auf Druckbeanspruchungen im Bereich bis zur Fließgrenze hin nichts im Wege steht. Stahl behält seine symmetrischen Eigenschaften für Druck und Zug selbst bei hohen Temperaturen offensichtlich bei.

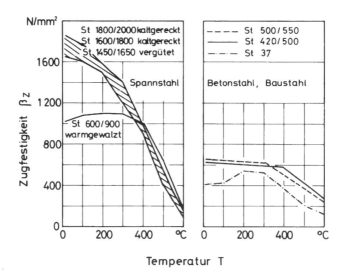

Bild 8.5.9: Zugfestigkeit β_z von Bau-, Beton- und Spannstählen in Abhängigkeit von der Stahltemperatur nach [12]

8.5.4 Thermische Dehnungen von Beton- und Spannstählen

Die thermische Dehnung von Beton- und Spannstählen kann im für den Brandfall interessierenden Temperaturbereich bis ca. 600 °C als konstant angesehen werden. Die thermische Dehnzahl bei Raumtemperatur ergibt sich zu $\alpha_T = 10^{-5}$ K^{-1}. Dieser Wert gilt auch für Baustähle. Bei höheren Temperaturen ergeben sich nach den Kurven von Bild 8.5.10 zwischen Beton- und Spannstählen geringe Unterschiede, die bezüglich des Brandverhaltens von Bauteilen jedoch praktisch vernachlässigbar sind. Der Temperaturknick in den Dehnkurven bei 723°C ist durch die α-γ-Umwandlung des Stahlgefüges bedingt und in den meisten Fällen ohne praktische Bedeutung. Die thermischen Dehnungen von Baustahl und Betonstahl entsprechen einander.

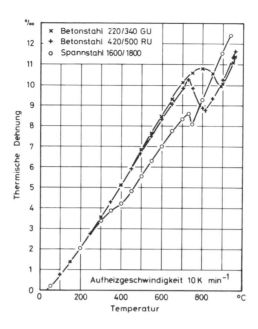

Bild 8.5.10: *Thermische Dehnungen von Beton- und Spannstählen nach [11]*

8.5.5 Temperatureigenschaften von Betonstahl nach Eurocode 2

Die Festigkeits- und Verformungseigenschaften von Betonstahl bei erhöhten Temperaturen nach EC 2 werden durch Spannungs-Dehnungsbeziehungen nach Bild 8.5.11 und Tabelle 8.5.2 festgelegt. Die Spannungs-Dehnungsbeziehungen werden durch drei Parameter definiert:

— Neigung im linear-elastischen Bereich $E_{s,\theta}$;
— Proportionalitätsgrenze $f_{sp,\theta}$;
— maximales Spannungsniveau $f_{sy,\theta}$.

Für die Parameter sind in Tabelle 8.5.2 Werte für warmgewalzten und kaltverformten Betonstahl bei erhöhten Temperaturen angegeben. Für Zwischenwerte der Temperatur ist eine lineare Interpolation zulässig. Die Spannungs-Dehnungsbeziehungen dürfen auch für druckbeanspruchten Betonstahl angewendet werden. Bei thermischen Einwirkungen nach EN 1991-1-2, Abschnitt 3 (Simulation eines natürlichen Feuers), können die Spannungs-Dehnungsbeziehungen von Betonstahl nach Tabelle 8.5.2 als zutreffende Näherung verwendet werden, insbesondere auch für den Bereich fallender Temperaturen. Für Spannstähle ist in EC 2 einer der Tabelle 8.5.2 entsprechende Wertetabelle angegeben.

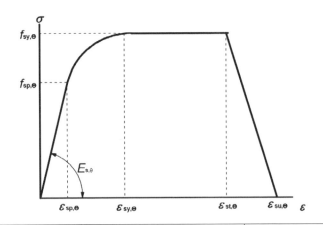

Bereich	Spannung $\sigma(\theta)$	Tangentenmodul
$\varepsilon_{sp,\theta}$	$\varepsilon \, E_{s,\theta}$	$E_{s,\theta}$
$\varepsilon_{sp,\theta} \leq \varepsilon \leq \varepsilon_{sy,\theta}$	$f_{sp,\theta} - c + (b/a)[a^2 - (\varepsilon_{sy,\theta} - \varepsilon)^2]^{0,5}$	$\dfrac{b(\varepsilon_{sy,\theta} - \varepsilon)}{a\left[a^2 - (\varepsilon - \varepsilon_{sy,\theta})^2\right]^{0,5}}$
$\varepsilon_{sp,\theta} \leq \varepsilon \leq \varepsilon_{st,\theta}$	$f_{sy,\theta}$	0
$\varepsilon_{st,\theta} \leq \varepsilon \leq \varepsilon_{su,\theta}$	$f_{sy,\theta}\left[1 - (\varepsilon - \varepsilon_{st,\theta})/(\varepsilon_{su,\theta} - \varepsilon_{st,\theta})\right]$	-
$\varepsilon = \varepsilon_{su,\theta}$	0,00	-
Parameter*)	$\varepsilon_{sp,\theta} = f_{sp,\theta} / E_{s,\theta}$ $\quad$ $\varepsilon_{sy,\theta} = 0,02$ $\quad$ $\varepsilon_{st,\theta} = 0,15$ $\quad$ $\varepsilon_{su,\theta} = 0,20$ Klasse A Bewehrung: $\quad$ $\varepsilon_{st,\theta} = 0,05$ $\quad$ $\varepsilon_{su,\theta} = 0,10$	
Hilfswerte	$a^2 = (\varepsilon_{sy,\theta} - \varepsilon_{sp,\theta})(\varepsilon_{sy,\theta} - \varepsilon_{sp,\theta} + c/E_{s,\theta})$ $b^2 = c(\varepsilon_{sy,\theta} - \varepsilon_{sp,\theta})E_{s,\theta} + c^2$ $c = \dfrac{(f_{sy,\theta} - f_{sp,\theta})^2}{(\varepsilon_{s,\theta} - \varepsilon_{sp,\theta})E_{s,\theta} - 2(f_{sy,\theta} - f_{sp,\theta})}$	

*) Werte für die Parameter $\varepsilon_{pt,\theta}$ und $\varepsilon_{pu,\theta}$ von Spannstahl sind aus Tabelle 3.3 der EN 1992-1-2 zu nehmen. Die Klasse A Bewehrung wird in EN 1992-1-1, Anhang C festgelegt.

Bild 8.5.11: Spannungs-Dehnungsbeziehungen für Betonstahl und Spannstahl bei erhöhten Temperaturen (bei Spannstählen ist der Fußzeiger „s" durch „p" zu ersetzen)

Tabelle 8.5.2: *Parameter der Spannungs-Dehnungsbeziehung von warmgewalzten und kaltverformten Betonstahl (Klasse N) bei erhöhten Temperaturen nach EC 2*

Stahltemperatur θ [°C]	$f_{sy,\theta} / f_{yk}$		$f_{sp,\theta} / f_{yk}$		$E_{s,\theta} / E_s$	
	w.-gewalzt	kaltverformt	w.-gewalzt	kaltverformt	w.-gewalzt	kaltverformt
1	2	3	4	5	6	7
20	1,00	1,00	1,00	1,00	1,00	1,00
100	1,00	1,00	1,00	0,96	1,00	1,00
200	1,00	1,00	0,81	0,92	0,90	0,87
300	1,00	1,00	0,61	0,81	0,80	0,72
400	1,00	0,94	0,42	0,63	0,70	0,56
500	0,78	0,67	0,36	0,44	0,60	0,40
600	0,47	0,40	0,18	0,26	0,31	0,24
700	0,23	0,12	0,07	0,08	0,13	0,08
800	0,11	0,11	0,05	0,06	0,09	0,06
900	0,06	0,08	0,04	0,05	0,07	0,05
1000	0,04	0,05	0,02	0,03	0,04	0,03
1100	0,02	0,03	0,01	0,02	0,02	0,02
1200	0,00	0,00	0,00	0,00	0,00	0,00

Die thermischen Dehnungen $\varepsilon_s(\theta)$ von Beton- und Spannstahl werden nach EC 2, ausgehend von der Länge bei 20 °C, wie folgt bestimmt:

— Betonstahl:

$20\,°C \leq \theta \leq 750\,°C\quad : \quad \varepsilon_s(\theta) = -2{,}416 \cdot 10^{-4} + 1{,}2 \cdot 10^{-5}\,\theta + 0{,}4 \cdot 10^{-8}\,\theta^2$ Gl. (8.5.1 a)

$750\,°C < \theta \leq 860\,°C\quad : \quad \varepsilon_s(\theta) = 11 \cdot 10^{-3}$ Gl. (8.5.1 b)

$860\,°C < \theta \leq 1200\,°C\quad : \quad \varepsilon_s(\theta) = -6{,}2 \cdot 10^{-3} + 2 \cdot 10^{-5}\,\theta$ Gl. (8.5.1 c)

— Spannstahl:

$20\,°C \leq \theta \leq 1200\,°C\quad : \quad \varepsilon_p(\theta) = -2{,}016 \cdot 10^{-4} + 10^{-5}\,\theta + 0{,}4 \cdot 10^{-8}\,\theta^2$ Gl. (8.5.2)

8.5.6 Thermische Eigenschaften von Baustahl

In dem folgenden Abschnitt werden die temperaturabhängigen thermischen Eigenschaften von Baustahl beschrieben. Die Wärmeleitfähigkeit von Stählen wird durch ihren Legierungsgehalt und die Temperatur beeinflusst. Für die im Bauwesen üblichen Stähle gilt, dass bei konstanter Temperatur die Wärmeleitung mit zunehmendem Legierungsgehalt und bei konstantem Legierungsgehalt mit zunehmender Temperatur abnimmt [15]. Bild 8.5.12 zeigt Messwerte für verschiedene Kohlenstoffstähle nach

[15] sowie die Rechenwerte nach [16] für den temperaturabhängigen Verlauf der Wärmeleitzahl.

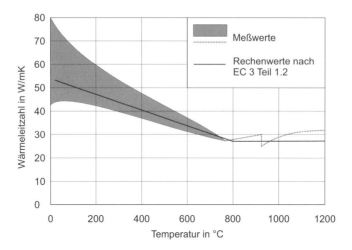

Bild 8.5.12: *Wärmeleitfähigkeit von üblichen Baustählen als Funktion der Temperatur*

Untersuchungen über die Temperaturabhängigkeit der Dichte unlegierter Stähle zeigen den in Bild 8.5.13 dargestellten, annähernd linear abfallenden Verlauf, wobei die Messwerte in einem relativ engen Streuband liegen [15]. Wie aus Bild 8.5.13 ersichtlich, macht sich im Stahl die Umwandlung der α- in γ-Mischkristalle bei 723 °C durch einen Sprung im temperaturabhängigen Verlauf der Dichte bemerkbar.

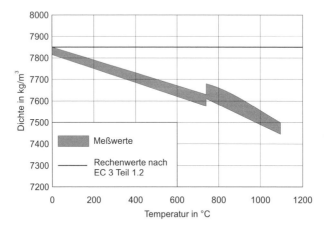

Bild 8.5.13: *Dichte von üblichen Baustählen als Funktion der Temperatur nach [15]*

Bei der spezifischen Wärmekapazität c_a von Stahl wird in der Praxis zwischen „mittlerer" und „wahrer" spezifischer Wärmekapazität unterschieden. Im Gegensatz zur wahren spezifischen Wärmekapazität enthält die mittlere spezifische Wärmekapazität keine latenten Wärmemengen, beispielsweise jene Wärmemenge, die bei der Umwandlung der α- in γ-Mischkristalle bei 723 °C erforderlich ist. Da diese Wärmemenge außerordentlich groß ist, muss sie bei der Ermittlung der Stahlerwärmung berücksichtigt werden, d. h., es ist die wahre spezifische Wärmekapazität in Ansatz zu bringen [15]. Bild 8.5.14 zeigt Messwerte und Rechenwerte für den temperaturabhängigen Verlauf der spezifischen Wärmekapazität von Stahl sowie den Streubereich der Messungen für verschiedene Kohlenstoffstähle nach [15].

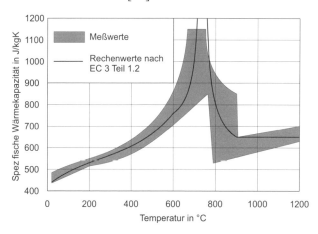

Bild 8.5.14:   *Spezifische Wärmekapazität von Stahl als Funktion der Temperatur*

Wie nahezu alle Festkörper dehnt sich Stahl mit steigender Temperatur aus. Art und Menge der Legierungszusätze bestimmen weitgehend den Verlauf der thermischen Dehnung, wobei aber ein deutlicher Einfluss erst oberhalb von 600 °C sichtbar wird. Auffallend ist das breite Streuband der Messwerte im Bereich der Umwandlung der α- in γ-Mischkristalle, das durch die Kontraktion der Einheitszellen verursacht wird. Die Temperaturdehnung von Baustahl ist in Bild 8.5.15 dargestellt. Sie zeigt Messwerte für die thermische Dehnung aus [15] und Rechenwerte nach [16].

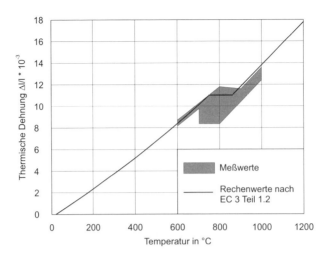

Bild 8.5.15:   *Thermische Dehnung von Stahl als Funktion der Temperatur nach [15]*

8.5.7 Thermische Eigenschaften von Baustahl nach Eurocode 3

Die Abhängigkeit der Wärmeleitfähigkeit von der Temperatur ist in Bild 8.5.16 dargestellt. Sie wird nach EC 3 wie folgt berechnet:

$20\,°C \leq \theta_a < 800\,°C$ $\qquad$: $\lambda_a = 54 - 3{,}33 \times 10^{-2}\,\theta_a$ W/mK $\hfill$ Gl. (8.5.3 a)

$800\,°C \leq \theta_a \leq 1200\,°C$ $\qquad$: $\lambda_a = 27{,}3$ W/mK $\hfill$ Gl. (8.2.7 b)

Dabei ist θ_a die Stahltemperatur [°C].

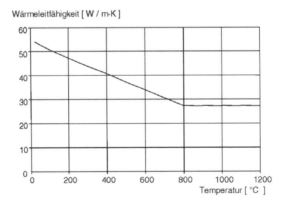

Bild 8.5.16:   *Wärmeleitfähigkeit von Baustahl in Abhängigkeit von der Temperatur*

Die Abhängigkeit der spezifischen Wärmekapazität c_a in J/kgK von der Temperatur θ_a ist in Bild 8.5.17 dargestellt. Sie wird nach EC 3 wie folgt ermittelt:

20 °C $\leq \theta_a <$ 600 °C :

$$c_a = 425 + 7{,}73 \cdot 10^{-1}\, \theta_a - 1{,}69 \cdot 10^{-3}\, \theta_a^2 + 2{,}22 \cdot 10^{-6}\, \theta_a^3 \qquad \text{Gl. (8.5.4 a)}$$

600 °C $\leq \theta_a <$ 735 °C : $\quad c_a = 666 + \dfrac{13002}{738 - \theta_a}$ \qquad Gl. (8.5.4 b)

735 °C $\leq \theta_a <$ 900 °C : $\quad c_a = 545 + \dfrac{17820}{\theta_a - 731}$ \qquad Gl. (8.5.4 c)

900 °C $\leq \theta_a \leq$ 1200 °C : $c_a = 650$ \qquad Gl. (8.5.4 d)

Die obigen Gleichungen gelten für Beton- und Spannstähle gleichermaßen. Die Rohdichte von Stahl kann über den gesamten Temperaturbereich als konstant angenommen werden, d.h. $\rho = 7850$ kg/m³ gilt von 20 bis 1200 °C.

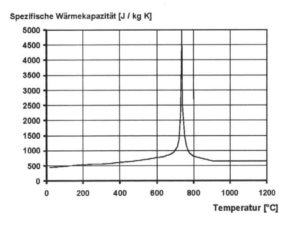

Bild 8.5.17: Spezifische Wärmekapazität von Kohlenstoffstahl in Abhängigkeit von der Temperatur

Die thermische Dehnung von Stahl wird nach EC 3 wie folgt berechnet:

20 °C $\leq \theta_a <$ 750 °C : $\Delta l/l = 1{,}2 \cdot 10^{-5}\, \theta_a + 0{,}4 \cdot 10^{-8}\, \theta_a^2 - 2{,}416 \cdot 10^{-4}$ \qquad Gl. (8.5.5 a)

750 °C $\leq \theta_a \leq$ 860 °C : $\Delta l/l = 1{,}1 \cdot 10^{-2}$ \qquad Gl. (8.5.5 b)

860 °C $< \theta_a \leq$ 1200 °C : $\Delta l/l = 2 \cdot 10^{-5}\, \theta_a - 6{,}2 \cdot 10^{-3}$ \qquad Gl. (8.5.5 c)

l \qquad Länge bei 20 °C
Δl \qquad Ausdehnung infolge Temperatur
θ_a \qquad Stahltemperatur [°C]

Die Abhängigkeit der Temperaturdehnung von Stahl von der Temperatur ist in Bild 8.5.18 dargestellt.

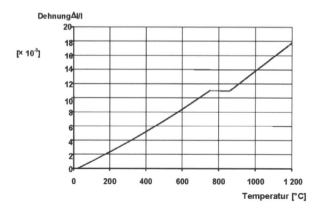

Bild 8.5.18:   Dehnung von Kohlenstoffstahl in Abhängigkeit von der Temperatur

8.5.8 Berechnung der Temperaturen in Stahlbauteilen

Kenntnisse über das Temperatur-Zeitgesetz des Brandes, die Bedingungen für den Wärmeübergang an der Bauteiloberfläche sowie die Gesetzmäßigkeiten für die Wärmeleitung im Querschnittsinnern sind Voraussetzung zur Berechnung der instationären Temperaturfelder in Stahlbauteilen. Prinzipiell gilt auch hier die bereits erwähnte Fouriergleichung (siehe Abschnitt 8.3.1). Der Wärmeübergang in der Grenzschicht Bauteilumgebung/Bauteiloberfläche kann hinreichend genau mit konstanten Beiwerten jeweils für Konvektion und Strahlung beschrieben werden (siehe Abschnitt 8.3.1, Tabelle 8.3.1). Für Stahlbauteile kann in der Regel auf eine Lösung der Fourierschen Differentialgleichung zur Berechnung der instationären Wärmeleitung verzichtet werden, da in der überwiegenden Anzahl von praktischen Fällen von einer gleichmäßigen Temperaturverteilung entlang der Bauteilachse, und entsprechend der hohen Wärmeleitfähigkeit des Stahls, auch von einer gleichmäßigen Temperaturverteilung über die Querschnittsfläche ausgegangen werden kann. Ausnahmen davon bilden evtl. massive bzw. sehr dicke Stahlbauelemente, welche hier nicht behandelt werden. Für unbekleidete Stahlbauteile wird die Temperaturerhöhung dT_a während eines Zeitintervalls dt näherungsweise wie folgt berechnet [23]:

$$dT_a = \frac{\alpha}{c_a \rho_a} \cdot \frac{A_m}{V} \cdot (T_t - T_s) \cdot dt \qquad \text{Gl. (8.5.6)}$$

$\alpha = \alpha_c + \alpha_r$ Wärmeübergangskoeffizient aufgrund von Konvektion (α_c) und
   Strahlung (α_r) mit $\alpha_c = 25$ W/m²K und $\alpha_r = q_r/(T_t - T_s)$
c_a spezifische Wärmekapazität des Stahls (J/kgK)
ρ_a Dichte des Stahls (kg/m³)
A_m beflammte Oberfläche des Stahlprofils je m Länge (m²/m)
V   Volumen des Stahlprofils je m Länge (m³/m)
T_t mittlere Brandgastemperatur während des Zeitintervalls dt (°C)

T$_s$ mittlere Stahltemperatur während des Zeitintervalls dt (°C)
dt Zeitintervall in Sekunden (s)
dT$_a$ Temperaturerhöhung des Stahlbauteils während des Zeitintervalls dt

Eine Wärmeleitung in Längsrichtung des Stahlprofiles bzw. Temperaturgradienten im Querschnitt sind in der obigen Gleichung nicht berücksichtigt. In der überwiegenden Anzahl der praktischen Fälle ist dieses ohne Belang. Die Anwendung der vereinfachten Gl. (8.5.6) setzt jedoch eine gleichmäßige Erwärmung des Profilquerschnitts voraus. Diese Voraussetzung wird mit zunehmender Massigkeit des Profilquerschnitts nicht mehr erfüllt. Bei sehr massigen Querschnitten mit $A_m/V < 40$ m^{-1} ist die vereinfachte Berechnungsart unzulässig. In diesen Fällen muss die Berechnung der Querschnittserwärmung durch Lösung der Fourierschen Differentialgleichung auf numerischem Wege, z. B. mit einem Rechenprogramm auf der Grundlage finiter Elemente oder Differenzen, erfolgen.

Tabelle 8.5.3: Berechnete Temperaturen von unbekleideten Stahlbauteilen bei Brandbelastung gemäß der ETK nach [18]

Zeit [min]	Brandraum- temperatur [°C]	Temperaturen [°C] bei einem Profilfaktor A_m/V [1/m] von								
		10	20	30	50	100	150	200	250	300
0	20	20	20	20	20	20	20	20	20	20
10	678	64	105	142	209	345	442	509	555	586
20	781	135	232	316	448	630	700	725	733	737
30	842	216	367	483	632	739	788	816	827	831
40	885	301	495	620	733	842	870	876	878	879
50	918	386	603	716	803	902	910	912	913	914
60	945	468	691	756	893	935	939	941	942	942
70	968	544	736	842	943	960	963	965	965	966
80	988	612	781	917	972	982	984	985	986	986
90	1008	673	858	965	994	1000	1002	1003	1004	1004

Für sehr dünnwandige Profilquerschnitte ($A_m/V > 300$ m^{-1}) gleicht die berechnete Stahltemperatur etwa der Heißgastemperatur. In Tabelle 8.5.3 sind die nach obiger Gleichung berechneten Temperaturentwicklungen von unbekleideten Stahlbauteilen bei Normbrandbeanspruchung für verschiedene Profilfaktoren A_m/V angegeben, wobei der temperaturabhängige Verlauf der spezifischen Wärmekapazität des Stahls c_a, die Emissionszahl $\varepsilon = 0{,}5$ und der feuerseitige Wärmeübergangskoeffizient aufgrund von Konvektion mit $\alpha_c = 25$ W/m^{2}K berücksichtigt wurden.

8.6 Temperaturverhalten von Holz

8.6.1 Allgemeines

Aufgrund des überwiegend organischen Aufbaues (Kohlenwasserstoffverbindungen) ist Holz als Baustoff brennbar und gilt ohne Nachweis als normalentflammbar (B 2 nach DIN 4102-1). Es kann in feinverteilter Form („unter 2 mm Dicke") leichtentflammbar sein; es kann andererseits durch Behandlung mit Anstrichen schwerentflammbar (B 1) gemacht werden. Holz kann anteilig sogar in nichtbrennbaren Baustoffen der Klasse A 2 enthalten sein (Holzbeton).

Als Konstruktionselement verhält sich Holz als Bauteil im Feuer vergleichsweise gut, d. h., es kommt durch den Abbrand nur selten zu plötzlichen Einstürzen der Konstruktion. Holz führt unter dem Einfluss der Wärme keine Eigenbewegungen aus, die andere Bauteile zum Einsturz bringen könnten. Die größte Gefahr ist von den Verbindungselementen – meist aus Stahl – zu erwarten. Andererseits ist Holz brennbar und erhöht damit die Brandlast. Erst die Abkehr von der Verwendung brennbarer Baustoffe für Dächer und Außenwände hat dazu geführt, dass die im Mittelalter beobachteten Stadtbrände in der Neuzeit praktisch nicht mehr vorkommen.

Holz besteht im Wesentlichen aus etwa 45 % Cellulose, 20 % Hemicellulose und 30 bis 35 % Lignin; diese Verbindungen sind aus Kohlenstoff, Wasserstoff und Sauerstoff aufgebaut. An nichtbrennbaren Bestandteilen sind die Feuchte (Wassergehalt) und die mineralischen Stoffe des Holzes zu nennen. Ein hoher Feuchtegehalt kann die Entflammbarkeit von Holz herabsetzen. Der Gehalt an aschebildenden Bestandteilen (mineralische Stoffe, z. B. Soda) ist bei Bauhölzern sehr gering und spielt kaum eine Rolle.

Bei der Erwärmung von Holz treten oberhalb von ca. 120 °C chemische Zersetzungen (Pyrolyse) der Holzsubstanzen wie Cellulose und Lignin unter Bildung von Holzkohle und brennbaren Gasen auf, wobei bei genügender Konzentration dieser Gase auch eine Entzündung stattfinden kann, ohne dass eine Zündquelle anwesend ist. Weder die Temperatur, bei der die thermische Zersetzung beginnt, noch die Entzündungstemperatur können als Materialkonstante festgelegt werden, weil dabei u.a. auch die Anteile an Hemicellulose sowie die Erwärmungsdauer einen entscheidenden Einfluss haben.

Die spontane Entzündung fein zerkleinerter Holzproben tritt im Temperaturbereich von über 250 °C auf. Bei Erwärmung über viele Stunden kann jedoch eine Entzündung schon unter 150 °C stattfinden (Bild 8.6.1). Außer der Erwärmungsdauer haben die Probengröße, die Rohdichte des Holzes und der Feuchtigkeitsgehalt deutlichen Einfluss auf die Entzündbarkeit. Eine hohe Rohdichte und ein hoher Feuchtigkeitsgehalt verzögern die Entzündung.

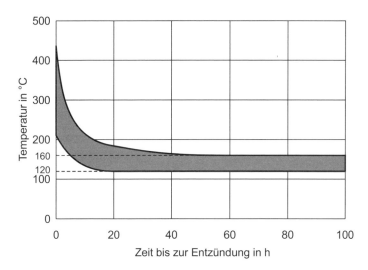

Bild 8.6.1: Entzündungstemperatur von unbehandeltem Holz in Abhängigkeit von der Zeit (schematische Darstellung nach [20]).

Bei einer Verbrennung von Holz entstehen u. a. Wasserdampf aus Wasserstoff und Kohlendioxid aus Kohlenstoff. Diese beiden Verbrennungsprodukte sind nicht toxisch, weiterhin können sich Kohlenmonoxid, Ketone, Akrolein, Formaldehyd, Acetaldehyd und andere organische Verbindungen bilden, die teilweise narkotisierend wirken oder toxisch sind. Durch die Zersetzung von Holz und Bildung von Holzkohle kommt es zu einem Masseverlust (Bild 8.6.2), der mit steigender Rohdichte des Holzes abnimmt. Leichtes Holz entzündet sich daher eher und verbrennt grundsätzlich auch schneller als schweres Holz.

Die Verbrennung von Holz ist ein seit langem bekannter Vorgang, sie läuft in der Praxis je nach den Temperaturverhältnissen und dem Sauerstoffangebot jedoch sehr verschieden ab. Durch die Strahlungshitze des Entstehungsbrandes verdampft die Holzfeuchtigkeit an der Oberfläche. Übersteigt die Temperatur dort 200 °C, so entstehen in zunehmendem Maße brennbare Gase (Pyrolyse). Sobald sich diese entzündet haben, steigt die Temperatur an der Oberfläche rasch weiter an. Durch die in das Holz vordringende Hitze werden fortschreitend tiefere Schichten erwärmt und pyrolysiert. Ist die Oberfläche des Holzes groß und ist viel Sauerstoff vorhanden, so kann der Abbrand explosionsartig erfolgen (Holzstaubexplosion). Sind umgekehrte Verhältnisse vorhanden, d. h. kleine Oberflächen und wenig Sauerstoff, so entsteht ein Schwelbrand oder der Brand erstickt.

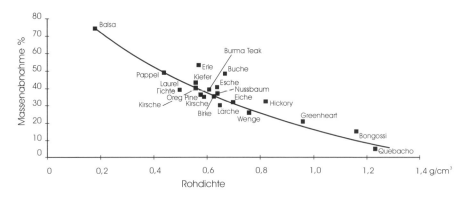

Bild 8.6.2: Masseverlust verschiedener Hölzer bei einer Brandbeanspruchung (ETK) von zehn Minuten Dauer in Anlehnung an [21]

8.6.2 Abbrandgeschwindigkeit von Holz

Oberhalb von rund 240 °C verläuft der Zersetzungsvorgang von Holz exotherm, d. h. unter Energieabgabe, die Reaktionsgeschwindigkeit steigt dabei ständig an. Durch den Verbrennungsvorgang bilden sich Pyrolysegase mit steigendem Gehalt an Kohlenwasserstoffen. Der höchste Anteil brennbarer Kohlenwasserstoffe wird bei Temperaturen von 400 °C gebildet, wobei der Heizwert des abgegebenen Gases etwa 18,8 MJ pro kg Holz erreicht. Bei Temperaturen oberhalb 500 °C nimmt die Gasbildung stark ab, dafür steigert sich die Bildung von Holzkohle. Die Abbrandgeschwindigkeit des Holzes, gemessen in Millimeter Abbrandtiefe pro Zeiteinheit, wird generell beeinflusst von:

— der Holzart und der Rohdichte des Holzes,
— dem Feuchtegehalt des Holzes,
— dem Verhältnis Oberfläche zu Volumen,
— den Belüftungsbedingungen (Sauerstoffangebot),
— der Temperaturbeanspruchung bzw. Beflammungsart,
— der externen Wärmestrahlung,
— der Querschnittsgeometrie (Querschnittsfläche),
— zusätzlichen Verformungen oder Rissen.

Zahlreiche Versuche haben ergeben, dass bei Holz und Holzwerkstoffen (Sperrholz, Span- und Faserplatten) ganz bestimmte Abbrandgeschwindigkeiten erreicht werden. Eine der wichtigsten Untersuchungen wurde diesbezüglich in den USA durchgeführt und 1967 veröffentlicht [22]. In dieser Arbeit wurde insbesondere die Abhängigkeit der Abbrandgeschwindigkeit von der Rohdichte und Feuchte des Holzes herausgestellt. Die ermittelten Kurven sind in Bild 8.6.3 dargestellt. Es ist üblich, die Abbrandgeschwindigkeit in mm/min zu messen bzw. anzugeben.

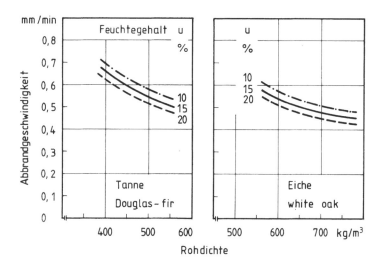

Bild 8.6.3: Abbrandgeschwindigkeit von Holz in Abhängigkeit von der Feuchte und Rohdichte nach [22]

Einige wichtige Abhängigkeiten nach [23] und [24] – ergänzt durch deutsche Untersuchungen [25] und [26] – sind in Bild 8.6.4 dargestellt. Alle Untersuchungen beziehen sich auf den Abbrand unter ETK-Bedingungen.

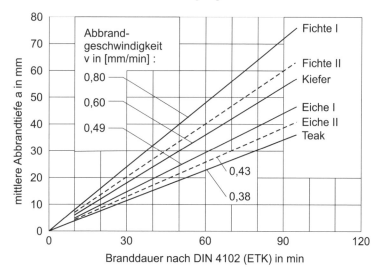

Bild 8.6.4: Abbrandtiefe und Abbrandgeschwindigkeit verschiedener Hölzer bei ETK-Beanspruchung nach verschiedenen Quellen (siehe [23] bis [26])

Weitere Untersuchungen wurden am Institut für Holzforschung, München, durchgeführt [26]. Dabei wurde u. a. Folgendes festgestellt:

— Bei Holzfeuchten von u = 8 % und u = 20 % ist bei Holz (Fichtenholz) (350 kg/m^3 ≤ ρ ≤ 500 kg/m^3) keine signifikante Abhängigkeit der Abbrandgeschwindigkeit von der Rohdichte, der Jahresringbreite und der Jahresringorientierung festzustellen.
— Obwohl Buche mit 690 kg/m3 ≤ ρ ≤ 720 kg/m3 eine relativ hohe Rohdichte besitzt, zeigt diese eine höhere Abbrandgeschwindigkeit als Fichte. Diese stimmt mit den Ergebnissen nach [21] überein (s. Bild 8.6.3).
— Obwohl Meranti mit 540 kg/m^3 ≤ ρ ≤ 560 kg/m^3 eine höhere Rohdichte als Fichte aufweist, ist die Abbrandgeschwindigkeit von Meranti nicht wesentlich kleiner als die von Fichte.
— Im Brandversuch nach ETK wurde kein Einfluss der Verformung (infolge der Biegung des Holzbalkens) auf die Abbrandgeschwindigkeit, wie in [25] beschrieben ist, festgestellt.

Auch international wurde inzwischen festgestellt, dass der Einfluss der Rohdichte auf die Abbrandgeschwindigkeit (Tabelle 8.6.1) von Holz mittlerer Güte nicht von so großer Bedeutung ist, wie früher angenommen wurde. Danach streut die Abbrandgeschwindigkeit um etwa ± 10 % bei einer Rohdichte von 290 kg/m^3 ≤ ρ ≤ 420 kg/m^3 [27].

Tabelle 8.6.1: *Abbrandgeschwindigkeit v in mm/min von verschiedenen Hölzern bei ETK-Beanspruchung nach [28]*

Holzart	u [%]	ρ [kg/m^3]	Kontinuierliche Messung	Messung nach Versuchsende
Fichte	8	433	0,74	0,71
	20	459	0,68	0,63
Buche	8	700	0,82	0,80
	20	689	0,76	0,72
Meranti	8	544	0,65	0,59
	20	559	0,59	0,56

In der ÖNORM B 3800 Teil 4 sind die Abbrandgeschwindigkeiten von Bauholz und Holzwerkstoffen unter ETK-Bedingungen gemäß Tabelle 8.6.2 zusammengefasst.

Risse sind im Brandfall einer Querschnittsteilung gleichzusetzen. Größere Querschnitte müssen daher aus verleimtem Holz hergestellt sein. Bei der Bemessung von Bauteilen mit geringeren Querschnitten, wie z.B. Bekleidungen von Wänden, sollte auf der „kalten" Seite eine Restdicke von 1 cm nicht mehr in Rechnung gestellt werden. Dünne Schichten verlieren im Brandfall rasch alle Feuchtigkeit und brennen dann viel schneller ab als die vorhergehenden Schichten. Dieser Umstand wird prinzipiell auch dadurch berücksichtigt, dass bei einer vorgesehenen Feuerwiderstandszeit die Temperatur auf der kalten Seite im Mittel um nicht mehr als 140 °C über die Temperatur zu Versuchsbeginn ansteigen darf.

Tabelle 8.6.2: Abbrandgeschwindigkeit von Holz und Holzwerkstoffen unter ETK-Bedingungen nach ÖN B 3800 Teil 4

Werkstoff	Abbrandgeschwindigkeit (in mm/min)
Gutes Bauholz gemäß ÖNORM B 4100 Teil 2	
Eiche	0,50
Fichte, auch brettschichtverleimt	0,65
Kiefer	0,75
Holzspanplatten gemäß ÖNORM B 3002	
Rohdichte 600 bis 700 kg/m3	0,80
über 700 kg/m3	0,70
Sperrholzplatten gemäß ÖNORM B 3008	
Rotbuche	0,80
Fichte	0,80
Holzfaserplatten gemäß ÖNORM B 3005	
Harte Holzfaserplatten	0,65
Poröse Holzfaserplatten	2,00

8.6.3 Festigkeit, E-Modul und thermische Dehnung von Holz

Die Druck- (β_D), Biege- (β_B), Zug-(β_Z) und Scherfestigkeit, aber auch der E-Modul (E) von Bauholz hängen u. a. von folgenden Größen oder Bedingungen ab:

— Holzart und Rohdichte,
— Feuchtegehalt,
— Faserrichtung,
— Ästigkeit,
— Temperatur.

Auf dem nachstehenden Bild 8.6.5 sind die beobachteten Festigkeits- und E-Modulbeziehungen für Nadelholz in Abhängigkeit von der mittleren Temperatur (T_m) zusammengestellt. Die Beziehungen wurden nur bis 150 °C ermittelt, weil bei höheren Temperaturen das Holz dem Abbrand unterliegt.

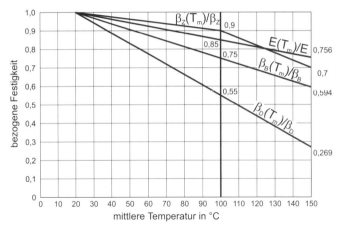

Bild 8.6.5: *Rechnerische Festigkeits- und E-Modulabnahmen von Nadelholz in Abhängigkeit von der mittleren Temperatur nach [20]*

Aus Bild 8.6.5 geht hervor, dass der E-Modul bis 150 °C etwa 25 % seines ursprünglichen Wertes verliert. Die Biegezugfestigkeit sinkt um etwa 40 % und die Druckfestigkeit um etwa 70 %. In der Praxis sind diese Festigkeitseinbußen allerdings nicht so relevant, weil sich die innere Zone der Holzquerschnitte – auch wenn die Holzoberfläche brennt – aufgrund der geringen Wärmeleitung kaum erwärmt und auch aufgrund der Holzfeuchte, welche teilweise in das Material hineinwandert, im Allgemeinen nicht wärmer als 100 °C wird.

Die Wärmedehnzahl α_T ist für Holz in den drei Richtungen – längs, tangential und radial zum Wachstum – verschieden. Für Vollholz ist praktisch nur die Längenänderung (Faserrichtung) von Bedeutung. Sie beträgt $\alpha_T = 3$ bis $6 \cdot 10^{-6}$ K^{-1} und ist im Vergleich zu Stahl und Beton ($\alpha_T = 1 \cdot 10^{-5}$ K^{-1}) klein. Wärmedehnungen spielen bei normalen Holzkonstruktionen keine Rolle – auch nicht im Brandfall –, zumal in der Regel den Temperaturdehnungen, infolge gleichzeitig auftretender Feuchteänderungen, entgegengesetzt verlaufende Schwindverformungen gegenüberstehen.

8.6.4 Thermische Eigenschaften von Holz

Die Wärmeleitfähigkeit von Holz und Holzwerkstoffen ist im Wesentlichen abhängig von der

— Holzart und Rohdichte,
— Faserrichtung,
— Feuchtigkeit,
— Temperatur.

Praktisch ist die Wärmeleitung nicht ohne weiteres zu bestimmen, weil sich im Holz bei einer reinen Konduktion stets ein simultaner Konvektionstransport durch die Feuchtewanderung überlagert. Näherungsweise dürfen für die Wärmeleitung die folgenden Werte angenommen werden, die für eine Temperatur von 20 °C und einer Wärmeleitung rechtwinklig zur Faser gelten [29]:

$$\lambda_0 = 0,13 \frac{W}{m \cdot K} \quad \text{für Nadelholz}$$

$$\lambda_0 = 0,19 \frac{W}{m \cdot K} \quad \text{für Laubholz}$$

In der nachstehenden Tabelle 8.6.3 nach [20] sind die Rohdichte, Wärmeleitfähigkeit, der E-Modul und die Druckfestigkeit von Hölzern beispielhaft angegeben.

Tabelle 8.6.3: *Rohdichte, Wärmeleitfähigkeit λ, Biege-E-Modul und Druckfestigkeit σ_D verschiedener Hölzer bei einem Feuchtegehalt u von ca. 12 Masse-% nach [20]*

Holzart	Rohdichte	λ	E-Modul $E \parallel$	Druckfestigkeit $\sigma_D \parallel$	$\sigma_D \perp$
	kg/m³	W/mK	N/mm²	N/mm²	
Balsa	160	0,063	2.600	9,4	1,3
Amerikanische Zeder	380	0,088	7.900	35	4,3
Tanne, Weißtanne	450	0,13	11.000	47	-
Fichte, Rottanne	470	0,13	11.000	50	5,8
Douglasie	510	0,12	11.500	47	6,5
Kiefer	520	0,13	12.000	55	7,7
Lärche (europäische)	590	-	13.800	55	7,5
Mahagoni	600	0,16	8.000	50	9,5
Lärche, westamerikanisch	620	0,14	12.000	53	7,6
Teakholz	670	0,18	13.000	72	26,0
Eiche, Traubeneiche	690	0,20	13.000	65	11,0
Eiche, Roteiche	700	0,20	12.800	47	8,6
Buche, Rotbuche	720	0,20	16.000	62	9,5
Bongossi	1100	-	24.000	109	17,5
Pockholz	1230	-	12.300	126	90,0

Wie aus dem Vorhergehenden hervorgeht, spielt die Rohdichte von Holz bei der Bestimmung der Materialeigenschaften in vielen Fällen eine bestimmende Rolle. Die Rohdichte selbst liegt zwischen 160 und 1230 kg/m³, sie ist u. a. abhängig von:

— der Holzart und Holzalter,
— der Holzfeuchte,
— der Lage im Stamm,
— dem Standort bzw. naturgegebenen Faktoren.

Für die Berechnung von Holzbauteilen anzunehmende Materialkennwerte sind in dem folgenden Kapitel 9 über Bauteile und im Kapitel 17 über Berechnungen nach Eurocode 5 [29] angegeben.

8.7 Temperaturverhalten von Mauerwerk

8.7.1 Vorbemerkung

Eine generelle Beschreibung des Temperaturverhaltens von Mauerwerk ist schwierig, weil für Mauerwerk jeweils grundverschiedene Werkstoffe (Steine) verwendet werden, welche mit ebenfalls unterschiedlichen Bindemitteln verkittet bzw. verbunden werden. Als Werkstoffe für tragendes Mauerwerk kommen zur Anwendung:

— Mauerziegel
— Kalksandsteine
— Mauersteine aus Beton (mit dichten oder porigen Zuschlägen)
— Porenbetonsteine
— Betonwerksteine
— maßgerechte Natursteine

Die zugehörigen Mörtel sind in der Regel Kalkmörtel, Kalk-Zementmörtel und Zementmörtel sowie Klebemörtel bei speziellen Anwendungen. Die Mörtel sind in EN 1996-1-1 genormt. Als Putze kommen Putzmörtel nach EN 998-1 und Gipsmörtel nach EN 13279-1 zur Anwendung.

Derzeit ist das Temperaturverhalten von Mauerwerk (als Verbundbaustoff) überwiegend nur anhand von Normbrandversuchen untersucht worden. Das Temperaturverhalten der Einzelkomponenten ist hingegen weniger bekannt. Generell ist diesbezüglich festzustellen, dass Mauerwerk in der Regel sehr gut brandbeständig ist, weil die Einzelkomponenten eine gute Temperaturbeständigkeit und eine geringe Wärmeleitung aufweisen. So werden Ziegelsteine bei Temperaturen oberhalb 900 °C gebrannt, so dass eine Keramik entsteht, welche ohne Weiteres einige 100 Grad aushält. Beton- und Leichtbetonsteine dürften sich je nach Zuschlag und Zementanteil etwa so verhalten wie ein guter Normalbeton. Spezifische Untersuchungsergebnisse liegen allerdings nicht vor, so dass lediglich globale Aussagen möglich sind. Das Gleiche gilt für Kalksandsteine, welche im Autoklaven hergestellt werden. Durch die Autoklavbehandlung ergibt sich in der Regel ein günstigeres Verhalten als bei Zementbeton, weil bei der Erhärtung wasserärmere Calciumsilicate entstehen.

Mauerwerksbauteile wurden Mitte der 90er Jahre an der MPA Braunschweig untersucht um Grundlagen für die Brandschutzteile im Eurocode 6, EN 1996-1-2, Entwurf von Mauerwerk, Teil 2, Baulicher Brandschutz, zu schaffen. Diese Arbeiten sind in die EN 1996-1-2 eingeflossen [30]. Die Forschungsberichte selbst sind nicht publiziert [31].

An Porenbetonen wird das gute Verhalten von Bauteilen aus Mauerwerk im Brandfall besonders deutlich, weil diese eine sehr gute Temperaturbeständigkeit in Verbindung mit einer äußerst geringen Wärmeleitfähigkeit aufweisen. In den letzten Jahren wurden weiterführende Materialuntersuchungen an Porenbeton vorgenommen, welche im folgenden Abschnitt 8.7.2 vorgestellt werden.

8.7.2 Mechanische Temperatureigenschaften von Porenbeton

Im Folgenden wird das Materialverhalten an Porenbeton-Plansteinen der Klasse P 1,6 bis P 8 behandelt, wobei die bisher untersuchten Rohdichten zwischen 340 kg/m³ und 500 kg/m³ liegen. Es wurden sowohl die mechanischen Kennwerte als auch thermische Kennwerte und deren temperaturabhängige Beziehungen ermittelt. Es werden zunächst nur die mechanischen Temperatureigenschaften vorgestellt. Die Druckfestigkeit von Porenbeton nimmt mit steigender Temperatur zunächst zu, d.h. das Material wird bis 400 °C zunehmend fester (s. Bild 8.7.1). Der Festigkeitsanstieg nimmt insbesondere bei normal gelagertem Porenbeton mit 2 bis 8 % Feuchte deutlich zu. Erst ab 500 °C ist ein Rückgang der Materialfestigkeit zu beobachten. Bei ca. 700 °C erreicht das Material die Ausgangsfestigkeit bzw. liegt darüber oder knapp darunter. Die Restdruckfestigkeit der normal gelagerten Porenbetone liegt bis 700 °C stets oberhalb der Heißdruckfestigkeit von Porenbeton. Porenbeton ist der einzige silicatische Baustoff, welcher soweit bisher bekannt, dieses Verhalten aufweist.

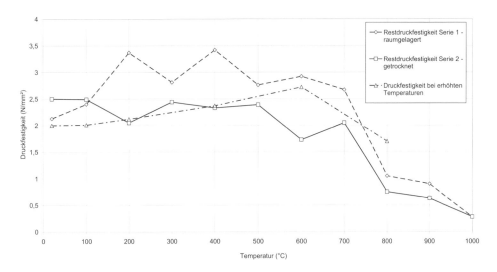

Bild 8.7.1: Temperaturabhängige Festigkeit fc(t) von vorgetrockneten und feuchten (6 %) Porenbetonproben im heißen Zustand und nach dem Erkalten (Mittelwert aus jeweils 3 bzw. 4 Proben)

Das Bild 8.7.1 zeigt speziell die Druckfestigkeit von Porenbeton mit ρ = 500 kg/m³ bei konstanter Prüftemperatur. Die Proben wurden aufgeheizt, ca. eine Stunde lang bei der Prüftemperatur temperiert und dann geprüft. Es zeigt sich, dass der Porenbeton bei Erwärmung zunächst an Festigkeit gewinnt und bei ca. 600 °C ein Festigkeitsmaximum erreicht. Die vorgetrockneten Proben zeigten kaum Festigkeitsgewinne und erste Festigkeitsabnahmen oberhalb 500 °C. Bei etwa 750 °C erreicht der Porenbeton seine

Ausgangsfestigkeit. Erst danach setzen die Festigkeitsverluste ein. Porenbeton ist insoweit allen anderen Konstruktionsbaustoffen überlegen.

Der temperaturabhängige E-Modul von Porenbeton ist auf dem Bild 8.7.2 dargestellt. Es ist festzustellen, dass sowohl der Rest E-Modul als auch der E-Modul bei erhöhten Temperaturen bis 200 °C zunehmen, wobei der Rest E-Modul eine maximale Zunahme von ca. 17 % aufweist. Die Zunahme des „heißen" E-Moduls bei 200 °C beträgt rund 7 %. Erst bei ca. 280 °C sind die Ausgangswerte (bei 20 °C) des E-Moduls und des Rest-E-Moduls wieder erreicht. Bei weiterer Aufheizung bis 600 °C erfolgt eine ständige leichte Abnahme sowohl des „heißen" E-Moduls als auch des Rest E-Moduls, wobei die Abnahme des Rest E-Moduls geringfügig höher ist. Zwischen 600 und 800 °C nehmen die E-Modulwerte stärker ab, wobei die Abnahme des Rest E-Moduls etwas geringer ausfällt.

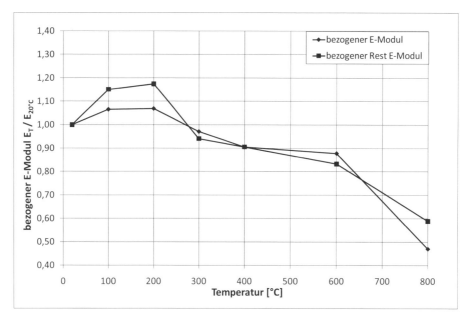

Bild 8.7.2: Bezogener E-Modul von Porenbeton (ρ = 500 kg/m³) bei hohen Temperaturen und Rest-E-Modul nach einer Aufheizung und Abkühlung auf 20 °C

Das folgende Bild 8.7.3 zeigt die thermische Dehnung von 2 Porenbetonen mit Dichten von 340 kg/m³ und 500 kg/m³. Die Messungen zeigen, dass Porenbeton eine negative thermische Dehnung hat, d.h. das Material schrumpft beim Aufheizen. Zu Vergleichszwecken wurde ein Porenbeton mit 600 kg/m³ an der Universität Rostock bis 1000 °C untersucht. Der etwas später einsetzende Schrumpfvorgang bei 800 °C ist durch die schnellere Aufheizrate (5 K/min) bei der Rostocker Analyse bedingt. Die Aufheizrate der Porenbetonproben der TU Wien mit der TMA 2940 betrug 1 K/min. Unterschiedliche Geschwindigkeiten der Aufheizraten führen zu Verschiebungen der Messwerte während der Analyse, verbunden mit einer Verschiebung der negativen thermischen Dehnung in Richtung höherer Temperaturen bei höheren Aufheizgeschwindigkeiten.

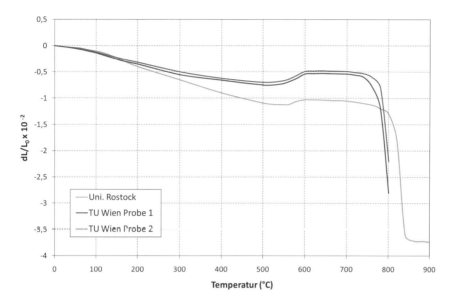

Bild 8.7.3: Vergleich der thermischen Dehnung von Porenbeton mit 300 und 500 kg/m³ (TU Wien) und 600 kg/m³ (Univ. Rostock)

Abweichend von allen anderen Konstruktionsbaustoffen weisen Porenbetone bis ca. 450 °C praktisch keine Dehnung auf ($\alpha_T = 0$!), was in der Praxis von Vorteil ist, weil im Prinzip weder Temperaturspannungen noch Zwangskräfte auftreten können. Das Bild 8.7.3 zeigt, dass bei 840 °C ein starkes Schrumpfen einsetzt. Dieses ist durch die Kristallumwandlung des Tobermorits im Porenbeton in Wollastonit bedingt, welche mit einer Schrumpfung von ca. 3,75 ‰ verbunden ist. Danach bleibt die Ausdehnung konstant, d.h. es treten keine weiteren Dehnungen.

8.7.3 Thermische Eigenschaften von Porenbeton

Porenbeton verliert während der Aufheizung das physikalisch und chemisch gebundene Wasser, so dass die Rohdichte in Abhängigkeit vom Feuchtegehalt variiert. Oberhalb von 900 °C kommt es allerdings zu einer Dichtezunahme, welche durch die Bildung von Wollastonit und einer deutlichen Verringerung des Volumens (chemisches Schwinden) oberhalb von 700 °C einhergeht. Im Eurocode 6 wird die Rohdichte von Porenbeton als nahezu unabhängig von der Temperatur angenommen. Diesbezüglich sind noch genauere Untersuchungen erforderlich. Empfohlen wird die Anpassung einer Bezugskurve an den trockenen Porenbeton, sowie die Berücksichtigung der Verdampfung der Porenfeuchte bei 105 °C bzw. im instationären Fall bei 150 °C.

Die spezifische Wärmekapazität ist im Folgenden für einen Porenbeton mit $\rho = 340$ kg/m³ auf dem Bild 8.7.4 angegeben. Die Feuchtegehalte f von 0 bis 8 % sind im Bereich von 20 bis 100 °C berücksichtigt. Der Einfluss der Verdampfung ist zwischen 100 °C und 150 °C festgelegt. Im Übrigen ist c_p analog zum Eurocode 6 bis 1200 °C als konstant angenommen [32].

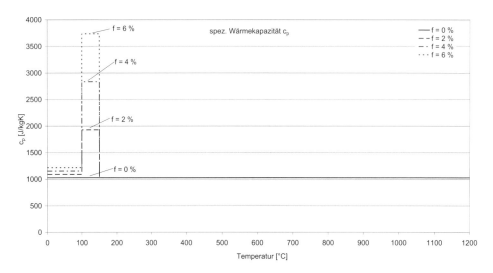

Bild 8.7.4: Spezifische Wärmekapazität von Porenbeton P2 mit $\rho = 340$ kg/m³ in Abhängigkeit von der Feuchte f in Gew.% und der Temperatur

Die Wärmeleitfähigkeit von Porenbeton ist auf Bild 8.7.5 dargestellt. Wie bei allen porösen, feuchten Baustoffen steigt die Wärmeleitung zwischen 20 °C und 100 °C an. Mit dem Beginn der Verdampfung geht diese rapide zurück, etwa auf den Ausgangswert bei 20 °C und steigt danach wieder geringfügig an. Ab 600 °C wird der Anstieg steiler, weil die Strahlungsanteile in den Poren zunehmen und die Wärmeleitung erhöht [32].

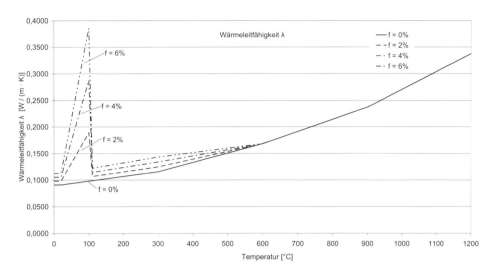

Bild 8.7.5: Wärmeleitung von Porenbeton P2 mit $\rho = 340$ kg/m³ in Abhängigkeit von der Feuchte f in Gew.% und der Temperatur

8.7.4 Temperaturberechnungen für Porenbetonwände

Die derart festgelegten Materialkennwerte wurden verwendet, um die Messwerte eines Brandversuches der MPA-Braunschweig für ein 17,5 cm dickes Wandbauteil nachzurechnen (s. Bild 8.7.6). Es ergaben sich bis zur Messtiefe von 15 cm und auch auf der „kalten" Seite gute Übereinstimmungen zwischen der Messung und Berechnung. Die Abweichungen bei der Messstelle 3 hängen ggf. mit dem Feuchtetransport bzw. der Feuchteverteilung im Porenbeton zusammen, welche laut Prüfbericht der MPA im Mittel 6 % betrug und in der Berechnung als über den Querschnitt konstant verteilt angenommen wurde, was in der Praxis bedingt zutrifft.

Die Temperaturen im Porenbetonbauteil lassen sich nur mit deutlich kleineren Wärmeübergangszahlen und Emissionszahlen als derzeit in Eurocode 6 (Stand Jan 2008) angegeben sind gut berechnen. Dieses gilt zumindest für den Brandprüfstand der MPA Braunschweig. Die Emissionszahlen für Porenbeton wurden mit $\varepsilon_p = 0{,}56$ bis $0{,}72$ gemessen. Der Mittelwert aus 5 Messungen beträgt 0,67.

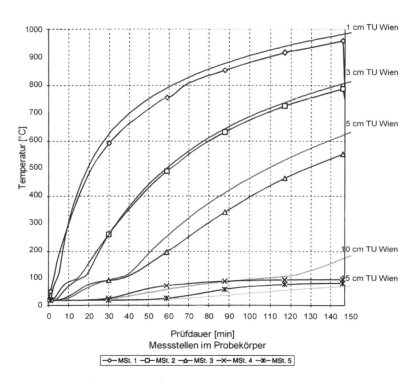

α_i:	15 W/m²K	α_a: 5 W/m²K
ε_{ges}:	0,5	f = 6 %

Bild 8.7.6:   *Nachrechnung eines Brandversuches der MPA Braunschweig an einem Wandbauteil (ρ = 340 kg/m³)*

Das Bild 8.7.7 zeigt ähnliche Wandbauteile mit ρ = 500 kg/m³ und ρ = 340 kg/m³ im Vergleich. Aus dem Bild 8.7.7 ist der Einfluss der Dichte ρ der Porenbetonbauteile bei gleicher Feuchte von 4 % gut ersichtlich. Die Temperaturen im Porenbeton mit einer höheren Dichte liegen immer unter jenen des Porenbetons mit geringerer Dichte. Der größte Temperaturunterschied tritt bei den Bauteilen mit einer Dicke von 17,5 cm in einer Bauteiltiefe von 7 cm mit ca. 150 °C auf [32].

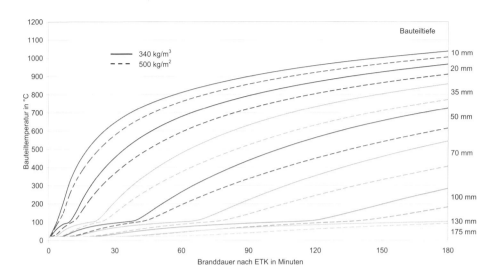

Bild 8.7.7: Temperaturverlauf in einem 175 mm dicken Wandbauteil mit f = 4 % bei einseitiger ETK-Beanspruchung

Für Platten bzw. Scheiben aus Porenbeton wurden die Temperaturverteilungen über den Querschnitt in Abhängigkeit von der Branddauer berechnet [32]. Auf Bild 8.7.8 sind die Temperatureindringung in 100 mm und 175 mm dicken Porenbetonbauteilen dargestellt. Das Bild 8.7.8 zeigt die Temperaturprofile in Abhängigkeit von der Normbranddauer für einen Porenbeton mit ρ = 340 kg/m³ und 4 Gew.% Feuchte. Der scheinbare Knick in den Temperaturverläufen bei 100 °C ergibt sich durch den jeweiligen Haltepunkt bei 100 °C in Abhängigkeit von der Eindringtiefe (vergl. Bild 8.7.6).

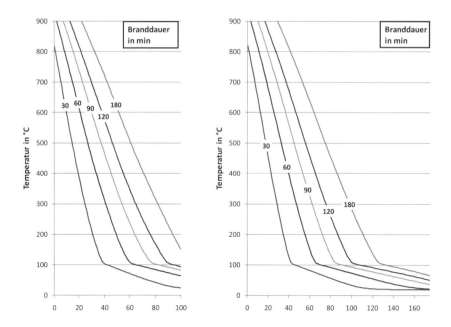

Bild 8.7.8: *Temperaturverteilung in einseitig brandbeanspruchten Platten bzw. Scheiben (Wänden) aus Porenbeton (ρ = 340 kg/m³, f = 4 %)*

8.8 Literatur zum Kapitel 8

[1] Schneider, U.: Verhalten von Beton bei hohen Temperaturen. Deutscher Ausschuss für Stahlbeton, Heft 337, Verlag W. Ernst & Sohn, Berlin, 1982

[2] Schneider, U.; Diederichs, U.; Weiß R.: Hochtemperverhalten von Festbeton. SFB 148 Brandverhalten von Bauteilen, Teilprojekt B 3, Arbeitsbericht 1975–1977, Teil 2, Braunschweig, 1977

[3] Schneider, U.: Properties of Materials at High Temperatures – Concrete. RILEM Publ., 2nd Edition, Gesamthochschule Kassel – Universität Kassel, 1986

[4] Schneider, U.: Concrete at High Temperatures – A General Review. Fire Safety Journal, Vol. 13, pp 55-68, Elsevier Appl. Science Publ., Barking, 1988

[5]   Schneider, U. et al.: RILEM TC 129-MHT, Recommendations, Part 7: Transient Creep for service and accident conditions. Materials and Structures, Vol. 31, pp 290–295, Chapman and Hall, Cachan, 1998

[6]   Schneider, U.: Ein Beitrag zur Frage des Kriechens und der Relaxation von Beton unter hohen Temperaturen. Habilitationsschrift, TU Braunschweig, 1979

[7]   Morita, T.; Schneider, U.; Fransen, J.-M.: Influence of Stress History Function in the Schneider-Concrete-Model Under Fire Attack. Proc. 5 th Int. Symp. on Fire Safety Science. Ed. IAFSS, Boston MA, USA, pp 1057–1068, Melbourne, 1997

[8]   Eurocode 2: Bemessung und Konstruktion von Stahlbeton- und Spannbetontragwerken – Teil 1-2: Allgemeine Regeln – Tragwerksbemessung für den Brandfall, ÖNORM EN 1992-1-2: 2007 02 01, Österreichisches Normungsinstitut, 2007

[9]   Schneider, U.; Morita, T.; Franssen, J.-M.: A Concrete Model Considering the Load History Applied to Centrally Loaded Columns Under Fire Attack. Proc. 4 th Int. Symp. on Fire Safety Science. Ed. IAFSS, Boston MA, USA, pp 1101–1112, Ottawa, 1994

[10] Eurocode 4: Bemessung und Konstruktion von Verbundtragwerken aus Stahl und Beton - Teil 1-2: Allgemeine Regeln - Tragwerksbemessung für den Brandfall, ÖNORM EN 1994-1-2: 2007 02 01, Österreichisches Normungsinstitut, 2007

[11] Kordina, K.; Meyer-Ottens, C.: Beton Brandschutz Handbuch. 1. Auflage, Beton-Verlag GmbH, Düsseldorf, 1981

[12] Hass, R.; Meyer-Ottens, C.; Richter E.: Stahlbau Brandschutz Handbuch. Verlag Ernst & Sohn, Berlin, 1994

[13] Schneider U.; Lebeda, C.: Baulicher Brandschutz. 1. Auflage, Verlag W. Kohlhammer, Stuttgart, 2000

[14] DIN-Taschenbuch 120: Brandschutzmaßnahmen. 7. Auflage, Beuth Verlag GmbH, Berlin, 1994

[15] Richter, F.: Die wichtigsten physikalischen Eigenschaften von 52 Eisenwerkstoffen. Stahleisen – Sonderberichte, Heft 8, Verlag Stahleisen GmbH, Düsseldorf, 1973

[16]   Eurocode 3: Bemessung und Konstruktion von Stahlbauten – Teil 1-2: Allgemeine Regeln – Tragwerksbemessung für den Brandfall (konsolidierte Fassung), ÖNORM EN 1993-1-2: 2007 02 01, Österreichisches Normungsinstitut, 2007

[17]   Ruge, J.; Winkelmann, O.: Verfahren zur Bestimmung eines kritischen Kennwertes für den Fall instationärer Erwärmung bei der Simulation einer Brandbelastung von Stahl. Materialprüfung 19, Nr. 8, Braunschweig, 1977

[18]   Österreichischer Stahlbauverband (Hrsg): Richtlinien für den rechnerischen Brandwiderstandsnachweis von Stahlkonstruktionen, Wien, 1989

[19]   DIN 4102 Teil 4: Brandverhalten von Baustoffen und Bauteilen, Zusammenstellung und Anwendung klassifizierter Baustoffe, Bauteile und Sonderbauteile. Beuth Verlag GmbH, Berlin, März 1994

[20]   Kordina, K.; Meyer-Ottens, C.: Holz Brandschutz Handbuch. Deutsche Gesellschaft für Holzforschung e.V. (Hrsg.), Verlag Ernst & Sohn, Berlin, 1995

[21]   Teichgräber, R.: Kritische Temperatur der Brennbarkeit von Holz und Holzwerkstoffen. Mitteilungen der Deutschen Gesellschaft für Holzforschung (DGfH), Heft 58, München, 1973

[22]   Schaffer, E.L.: Chaering rate of selected woods transverse to grain. US Forest Service, Research Paper FPL 69, Forest Products Laboratory, Madison Wisc., 1967

[23]   N.N.: Brandversuche an Bongossi. Schriftliche Hausarbeit im Rahmen der 1. Staatsprüfung für das Lehramt an beruflichen Schulen. Institut für Arbeitstechnik und Didaktik im Bau- und Gestaltungswesen Prof. W. Ehrmann. Universität Hannover, 1983

[24]   Kordina, K.; Meyer-Ottens, C.: Holz Brandschutz Handbuch. Deutsche Gesellschaft für Holzforschung (DGfH), 1. Auflage, München, 1983

[25]   Holm, C.: A Survey of the Goals and Results of Fire Endurance Investigations especially from the viewpoint of glued laminated Structures. VTT Symposium 9 „Fire Resistance of Wood Structures", Tbilis (Finnland), 1980

[26]   Topf, P.; Wegener, G.; Lache, M.: Abbrandgeschwindigkeiten von Vollholz, Brettschichtholz und Holzwerkstoffen. AIF-Abschlußbericht, Institut für Holzforschung, München, 1992

[27] König, J.: The effect of density on charring and loss of bending strength in fire. Int. Council of Building Research Studies and Documentation. WG 18 – Timber structures, CIB-W 18/24-16-1, Ahus, 1992

[28] Lache, M.: Abbrandverhalten von Holz. Einfluß der Holzart, Holzfeuchte und Rohdichte auf die Abbrandgeschwindigkeit. Holzzentralblatt 117, S. 473–480, 1991

[29] Eurocode 5: Entwurf, Berechnung und Bemessung von Holzbauten – Teil 1-2: Allgemeine Regeln – Bemessung für den Brandfall (konsolidierte Fassung), ÖNORM EN 1995-1-2: 2006 10 01, Österreichisches Normungsinstitut, 2006

[30] DIN 1996-1-2 (Eurocode 6): Bemessung und Konstruktion von Mauerwerksbauten – Teil 1-2: Allgemeine Regeln – Tragwerksbemessung für den Brandfall, Deutsche Fassung EN 1996-1-2:2005, Beuth Verlag GmbH, Berlin, Okt. 2006

[31] Hahn C.; Hosser, D.; Richter, E.: Entwicklung eines rechnerischen Nachweisverfahrens für das Brandverhalten von Mauerwerk. Forschungsvorhaben BMRBS Nr. 9104/6713, Institut für Baustoffe, Massivbau und Brandschutz, Braunschweig, Juni 1996

[32] Schneider, U., Kirchberger, H.: Bestimmung der strukturellen, thermischen und mechanischen Eigenschaften von Porenbeton bei hohen Temperaturen. Forschungsbericht, Institut für Hochbau und Technologie, Abteilung Brandschutz, TU Wien, 2007 (unveröffentlicht)

9 Brandverhalten von Bauteilen
9.1 Feuerwiderstandsklassen

Die Europäische Kommission hat zur Durchführung der Bauproduktenrichtlinie in mehreren Entscheidungen ein Klassifizierungssystem für den Brandschutz festgelegt, um das Prinzip einheitlicher europäischer Klassen möglichst umfassend durchzusetzen. Mit den Festlegungen dieser Entscheidungen wird von CEN derzeit eine Klassifizierungsnorm erarbeitet, die fünf Teile umfassen wird (Tabelle 9.1.1).

Tabelle 9.1.1: Europäische Klassifizierungsnorm zur Feuerwiderstandsfähigkeit und zum Brandverhalten nach [19] bis [23]

EN 13501	Klassifizierung von Bauprodukten und Bauarten zu ihrem Brandverhalten
Teil 1	Klassifizierung mit den Ergebnissen aus den Prüfungen zum Brandverhalten von Baustoffen
Teil 2	Klassifizierung mit den Ergebnissen aus den Feuerwiderstandsprüfungen (ohne Lüftungsanlagen)
Teil 3	Klassifizierung mit den Ergebnissen aus den Feuerwiderstandsprüfungen von Installationsanlagen und deren Bestandteilen (ohne Entrauchungsanlagen)
Teil 4	Klassifizierung mit den Ergebnissen aus den Feuerwiderstandsprüfungen von Anlagen zur Rauchfreihaltung
Teil 5	Klassifizierung mit den Ergebnissen aus den Dachprüfungen bei Feuer von außen

Die Klassifizierungsnormen definieren harmonisierte Verfahren zur Klassifizierung von Bauprodukten und Bauteilen basierend auf den im Kapitel 4 genannten Prüfnormen zur Ermittlung des Brandverhaltens bzw. der Feuerwiderstandsfähigkeit. Bei Anwendung der Normteile wird von der Stelle oder Organisation, die die Klassifizierung vornimmt, ein Klassifizierungsdokument in einer festgelegten Form erstellt, dass der Hersteller zur Kennzeichnung seines Bauproduktes oder Bauteils mit der entsprechenden Klasse vorliegen haben muss.

9.2 Klassifizierung der Feuerwiderstandsfähigkeit von Bauteilen

Die Entscheidung zur Klassifizierung des Feuerwiderstandes von Bauprodukten, Bauwerken und Teilen davon basiert auf der im Grundlagendokument Brandschutz vorgenommenen Klassenbildung [1; 2; 20; 21; 23]. Die Klassen setzen sich aus Buchstaben und der Angabe der Feuerwiderstandsfähigkeit in Minuten zusammen; die Buchstaben kennzeichnen die Leistungskriterien und wurden im Abschnitt 4.2, Tabelle 4.2.12 bereits vorgestellt. Die Tabelle 9.2.1 zeigt in einer Übersicht die möglichen Feuerwiderstandsklassen von tragenden Bauteilen, welche ab Mai 2010 in der Regel anzuwenden sind.

Tabelle 9.2.1: Europäische Feuerwiderstandsklassen tragender Bauteile

Tragende Bauteile ohne raumabschließende Funktion										
Anwendungsbereich	Wände, Decken, Dächer, Balken, Stützen, Balkone, Treppen, offene Gänge									
Klassifizierung:										
R	15	20	30	45	60	90	120	180	240	360
Tragende Bauteile mit raumabschließender Funktion										
Anwendungsbereich	Wände, Brandwände, Wände mit Begrenzung des Strahlungsdurchtritts W (bisher nicht üblich)									
Klassifizierung:										
RE		20	30		60	90	120	180	240	
REI	15	20	30	45	60	90	120	180	240	
REI-M			30		60	90	120	180	240	
REW		20	30		60	90	120	180	240	

Die Festlegung einer Vielzahl von Klassen ist erforderlich, um die unterschiedlichen Sicherheits- und Schutzniveaus in den Mitgliedstaaten darstellen zu können. Jeder Mitgliedstaat kann entsprechend dem Verwendungszweck aus dem Angebot diejenigen Klassen auswählen, die zur Erfüllung seiner Brandschutzanforderungen erforderlich sind, d. h. es besteht z. B. keine Notwendigkeit, in Deutschland die Klasse R360 einzuführen, solange es keine entsprechenden Bauteilanforderungen (im Baurecht) gibt.

Hinsichtlich der Feuerwiderstandsfähigkeit von Bauteilen kann man davon ausgehen, dass es für Standardbauteile keine gravierenden Unterschiede zwischen "europäischen Minuten" und "DIN-Minuten" geben wird. Diese generelle Einschätzung schließt jedoch nicht aus, dass sich für bestimmte Produkte Unterschiede in ihrer Klassifizierung ergeben können. Die Zuordnung der Klassen zu den Benennungen in den bauaufsichtlichen Verwendungsvorschriften erfolgt getrennt für Bauteile und Sonderbauteile (Tabelle 9.2.2 und Tabelle 9.2.3).

Die **Tragfähigkeit R** ist die Fähigkeit des Bauteils, unter bestimmten Voraussetzungen ohne Verlust der Standsicherheit der Brandbeanspruchung für eine Zeitdauer zu widerstehen. An tragende Bauteile ohne raumabschließende Funktion bestehen Brandschutzanforderungen nur hinsichtlich ihrer Tragfähigkeit. Anforderungen an das Brandverhalten von Baustoffen können zusätzlich bestehen. Die europäischen Klassifizierungen werden in den Schritten 15 / 20 / 30 / 45 / 60 / 90 / 120 / 180 / 240 / 360 Minuten vorgenommen. Die Anforderung "feuerbeständig" wird mit mindestens der Klassifizierung R 90 erfüllt. Bauteile mit der Klassifizierung R 15 oder R 20 können in Deutschland nur verwendet werden, soweit keine Anforderungen an die Feuerwiderstandsfähigkeit bestehen. Bauteile mit den Klassifizierungen R 30 und R 45 sind als feuerhemmend einsetzbar. Raumabschließende tragende Bauteile müssen neben der Tragfähigkeit R auch Anforderungen hinsichtlich des Raumabschlusses E und der Wärmedämmung I erfüllen, damit eine Übertragung von Feuer und Rauch in andere Nutzungseinheiten verhindert wird.

Der **Raumabschluss E** ist die Fähigkeit eines Bauteils mit raumtrennender Funktion, der Beanspruchung eines nur an einer Seite angreifenden Feuers zur nicht dem Feuer ausgesetzten Seite so zu widerstehen, dass Flammen oder heiße Gase nicht durchtreten und die Entzündung auf der dem Feuer abgekehrten Oberfläche oder in der Nähe befindlicher Materialien verursachen. Die **Wärmedämmung I** verhindert eine signifikante Übertragung von Wärme, so dass weder die Oberfläche auf der dem Feuer abgewandte Seite noch in der Nähe befindliche Materialien entzündet oder in der Nähe befindliche Personen gefährdet werden. Raumabschließende tragende Bauteile müssen demnach die europäische Klassifizierung REI mit der entsprechenden Feuerwiderstandsfähigkeit aufweisen.

Tabelle 9.2.2: *Zuordnung der Klassen zur Feuerwiderstandsfähigkeit von Bauteilen [Klassen nach DIN 4102] und europäischer Normung*

Bauaufs. Benennung	Tragende Bauteile		Nichttragende Innenwände, Glasbauteile	Nichttragende Außenwände	Selbständ. Unterdecken
	ohne Raumabschluss	mit Raumabschluss			
feuerhemmend	R 30	REI 30	EI 30	E 30 (i→o)[**)] und EI 30 (i←o)[**)]	EI 30(a↔b)
	[F 30]	[F 30]	[F 30]	[W 30]	[F 30 von beiden Richtungen]
hochfeuerhemmend	R 60	REI 60	EI 60	E 60 (i→o)[**)] und EI 60 (i←o)[**)]	EI 60(a↔b)
	[F 60]	[F 60]	[F 60]	[W 60]	[F 60 von beiden Richtungen]
feuerbeständig[*)]	R 90	REI 90	EI 90	E 90 (i→o)[**)] und EI 90 (i←o)[**)]	EI 90(a↔b)
	[F 90]	[F 90]	[F 90]	[W 90]	[F 90 von beiden Richtungen]
Feuerwiderstandsdauer 120 Min.	R 120	REI 120	--	--	--
	[F 120]	[F 120]	--	--	--
Brandwand	--	REI-M 90	EI-M 90	--	--

*) Nach § 26 Abs. 2 MBO (in den wesentlichen Teilen aus nichtbrennbaren Baustoffen).
**) i ↔ o: von innen (in) nach außen (out) und umgekehrt.

Tragende Brandwände müssen neben den Anforderungen an die Tragfähigkeit, den Raumabschluss und die Wärmedämmung zusätzlich Anforderungen hinsichtlich des Widerstandes gegen **mechanische Beanspruchung M** erfüllen. Außerdem müssen sie aus nichtbrennbaren Baustoffen bestehen. Der Widerstand M ist die Fähigkeit eines

Bauteils, einer Stoßbeanspruchung zu widerstehen. Diese kann entstehen, wenn ein anderes Bauteil seine Tragfähigkeit im Brandfall verliert und eine Stoßbeanspruchung auf das betroffene Bauteil verursacht. Die europäische Klassifizierung sieht die Klassen REI-M 30 / 60 / 90 / 120 / 180 / 240 vor. Da in Deutschland Brandwände feuerbeständig sein müssen, ist mindestens die Klasse REI-M 90 zu erfüllen.

Die Erfüllung der bauaufsichtlichen Anforderungen hinsichtlich des Brandverhaltens der verwendeten Baustoffe ist mittels der Klassen zum Brandverhalten nach Tabelle 9.2.3 zusätzlich nachzuweisen. Denn Bauteile werden zusätzlich zu ihrer Feuerwiderstandsfähigkeit nach dem Brandverhalten ihrer Baustoffe unterschieden in

— Bauteile aus nichtbrennbaren Baustoffen,
— Bauteile, deren tragende und aussteifende Teile aus nichtbrennbaren Baustoffen bestehen und die bei raumabschließenden Bauteilen zusätzlich eine in Bauteilebene durchgehende Schicht aus nichtbrennbaren Baustoffen haben,
— Bauteile, deren tragende und aussteifende Teile aus brennbaren Baustoffen bestehen und die allseitig eine brandschutztechnisch wirksame Bekleidung aus nichtbrennbaren Baustoffen (Brandschutzbekleidung) und Dämmstoffe aus nichtbrennbaren Baustoffen haben,
— Bauteile aus brennbaren Baustoffen.

Tabelle 9.2.3: *Zuordnung der Klassen zum Brandverhalten von Bauprodukten (ausgenommen Bodenbeläge) nach [19]*

Bauaufsichtliche Anforderung	Zusatzanforderungen		Europäische Klasse nach DIN EN 13501-1	Klasse nach DIN 4102-1
	kein Rauch[1]	kein brenn. Abfallen/ Abtropfen		
Nichtbrennbar	x	x	A1	A1
	x	x	A2 - s1 d0	A2
Schwerentflammbar	x	x	B, C - s1 d0	B1[2]
		x	B, C - s3 d0	
	x		B, C - s1 d2	
			B, C - s3 d2	
Normalentflammbar		x	D - s3 d0 E	B2[2]
			D - s3 d2	
			E - d2	
Leichtentflammbar			F	B3

[1] Vernachlässigbare Rauchentwicklung.
[2] Angaben über hohe Rauchentwicklung und brennendes Abtropfen/Abfallen im bauaufsichtlichen Verwendbarkeitsnachweis und in der Kennzeichnung.
Zusatzkriterien:
s (Smoke) – Anforderungen an die Rauchentwicklung,
d (Droplets) – Anforderungen an brennendes Abtropfen/Abfallen

9.3 Einflüsse auf den Feuerwiderstand von Bauteilen

Das Brandverhalten bzw. die Feuerwiderstandsdauern von Bauteilen hängen im Wesentlichen von folgenden Einflussgrößen ab:

— verwendeter Baustoff bzw. Baustoffverbund,
— Bauteilabmessungen (Querschnittsabmessungen, Schlankheit),
— bauliche Ausbildung (Anschlüsse, Auflager, Verbindungsmittel, Halterungen, Fugen, Befestigungen, ...),
— statisches System (statisch bestimmte oder unbestimmte Lagerung, einachsige oder zweiachsige Beanspruchung, Einspannung, ...),
— Ausnutzungsgrad der Festigkeiten der verwendeten Baustoffe infolge äußerer Lasten bzw. Einwirkungen,
— Anordnung von Bekleidungen (Verputz, Platten, Dämmschichtbildern, ...).

Die Feuerwiderstandsdauer der Bauteile wird unter dem Brandmodell des Vollbrandes geprüft, der eine Vielzahl der hier in Betracht stehenden Brände abdeckt. Weltweit wird hierfür die in der ISO R 834 festgelegte Einheitstemperaturzeitkurve (ETK) verwendet, die auch in die europäische Normung aufgenommen wurde (siehe Bild 9.3.1).

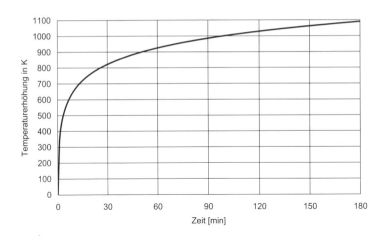

Bild 9.3.1: *Einheitstemperaturzeitkurve (ETK) nach DIN EN 1363-1 und ISO R 834 und DIN 4102 Teil 2 nach [4] und [10]*

Die Einheitstemperaturzeitkurve (ETK) wurde im Wesentlichen aus Wohnungsbränden abgeleitet, wobei die Phase der Brandentstehung und -ausbreitung nicht betrachtet, sondern lediglich der Zeitraum vom Beginn des Vollbrandes bis hin zum vollentwickelten Schadenfeuer in Rechnung gestellt wird. Die ETK wurde in den 20er Jahren vor allen in den USA anhand von Versuchen mit Holzmöbeln und -krippen entwickelt und wird formelmäßig gemäß

$T - T_0 = 345 \cdot \log(8 \cdot t + 1)$ Gl. (9.3.1)

beschrieben, darin sind:

T   Brandraumtemperatur in °C
T_0 Brandraumtemperatur bei Versuchsbeginn in °C
t   Prüfbranddauer in min

Die „europäische" ETK entspricht genau der angegebenen Gl. (9.3.1), allerdings wird die Brandraumtemperatur nicht mehr gemäß DIN 4102-2 mit Mantelthermoelementen, sondern mit einem Plattenthermometer gemessen, welches nicht so empfindlich ist wie Mantelthermeoelemente, so dass zu Beginn der Brandversuche über den Brenner mehr Energie zugeführt werden muss, um die Temperatur T nach Gl. (9.3.1) einhalten zu können. Im Endeffekt bedeutet dies, dass die Beanspruchung der Bauteile in den ersten 20 min Prüfbranddauer größer ist, als in einem Brandversuch nach DIN 4102-2. Für F30-Bauteile ist die Brandprüfung also etwas „schärfer" als früher, bei F90-Bauteilem spielen die Änderungen am Temperaturmessfühler oberhalb von 20 min Branddauer praktisch keine Rolle mehr.

Die Feuerwiderstandsdauer von Bauteilen ist die Zeitdauer in Minuten, während der die Probekörper beim Brandversuch die in der entsprechenden europäischen Norm, z.B. DIN EN 1365-1 bis 4 für tragende Bauteile und DIN EN 1364-1 und -2 für nichttragende Bauteile, angeführten Anforderungen erfüllen, d. h. dass die Bauteile den Brandeinwirkungen ausreichend Widerstand leisten. Entsprechend den in Brandversuchen ermittelten Feuerwiderstandsdauern in Minuten erfolgt die Einreihung in die zugehörigen Feuerwiderstandsklassen [4; 5; 6] bzw. [20; 21; 23].

Die Versagenskriterien der Bauteile sind je nach der vom Bauteil erwarteten Schutzwirkung, z. B. Tragfähigkeit, Raumabschluss und Wärme- oder Strahlungsdurchgang in den zugehörigen Prüfnormen, z.B. DIN EN 1363 ([10] bis [12]), DIN EN 1364 ([17], [18]) und DIN EN 1365 ([13] bis [16]) festgelegt. Die zu klassifizierenden Bauteile müssen entsprechend der angestrebten Feuerwiderstandsklasse die angegebenen Prüfkriterien erfüllen, d. h., ein feuerhemmendes Bauteil muss im Brandversuch die entsprechenden Prüfkriterien in dem Zeitraum von t ≤ 30 bis < 60 min erfüllen, ein feuerbeständiges Bauteil entsprechend von t = 90 bis < 120 min. Die prinzipielle Vorgehensweise bei der Ermittlung der europäischen Brennbarkeits- und Feuerwiderstandsklassen ist auf Bild 9.3.2 dargestellt.

Die Feuerwiderstandsdauer wird ganz wesentlich vom Baustoffverhalten und von bauteilspezifischen Einflüssen bestimmt. Abgesehen von dem reinen Abbrandverhalten von brennbaren Konstruktionsbaustoffen, z. B. von Holz oder Holzwerkstoffen, bestimmt das mechanische Hochtemperaturverhalten der Baustoffe das Versagen. Bei Stahlbauteilen sinken mit steigender Temperatur die Festigkeitswerte, bis sie bei der spannungsabhängigen Versagenstemperatur (kritische Stahltemperatur) die Werte der im Brandfall vorhandenen Spannung erreichen und ihre Tragfähigkeit verlieren. Durch das temperaturabhängige Absinken des E-Moduls treten dabei u. a. wachsende Verformungen und Plastizierungen auf, welche ggf. zum Stabilitätsversagen führen.

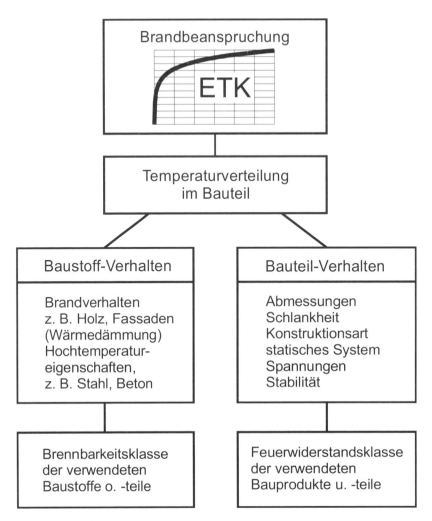

Bild 9.3.2: Ermittlung der Brennbarkeit und des Feuerwiderstandes nach europäischen Klassen

Bei Bauteilen aus oder mit hydraulischen Bindemitteln (Mörtel, Beton) tritt mit steigenden Temperaturen ein Festigkeitsverlust durch die Dehydratation des Zements ein; auch die Zuschlagstoffe im Beton verlieren je nach ihrer mineralischen Struktur bei bestimmten Temperaturen an Festigkeit. Bei Stahlbetonbauteilen ist der temperaturabhängige Verlust der Zugfestigkeit bzw. Streckgrenze der Bewehrungsstähle maßgebend für das Versagen. Bei Mauerwerk tritt das Versagen durch die Querschnittsminderung infolge der temperaturabhängigen Zermürbung der Mauersteine, der Dehydratation des Mörtels und eventuell durch Stabilitätsverlust ein.

Die Abmessungen der in Betracht stehenden Bauteile haben insofern Einfluss auf die Feuerwiderstandsdauer, als der nicht verbrannte bzw. nicht entfestigte Querschnittsrest die Aufgaben der Tragfähigkeit oder des Raumabschlusses zu übernehmen hat; somit steigt im Allgemeinen auch die Feuerwiderstandsdauer der Bauteile mit zunehmenden Abmessungen. Schlanke Bauteile sind insoweit empfindlich gegen Feuerangriff und müssen evtl. durch brandbeständige Bekleidungen o. Ä. gegen den Verlust der Tragfähigkeit zusätzlich geschützt werden.

9.4 Nachweis der Feuerwiderstandsklasse

9.4.1 Grundlagen

Prinzipiell stehen zum Nachweis des Brandverhaltens von Bauteilen folgende Methoden zur Verfügung:

a) Verwendung eines Bauteilkataloges (z. B. nach Eurocode oder DIN 4102 Teil 4 + Änderung A1: 2004-11),

b) Durchführung einer normativen Prüfung (z. B. nach EN 1364-1 oder -2),

c) Erstellung eines Gutachtens (anhand vorliegender Prüfergebnisse),

d) Durchführung einer realen Bauteilprüfung (Großversuch),

e) Berechnung des Bauteilverhaltens im Normbrand (z. B. nach Eurocode),

f) Berechnung des Bauteilverhaltens aufgrund des zu erwartenden Brandverlaufes (Anwendung ingenieurmäßiger Verfahren, z. B. nach Eurocode 1 bis 6).

Für den Nachweis der Feuerwiderstandsklasse kommen in Deutschland im Allgemeinen nur die Methoden a) bis c) zur Anwendung. Die Methode d) scheidet aus Kostengründen aus; Berechnungen gemäß e) und f) werden von den Behörden in Einzelfällen zunehmend anerkannt. In anderen europäischen Staaten werden die Ergebnisse rechnerischer Methoden schon seit längerem angewendet. Mit der Herausgabe der Eurocodes 1 bis 6 wurde dem Bemühen Rechnung getragen, die theoretischen Methoden bzw. rechnerischen Nachweise für tragende Bauteile europaweit zu vereinheitlichen.

Die in DIN 4102 Teil 4/+Änderung A1:2004-11 aufgeführten Bauteile sind ohne weitere Nachweise in die dort angegebenen Feuerwiderstandsklassen eingestuft [6]. Für andere Bauteile, die nicht genormt sind oder keine bauaufsichtliche Zulassung haben, muss die Feuerwiderstandsklasse durch Versuche nach den o. g. europäischen Normen (z. B. EN 1365-2) nachgewiesen werden. Als Nachweis des Brandverhaltens dient der Prüfbericht über die normative Prüfung evtl. in Verbindung mit einem nationalen Anhang, welcher allerdings nicht das allgemeine bauaufsichtliche Prüfzeugnis nach dem deutschen, bauaufsichtlichen Verfahren ersetzt. Im bauaufsichtlichen Genehmigungsverfahren werden nur Zeugnisse von dafür besonders bestimmten Prüfinstituten (amtliche Prüfstellen) anerkannt. Gemäß den zugehörigen Klassifizierungsberichten nach DIN EN 13501-2, -3 und -5 ist die erreichte Feuerwiderstandsklasse ausgewiesen. Für die Klassifizierung von Bauteilen ist insbesondere die DIN EN 13501-2 von Bedeutung.

Bei Sonderbauteilen, aber auch bei neuartigen Hilfsstoffen, wie z. B. bei Dämmschichtbildnern, reicht für den Nachweis der Brauchbarkeit in vielen Fällen der Brandversuch allein nicht aus. In diesen Fällen ist der Nachweis durch eine allgemeine bauaufsichtliche Zulassung des Deutschen Instituts für Bautechnik, Berlin, oder in Form der Zustimmung im Einzelfall durch die für das Bauvorhaben zuständige oberste Bauaufsichtsbehörde zu führen. Die Zulassung oder die Zustimmung im Einzelfall basieren auf Brandversuchen, setzen aber noch zusätzliche, auf das jeweilige Problem zugeschnittene Zusatzversuche voraus. Die Notwendigkeit eines besonderen Nachweises betrifft z.B. folgende Fälle:

— Beschichtungen, Folien und ähnliche Schutzschichten, die erst durch eine Temperaturbeanspruchung wirksam werden (z. B. dämmschichtbildende Brandschutzbeschichtungen),
— Verglasungen der Feuerwiderstandsklasse EI oder E, die erst durch eine Temperaturbeanspruchung ihre Brandschutzwirkung erreichen,
— Putzbekleidungen, die brandschutztechnisch notwendig sind und die nicht durch Putzträger (Rippenstreckmetall, Drahtgewebe o. Ä.) am Bauteil gehalten werden,
— Unterdecken und Wände als Begrenzungen von Rettungswegen, wenn diese eine Konstruktionseinheit bilden,
— nicht genormte Bauarten von Feuerschutzabschlüssen und von Abschlüssen in feuerbeständigen Fahrschachtwänden,
— Abschottungen gegen eine Brandübertragung durch gebündelte elektrische Leitungen und durch Rohrleitungen aus brennbaren Baustoffen mit lichten Durchmessern von mehr als 50 mm bei Durchführung durch Bauteile, die raumabschließend und mindestens feuerbeständig sein müssen.

9.4.2 Brandversuche nach DIN EN 1363-1 und -2 – Versuchseinrichtungen, Probekörper, alternative Verfahren

Die für Normalbrandversuche verwendeten Prüföfen (Brandkammern) sollen sich in geschlossenen Räumen (Prüfräumen) befinden. Ist dies nicht möglich, sind die Probekörper gegen Witterungseinflüsse zu schützen. Die Prüföfen sind den Bauteilen entsprechend auszubilden, d. h. man unterscheidet Deckenöfen, Wandöfen, Stützenöfen und Sonderöfen. Die Prüföfen sind u. a. aus Feuerfestmaterialien gemauert und werden mit Heizöl El nach DIN 51 603-1 oder Dieselkraftstoff nach DIN 51 601 beheizt. In anderen EU-Staaten wird auch Erdgas als Heizmaterial verwendet.

Die zu prüfenden Bauteile müssen hinsichtlich ihrer Abmessungen, ihrer Konstruktion, ihres Werkstoffes, ihrer Ausführungs- und Einbauart sowie ihrer Befestigung der praktischen Verwendung entsprechen. Sie sind daher dem praktischen Verwendungsfall entsprechend z. B. mit Installationen, Leitungen, Steckdosen, Dübeln, Durchbrüchen, Fenster- oder Türstöcken zu versehen; deren Anordnung hat so zu erfolgen, dass ein möglicher ungünstiger Einfluss auf das Brandverhalten beim Versuch erkennbar wird. Wände sind einschließlich ihrer Konstruktionsfugen zu prüfen. Bei asymmetrischem Aufbau sind sie auf ihrer ungünstigeren Seite dem Feuer auszusetzen und im Zweifelsfall von jeder Seite dem Brandversuch zu unterziehen.

Zum Zeitpunkt der Prüfung müssen die Festigkeit und der Feuchtegehalt des Probekörpers annähernd dem Zustand entsprechen, der bei der üblichen Verwendung zu erwarten ist. Der Probekörper darf vorzugsweise erst dann geprüft werden, wenn er sich nach einer Lagerung in Umgebungsluft von 50 % relativer Feuchte bei einer Temperatur von 23 °C im Gleichgewichtszustand befindet. Falls die Konditionierung des Probekörpers davon abweicht, muss dies im Prüfbericht eindeutig angegeben werden.

Bauteile aus Beton oder Mauerwerk oder Probekörper, die Betonteile enthalten, dürfen erst geprüft werden, nachdem sie für die Dauer von mindestens 28 Tagen konditioniert wurden. Für Massivkonstruktionen, z. B. massive Betonbauteile, die große Mengen an Feuchte enthalten können, kann eine sehr lange Zeitspanne bis zum Austrocknen erforderlich sein. Derartige Probekörper dürfen geprüft werden, nachdem die relative Feuchte an relevanten Stellen des Probekörpers 75 % erreicht hat. Wenn diese relative Feuchte von 75 % nicht innerhalb einer angemessenen Zeitspanne erreicht werden kann, ist der Feuchtegehalt zum Zeitpunkt der Prüfung zu messen und anzugeben.

Wenn Bauteile nicht in jenen Abmessungen oder Lagerungsverhältnissen geprüft werden können, die der praktischen Verwendung entsprechen, sind als Probekörper Vergleichsbauteile herzustellen, die frei drehbar gelagert und ungefähr in den Abmessungen (Lichtweiten) gemäß Tabelle 9.4.1 dem Brand ausgesetzt werden müssen. Bei Übertragung der Versuchsergebnisse von den Vergleichskörpern auf die Originalbauteile sind die im eingebauten Zustand möglichen Einflüsse zu berücksichtigen, die auf die Originalbauteile infolge der tatsächlichen Abmessungen und Lagerungsverhältnisse wirken können. Konstruktion und Lagerung von Vergleichskörpern sollte daher den Originalbauteilen möglichst nahe kommen.

Tabelle 9.4.1: Abmessungen (Lichtweiten) von Vergleichsbauteilen bei Brandversuchen

Prüfung von	Abmessungen
tragenden Wänden und Zwischenwänden	2,0 m x 2,5 m (Breite x Höhe)
auf einachsige Biegung beanspruchten Deckenkonstruktionen	2,0 m x 4,0 m (Breite x Länge)
auf zweiachsige Biegung beanspruchten Deckenkonstruktionen	4,0 m x 4,0 m (Breite x Länge)
Treppen, Balken und Unterzügen	4,0 m (Länge)
Stützen und Pfeilern	3,0 m (Höhe)

9.4.3 Durchführung von Brandversuchen

Während des Brandversuchs muss die mittlere Temperatur in der Brandkammer gemäß der Einheitstemperaturkurve (Bild 9.3.1) ansteigen. Die prozentuale Abweichung (d_e) der Kurvenfläche der mittleren Temperatur, die von den festgelegten Thermoelementen des Prüfofens als Funktion der Zeit aufgezeichnet wird, darf gegenüber der Fläche der Einheits-Temperaturzeitkurve die folgenden Werte nicht überschreiten:

d_e = 15 % für 5 min < t ≤ 10 min

$d_e = (15 - 0{,}5(t - 10))$ % für 10 min < t ≤ 30 min
$d_e = (5 - 0{,}083(t - 30))$ % für 30 min < t ≤ 60 min
$d_e = 2{,}5$ % für t > 60 min

Die Abweichung d_e errechnet sich aus Gl. (8.4.1):

$$d_e = \frac{A - A_S}{A_S} \cdot 100 \qquad \text{Gl. (9.4.1)}$$

d_e die prozentuale Abweichung von der integrierten ETK-Fläche
A   die Fläche unterhalb der tatsächlichen mittleren Ofen-Temperaturzeitkurve
A_S die Fläche unterhalb der Einheits-Temperaturzeitkurve
t   die Zeit in Minuten

Alle Flächen sind nach dem gleichen Verfahren, d. h. durch Summierung der Flächen in Zeitabständen von nicht mehr als 1 min und jeweils vom Zeitpunkt null ausgehend, zu berechnen. Nach den ersten 10 min der Prüfung darf von keinem Thermoelement die aufgezeichnete Temperatur von der entsprechenden Temperatur der Einheits-Temperaturzeitkurve um mehr als 100 °C abweichen.

Tabelle 9.4.2:   Temperaturwerte der Einheitstemperaturkurve nach DIN EN 1363-1

t (min)	0	5	10	15	30	60	90	120	180
$T_t - T_0$ (K)	0	556	659	718	821	925	986	1029	1090

Die Temperaturen in der Brandkammer sind mit einem Platten-Thermometer zu messen, das Platten-Thermometer besteht aus einer gefalteten Stahlplatte, einem an dieser Platte befestigten Thermoelement und einer Wärmedämmung. Die zur Messung der Ofentemperatur verwendeten Platten-Thermometer müssen so verteilt werden, dass eine zuverlässige Angabe der mittleren Temperatur in der Nähe des Probekörpers erhalten wird. Die Anzahl und die Lage der Platten-Thermometer sind für jede Bauteilart in dem entsprechenden Prüfverfahren festgelegt. Zu Beginn der Prüfung müssen die Platten-Thermometer (100 ± 50) mm von der beflammten Seite der Prüfkonstruktion entfernt sein, und sie müssen bei der Prüfung möglichst in diesem Abstand gehalten werden.

Der Ofendruck wird überwacht und so geregelt, dass 5 min nach Beginn der Prüfung der Druck ± 5 Pa erreicht wird, der für das bestimmte zu prüfende Bauteil festgelegt ist, und nach 10 min der Druck ± 3 Pa erreicht wird, der für das bestimmte zu prüfende Bauteil festgelegt ist.

Werden keine Anforderungen an die Wärmedämmung für den Probekörper gestellt, werden auf der unbeflammten Seite keine Thermoelemente angebracht. Wird eine Beurteilung nach dem Wärmedämmkriterium gefordert (z. B. ΔT ≤ 140 K), werden Oberflächen-Thermoelemente (Scheiben-Thermoelemente) auf der unbeflammten Seite angebracht, um den mittleren und den maximalen Temperaturanstieg zu messen. Genauere Angaben zum Anbringen von Thermoelementen auf der unbeflammten Seite sind in den entsprechenden Prüfnormen angegeben. Die Messung der mittleren Temperatur auf der unbeflammten Seite hat den Zweck, das allgemeine Wärmedämmvermögen des Probekörpers zu bestimmen, wobei einzelne Temperaturspitzen ignoriert werden. Der mittlere Temperaturanstieg auf der unbeflammten Seite beruht demzufolge auf Messungen mit Oberflächenthermoelementen, die in der Mitte oder in Nähe der Mitte des Probekörpers und in der Mitte oder in Nähe der Mitte jeder Viertelfläche angebracht sind.

Um zu beurteilen, ob der Raumabschluss gewahrt ist, wird ein Wattebausch aus neuen, unbehandelten, ungefärbten und weichen Baumwollfasern ohne Faserzusätzen mit einer Dicke von 20 mm und einer Fläche von 100 mm × 100 mm sowie einer Masse von 3 g bis 4 g verwendet. Zum Gebrauch wird der Wattebausch in einem mit angemessen langem Handgriff versehenen Drahtrahmen befestigt. Sofern in den entsprechenden Prüfverfahren nichts anderes ausgesagt wird, muss der Raumabschluss von entsprechenden Bauteilen während der Prüfung durch Wattebausche, Spaltlehren und durch Überwachung des Probekörpers auf anhaltende Flammenbildung untersucht werden. Der Wattebausch wird mittels Rahmen, in dem er befestigt ist, für die Dauer von höchstens 30 s oder bis zur Entzündung des Wattebauschs (definiert als Glimmen oder Entflammen) an die Oberfläche des Probekörpers gehalten. Ein Verkohlen des Wattebauschs ohne Entflammen oder Glimmen ist zu vernachlässigen. Es dürfen geringfügige Lagekorrekturen vorgenommen werden, um die maximalen Auswirkungen der heißen Gase zu erzielen.

Bei Prüfungen unter Belastung ist die Last so anzuordnen, dass sie während der Dauer der Prüfung konstant bleibt, ohne den Temperaturanstieg im Probekörper und seine Verformung wesentlich zu behindern. Sie ist so zu bemessen, dass in den Traggliedern, unter Zugrundelegung anerkannter Bemessungsverfahren, in der Regel die zulässigen Spannungen bzw. Schnittgrößen auftreten. An belasteten Probekörpern sind die Verformungen zu messen. Das Bild 9.4.1 zeigt beispielhaft den Einbau einer Stahlträgerdecke mit abgehängter Unterdecke in einer Brandkammer. Das Bild 9.4.2 zeigt den Aufbau eines Prüfstandes zur Ermittlung der Brandwiderstandsdauer an Pfeilern und Stützen. Die Bauteile sind vierseitig beflammt und werden unter Gebrauchslast geprüft.

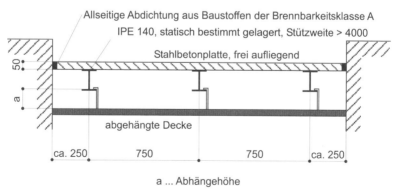

Bild 9.4.1:   Stahlträgerdecke mit abgehängter Unterdecke (Maßangaben in mm)

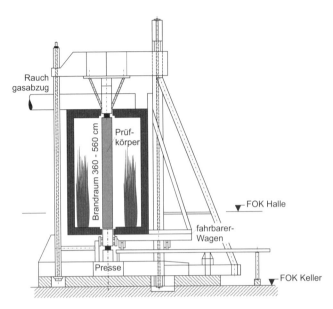

Bild 9.4.2: Schematischer Querschnitt durch den Stützenprüfstand im Institut für Baustoffe, Massivbau und Brandschutz der TU Braunschweig

9.5 Bauteile mit genormter Feuerwiderstandsklasse

9.5.1 Vorbemerkungen

Für Bauteile, die in DIN 4102 Teil 4:1994-03/+A1:2004-11 angeführt sind, ist ein Nachweis über den Feuerwiderstand derzeit nicht erforderlich. Voraussetzung hierfür ist, dass bei der Berechnung, Konstruktion und Ausführung die Bestimmungen der einschlägigen einschließlich zugehöriger europäischer Normen eingehalten werden. Für Bauteile, die im Teil 4 bzw. in der Änderung A1 zum Teil nicht angeführt sind, ist das Brandverhalten durch Brandversuche nach den eingeführten europäischen Normen von einer akkreditierten Prüfstelle nachzuweisen. Die Klassifizierung gilt, wenn nichts anderes festgelegt ist, für statisch bestimmt gelagerte Bauteile. Statisch unbestimmt gelagerte Massivbauteile weisen bei gleichen Abmessungen in der Regel eine höhere Feuerwiderstandsdauer auf.

Bei der Beurteilung des Brandverhaltens einer Tragkonstruktion ist im Anwendungsfall stets auch das Verhalten der Gesamtkonstruktion bzw. des ganzen Bauwerkes zu beachten; insbesondere sind die Ausdehnungen und die sich daraus ergebenden Verschiebungen und Spannungserhöhungen sowie die entstehenden Zwängungen zu berücksichtigen. Das heißt im Klartext, auch ein klassifiziertes Bauteil, kann bei ungünstiger Anordnung innerhalb einer Konstruktion den zugeordneten Feuerwiderstand eventuell gar nicht leisten. Dieser Umstand ist bei höheren Feuerwiderstandsklassen von besonderer Bedeutung [3; 5].

Sofern die Auswirkungen von Ausdehnungen nicht durch andere geeignete Maßnahmen vermieden werden können (z. B. Gleitlager), sind Dehnfugen im Abstand von höchstens 30 m voneinander anzuordnen. Die Fugenbreiten sollen mindestens 1/1200 des Fugenabstandes betragen. Bei den Brandwiderstandsklassen F 90 und F 180 ist die Fugenbreite mit mindestens 1/600 des Fugenabstandes anzunehmen.

9.5.2 Klassifizierung nach DIN 4102-4/+A1:2004-11 bzw. DIN 4102-22:2004-11

Die DIN 4102-4 Brandverhalten von Baustoffen und Bauteilen – Zusammenstellung und Anwendung klassifizierter Baustoffe, Bauteile und Sonderbauteile –, wurde im März 1994 neu herausgegeben. Zwischenzeitlich ist die europäische Normung weit voran geschritten, so dass die Anwendbarkeit der Norm nicht mehr in allen Fällen gegeben ist. Dieses ergibt sich aus den zwischenzeitlichen Änderungen in den nationalen Bauteilbemessungsnormen nach zulässigen Spannungen bzw. nach dem Traglastverfahren. Um die Anwendbarkeit der DIN 4102-4:1994-03 für die nächste Zeit sicherzustellen, wurde die Änderung DIN 4102-4/+A1:2004-11 herausgegeben. Diese gilt insbesondere für eine Bemessung bei Umgebungstemperatur auf der Basis der Produktbemessungsnormen nach zulässigen Spannungen bzw. nach dem Traglastverfahren. Die Norm gibt darüber hinaus weitere allgemeine Korrekturen und Berichtigungen zur DIN 4102-4:1994-03.

Für den brandschutztechnischen Nachweis nach einer Berechnung bei Umgebungstemperatur nach den nationalen Produktbemessungsnormen auf der Basis von Teilsicherheitsbeiwerten sind in DIN 4102-22:2004-11: Brandverhalten von Baustoffen und Bauteilen – Anwendungsnorm zu DIN 4102-4 auf der Bemessungsbasis von Teilsicherheitsbeiwerten weitere Festlegungen angegeben. Diese gilt zusammen mit DIN 4102-4:1994-03 und DIN 4102-4/+A1:2004-11. Als Anwendungsnorm enthält DIN 4102-22:2004-11 zusätzliche Festlegungen und Anpassungen zu DIN 4102-4:1994-03/+A1:2004-11, z. B. auch in Form von Tabellenwerten. Für den brandschutztechnischen Nachweis nach europäischen Bemessungsnormen (Eurocode) gilt diese Norm nicht, weil dieses eine Bemessung der Bauteile bei Umgebungstemperatur ebenfalls nach dem entsprechenden Eurocode voraussetzt.

9.5.3 Klassifizierte Wände – Grundlagen

9.5.3.1 Grundlagen der Klassifizierung

Das bisherige deutsche Klassifizierungssystem basierend auf der Normenreihe DIN 4102 und das europäische Klassifizierungssystem, sind für eine Übergangszeit gleichwertig und alternativ anwendbar. Der Hersteller oder der Anwender haben während dieser Zeit die Möglichkeit, Nachweise zum Brandverhalten oder zum Feuerwiderstand entweder auf der Grundlage der DIN 4102 oder auf der Grundlage der DIN EN 13501-1 (Brandverhalten) bzw. der DIN EN 13501-2 und DIN EN 13501-3 (Feuerwiderstand) zu führen. Bei Bauprodukten nach einer europäisch harmonisierten Produktnorm oder nach einer europäischen technischen Zulassung, die in der Bauregelliste B aufgeführt sind, gelten die dafür festgelegten Übergangszeiten von 12 bzw. 24

Monaten, beginnend 9 Monate nach deren Veröffentlichung, sowie sonstigen Festlegungen. Während der Übergangszeiten können die Produkte entweder nach den bisherigen deutschen Regeln mit dem Ü-Zeichen oder alternativ nach den europäischen technischen Spezifikationen mit dem CE-Zeichen verwendet werden. Nach Ablauf der Übergangszeit dürfen nur noch CE-gekennzeichnete Produkte verwendet werden. Mit Bezugnahme auf die europäische Spezifikation von Produkten ist zu beachten, dass nur die europäisch festgelegten Klassen für das Brandverhalten und den Feuerwiderstand deklariert werden können.

Wie im Kapitel 3 ausgeführt, sind einheitliche Prüf- und Einbaubedingungen für die Prüfung des Brandverhaltens in einigen europäischen Produktspezifikationen noch nicht verbindlich geregelt, so dass der Nachweis vorerst noch den nationalen Regeln, d. h. über eine allgemeine bauaufsichtliche Zulassung oder ein allgemeines bauaufsichtliches Prüfzeugnis zu führen ist. Für europäisch nicht geregelte Produkte, die weiterhin für den deutschen Markt nach nationalen Regeln hergestellt werden, sind bisher keine Zeiten für den Übergang von der bisherigen Brandschutzklassifizierung nach DIN 4102 auf eine europäische Klassifizierung nach DIN EN 13501-1, -2, -3 und -5 festgelegt (s. [19], [20], [21], [23]). Der Hersteller hat daher bis auf Weiteres die Option, das Brandverhalten oder den Feuerwiderstand nach europäischen Normen oder wie bisher nach der DIN 4102 zu klassifizieren, sofern die formalen Voraussetzungen dafür gegeben sind.

9.5.3.2 Wandarten, Wandfunktionen

Aus der Sicht des Brandschutzes wird zwischen nichttragenden und tragenden sowie raumabschließenden und nichtraumabschließenden Wänden unterschieden, vergleiche DIN 1053-1. Die angegebenen Brandschutzklassifizierungen gelten in der Regel nur dann, wenn auch die nichttragenden Wände aussteifender Bauteile in ihrer aussteifenden Wirkung ebenfalls mindestens der entsprechenden Feuerwiderstandsklasse angehören.

Nichttragende Wände sind scheibenartige Bauteile, die auch im Brandfall überwiegend nur durch ihre Eigenlast beansprucht werden und auch nicht der Knickaussteifung tragender Wände dienen; sie müssen aber auf ihre Fläche wirkende Windlasten auf tragende Bauteile, z. B. Wand- oder Deckenscheiben, abtragen.

Tragende Wände sind überwiegend auf Druck beanspruchte scheibenartige Bauteile zur Aufnahme vertikaler Lasten, z. B. Deckenlasten, sowie horizontaler Lasten, z. B. Windlasten.

Aussteifende Wände sind scheibenartige Bauteile zur Aussteifung des Gebäudes oder zur Knickaussteifung tragender Wände, sie sind hinsichtlich des Brandschutzes wie tragende Wände zu bemessen.

Als **raumabschließende Wände** gelten insbesondere Wände in Rettungswegen, Treppenhauswände, Wohnungstrennwände und Brandwände. Sie dienen zur Verhinderung der Brandübertragung von einem Raum zum anderen. Sie werden nur 1-seitig vom

Brand beansprucht. Als raumabschließende Wände gelten ferner Außenwandscheiben mit einer Breite > 1,0 m. Raumabschließende Wände können tragende oder nichttragende Wände sein.

Nichtraumabschließende, tragende Wände sind tragende Wände, die 2-seitig – im Falle teilweiser oder ganz freistehender Wandscheiben – auch 3- oder 4-seitig vom Brand beansprucht werden; siehe auch DIN 4102-2:1977-09, Abschnitt 5.2.5.

Als **Pfeiler** und **kurze Wände** aus Mauerwerk gelten Querschnitte, die aus einem oder mehreren ungetrennten Steinen oder aus getrennten Steinen mit einem Lochanteil < 35 % bestehen und nicht durch Schlitze oder Aussparungen geschwächt sind oder deren Querschnittsfläche < 0,10 m^2 ist. Gemauerte Querschnitte, deren Flächen < 0,04 m^2 sind, sind als tragende Teile unzulässig – siehe auch DIN 1503-1:1996-11, Abschnitt 6.9.1.

Als **nichtraumabschließende Wandabschnitte** aus Mauerwerk gelten Querschnitte, deren Fläche ≥ 0,10 m^2 und deren Breite ≤ 1,0 m ist.

2-schalige Außenwände mit oder ohne Dämmschicht oder Luftschicht aus Mauerwerk sind Wände, die durch Anker verbunden sind und deren innere Schale tragend und die äußere Schale nichttragend ist.

2-schalige Haustrennwände bzw. Gebäudeabschlusswände mit oder ohne Dämmschicht bzw. Luftschicht aus Mauerwerk sind Wände, die nicht miteinander verbunden sind und daher keine Anker besitzen. Bei tragenden Wänden bildet jede Schale für sich jeweils das Endauflager einer Decke bzw. eines Daches.

Stürze, Balken, Unterzüge usw. über Wandöffnungen sind für eine ≥ 3-seitige Brandbeanspruchung zu bemessen.

Die hier (entsprechend DIN 4102-4) angeführten Wandarten sind in Bild 9.5.1 zum besseren Verständnis in einem fiktiven Grundriss dargestellt. Wegen der brandschutztechnischen Bedeutung sei in diesem Zusammenhang lediglich auf Folgendes hingewiesen: Innenwände, deren Öffnungen nicht durch Feuerschutzabschlüsse (Feuerschutztüren, Abschottungen) abgeschlossen sind, sowie Pfeiler und kurze Wandabschnitte werden im Brandfall – dementsprechend auch bei Normprüfungen – mehrseitig (d. h. ≥ 2-seitig) beansprucht: Das Feuer – z. B. entsprechend der Einheits-Temperaturzeitkurve nach DIN 4102-2 – wirkt gleichzeitig auf die freiliegenden Wand- oder Pfeilerseiten ein. Außenwandbereiche zwischen zwei Fensteröffnungen mit einer Wandbreite ≤ 1,0 m gelten definitionsgemäß auch als nichtraumabschließend: Das Feuer, aus zwei benachbarten Fenstern schlagend, umspült den „Wandpfeiler". Das ist in der Praxis auch bei Außenwandbreiten > 1,0 m noch der Fall (zumindest teilweise); derartige Außenwände gelten aber als raumabschließend (Bild 9.5.1).

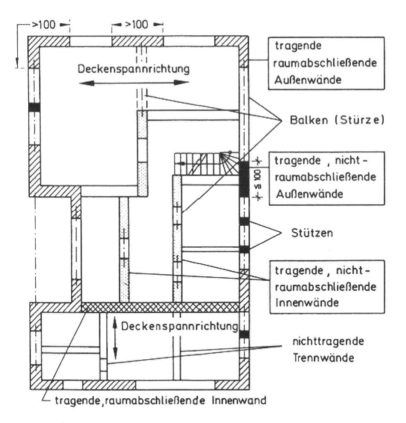

Bild 9.5.1: *Schematischer Gebäudegrundriss mit Beispielen für die entsprechend DIN 4102-4 genannten Wandarten*

Die doppelt schraffierte Wand ohne Öffnungen zwischen den dargestellten Gebäudeteilen ist in jedem Fall eine Trennwand. Je nach den örtlichen Gegebenheiten muss sie z. B. als:

— Wohnungstrennwand,
— Brandwand oder als
— Gebäudeabschlusswand – ggf. zweischalig – ausgeführt werden.

Nichttragende Außenwände im Sinne von DIN 4102-3 sind raumhohe, raumabschließende Bauteile wie Außenwandelemente, Ausfachungen usw. – im Folgenden kurz Außenwände genannt –, die auch im Brandfall nur durch ihr Eigengewicht beansprucht werden und nicht zur Aussteifung von Bauteilen dienen. Außenwände können aber dazu dienen, die auf ihre Fläche wirkenden Windlasten und andere horizontale Verkehrslasten auf tragende Bauteile, z. B. Wand- oder Deckenscheiben, abzutragen. Zu den nichttragenden Außenwänden zählen auch

a) brüstungshohe, nichtraumabschließende, nichttragende Außenwandelemente – im Folgenden kurz Brüstungen genannt – und

b) schürzenartige, nichtraumabschließende, nichttragende Außenwandelemente – im Folgenden kurz Schürzen genannt –, die jeweils den Überschlagsweg des Feuers an der Außenseite von Gebäuden vergrößern.

9.5.3.3 Wanddicken, Wandhöhen

Die in den folgenden Tabellen nach [6] angegebenen Mindestdicken d beziehen sich, so weit nichts anderes angegeben ist, immer auf die unbekleidete Wand oder auf eine unbekleidete Wandschale. Die maximalen Wandhöhen ergeben sich aus den Normen DIN 1055, DIN 1045, DIN 1052, DIN 1053-1 bis -4, DIN 4103-1, -2 und - 4 und DIN 4166.

Der Hinweis „im Folgenden" bezieht sich auf alle Mindestdicken d des Normabschnittes 4 nach DIN 4102-4, „klassifizierte Wände", wobei immer die unbekleidete (ungeputzte) Wand gemeint ist. Sofern Putz als Brandschutzmaßnahme berücksichtigt werden soll, werden in der Norm ( )-Werte als Mindestdicke der verputzten Wand angegeben; der Putz muss dann eine bestimmte Qualität aufweisen, worauf noch eingegangen wird.

9.5.3.4 Bekleidungen, Dampfsperren

Bei den in DIN 4102-4 klassifizierten Wänden ist die Anordnung von zusätzlichen Bekleidungen – Bekleidungen aus Stahlblech ausgenommen –, z. B. Putz oder Verblendung, erlaubt; gegebenenfalls sind bei Verwendung von Baustoffen der Klasse B jedoch bauaufsichtliche Anforderungen zu beachten:

— Dampfsperren beeinflussen die angegebenen Feuerwiderstandsklassen nicht.
— Zusätzliche Bekleidungen – z. B. aus optischen Gründen sind bei den in dieser Veröffentlichung behandelten Wänden erlaubt. Bekleidungen aus Stahlblech, die bei Erwärmung große Verformungen erfahren und damit negativ wirkende Zwängungskräfte hervorrufen können, sind jedoch ausgeschlossen. Andere zusätzliche Bekleidungen verlängern die Feuerwiderstandsdauer einer Wand.

9.5.3.5 Zweischalige Wände

Die Angaben nach DIN 4102-4:1994-03, Tabelle 45, für 2-schalige Brandwände beziehen sich nicht auf den Feuerwiderstand einer einzelnen Wandschale, sondern stets auf den Feuerwiderstand der gesamten 2-schaligen Wand. Stützen, Riegel, Verbände usw., die zwischen den Schalen 2-schaliger Wände angeordnet werden, sind brandschutztechnisch für sich allein zu bemessen. Dies betrifft u. a. 2-schalige Wände bzw. Brandwände, die zwischen den Schalen z. B. Stahlbeton- bzw. Stahlbauteile wie Stützen o. Ä. aufweisen können. Bei 2-schaligen Wänden oder Brandwänden handelt es sich um Sonderbauteile, die im Kapitel 10 speziell behandelt werden.

9.5.4 Einbauten und Installationen in Wänden

Abgesehen von den Ausnahmen nach den Abschnitten 4.1.6.2 bis 4.1.6.4 der DIN 4102-4 beziehen sich die Feuerwiderstandsklassen der klassifizierten Wände stets auf

Wände ohne Einbauten. Zu den Einbauten gehören u. a. Nischen, z. B. Zählernischen und Schlitze, z. B. für Rohre. Sind derartige Einbauten gegeben, muss der Brandschutz gesondert nachgewiesen werden. Bei Verminderung der Wandquerschnitte muss entweder der Restquerschnitt der Wand die nach Norm für nichttragende Wände geforderte Mindestdicke aufweisen, oder der Brandschutz ist durch eine Bekleidung – z. B. durch eine eingebaute Dämmplatte – zu gewährleisten.

Steckdosen, Schalterdosen, Verteilerdosen usw. dürfen bei raumabschließenden Wänden nicht unmittelbar gegenüberliegend eingebaut werden; diese Einschränkung gilt nicht für Wände aus Beton, Porenbeton oder Mauerwerk mit einer Gesamtdicke = Mindestdicke + Bekleidungsdicke $\geq$ 140 mm. Im Übrigen dürfen derartige Dosen an jeder beliebigen Seite angeordnet werden; bei Wänden mit einer Gesamtdicke < 60 mm dürfen nur Aufputzdosen verwendet werden.

Durch die klassifizierten raumabschließenden Wände dürfen vereinzelt elektrische Leitungen durchgeführt werden, wenn der verbleibende Lochquerschnitt mit Mörtel nach DIN 18550-2 oder Beton nach DIN 1045 vollständig verschlossen wird. Für die Durchführung von gebündelten elektrischen Leitungen sind Abschottungen erforderlich, deren Feuerwiderstandsklasse im Rahmen der Erteilung einer allgemeinen bauaufsichtlichen Zulassung nachzuweisen ist. Einseitig beanspruchte Wände behalten ihre raumabschließende Wirkung nur dann, wenn alle für Leitungen hergestellten Aussparungen wirkungsvoll verschlossen werden. Unter Leitungen sind dabei sowohl elektrische Leitungen als auch Rohre zu verstehen.

Bei gebündelten elektrischen Leitungen sind Abschottungen erforderlich. Es gibt eine Vielzahl verschiedener, zugelassener Abschottungssysteme mit einer Feuerwiderstandsdauer zwischen 90 und 180 Minuten. Sie bestehen z. B. aus speziellen Mörteln oder Spachtelmassen, Mineralfaserplatten in Verbindung mit Kitten, Anstrichen oder Dämmschichtbildnern, Formsteinen oder Neoprene-Formstücken in Stahlrahmen. Abschottungen dürfen je nach Bauart nur in bestimmten Größen, bei Einhaltung bestimmter Mindestdicken ausgeführt werden. Die Wanddicke muss entweder $\geq$ 20 oder $\geq$ 24 cm betragen! Bei dünneren Wänden – es werden auch 11,5 cm dicke Wände zugelassen – sind Sondermaßnahmen, z. B. die Anordnung von sog. „Vorschotten" einzuhalten. Einzelheiten sind den jeweils gültigen Zulassungsbescheiden zu entnehmen. Eine Übersicht über alle zugelassenen Abschottungssysteme zeigt eine jährlich erscheinende Liste des DIBt.

Bei Rohren aus nichtbrennbaren Baustoffen mit Rohrdurchmessern $d_n \leq 50$ reicht ein Schließen der verbleibenden Lochquerschnitte mit Mörtel oder Beton im Allgemeinen aus. Bei größeren Durchmessern ist der Brandschutz gesondert nachzuweisen. Sofern Rohre aus brennbaren Baustoffen eingebaut werden sollen, sind die Richtlinien für die Verwendung brennbare Baustoffe im Hochbau zu beachten bzw. geprüfte Rohrabschottungen einzubauen, gemäß der Zulassungsbescheide des DIBt über Rohrabschottungen.

Wenn in raumabschließenden Wänden mit bestimmter Feuerwiderstandsklasse Verglasungen der Feuerwiderstandsklassen F oder G eingebaut werden sollen, dürfen nach den Angaben von Abschnitt 4.1.6.4 und Abschnitt 8.4 von DIN 4102-4:1994-03 nur Wände bestimmter Bauarten mit bestimmten Mindestdicken verwendet werden. Außerdem sind bestimmte konstruktive Details – z. B. hinsichtlich der Rahmen aus Holz, Alu, Stahl oder Beton und der Befestigungen – sowie maximal zulässige Scheibengrößen zu beachten. Wände aus Porenbeton müssen $\geq$ 11,5 cm, in bestimmten Fällen auch $\geq$ 24 cm dick sein. Einzelheiten sind den jeweils gültigen Zulassungsbescheiden zu entnehmen. Eine Übersicht über alle zugelassenen F- und G-Verglasungen zeigt eine jährlich erscheinende Liste des DIBt.

Wenn in raumabschließenden Wänden mit bestimmter Feuerwiderstandsklasse Feuerschutzabschlüsse (z. B. Türen) eingebaut werden sollen, dürfen nach den Angaben von DIN 4102-4, Abschn. 8.2, nur Wände bestimmter Bauarten mit bestimmten Mindestdicken sowie bestimmten Mindestfestigkeiten verwendet werden; hinsichtlich konstruktiver Details – z. B. über Verankerungen und Befestigungen – sind ebenfalls besondere Bestimmungen zu beachten, siehe u. a. die Zulassungsbescheide des DIBt. Dies gilt ebenfalls für Abschlüsse in Fahrschachtwänden der Feuerwiderstandsklasse F 90.

Die Bestimmungen für Feuerschutzabschlüsse und Abschlüsse in Fahrschachtwänden, die zusätzlich zu den Angaben nach DIN EN 1364-1 beachtet werden müssen, gehen aus den einschlägigen Normen– z. B. aus DIN 18082-1 und -3 – sowie aus Zulassungsbescheiden hervor. Sie geben die Bestimmungen über Abschlüsse aus Holz, Stahl und Verbundkonstruktionen wieder, die als Flügel-, Hub-, Schiebe-, Falt- und ähnliche Türen bzw. Tore mit Größen von 800 mm x 800 mm (z. B. Öllagerklappen) bis Breite x Höhe = 10 m x 4,10 m (z. B. Schiebetore, Rolltore) verwendet werden. Die Feuerwiderstandsklassen reichen von T 30 bis T 120 bzw. EI 30 bis EI 120.

9.6 Klassifizierte Massivbauteile aus Stahlbeton und Mauerwerk

9.6.1 Stahlbetonwände und -stützen

Die im Folgenden angegebenen Mindestwanddicken d beziehen sich immer auf die unbekleidete Wand oder Wandschale. Die Wandhöhen entsprechen den Werten nach DIN 1045. Zusätzliche Bekleidungen oder Verblendungen aus Putz o.Ä. sind stets erlaubt, wenn diese aus nichtbrennbaren Baustoffen bestehen, Dampfsperren beeinflussen die angegebenen Feuerwiderstandsklassen nicht. In der nachstehenden Tabelle 9.6.1 sind die erforderlichen Wanddicken und Achsabstände der Längsbewehrung u und Überdeckungen c in Wandbereichen angegeben.

Durch diese Wände dürfen vereinzelt elektrische Leitungen durchgeführt werden, wenn der verbleibende Lochquerschnitt mit Mörtel nach DIN 18550 Teil 2 oder Beton DIN 1045 vollständig verschlossen wird. Wenn in raumabschließenden Wänden mit bestimmter Feuerwiderstandsklasse Verglasungen oder Feuerschutzabschlüsse mit definierter Feuerwiderstanddauer eingebracht werden sollen, so ist deren Eignung in Verbindung mit der Wand nach DIN EN 1364-1 [17] nachzuweisen. Weitere Eignungsnachweise sind eventuell erforderlich, z.B. im Rahmen einer allgemeinen bauaufsichtlichen Zulassung.

Hinsichtlich der Schlankheit und der Dicke tragender Wände sind die einschlägigen Normen zu beachten. Für nichttragende F 90- und F 180-Wandbauteile ist eine Schlankheit von höchstens h : d = 25 : 1 zulässig. Beispiele für Wandausführungen aus Beton und für Stahlbetonwände gemäß DIN 4102 Teil 4 zeigt die nachstehende Tabelle 9.6.1. Das erforderliche Achsmaß u ist je nach der Bewehrungsanordnung durch die konstruktiv erforderliche Stahlüberdeckung (Korrosionsschutz) und dem zusätzlichen halben Bewehrungsdurchmesser sowie dem eventuell vorhandenen Bügeldurchmesser gegeben, d.h. u ist stets größer c.

Bei tragenden Wänden gelten die Angaben nach Tabelle 9.6.1 jedoch nicht für Wände mit einer Breite b ≤ 0,4 m bzw. ≤ 5d, wobei d die nach Tabelle 9.6.1 brandschutztechnisch notwendige Dicke ist. Derartige Wände sind wie Stützen zu bemessen. Hinsichtlich des Ausnutzungsfaktors α_1 gilt Abschnitt 3.13.2.2 nach DIN 4102-4:1994-04 sinngemäß.

Fugen zwischen Fertigteilen müssen so mit Mörtel nach DIN 1053 Teil 1, oder Beton nach DIN 1045 ausgefüllt sein, dass die Mörtel- oder Betontiefe der Mindestwanddicke nach Tabelle 9.6.1 entspricht. Kanten dürfen unberücksichtigt bleiben, wenn die Fasung ≤ 3 cm bleibt. Bei Fasung > 3 cm ist die Mindestwanddicke auf den Endpunkt der Fasung zu beziehen. Bei Fugen mit Nut- und Federausbildung genügt eine Vermörtelung der Fugen in den äußeren Wanddritteln. Fugen mit einer Mineralfaser-Dämmschicht müssen den Angaben von Bild 21, Ausführung 3a) oder 3b der DIN 4102-4:1994/04 entsprechen. Die Fasungen und Anschlüsse von Mineralfaser-Dämmschichten dürfen mit Fugendichtstoffen nach DIN EN 26927 geschlossen werden.

Tabelle 9.6.1: Tragende und nichttragende raumabschließende Beton- und Stahlbetonwände aus Normalbeton bei einseitiger Brandbeanspruchung nach [6]

Konstruktionsmerkmale	Feuerwiderstandsklasse–Benennung				
	F 30-A	F 60-A	F 90-A	F 120-A	F 180-A
Unbekleidete Wände zulässige Schlankheit = Geschosshöhe/Wanddicke = h_s/d	nach DIN 1045				
Mindestwanddicke d in mm bei - nichttragenden Wänden	80[1]	90[1]	100[1]	120	150
- tragenden Wänden Ausnutzungsfaktor $\alpha_1 = 0,1$ Ausnutzungsfaktor $\alpha_1 = 0,5$ Ausnutzungsfaktor $\alpha_1 = 1,0$	80[1] 100[1] 120	90[1] 110[1] 130	100[1] 120 140	120 150 160	150 180 210
Mindestachsabstand u in mm der Längsbewehrung bei - nichttragenden Wänden	10	10	10	10	35
- tragenden Wänden bei einer Beanspruchung nach DIN 1045 von Ausnutzungsfaktor $\alpha_1 = 0,1$ Ausnutzungsfaktor $\alpha_1 = 0,5$ Ausnutzungsfaktor $\alpha_1 = 1,0$	10 10 10	10 10 10	10 20 25	10 35 35	35 45 55
Mindestachsabstände u und u_s in mm in Wandbereichen über Öffnungen mit einer - lichten Weite ≤ 2,0 m - lichten Weite > 2,0 m	10 10	15 25	25 35	35 45	55 65
Wände mit beidseitiger Putzbekleidung nach den Abschnitten 3.1.6.1 bis 3.1.6.5 zulässige Schlankheit = Geschosshöhe/Wanddicke = h_s/d	nach DIN 1045				
Wanddicke d kann bei Anwendung mineralischer Putze gem. DIN 4102 Teil 4, Abschnitt 3.1.6, abgemindert werden. Mindestwanddicke in mm jedoch bei - nichttragenden Wänden - tragenden Wänden	60 80				

Achsabstände u der Längsbewehrung sowie Achsabstände u und u_s in Wandbereichen über Öffnungen nach den obigen Angaben; Abminderungen durch Putze nach DIN 18 550 Teil 2 als Ersatz für den Achsabstand u sind möglich; u und u_s jedoch nicht kleiner als 10 mm.

[1] Bei Feuchtegehalten > 4 % oder sehr dichter Bewehrung mit Stababständen < 100 mm mindestens 120 mm dick.

In Abhängigkeit von der Systemlänge und den Querschnittsabmessungen können die in Tabelle 37 nach DIN 4102-4:1994/04 angegebenen zentrischen Druckkräfte aufgenommen werden. Werden in Wandelemente Normalkräfte mit einer planmäßigen Exzentrizität eingeleitet, ist die aufnehmbare exzentrische Last nach der Gl. (9.6.1) zu ermitteln:

$$\text{zul } N_{e,t} = \frac{\text{zul } N_{e,o}}{\text{zul } N_{c,o}} \cdot \text{zul } N_{c,t} \qquad \text{Gl. (9.6.1)}$$

Hierin bedeuten:

zul $N_{c,o}$ zulässige zentrische Last nach DIN 1045

zul $N_{e,o}$ zulässige exzentrische Last nach DIN 1045

zul $N_{c,t}$ aufnehmbare zentrische Last nach 90 min Brandeinwirkung nach Tabelle 37 der DIN 4102-4:1994/04

zul $N_{e,t}$ aufnehmbare exzentrische Last nach 90 min Brandeinwirkung nach Tabelle 37 der DIN 4102-4:1994/04

Tabelle 9.6.2:   Mindestdicke und Mindestachsabstand von Stahlbetonstützen aus Normalbeton, Auszug nach [6]

Konstruktionsmerkmale[1]	Feuerwiderstandsklasse–Benennung				
	F 30-A	F 60-A	F 90-A	F 120-A	F 180-A
Mindestquerschnittsabmessungen unbekleideter Stahlbetonstützen bei mehrseitiger Brandbeanspruchung bei einem Ausnutzungsfaktor $\alpha_1 = 1{,}0$ Mindestdicke d in mm Mindestachsabstand u in mm	150 18[2]	200 25[2]	240 35[2]	280 40	360 50
Mindestquerschnittsabmessungen unbekleideter Stahlbetonstützen bei einseitiger Brandbeanspruchung Mindestdicke d in mm Mindestachsabstand u in mm	100 18[2]	120 25[2]	140 35[2]	160 45	200 60
Mindestquerschnittsabmessungen von Stahlbetonstützen mit einer Putzbekleidung[3] Mindestdicke d in mm Mindestachsabstand u in mm	140 18[2]	140 18[2]	160 18[2]	220 18[2]	320 30[2]

1) Mindestabmessungen für umschnürte Druckglieder, soweit in der Tabelle keine höheren Werte angegeben sind: F 30: d = 240 mm; F 60 bis F 180: d = 300 mm.
2) Bezüglich Betonüberdeckung c: Mindestwerte nach DIN 1045.
3) Der Putz mit der gewählten Dicke d_1 ist mit einer Bewehrung aus Drahtgeflecht nach DIN 1200 mit 10 mm bis 16 mm Maschenweite zu umschließen, wobei Quer- und Längsstöße sorgfältig zu verrödeln und die Längsstöße gegeneinander zu versetzen sind. Nach dem Anbringen der Bewehrung ist die Bekleidung mit einem Glättputz ≥ 5 mm dick abzuschließen.

Die Klassifizierung von Brandwänden wird im Kapitel 10 gesondert behandelt.

Stahlbetonstützen aus Normalbeton müssen die in Tabelle 9.6.2 angegebenen Mindestdicken und Mindestachsabstände besitzen. Der Ausnutzungsfaktor α_1 ist das Verhältnis der vorhandenen Beanspruchung zu der zulässigen Beanspruchung ($1/\gamma$-fache der rechnerischen Bruchlast) nach DIN 1045. Läuft eine Stütze über mehrere Geschosse durch, so gilt der entsprechende Endquerschnitt im Brandfall als an seiner freien Rotation wirksam gehindert. Im Übrigen ist die Knicklänge im Brandfall nach DIN 1045:1988-07 zu bestimmen.

9.6.2 Balken und Decken aus Stahlbeton

Die nachstehenden Tabellen 9.6.3 bis 9.6.5 zeigen in einer Übersicht wichtige Konstruktionen aus Stahlbeton und Spannbeton. Statisch bestimmt gelagerte Stahlbeton- und Spannbetonbalken aus Normalbeton müssen bei maximal dreiseitiger Brandbeanspruchung den in den nachstehenden Tabellen 9.6.3 und 9.6.4 beispielhaft angegebenen Mindestbreiten und -dicken genügen. Die Mindestdicken von Stahlbeton- und Spannbetonplatten ohne Hohlräume sind in der Tabelle 9.6.5 angegeben. Unterschieden wird nach statisch bestimmten und unbestimmten Lagerungen sowie Platten mit und ohne Estrich. Bei punktförmig gestützten Platten müssen die Plattendicken wie angegeben erhöht werden. Bei Verwendung von Gussasphaltestrichbauteilen lautet die frühere Bezeichnung Fxx-AB anstelle von Fxx-A.

Bei statisch unbestimmt gelagerten Stahlbeton- und Spannbetonbalken müssen bei 1- bis 3-seitiger Brandbeanspruchung die in der Tabelle 9.6.4 angegebenen Mindestachsabstände und Anzahl der Bewehrungsstäbe eingehalten werden. Bei der Verwendung von Putzen sind Absonderungen bei den Mindestachsabständen u, u_m, u_s nach Tabelle 2 der DIN 4102-4:1994-3 möglich, jedoch gilt: $u \geq 10$ mm.

Unbekleidete Stahlbeton-und Spannbetonplatten aus Normalbeton ohne Hohlräume müssen unabhängig von der Anordnung eines Estrichs die in Tabelle 9.6.5 angegebenen Mindestdicken besitzen. Durch die klassifizierten Decken dürfen elektrische Leitungen vereinzelt durchgeführt werden, wenn der verbleibende Lochquerschnitt mit Mörtel oder Beton nach DIN 1045 vollständig verschlossen wird. Für die Durchführung von gebündelten elektrischen Leitungen sind Abschottungen erforderlich, deren Feuerwiderstandsklasse durch Prüfungen nach DIN EN 1364-1 nachzuweisen ist; ihre Brauchbarkeit ist besonders nachzuweisen, z.B. im Rahmen der Erteilung einer allgemeinen bauaufsichtlichen Zulassung. Bekleidungen an der Deckenunterseite, z. B. Holzschalungen oder die Anordnung von Fußbodenbelägen oder Bedachungen auf der Decken-bzw. Dachoberseite sind bei den klassifizierten Decken bzw. Dächern ohne weitere Nachweise erlaubt; gegebenenfalls sind bei Verwendung von Baustoffen der Klasse B jedoch bauaufsichtliche Anforderungen zu beachten.

Tabelle 9.6.3: Mindestbreite und Mindeststegdicke von maximal dreiseitig beanspruchten, statisch bestimmt gelagerten Stahlbeton- und Spannbetonbalken aus Normalbeton, Beispiele nach [6]

Konstruktionsmerkmale	Feuerwiderstandsklasse – Benennung				
	F 30 - A	F 60 - A	F 90 - A	F 120 – A	F 180 - A
Mindestbreite b in mm unbekleideter Balken in der Biegezugzone bzw. in der vorgedrückten Zugzone mit Ausnahme der Auflagerbereiche					
Stahlbeton und Spannbetonbalken mit crit. T $\geq$ 450 °C	$80^{1)2)}$	$120^{2)}$	150	200	240
Spannbetonbalken mit crit. T $\geq$ 350 °C	$120^{2)}$	160	190	240	280
Mindestbreite b in mm unbekleideter Balken in der Druck- oder Biegedruckzone bzw. in der vorgedrückten Zugzone in Auflagerbereichen	$90^{1)2)}$ bis $140^{2)}$ Die Bedingungen von DIN 4102-4, Tabelle 4, sind einzuhalten.			160	240
Mindeststegdicke t in mm unbekleideter Balken mit I-Querschnitt in der Biegezugzone bzw. in der vorgedrückten Zugzone mit Ausnahme der Auflagerbereiche	$80^{1)2)}$	$90^{1)2)}$	$100^{1)2)}$	$120^{2)}$	$140^{2)}$
Druck- oder Biegedruckzone bzw. in der vorgedrückten Zugzone in Auflagerbereichen	$90^{1)2)}$ bis $140^{2)}$ Die Bedingungen von DIN 4102-4, Tabelle 4, sind einzuhalten				$140^{2)}$

1) Bei Betonfeuchtegehalten > 4 %, angegeben in Gewichtsprozent, sowie bei Balken mit sehr dichter Bügelbewehrung (Stababstände < 100 mm) müssen die Breite b oder die Stegdicke t mindestens 120 mm betragen.
2) Wird die Bewehrung in der Symmetrieachse konzentriert und werden dabei mehr als zwei Bewehrungsstäbe oder Spannglieder übereinander angeordnet, dann sind die angegebenen Mindestabmessungen unabhängig vom Betonfeuchtegehalt um den zweifachen Wert des verwendeten Bewehrungsstabdurchmessers und bei Stabbündeln um den zweifachen Wert des Vergleichsdurchmesser d_{sV} zu vergrößern (verbreitern). Bei Dicken b oder t $\geq$ 150 mm braucht diese Zusatzmaßnahme nicht mehr angewendet werden.

Tabelle 9.6.4: *Mindestachsabstand sowie Mindestanzahl der Feldbewehrungen von maximal 3-seitig beanspruchten, statisch unbestimmt gelagerten Stahlbetonbalken[4] aus Normalbeton, Beispiele nach [6]*

Zeile	Konstruktionsmerkmale	Feuerwiderstandsklasse				
		F 30	F 60	F 90	F 120	F 180
1	Mindestachsabstände $u^{1)}$ und $u_s^{1)}$ sowie Mindestabstandzahl $n^{2)}$ der Feldbewehrung unbekleideter, 1-lagig bewehrter Balken bei Anordnung der Stütz- bzw. Einspannbewehrung					
1.1	nach DIN 1045	\multicolumn{5}{c}{u, u_s und n sind nach Abschnitt 3.2.4, Tabelle 6 der DIN 4102-4:1994/03 zu bestimmen}				
1.2	nach Abschnitt 3.3.4.2 der DIN 4102-4:1994/03, sofern das Stützenweitenverhältnis min. $l \geq 0{,}8$ max. l ist					
1.2.1	bei einer Balkenbreite $b^{5)}$ in mm von	80	≤ 120	≤ 150	≤ 220	≤ 400
1.2.1.1	u in mm	10	25	35	45	$60^{3)}$
1.2.1.2	u_s in mm	10	35	45	55	70
1.2.1.3	n	1	2	2	2	2
1.2.2	bei einer Balkenbreite b in mm von	≥ 160	≥ 200	≥ 250	≥ 300	> 400
1.2.1.1	u in mm	10	10	25	35	$50^{3)}$
1.2.1.2	u_s in mm	10	20	35	45	60
1.2.1.3	n	1	3	4	4	4
1.3	nach Abschnitt 3.3.4.2 der DIN 4102-4:1994/03, sofern das Stützenweitenverhältnis min. $l \geq 0{,}2$ max. l ist	Interpolation zwischen Tabelle 6, Zeilen 1 bis 1.4.2 und Tabelle 8, Zeile 1.2 der DIN 4102-4:1994/03				

1) Zwischen den u- und u_s-Werten der Zeilen 1 bis 1.3 darf in Abhängigkeit von der Balkenbreite b geradlinig interpoliert werden.
2) Die geforderte Mindeststabanzahl n darf unterschritten werden, wenn der seitliche Achsabstand u_s je entfallendem Stab um jeweils 10 mm vergrößert wird; Stabbündel gelten in diesem Fall als ein Stab.
3) Bei einer Betondeckung c > 50 mm ist eine Schutzbewehrung nach Abschnitt 3.1.5.2 der DIN 4102-4:1994/03 erforderlich.
4) Die Tabellenwerte gelten auch für Spannbetonbalken; die Mindestachsabstände u, u_m, u_s und u_0 sind jedoch nach den Angaben von Tabelle 1 der DIN 4102-4:1994/03 um die Δu-Werte zu erhöhen.
5) Bei den Balkenbreiten für F 60 bis F 180 sind kleinere Balkenbreiten möglich, wenn die Balkenbreite z.B. nach Tabelle 3, Zeile 4.1 der DIN 4102-4:1994/03, abgemindert wird.

Tabelle 9.6.5: Mindestdicken von Stahlbeton- und Spannbetonplatten aus Normalbeton ohne Hohlräume, Beispiele nach [6]

Konstruktionsmerkmale	Feuerwiderstandsklasse – Benennung				
	F 30 - A	F 60 - A	F 90 - A	F 120 – A	F 180 - A
Mindestdicke d in mm unbekleideter Platten ohne Anordnung eines Estrichs bei					
- statisch bestimmter Lagerung	$60^{1)2)}$	$80^{2)}$	100	120	150
- statisch unbestimmter Lagerung	$80^{1)2)}$	$80^{1)2)}$	100	120	150
Mindestdicke d in mm punktförmig gestützter Platten unabhängig von der Anordnung eines Estrichs bei					
- Decken mit Stützenkopfverstärkung	150	150	150	150	150
- Decken ohne Stützenkopfverstärkung	150	200	200	200	200
Mindestdicke d in mm unbekleideter Platten mit Estrich der Baustoffklasse A, Gussasphaltestrich oder Walzasphaltestrich	50	50	50	60	75
Mindestdicke D in mm = d + Estrichdicke bei					
- statisch bestimmter Lagerung	$60^{1)2)}$	$80^{2)}$	100	120	150
- statisch unbestimmter Lagerung	$80^{1)2)}$	$80^{1)2)}$	100	120	150
Mindestestrichdicke d_1 in mm bei Estrichen aus Baustoffen der Baustoffklasse A	25	25	25	30	40

1) Bei Betonfeuchtegehalten > 4 % sowie sehr dichter Bewehrung (Stababstände < 100 mm) sind die Mindestdicken d bzw. D um 20 mm zu vergrößern.
2) Bei auskragenden Platten mit mehrseitiger Brandbeanspruchung müssen die Mindestdicken d bzw. D mindestens ≥ 100 mm sein.

Die Feldbewehrung frei aufliegender Stahlbeton- und Spannbetonplatten aus Normalbeton müssen die in Tabelle 9.6.6 angegebenen Mindestachsabstände besitzen. Die Tabellenwerte beziehen sich immer auf die untere Lage der Tragbewehrung.

Tabelle 9.6.6: Mindestachsabstand der Feldbewehrung von frei aufliegenden Stahlbetonplatten[3] aus Normalbeton nach [6]

Zeile	Konstruktionsmerkmale	F 30	F 60	F 90	F 120	F 180
1	Mindestachsabstand u in mm 1-achsig gespannter Platten					
1.1	Stahlbeton, unbekleidet	10	25	35	45	60[1]
1.2	Stahlbetondecken mit Stahlblech als verlorene Schalung (Profilhöhe der Stahlbleche ≤ 50 mm)	10	20	30	40	55
1.3	Platten mit konstruktivem Querabtrag bei einer Plattenbreite b mit					
1.3.1	b/l ≤ 1,02)	10	10	20	30	40
1.3.2	b/l ≥ 3,02)	10	25	35	45	60[1]
2	Mindestachsabstand u im mm unbekleideter 2-achsig gespannter Platten bei					
2.1	3-seitiger Lagerung mit $l_y/l_x > 1,0$	10	25	35	45	60[1]
2.3	3-seitiger Lagerung mit $0,7 > l_y/l_x$	10	15	25	30	40
2.5	4-seitiger Lagerung[2] mit $l_y/l_x \geq 3,0$	10	25	35	45	60[1]
3	Mindestachsabstand u in mm von Platten mit Bekleidungen aus					
3.1	Putzen nach den Abschnitten 3.1.6.1 bis 3.1.6.6 der DIN 4102-4:1994/03	Mindestachsabstand u nach den Zeilen 1 bis 1.3.2 und 2 bis 2.5, Abminderungen nach Tabelle 2 der DIN 4102-4:1994/03 sind möglich, u jedoch nicht kleiner als 10				

1) Bei einer Betondeckung c > 50 mm ist eine Schutzbewehrung nach Abschnitt 3.1.5 der DIN 4102-4:1994-03 erforderlich.
2) Zwischenwerte zwischen den Zeilen 1.3.1 und 1.3.2 bzw. 2.4 und 2.5 dürfen geradlinig interpoliert werden.
3) Die Tabellenwerte gelten auch für Spannbetonplatten; die Mindestachsabstände u sind jedoch nach den Angaben von Tabelle 1 der DIN 4102-4:1994-03 um die Δu-Werte zu erhöhen.

9.6.3 Bauteile aus hochfestem Beton

Im neuen Abschnitt 9 in DIN 4102-4/+A1:2004-11 [6] werden Festlegungen zum Nachweis der Feuerwiderstandsklasse von Bauteilen aus hochfestem Beton getroffen. Für den Nachweis der Feuerwiderstandsklasse von Bauteilen aus hochfestem Beton nach DIN EN 206-1:2001-07, 3.1.10, gelten bezüglich der Mindestquerschnittsmaße und Mindestachsabstände der Bewehrung die Regelungen von DIN 4102-4:1994-03, Abschnitt 3. Für alle anderen brandschutztechnischen Anforderungen gelten die nachfolgend beschriebenen Festlegungen.

Die Knicklänge für den Nachweis der Feuerwiderstandsklasse nach DIN 4102-4/+A1:2004-11 ist wie bei Raumtemperatur nach DIN 1045:1988-07, 17.4.2, Absätze (1) und (2) zu bestimmen. Sie ist jedoch mindestens so groß wie die Stützenlänge zwischen zwei Auflagerpunkten (lichte Geschosshöhe) anzunehmen. Wenn die Stützenenden konstruktiv als Gelenk ausgebildet sind, ist die so ermittelte Knicklänge um

50 % zu erhöhen, oder es ist ein genauerer Nachweis nach Theorie II. Ordnung für die Brandbeanspruchung zu führen.

Bei Balken und Plattenbalken ist im Hinblick auf die Standsicherheit im Brandfall auf brandbeanspruchten Seiten eine Schutzbewehrung gemäß DIN 4102-4/+A1:2004-11, 3.1.5.2, mit einer Betondeckung nom c = 15 mm einzubauen. Bei Bauteilen in feuchter und/oder chemisch angreifender Umgebung ist nom c um 5 mm zu erhöhen. Die Schutzbewehrung ist nicht erforderlich, wenn zerstörende Betonabplatzungen bei Brandbeanspruchung durch betontechnische Maßnahmen nachweislich verhindert werden. Es wird an dieser Stelle jedoch ausdrücklich darauf hingewiesen, dass eine Schutzbewehrung allein das Abplatzen von hochfesten Stahlbetonbauteilen in der Regel nicht verhindert. Viel wirkungsvoller sind diesbezüglich betontechnologische Maßnahmen nach dem System Bagrat in Form von 1,5 bis 3,0 kg PP-Fasern (Monofilamente) pro m^3 Frischbeton (Faserlänge ca. 12 mm, Durchmesser ca. 12 µm) nach [26].

Bei Druckgliedern mit Querschnittsmaßen d < 400 mm und entweder Schlankheiten λ > 20 oder bezogener Lastausmitten $e/d_i \geq 1/6$ muss eine Schutzbewehrung gemäß DIN 4102-4/+A1:2004-11, 3.1.5.2, mit einer Betondeckung nom c = 15 mm eingebaut werden. Bei Bauteilen in feuchter und/oder chemisch angreifender Umgebung muss nom c um 5 mm erhöht werden. Die Schutzbewehrung ist nicht erforderlich, wenn zerstörende Betonabplatzungen bei Brandbeanspruchung durch betontechnologische Maßnahmen nachweislich verhindert werden. Nach bisherigem Kenntnisstand sind Abplatzungen bei Druckgliedern mit hoher Festigkeit unter hoher Druckspannung mit einer Schutzbewehrung allein in der Regel nicht zu verhindern. Es bleibt nur die betontechnologische Lösung nach dem o. g. System Bagrat. Für die brandbeanspruchte Seite mit den Grenzwerten d < 300 mm und λ > 45 von Wänden und Tunnelschalen [26] gilt das oben Gesagte sinngemäß.

9.6.4 Feuerwiderstandsklassen von Wänden, Pfeilern und Wandabschnitten aus Mauerwerk

9.6.4.1 Grundlagen der Bemessung

Die DIN 4102-4:1994-03 beschreibt den Anwendungsbereich für Wände und Pfeiler aus Mauerwerk, Wandbauplatten und Stahlbeton nach verschiedenen Normen. Diesbezüglich sind in DIN 4102-4/+A1:2004 im Anhang A1, Abschnitt 3.6, Anpassungen der normativen Verweisungen in DIN 4104-4:1994/03, alle derzeit gültigen DIN-Normen (Anwendungsnormen) genannt. Wände und Pfeiler aus Mauerwerk und Wandbauplatten müssen unter Beachtung der folgenden Abschnitte die in den Tabelle 8.6.7 bis 8.6.10 angegebenen Mindestdicken besitzen.

Der Ausnutzungsfaktor α_2 bei Mauerwerk ist beim vereinfachten Verfahren das Verhältnis der vorhandenen Beanspruchung zu der zulässigen Beanspruchung nach DIN 1053-1 (vorh. σ / zul. σ). Bei Bemessung nach dem genauen Berechnungsverfahren ist bei planmäßig ausmittig gedrückten Pfeilern bzw. nichtraumabschließenden Wandabschnitten für die Ermittlung von α_2 von einer über die Wandhöhe konstanten Ausmitte nach DIN 1053-1 auszugehen. Für die Ermittlung der Druckspannungen σ gilt DIN 1053-1 bzw. -2. Erfolgt die Bemessung des Mauerwerks nach DIN 1053-100 sind die gemäß Anlage 3.1/10 der Musterliste der Technischen Baubestimmung Februar 2007 folgenden Regelungen für den Ausnutzungsfaktor α_2 zu beachten: Bei einer Bemessung von Mauerwerk nach dem semiprobabilistischen Sicherheitskonzept entsprechend DIN 1053-100 kann die Klassifizierung der Feuerwiderstandsdauer tragender Wände nach DIN 4102-4:1994-03 bzw. DIN 4102-4/+A1:2004-11 erfolgen, wenn der Ausnutzungsfaktor α_2 wie folgt bestimmt wird und $\alpha_2 \leq 1{,}0$ ist:

$$\text{für } 10 \leq \frac{h_k}{d} < 25: \alpha_2 = 3{,}14 \cdot \frac{15}{25 - \frac{h_k}{d}} \cdot \frac{N_{Ek}}{b \cdot d \cdot \frac{f_k}{k_0}} \qquad \text{Gl. (9.6.2)}$$

$$\text{für } \frac{h_k}{d} < 10: \alpha_2 = 3{,}14 \cdot \frac{N_{Ek}}{b \cdot d \cdot \frac{f_k}{k_0}} \qquad \text{Gl. (9.6.3)}$$

$$\text{mit } N_{Ek} = N_{Gk} + N_{Qk} \qquad \text{Gl. (9.6.4)}$$

α_2 der Ausnutzungsfaktor zur Einstufung der Feuerwiderstandsklasse von tragenden Wänden aus Mauerwerk

h_k die Knicklänge der Wand nach DIN 1053-100

d   die Wanddicke

b   die Wandbreite

N_{Ek} der charakteristische Wert der Normalkraft nach Gl. (9.6.4)

N_{Gk} der charakteristische Wert der Normalkraft infolge ständiger Einwirkungen

N_{Qk} der charakteristische Wert der Normalkraft infolge veränderlicher Einwirkungen

f_k die charakteristische Druckfestigkeit des Mauerwerks nach DIN 1053-100

k_0 ein Faktor zur Berücksichtigung unterschiedlicher Teilsicherheitsbeiwerte γ_M bei Wänden und „kurzen Wänden" nach DIN 1053-100

Für Werte $\alpha_2 \geq 1{,}0$ ist eine Einstufung tragender Wände in eine Feuerwiderstandsklasse mit den Tabellen nach DIN 4102-4:1994-03 bzw. DIN 4102-4/A1:2004-11 nicht möglich.

9.6.4.2 Bemessung nach DIN 4102-4/+A1:2004-11

Die Angaben der folgenden Normtabellen decken Exzentrizitäten nach DIN 1053-1 bis e ≤ d/6 ab. Bei Exzentrizitäten d/6 ≤ e ≤ d/3 ist die Lasteinteilung konstruktiv zu zentrieren. Soweit nichts anderes angegeben ist, sind nichttragende Wände nach Tabelle 9.6.7 und tragende Wände nach Tabelle 9.6.8 gemäß den Angaben in DIN 4102-4/+A1:2004-11 auszuführen. Als Putze zur Verbesserung der Feuerwiderstandsdauer können Putze der Mörtelgruppe IV nach DIN 18550-2, Wärmedämmputzsysteme nach DIN 18550-3 oder Leichtputze nach DIN 18550-4 verwendet werden. Die ()-Werte gelten für Wände mit beidseitigem Putz nach DIN 4102-4, Abschnitt 4.5.2.10 in der Fassung DIN 4102-4/+A1:2004-11 nach [6].

Tabelle 9.6.7: *Mindestdicke d nichttragender, raumabschließender Wände aus Mauerwerk oder Wandbauplatten (1-seitige Brandbeanspruchung) – Auszüge nach [6]*

Zeile	Konstruktionsmerkmale Wände mit Mörtel 1) 2) 3)	F 30-A	F60-A	F 90-A	F 120-A	F 180-A
1	Porenbetonsteine nach DIN V 4165-100; Porenbetonsteine nach DIN EN 771-4 in Verbindung mit DIN V 20000-404; Nach bauaufsichtlicher Zulassung: Planelemente, Mauertafeln und unbewehrte Wandtafeln und Porenbeton-Planbauplatten nach DIN 4166	75[4)] (50)	75 (75)	100[5)] (75)	115 (75)	150 (115)
3	Mauerziegel nach DIN V 105-1 Voll- und Hochlochziegel, DIN V 105-2 Wärmedämmziegel und Hochlochziegel, DIN 105-3 hochfeste Ziegel und hochfeste Klinker	115 (70)	115 (70)	115 (100)	140 (115)	178 (140)
4	Kalksandstein nach DIN V 106-1 Voll-, Loch, Block-, Hohlblock- und Plansteine, Planelemente, Bauplatten, DIN 106-2 Vormauersteine und Verblender	70 (50)	115[6)] (70)	115[7)] (100)[8)]	115 (115)	175 (140)

1) Normalmörtel
2) Dünnbettmörtel
3) Leichtmörtel
4) Bei Verwendung von Dünnbettmörtel d ≥ 50mm
5) Bei Verwendung von Dünnbettmörtel d ≥ 75 mm
6) Bei Verwendung von Leichtmörtel d ≥ 70 mm
7) Bei Verwendung von Steinen der Rohdichteklasse ≥ 1,8 und Dünnbettmörtel d ≥ 100 mm
8) Bei Verwendung von Steinen der Rohdichteklasse ≥ 1,8 und Dünnbettmörtel d ≥ 70 mm

Tabelle 9.6.8: Mindestdicke d tragender, raumabschließender Wände aus Mauerwerk
(1-seitige Brandbeanspruchung) – Auszüge nach [6]

Zeile	Konstruktionsmerkmale	Mindestdicke d in mm für die Feuerwiderstandsklasse – Benennung			
		F 30-A / F60-A	F 90-A	F 120-A	F 180-A
1	Porenbetonsteine nach DIN V 4165-100; Porenbetonsteine nach DIN EN 771-4 in Verbindung mit DIN V 20000-404; Nach bauaufsichtlicher Zulassung: Planelemente, Mauertafeln und unbewehrte Wandtafeln				
1.1	Ausnutzungsfaktor $\alpha_2 = 0{,}2$	115 (115)	115 (115)	115 (115)	150 (175)
1.2	Ausnutzungsfaktor $\alpha_2 = 0{,}6$	115 (115)	150 (115)	150 (150)	175 (175)
1.3	Ausnutzungsfaktor $\alpha_2 = 1{,}0$	150 (115)	175 (150)	175 (175)	200 (200)
2	Hohlblöcke aus Leichtbeton nach DIN V 18151, Vollsteine und Vollblöcke aus Leichtbeton nach DIN V 18152. Mauersteine aus Beton nach DIN 18153, Rohdichteklasse $\geq 0{,}5$ unter Verwendung von [1)3)]				
2.1	Ausnutzungsfaktor $\alpha_2 = 0{,}2$	115 (115)	115 (115)	140 (115)	140 (115)
2.2	Ausnutzungsfaktor $\alpha_2 = 0{,}6$	140 (115)	175 (115)	175 (140)	190 (175)
2.3	Ausnutzungsfaktor $\alpha_2 = 1{,}0$	175 (140)	175 (140)	190 (175)	240 (190)
3.2	Mauerziegel nach DIN V 105-2 und DIN V 105-6[8)]; Rohdichteklasse $\geq 0{,}8$; unter Verwendung von [1),2),3)]				
3.2.1	Lochung A und B				
3.2.1.1	Ausnutzungsfaktor $\alpha_2 = 0{,}2$	175[5)] (115)	175[5)] (115)	240[6)] (115)	-- (140)
3.2.1.2	Ausnutzungsfaktor $\alpha_2 = 0{,}6$	175[5)] (115)	175[5)] (115)	240[6)] (115)	-- (140)
3.2.1.3	Ausnutzungsfaktor $\alpha_2 = 1{,}0$	175[5),7)] (115)	175[5),7)] (115)	240[6),7)] (140)	-- (175)
4	Kalksandsteine nach DIN V 106-1: Voll-, Loch-, Block-, Hohlblock- und Planelemente[8)], Bauplatten DIN V 106-2: Vormauersteine und Verblender unter Verwendung von [1)2)]				
4.2	Ausnutzungsfaktor $\alpha_2 = 0{,}6$	115 (115)	115 (115)	140 (115)	200 (140)

[1)] Normalmörtel
[2)] Dünnbettmörtel
[3)] Leichtmörtel
[5)] Rohdichteklasse $\geq 0{,}9$
[6)] Rohdichteklasse $\geq 1{,}0$
[7)] Gilt nicht bei Bemessung nach allgemeiner bauaufsichtlicher Zulassung.
[8)] Bemessung nach allgemeiner bauaufsichtlicher Zulassung.

Nach DIN 4102-4 sind bei Wänden u. a. folgende Regeln zu beachten:

- Sperrschichten gegen aufsteigende Feuchtigkeit beeinflussen die Feuerwiderstandsklasse und Benennung nicht.
- Dämmschichten in Anschlussfugen müssen aus mineralischen Fasern mit einem Schmelzpunkt ≥ 1000 °C nach DIN 4102-17 [22] bestehen und eine Rohdichte ≥ 30 kg/m³ aufweisen.
- Aussteifende Riegel und Stützen müssen mindestens derselben Feuerwiderstandsklasse wie die Wände angehören; ihre Feuerwiderstandsklasse ist nach den Abschnitten 3, 6 und 7 der DIN 4102-4 nachzuweisen.
- Als Putze zur Verbesserung der Feuerwiderstandsdauer können Putze der Mörtelgruppe IV nach DIN 18550-2, Wärmedämmputzsysteme nach DIN 18550-3 oder Leichtputze nach DIN 18550-4 verwendet werden. Voraussetzung für die brandschutztechnische Wirksamkeit ist eine ausreichende Haftung am Putzgrund. Sie wird sichergestellt, wenn der Putzgrund die Anforderungen nach DIN 18550-2 erfüllt.
- Der Putz kann durch eine zusätzliche Mauerwerksschale oder eine Verblendung aus Mauerwerk ersetzt werden. Bei 2-schaligen Trennwänden ist Putz jeweils nur auf den Außenseiten der Schalen – nicht zwischen den Schalen – erforderlich.
- Wenn ein Wärmedämmverbundsystem bei Außenwänden aufgebracht wird, darf bei Verwendung einer
  - Dämmschicht aus Baustoffen der Baustoffklasse B der Aufbau nicht als Putz angesetzt werden,
  - Dämmschicht aus Baustoffen der Baustoffklasse A (z. B. Mineralfaserplatten oder Foamglas) der Aufbau als Putz angesetzt werden.

Die nachfolgende Tabelle 9.6.9 und Tabelle 9.6.10 zeigen die Anforderungen an tragende Wände aus Mauerwerk oder Wandplatten sowie an tragende Pfeiler bzw. nicht raumabschließende Wandabschnitte nach DIN 4102-4/A1:2004-11. Die ()-Werte gelten für Wände mit beidseitigem Putz nach DIN 4102-4, Abschnitt 4.5.2.10 nach [6].

Tabelle 9.6.9: Mindestdicke d tragender, nichtraumabschließender Wände aus Mauerwerk (mehrseitige Brandbeanspruchung) – Auszüge nach [6]

Zeile	Konstruktionsmerkmale / Wände	Mindestdicke d in mm für die Feuerwiderstandsklasse – Benennung			
		F 30-A / F 60-A	F 90-A	F 120-A	F 180-A
1	Porenbetonsteine nach DIN V 4165-100; Porenbetonsteine nach DIN EN 771-4 in Verbindung mit DIN V 20000-404; Nach bauaufsichtlicher Zulassung [6]: Planelemente, Mauertafeln und unbewehrte Wandtafeln Rohdichteklasse $\geq 0{,}4$ unter Verwendung von [1]				
1.1	Ausnutzungsfaktor $\alpha_2 = 0{,}2$	150 (115)	150 (115)	150 (115)	175 (115)
1.2	Ausnutzungsfaktor $\alpha_2 = 0{,}6$	175 (150)	175 (150)	175 (150)	240 (175)
1.3	Ausnutzungsfaktor $\alpha_2 = 1{,}0$	175 (150)	240 (175)	300 (240)	300 (240)
2	Hohlblöcke aus Leichtbeton nach DIN V 18151, Vollsteine und Vollblöcke aus Leichtbeton nach DIN V 18152 Mauersteine aus Beton nach DIN 18153, Rohdichteklasse $\geq 0{,}5$ unter Verwendung von [1),3)]				
2.2	Ausnutzungsfaktor $\alpha_2 = 0{,}6$	140 (115)	175 (115)	175 (140)	190 (175)
3.2	Mauerziegel nach DIN V 105-2 und DIN V 105-68); Rohdichteklasse $\geq 0{,}8$; unter Verwendung von [1),2),3)]				
3.2.1	Lochung A und B				
3.2.1.2	Ausnutzungsfaktor $\alpha_2 = 0{,}6$ (zusätzlich auch unter Verwendung von [2])	(115)	(115)	(115)	(200)
4	Kalksandsteine nach DIN V 106-1: Voll-, Loch-, Block-, Hohlblock- und Planelemente[8], Bauplatten DIN V 106-2: Vormauersteine und Verblender unter Verwendung von [1),2)]				
4.2	Ausnutzungsfaktor $\alpha_2 = 0{,}6$	115 (115)	140[5] (115)	175 (115)	200 (175)
4.2	Ausnutzungsfaktor $\alpha_2 = 1{,}0$[4]	115 (115)	140[5] (115)	200 (175)	240 (190)

1) Normalmörtel
2) Dünnbettmörtel
3) Leichtmörtel
4) Bei 3,0 N/mm² $\leq$ vorh. $\sigma \leq$ 4,5 N/mm² gelten diese Werte nur für Mauerwerk aus Vol-, Block- und Plansteinen.
5) Bei Verwendung von Dünnbettmörtel ist d mindestens 115 mm.
6) Bemessung nach allgemeiner bauaufsichtlicher Zulassung.

Tabelle 9.6.10: Mindestdicke d und Mindestbreite b tragender Pfeiler bzw. raumabschließender Wandabschnitte aus Mauerwerk (mehrseitige Brandbeanspruchung) – Auszüge nach [6]

Zeile	Konstruktionsmerkmale Wände	Mindestdicke d mm	Mindestbreite b in mm für die Feuerwiderstandsklasse – Benennung			
			F 30-A F 60-A	F 90-A	F 120-A	F 180-A
1	Porenbetonsteine nach DIN V 4165-100; Porenbetonsteine nach DIN EN 771-4 in Verbindung mit DIN V 20000-404; Planelemente und unbewehrte Wandtafeln [4], Rohdichteklasse $\geq 0{,}4$ unter Verwendung von [2]					
1.1	Ausnutzungsfaktor $\alpha_2 = 0{,}6$		175	365	490	490	615
			240	240	300	365	615
			365	175	240	240	365
1.2	Ausnutzungsfaktor $\alpha_2 = 1{,}0$		175	490	[6]	[6]	[6]
			240	365	615	730	730
			365	240	365	490	615
2	Hohlblöcke aus Leichtbeton nach DIN V 18151, Vollsteine und Vollblöcke aus Leichtbeton nach DIN V 18152 Mauersteine aus Beton nach DIN 18153, Rohdichteklasse $\geq 0{,}5$ unter Verwendung von [1),3)]					
2.1	Ausnutzungsfaktor $\alpha_2 = 0{,}6$	240	240	300	365	490
2.2	Ausnutzungsfaktor $\alpha_2 = 1{,}0$	300	240	300	365	490
3.2	Mauerziegel nach DIN V 105-2 und DIN V 105-610); Lochung A und B, Rohdichteklasse $\geq 0{,}8$; unter Verwendung von [1),3)]					
3.2.1	Ausnutzungsfaktor $\alpha_2 = 0{,}6$ (zusätzlich auch unter Verwendung von [2)])	240	(175)	(175)	(240)	(300)
3.3	Mauerziegel nach DIN V 105-2 Leichthochlochziegel W; Rohdichteklasse $\geq 0{,}8$; unter Verwendung von [1),3)]					
3.3.1	Ausnutzungsfaktor $\alpha_2 = 0{,}6$	240	(240)	(240)	(240)	(365)
3.3.2	Ausnutzungsfaktor $\alpha_2 = 1{,}0$	300	(240)	(240)	(240)	(300)
4	Kalksandsteine nach DIN V 106-1: Voll-, Loch-, Block-, Hohlblock- und Planelemente[4], Bauplatten DIN V 106-2: Vormauersteine und Verblender unter Verwendung von [1) 2)]					
4.1	Ausnutzungsfaktor $\alpha_2 = 0{,}6$	150	300	300	365	898
4.2	Ausnutzungsfaktor $\alpha_2 = 1{,}0$[5]	150	300	300	490	-[6]

1) Normalmörtel
2) Dünnbettmörtel
3) Leichtmörtel
4) Bemessung nach allgemeiner bauaufsichtlicher Zulassung.
5) Bei 3,0 N/mm² $\leq$ vorh. $\sigma \leq$ 4,5 N/mm² gelten diese Werte nur für Mauerwerk aus Vol-, Block- und Plansteinen.
6) Die Mindestbreite b > 1,0 m; Bemessung bei Außenwänden als raumabschließende Wand nach Tabelle 8.5.2, sonst als nichtraumabschließende Wand nach Tabelle 8.5.3.

Wesentlich für die Erzielung der in den Tabellen 9.6.7 bis 9.6.10 angegebenen Feuerwiderstandsklassen ist nicht nur die sorgfältige Ausführung der Fugen, sondern auch die sorgfältige Ausbildung der Anschlüsse an angrenzende Bauteile – z. B. Decken und Stützen (siehe auch Abschnitt 9.7).

Wie aus den Tabellen 9.6.7 bis 9.6.10 ersichtlich ist, kann ein Putz die Feuerwiderstandsdauer verbessern. Wird der Putz nach den Angaben von Abschnitt 4.5.2.10 von DIN 4102-4 ausgeführt, kann die geforderte Mindestdicke ggf. reduziert werden (siehe ()-Werte in den Tabellen 9.6.7 bis 9.6.10). Natürlich darf jede Wand beliebig geputzt werden. Auch das führt meistens zu einer Verbesserung der Feuerwiderstandsdauer. Bei einem beliebigen Putz darf jedoch keine Wanddickenreduzierung vorgenommen werden, dieses gilt nur bei einem Putz nach Abschnitt 4.5.2.10 von DIN 4102-4.

9.7 Anschlüsse von Wänden und Decken

Die Angaben von DIN 4102-4 gelten für Wände, die sich von Rohdecke bis Rohdecke spannen. Werden raumabschließende Wände an Unterdecken befestigt oder auf Doppelböden gestellt, so ist die Feuerwiderstandsklasse durch Prüfungen nachzuweisen.

Nach DIN 4102-4 müssen Anschlüsse nichttragender Wände nach DIN 1045, DIN 1053-1 und DIN 4103-1 (z. B. als Verbandsmauerwerk oder als Stumpfstoß mit Mörtelfuge ohne Anker) oder nach den Angaben von Bild 9.7.1 und Bild 9.7.2 ausgeführt werden. Es wird unterschieden zwischen Anschlüssen für nichttragende Wände (Bild 9.7.1) und Anschlüssen für tragende und nichttragende Wände (Bild 9.7.2 bis Bild 9.7.5). Das Bild 9.7.1 zeigt zwei Ausführungsmöglichkeiten für Wand-Decken-Anschlüsse zwischen Stahlbetondecken und Wänden aus Mauerwerk. Bild 9.7.2 zeigt den Anschluss Wand-Decke für tragende Wände an Mauerwerk an eine Stahlbetondecke. Alle Anschlüsse entsprechen den Feuerwiderstandsklassen F 90 oder darüber.

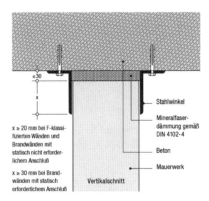

Bild 9.7.1   Anschlüsse Wand-Decke von nichttragenden Wänden aus Mauerwerk und Stahlbeton, Ausführungsmöglichkeiten 1 und 2

Nach DIN 4102-4 und nach [6] müssen Anschlüsse tragender Wände nach DIN 1045 oder DIN 1053-1 (z. B. als Verbandsmauerwerk) oder nach den Angaben von Bild 9.7.3 bis Bild 9.7.5 ausgeführt werden. Das Bild 9.7.4 zeigt die Ausbildung eines statisch erforderlichen Anschlusses als gleitenden Stoß.

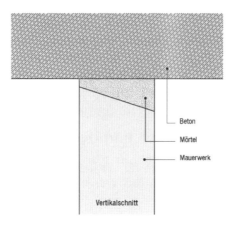

Bild 9.7.2: Anschlüsse Wand-Decke tragender oder nichttragender Massivwände und Stahlbetondecken

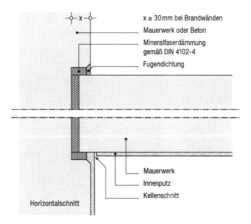

Bild 9.7.3: Stumpfstoß Wand-Wand tragender oder nichttragender Wände, Beispiel für Mauerwerks- und Stahlbetonwände

Das Bild 9.7.3 zeigt einen Anschluss Wand-Wand für tragende Konstruktionen aus Stahlbeton und Mauerwerk. Ein Gleitstoß zwischen einer tragenden Wand oder Stütze und einer tragenden Wand zeigt das Bild 9.7.4. Die Anschlüsse entsprechen der Klasse F 30 oder darüber. Bei Vermörtelungen kommt stets eine vollfugige Vermörtelung nach DIN 1053-1 zur Anwendung (s. Bild 9.7.5). Bei verschieblichen F 90-Anschlüssen kommen senkrecht verschiebbare Anschlussanker (nach Bild 9.7.6 und

Bild 9.7.7) und zugelassene Halfenschienen nach Bild 9.7.8 zum Einsatz oder fest verdübelte Stahlwinkel mit nichtbrennbarer Mineralfaserdämmung.

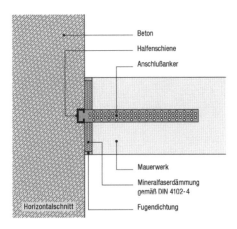

Bild 9.7.4:   *Gleitender Stoß Wand (Stütze)-Wand tragender Wände, Ausführung mit statisch erforderlichem Ausschluss; zulässig auch für Brandwände*

Die vorstehenden Ausführungen über Anschlüsse und Fugen stellen den Kenntnisstand dar, wie er teilweise schon nach der Normausgabe:1981-03 veröffentlicht wurde. Die bekannten Anschlüsse wurden in die Normausgabe DIN 4102-4:1994-03 übernommen und durch einige Details ergänzt. Inzwischen wurden weitere Anschlüsse/Fugen sowohl für Wände mit F-Klassifizierung als auch für Brandwände untersucht. Darunter sind u. a. weitere seitliche F 90-Anschlüsse von Mauerwerkswänden. Wobei die Ansschlüsse in der Regel alternativ als tragende oder nichttragende Wandansschlüsse ausgeführt werden.

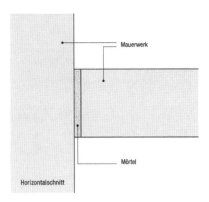

Bild 9.7.5:   *Stumpfstoßanschluss mit vollfugiger Vermörtelung, tragende oder nichttragende Mauerwerkswände, zulässig auch für Brandwände*

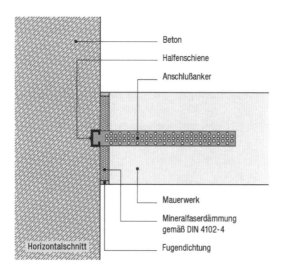

Bild 9.7.6: Stumpfstoßanschluss mit Mauerverbindern aus nichttragendem Flachstahl, zulässig auch für Brandwände

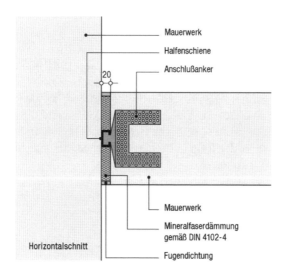

Bild 9.7.7: Gleitender Anschluss von nichttragenden und tragenden Mauerwerkswänden, zulässig auch für Brandwände

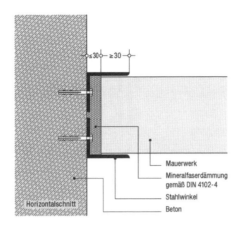

Bild 9.7.8: Seitlicher Anschluss von nichttragenden und tragenden Mauerwerkswänden

Die Bilder 9.7.9 bis 9.7.11 zeigen Anschlüsse von Mauerwerkswänden an Stahlprofilen. Zur Anwendung kommen unbekleidete, nichttragende Stahlprofile, welche in der Regel etwa F 30 erreichen. Der Feuerwiderstand der Wandkonstruktion wird in diesem Fall im Wesentlichen durch die Stahlprofile bestimmt, weil in der Wand eine Wärmebrücke entsteht. Soweit die Stahlprofile brandschutztechnisch bekleidet werden, erreichen die Konstruktionen je nach Bekleidungsart und -dicke F 30 bis F 90 oder darüber. Diese Konstruktionen werden vielfach bei nichttragendem Porenbetonmauerwerk ausgeführt.

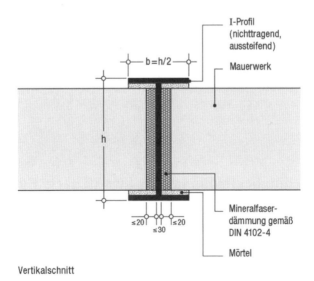

Bild 9.7.9: Mauerwerkswand mit unbekleidetem Stahlprofil, Klasse F 30-A

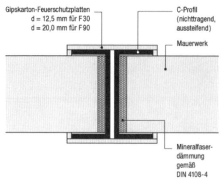

Bild 9.7.10: Mauerwerkswand mit einem brandschutztechnisch bekleideten Stahlprofil, Klasse F 30-A bis F 90-A

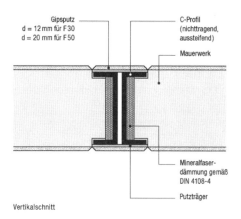

Bild 9.7.11: Geputzte Mauerwerkswand mit aussteifendem Stahlprofil mit Putzträger, Klasse F 30-A bis F 60-A

9.8 Brandschutzbekleidungen für klassifizierte Bauteile

Wenn zur Verbesserung der Feuerwiderstandsdauer von Holz- oder Stahlbauteilen Bekleidungen (Verputze, Platten und Tafeln) zur Anwendung kommen, sind je nach der geforderten Feuerwiderstandsklasse Materialien und Mindestdicken gemäß Tabelle 9.8.1 zu verwenden. Es handelt sich bei dieser Tabelle um einen Auszug aus der bis 2001 gültigen ÖNORM B 3800 Teil 4, welche in vielen Punkten der DIN 4102 Teil 4 entspricht. Allerdings ist in der DIN 4102 Teil 4 eine vergleichbare Tabelle nicht enthalten. Die angegebene Tabelle 9.8.1 bietet jedoch auch für die Zukunft konkrete Anhaltspunkte über die erforderlichen Dicken von Brandschutzbekleidungen.

Tabelle 9.8.1: Mindestdicken von Bekleidungen (Verputze, Ummantelungen, Beplankungen) nach ÖNORM B 3800 Teil 4 für Holz- oder Stahlbauteile zur Erreichung der Feuerwiderstandsklassen F 30, F 60 und F 90 nach [7]

Art des Baustoffes der Bekleidung	Branddauer und Mindestdicke der Bekleidung (in cm)		
	30 min	60 min	90 min
Verputze auf Putzträger aus:			
Zementmörtel	2,0	4,0	6,0
Kalk/Zement-, Kalk/Gips-, Gips/Sandmörtel	1,5	3,0	4,5
Zement- oder Gips/Zementmörtel oder Fertigputze (Rohdichte $\leq$ 1500 kg/m^3)	1,5	2,5	3,5
Platten und Tafeln aus:			
Mineralisch gebundenen Holzwolle- oder Holzspandämmplatten gem. ÖNORM B 6021 bzw. ÖNORM B 6022 mit Verputz auf Zementvorspritz	2,5[1]	5,0[1]	---
Leichtbetonplatten aus Gasbetonplatten (Rohdichte $\leq$ 1600 kg/m^3)	4,0	4,5	5,0
Gipsplatten	3,0	3,0	4,5
Betonplatten mit leichten anorgan. Zuschlägen[2] (Rohdichte $\leq$ 1300 kg/m^3)	3,0	3,5	4,0
Gipskartonplatten gemäß ÖNORM B 4310 bei Anwendung gem. ÖNORM B 3415			
Type GKB	1,8	---	---
Type GKF	1,25	2 x 1,25	3 x 1,50
Faserzement-Tafeln mit leichten mineralischen Zuschlagstoffen gemäß ÖNORM B 3425			
für Holzbauteile	1,5	3,0	---
für Stahlbauteile	1,0	2,0	3,0

1) Die angegebenen „Dicken" gelten für Holzwolle- bzw. Holzspan-Dämmplatten, die ausschließlich verputzt sind.
2) Unter leichten anorganischen Zuschlägen sind hier Blähsilikate gemeint, z.B. Blähglimmer („VERMICULIT") und geblähtes vulkanisches Gestein („PERLIT").

Für Stahlbauteile können die für die Feuerwiderstandsklasse F 60 angegebenen Bekleidungsdicken auf den für F 30 und die für F 90 angegebenen Bekleidungsdicken auf den für F 60 vorgeschriebenen Mindestwert reduziert werden, wenn das Verhältnis von Stahlumfang U zur Stahlquerschnittsfläche A den Wert von 125 m^{-1} nicht überschreitet [7]. In der Praxis kommen in diesem Zusammenhang in der Regel bauaufsichtlich zugelassene Calcium-Silicat-Platten zur Anwendung, welche aufgrund ihres thermischen Verhaltens es ermöglichen, bereits mit Plattendicken von 10 bis 25 mm je nach U/A-Wert die Klassen F 90 zu erreichen. Darauf wird in Kapitel 9.9 Brandschutz für Stahltragwerke gesondert eingegangen.

Bekleidungen aus Platten und Tafeln sind gemäß Tabelle 9.8.1 auszuführen und müssen am Untergrund entsprechend verankert sein. Die Stöße von Plattenbekleidungen müssen durch geeignete Ausbildung den Durchtritt von Feuer verhindern (z. B. durch Falzausbildung, Überlappung oder Hinterlegung). Planmäßige Hohlräume in zusammengesetzten Querschnitten sind mindestens geschossweise abzuschotten. Bekleidungen aus Ziegelmaterial sind bezüglich der Schichtdicke jenen aus Beton gleichzusetzen, wenn durch eine entsprechende Formgebung die wirksame Haftung während des Brandes gewährleistet ist.

Voraussetzung für die Anwendung von Verputz zur Erhöhung der Feuerwiderstandsdauer ist seine einwandfreie Haftung auf dem Untergrund, z. B. mittels ausreichend verankerter Verputzträger. Der Verputz muss im Mittel 1,5 cm dick und aus den in DIN 4102 Teil 4, Tabelle 7.4.8, angegebenen Mörteln hergestellt sein. Sofern für Bauteile aus Stahlbeton und Spannbeton zur Erreichung der erforderlichen Brandwiderstandsdauer eine bestimmte Dicke der Betonüberdeckung gefordert wird, kann diese unter der Voraussetzung einer ausreichenden Sicherung des Verputzes durch eine Verputzbewehrung aus Stahl teilweise durch Verputz ersetzt werden. Die in der DIN 4102 Teil 4 vorgeschriebenen Mindestüberdeckungen dürfen jedoch nicht unterschritten werden [6]. Eine Verputzschicht mit der Dicke f (in cm) darf nach folgenden Regeln mit dem Rechenwert $\Delta ü$ (in cm) der Betonüberdeckung u der tragenden Stahleinlagen zugerechnet werden, wobei u ≥ 1,0 als Mindestwert einzuhalten ist:

- Verputze aus Natur- und/oder Brechsanden mit
  Kalk und/oder Zement als Bindemittel: $\Delta ü = f - 0,5$ (in cm)
- Verputze aus Natur- und/oder Brechsande mit Gips und
  Kalk als Bindemittel oder Gipsfertigputze: $\Delta ü = 1,5\,f - 0,5$ (in cm)
- Verputze mit anorganischen Leicht-Zuschlägen mit
  - einer Rohdichte von mehr als 700 kg/m^3: $\Delta ü = 2,0\,f - 0,5$ (in cm)
  - einer Rohdichte von weniger als 700 kg/m^3: $\Delta ü = 2,0\,f$ (in cm)

Nach DIN 4102 Teil 4 nach [6] wird für Bekleidungen von Stahl- und Holzbauteilen nach deren Verwendungszweck (Träger, Stütze, Druck-, Zugglieder usw.) unterschieden. Zum Erreichen einer Feuerwiderstandsklasse von Stahlbauteilen können die in Tabelle 9.8.2 und Tabelle 9.8.3 angeführten Maßnahmen ergriffen werden. Für Stahlbauteile kann bei Bekleidungen nach DIN 4102 Teil 4 prinzipiell unterschieden werden zwischen Bekleidungen durch:

— Beton (für Stützen),
— Mauerwerk (für Stützen),
— Platten (für Stützen und Träger) und
— Putze (für Stützen und Träger).

Bei der Bemessung der Bekleidung von offenen Stahlprofilen ist auch der U/A-Wert des Stahlbauteiles einzubeziehen. Durch diese Maßnahmen können Feuerwiderstandsklassen bis F 180-A erreicht werden. Die folgende Tabelle 9.8.2 zeigt beispielhaft die Mindestbekleidungsdicken von Stahlstützen mit Bekleidungen aus Beton, Mauerwerk oder Platten. Die ()-Werte in Tabelle 9.8.2 gelten für Stützen aus Hohlprofilen, die vollständig ausbetoniert sind, sowie für Stützen mit offenen Profilen, bei denen die Flächen vollständig ausbetoniert, vermörtelt oder ausgemauert sind. Weitere klassifizierte Holz- und Stahlbauteile mit Bekleidungen finden sich in DIN 4102 Teil 4, Tabelle 84 ff.

Tabelle 9.8.2: *Mindestbekleidungsdicke d in mm von Stahlstützen $U/A \leq 300\ m^{-1}$ mit einer Bekleidung aus Beton, Mauerwerk oder Platten nach [6]*

Bekleidung aus	Feuerwiderstandsklassen – Benennung				
	F 30 – A	F 60 - A	F 90 - A	F 120 - A	F 180 - A
Stahlbeton nach DIN 1045 oder bewehrter Porenbeton nach DIN 4223	50 (30)	50 (30)	50 (40)	60 (50)	75 (80)
Mauerwerk oder Wandbauplatten nach DIN 1053 Teil 1 und. DIN 4103 Teil 2 unter Verwendung von Porenbeton-Blocksteinen oder -Bauplatten nach DIN 4165 bzw. DIN 4166 oder Hohlblocksteinen, Vollsteinen bzw. Wandbauplatten aus Leichtbeton nach DIN 18 151, DIN 18 152, DIN 18 153 und DIN 18 162	50 (50)	50 (50)	50 (50)	50 (50)	70 (50)
Mauerziegel nach DIN 105 Teil 1 oder Kalksandsteine nach DIN 106 Teil 1 und Teil 2	50 (50)	50 (50)	70 (50)	70 (70)	115 (70)
Wandbauplatten aus Gips nach DIN 18 163	60 (60)	60 (60)	80 (60)	100 (80)	120 (100)

Ein weiteres Beispiel für Bekleidungen von klassifizierten Bauteilen nach DIN 4102-4:1994/03 zeigt die Tabelle 9.8.3. Es ist zu beachten, dass solche Bekleidungen prinzipiell auch aus brennbaren (Holz-) Baustoffen bestehen dürfen. Für Feuerwiderstandsdauern $\geq$ F 30 kommen in der Regel jedoch Gipskarton-Feuerschutzplatten oder Calcium-Silicatplatten (siehe Abschnitt 9.10, Holzbauteile) zur Anwendung.

Tabelle 9.8.3: *Bekleidete Balken, Stützen und Zugglieder aus Voll- oder Brettschichtholz nach DIN 4102 Teil 4 nach [6]*

	Balken, Stützen und Zugglieder (Ausführung bei dreiseitiger Bekleidung) einlagige Bekleidung zweilagige Bekleidung	Stützen (Ausführung bei vierseitiger Bekleidung) einlagige Bekleidung
		Feuerwiderstandsklassen Benennung
Mindestdicke d der Bekleidung bei Balken, Stützen und Zugglieder mit dreiseitiger Bekleidung bei Verwendung von:	F-30 B	F-60 B
- Gipskarton-Feuerschutzplatten (GKF) nach DIN 18 180 in mm	12,5	2 x 12,5
- Sperrholz nach DIN 68 705 Teil 3[1)] in mm	19	
- Sperrholz nach DIN 68 705 Teil 5[1)] in mm	15	
- Spanplatten nach DIN 68 763 [1)] in mm	19	
- Gespundeten Brettern aus Nadelholz nach DIN 4072 in mm	24	
Stützen mit vierseitiger Bekleidung bei Verwendung von:		
- Wandbauplatten aus Gips mit Rohdichten von $\geq$ 0,6 kg/dm3 in mm	50	50

1) Bei Holzwerkstoffplatten der Baustoffklasse B 1 darf die Mindestdicke um 10 % verringert werden.

9.9 Klassifizierte Stahlbauteile nach DIN 4102-4 und nach Zulassung

9.9.1 Grundlagen zur Bemessung von Stahlbauteilen

Die kritische Temperatur crit T des Stahls ist die Temperatur, bei der die Streckgrenze des Stahls auf die im Bauteil vorhandene Stahlspannung absinkt. Die kritische Temperatur ist bei den im Folgenden klassifizierten Bauteilen aus St 37 und St 52 nach DIN EN 10025 mit Bemessung nach DIN 18800 Teil 1 bis Teil 4 von verschiedenen Parametern abhängig: Stahl ist ein anorganischer Baustoff und ohne besonderen Nachweis als nichtbrennbar eingestuft. Andererseits verlieren Stahltragwerke unter Gebrauchslast bei Erwärmung auf ca. 500 °C ihre Tragfähigkeit. Bei einem Vollbrand werden in Abhängigkeit von der Profildicke nach ca. 12 min Temperaturen von mehr als 500 °C erreicht. Zur Erhaltung der Tragfähigkeit von Stahltragwerken sind deshalb Brandschutzmaßnahmen erforderlich, welche zu einem geringen Teil in DIN 4102-4:1994/03 genannt sind.

Sofern bei der Bemessung nach DIN 18800 nach Teil 1 bis Teil 4 geringere Ausnutzungen als die maximal zulässigen gewählt werden, darf crit T in Abhängigkeit vom Ausnutzungsgrad der Stähle vereinfachend nach der Kurve in Bild 9.9.1 bestimmt werden. Der Ausnutzungsgrad ist nach Gl. (9.9.1) definiert.

$$\frac{f_{y,k}(T)}{f_{y,k}(20°C) \cdot \alpha_{pl}}$$ Gl. (9.9.1)

$f_{y,k}(T)$ temperaturabhängige Streckgrenze des Stahls zum Versagenszeitpunkt
$f_{y,k}(20°C)$ Streckgrenze des Stahls bei 20 °C Raumtemperatur
α_{pl} Formfaktor nach Tabelle 9.9.1 nur für Profile mit Biegebeanspruchung bei Bemessung nach der Elastizitätstheorie. In allen anderen Fällen ist $\alpha_{pl} = 1$

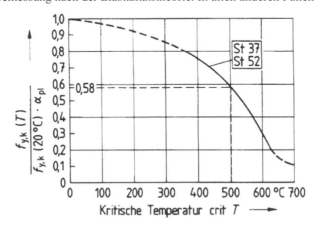

Bild 9.9.1: *Abfall der bezogenen Streckgrenze von Baustählen in Abhängigkeit von der Temperatur nach [6]*

Die kritischen Temperaturen von Baustählen, die nicht in Bild 9.9.1 erfasst sind, sind durch Warmkriechversuche in Abhängigkeit vom Ausnutzungsgrad zu bestimmen.

Tabelle 9.9.1: *Formfaktoren für unterschiedliche Profilformen bei Biegebeanspruchung nach [6]*

Profil	I	☐ 1:1	☐ 1:2	○	▨	⊘
α_{pl}	1,14	1,18	1,26	1,27	1,50	1,70

In der Praxis kommen in der Regel vor allem Brandschutzplatten und -Beschichtungen zur Anwendung. Die hohe Brandbeständigkeit von z.B. Calcium-Silicat-Platten erlaubt die Herstellung selbsttragender, kastenförmiger Bekleidungen ohne zusätzliche Befestigung an den Stahlbauteilen. Zusätzliche Unterkonstruktionen sind nicht erforderlich. Die erforderliche Bekleidungsdicke richtet sich nach der geforderten Feuerwiderstandsklasse und dem U/A-Wert des Stahlprofils. Für die Herstellung und Montage der Konstruktionen sind die bauaufsichtlichen Nachweise, alle gültigen Normen sowie flankierende Normen und Richtlinien zu beachten.

Als Brandschutzbeschichtungen bieten sich alternativ zur Bekleidung mit Brandschutzbauplatten, FS-Rohrschalen oder zugelassene Dämmschichtbildner an, wenn die Stahlkonstruktion aus gestalterischen Gründen sichtbar bleiben soll. Diese in der Brandhitze aufschäumenden Stoffe bestehen aus Kunstharzdispersionen mit flammhemmenden Pigmenten. Unter Brandeinwirkung entwickelt sich eine wärmedämmende Schutzschicht. Die beschichteten Stahlbauteile erfüllen die bauaufsichtlichen Anforderungen an feuerhemmende Bauteile F 30 oder hochfeuerhemmende Bauteile F 60 entsprechend des jeweiligen Anwendungsfalls und dem U/A-Wert des Profils nach DIN 4102 (siehe [6]), entsprechend ihrer jeweils gültigen Zulassung.

9.9.2 U/A-Wert-Berechnung von Stahlstützen und Stahlunterzügen

In DIN 4102-4:1994/03 ist festgelegt, dass die für eine bestimmte Feuerwiderstandsklasse erforderliche Bekleidungsdicke aus dem Verhältniswert U/A ermittelt wird, der sich aus den Profilabmessungen ergibt. U entspricht hierbei dem Umfang und A der Querschnittsfläche des Stahlprofils. Grundsätzlich gilt, dass bei gleichem Umfang schlanke Profile einen hohen und massive Profile einen niedrigen U/A-Wert aufweisen. Da bei schlanken Profilen im Brandfall die kritische Stahltemperatur von ca. 500 °C schneller erreicht wird, sind bei diesen Profilen höhere Bekleidungsdicken erforderlich. In der Tabelle 9.9.2 sind einige Beispiele zur Ermittlung von U/A-Werten angegeben.

Tabelle 9.9.2:   Beispiele zur U/A-Wert-Berechnung bei Stahlprofilen

U/A-Wert-Berechnung einer Stahlstütze bei vierseitiger Brandbeanspruchung	
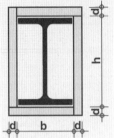	$\dfrac{U}{A} = \dfrac{2 \cdot h + 2 \cdot b}{A} \cdot 100 \, [\text{m}^{-1}]$ mit: h Profilhöhe [cm] b Profilbreite [cm] A Nennquerschnittsfläche [cm²]
Berechnungsbeispiel: Stahlstütze, HE-M 200-Profil mit folgenden Werten: Profilhöhe: h = 22,0 cm, Profilbreite: b = 20,6 cm, Nennquerschnittsfläche: A = 131 cm²	$\dfrac{U}{A} = \dfrac{2 \cdot h + 2 \cdot b}{A} \cdot 100 = \dfrac{2 \cdot 22{,}0 + 2 \cdot 20{,}6}{131} \cdot 100$ $= \dfrac{85{,}2}{131} \cdot 100 = 65 \, \text{m}^{-1}$
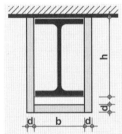	$\dfrac{U}{A} = \dfrac{2 \cdot h + b}{A} \cdot 100 \, [\text{m}^{-1}]$ mit: h Profilhöhe [cm] b Profilbreite [cm] A Nennquerschnittsfläche [cm²]
Berechnungsbeispiel: Stahlunterzug, HE-M 200-Profil mit folgenden Werten: Profilhöhe: h = 22,0 cm, Profilbreite: b = 20,6 cm, Nennquerschnittsfläche: A = 131 cm²	$\dfrac{U}{A} = \dfrac{2 \cdot h + b}{A} \cdot 100 = \dfrac{2 \cdot 22{,}0 + 20{,}6}{131} \cdot 100$ $= \dfrac{64{,}6}{131} \cdot 100 = 49 \, \text{m}^{-1}$

U/A-Berechnungen für Sonderfälle				
Konstruktions- merkmale b und t in cm Fläche A in cm² Abwicklung in m²/m Brandbeanspruchung	3-seitig	4-seitig	4-seitig	4-seitig
U/A-Wert [m⁻¹]	$\dfrac{100}{t}$	$\dfrac{100}{t}$	$\dfrac{4 \cdot b \cdot 100}{t}$	$\dfrac{\text{Abwicklung}}{A} \cdot 10^4$ oder $\dfrac{200}{t}$ (größerer Wert ist maßgebend)

9.9.3 Brandschutzbekleidungen für Stahlunterzüge

Stahlunterzüge werden in der Regel gemäß den folgenden Angaben in Bild 9.9.2 dreiseitig bekleidet.

— Bild 9.9.2, Punkt 2: Die Bekleidungsdicke ergibt sich aus der geforderten Feuerwiderstandsklasse und dem Verhältniswert U/A. Bei Festlegung der Zuschnittbreite von Brandschutzplatten sind die Walztoleranzen der Stahlprofile nach DIN 1025 sowie Einbautoleranzen zu berücksichtigen. Bei unebenen Unterseiten der Massivdecken werden die Fugen zwischen der Bekleidung und der Massivdecke mit Spachtelmasse verfüllt.
— Bild 9.9.2, Punkt 3: Die Knaggen werden so eingepasst, dass ihre Außenflächen ca. 5 mm über den Trägerflansch ragen.
— Bild 9.9.2, Punkt 2: Die Bekleidung wird an den Knaggen befestigt.
— Bild 9.9.2, Punkt 3: Bei Trägerhöhen ≥ 600 mm wird an jeder Knagge ein Stabilisierungssteg angebracht und zusammen mit der Knagge stramm in das Trägerprofil eingepasst.

Brandschutzbekleidungen, z.B. mit Silikat-Platten, dürfen verwendet werden, sofern entsprechende amtliche Nachweise vorliegen und die Bekleidungen in der Bauregelliste A, Teil 3 lfd. Nr. 1 aufgeführt sind. Diesbezüglich liegende hinreichende Erfahrungen und Zulassungen bei dem Herstellen vor [27].

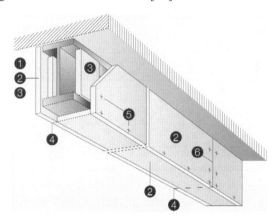

Legende:
1   Stahlunterzug
2   Bekleidung, Brandschutzplatte
3   Knagge b ≥ 100 mm, d = 20 mm
4   Brandschutzplatte b ≥ 100 mm, d = Bekleidungsdicke
5   Stahldrahtklammern bzw. Schnellbauschrauben
6   Plattenstoß, Abstand = Plattenbreite

Bild 9.9.2: Brandschutzbekleidungen von Stahlunterzügen für Feuerwiderstandsklassen F 30 bis F 180 nach Zulassung [27]

9.9.4 Bekleidungsdicken für Stahltragwerke mit geforderter Feuerwiderstandsklasse

Je nach Anwendungsgebiet kommen in der Praxis schwere, mittelschwere und leichte Silikat-Brandschutzplatten zur Anwendung. Die Biegefestigkeit dieser Platten liegt zwischen 7,6 N/mm² (schwer) und 3,1 N/mm² (leicht). Als Anwendungsbeispiele kommen u.a. tragende Stahlkonstruktionen, Lüftungsleitungen, Installationskanäle und Kabelkanäle in Frage. Je nach geforderter Feuerwiderstandsklasse und errechnetem U/A-Wert wird die erforderliche Bekleidungsdicke den unten stehenden Tabellen entnommen. Bei Stahlunterzügen ist bei entsprechendem U/A-Wert bereits eine Bekleidungsdicke von nur 10 mm für die Feuerwiderstandsklasse F 90-A ausreichend. Für die Feuerwiderstandsklasse F 90-A und Standardprofile kann die erforderliche Bekleidungsdicke auch direkt der Tabelle „Bekleidungsdicken für Standardprofile" entnommen werden. Alle Werte der Tabelle 9.9.3 wurden auf der Grundlage der nach DIN 4102 geforderten Brandprüfungen ermittelt.

Tabelle 9.9.3: Beispiele für erforderliche Bekleidungsdicken von Stahlunterzügen nach [27]

Stahlunterzüge Feuerwiderstandsklasse	Silikat-Platte H (schwer) errechneter U/A-Wert der Stahlunterzüge [m⁻¹]						
F 30-A	≤ 165	≤ 300	≤ 349	≤ 400			
F 60-A	≤ 54	≤ 87	≤ 115	≤ 145	≤ 219	≤ 300	≤ 349
F 90-A			≤ 61	≤ 77	≤ 105	≤ 160	≤ 300
F 120-A					≤ 66	≤ 99	≤ 139
F 180-A						≤ 50	≤ 73
erforderliche Bekleidungsdicke	6 mm	8 mm	10 mm	12 mm	15 mm	20 mm	25 mm
Stahlunterzüge Feuerwiderstandsklasse	Silikat-Platte L (leicht) errechneter U/A-Wert der Stahlunterzüge [m⁻¹]						
F 30-A	≤ 400						
F 60-A	≤ 300	≤ 400					
F 90-A	≤ 159	≤ 250	≤ 300	≤ 349	≤ 400		
F 120-A	≤ 95	≤ 145	≤ 215	≤ 290	≤ 300	≤ 349	≤ 400
F 180-A	≤ 45	≤ 68	≤ 99	≤ 135	≤ 175	≤ 215	≤ 260	≤ 300
erforderliche Bekleidungsdicke [mm]	20	25	30	35	40	45	50	55

Für die o. g. Stahlbauteile ist der U/A-Wert mit ≤ 300 m⁻¹ begrenzt. Sofern Stahlbauteile mit U/A-Werten > 300 m⁻¹ zu beurteilen sind, müssen zur Klassifizierung Brandschutzprüfungen durchgeführt werden.

9.9.5 Konstruktionsgrundsätze

Werden an tragenden oder aussteifenden Stahlbauteilen mit bestimmter Feuerwiderstandsklasse Stahlbauteile angeschlossen, die keiner Feuerwiderstandsklasse angehören, so sind die Anschlüsse und angrenzenden Stahlteile auf einer Länge, gerechnet vom Rand des zu schützenden Stahlbauteils, bei den Feuerwiderstandsklassen

— F 30 bis F 90 von mindestens 30 cm und
— F 120 bis F 180 von mindestens 60 cm

in Abhängigkeit vom U/A-Wert der anzuschließenden Stahlbauteile zu bekleiden. Verbindungsmittel wie Niete, Schrauben und HV-Schrauben müssen in derselben Dicke wie die angeschlossenen Profile bekleidet werden. Ränder von Aussparungen – z.B. in Stegen von I-Trägern – müssen in derselben Dicke wie die übrigen Profilteile geschützt werden.

Werden Leitungen – z.B. Rohre, Kabel oder Kabeltrassen – durch Aussparungen oder durch die Felder von Fachwerkträgern geführt, so muss durch ihre Feuerwiderstandsdauer sichergestellt sein, dass diese Leitungen die Bekleidung bei Brandbeanspruchung nicht beschädigen. Leitungen sind daher im Bereich von Aussparungen bzw. im Bereich von Durchführungen durch Fachwerkfelder durch Abhängung und/oder Auflagerung mit Konstruktionsteilen der Baustoffklasse A so zu befestigen, dass sie keine ungünstig wirkenden Verformungen erfahren oder ganz versagen.

Brandschutzbekleidung für Stahlstützen:

Die brandschutztechnische Bekleidung von Stahlstützen ergibt sich aus der geforderten Feuerwiderstandsklasse und dem Verhältniswert U/A. Angaben zur Ermittlung des U/A-Wertes sowie zur Dicke der Bekleidung (2) sind den Tabellen 9.9.2 und 9.9.3 zu entnehmen. Bei Festlegung der Zuschnittbreiten sind die Walztoleranzen der Stahlprofile nach DIN 1025 sowie Einbautoleranzen zu berücksichtigen. Die Plattenstöße werden zueinander um 500 mm versetzt angeordnet. Eine Verspachtelung der Stöße und Schnittkanten der Platten ist brandschutztechnisch nicht erforderlich.

Die Detail-Abbildungen (I), (II) und (III) in Bild 9.9.3 zeigen kastenförmige Bekleidungen verschiedener Stahlprofile. Die hohe Stabilität der Platten erlaubt eine stirnseitige Verklammerung bzw. Verschraubung (4). Eine Unterkonstruktion oder eine Befestigung im Stahl ist nicht erforderlich. Die Detailabbildung (IV) zeigt eine profilfolgende Bekleidung einer Stahlrohrstütze mit Feuerschutz-Streifen (10). Diese Bekleidungsart bietet sich besonders bei sehr großen Durchmessern an. Das Bild 9.9.4 zeigt Ausführungsdetails für die ein-, zwei- und dreiseitige Bekleidung von Stahlstützen in Verbindung mit Massivbauteilen. Angaben zur U/A-Wert-Berechnung und zur Bestimmung der erforderlichen Bekleidungsdicken sind der Tabelle 9.9.3 zu entnehmen.

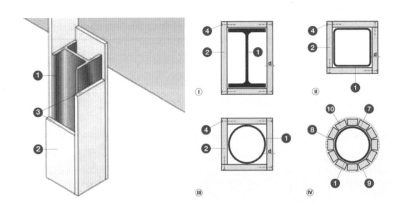

Legende:
1 Stahlstütze
2 Bekleidung, Brandschutzplatte (Plattendicke nach U/A-Wert und Feuerwiderstandsklasse)
3 Plattenstoß ca. 500 mm versetzt
4 Stahldrahtklammern bzw. Schnellbauschrauben
5 Kunststoffdübel mit Schraube, Abstand ca. 500 mm
6 Stahlblechwinkel 20/40 x 0,7
7 Kleber
8 Spachtelmasse
9 Bindedraht oder Putzträger, Verspachtelung. Putz oder Hartmantel
10 Streifen (Brandschutzplatte)

Bild 9.9.3:   *Ausführungsbeispiele für Stahlstützen nach Zulassung [27]*

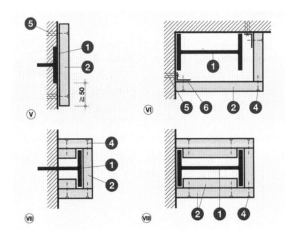

Legende:
1 Stahlstütze
2 Bekleidung, Brandschutzplatte (Plattendicke nach U/A-Wert und Feuerwiderstandsklasse)
3 Plattenstoß ca. 500 mm versetzt
4 Stahldrahtklammern bzw. Schnellbauschrauben
5 Kunststoffdübel mit Schraube, Abstand ca. 500 mm
6 Stahlblechwinkel 20/40 x 0,7
7 Kleber
8 Spachtelmasse
9 Bindedraht oder Putzträger, Verspachtelung. Putz oder Hartmantel
10 Streifen (Brandschutzplatte)

Bild 9.9.4:   *Ausführungsbeispiele für Stahlstützen in Verbindung mit Massivbauteilen nach Zulassung [27]*

Alle Bekleidungen von Stahlstützen müssen von Oberkante Fußboden – bei Fußböden, die ganz oder teilweise aus Baustoffen der Klasse B bestehen, von Oberkante Rohdecke – auf ganzer Stützenlänge bis Unterkante Rohdecke angeordnet werden. Diese Forderung ist auch dann zu erfüllen, wenn eine Unterdecke mit bestimmter Feuerwiderstandsdauer angeordnet wird, das heißt, die Stützen sind auch im Zwischendeckenbereich entsprechend der geforderten Feuerwiderstandsklasse zu bekleiden.

Stahlstützen mit geschlossenem Querschnitt mit Beton- oder Mörtelfüllung müssen im Abstand von höchstens 5 m sowie am Kopf und Fuß der Stütze jeweils mindestens zwei Löcher besitzen, die nicht beide auf einer Querschnittsseite liegen dürfen. Der Öffnungsquerschnitt muss je Lochpaar ≥ 6 cm^2 betragen. Mit Beton oder Mörtel verstopfte Löcher müssen vor dem Bekleiden der Stützen wieder vollständig geöffnet werden. Die Bekleidung der Stützen muss an allen Lochstellen gleich große Öffnungen aufweisen.

Stahlstützen mit offenem Querschnitt, bei denen die Flächen zwischen den Flanschen vollständig mit Mörtel, Beton oder Mauerwerk ausgefüllt sind, dürfen zusätzlich zur brandschutztechnisch notwendigen Ummantelung beliebig bekleidet werden. Stahlstützen mit offenem Querschnitt, bei denen die Flächen zwischen den Flanschen nicht vollständig mit Mörtel, Beton oder Mauerwerk ausgefüllt sind, dürfen nicht mit zusätzlichen Blechbekleidungen versehen werden.

9.9.6 Stahlbeschichtung mit Dämmschichtbildnern

Stahlbeschichtungen sind dämmschichtbildende Brandschutzsysteme für Träger (Vollwandträger mit Biegebeanspruchung), Stützen und Fachwerkstäbe (Zug- und Druckstäbe von Stabtragwerken) aus Stahl zur Erhöhung der Feuerwiderstandsdauer dieser Bauteile. Die Beschichtung darf nur durch geschulte Fachkräfte aufgebracht werden. Die Vorschriften der allgemeinen bauaufsichtlichen Zulassung sind zu beachten. Die Beschichtungen dürfen im Innern von Gebäuden oder offenen Hallen angewendet werden, nicht bei Bauteilen, die ständig hoher Luftfeuchtigkeit oder aggressiven Gasen ausgesetzt sind. Sie bestehen im Regelfall aus dem Korrosionsschutz und Haftvermittler (siehe Bild 9.9.5, Position 4), einem dämmschichtbildenden Anstrich (siehe Bild 9.9.5, Position 5), der in mindestens einem, bei geschlossenen Profilen in mindestens zwei Arbeitsgängen aufzubringen ist und einem Deckanstrich (siehe Bild 9.9.5, Position 6).

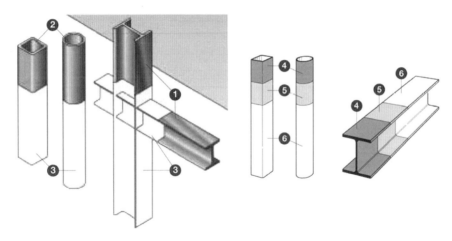

Legende:
1 Stahlbauteil: Träger, Stütze oder Fachwerkstab
2 offenes Profil mit U/A-Wert ≤ 300 m^{-1}, Stütze oder Fachwerkstab, geschlossenes Profil mit U/A-Wert ≤ 300 m^{-1}
3 Stahlbauteil, beschichtet
4 Stahlbeschichtung
5 Korrosionsschutz und Haftvermittler
6 Feuerschutz-Grundierung (RAL 3009)
7 dämmschichtbildender Anstrich, lösungsmittelfrei
8 Beschichtung elfenbein (RAL 1014), Deckanstrich Feuerschutz-Finish weiß (RAL 9010)

Bild 9.9.5: *Beispiele für den Schichtaufbau von Dämmschichtbildnern für Stahlbauteile nach Zulassung [27]*

Die Einhaltung der erforderlichen Schichtdicken ist zu überprüfen. Es dürfen keine weiteren Anstriche aufgebracht werden. Der Deckanstrich ist in ordnungsgemäßem Zustand zu halten. Stahlbeschichtungen können je nach Zulassung auch für Stützen aus Gussstahl bei Einhaltung der für geschlossene Stahlprofile erforderlichen Mindestschichtdicken eingesetzt werden. Der Untergrund muss trocken, frei von Rost, Schmutz und Fett sein. Lose sitzende alte Farben sind komplett zu entfernen. Bei der Verarbeitung sollte die Umgebungstemperatur mindestens +10 °C betragen (Stahltemperatur mindestens +5 °C). Stahlbeschichtungen werden durch Rollen, Streichen oder mit Farbspritzgeräten (Luft und Airless) im Dickschichtverfahren aufgetragen. Die Verarbeitbarkeit des dämmschichtbildenden Anstrichs (siehe Bild 9.9.5, Position 5), besonders die Nassschichtdicke, die in einem Arbeitsgang aufgebracht werden kann, variiert mit Temperatur, Luftfeuchtigkeit und Konsistenznachstellung. Nach Fertigstellung der Beschichtungsarbeiten ist das Kennzeichnungsschild anzubringen. Typische Auftragsmengen für die Schichtdicken von Dämmschichtbildnern sind in Tabelle 9.9.4 angegeben. Dämmschichtbildner dürfen nur verwendet werden, wenn die entsprechenden amtlichen Nachweise vorliegen und sie in der Bauregelliste A, Teil 3, lfd. Nr. 1 angeführt sind.

Tabelle 9.9.4: Auftragsmengen und Schichtdicken von Dämmschichtbildnern nach [27]

Profilfaktor U/A in 1/m	Schichtstärke in μ			
	Primer	F 30	F 60	Topcoat
< 75	> 70	> 250	> 500	> 70
< 100	> 70	> 265	> 650	> 70
< 125	> 70	> 285	> 750	> 70
< 150	> 70	> 300	> 950	> 70
< 175	> 70	> 320	> 1150	> 70
< 200	> 70	> 340	> 1400	> 70
< 225	> 70	> 365	> 1700	> 70
< 250	> 70	> 380	> 2000	> 70
< 275	> 70	> 400	> 2500	> 70
< 300	> 70	> 425	-	> 70
< 325	> 70	> 450	-	> 70
< 350	> 70	> 475	-	> 70

Alle Auftragsmengen sind bei der Anwendung in Abhängigkeit von Temperatur, Luftfeuchtigkeit und Konsistenznachstellung zu überprüfen. Materialverluste, besonders beim Spritzen, sind einzukalkulieren. Jede Beschichtung ist nach ca. 2 Std. staubtrocken. Position (4) gemäß Bild 9.9.5 ist, je nach Umgebungstemperatur, nach ca. 2 Std. überstreichbar, Position (5), je nach Schichtdicke und Umgebungstemperatur, nach ca. 12 Std. Diese Angaben beziehen sich auf +20 °C und 65 % r. F.

9.10 Klassifizierte Holzbauteile

9.10.1 Grundlagen

Holz ist ein brennbarer Konstruktionsbaustoff, weshalb seine Anwendung z. B. im Mehrgeschossbau aus brandschutztechnischen Gründen beschränkt ist. Durch bestimmte konstruktive Maßnahmen, d. h. durch Anwendung von

— Brandschutzanstrichen (Dämmschichtbildnern),
— Bekleidungen als Brandschutzschichten,
— Überbemessungen von Brettschicht- oder Vollholzbauteilen,

lassen sich jedoch im Regelfall auch mit Holzbauteilen Feuerwiderstandsklassen von F 30-B bis F 90-B erreichen. Für F 90-Bauteile ist nach MBO allerdings die Klasse F 90 - AB vorgeschrieben. Für Wände aus Holzwerkstoffen gelten die Angaben in DIN 4102-4:1994/03, Abschnitte 4.10, 4.11 und 4.12. Es ist grundsätzlich die Norm DIN V 20000-1 für werkmäßig hergestellte Werkstoffe zu beachten. Balkenschichtholz und Brettschichtholz sind mindestens so wie Vollholz aus Nadelholz zu betrachten soweit nichts anderes geregelt ist. OSB-Platten nach DIN EN 300 der Klassen OSB/2, OSB/3 und OSB/4 sind wie Spanplatten zu betrachten. Bei Wänden in Holztafelbauart müssen die Holzrippen aus Nadelschnittholz mindestens der Sortierklasse S10/C 24M nach DIN 4074-1, Laubschnittholz mindestens der Sortierklasse LS 10/D 30M nach DIN 4074-5 oder aus Brettschichtholz mindestens der Festigkeitsklasse BS 11 bestehen. Beispiele für die erforderlichen Beplankungsdicken nichttragender

Wandausführungen von ein- oder zweischaligen Holzständerwänden mit Gipskarton-Feuerschutzplatten (GKF) nach DIN 4102-4:1994/03, Tabelle 48 zeigt die Tabelle 9.10.1.

Tabelle 9.10.1: Mindestbeplankungsdicke und Dämmschicht von Wänden aus Gipskarton-Feuerschutzplatten (GKF) mit genormter Feuerwiderstandsklasse mit Ständern aus Holz, ()-Werte für alternative Ausbildung nach [6]

Wände und Ausfachungen mit Dämmstoffen nach DIN 18 165, Klasse A	Mindestdicke in mm			
	F 30	F 60	F 90	F 180
Aus Gips-Wandbauplatten gemäß DIN 18 180 ohne organische Zuschläge; im Bereich von Bekleidungsstößen nach DIN 18 181, verspachtelt	12,5 (18,0 GKB) (2 x 9,5 GKB)	2 · 12,5 (25,0 GKF)	2 · 12,5	----
Mindestdämmschichtdicke in mm und Mindestrohdichte in kg/m³	40/30	40/40	80/100	----

9.10.2 Feuerwiderstandsklassen von Holzbauteilen

Tragende unbekleidete Holzbauteile sind entsprechend den Anwendungsregeln von DIN 1052-1:1988-04 und DIN 1052-1/+A1:1996-10 zu bemessen. Dabei müssen die Materialeigenschaften, die Querschnittsgrößen, und die Parameter, die das Tragsystem unter Normaltemperatur beschreiben, durch die entsprechenden Werte unter Brandbeanspruchung ersetzt werden. Die in DIN 4102-4:1994-03 angegebenen Tabellen 74 bis 83 sind nicht mehr gültig bzw. entfallen (vergl. DIN 4102-4/+A1:2004-11, Abschnitt 3.4, Holzbau nach [6]).

Die Parameter, die das Tragsystem bei der Brandschutzbemessung beschreiben, beziehen sich auf modifizierte Auflager- und Randbedingungen für Bauteile/Teile von Tragwerken und, falls erforderlich, auf modifizierte Abstützungsabstände im Fall des vorzeitigen Versagens von Aussteifungen. Der Einfluss eines Brandes auf Materialeigenschaften und Querschnittsabmessungen darf durch das vereinfachte Verfahren der Bemessung mit ideellen Restquerschnitten oder durch das genauere Verfahren der Bemessung mit reduzierter Festigkeit und Steifigkeit berücksichtigt werden. Die Angaben gelten nur für Holzbauteile ohne Aussparungen; Zapfen- und Bolzenlöcher gelten nicht als Aussparungen.

9.10.3 Vereinfachtes Verfahren zur Bemessung mit ideellen Restquerschnitten

Bei der Bemessung mit ideellen Restquerschnitten nach DIN 4102-4/+A1:2004-11 (siehe [6]) wird die Tragfähigkeit des ideellen Restquerschnitts unter der Annahme berechnet, dass Festigkeits- und Steifigkeitseigenschaften nicht durch den Brand beeinflusst werden. Der Verlust an Festigkeit und Steifigkeit unter Brandbeanspruchung wird durch eine erhöhte Abbrandtiefe berücksichtigt. Der ideelle Restquerschnitt wird durch die Reduzierung des Ausgangsquerschnitts um die ideelle Abbrandtiefe d_{ef} ermittelt.

$$d_{ef} = d(t_f) + d_0 \qquad \text{Gl. (9.10.1)}$$

mit

$$d(t_f) = \beta_n \cdot t_f \qquad \text{Gl. (9.10.2)}$$

$d_0 = 7$ mm
β_n Abbrandrate nach Tabelle 9.10.2
t_f geforderte Feuerwiderstandsdauer in min

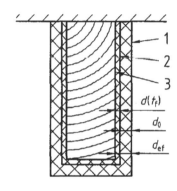

Legende:
1   Ausgangsoberfläche des Stabes
2   Grenze des verbleibenden Restquerschnitts
3   Grenze des ideellen Rechteckquerschnitts

Bild 9.10.1:   Definition von verbleibendem und ideellem Restquerschnitt am Beispiel dreiseitiger Brandbeanspruchung (vereinfachtes Verfahren) nach [6]

Tabelle 9.10.2:   Abbrandraten β_n für Bauholz nach DIN 4102-4/+A1:2004-11 nach [6]

Produkt	β_n [mm/min]
a) Nadelholz	
Vollholz mit einer charakteristischen Rohdichte ≥ 290 kg/m³ und einer Mindestabmessung von 35 mm	0,8
Brettschichtholz mit einer charakteristischen Rohdichte ≥ 290 kg/m³	0,7
b) Laubholz	
Massives Vollholz mit einer charakteristischen Rohdichte 290 ≥ ρ_k < 450 kg/m³	0,7
Massives Vollholz mit einer charakteristischen Rohdichte ≥ 450 kg/m³ und Eiche	0,5
c) Buche ist wie Nadelholz zu behandeln	
d) Furnierschichtholz	0,7
e) Massivholzplatten	0,9
Sperrholzplatten	1,0
andere Holzwerkstoffplatten nach DIN EN 13986	0,9

Die Abbrandraten β_n für Bauholz berechnen sich gemäß den Angaben und Gleichungen Gl. (9.10.3) bis Gl. (9.10.5) nach Tabelle 9.10.2. Für den Nachweis der Tragfähigkeit sind die Festigkeiten und Steifigkeiten des ideellen Restquerschnitts (siehe Bild 9.10.1) entsprechend den Gleichungen Gl. (9.10.6) bis Gl. (9.10.10) unter Verwendung von $k_{mod,fi} = 1{,}0$ zu ermitteln.

Die angegebenen Werte beziehen sich auf eine charakteristische Rohdichte von 450 kg/m³ und eine Dicke von 20 mm. Für andere Rohdichten und Dicken ≥ 20 mm ist die Abbrandrate wie folgt zu ermitteln:

$$\beta_{n,\rho,h} = \beta_n \cdot k_\rho \cdot k_h \qquad \text{Gl. (9.10.3)}$$

Für k_ρ und k_h gilt:

$$k_\rho = \sqrt{\frac{450}{\rho_k}} \qquad \text{Gl. (9.10.4)}$$

$$k_h = \sqrt{\frac{20}{h_p}} \leq 1 \qquad \text{Gl. (9.10.5)}$$

ρ_k charakteristischer Wert der Rohdichte entsprechend den jeweiligen Angaben der Holzwerkstoffnormen in kg/m³
h_p Plattendicke in mm

9.10.4 Genaueres Verfahren der Bemessung mit reduzierter Festigkeit und Steifigkeit nach DIN 4102-4/+A1:2004-11

Bei der Bemessung mit reduzierter Festigkeit und Steifigkeit wird die Tragfähigkeit des Restquerschnitts unter Berücksichtigung der Abnahme der Festigkeits- und Steifigkeitseigenschaften unter Temperaturerhöhung berücksichtigt. Die Tragfähigkeiten für Biegung, Druck und Zug sind unter Verwendung des verbleibenden Restquerschnitts und einer Reduzierung der Festigkeits- und Steifigkeitsparameter zu ermitteln. Der verbleibende Restquerschnitt des Bauteils ist durch eine Reduzierung des Ausgangsquerschnitts durch die Abbrandtiefe $d(t_f)$ nach Gl. (9.10.2) zu berechnen. Für den Nachweis der Tragfähigkeit sind die Festigkeiten und Steifigkeiten des verbleibenden Restquerschnitts entsprechend den Gl. (9.10.6) bis Gl. (9.10.9) zu ermitteln.

$$f_{d,fi} = k_{mod,fi} \cdot k_{fi} \cdot \frac{f_k}{\gamma_{M,fi}} \qquad \text{Gl. (9.10.6)}$$

$$E_{d,fi} = k_{mod,fi} \cdot k_{fi} \cdot \frac{E_{0,05}}{\gamma_{M,fi}} \qquad \text{Gl. (9.10.7)}$$

$$G_{d,fi} = k_{mod,fi} \cdot k_{fi} \cdot \frac{2/3 \cdot G_{05}}{\gamma_{M,fi}} \qquad \text{für Vollholz} \qquad \text{Gl. (9.10.8)}$$

$$G_{d,fi} = k_{mod,fi} \cdot k_{fi} \cdot \frac{G_{05}}{\gamma_{M,fi}} \qquad \text{für Brettschichtholz} \qquad \text{Gl. (9.10.9)}$$

f_k charakteristischer Wert der Festigkeit unter Normaltemperatur für Nadelschnittholz nach Tabelle 9.10.3, für Laubschnittholz nach Tabelle 9.10.4 und für Brettschichtholz nach Tabelle 9.10.5

$E_{0,05}$ charakteristischer Wert des E-Moduls unter Normaltemperatur für Nadelschnittholz nach Tabelle 9.10.3, für Laubschnittholz nach Tabelle 9.10.4 und für Brettschichtholz nach Tabelle 9.10.5

G_{05} charakteristischer Wert des Schubmoduls unter Normaltemperatur für Nadelschnittholz nach Tabelle 9.10.3, für Laubschnittholz nach Tabelle 9.10.4 und für Brettschichtholz nach Tabelle 9.10.5

$\gamma_{M,fi}$ – 1,0

$k_{mod,fi}$ Modifikationsfaktor, der die Auswirkungen von Temperatur auf die Festigkeit und Steifigkeit berücksichtigt (s. Bild 9.10.2)

k_{fi} Faktor zur Ermittlung des 20%-Fraktilwertes der Festigkeit und Steifigkeit aus dem 5%-Fraktilwert: Die Werte für k_{fi} sind entsprechend Tabelle 9.10.6 anzusetzen.

Es gilt für die Biegefestigkeit:

$$k_{mod,fi} = 1 - \frac{1}{225} \cdot \frac{u_r}{A_r} \qquad \text{Gl. (9.10.10)}$$

Es gilt für die Druckfestigkeit parallel zur Faser:

$$k_{mod,fi} = 1 - \frac{1}{125} \cdot \frac{u_r}{A_r} \qquad \text{Gl. (9.10.11)}$$

Es gilt für die Zugfestigkeit parallel zur Faser, den E-Modul und den Schubmodul:

$$k_{mod,fi} = 1 - \frac{1}{333} \cdot \frac{u_r}{A_r} \qquad \text{Gl. (9.10.12)}$$

u_r der Restquerschnittsumfang der beflammten Seiten in m
A_r die Fläche des verbleibenden Restquerschnitts in m^2
$k_{mod,fi}$ siehe Bild 9.10.2

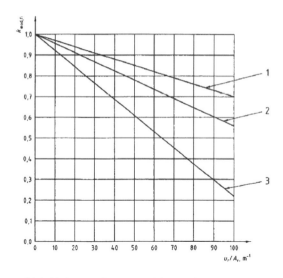

Legende

1 Zug, E-Modul und Schubmodul

2 Biegung

3 Druck

Bild 9.10.2: $k_{mod,fi}$ in Abhängigkeit vom Verhältnis u_r/A_r nach [6]

Tabelle 9.10.3: Rechenwerte für die charakteristischen Festigkeits- und Steifigkeitskennwerte für Nadelholz nach [6]

		1	2	3	4	5	6
1	Sortierklasse		S 7/C 16M	S 10/C 24M	S 13/C 30M	C35M	C40M
		Festigkeitskennwerte in N/mm²					
2	Biegung $f_{m,k}$		16	24	30	35	40
3	Zug parallel $f_{t,0,k}$		10	14	18	21	24
4	Druck parallel $f_{c,0,k}$		17	21	23	25	26
		Steifigkeitskennwerte in N/mm²					
5	Elastizitätsmodul parallel $E_{0,05}$		5300	7300	8000	8600	9300
6	Schubmodul G_{05}		330	460	500	540	580

Tabelle 9.10.4: Rechenwerte für die charakteristischen Festigkeits- und Steifigkeitskennwerte für Laubholz nach [6]

		1	2	3	4	5	6
1	Sortierklasse		LS 10/D 30M	LS 10/D 35M	LS 13/D 40M	LS 10/D 40M	LS 10/D 60M
2	Holzart		Eiche, Teak, Keruing	Buche	Buche	Afzelia, Merbau, Angelique	Azobe
		Festigkeitskennwerte in N/mm²					
3	Biegung $f_{m,k}$		30	35	40	40	60
4	Zug parallel $f_{t,0,k}$		18	21	24	24	36
5	Druck parallel $f_{c,0,k}$		23	25	26	26	32
		Steifigkeitskennwerte in N/mm²					
6	Elastizitätsmodul parallel $E_{0,05}$		8300	8300	9100	9100	14100
7	Schubmodul G_{05}		500	540	580	580	880

Tabelle 9.10.5: Rechenwerte für die charakteristischen Festigkeits- und Steifigkeitskennwerte für Brettschichtholz nach [6]

		1	2	3	4	5
1	Festigkeitsklasse		BS 11	BS 14	BS 16	BS 18
	Festigkeitskennwerte in N/mm²					
2	Biegung $f_{m,k}$		24	28	32	36
3	Zug parallel $f_{t,0,k}$		16,5	19,5	22,5	26
4	Druck parallel $f_{c,0,k}$		24	26,5	29	31
	Steifigkeitskennwerte in N/mm²					
5	Elastizitätsmodul parallel $E_{0,05}$		9600	10500	11400	12200
6	Schubmodul G_{05}		600	650	700	750

Tabelle 9.10.6: Werte für k_{fi} von Bauprodukten

Bauprodukt	k_{fi}
Vollholz	1,25
Brettschichtholz	1,15
Furnierschichtholz	1,1
Holzwerkstoffplatten	1,15
auf Abscheren beanspruchte Holz-Holz- bzw. Holzwerkstoff-Holz-Verbindungen	1,15
auf Abscheren beanspruchte Stahl-Holz-Verbindungen	1,05
auf Herausziehen beanspruchte Verbindungen	1,05

Für den Stabilitätsnachweis druckbeanspruchter Bauteile nach DIN 1052-1:1988-04, 9.3.2 und 9.4, ist die Traglastspannung $\sigma_{tr,fi,d}$ des verbleibenden Restquerschnitts entsprechend Gl. (9.10.13) anzusetzen. Wenn die Aussteifung während der maßgebenden Brandbeanspruchung versagt, ist der Knicknachweis wie für einen unausgesteiften Stab zu führen. Ist das Versagen der Aussteifung mit einem gleichzeitigen oder vorherigen Versagen der lasteinleitenden Konstruktion verbunden, kann ein Stabilitätsnachweis druckbeanspruchter Bauteile entfallen. Die Traglastspannung druckbeanspruchter Bauteile berechnet sich wie folgt (vergl. [6]):

$$\sigma_{tr,fi,d} = [A] - \sqrt{[A]^2 - \frac{\pi^2 \cdot E_{fi,d} \cdot f_{c,0,fi,d}}{\lambda(t_f)^2}} \qquad \text{Gl. (9.10.13)}$$

mit

$$[A] = \frac{1}{2} \cdot \left[f_{c,0,fi,d} + \frac{\pi^2 \cdot E_{fi,d} \cdot [1 + \varepsilon(t_f)]}{\lambda(t_f)^2} \right] \qquad \text{Gl. (9.10.14)}$$

$\lambda(t_f)$ Knickschlankheit zum Zeitpunkt der geforderten Feuerwiderstandsdauer

$$\lambda(t_f) = \frac{s_k}{i(t_f)} \qquad \text{Gl. (9.10.15)}$$

$\varepsilon(t_f)$ ungewollte Ausmitte der Druckkraft

$$\varepsilon(t_f) = 0,1 + \frac{i/k \cdot \lambda(t_f)}{\alpha} \qquad \text{Gl. (9.10.16)}$$

i/k = Trägheitsradius/Kernweite

i/k = 1,73 für Rechteckquerschnitte

i/k = 2,00 für Kreisquerschnitte

α Krümmungswert: mit $\alpha = 250$ für Nadelholz und $\alpha = 500$ für Brettschichtholz

Für den Nachweis der Stabilisierung biegebeanspruchter Bauteile nach DIN 1052-1:1988-04, 8.6, ist $\gamma \cdot \text{zul } \sigma_B$ durch $f_{m,fi,d}$ zu ersetzen. Die Material- und Querschnittswerte sind für den verbleibenden Restquerschnitt anzunehmen. Wenn die Aussteifung während der maßgebenden Brandbeanspruchung versagt, ist der Kippnachweis wie für einen unausgesteiften Stab zu führen. Ist das Versagen der Aussteifung mit einem gleichzeitigen oder vorherigen Versagen der lasteinleitenden Konstruktion verbunden, kann ein Stabilitätsnachweis biegebeanspruchter Bauteile entfallen.

Es darf angenommen werden, dass die Aussteifung nicht versagt, wenn der verbleibende Restquerschnitt der Aussteifung 60 % der für die Bemessung unter Normaltemperatur erforderlichen Querschnittsfläche beträgt. Mechanische Verbindungsmittel müssen die Anforderungen an die Feuerwiderstandsklassen von Verbindungen nach DIN 1052-2:1988-02/+A1:1996-10 erfüllen.

Der Schubnachweis erfolgt gemäß den Gl. (9.10.17) bis Gl. (9.10.20):

$$\frac{\alpha_Q \cdot b \cdot h}{1,5 \cdot b(t_f) \cdot h(t_f)} \leq 1,0 \qquad \text{Gl. (9.10.17)}$$

α_Q Ausnutzungsgrad der Schub- bzw. Scherspannung unter Normaltemperatur nach DIN 1052-1:1988-04

$b(t_f)$ Breite des Restquerschnitts in Abhängigkeit von der Abbrandgeschwindigkeit β_n (siehe Tabelle 9.10.2) und der Feuerwiderstandsdauer t_f nach Gl. (8.10.18):

$$b(t_f) = b - 2 \cdot \beta_n \cdot t_f \qquad \text{Gl. (9.10.18)}$$

$h(t_f)$ Höhe des Restquerschnitts in Abhängigkeit von der Abbrandgeschwindigkeit β_n (siehe Tabelle 9.10.2) und der Feuerwiderstandsdauer t_f. Bei 4-seitiger Brandbeanspruchung (siehe auch DIN 4102-4:1994/03, Seite 72) gilt:

$$h(t_f) = h - 2 \cdot \beta_n \cdot t_f \qquad \text{Gl. (9.10.19)}$$

Bei 3-seitiger Brandbeanspruchung(siehe auch DIN 4102-4:1994/03, Seite 72) gilt:

$$h(t_f) = h - \beta_n \cdot t_f \qquad \text{Gl. (9.10.20)}$$

Verstärkungen von Durchbrüchen müssen nicht gesondert nachgewiesen werden, wenn folgende Voraussetzung erfüllt ist: Außenliegende Verstärkungen weisen unter Berücksichtigung des rechnerischen Abbrandes nach Tabelle 9.10.2 nach der geforderten Zeitdauer des Feuerwiderstandes t_f noch eine Restdicke t_r nach Gl. (9.10.21) auf.

$$t \geq 0{,}6 \cdot t_r \qquad \text{Gl. (9.10.21)}$$

t_r die erforderliche Mindestdicke der Verstärkung bei Normaltemperatur

9.10.5 Klassifizierte Holztafelwände und Verbindungen

In der Tabelle 9.10.7 sind Konstruktionsbeispiele für nichtraumabschließende Wände in Holztafelbauweise nach DIN 4102 Teil 4 zusammengestellt. Die Werte gelten für einschalige, tragende oder nichttragende Wände. Zwischen den Beplankungen ist bei raumabschließenden Wänden eine Dämmschicht der Baustoffklasse A angeordnet. Die Dämmschichtdicke liegt je nach Bauart zwischen 40 und 100 mm (siehe [6]).

Für Decken aus Holz sind die Mindestquerschnitte der Balken und Beplankungen gemäß Tabelle 9.10.8 einzuhalten. Des Weiteren gelten für Deckenkonstruktionen die folgenden brandschutztechnischen Anforderungen:

— Holzbalkendecken mit verkleideter Untersicht und mit nichtbrennbarem Belag oder mit 5 cm dicker, nichtbrennbarer Auffüllung (siehe die Decken 1 und 2 in Bild 9.10.3 und Tabelle 9.10.8).

— Holzbalkendecken mit oberer und unterer Bekleidung aus Holz oder Holzwerkstoffen und einer Brandschutzschicht aus Mineralwollematten, Rohdichte mindestens 50 kg/m^3, und 6 cm dick auf unten liegendem Maschendraht gesteppt (siehe Decke 3 in Bild 9.10.3).

— Holzbalkendecken mit freiliegenden Holzbalken (siehe Decke 4 in Bild 9.10.3) und einer Auflage aus 5 cm dicken Holzpfosten mit seitlich angefräster doppelter Feder und dicht aneinandergeschoben oder aus 4 cm dicken Spanplatten, Rohdichte mindestens 600 kg/m^3 und mit seitlich angefräster einfacher Feder oder unterlegter Fuge.

Tabelle 9.10.7: Tragende, nichtraumabschließende Wände in Holztafelbauart nach DIN 4102 Teil 4:1994-03 nach [6]

Konstruktions-merkmale	Holzrippen		Beplankung(en) und Bekleidung(en) Mindestdicke von			Feuerwider-standsklasse Benennung
	Mindest-maße $b_1 \times d_1$ [mm x mm]	Zulässige Spannung zul. σ_D [N/mm²]	Holzwerkstoffplatte Mindestrohdichte $\rho = 600$ kg/m³ d_2 [mm]	Gipskarton - Feuerschutz platten (GKF) d_2 [mm]	d_3 [mm]	
	50 x 80	2,5	25 oder 2 x 16			
	100 x 100	1,25	16			
	40 x 80	2,5		18		F 30 - B
	50 x 80	2,5		15 [1]		
	100 x 100	2,5		12,5 [2]		
	40 x 80	2,5	8		12,5 [2]	
	40 x 80	2,5	13		9,5 [3]	F 30 - B
	40 x 80	2,5		12,5	9,5 [3]	
	40 x 80	2,5	22		18 [1]	F 60 - B
	50 x 80	2,5		15	12,5 [2]	

1) Anstelle von 15 mm dicken GKF-Platten dürfen auch 18 mm dicke GKB-Platten verwendet werden.
2) Anstelle von 12,5 mm dicken GKF-Platten dürfen auch 15 mm oder 2 x 9,5 mm dicke GKB-Platten verwendet werden.
3) Ersetzbar durch 22 mm dicke Bretterschalung.

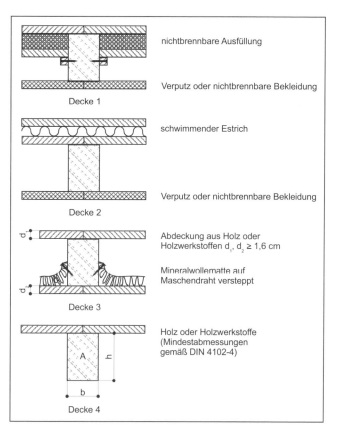

Bild 9.10.3: Beispiele für ausgeführte Deckenkonstruktionen der Feuerwiderstandsklasse F 30-B nach DIN 4102-4:1994/03 nach [6]

Bei Holzbalkendecken mit freiliegenden Holzbalken ist die Deckenschalung aus 38 + 19 mm dicken Sperrholzplatten mit seitlich angefräster Feder und fugendicht aneinandergeschoben oder aus 38 + 19 mm dicken Spanplatten, Rohdichte mindestens 600 kg/m^3 und mit unterlegter Fuge oder aus 5 cm dicken Holzbohlen mit doppeltem Nut- und Feder-Verbindung gemäß Tabelle 9.10.9 auszuführen. Die freiliegenden Träger, Unterzüge und Rahmenriegel von Holzbalkendecken nach Tabelle 9.10.9, auch brettschichtverleimte, sind je nach Brandbeanspruchung gemäß den umfassenden Konstruktionsvorschriften nach DIN 4102 Teil 4 zu schützen [6].

Tabelle 9.10.8: Decken in Holztafelbauart mit brandschutztechnisch notwendiger Dämmschicht nach DIN 4102-4:1994-03 nach [6]

Holzrippen	Untere Beplankung oder Bekleidung			Notwendige Dämmschicht aus Mineralfaserplatten oder -matten		Obere Beplankung oder Schalung aus Holzwerkstoffplatten mit $\rho \geq 600$ kg/m³	Schwimmender Estrich oder schwimmender Fußboden				Feuerwiderstandsklasse Benennung
	Holzwerkstoffplatten mit $\rho \geq 600$ kg/m³	Gipskarton-Feuerschutzplatten (GKF)					Dämmschicht mit $\rho \geq 30$ kg/m³	Mörtel, Gips oder Asphalt	Holzwerkstoffplatten, Bretter oder Parkett	Gipskartonplatten	
Mindestbreite	Mindestdicke		zul. Spannweiten	Mindestdicke	Mindestrohdichte	Mindestdicke	Mindestdicke				
b [mm]	d_1 [mm]	d_1 [mm]	d_2 [mm]	l [mm]	D [mm]	ρ [kg/m³]	d_3 [mm]	d_4 [mm]	d_5 [mm]	d_5 [mm]	d_5 [mm]
40	16 [1])			625	60	30	13 [2])	15 [3])	20		F 30-B
	16 [1])			625	60	30	13 [2])	15 [3])		16	
	16 [1])			625	60	30	13 [2])	15 [3])			9,5
40		12,5 + 12,5		500	60	30	13 [2])	15 [3])	20		F 60-B
		12,5 + 12,5		500	60	30	13 [2])	30 [4])		25	
		12,5 + 12,5		500	60	30	13 [2])	15 [3])			18 [5])

1) Ersetzbar durch
   a) ≥ 13 mm dicke Holzwerkstoffplatten (untere Lage) + 9,5 mm dicke GKB- oder GKF-Platten (raumseitige Lage) oder
   b) $\geq 12,5$ mm dicke Gipskarton-Feuerschutzplatten (GKF) mit einer Spannweite $l \leq 500$ mm.
2) Ersetzbar durch Bretterschalung (gespundet) mit $d \geq 21$ mm.
3) Ersetzbar durch $d \geq 9,5$ mm dicke Gipskartonplatten.
4) Ersetzbar durch $d \geq 15$ mm dicke Gipskartonplatten.
5) Erreichbar z. B. mit 2 x 9,5 mm.

Tabelle 9.10.9: *Holzbalkendecken mit dreiseitig dem Feuer ausgesetzten Holzbalken mit zweilagiger oberer Schalung F 30-B nach [6]*

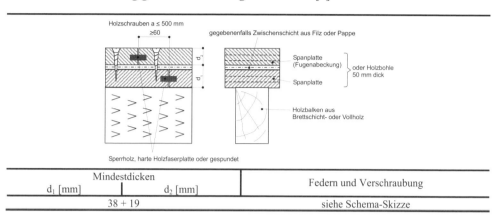

Mindestdicken		Federn und Verschraubung
d_1 [mm]	d_2 [mm]	
38 + 19		siehe Schema-Skizze

Wände oder Ausfachungen in der Feuerwiderstandsklasse F 30-B aus Holz und/oder Holzwerkstoffen bestehen aus einem Kantholzgerippe mit beidseitiger Bekleidung. Für das Erreichen der Feuerwiderstandsklasse F 30-B ist die Ausbildung der Stöße der Beplankungen von maßgebender Bedeutung. Die Stöße von Tafelelementen sind gemäß Bild 9.10.4 auszuführen.

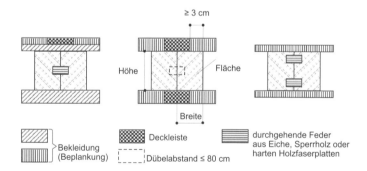

Bild 9.10.4: *Ausbildung der Stöße von Wänden bei Tafelelementen nach [6]*

Eingebaute Brandschutzschichten bei Tafelelementen sind gemäß Bild 9.10.5 anzuordnen und rundum mit leichter Kantenverdichtung fugenlos am Holzgerippe mechanisch zu befestigen. Sind die Brandschutzschichten aus einzelnen Teilen zusammengesetzt, müssen die Stöße überlappt und/oder verleimt oder bei Gipskartonplatten verfugt sein. Die Dicke der Brandschutzschichten kann gemäß DIN 4102-4:1994/03 gewählt werden, wobei die Feuerwiderstandsdauer der einzelnen Brandschutzschichten addiert werden darf. Zusätzliche Dämm- bzw. Isolierschichten für den Schall- oder Feuchtigkeitsschutz dürfen in die Wand eingebaut werden. Bei Außenwänden mit hinterlüfteter Vorsatzschale darf diese brandtechnisch nicht in Rechnung gestellt werden.

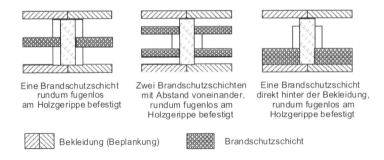

Bild 9.10.5:   Anordnung von Bekleidungen und Brandschutzschichten

Die Bekleidungen können auf die Unterkonstruktion geleimt und genagelt oder geschraubt werden. Vom Feuer beanspruchte Verleimungen dürfen nicht mit thermoplastischen Leimen ausgeführt werden. Die Stöße der Bekleidungen sind gemäß Bild 9.10.6 auszuführen. Sie müssen über einem Kantholz liegen oder unterlegt werden oder sind in Nut und Feder auszuführen oder zu verfugen. Bei unverleimten Stößen ist mit dem doppelten Abbrand zu rechnen. Besteht eine Bekleidung aus zwei aufeinanderliegenden Schichten, sind die Stoßfugen gegeneinander zu versetzen.

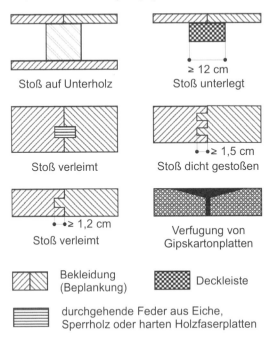

Bild 9.10.6:   Ausbildung der Stöße von Bekleidungen nach [6]

9.11 Literatur zum Kapitel 9

[1] Europäische Kommission: Grundlagendokument; Wesentliche Anforderung Nr. 2, „Brandschutz". Amtsblatt der Europäischen Gemeinschaften Nr. C 62/23, Brüssel, Febr. 1994

[2] Hertel, H.: Erläuterungen zum Grundlagendokument Brandschutz. DIBt Mitteilungen, Heft 25, S. 2/3, Berlin, 1994

[3] Meyer-Ottens, C.: Brandverhalten von Bauteilen. Brandschutz im Bauwesen, Heft 22, Erich Schmidt Verlag GmbH, Berlin, 1981

[4] DIN 4102 Teil 2: Brandverhalten von Baustoffen und Bauteilen; Bauteile: Begriffe, Anforderungen und Prüfungen. Beuth Verlag GmbH, Berlin, Sept. 1977 (ersetzt durch: [10] bis [18] und [20], [21])

[5] Kordina, K.; Meyer-Ottens, C.: Beton Brandschutz Handbuch, Beton-Verlag GmbH, Düsseldorf, 1981

[6] DIN 4102 Teil 4/+A1:2004-11: Brandverhalten von Baustoffen und Bauteilen, Zusammenstellung und Anwendung klassifizierter Baustoffe, Bauteile und Sonderbauteile. Beuth Verlag GmbH, Berlin, März 1994

[7] ÖNORM B 3800 Teil 4: Brandverhalten von Baustoffen und Bauteilen. Bauteile: Einreihung in die Brandwiderstandsklassen, Österreichisches Normungsinstitut, Wien, 1990 (zurückgezogen 2001)

[8] Hartl, H.: Brandverhalten von Holzkonstruktionen. Pro Holz Holzinformation Österreich, Register 1, 3. Auflage, Bundesholzwirtschaftsrat Wien (Herausgeber), Wien, 1990

[9] DIN 4102 Teil 3: Brandverhalten von Baustoffen und Bauteilen; Brandwände und nichttragende Außenwände: Begriffe, Anforderungen und Prüfungen. Beuth Verlag GmbH, Berlin, Sept. 1977

[10] DIN EN 1363-1: Feuerwiderstandsprüfungen Teil 1: Allgemeine Anforderungen, 1999-10

[11] DIN EN 1363-2: Feuerwiderstandsprüfungen Teil 2: Alternative und ergänzende Verfahren, 1999-10

[12] DIN EN 1363-3: Feuerwiderstandsprüfungen Teil 3: Nachweis der Ofenleistung, 1999-10

[13] DIN EN 1365-1: Feuerwiderstandsprüfungen für tragende Bauteile, Teil 1: Wände, 1999-10

[14] DIN EN 1365-2: Feuerwiderstandsprüfungen für tragende Bauteile, Teil 2: Decken und Dächer, 2000-02

[15] DIN EN 1365-3: Feuerwiderstandsprüfungen für tragende Bauteile, Teil 3: Balken, 2000-02

[16] DIN EN 1365-4: Feuerwiderstandsprüfungen für tragende Bauteile, Teil 4: Stützen, 1999-10

[17] DIN EN 1364-1: Feuerwiderstandsprüfungen für nichttragende Bauteile, Teil 1: Wände, 1999-10

[18] DIN EN 1364-2: Feuerwiderstandsprüfungen für nichttragende Bauteile, Teil 2: Unterdecken, 1999-10

[19] DIN EN 13501-1: Klassifizierung von Bauprodukten und Bauarten zu ihrem Brandverhalten – Teil 1, 2002-4

[20] DIN EN 13501-2: Klassifizierung von Bauprodukten und Bauarten zu ihrem Feuerwiderstand – Teil 2: Klassifizierung mit Ergebnissen zum Feuerwiderstand von Bauprodukten, 2002-4

[21] DIN EN 13501-3: Klassifizierung von Bauprodukten und Bauarten zu ihrem Feuerwiderstand – Teil 3: Klassifizierung mit den Ergebnissen aus den Feuerwiderstandsprüfungen an Lüftungsanlagen, 2002-2

[22] DIN EN 13501-4: Klassifizierung von Bauprodukten und Bauarten zu ihrem Feuerwiderstand – Teil 4: Klassifizierung mit den Ergebnissen aus den Feuerwiderstandsprüfungen von Anlagen zur Rauchfreihaltung, 2004-4(2)

[23] DIN EN 13501-5: Klassifizierung von Bauprodukten und Bauarten zu ihrem Feuerwiderstand – Teil 5: Klassifizierung mit den Ergebnissen aus den Feuerwiderstandsprüfungen von Bedachungen bei Beanspruchung durch Feuer von außen, 2005-12

[24] DIN 4102 Teil 17: Brandverhalten von Baustoffen und Bauteilen; Schmelzpunkt von Mineralfaser-Dämm-Stoffen; Begriffe, Anforderungen, Prüfung. Beuth Verlag GmbH, Berlin, Dezember 1990

[25] Entscheidung der Kommission vom 3. Mai 2000, Amtsblatt der Europäischen Gemeinschaften Nr. L 133 vom 6.6.2000

[26] Schneider, U.; Horvath, J.: Brandschutz-Praxis in Tunnelbauten. Bauwerk Verlag GmbH, Berlin, 2006

[27]   Kukula, F.: Promat-Handbuch, Bautechnischer Brandschutz AT 1.1, Promat Ges. m. b. H, Wien, 2006

10 Brandverhalten von Sonderbauteilen
10.1 Allgemeines

Sonderbauteile sind Bauteile, an die brandschutztechnisch zusätzliche und andere Anforderungen gestellt werden als in DIN 4102 Teil 2 bzw. den entsprechenden EN-Normen festgelegt sind. Sie sind daher nicht in eine der dort festgelegten Feuerwiderstandsklassen einzureihen, sondern es gelten darüber hinausgehende Anforderungen bezüglich des Feuerwiderstandes. Zukünftig gelten deshalb die Feuerwiderstandsklassen nach DIN EN 13501-1, -2, -3 und -5 ([1; 2; 3; 4]) in Verbindung mit den zusätzlichen bauaufsichtlichen Anforderungen gemäß MBO § 18 oder § 19. Das bedeutet auch, dass die alten DIN-Bezeichnungen zwischenzeitlich entfallen sind und durch die europäischen Klassen ersetzt werden. Zu den Sonderbauteilen gehören u. a. Brandwände, Außenwandbauteile, Feuerschutzabschlüsse, Brandschutzverglasungen, Rauchschutztüren, Lüftungsleitungen, Brandschutzklappen, Kabelschottungen, Installationskanäle und Rohrdurchführungen.

Die für den baulichen Brandschutz relevanten europäischen Klassen für Sonderbauteile und die zugehörigen bauaufsichtlichen Anforderungen an den Feuerwiderstand sind in den folgenden Tabellen 10.1.1 und 10.1.2 zusammengestellt. Weiterhin zeigen die Tabellen die bisherigen Prüfnormen der Reihe DIN 4102 und die zugehörigen europäischen Klassifizierungen (vergl. [5] bis [18]). Es ist zu beachten, dass die Klassifizierungen nicht unbedingt äquivalent sind, d. h. zum Beispiel, dass Türen der Klasse EI_2 30 zwar der Klasse T 30 entsprechen, aber umgekehrt kann eine T 30-Tür nicht in die Klasse EI_2 30 eingeordnet werden, weil die Prüfgrundlagen (Brandversuch nach EN 1364-1 in der „europäischen Brandprüfung" geändert wurden und nicht mehr in allen Teilen der DIN 4102-2 entsprechen. Unabhängig davon sind die qualitativen Anforderungen der Bauaufsicht (feuerhemmend, hochfeuerhemmend, feuerbeständig) unverändert gültig.

Tabelle 10.1.1: Sonderbauteile und europäische Klassenbezeichnung (auszugsweise)

Bauteile	Feuerhemmend		Hochfeuerhemmend		Prüfung nach	
	DIN EN 13501-2 bzw. -3	DIN (siehe letzte Spalte)	DIN EN 13501-2 bzw. -3	DIN (siehe letzte Spalte)	EN	DIN
Nichttragende Brandwände	-	-	-	-	EN 1364-1	DIN 4102-3
Nichttragende Außenwände und Vorhangfassaden a)	EI 30 (i↔o)	W 30	EI 60 (i↔o)	W 60	EN 1364-3, -4	DIN 4102-3
Tragende Brandwände	-	-	-	-	EN 1365-1	DIN 4102-3
Lüftungsleitungen	EI 30 (h_0 i↔o) EI 30 (v_e i↔o) EI 30 (v_e h_0 i↔o)	L 30	EI 60 (h_0 i↔o) EI 60 (v_e i↔o) EI 60 (v_e h_0 i↔o)	L 60	EN 1366-1	DIN 4102-6
Brandschutzklappen (in Lüftungsleitungen)	EI 30 (h_0 i↔o)[b] EI 30 (v_e i↔o)[b] EI 30 (v_e h_0 i↔o)[b]	K 30	EI 60 (h_0 i↔o)[b] EI 60 (v_e i↔o)[b] EI 60 (v_e h_0 i↔o)[b]	K 60	EN 1366-2	DIN 4102-6
Abschottungen (Kabel)	EI 30-IncSlow	S 30	EI 60-IncSlow	S 60	EN 1366-3	DIN 4102-9
Abschottungen von Förderanlagen c)	EI_2 30-(C)	T 30	EI_2 60-(C)	T 60	EN 1366-7	DIN 4102-5
G-Verglasungen	E 30	G 30	E 60	G 60	EN 1364-1	DIN 4102-13
F-Verglasungen	EI 30	F 30	EI 60	F 60	EN 1364-1	DIN 4102-13
Türen und Tore d)	EI_2 30-C	T 30	EI_2 60-C	T 60	EN 1364-1	DIN 4102-5 DIN 4102-18
Rauchabschlüsse d)	EI_2 30-CS_{200}[e]	R 30	-	-	EN 1634-3	DIN 18095
Bauteile	Feuerbeständig		Hochfeuerbeständig		Prüfung nach	
	DIN EN 13501-2 bzw. -3	DIN (siehe letzte Spalte)	DIN EN 13501-2 bzw. -3	DIN (siehe letzte Spalte)	EN	DIN
Nichttragende Brandwände	EI 90-M	F 90-M	-	F 180-M	EN 1364-1	DIN 4102-3
Nichttragende Außenwände und Vorhangfassaden a)	EI 90 (i↔o)	W 90	EI 180 (i↔o)	W 180	EN 1364-3, -4	DIN 4102-3
Tragende Brandwände	REI 90-M	F 90-M	REI 180-M	F 180-M	EN 1365-1	DIN 4102-3
Lüftungsleitungen	EI 90 (h_0 i↔o) EI 90 (v_e i↔o) EI 90 (v_e h_0 i↔o)	L 90	-	-	EN 1366-1	DIN 4102-6
Brandschutzklappen (in Lüftungsleitungen)	EI 90 (h_0 i↔o)[b] EI 90 (v_e i↔o)[b] EI 90 (v_e h_0 i↔o)[b]	K 90	-	-	EN 1366-2	DIN 4102-6
Abschottungen (Kabel)	EI 90-IncSlow	S 90	EI 180-IncSlow	S 180	EN 1366-3	DIN 4102-9
Abschottungen von Förderanlagen c)	EI_2 90-(C)	T 90	-	-	EN 1366-7	DIN 4102-5
G-Verglasungen	E 90	G 90	-	G 120	EN 1364-1	DIN 4102-13
F-Verglasungen	EI 90	F 90	-	F 120	EN 1364-1	DIN 4102-13
Türen und Tore d)	EI_2 90-C	T 90	-	-	EN 1364-1	DIN 4102-5 DIN 4102-18
Rauchabschlüsse d)	E 90-CS_{200}[e]	R 90	-	-	EN 1634-3	DIN 18095

a)	Diese Klassifizierung nimmt ausschließlich auf einen Gesamtaufbau eines Außenbauteils Bezug, nicht jedoch auf allfällige Bekleidungen. Für diese sind Maßstabtests in Entwicklung.
b)	Bei der Klassifizierung EI resultieren gegenüber der Klasse K wesentlich höhere Verhaltenseigenschaften.
c)	Sinngemäß gilt Fußnote d).
d)	Das Leistungskriterium „Selbstschließvermögen C" ist eine Eigenschaft, die nicht in einer Prüfung unter Brandbeanspruchung nachgewiesen wird. Daher beschreibt die DIN EN 14600 als „Supporting Standards" diese Kriterien für Türen und Tore. Daher ist die daraus entspringende Klassifizierung ausschließlich durch das Beifügen des Buchstabens „C" beschrieben und enthält keinen Index, der auf die Anzahl der Öffnungszyklen der Prüfung Bezug nimmt.
e)	Festlegungen zur Lastspielzahl für die Dauerprüfungen sind in EN 14600 festgelegt; z.B. C_5=200.000 Lastspiele. S200 bedeutet die Prüfung des Rauchdurchtritts bei 200 °C.

Tabelle 10.1.2: Sonderbauteile und europäische Klassenbezeichnung (auszugsweise)

Bauteile	Feuerhemmend DIN EN 13501-2 bzw. -3	Feuerhemmend DIN (siehe letzte Spalte)	Hochfeuerhemmend DIN EN 13501-2 bzw. -3	Hochfeuerhemmend DIN (siehe letzte Spalte)	Prüfung nach EN	Prüfung nach DIN
Abgehängte Decken mit Brandwiderstand	EI 30 (a↔b)	F 30	EI 60 (a↔b)	F 60	EN 1364-2	DIN 4102-2
Stiegen	R 30	F 30	R 60	F 60	EN 1365-6	DIN 4102-2
Fugenabdichtungssysteme	EI 30	F 30	EI 60	F 60	EN 1366-4	DIN 4102-2
Brandschutzklappen	E 30 (h_0 i↔o) E 30 (v_e i↔o) E 30 (v_e h_0 i↔o)	T 30	E 60 (h_0 i↔o) E 60 (v_e i↔o) E 60 (v_e h_0 i↔o)	T 60	EN 1366-2	DIN 4102-6
Installationskanäle (horizontal)	EI 30 (h_0 i↔o) EI 30 (v_e h_0 i↔o)	I 30	EI 60 (h_0 i↔o) EI 60 (v_e h_0 i↔o)	I 60	EN 1366-5	DIN 4102-11
Installationsschächte (vertikal)	EI 30 (v_e i↔o) EI 30 (v_e h_0 i↔o)	I 30	EI 60 (v_e i↔o) EI 60 (v_e h_0 i↔o)	I 60	EN 1366-5	DIN 4102-11
Rohrabschottungen	EI 30-U/U EI 30-C/U EI 30-U/C EI 30-C/C	R 30	EI 60-U/U EI 60-C/U EI 60-U/C EI 60-C/C	R 60	EN 1366-3	DIN 4102-11
Bauteile	Feuerbeständig DIN EN 13501-2 bzw. -3	Feuerbeständig DIN (siehe letzte Spalte)	Hochfeuerbeständig DIN EN 13501-2 bzw. -3	Hochfeuerbeständig DIN (siehe letzte Spalte)	Prüfung nach EN	Prüfung nach DIN
Abgehängte Decken mit Brandwiderstand	EI 90 (a↔b)	F 90	-	-	EN 1364-2	DIN 4102-2
Stiegen	R 90	F 90	-	-	EN 1365-6	DIN 4102-2
Fugenabdichtungssysteme	EI 90	F 90	EI 180	F 180	EN 1366-4	DIN 4102-2
Brandschutzklappen	E 90 (h_0 i↔o) E 90 (v_e i↔o) E 90 (v_e h_0 i↔o)	T 90	-	-	EN 1366-2	DIN 4102-6
Installationskanäle (horizontal)	EI 90 (h_0 i↔o) EI 90 (v_e h_0 i↔o)	I 90	-	I 120	EN 1366-5	DIN 4102-11
Installationsschächte (vertikal)	EI 90 (v_e i↔o) EI 90 (v_e h_0 i↔o)	I 90	-	I 120	EN 1366-5	DIN 4102-11
Rohrabschottungen	EI 90-U/U EI 90-C/U EI 90-U/C EI 90-C/C	R 90	EI 120-U/U EI 120-C/U EI 120-U/C EI 120-C/C	R 120	EN 1366-3	DIN 4102-11

10.2 Brandwände – Grundlagen

10.2.1 Grundlagen

Brandwände sind nach den Bauordnungen der Bundesländer Wände zur Trennung oder Abgrenzung von Brandabschnitten. Sie sind dazu bestimmt, die Ausbreitung von Feuer und Rauch auf andere Gebäude oder Gebäudeabschnitte zu verhindern. Die Brandwände müssen folgende Anforderungen erfüllen:

— Brandwände müssen aus Baustoffen der Baustoffklasse A bestehen.
— Sie müssen bei mittiger und ausmittiger Belastung die Anforderungen mindestens der Feuerwiderstandsklasse F 90 (feuerbeständig) erfüllen.

– Brandwände müssen unter einer dreimaligen Stoßbeanspruchung – Pendelstöße mit je 3000 Nm Stoßarbeit – standsicher und raumabschließend bleiben.
– Brandwände müssen die vorstehend genannten Anforderungen auch ohne Bekleidungen erfüllen. Putzbekleidungen sind in begrenztem Umfang – d. h. bei allen Mauerwerkswänden, die z. B. aus physikalischen Gründen immer geputzt werden müssen – gestattet.

Die besonderen Beanspruchungen bei Brandwänden (Stoßbeanspruchungen mit 3000 Nm Stoßarbeit) in DIN EN 1363-1 entsprechen dem Wert nach DIN 4102-3. Wie aus Tabelle 9.1.1 hervorgeht, lautet die europäische Klassifizierung statt Brandwand F 90-M nunmehr „REI-M 90" (tragende Brandwand) bzw. „EI-M 90" (nichttragende Brandwand) oder „REI-M 180" (tragende Brandwand) bzw. „EI-M 180" (nichttragende Brandwand). Das nachstehende Bild 10.2.1 zeigt die Durchführung einer Brandprüfung nach DIN EN 1363-1 an einer tragenden Brandwand.

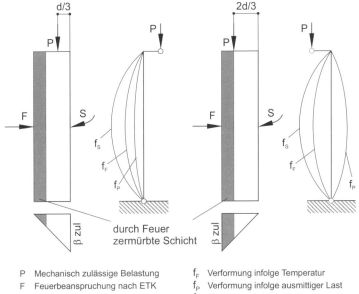

P Mechanisch zulässige Belastung f_F Verformung infolge Temperatur
F Feuerbeanspruchung nach ETK f_P Verformung infolge ausmittiger Last
S Stoßbelastung 3000 Nm f_S Verformung infolge Stoßbeanspruchung

Für die Ausmitte ist der ungünstigste Fall maßgebend

Bild 10.2.1: Prüfung von Brandwänden nach DIN EN 1363-1

Neben den belasteten Brandwänden gibt es (vornehmlich zur Unterteilung von hallenartigen Gebäuden und zum Einbau in Skelettkonstruktionen) auch ein Anwendungsgebiet für nichttragende Brandwände. Sie müssen alle Anforderungen bis auf die Aufbringung einer mechanischen Last mit Ausnahme der Stoßbelastung im Brandversuch erfüllen. Bei der Konstruktion muss allerdings durch geeignete Maßnahmen dafür gesorgt werden, dass diese Wände im Brandfall keine zusätzlichen Lasten aufzunehmen haben, z. B. durch thermische Verformungen anschließender Bauteile.

10.2.2 Anwendungsbereich

Die Angaben von Abschnitt 4.8 in DIN 4102-4:1994/+A1:2004-11 [19] gelten für Wände aus

- Normalbeton nach DIN 1045,
- Leichtbeton mit haufwerksporigem Gefüge nach DIN 4232,
- bewehrtem Porenbeton und
- Mauerwerk nach DIN 1053-1 sowie Teil 2/07.84, Abschnitte 6 bis 8, und Teil 4.

Brandwände aus geschosshohen Wandtafeln W oder aus Porenbeton-Wandplatten W bedürfen einer allgemeinen bauaufsichtlichen Zulassung; die dort angegebenen Bedingungen sind zu beachten.

10.2.3 Randbedingungen

Aussteifungen von Brandwänden – z. B. aussteifende Querwände, Decken, Riegel, Stützen oder Rahmen – müssen mindestens der Feuerwiderstandsklasse F 90 bzw. R 90 oder REI entsprechen; Stützen und Riegel aus Stahl, die unmittelbar vor einer Brandwand angeordnet werden, müssen darüber hinaus die in den Bildern 27 bis 29 der DIN 4102-4 angegebenen Randbedingungen erfüllen. Brandwände müssen weiterhin allgemeine Anforderungen erfüllen, die sich aus den bauaufsichtlichen Bestimmungen der Länder ergeben. Brandwände müssen standsicher sein. Wie diese ausgesteift werden können, ist in den folgenden vier Beispielen zusammengefasst:

a) Brandschutztechnisch beidseitig ausgesteifte Brandwand:

Ohne besonderen Nachweis kann eine oben und unten gelenkig gelagerte Brandwand in ein Bauwerk integriert werden, wenn die aussteifende Tragkonstruktion auf beiden Seiten der Wand für eine Feuerwiderstandsdauer von 90 min ausgelegt ist (Bild 10.2.2).

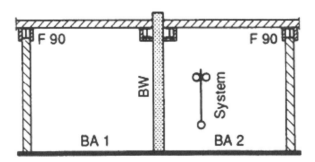

Bild 10.2.2:   Brandschutztechnisch beidseitig ausgesteifte Brandwand nach [19]

b) Eingespannte Brandwand:

Bei im Fußpunkt eingespannten Brandwänden sind Anschlüsse von Tragkonstruktionen mit einer Feuerwiderstandsdauer von weniger als 90 min so auszubilden, dass einstürzende Hallenteile nicht zu Zwangskräften auf die Brandwand führen, die deren vorzeitigen Einsturz bewirken können (Bild 10.2.3).

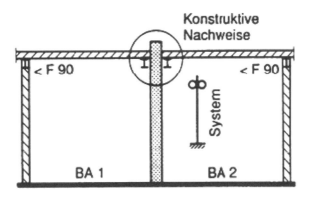

Bild 10.2.3: Eingespannte Brandwand nach [19]

c) Brandschutztechnisch einseitig ausgesteifte Brandwand:

Es ist ausreichend, eine Brandwand nur auf einer Seite feuerbeständig auszusteifen, wenn gewährleistet ist, dass bei einem Versagen der Konstruktion mit geringerem Feuerwiderstand die Standsicherheit der Wand nicht durch einstürzende Bauteile gefährdet wird (Bild 10.2.4).

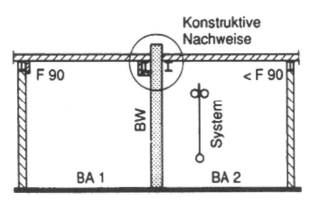

Bild 10.2.4: Brandschutztechnisch einseitig ausgesteifte Brandwand nach [19]

d) Doppelbrandwände:

Doppelbrandwände haben zwar zwei Schalen (bestehend aus je einer Brandwand), sind aber keine zweischaligen Brandwände nach der Normtabelle 45. Doppelbrandwände sind je Schale ebenso wie zweischalige Brandwände (als Einheit) feuerbeständig auszusteifen, sonst sind es keine Brandwände (Normabschnitt 4.8.2.1). Die „Aussteifung" kann z. B. entsprechend Bild 10.2.3 erfolgen. Auch eine Aussteifung nach (Bild 10.2.4) ist bei einem konstruktiven Nachweis, dass die nicht feuerbeständige Seite im Brandfall abreißt, möglich. Bei Doppelbrandwänden ist auch eine beidseitig nicht feuerbeständige Aussteifung möglich: Bei Einsturz eines Hallenteils einschließlich der zugehörigen Brandwand bleibt der zweite Hallenteil ohne weiteren Nachweis stehen, da die zweite Brandwand durch den nicht brandbeanspruchten Bereich ausgesteift wird (Bild 10.2.5).

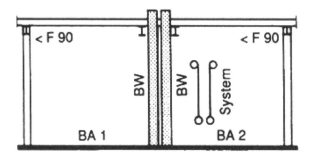

Bild 10.2.5: Doppelbrandwände nach [19]

Bei zweischaligen Brandwänden nach der Normtabelle 45 (als Einheit) gelten somit die Beispiele a) bis c) nach Bild 10.2.2 bis Bild 10.2.4.

Brandwände müssen entsprechend Abschnitt 4.2.4 der DIN 4102-3 [20] stand- und stoßsicher sein. Eine Wand besteht z. B. aus Porenbetonplatten und Stahl- oder Stahlbetonstützen. Die ausreichende Stand- und Stoßsicherheit der Platten mit ihren Fugen und Anschlüssen wird in Prüfungen nach DIN 4102-3 bzw. DIN EN 1365-1:1999-10, Deutsche Fassung EN 1365-1: 1999, ermittelt [21]. Da die Prüfungen nach Teil 3 nur mit prüftechnisch gehaltenen Stahlbetonstützen erfolgt, enthält Abschnitt 4.8.2.1 der DIN 4102-4 allgemeine Angaben zu Aussteifungen. Werden keine eingespannten, sondern Pendelstützen verwendet, müssen alle Aussteifungsverbände und ggf. auch die Dachbinder in F 90 bzw. R 90/REI 90 ausgeführt werden.

Die aussteifenden Stützen und Riegel, wie sie auf den Normbildern 25 bis 30 in DIN 4102-4:1994-03, Abschnitt 4.8.5, dargestellt sind, sind bereits ausreichend stoßsicher im Sinne von DIN 4102 Teil 3; ein besonderer Nachweis der hier in Frage stehenden Sicherheit gegen Stöße von 3 000 Nm ist nicht erforderlich.

Nach den Bauordnungen der Bundesländer (ggf. nach den Durchführungs- oder Ausführungsverordnungen) sind für Brandwände weitere Randbedingungen zu beachten. Erforderlich sind in der Regel eine Überdachführung von 30 cm nach MBO und 50 cm nach M-IndBauRL und ein ausreichender Abstand brennbarer Dachkonstruktionen. Das Bild 10.2.6 macht diesbezüglich die wichtigsten Konstruktionsgrundsätze deutlich.

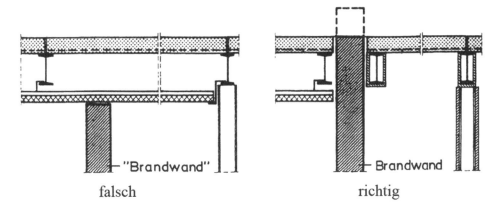

falsch — richtig

Bild 10.2.6: Führung von Brandwänden im Dachbereich, Beispiel für falsche (links) und richtige (rechts) Ausführung

Das Bild 10.2.7 zeigt einen ausgebrannten Brandabschnitt. Die Brandwände aus Porenbeton-Wandplatten an Stahlbetonstützen haben die Brandausbreitung zu den benachbarten Brandabschnitten verhindert. Die bei der Brandwand ausgeführten Dachüberstände sind auf der Abbildung gut erkennbar.

Bild 10.2.7: Außenwände und Innenwand mit Dachüberstand aus Wandplatten aus Porenbeton mit Stahlbetonstützen als Brandwände

Alternativ zur Überdachführung kann die Brandwand in Höhe der Dachhaut mit einer beiderseits 0,50 m auskragenden feuerbeständigen Platte aus nichtbrennbaren Baustoffen abgeschlossen werden (nach MBO). Brennbare Baustoffe dürfen grundsätzlich über keine der vorgenannten Konstruktionen herübergeführt werden.

Der Anschluss einer Brandwand an ein feuerbeständiges Flachdach muss in einem Bereich von mindestens 5 m (bei Komplextrennwand mindestens 7 m) beiderseits der Brandwand feuerbeständig und aus nichtbrennbaren Baustoffen (F 90-A) ausgeführt sein. Die Dachflächen müssen zudem in diesem Bereich öffnungslos sein. Eine brennbare Abdichtung kann in diesem Bereich nur verwendet werden, wenn sie mit einer mindestens 5 cm dicken Kiesschüttung 16/32 geschützt wird.

Bei Brandwänden nach der Industriebau-Richtlinie sowie bei Komplextrennwänden ist eine Brandübertragung im Bereich der Außenwände zu behindern. Geeignete Maßnahmen hierzu sind ein 0,50 m vor der Außenwand vorstehender Teil der Brandwand. Alternativ ist nach Industriebau-Richtlinie ein im Bereich der Brandwand angeordneter 1,0 m breiter Außenwandabschnitt möglich, der einschließlich seiner Bekleidung aus nichtbrennbaren Baustoffen besteht. Bei einer Ausführung als Komplextrennwand wird eine Gesamtbreite von 5 m eines feuerbeständigen Außenwandabschnittes gefordert.

Die weitere Detailausbildung der Anschlüsse an angrenzende Bauteile ist darüber hinaus abhängig von der statischen Funktion (tragend bzw. nicht tragend) der Wände. Nach DIN 4102-4 [19] müssen statisch erforderliche Anschlüsse (Anschlüsse, die die Stoßbeanspruchung nach DIN 4102 Teil 3 aufzunehmen haben) an angrenzende Massivbauteile bei Wänden aus Stahlbeton oder Mauerwerk vollfugig mit Mörtel nach DIN 1053 Teil 1 oder Beton nach DIN 1045 bzw. DIN 4232 oder nach den Angaben der Normbilder 19, 20 und 24 ausgeführt werden. Statisch nicht erforderliche Anschlüsse können nach den Normbildern 17 und 18 ausgeführt werden. Darüber hinaus sind weitere Anschlussmöglichkeiten geprüft und in der einschlägigen Fachliteratur dokumentiert worden.

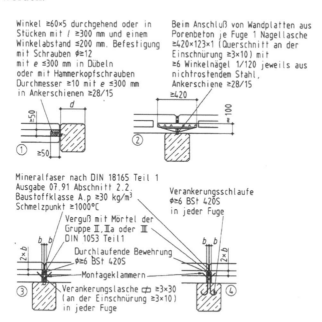

Bild 10.2.8: *Ausführungsmöglichkeiten 1 bis 4 von Anschlüssen von nichttragenden, liegend angeordneten Wandplatten aus Porenbeton an Stahlbetonstützen bzw. -wandscheiben nach [19]*

Nach DIN 4102-4 (siehe [19]) dürfen Anschlüsse von nichttragenden, liegend angeordneten Wandplatten aus bewehrtem Porenbeton an angrenzenden Stahlbetonstützen oder -wandscheiben, z. B. nach den Angaben von Bild 10.2.8, Ausführungsmöglichkeiten 1 bis 4, ausgeführt werden. Bei Anschlüssen an Eckstützen gelten die Angaben von Bild 10.2.9. Die Stahlbetonstützen müssen eine Mindestdicke von d = 240 mm besitzen; Wandscheiben (Breite der Wandscheibe b > 5 d nach DIN 1045) müssen eine Mindestdicke von d = 170 mm aufweisen. Die Stützen bzw. Wandscheiben sind im Übrigen nach den Abschnitten 3.13 bzw. 4.2 der Norm DIN 4102-4 für ≥ F 90 zu bemessen.

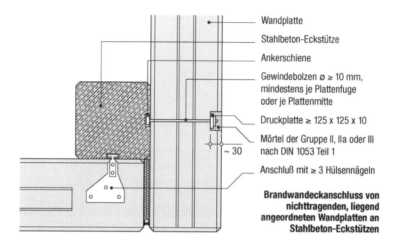

Bild 10.2.9:   *Ausführungsmöglichkeiten eines Anschlusses von nichttragenden, liegend angeordneten Wandplatten an Stahlbeton-Eckstützen (nach DIN 4102-4)*

Darüber hinaus sind ergänzend zu DIN 4102-4 weitere Anschlussdetails möglich, die im Rahmen von allgemeinen bauaufsichtlichen Prüfzeugnissen oder Fachveröffentlichungen wie z. b. dem Mauerwerkskalender dokumentiert sind.

10.2.4 Bauteilausbildung gemäß DIN 4102-4/+A1:2004/11

Brandwände müssen hinsichtlich Schlankheit, Wanddicke und Achsabstände der Längsbewehrung, die in Tabelle 45 unter den Punkten 3 u. 5.3 in DIN 4102-4/A1:2004-11 angeführten Bedingungen erfüllen [19]. Diese Tabelle ist in verkürzter Form im Folgenden dargestellt (siehe Tabelle 10.2.1). Es ist zu beachten, dass Bekleidungen nicht zur Verminderung der angegebenen Mindestwanddicken in Ansatz gebracht werden dürfen.

Tabelle 10.2.1: Zulässige Schlankheit, Mindestwanddicke und Mindestachsabstand von 1- und 2-schaligen Brandwänden (1-seitige Brandbeanspruchung) nach DIN 4102-4/+A1:2004-11. Die ()-Werte gelten für Wände mit beidseitigem Putz nach [19]

Zeile	Wandart	Zulässige Schlankheit h_s/d	Mindestdicke d in mm bei 1-schaliger	Mindestdicke d in mm bei 2-schaliger[9] Ausführung	Mindestachsabstand u mm
1	Wände aus Normalbeton nach DIN 1045				
1.1	Unbewehrter Beton	Bemessung nach DIN 1045	200	2 x 180	nach DIN 1045
1.2	Bewehrter Beton				
1.2.1	Nichttragend	Bemessung nach DIN 1045	120	2 x 100	nach DIN 1045
1.2.2	Tragend	25	140	2 x 120[1]	25
2	Wände aus Leichtbeton mit haufwerksporigem Gefüge nach DIN 4232 der Rohdichteklasse				
2.1	$\geq 1,4$	Bemessung nach DIN 4232	250	2 x 200	entfällt
2.2	$\geq 0,8$		300	2 x 200	
3	Wände aus bewehrtem Porenbeton				
3.1	Nichttragende Wandplatten der Festigkeitsklasse 4,4, Rohdichteklasse $\geq 0,55$	nach allgemeiner bauaufsichtlicher Zulassung	175	2 x 175	20
3.2	Nichttragende Wandplatten der Festigkeitsklasse 3,3, Rohdichteklasse $\geq 0,55$		200	2 x 200	30
3.3	Tragende, stehend angeordnete, bewehrte Wandtafeln der Festigkeitsklasse 4,4, Rohdichteklasse $\geq 0,65$		200[2]	2 x 200[2]	20[2]
4	Wände aus Ziegelfertigbauteilen nach DIN 1053-4				
4.1	Hochlochtafeln mit Ziegeln für vollvermörtelte Stoßfugen	25	165	2 x 165	nach DIN 1053-4
4.2	Verbundtafeln mit zwei Ziegelschichten	25	240	2 x 165	
5	Wände aus Mauerwerk[8] nach DIN 1053-1 unter Verwendung von Normalmörtel der Mörtelgruppe II, IIa oder III, IIIa				
5.1	Mauerziegel nach DIN V 105-1				
5.1.1	der Rohdichteklasse $\geq 1,4$	Bemessung nach DIN 1053-1[3]	240 (175)	2 x 175	entfällt
5.1.2	$\geq 1,2$		300 (175)	2x 200 (2x150)[11]	
5.2	Kalksandsteine nach DIN V 106-1[4] sowie DIN V 106-2				
5.2.1	Voll-, Loch, Block- und Plansteine der Rohdichteklasse				
5.2.1.1	$\geq 1,8$	Bemessung nach DIN 1053-1[3]	175[5]	2 x 150[5]	entfällt
5.2.1.2	$\geq 1,4$		240	2 x 175	
5.2.1.3	$\geq 0,9$		300 (300)	2 x 200 (2 x 175)	
5.2.1.4	$= 0,8$		300	2 x 240 (2 x 175)	
5.3	Porenbetonsteine nach DIN V 4165[5] der Rohdichteklasse				
5.3.1	Plansteine der Rohdichteklasse				
5.3.1.1	$\geq 0,55$	Bemessung nach DIN 1053-1[3]	300	2 x 240	entfällt
5.3.1.2	$\geq 0,55$[7]		240	2 x 175	
5.3.1.3	$\geq 0,40$[10]		300	2 x 240	
5.3.1.4	$\geq 0,40$[11),14)]		240	2 x 175	

Fortsetzung Tabelle 10.2.1

5.3.2	Planelemente der Rohdichteklasse		nach allgemeiner bauaufsichtlicher Zulassung			
5.3.2.1		$\geq 0{,}55$		$240^{11)\,15)}$	$2 \times 175^{\,11)\,15)}$	entfällt
5.3.2.2		$\geq 0{,}40$		300	2×240	
5.4	Steine nach DIN V 18151, DIN V 18152, DIN 18153		Bemessung nach DIN 1053-13$^{3)}$			
5.4.1	der Rohdichteklasse	$\geq 0{,}8$		240 (175)	2×175 (2×175)	entfällt
5.4.2		$\geq 0{,}6$		300 (240)	2×240 (2×175)	

ANMERKUNG: Weitere Angaben siehe auch Bauregelliste des DIBt

1) Sofern infolge hohen Ausnutzungsfaktors nach Tabelle 35 der DIN 4102-4:1994/03 keine größeren Werte gefordert werden.
2) Sofern infolge hohen Ausnutzungsfaktors nach Tabelle 44 der DIN 4102-4:1994/03 keine größeren Werte gefordert werden.
3) Exzentrizität $e \leq d/3$.
4) Auch mit Dünnbettmörtel.
5) Bei Verwendung von Dünnbettmörtel und Plansteinen.
6) Bei Verwendung von Leichtmauermörtel; Ausnutzungsfaktor $\alpha_2 \leq 0{,}6$.
7) Bei Verwendung von Dünnbettmörtel und Plansteinen mit Vermörtelung der Stoß- und Lagerfugen.
8) Weitere Angaben siehe z. B. Mauerwerkskalender.
9) Hinsichtlich des Abstandes der beiden Schalen bestehen keine Anforderungen.
10) Bei Verwendung von Dünnbettmörtel und Plansteinen ohne Stoßfugenvermörtelung.
11) Mit aufliegender Geschossdecke mit mindestens F 90 als konstruktive obere Halterung.
12) Ausnutzungsfaktor $\alpha_2 \leq 0{,}6$.
13) Bei Ausnutzungsfaktor $\alpha_2 \leq 0{,}6$ gilt: (175).
14) Bei Verwendung von Dünnbettmörtel und Plansteinen mit glatter, vermörtelter Stoßfuge.
15) Bei Verwendung von Dünnbettmörtel und Planelementen mit Vermörtelung der Stoß- und Lagerfugen

10.3 Nichttragende Außenwandbauteile

Nichttragende Außenwände, Brüstungen und Schürzen werden entsprechend den Angaben von DIN 4102-3 in die Feuerwiderstandsklassen W 30 bis W 180 eingestuft. Die Benennungen lauten entsprechend der Baustoffklasse W...-A, W...-AB und W...-B. Entsprechend dem Einbau und der Funktion in der Praxis werden – auch prüftechnisch – die auf Bild 10.3.1 dargestellten Bauarten 1 bis 7 unterschieden.

Raumabschließende, nichttragende Außenwände, die entsprechend DIN 4102-3 in die Feuerwiderstandsklassen W 30 bis W 180 einzustufen sind, sind unabhängig von ihrer Breite wie nichttragende Wände der Feuerwiderstandsklassen F 30 bis F 180 zu bemessen. Brüstungen, die auf einer Stahlbetonkonstruktion ganz aufgesetzt und entsprechend DIN 4102-3 in die Feuerwiderstandsklassen W 30 bis W 180 einzustufen sind, sind ebenfalls unabhängig von ihrer Höhe wie nichttragende Wände der Feuerwiderstandsklassen F 30 bis F 180 auszuführen. Brüstungen müssen die bauaufsichtlich vorgeschriebenen Mindesthöhen besitzen.

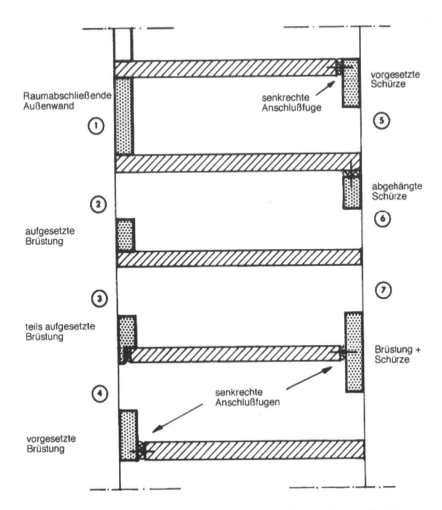

Bild 10.3.1: Schematische Darstellung von nichttragenden Außenwänden, Brüstungen und Schürzen im Sinne von DIN 4102-3 [20] bzw. DIN EN 1364-1 [8]

Brüstungen, die nicht den vorstehenden Angaben entsprechen – z. B. teilweise oder ganz vorgesetzte Brüstungen (Bild 10.3.1, Detail 3 und 4) – sowie Schürzen (Bild 10.3.1, Detail 5 und 6) und Brüstungen in Kombination mit Schürzen (Bild 10.3.1, Detail 7) sind zum Nachweis der Feuerwiderstandsklasse nach DIN EN 1364-1 zu prüfen.

Nichttragende Außenwandbauteile sind Sonderbauteile (z. B. Außenwand-, Ausfachungs-, Parapet- und Fenstersturzelemente), die keine vertikalen Lasten aufzunehmen haben und bestimmungsgemäß nur die Brandübertragung an der Fassade erschweren (siehe Tabelle 10.3.1). Außenwandbauteile, die bestimmungsgemäß auch vertikale Lasten zu übertragen haben, sind gemäß EN 1364-1 zu überprüfen (siehe Tabelle 10.1.1).

Tabelle 10.3.1: Klassifizierung des Brandverhaltens von Außenwandbauteilen nach [2]

Feuerwiderstandsklasse	Feuerwiderstandsdauer t in Minuten	Bauaufsichtliche Benennung
EI 30	$30 \leq t < 60$	feuerhemmend
EI 30	$60 \leq t < 90$	hochfeuerhemmend
EI 30	$90 \leq t < 180$	feuerbeständig
EI 180	$180 \leq t$	hochfeuerbeständig

An nichttragende Außenwände sowie an nichttragende Teile von Außenwänden (Brüstungen, Schürzen) bei Gebäuden geringer Höhe werden keine Anforderungen gestellt. Bei Gebäuden oberhalb dieser Grenze müssen sie aus nichtbrennbaren Baustoffen bestehen oder – soweit brennbare Baustoffe verwendet werden – einer Feuerwiderstandsklasse entsprechen. Unterhalb der Hochhausgrenze ist die Feuerwiderstandsklasse EI 30 erforderlich, bei Hochhäusern die Klasse EI 90; weiterhin sind in den wesentlichen Teilen nichtbrennbare Baustoffe erforderlich. Dienen diese Wände allerdings der Sicherung eines notwendigen Feuerüberschlagweges, z. B. von $\geq 1,0$ m bei Hochhäusern, dann müssen die EI 90-Bauteile aus nichtbrennbaren Baustoffen bestehen.

Die Prüfung dieser Wände oder Wandteile hinsichtlich der Feuerwiderstandsdauer erfolgt derart, dass

— die Brandbeanspruchung auf der Rauminnenseite der Wand der ETK entsprechen muss,
— die Brandbeanspruchung auf der Außenseite der Wand dahingehend abgemindert wird, dass die Temperaturerhöhung ab der 10. Minute der ETK konstant über die Klassifizierungszeit bei nominell 658 K bleibt (siehe Bild 10.3.2).

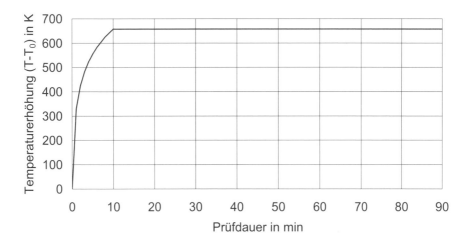

Bild 10.3.2: Abgeminderte Einheitstemperaturkurve für die Beflammung der Außenseite von Außenwandbauteilen

Brandversuche an Gebäudefassaden unter realistischen Bedingungen haben gezeigt, dass die vorgenannten Prüfannahmen durchaus der Beanspruchung durch aus einem Fenster herausschlagende Flammen bei einem Vollbrand im Raum entsprechen. Als Prüfkriterium wird unterstellt, dass es sich um eine Prüfung für ein raumabschließendes Bauteil handelt, das auch auf der vom Feuer abgekehrten Seite die Temperaturgrenzwerte 140/180 K einhält, lediglich bei Brüstungen und Schürzen sind bestimmte Bereiche von der Temperaturmessung ausgenommen. Bei der Prüfung wird auch die Montageart berücksichtigt, z. B. ob die Wand als Vorhangfassade ausgeführt wird (Fugenproblem) oder ob sie auf eine Decke oder einen Balken aufgesetzt wird. Das Gleiche gilt für vorgehängte Brüstungen und Schürzen.

10.4 Feuerschutzabschlüsse

10.4.1 Allgemeines

Feuerschutzabschlüsse sind dazu bestimmt, im eingebauten Zustand den Durchtritt von Feuer und Rauch durch Öffnungen in Wänden oder Decken, an die brandschutztechnischen Anforderungen gestellt werden, zu verhindern. Sie müssen mit Ausnahme der Dachbodenabschlüsse selbstschließend ausgerüstet sein [10]. Öffnungen in inneren Brandwänden sind grundsätzlich durch Feuerschutzabschlüsse mit einer Feuerwiderstandsdauer von 90 Minuten zu verschließen (Feuerwiderstandsklasse EI_2 90-C – feuerbeständig). Das gilt zunächst für diejenigen Fälle, bei denen unmittelbar auf die Tür oder das Tor ein Vollbrand einwirken kann. Beispiele hierfür sind Türen und Tore in unterteilten Industriebauten.

Eine Sonderform stellen die Abschlüsse im Zuge von bahngebundenen Förderanlagen dar, bei denen sicherzustellen ist, dass die Öffnung vor dem Schließvorgang frei von Fördergut (Freifahrtsteuerung) ist. Solche Abschlüsse bedürfen einer bauaufsichtlichen Zulassung. Darüber liegen einschlägige Erfahrungen vor.

Kann ein Brand nur mittelbar auf den Abschluss der Öffnungen einwirken, wie es z. B. bei Abschlüssen zur Begrenzung eines Brandabschnitts im Flurbereich der Fall ist, genügen im Allgemeinen auch Feuerschutzabschlüsse der neuen Feuerwiderstandsklasse EI_2 30-C – feuerhemmend. EI_2 30-C-Feuerschutzabschlüsse (-türen) sind im Regelfall ausreichend, wenn sie dem Schutz von Rettungswegen dienen, weil man annehmen kann, dass bis zu dieser Branddauer die Rettung von Menschen abgeschlossen ist. Die Feuerwiderstandsklasse EI_2 30-C ist somit im Allgemeinen ausreichend für

— Abschlüsse in feuerbeständigen (REI 90) Trennwänden,
— Abschlüsse von Kellern, nichtausgebauten Dachräumen, Werkstätten, Läden, Lagerräumen und ähnlich genutzten Räumen zum Treppenraum,
— Abschlüsse zwischen dem Treppenraum und Vorräumen bzw. notwendigen Fluren,
— Abschlüsse von Heizräumen und Brennstofflagerräumen,

um hier einige wesentliche in den Landesbauordnungen enthaltenen Anwendungsfälle zu nennen. Feuerschutzabschlüsse sind weiterhin erforderlich für Tankraumabschlüsse, Brandschutzabschlüsse von Förderanlagen und Rolltreppen, für Revisionsklappen, Abschlüsse von Dachbodenstiegen und dergleichen. Derartige Feuerschutzabschlüsse müssen generell selbstschließend ausgerüstet sein, ausgenommen davon sind Abschlüsse für Dachbodenstiegen. Weitere Anwendungsfälle für Feuerschutzabschlüsse sind in den Verordnungen oder Richtlinien über Bauten besonderer Art oder Nutzung enthalten, z. B. in der Versammlungsstättenverordnung, Verkaufsstättenverordnung, Garagenverordnung, den Schulbaurichtlinien, der Industriebaurichtlinie in Verbindung mit der DIN 18230 Teil 1 „Baulicher Brandschutz im Industriebau".

Ein- und zweiflügelige Feuerschutztüren werden auch mit einer umlaufenden Dichtung gefertigt, zweiflügelige auch mit Dichtung im Mittelfalz. Diese Abschlüsse erfüllen das in den Landesbauordnungen enthaltene Kriterium „dichtschließend", das eine weitgehende Behinderung der Rauchausbreitung zum Ziel hat, allerdings in der europäischen Normung nicht berücksichtigt ist.

Ferner sind Konstruktionen auf dem Markt, die neben den Anforderungen EI_2 30-C bis EI_2 90-C auch die noch weitergehenden Anforderungen an den Rauchschutz erfüllen (Rauchschutztüren nach [11]). Darauf wird im Abschnitt 10.4.2 näher eingegangen. Falls Feuerschutzabschlüsse im Normalfall durch eine Feststelleinrichtung offen gehalten werden, muss diese im Brandfall automatisch ausgelöst werden, so dass der Abschluss wirksam wird. Die Selbstschließeinrichtung muss auch bei Ausfall der Stromversorgung zuverlässig funktionsfähig bleiben. Feststelleinrichtungen bedürfen aus diesen Gründen einer allgemeinen bauaufsichtlichen Zulassung.

10.4.2 Feuerschutztüren und -tore

Feuerschutzabschlüsse sind samt Rahmen, Dichtungen, Führungsschienen, Bändern, Schließvorrichtungen, Auslösevorrichtungen und sonstigen Beschlägen und Sicherheitseinrichtungen als Einheit zu betrachten und in möglichst praxisgerechter Einbaulage den Brandversuchen gemäß DIN EN 1634-1 zu unterziehen [8]. Dabei sind folgende gesonderte Bedingungen zu beachten:

- Die Probekörper sind vor der Beflammung durch allenfalls vorgesehene Schließmittel zu schließen. Sind Feststelleinrichtungen vorgesehen, die erst bei Brandeinwirkung ausgelöst werden, so ist der Brandversuch in Offenstellung zu beginnen, um auch die Wirksamkeit der Auslösevorrichtung zu prüfen.
- Die Temperaturerhöhungen innerhalb einer 100 mm breiten, streifenförmigen Randfläche des beweglichen Teiles der Abschlüsse und der an der Öffnung angrenzenden Wandfläche sowie in der Laibung und um den gegebenenfalls vorhandenen Drückerdurchbruch werden nicht berücksichtigt.

Um Feuerschutzabschlüsse auch risikogerecht beurteilen zu können, werden sie unterschieden in:

- Klappen: einflügelige Abschlüsse zum Verschluss von Öffnungen mit Rohbaurichtmaßen unter 0,625 m Breite oder unter 1,75 m Höhe, die nur zum gelegentlichen Begehen bzw. zum Bekriechen bestimmt sind (z. B. Öllagerklappen),

- Türen: Abschlüsse zum Verschluss von Öffnungen mit Rohbaurichtmaßen bis 2,50 m Höhe oder 2,50 m Breite,

- Tore: Abschlüsse zum Verschluss von Öffnungen mit Rohbaurichtmaßen über 2,50 m Breite oder 2,50 m Höhe.

Nach der Funktion unterscheidet man:

- Flügeltüren oder -tore, ein- oder mehrflügelig,
- horizontal bewegliche Schiebetüren oder -tore, ein oder mehrteilig,
- vertikal bewegliche Hubtüren oder -tore,
- Rolltore,
- Abschlüsse (auch) im Zuge von Förderanlagen.

Selbstschließvorrichtungen:

Feuerschutztüren müssen nach dem Öffnen selbständig schließen. Die Selbstschließvorrichtungen müssen so beschaffen sein, dass sie ein Öffnen bis 180° zulassen oder – falls dies nicht möglich ist – bei einem Öffnungswinkel von mindestens 135° einen festen Anschlag besitzen. Die Selbstschließvorrichtungen dürfen ohne Hilfsmittel nicht außer Funktion gesetzt werden können. Es ist jedoch zulässig, Feuerschutztüren in Offenstellung feststellbar einzurichten, wenn diese Feststelleinrichtung im Brandfall unwirksam wird und die Türanlage zuverlässig für den Schließvorgang freigibt. Bei zweiflügeligen Türen und Toren ist darüber hinaus die Schließfolge konstruktiv sicherzustellen (Schließfolgeregler).

Ein Feuerschutzabschluss erfüllt nur dann seine Funktion, wenn er im Brandfall geschlossen ist. Unzulässig offengehaltene Feuerschutzabschlüsse, z. B. durch Verklemmen mit Holzkeilen, Verstellen oder Festbinden setzen eine wichtige Maßnahme des vorbeugenden baulichen Brandschutzes außer Funktion und gefährden im Gefahrenfall Leib und Leben von Menschen sowie von Sachwerten. Müssen Feuerschutzabschlüsse aus betrieblicher Notwendigkeit während der Betriebszeit offen bleiben, sind bauaufsichtlich zugelassene Feststellanlagen zu verwenden.

Feststellanlagen für Feuerschutzabschlüsse:

Feststellanlagen müssen allgemein bauaufsichtlich zugelassen sein, d. h., Herstellung und Einbau unterliegen einer ständigen Überwachung. Alle dazugehörigen Bauteile wie Branderkennungselemente, Netzgeräte, Feststellvorrichtungen und Zusatzeinrichtungen müssen, wie in der Zulassung angegeben, gekennzeichnet sein (siehe Bild 10.4.1). Der für den Schließvorgang erforderliche Bereich muss stets freigehalten und durch Beschriftung, Fußbodenmarkierungen o. Ä. deutlich gekennzeichnet sein.

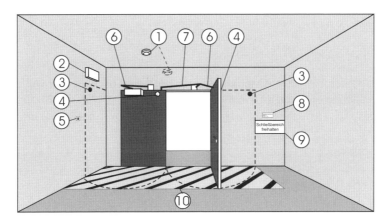

Bild 10.4.1: *Funktionsschema für eine zweiflügelige Tür EI₂ 90-C mit Feststellanlage*

Erläuterungen zu Bild 10.4.1:
1. Branderkennungselemente mit Überwachungszeichen
2. Auslösevorrichtung mit Überwachungszeichen
3. Elektromagnetische Haltemagnete mit Überwachungszeichen
4. Halteplatten
5. Schalter für Handauslösung mit Hinweis „Tür zu"
6. Hydraulische Türschließer
7. Schließfolgeregler
8. Schild mit der Bezeichnung der Feststellanlage, Überwachungszeichen, Zulassungsnummer, Hersteller, Name des Prüfers und Datum der Abnahme
9. Hinweisschild: Schließbereich freihalten
10. Kennzeichnung des für den Schließvorgang erforderlichen Bereichs

Einbau von Feuerschutztüren:

Der Einbau von Feuerschutztüren muss anhand der vom Hersteller beizugebenden Anleitung erfolgen, damit das Brandverhalten entsprechend dem bauaufsichtlichen Prüfzeugnis gewährleistet ist. Besondere Sorgfalt ist auf die konstruktive Verbindung Türstock-Wand hinsichtlich der im Brandfall möglichen Belastung zu legen. Das die Brandschutztür umschließende Bauteil muss während der geforderten Feuerwiderstandsdauer jene Kräfte aufnehmen können, die durch die Feuerschutztür (Türstock und/oder Türblatt) infolge ungleichmäßiger temperaturbedingter Verformungen auftreten können und die über die Verankerungen übertragen werden. Dies ist z. B. dann gegeben, wenn es sich um ein Mauerwerk aus Ziegeln oder Hohlblocksteinen, mindestens 17 cm dick, um eine Stahlbetonwand, mindestens 10 cm dick, oder um eine Leichtbetonwand, mindestens 20 cm dick, handelt. Bei anderen Wandkonstruktionen ist die Wand gemeinsam mit der Feuerschutztür zu prüfen bzw. durch ein Gutachten deren Eignung nachzuweisen.

Das Bild 10.4.2 zeigt beispielhaft die Dübelmontage zur Befestigung von Zargen in Porenbetonwänden für ein- und zweiflügelige EI₂ 30-C- und EI₂ 90-C-Türen sowie

Klappen [8]. Die Zargenausbildung kann je nach Zulassungsbescheid variieren. Die Wanddicke variiert je nach Feuerwiderstandsklasse, Größe der Türöffnung und Anzahl der Torflügel zwischen 150 und 240 mm.

Wenn der Türstock bzw. der Abschluss keinen unteren Anschlag (Schwelle) aufweist, muss der Fußboden zu beiden Seiten der Feuerschutztür jeweils bis 10 cm außerhalb des Bereiches des Türblattes aus nichtbrennbarem Material bestehen. In diesem Fall muss der Spalt zwischen Türblatt und Boden möglichst klein sein und darf höchstens 5 ± 1 mm betragen.

Kennzeichnung von Feuerschutztüren:

Feuerschutztüren müssen eine dauerhafte Kennzeichnung in Form einer Prägung, eines Schildes oder einer Plakette in der Mindestgröße von 105 mm x 52 mm aufweisen. Das Schild muss an seinen vier Ecken an den Türflügel geschweißt oder genietet werden und zwar auf der Öffnungsfläche nach außen.

Rauchabschlüsse (RS-Türen) nach DIN 18095 sind ein- oder zweiflügelige Türen aus Stahl oder Holz in Wänden oder in Abschottungen, die bei einem Brand den Rauch- und Flammendurchgang verhindern ([34] u. [35]). In den Landesbauordnungen wird unterschieden zwischen:

— dichtschließenden Türen und
— rauchdichten Türen → Rauchschutztüren.

Dichtschließende Türen werden in der Bauordnung z. B. für den Verschluss von Wohnungen zum Treppenhaus verlangt. Sie sind in den Landesbauordnungen definiert als „Türen mit stumpf angeschlagenem oder gefälztem, vollwandigem Türblatt mit einer mindestens dreiseitig umlaufenden Dichtung. Verglasungen in diesen Türen sind zulässig". Die damit erreichte Schutzwirkung wird als ausreichend angesehen, da durch diese Türen, die im Übrigen nicht selbstschließend zu sein brauchen, eine Rauchausbreitung behindert wird. Eine Dichtung an der Schwelle wird deshalb nicht für notwendig angesehen, weil der dahinterliegende Raum sich von der Decke her mit Rauch füllt und damit in der zu betrachtenden Zeit ein Rauchdurchtritt an der Schwelle nicht eintritt. Zur weitergehenden Verhinderung einer Rauchausbreitung werden rauchdichte Türen verlangt, z. B. zur Unterteilung langer notwendiger Flure als Rettungswege oder bei innenliegenden Treppenräumen. Das Anforderungsprofil dieser Türen, die bereits in den Bauordnungen als selbstschließende Türen beschrieben sind, ist in der Norm DIN 18095 Teil 1 bis Teil 3 beschrieben.

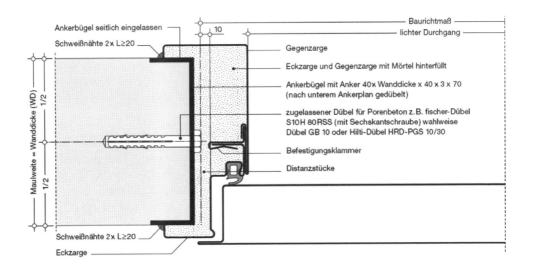

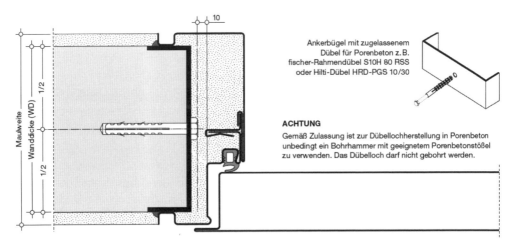

Bild 10.4.2: Beispielhafte Dübelmontage zur Befestigung der Zargen und Einbau einer EI_2 90-C-Tür in eine Wand aus Porenbetonmauerwerk nach [8]

Die europäische Normung weicht von der deutschen Norm ab und hat das Zusatzkriterium S (für smoke) eingeführt, welches für Rauchschutztüren (als Zusatz für Feuerschutztüren), Lüftungsanlagen und Klappen gilt. Somit sind verschiedene Klassen nach DIN EN 13501-3 für derartige Abschlüsse möglich, z.B.:

— E 30-C, S_{200}
— EI_2 30-C, S_{200}
— E 90-C, S_{200}
— EI_2 90-C, S_{200}

Das C steht für closing (selbstschließend) und umfasst die Klassen C0 bis C5. S_{200} steht für die Rauchleckrate bei 200 °C - Temperatureinwirkung. Die Prüfung erfolgt nach DIN EN 1634-3. Die Bezeichnung RS-Tür ist in dieser Form vollständig entfallen.

10.5 Brandschutzklappen

Auf die feuerwiderstandsfähige Ausbildung von Lüftungsleitungen kann verzichtet werden, wenn im Bereich der trennenden Decken und Wände Brandschutzklappen als Absperrvorrichtungen in Lüftungsleitungen eingebaut werden. Brandschutzklappen werden nach DIN EN 1366-2 (s. [12]) geprüft, wobei insbesondere die Dichtheit der Abschlüsse unter bestimmten Druckverhältnissen bei einem Vollbrand nach ETK ein entscheidendes Kriterium darstellt [22].

Die Brauchbarkeit und dauernde Zuverlässigkeit der Klappen kann nicht allein im Brandversuch beurteilt werden. Den besonderen Nachweis der Brauchbarkeit erteilt das Deutsche Institut für Bautechnik durch eine allgemeine bauaufsichtliche Zulassung, wenn nachgewiesen ist, dass die Klappen auch den dafür bestehenden Prüfungsgrundsätzen entsprechen. In der Zulassung sind auch die Randbedingungen für die Anwendung genannt. Diese Klappen müssen zuverlässige Auslösevorrichtungen haben, die beim Auftreten eines Brandes in dem Geschoss oder Brandabschnitt die Klappe mit gespeicherter Energie zum Schließen bringen und so die Übertragung von Feuer und Rauch verhindern. Diese Auslösevorrichtungen können temperatur- oder rauchgesteuert sein. Die Feuerwiderstandsklassen von Absperrvorrichtungen gegen Brandübertragung in Lüftungsleitungen (Brandschutzklappen) lauten:

EI 30, EI 60, EI 90.

Es werden die Einbaulagen (horizontal oder vertikal in der europäischen Klassifizierung unterschieden). Brandschutzklappen bestehen im Prinzip aus (siehe Bild 10.5.1):

— Gehäusen mit Revisionsklappe,
— Verschlusselemente (Klappenblatt, Lamellen u. Ä.),
— Schließvorrichtung (z. B. Feder, Gewichtsstück oder Stellantrieb mit federkraftbetriebener Rückstelleinrichtung, elektrisch im stromlosen Zustand schließend, pneumatisch im drucklosen Zustand schließend),
— Auslöseelement (z. B. Temperaturfühler oder Rauchmelder),
— Stellungsanzeige (zu oder offen).

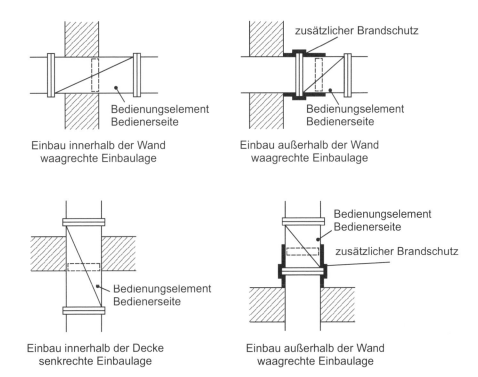

Bild 10.5.1: Einbau von Brandschutzklappen in Wänden oder Decken (Prinzipskizzen)

Gehäuse und Verschlusselemente (Klappenblatt, Lamellen u. Ä.) für Brandschutzklappen müssen aus nichtbrennbaren Baustoffen bestehen und im geschlossenen Zustand einen ausreichenden rauchdichten Abschluss der Lüftungsleitung sicherstellen. Die Rauchdichtheit wird im Brandversuch mindestens zweimal visuell geprüft. Das Verschlusselement muss bei einer festgelegten Temperatur (z. B. 72 °C) selbsttätig schließen und im geschlossenen Zustand fixiert sein. Das Verschlusselement muss außerdem für Kontrollzwecke zu schließen und zu öffnen sein.

Die Auslösung der Brandschutzklappen muss durch Auslöseelemente möglich sein, die auf Brandkenngrößen wie Rauch, Flammen oder Wärme ansprechen. Eine temperaturabhängige Auslösung (z. B. Schmelzsicherung) ist auf jeden Fall vorzusehen. Temperaturabhängige und andere Auslöseelemente sind in Serie anzuordnen. Die temperaturgesteuerte Auslöseeinrichtung muss bei 70 °C bis 75 °C auslösen, sofern nicht höhere Luft- oder Umgebungstemperaturen eine höhere Auslösetemperatur erforderlich machen. In solchen Fällen darf die Auslösetemperatur nicht mehr als 20 K über der jeweiligen Luft- oder Umgebungstemperatur liegen.

Die Bedienungselemente der Brandschutzklappen müssen im eingebauten Zustand so wie jedes andere Element mit beweglichen Bauteilen zugänglich sein. Weiterhin muss die Überprüfung der Stellung des Verschlusselementes der Brandschutzklappe am Klappengehäuse möglich sein. Der Einbau von Brandschutzklappen muss entsprechend der Einbaulage erfolgen. Wenn das Klappenblatt der eingebauten Brandschutzklappe nicht innerhalb des Verlaufs des Wandquerschnittes liegt, muss das Klappengehäuse zusätzlich gegen Brandangriff geschützt werden (siehe Bild 10.5.1).

10.6 Lüftungsleitungen und Wanddurchführungen

Die Bezeichnungen der Brandwiderstandsklassen von Lüftungsleitungen nach DIN EN 13501 Teil 3 sind in Tabelle 10.6.1 zusammengestellt [3]. Um die Weiterleitung von Feuer und Rauch in abzuschottende Bereiche zu verhindern, müssen die Lüftungsleitungen über eine ausreichende Feuerwiderstandsdauer verfügen; andernfalls sind im Bereich der raumabschließenden Wände und Decken selbsttätig wirkende Klappen einzubauen.

Tabelle 10.6.1: Feuerwiderstandsklassen von Lüftungsleitungen nach DIN EN 13501 Teil 3

Feuerwiderstandsklasse	Feuerwiderstandsdauer t in Minuten	Bauaufsichtliche Benennung
EI 30	$30 \leq t < 60$	feuerhemmend
EI 60	$60 \leq t < 90$	hochfeuerhemmend
EI 90	$90 \leq t < 120$	feuerbeständig
EI 120	$120 \leq t < 180$	-

Die Feuerwiderstandsdauer der Leitungen wird nach DIN EN 1366-1 geprüft [11]. Zur Prüfung wird die Lüftungsleitung praxisgerecht in einem in der Norm beschriebenen Brandraum eingebaut (einschl. Befestigungs- und Verbindungsmittel), durch einen Ventilator mit Luft durchströmt und unter Vollbrandbedingungen der ETK beflammt. Dabei darf in den benachbarten Beobachtungsräumen, die unter Unterdruck gehalten sind, kein Feuer und Rauch eindringen; außerhalb des Brandraumes bleibt die Erhöhung der Oberflächentemperatur an der Leitung auf 180 K begrenzt und die Lüftungsleitung muss innerhalb und außerhalb des Brandraumes standsicher bleiben.

Der Nachweis über die erreichte Feuerwiderstandsklasse wird durch ein Klassifizierungszeugnis geführt, das auch die Randbedingungen, wie maximale Abmessungen und Befestigungen enthält. Eines Nachweises durch ein Prüfzeugnis bedarf es nicht, wenn die Lüftungsleitung der DIN EN 13501-3 entspricht [3]. In Bild 10.6.1 sind Beispiele für die Lüftungsleitungsdurchführungen durch Brandwände angegeben.

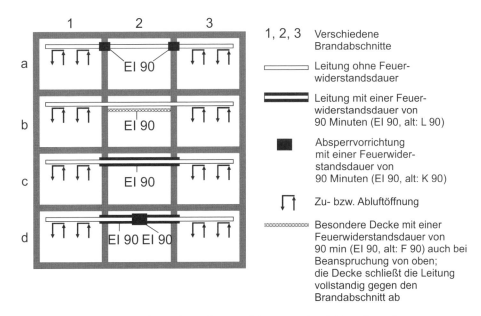

Bild 10.6.1: *Beispiele für Lüftungsleitungsführungen durch Brandwände*

Der Einbau von Lüftungsleitungen, welche durch Brandwände führen, erfordert ein Brandschutzkonzept, in dem alle konstruktiven Details über die Ausbildung des Lüftungsleitungsnetzes zu klären sind. Die Brandabschnittsüberbrückungen können durch Brandschutzklappen 90 oder feuerbeständige Lüftungsleitungen EI 90 oder feuerbeständige Unterdecken EI 90 oder einer Kombination aus diesen Bauteilen gegen Brandübertragung gesichert werden, d. h. die Sicherung der Brandübertragung erfolgt alternativ durch:

— Brandschutzklappen,
— feuerbeständige Lüftungsleitung,
— feuerbeständige Unterdecken nach [9] und Wände nach [8] oder [21].

Die Anforderungen an Lüftungsleitungen erstrecken sich auf das Brandverhalten der für die Lüftungsleitung verwendeten Baustoffe und auf die erforderliche Feuerwiderstandsfähigkeit, um die Übertragung eines Brandes in andere Geschosse, Brandabschnitte, Treppenräume oder notwendige Flure als Rettungswege auszuschließen. Die Bauordnungen sehen die grundsätzliche Verwendung nichtbrennbarer Baustoffe (Klasse A) vor, jedoch gibt es auch Ausnahmen, wenn Bedenken wegen des Brandschutzes nicht bestehen. Ausnahmen von der Verwendung nichtbrennbarer Baustoffe können aber keinesfalls gestattet werden, wenn

— die Lüftungsleitungen in Treppenräumen liegen,
— in ihnen Luft von $\geq 85\ °C$ gefördert wird,
— sich in den Leitungen brennbare Stoffe ablagern können (z. B. Fettstäube in Abluftleitungen für gewerbliche Küchen),

— die Lüftungsleitungen in notwendigen Fluren liegen, es sei denn, die Leitung ist klassifiziert, z. B. EI 30.

Aufhängungen, Befestigungen und Lagerungen von Lüftungsleitungen müssen über die gesamte Feuerwiderstandsdauer der Lüftungsleitung funktionsfähig sein. Für ungeschützte Stahlkonstruktionen ist die Befestigung im Brandfall dann gewährleistet, wenn folgende Vielfache der Lastannahmen bezogen auf 20 °C und St 360 der Dimensionierung der Abhängungen zugrunde gelegt werden:

— für EI 30 ...... 10fach
— für EI 60 ...... 20fach
— für EI 90 ...... 30fach

Lüftungsleitungsdurchführungen durch Brandwände sind in Verbindung mit der gesamten Lüftungsanlage so zu planen und auszuführen, dass eine Brandübertragung von einem Brandabschnitt in den anderen verhindert wird. Beispiele für Gefahren und Brandübertragungsursachen durch Lüftungsleitungen sind in dem Bild 10.6.2 angegeben. Insbesondere sind die thermischen Ausdehnungen und daraus resultierende Kräfte in Längsrichtung von Lüftungsleitungen zu beachten und konstruktiv zu berücksichtigen.

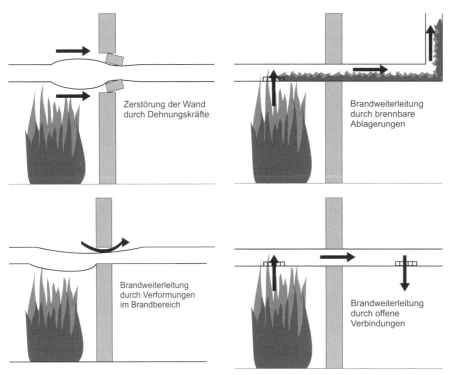

Bild 10.6.2:   *Brandübertragung in oder durch Lüftungsleitungen in einer Wand*

Im Bild 10.6.3 ist eine EI 90-Wanddurchführung der Klasse EI 90 gemäß amtlichem Nachweis bzw. Bauregelliste A Teil 3, Nr. 4 dargestellt. Der Stahlblechkanal ist von einer 40 mm dicken Silikat-Brandschutzplatte vollständig umschlossen und wird durch eine Trennwand REI 90 hindurchgeführt. Die Fuge von ≤ 40 mm Breite ist mit einem zugelassenen Brandschutzschaum vollständig abgedichtet. Die REI 90-Trennwand ist mindestens 150 mm dick.

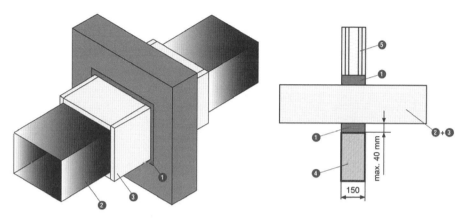

Legende
1   Brandschutzschaum (Zulassung)
2   Stahlblechlüftungsleitung
3   selbstständige Lüftungskanäle (Silikat-Brandschutzplatten)
4   Massivwand REI 90
4   Leichte Trennwand EI 90

Bild 10.6.3:   EI 90-Lüftungskanal mit EI 90-Wanddurchführung nach allgemeinem bauaufsichtlichen Prüfzeugnis für REI 90-Massivwände und EI 90-leichte Trennwände nach [23]

Wanddurchführungen mit anderen Werkstoffen sind verfügbar bzw. müssen ein bauaufsichtliches Prüfzeugnis (ABP), Bauregelliste A, Teil 3, lfd. Nr. 4 haben.

10.7 Kabelabschottungen

In EN 1366-3 (s. [13]) sind die Prüfanforderungen an Brandabschottungen für Durchführungen von Kabeln, elektrischen Leitungen und Stromleitern durch Wände und Decken festgelegt. In der Tabelle 10.7.1 sind die verwendeten Feuerwiderstandsklassen angegeben [15]. Die Abkürzung „IncSlow" hinter der Klassifizierung bedeutet, dass die Schwelfeuerkurve zur Anwendung gelangt.

Werden die Leitungen vereinzelt durch Wände oder Decken geführt und wird der verbliebene Restquerschnitt ordnungsgemäß verschlossen, ist eine Brandübertragung nicht zu befürchten. Voraussetzung ist aber, dass zwischen den Kabeln ein Raum verbleibt, der gut verfüllt werden kann. Bei Massivdecken und -wänden werden im Allgemeinen zum Verschluss des Restquerschnittes Mörtel oder Beton verwendet. Sollen Mineralfasern dazu verwendet werden, dann müssen diese eine Schmelztemperatur von ≥ 1000 °C besitzen [24]. Die Verschlüsse werden auf der Oberfläche mit einem Mörtelglattstrich versehen [25].

Bei der Durchführung gebündelter elektrischer Leitungen wird davon ausgegangen, dass in der Wand oder in der Decke bereits beim Rohbau ein Loch gelassen wird, damit bei der Installation die Leitungen frei oder auf Pritschen durchgeführt werden können. Der verbliebene Öffnungsquerschnitt wird anschließend so verschlossen, dass einerseits die Feuerwiderstandsklasse der Wand oder der Decke erhalten bleibt, andererseits aber eine Nachbelegung ohne übermäßigen Aufwand und ohne Beschädigung der vorhandenen Kabel möglich ist. Als Abschottungsmaterialien kommen hierfür besonders Mörtel (Hartschott) oder Mineralfasererzeugnisse (Weichschott) oder auch Kombinationen von diesen zur Anwendung, teilweise auch mit Unterstützung von dämmschichtbildenden (unter Temperatur aufschäumenden) Anstrichen, Brandschutzschaum sowie Putzen oder Kitten. Diese Kabelabschottungen werden nach der DIN EN 1366-3 geprüft und beurteilt.

Tabelle 10.7.1: Feuerwiderstandsklassen für Kabelabschottungen nach DIN EN 13501 Teil 2

Feuerwiderstandsklasse	Feuerwiderstandsdauer t in Minuten	Bauaufsichtliche Benennung
EI 30-IncSlow	30 ≤ t < 60	feuerhemmend
EI 60-IncSlow	60 ≤ t < 90	hochfeuerhemmend
EI 90-IncSlow	90 ≤ t < 120	feuerbeständig
EI 120-IncSlow	120 ≤ t < 120	---
EI 180-IncSlow	180 ≤ t	hochfeuerbeständig

Kabelabschottungen bestehen im Wesentlichen aus der umschließenden Wand oder Decke, den durchgeführten Leitungen, dem Schottungssystem und – soweit erforderlich – dem Befestigungselement. Zu beachten ist, dass besonders wärmedämmende Schottungs- oder Beschichtungsmaterialien in dicken Schichten zu einer Temperaturerhöhung in den Leitungen und damit zu einer Verminderung der Belastbarkeit von Energieleitungen führen können. Den möglichen Aufbau einer Kabelabschottung zeigt das Bild 10.7.1.

Kabelabschottungen müssen bei der Brandprüfung während der angestrebten Feuerwiderstandsdauer das Durchdringen von Feuer und Rauch und sonstigen gasförmigen Zersetzungsprodukten verhindern [13]. Auf der dem Feuer abgekehrten Seite des Probekörpers dürfen keine entzündlichen Gase auftreten, die nach Wegnahme einer fremden Zündquelle allein weiterbrennen. Die Temperatur an der feuerabgekehrten, sichtbaren Oberfläche von Kabeln oder Stromleiter mit brennbaren Isolierungen darf max. 180 °C betragen.

Bei Stromschienen mit einer elektrischen Isolierung aus nichtbrennbaren Materialien (Baustoffklasse A) darf die Oberflächentemperatur der Stromschienen auf der feuerabgekehrten Seite 200 °C bzw. bei Betriebsspannungen unter 65 V 250 °C nicht überschreiten; hierbei ist jedoch zu beachten, dass der Betreiber dafür Sorge tragen muss, dass in der Nähe der Stromschienendurchführung keine Materialien vorhanden sind, die sich unterhalb dieser Temperatur entzünden können.

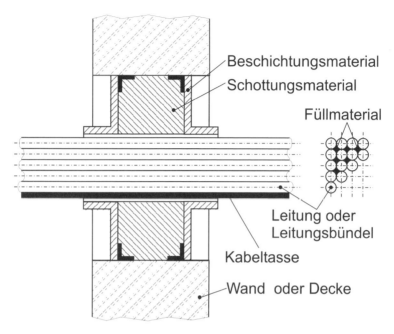

Bild 10.7.1: Prinzipskizze einer Kabelabschottung durch eine massive Wand nach allgemeinem bauaufsichtlichem Prüfzeugnis

Hersteller von Kabelabschottungen müssen für jedes Bauvorhaben eine Werksbescheinigung nach DIN 50049 „Bescheinigung über Werkstoffprüfungen" ausstellen. Dabei muss er in allen Punkten bestätigen, dass die von ihm ausgeführten Kabelabschottungen den Bestimmungen der bauaufsichtlichen Zulassungsbescheide bzw. den Angaben des allgemeinen bauaufsichtlichen Prüfzeugnisses entsprechen. Bei Durchführungen von stromführenden Leitungen durch Wände oder Decken, insbesondere durch Brandwände ist somit Folgendes zu beachten:

a) Einzelne elektrische Leitungen:

— Besondere Maßnahmen sind in der Regel nicht erforderlich, wenn die verbleibende Wandöffnung mit Zementmörtel oder Mineralfasern plus Mörtelglattstrich vollständig verschlossen wird.

b) Gebündelte elektrische Leitungen:

— Gebündelte elektrische Leitungen und Leitungen mit größerem Querschnitt müssen bei der Durchführung durch Brandwände mit Kabelabschottungen versehen werden,

- die Kabelabschottungen müssen von der Baubehörde zugelassen sein,
- jede Kabelabschottung muss auf einem Schild wie folgt gekennzeichnet sein:

  - Name und Hersteller der Abschottung,
  - Bezeichnung der Abschottung,
  - Zulassungsnummer,
  - Herstellungsjahr.

c) Kabelbündel und elektrische Leitungen mit Funktionserhalt nach [26]:

- Kabelbündel dürfen in Kabelkanäle mit entsprechender Feuerwiderstandsdauer, z.B. E 30 verlegt werden.
- Die Durchführungen der Kabelkanäle müssen die erforderliche Feuerwiderstanddauer in den Wänden oder Decken erreichen, z.B. EI 30.
- Der Kabelkanal darf nicht zur Brandweiterleitung beitragen.
- Es wird empfohlen den Kanal so zu dimensionieren, dass die Temperatur der Kabel während des Brandversuchszeitraumes 150 °C nicht überschreitet.
- Bei Anordnung von Kabelpritschen muss die Belastung der Kanäle entsprechend einer statischen Bemessung erfolgen.
- Bei Ausführung ohne Kabelpritschen können die Kanäle in der Regel mit max. 30 kg/m Kabelmasse belastet werden.

In dem Bild 10.7.2 ist ein E 30-Kabelkanal für Kabel mit Funktionserhalt beispielhaft dargestellt. Kanäle dieser Art sind brandschutztechnisch geprüft und müssen einen amtlichen Nachweis (allgemeines bauaufsichtliches Prüfzeugnis) gemäß Bauregelliste A Teil 3, lfd. Nummer 9 aufweisen. Um eine Erwärmung der Kanäle von innen (Verlustwärme der spannungsführenden Leitungen) zu vermeiden, können die Kanäle mit Be- und Entlüftungen ausgestattet werden, welche die Feuerwiderstandsdauer nicht beeinträchtigen dürfen (Zulassung). Ebenso ist es möglich auf der gesamten Kabellänge lose aufgelegte Deckel anzuordnen, um eine spätere Nachbelegung problemlos zu ermöglichen.

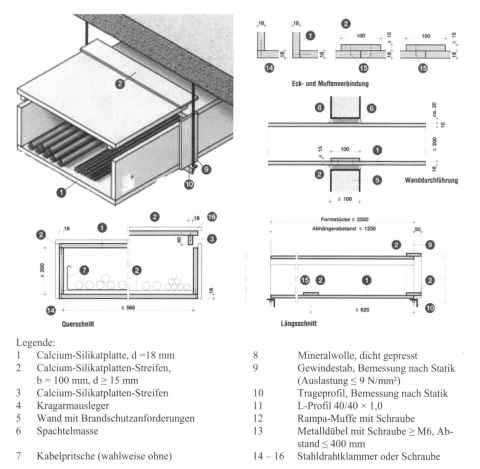

Legende:
1 Calcium-Silikatplatte, d = 18 mm
2 Calcium-Silikatplatten-Streifen, b = 100 mm, d ≥ 15 mm
3 Calcium-Silikatplatten-Streifen
4 Kragarmausleger
5 Wand mit Brandschutzanforderungen
6 Spachtelmasse
7 Kabelpritsche (wahlweise ohne)
8 Mineralwolle, dicht gepresst
9 Gewindestab, Bemessung nach Statik (Auslastung ≤ 9 N/mm²)
10 Trageprofil, Bemessung nach Statik
11 L-Profil 40/40 × 1,0
12 Rampa-Muffe mit Schraube
13 Metalldübel mit Schraube ≥ M6, Abstand ≤ 400 mm
14 – 16 Stahldrahtklammer oder Schraube

Bild 10.7.2: Kabelkanal mit Funktionserhalt von Kabeln mit Abhängekonstruktionen der Klasse E 30 nach [23]

10.8 Brandschutzverglasungen

— Brandschutzverglasungen nach [27] werden nunmehr nach DIN EN 1364-1 (s. [8]) geprüft und je nach Brandverhalten in E-Verglasungen und EI-Verglasungen unterteilt, d. h., es gilt zu unterscheiden zwischen
— strahlungsdurchlässigen Verglasungen, das sind Verglasungen die nur den Raumabschluss gewährleisten ohne Temperaturbegrenzung auf der feuerabgekehrten Seite (europäische Klassen E 30, E 60, E 90, E120),
— strahlungsundurchlässigen Verglasungen, welche die Kennbuchstaben EI vor der Feuerwiderstandsklasse tragen, weil sie alle Anforderungen an raumabschließende Bauteile einschließlich der Temperaturbegrenzung von 140/180 K erfüllen (europäische Klassen: EI 30, EI 60, EI 90, EI 120).

Einbaubeispiele und Anwendungen von Brandschutzverglasungen sind in [28] zu finden. Die Verglasungen bilden eine Einheit, bestehend aus den

- Gläsern selbst,
- Rahmen einschließlich der Dichtungsprofile,
- Befestigungen der Rahmen bzw. Einbauelementen an den anschließenden Bauteilen.

Wegen der wechselseitigen Beeinflussung dieser drei Faktoren und der notwendigen Interpretation der Prüfergebnisse ist ein Brauchbarkeitsnachweis in Form einer allgemeinen bauaufsichtlichen Zulassung zu führen. Darüber hinaus sind Brandschutzverglasungen grundsätzlich an den Kriterien einer Wand zu beurteilen (siehe Tabelle 10.8.1).

Tabelle 10.8.1: Anforderungen an Brandschutzverglasungen nach DIN EN 1364-1

	EI-Verglasung mit Strahlungsbehinderung	E-Verglasung ohne Strahlungsbehinderung
	Brandbeanspruchung nach Einheits-Temperaturkurve (ETK)	
1. 2. 3.	Verglasung darf unter Eigenlast nicht zusammenbrechen *) Durchgang von Feuer und Rauch muss verhindert werden Verglasung muss als Raumabschluss wirksam bleiben, d.h. keine Flammen auf der feuerabgekehrten Seite	
4.	angehaltener Wattebausch darf nicht zünden oder glimmen	entfällt
5.	die vom Feuer abgekehrte Oberfläche darf sich um nicht mehr als 140 K (Mittelwert) bzw. 180 K größter Einzelwert) erwärmen	entfällt

*) Bei Verglasungen mit Verkehrslasten siehe z. B. DIN 1045.

Die grundlegenden Unterschiede in den beiden Arten von Brandschutzverglasungen gehen aus Tabelle 10.8.1 hervor. Daraus ist ersichtlich, dass Verglasungen der EI-Klasse alle Anforderungen an raumabschließende Wände erfüllen, während die Verglasungen der E-Klasse zwar den Durchgang von Feuer und Rauch für die Klassifizierungszeit verhindern, aber eine Durchzündung eintritt, wenn im Durchstrahlungsbereich auf der dem Feuer abgewandten Seite zündfähige Gegenstände vorhanden sind.

E-Verglasungen:

E-Verglasungen (s. Tabelle 10.8.2) sind starre Abschlüsse von Öffnungen in mindestens brandhemmenden Wänden; sie müssen bestimmungsgemäß den Durchtritt von Flammen und Rauch verhindern, unterliegen jedoch an der dem Feuer abgekehrten Seite nicht der Temperaturbeschränkung von Bauteilen gemäß [8]. Wegen des Durchtritts der Wärmestrahlung durch solche Verglasungen sind für brennbare Materialien und im Hinblick auf angrenzende Fluchtwege auf der dem Feuer abgewandten Seite entsprechende Sicherheitsabstände notwendig.

Für die strahlungsdurchlässigen E-Verglasungen kommen in Betracht:

- Drahtgussglas und Drahtspiegelglas von etwa 6 mm Dicke mit mittig liegendem Drahtnetz,
- Profilglas mit Drahteinlage,
- Glasbausteine nach DIN 18175,

- vorgespanntes Floatglas,
- vorgespanntes Borosilikatglas,
- Mehrscheibengläser mit Wasserglassilikat-Zwischenschicht,
- Mehrscheibengläser mit zwischenliegender Folie.

Tabelle 10.8.2: Feuerwiderstandsklassen von Brandschutzverglasungen nach EN 13501 Teil 2

Feuerwiderstandsklasse	Feuerwiderstandsdauer t in Minuten
E 30	$30 \leq t < 60$
E 60	$60 \leq t < 90$
E 90	$90 \leq t < 120$
E 120	$120 \leq t$

Bei Drahtglas und bei Wänden aus Glasbausteinen wird die raumabschließende Wirkung dadurch erzielt, dass die Teile des unter der Brandtemperatur frühzeitig gesprungenen Glases durch das verbleibende Glasgewebe bzw. durch die bewehrten Fugen zusammengehalten werden. Bei vorgespanntem Glas wird durch die speziell eingestellte Vorspannung das Zerspringen der Scheiben durch die Spannungsdifferenz zwischen dem kalten Teil im Falz und dem erwärmten Spiegel verhindert. Das Versagen tritt dann durch den temperaturbedingten Schmelzvorgang des Glases ein, sofern nicht durch den Einbau vorzeitig Risse entstehen.

Bei Borosilikatglas mit Vorspannung handelt es sich um Gläser mit einem sehr geringen Wärmeausdehnungskoeffizienten – was das Auftreten von Temperaturspannungen und Zerspringen verhindert – und einer wesentlich günstigeren Viskosität, so dass das Schmelzen erst bei höheren Temperaturen als bei Floatglas beginnt. Solche Gläser können vor allem bei großflächigen Bauteilen zu guten Lösungen führen. Da die o. g. Gläser in hohem Maße strahlungsdurchlässig sind, können nur Rahmen verwendet werden, die nicht durch Wärmestrahlung entzündet werden, z. B. Rahmen aus Stahl, Beton, Gipskartonplatten, Calciumsilikatplatten, gegen Entflammen geschütztes Holz. Der typische Anwendungsbereich dieser E-Verglasungen ist der Einbau in Flurwänden, bei denen wegen der seitlichen Begrenzung eines Rettungsweges die Forderung nach feuerhemmender Bauweise besteht. Der Einbau ist nur in Höhen über 1,80 m zulässig, damit der Flur im Strahlungsschatten noch benutzbar bleibt, und weil in diesem Bereich eine Durchzündung nicht eintreten kann, wenn ausschließlich nichtbrennbare Wand- und Deckenbekleidungen vorhanden sind. Im Rahmen der europäischen Normung werden nichttragende Wände mit E-Verglasungen nach DIN EN 1364-1 geprüft und in den Klassen E 30 bis E 90 klassifiziert.

EI-Verglasungen:

EI-Verglasungen müssen zusätzlich zu den o. g. Anforderungen auch den Durchgang von Wärmestrahlung verhindern. Die Glasscheiben dürfen sich an der dem Feuer abgekehrten Seite im Mittel um nicht mehr als 140 K über der Temperatur bei Versuchsbeginn erwärmen; an keiner Messstelle darf sich hierbei die Temperatur um mehr als 180 K über die Anfangstemperatur erhöhen. Dieses wird in der Praxis dadurch erreicht, dass auf die Verglasungen schaumbildende, nicht transparente Schutzschichten aufgebracht werden. Nach den bisher erteilten Zulassungen sind folgende Scheibenkonstruktionen in der Praxis anwendbar:

— Mehrscheibengläser aus Floatglas mit Zwischenschichten z.B. aus Natrium-Silikaten (Wasserglas),
— Mehrscheibengläser aus Borosilikatglas mit Zwischenschichten bzw. Gelfüllungen,
— Scheiben in der Bauart von Mehrscheibenisolierverglasungen mit Gelfüllungen in den Zwischenräumen zwischen vorgespannten Gläsern, z. B. ESG.

Die Schutzwirkung der EI-Brandschutzverglasungen beruht auf folgenden Effekten: Durch das hintereinander auftretende Aufschäumen des Natrium-Silikats nach dem Zerspringen der auf der (heißen) Brandseite liegenden Scheibe bzw. durch die infolge der Brandtemperatur eintretende Umsetzung der Gelfüllung tritt neben der Dämmung der Wärmestrahlung aufgrund der fehlenden Transparenz auch eine Dämmung der Wärmeleitung auf, so dass die auf der dem Feuer abgekehrten Seite angeordnete raumabschließende Scheibe erhalten bleibt. Können vorzeitig, d. h. vor dem Aufschäumen, bereits hohe Temperaturen auf die Rückseite der Verglasung gelangen, tritt mit dem Zerspringen der Scheibe auch das Versagen der Brandschutzverglasung ein.

Die Konstruktion der Verglasung muss so gestaltet sein, dass die aus einer benachbarten Tür herrührenden Schließkräfte und die während eines Brandes entstehenden Verformungskräfte aufgenommen werden können. Daher ist in den bauaufsichtlichen Zulassungen für EI-Verglasungen angegeben, ob – und wenn ja – welche Feuerschutztüren in Verbindung mit den EI-Verglasungen eingebaut werden dürfen.

Glaskonstruktionen werden derzeit in vielfältigen Formen und Anwendungsbereichen eingesetzt, weil sie nicht nur als Belichtungselemente, sondern vor allem als Ganzglaswände und -türen eingesetzt werden. E 30- oder EI 30-Türen sind insbesondere im Bereich von Fluchtwegen von Vorteil, weil sie für eine gewisse Zeitdauer transparent sind und die Rauchentwicklung auf der Brandseite, z.B. innerhalb eines langen, unterteilten Flurbereiches unmittelbar erkennbar ist und die Tür selbst sogar als Rauchschutztür ausgebildet und klassifiziert werden kann.

In der Praxis kommen auch ganze Wände (Ganzglaswände) als EI 60-oder EI 90- Bauteile zur Anwendung. Für diese Konstruktionen müssen amtliche Nachweise (allgemeine bauaufsichtliche Prüfzeugnisse) vorliegen und eventuell zusätzliche Nachweise erbracht werden. Auf dem Bild 10.8.1 ist eine solche Ganzglaswand mit den dazugehörigen Anschlüssen und Glasfugenausbildungen beispielhaft dargestellt.

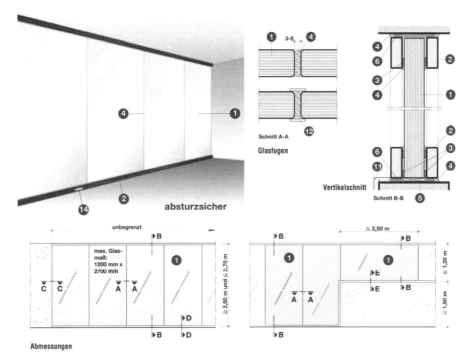

Legende:
1 Systemglas EI 90, kantenfein, d = 43 mm
2 Stahl-Hohlprofil, wahlweise Edelstahl, ≥ 50/≥ 20 × ≥ 2,0
3 Vorlegeband 12 mm × 3 mm
4 Systemglas-Silikon (Zulassung)
5 Verglasungsklötzchen, 2 Stück je Scheibe, nur unten
6 Mineralwolle, nichtbrennbar, Schmelzpunkt > 1000 °C
7 Calcium-Silikatplatten-Streifen, d ≥ 15 mm
8 Calcium-Silikatplatten-Streifen, d = 25 mm
9 Calcium-Silikatplatten-Streifen, d = 2,5 mm
10 Kunststoffdübel mit Schraube
11 Putz bzw. Belag
12 wahlweise Abdeckung aus Edelstahl, Alu, Holz oder Kunststoff
13 Ausgleichsmörtel
14 Kennzeichnungsschild
15 Stahlbauteil mit Calcium-Silikatplatten-Bekleidung
16 Stahl-U-Profil

Bild 10.8.1: Ganzglaswand der Klasse EI 90 bis zu einer Höhe von 2,70 m und unbegrenzter Länge nach allgemeinen bauaufsichtlichen Prüfzeugnis nach [23] u. [28]

In der obigen Konstruktion (Dicke d = 43 mm) betragen die maximalen Glasmaße 1200 x 2700 mm. Jede Scheibe steht auf zwei Verglasungsklötzchen und wird von oben und unten von Stahlhohlprofilen gehalten, welche mit den angrenzenden Massivbauteilen gemäß Zulassung verbunden werden. Für die Anschlüsse ist die angegebene Querkraft nach Zulassung zu beachten. Die Scheiben können auch als Lichbänder im Querformat eingesetzt werden. Die Ausbildung der Glasfuge ist in den Details 4 und 12 auf Bild 10.8.1 gesondert dargestellt.

10.9 Elektrische Installationsanlagen mit Funktionserhalt

Elektrische Anlagen mit Funktionserhalt sind ggf. bei baulichen Anlagen besonderer Art oder Nutzung für sog. „Brandschutzeinrichtungen und Brandschutzvorkehrungen" erforderlich, die im § 2 MBO Absatz (4), benannt sind und an welche besondere brandschutztechnische Anforderungen gestellt werden können. Bei ihnen kommt es darauf an, dass sie auch bei einem Brand für eine bestimmte Zeit funktionsfähig bleiben. Das trifft insbesondere zu für:

— Brandmeldeanlagen, einschließlich der zugehörigen Übertragungsleitungen,
— Anlagen zur Alarmierung und Erteilung von Anweisungen an Besucher und Beschäftigte,
— Sicherheitsbeleuchtung; ausgenommen sind Leitungsanlagen in Räumen, in denen Sicherheitsleuchten an diese Leitungsanlagen angeschlossen sind,
— Personenaufzüge mit Evakuierungsschaltung; ausgenommen sind Leitungsanlagen, die sich innerhalb der Fahrschächte oder der Triebwerksräume befinden.

Diese Anlagen müssen mindestens 30 Minuten unter Vollbrandbedingungen (ETK) im Zuleitungsbereich funktionsfähig bleiben. Darüber hinaus ist eine Mindestfunktionsfähigkeit von 90 Minuten sicherzustellen für:

— Wasserdruckerhöhungsanlagen zur Löschwasserversorgung,
— Anlagen zur Abführung von Rauch und Wärme im Brandfall,
— Feuerwehraufzüge und notwendige Bettenaufzüge in Krankenhäusern.

Für die Einhaltung dieser Anforderungen kommt es auf die Beschaffenheit oder den Schutz der Leitungen an, die bislang nach DIN 4102 Teil 12 geprüft und klassifiziert wurden [26]. Versagenskriterien sind bei der Brandbeanspruchung unter den Vollbrandbedingungen der ETK der eingetretene Kurzschluss oder die Unterbrechung des Stromflusses. Eine derartige Prüfung ist im Rahmen der europäischen Normung nicht vorgesehen. Es gibt jedoch als Brandschutzkriterien die neuen Bezeichnungen P und PH für die Aufrechterhaltung der Energieversorgung und/oder Signalübermittlung, welche z.B. im Zusammenhang mit Bauteilprüfungen angewendet werden dürfen und somit Klassifizierungen E 30-P bzw. E 30-PH ermöglichen.

10.10 Rohrleitungen und Rohrdurchführungen

Rohrleitungsanlagen nach [29] sind brandschutztechnisch zu beurteilen hinsichtlich

— der bei einem Brand frei werdenden Wärmemenge bei Rohren aus brennbaren Stoffen und bei Rohrisolierungen aus brennbaren Dämmstoffen,
— der Durchdringung von raumabschließenden Bauteilen durch Rohre,
— den in den Rohren transportierten Medien.

Brennbare Rohre und Rohrummantelungen aus brennbaren Dämmstoffen können einen erheblichen Beitrag zur Brandlast liefern, der sowohl bei Brandlastermittlung als auch bei der Beurteilung der Feuerwiderstandsdauer von Geschossdecken mit notwendigen Unterdecken und auch bei der Verlegung von Rohrleitungen in Rettungswegen zu berücksichtigen ist. Dabei sind die Brandlasten aus der Elektroinstallation und aus den Rohrleitungsanlagen zusammenzufassen. Die bei Decken und Unterdecken üblicherweise anzunehmende Toleranzgrenze von ≤ 7 kWh/m^2 bezieht sich weitgehend auf brennbare Kabelisolierungen und auf Rohre bzw. Dämmstoffe (vgl. DIN 4102 Teil 4, Abschnitt 6.5.1.2).

Die DIN EN 1366-3 bildet die Beurteilungs- und Prüfgrundlage sowohl für die Durchführung von brennbaren als auch die Durchführung von nichtbrennbaren Rohren [13]. Es werden folgende Feuerwiderstandsklassen unterschieden:

EI 30, EI 60, EI 90 und EI 120.

Nach deutschen Vorschriften wird keine höhere Klasse als EI 90 verlangt. Eine Übertragung von Feuer und Rauch ist nach dem bisherigen Stand basierend auf der DIN 4102-11 – ohne dass es eines besonderen Nachweises bedarf – in folgenden Fällen nicht zu befürchten:

Bei der Durchführung von Leitungen
— für Wasser und Abwasser aus nichtbrennbaren Rohren mit Ausnahme von solchen aus Faserzement oder Aluminium, wenn der Raum zwischen den Rohrleitungen und dem verbliebenen Öffnungsquerschnitt mit nichtbrennbaren, formbeständigen Baustoffen vollständig geschlossen wird; werden bei Bauteilen aus mineralischen Baustoffen z. B. Mörtel oder Beton, hierzu Mineralfaserplatten verwendet, so müssen diese eine Schmelztemperatur von mindestens 1000 °C aufweisen [24];
— aus brennbaren Rohren oder von Rohren aus Faserzement oder Aluminium durch Wände (nach Landesrecht), wenn die Rohrleitungen auf einer Gesamtlänge von 4 m, jedoch auf keiner Seite weniger als 1 m, mit mineralischem Putz mindestens 15 mm dick auf nichtbrennbaren Putzträgern oder auf Holzwolle-Leichtbauplatten nach DIN 1101 oder mit einer gleichwertigen Bekleidung aus nichtbrennbaren Baustoffen ummantelt sind; abzweigende Rohrleitungen, die nur auf einer Seite der Trennwände und nicht durch Decken geführt werden, brauchen nicht ummantelt zu werden;
— aus brennbaren Rohren oder Rohren aus Faserzement oder Aluminium durch Decken (nach Landesrecht), wenn die Rohre durchgehend in jedem Geschoss, außer im obersten Geschoss von Dachräumen, mit mineralischem Putz mindestens 15 mm dick auf nichtbrennbaren Putzträgern oder auf Holzwolle-Leichtbauplatten nach DIN 1101 oder mit einer gleichwertigen Bekleidung aus nichtbrennbaren Baustoffen ummantelt bzw. bekleidet oder abgedeckt werden; bei Leitungen aus schwerentflammbaren Rohren oder aus Faserzement oder Aluminium sind diese Schutzmaßnahmen nur in jedem zweiten Geschoss erforderlich.

Das nachfolgende Bild 10.10.1 zeigt derzeit übliche Ausführungen von Rohrdurchführungen mit d > 110 mm für Rohrwerkstoffe aus PVC-U, PVC-HI, PP, PE-HD, ABS, ASA, PE-X und PB durch sogenannte Rohrmanschetten, welche im Brandfall die Rohröffnungen für die Durchführung von brennbaren Rohren durch Wände und Decken durch Aufschäumen verschließen. Derartige Brandschutzmanschetten werden für Rohrleitungen für nichtbrennbare Flüssigkeiten und nichtbrennbare Gase, Abwasserleitungen, Rohrpostleitungen und Staubsaugleitungen eingesetzt. Durchführungen dieser Art brauchen eine bauaufsichtliche Zulassung bzw. ein allgemeines bauaufsichtliches Prüfzeugnis.

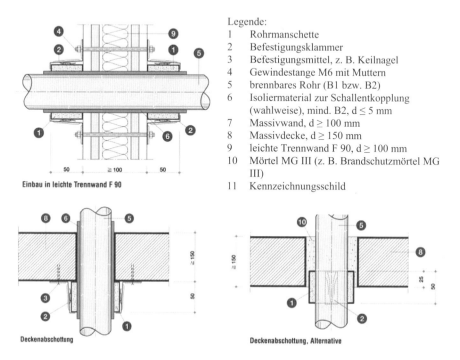

Legende:
1 Rohrmanschette
2 Befestigungsklammer
3 Befestigungsmittel, z. B. Keilnagel
4 Gewindestange M6 mit Muttern
5 brennbares Rohr (B1 bzw. B2)
6 Isoliermaterial zur Schallentkopplung (wahlweise), mind. B2, $d \leq 5$ mm
7 Massivwand, $d \geq 100$ mm
8 Massivdecke, $d \geq 150$ mm
9 leichte Trennwand F 90, $d \geq 100$ mm
10 Mörtel MG III (z. B. Brandschutzmörtel MG III)
11 Kennzeichnungsschild

Bild 10.10.1: Rohrdurchführungen brennbarer Rohre durch leichte Trennwände, massive Decken oder massive Wände mit Brandschutzmanschetten nach [23]

10.11 Installationsschächte und -kanäle

Die DIN EN 1366-5 bildet die Grundlage der Klassifizierung von horizontalen und vertikalen Installationskanälen. Je nach der Zweckbestimmung unterscheidet man:

– Installationsschächte nach [29] für nichtbrennbare Installationen (geringe Mengen brennbarer Baustoffe z. B. für Dichtungen und für körperschallgedämmte Befestigungen sind zulässig),
– Installationsschächte für beliebige Installationen,
– Installationsschächte für Elektroleitungen,
– Installationskanäle für Elektroleitungen.

Schächte in Massivbauweise werden im Regelfall im Bereich der Decken abgeschottet sein um die Brandschutzbarriere der Geschossdecke nicht zu unterbrechen. Nach den Bestimmungen der Landesbauordnungen sind Installationsschächte und -kanäle sowie ihr Bekleidungen und ihre Dämmstoffe aus nichtbrennbaren Baustoffen herzustellen. Hiervon können Ausnahmen gestattet werden, wenn Bedenken wegen des Brandschutzes nicht bestehen. In Einzelvorschriften der obersten Bauaufsichtsbehörden der Länder, in Nordrhein-Westfalen z. B. in den Verwaltungsvorschriften zur Landesbauordnung, in anderen Ländern in den „Richtlinien über die Verwendung brennbarer Baustoffe im Hochbau", sind Fälle beschrieben, bei denen Bedenken wegen des Brandschutzes nicht bestehen.

Werden z. B. Installationsschächte und -kanäle durch Decken und Wände hindurchgeführt, an die keine Anforderungen hinsichtlich ihrer Feuerwiderstandsklasse gestellt werden, so bestehen keine Bedenken aus Gründen des Brandschutzes, wenn die Verwendung schwerentflammbarer Baustoffe gestattet wird. Für äußere Bekleidungen, Anstriche und Dämmschichten auf Installationsschächten und -kanälen dürfen schwerentflammbare Baustoffe verwendet werden, wenn die Bekleidungen, Anstriche und Dämmschichten nicht durch Wände und nicht durch Decken hindurchgeführt werden, für die mindestens die Feuerwiderstandsklasse REI 30 vorgeschrieben ist.

Für Installationsschächte und -kanäle in Treppenräumen mit notwendigen Treppen nach [16] in Fluren, die als Rettungswege dienen und über Unterdecken, an die brandschutztechnische Anforderungen gestellt sind, ist die Verwendung brennbarer Baustoffe unzulässig. Gemäß DIN EN 1366-5 sind Installationsschächte und -kanäle wie folgt klassifiziert:

EI 30, EI 60, EI 90 und EI 120.

Eine Brandprüfung ist nicht erforderlich, wenn der Installationsschacht bzw. der Installationskanal dem Abschnitt 8.6 von DIN 4102 Teil 4 entspricht. Die in DIN 4102 Teil 4 enthaltenen Ausführungen liegen sehr weit auf der sicheren Seite. Das folgende Bild 10.11.1 zeigt die Ausbildung von Schacht- und Trennwänden der Klasse EI 30 und der Anschlussmöglichkeiten an massive Wände. Diese Konstruktionen müssen bauaufsichtlich zugelassen sein bzw. auf der Basis eines allgemeinen bauaufsichtlichen Prüfzeugnisses (ABP) des DIBT errichtet werden.

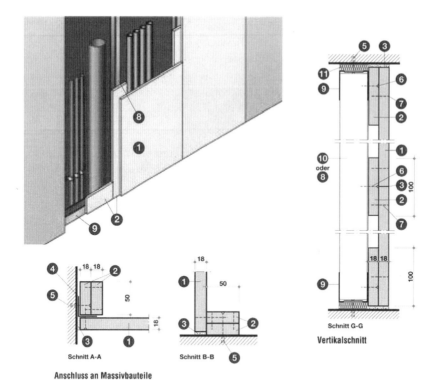

Legende:
1 Calcium-Silikat-Brandschutzplatte, d = 18 mm
2 Calcium-Silikat-Plattenstreifen, d = 18 mm
3 Spachtelmasse
4 L-Profil 30/30 x 1,0
5 Kunststoffdübel mit Schraube, Abstand ca. 500 mm
6 Schnellbauschraube 3,5 x 25, Abstand ca. 250 mm für CW-Profile, Blechschraube 3,5 x 32, Abstand ca. 250 mm für Stahl-Hohlprofile
7 Schnellbauschraube 3,5 x 35, Abstand ca. 200 mm für CW-Profile, Stahldrahtklammer 32/10,7/1,2, Abstand ca. 150 mm
8 C-Wandprofil CW 50/50 x 0,6
9 U-Wandprofil UW 40/50/40 x 0,6
10 Stahl-Hohlprofil
11 Mineralwolle zum Ausstopfen

Bild 10.11.1: Schachtwände der Klasse EI 30 mit Anschluss an Massivbauteile nach [23]

10.12 Bedachungen

Bedachungen müssen nach deutschem Baurecht den Beanspruchungen durch Flugfeuer und Wärmestrahlung nach DIN 4102 Teil 7 von außen widerstehen [30]. Erwartet wird, dass diese Eigenschaften während der gesamten Bestandsdauer der Dachdeckung erhalten bleiben. Harte Dacheindeckungen müssen deshalb i. W. aus nichtbrennbaren Baustoffen bestehen. Als Probekörper sind im Allgemeinen zwei Dächer aufzubauen, eines mit einer Neigung von 15° und eines mit einer Neigung von 45°. Die Probedächer müssen eine Länge von 2,50 m und eine Breite von 2,00 m aufweisen. Das Dach muss in allen Einzelheiten der praktischen Ausführung entsprechen. Bei Lichtkuppeln u. Ä. ist der Versuch sinngemäß durchzuführen, z. B. zwei Versuche an der Begrenzung zur umliegenden Dachfläche und zwei Versuche auf der Kuppelfläche. Die Dachdeckung wird durch einen genormten Zündkörper entzündet. Zur Prüfung wird ein mit 600 g Holzwolle gefüllter Drahtkorb mit 30 x 30 cm Grundfläche und 20 cm Höhe mit 1 cm Abstand auf das Dach gestellt oder über dem Dach aufgehängt. Die Holzwolle wird gleichmäßig entzündet. Der Versuch wird in der Regel viermal an verschiedenen (ungünstigen) Stellen des Daches ausgeführt. Um die Klassifizierung als harte Bedachung zu erhalten, dürfen

— an der Oberfläche oder im Inneren des Daches keine Flächen > 0,25 m^2 zerstört sein,
— flüssig gewordene Teilchen höchstens 0,50 m brennend ablaufen,
— keine Teile des Daches brennend oder glimmend abfallen,
— an der Unterseite des Daches keine Flammen oder Glimmstellen auftreten.

Für die in DIN 4102 Teil 4/+A1:2004-11 aufgeführten Bedachungen gilt der Nachweis der Brandsicherheit gegen Flugfeuer und strahlende Wärme (harte Bedachung) schon als erbracht [19]. Bei Gebäuden geringer Höhe kann evtl. auf eine harte Bedachung verzichtet werden; diese Gebäude müssen aber einen wesentlich größeren Grenzabstand von 12 m einhalten. Im Übrigen gelten die Anforderungen gemäß § 32 Abs. 1 der Musterbauordnung. Widerstandsfähige Bedachungen sind:

— Bedachungen aus natürlichen und künstlichen Steinen der Baustoffklasse A sowie aus Beton oder Ziegel;
— Bedachungen mit einer obersten Lage aus mindestens 0,5 mm dickem Metallblech; das Blech darf sichtseitig polymerbeschichtet sein;
— fachgerechte zweilagige Bedachungen aus:

  - Bitumen Dachbahnen nach DIN 52 128,
  - Bitumen Dachdichtungsbahnen nach DIN 52 130,
  - Bitumen Schweißbahnen nach DIN 52 131,
  - Glasvlies-Bitumen-Dachbahnen nach DIN 52 143.

— Beliebige Bedachungen mit vollständig bedeckender, mindestens 5 cm dicker Schüttung aus Kies 16/32 oder mit Bedachung aus mindestens 4 cm dicken mineralischen Platten. Eine ausführliche Zusammenstellung von Bedachungsarten, brandschutztechnischen Vorschriften an Bedachungen, klassifizierten Bedachungen und Prüfmethoden für Bedachungen ist in [31] zu finden.

Auf europäischer Ebene wurde über die Klassifizierung von Bedachungen keine Einigung erzielt, so dass es nur einen CEN Normenentwurf pr EN 1187 gab, welcher drei Prüfverfahren beschreibt, und zwar:

Teil 1:   das im Wesentlichen bekannte Prüfverfahren nach DIN 4102-7 [30],

Teil 2:   ein im Wesentlichen der nordischen Prüfung entsprechendes Verfahren,

Teil 3: ein im Wesentlichen der französischen Prüfung entsprechendes Verfahren.

Die Europäische Kommission hat trotzdem über die Klassifizierung von Bedachungen entschieden. Den Klassifizierungen liegen die in Tabelle 10.12.1 nach dem Normentwurf der prEN 13501-5:2005 angeführten Anforderungen zu Grunde. Gleichzeitig wurde festgelegt, dass die Klassenentscheidung modifiziert wird, sobald ein vollständig harmonisiertes Prüfverfahren vorliegt. Für tragende Dachkonstruktionen ist eine Prüfung nach DIN EN 1365-2 möglich [10].

In DIN V ENV 1187:2002 sind vier Prüfverfahren, die vier verschiedene Szenarien abdecken, festgelegt [32]. Die Prüfverfahren beurteilen das Brandverhalten von Bedachungen / Dachhäuten unter den folgenden Bedingungen:

a) Das Prüfverfahren 1 beurteilt das Brandverhalten einer Bedachung bei Beanspruchung durch einen Brandsatz;

b) Das Prüfverfahren 2 beurteilt das Brandverhalten einer Dachhaut bei Beanspruchung eines Brandsatzes zusammen mit Wind;

c) Das Prüfverfahren 3 beurteilt das Brandverhalten einer Bedachung bei Beanspruchung eines Brandsatzes zusammen mit Wind und zusätzlicher Strahlung;

d) Das Prüfverfahren 4 beurteilt das Brandverhalten einer Bedachung bei Anwendung eines zweistufigen Prüfverfahrens einschließlich Brandsatz, Wind und zusätzlicher Strahlung.

In Abhängigkeit von der beabsichtigten Klassifizierung, die der Antragsteller anstrebt, wird das anzuwendende Prüfverfahren ausgewählt [32]: Wird lediglich eine Klassifizierung BROOF (t1) angestrebt (siehe Tabelle 10.12.1), wird nur das Prüfverfahren 1 (mit Brandsatz) durchgeführt. Wird lediglich eine Klassifizierung BROOF (t2) angestrebt (siehe Tabelle 10.12.1), wird nur das Prüfverfahren 2 (mit Brandsatz und Wind) durchgeführt. Wird lediglich eine Klassifizierung BROOF (t3) oder CROOF (t3) oder DROOF (t3) angestrebt (siehe Tabelle 10.12.1), wird nur das Prüfverfahren 3 (mit Brandsatz, Wind und zusätzlicher Strahlung) durchgeführt. Wird lediglich eine Klassifizierung BROOF (t4) oder CROOF (t4) oder DROOF (t4) oder EROOF (t4) angestrebt (siehe Tabelle 10.12.1), wird nur das Prüfverfahren 4 (mit zweistufigem Prüfverfahren einschließlich Brandsatz, Wind und zusätzlicher Strahlung) durchgeführt.

Wenn mehr als eine Klassifizierung erforderlich ist, sind alle entsprechenden Prüfverfahren durchzuführen, da es keine direkte Übereinstimmung zwischen den Prüfverfahren gibt und entsprechend keine allgemeine Hierarchien der Klassifizierung zwischen ihnen existieren.

Tabelle 10.12.1: Klassen zum Brandverhalten bei außenseitiger Beanspruchung von Bedachungen/Dachhäuten nach DIN V ENV 1187 nach [32]

Prüfverfahren	Klasse	Klassifizierungskriterien
ENV 1187:2002, Prüfverfahren 1	B_{ROOF} (t1)	Alle folgenden Bedingungen müssen gegeben sein: äußere und innere Feuerausbreitung nach oben < 0,700 m; äußere und innere Feuerausbreitung nach unten < 0,600 m; maximale verbrannte Länge außen und innen < 0,800 m; kein Herabfallen brennenden Materials (Tropfen oder Teile) von der beanspruchten Seite; kein Durchdringen brennender/glimmender Partikel durch die Dachkonstruktion; keine einzelnen Löcher > 25 m^2; Summe aller Löcher < 4 500 mm^2; die seitliche Feuerausbreitung darf nicht die Ränder der Messzone erreichen; kein Glimmen im Innern; maximaler Radius der Feuerausbreitung auf Flachdächern im Innern und auf der Oberfläche < 0,200 m.
	F_{ROOF} (t1)	Keine Leistung festgestellt
ENV 1187:2002, Prüfverfahren 2	B_{ROOF} (t2)	Bei beiden Prüfungen mit 2 m/s und 4 m/s Windgeschwindigkeit: mittlere Länge der Beschädigung von Dachhaut und Trägerplatte ≤ 0,550 m, maximale Länge der Beschädigung von Dachhaut und Trägerplatte ≤ 0,800 m.
	F_{ROOF} (t2)	Keine Leistung festgestellt
ENV 1187:2002, Prüfverfahren 3	B_{ROOF} (t3)	T_E ≥ 30 min und T_P ≥ 30 min
	C_{ROOF} (t3)	T_E ≥ 30 min und T_P ≥ 30 min
	D_{ROOF} (t3)	T_P > 5 min
	F_{ROOF} (t3)	Keine Leistung festgestellt
ENV 1187:2002, Prüfverfahren 4	B_{ROOF} (t4)	Kein Feuerdurchtritt der Bedachung innerhalb von 1 h. In der Vorprüfung brennen die Probekörper nach dem Wegziehen der Prüfflamme für < 5 min. In der Vorprüfung: Flammenausbreitung < 0,38 m im Bereich der Brandstelle.
	C_{ROOF} (t4)	Kein Feuerdurchtritt der Bedachung innerhalb von 30 min. In der Vorprüfung brennen die Probekörper nach dem Wegziehen der Prüfflamme für < 5 min. In der Vorprüfung: Flammenausbreitung < 0,38 m im Bereich der Brandstelle.
	D_{ROOF} (t4)	Feuerdurchtritt der Bedachung innerhalb von 30 min aber kein Feuerdurchtritt in der Vorprüfung. In der Vorprüfung brennen die Probekörper nach dem Wegziehen der Prüfflamme für < 5 min. In der Vorprüfung: Flammenausbreitung < 0,38 m im Bereich der Brandstelle.
	E_{ROOF} (t4)	Feuerdurchtritt der Bedachung innerhalb von 30 min aber kein Feuerdurchtritt in der Vorprüfung. Flammenausbreitung ist nicht kontrolliert.
	F_{ROOF} (t4)	Keine Leistung festgestellt
T_E	Kritische Zeit für die äußere Feuerausbreitung	
T_P	Kritische Zeit für den Feuerdurchtritt	

10.13 Literatur zum Kapitel 10

[1] DIN EN 13501-1: Klassifizierung von Bauprodukten und Bauarten zu ihrem Brandverhalten – Teil 1: Klassifizierung mit den Ergebnissen aus Prüfungen zum Brandverhalten von Bauprodukten

[2] DIN EN 13501-2: Klassifizierung von Bauprodukten und Bauarten zu ihrem Feuerwiderstand – Teil 2: Klassifizierung mit Ergebnissen zum Feuerwiderstand von Bauprodukten, 2002-4

[3] DIN EN 13501-3: Klassifizierung von Bauprodukten und Bauarten zu ihrem Feuerwiderstand – Teil 3: Klassifizierung mir den Ergebnissen aus den Feuerwiderstandsprüfungen an Lüftungsanlagen, 2002-2

[4] DIN EN 13501-5: Klassifizierung von Bauprodukten und Bauarten zu ihrem Feuerwiderstand – Teil 5: Klassifizierung mit den Ergebnissen aus Prüfungen von Bedachungen bei Beanspruchung durch Feuer von außen, 2005-12

[5] DIN EN 1363.1: Feuerwiderstandsprüfungen – Teil 1: Allgemeine Anforderungen, 1999-10

[6] DIN EN 1363-2: Feuerwiderstandsprüfungen – Teil2: Alternativen und ergänzende Verfahren, 1999-10

[7] DIN EN 1363-3: Feuerwiderstandsprüfungen – Teil 3: Nachweis der Ofenleistung, 1999-10

[8] DIN EN 1364-1: Feuerwiderstandsprüfungen für nichttragende Bauteile – Teil 1: Wände, 1999-10

[9] DIN EN 1364-2: Feuerwiderstandsprüfungen für nichttragende Bauteile – Teil 2: Unterdecken, 1999-10

[10] DIN EN 1365-2: Feuerwiderstandsprüfungen für tragende Bauteile – Teil 2: Decken und Dächer, 2000-02

[11] DIN EN 1366-1: Feuerwiderstandsprüfungen – Teil 1: Lüftungsleitungen, 2002-12

[12] DIN EN 1366-2: Feuerwiderstandsprüfungen – Teil 2: Brandschutzklappen, 2002-12

[13] DIN EN 1366.3: Feuerwiderstandsprüfungen – Teil 3: Abschottungen (Rohre, Kabel), 2002-12

[14] DIN EN 1366-4: Feuerwiderstandsprüfungen – Teil 4: Fugenabdichtungssysteme, 2002-12

[15] DIN EN 1366-5: Feuerwiderstandsprüfungen – Teil 5: Installationskanäle, 2002-12

[16] DIN EN 1366-6: Feuerwiderstandsprüfungen – Teil 6: Stiegen, 2002-12

[17] DIN EN 1634-3: Feuerwiderstandsprüfungen – Teil 3: Rauchabschlüsse, 2002-12

[18] DIN EN 1366-7: Feuerwiderstandsprüfungen – Teil 7: Abschottungen von Förderanlagen, 2002-12

[19] DIN 4102 Teil 4/+A1:2004-11: Brandverhalten von Baustoffen und Bauteilen, Zusammenstellung und Anwendung klassifizierter Baustoffe, Bauteile und Sonderbauteile. Beuth Verlag GmbH, Berlin, Nov. 2004

[20] DIN 4102 Teil 3: Brandverhalten von Baustoffen und Bauteilen; Brandwände und nichttragende Außenwände: Begriffe, Anforderungen und Prüfungen. Beuth Verlag GmbH, Berlin, Sept. 1977

[21] DIN EN 1365-1: Feuerwiderstandsprüfungen für tragende Bauteile, Teil 1: Wände, 1999-10

[22] DIN 4102 Teil 6: Brandverhalten von Baustoffen und Bauteilen; Lüftungsleitungen: Begriffe, Anforderungen und Prüfungen. Beuth Verlag GmbH, Berlin, Sept. 1977, (ersetzt durch [11] u. [3])

[23] Kukula, F.: Promat-Handbuch, Bautechnischer Brandschutz AT 1.1, Promat G.m.b.H, Wien, 2006

[24] DIN 4102 Teil 17: Brandverhalten von Baustoffen und Bauteilen; Schmelzpunkt von Mineralfaser-Dämm-Stoffen; Begriffe, Anforderungen, Prüfung. Beuth Verlag GmbH, Berlin, Dezember 1990

[25] DIN 4102 Teil 9: Brandverhalten von Baustoffen und Bauteilen; Kabelabschottungen: Begriffe, Anforderungen und Prüfungen. Beuth Verlag GmbH, Berlin, Mai 1990, (ersetzt durch [13] u. [2])

[26] DIN 4102 Teil 12: Brandverhalten von Baustoffen und Bauteilen; Funktionserhalt von elektrischen Kabelanlagen: Anforderungen und Prüfungen. Beuth Verlag GmbH, Berlin, Jan. 1991, (ersetzt durch [13] u. [2])

[27] DIN 4102 Teil 13: Brandverhalten von Baustoffen und Bauteilen; Brandschutzverglasungen: Begriffe, Anforderungen und Prüfungen. Beuth Verlag GmbH, Berlin, Mai 1990, (ersetzt durch [8] u. [2])

[28] Noll, H. W.: Promat-Glashandbuch, Bautechnischer Brandschutz S. 6. Promat GmbH, Ratingen, Dez. 1995

[29] DIN 4102 Teil 11: Brandverhalten von Baustoffen und Bauteilen; Rohrummantelungen, Rohrabschottungen, Installationsschächte und -kanäle sowie Abschlüsse ihrer Revisionsöffnungen: Begriffe, Anforderungen und Prüfungen. Beuth Verlag GmbH, Dez. 1985, (ersetzt durch [13], [15] u. [2])

[30] DIN 4102 Teil 7: Brandverhalten von Baustoffen und Bauteilen; Bedachung: Begriffe, Anforderungen und Prüfungen. Beuth Verlag GmbH, März 1987, (ersetzt durch [32])

[31] Jagfeld, P.: Brandverhalten von Bedachungen, Schriftenreihe Brandschutz im Bauwesen, Heft 26, Erich Schmidt Verlag GmbH, Berlin, 1985

[32] DIN V ENV 1187: Prüfverfahren zur Beanspruchung von Bedachungen durch Feuer von außen, 2002-08

[33] DIN 4102 Teil 5: Brandverhalten von Baustoffen und Bauteilen; Feuerschutzabschlüsse, Abschlüsse in Fahrschachtwänden und gegen Feuer widerstandsfähige Verglasungen: Begriffe, Anforderungen und Prüfungen. Beuth Verlag GmbH, Berlin, Sept. 1977, (ersetzt durch [8] u. [2])

[34] DIN 18 095 Teil 1: Rauchschutztüren, Begriffe und Anforderungen. Beuth Verlag GmbH, Berlin, Okt. 1988

[35] DIN 18 095 Teil 2: Rauchschutztüren, Bauartprüfung der Dauerfunktionstüchtigkeit und Dichtheit. Beuth Verlag GmbH, Berlin, März 1991

11 Maßnahmen gegen die Ausbreitung von Feuer und Rauch

11.1 Brandschutz durch räumliche Trennung

Eine wesentliche Verbesserung des Brandschutzes kann alleine schon durch die Anordnung ausreichender Abstände zwischen den Gebäuden erreicht werden. Hinsichtlich der Gebäudeanordnung auf einem Grundstück (Bauplatz) unterscheiden die Bauordnungen im Allgemeinen zwischen:

— offener Bebauung, wenn nach beiden Seiten und nach hinten ein Bauwich einzuhalten ist;
— gekuppelter Bebauung, wenn die Gebäude auf je zwei Bauplätzen an derselben Grundstücksgrenze anzubauen sind und an allen anderen Grundstücksgrenzen ein Bauwich einzuhalten ist;
— geschlossene Bebauung, wenn die Gebäude beiderseits an die seitlichen Grundstücksgrenzen anzubauen sind.

Bei freistehenden Gebäuden auf einem Grundstück, die keine brandabschnittsbildenden Umfassungsbauteile aufweisen, sind nach den Bauordnungen entsprechende Mindestabstände zwischen den Gebäuden sowie zu den Grundgrenzen einzuhalten. Als Mindestabstände zwischen zwei Gebäuden auf einem Grundstück gelten in der Regel folgende Werte:

— mindestens Gebäudehöhe,
— nicht weniger als 5 m.

Die Breite der Bauabstände zu den Grundgrenzen (Bauwich – des Öfteren auch als „Brandwich" bezeichnet) ist in den Bauordnungen in der Regel in Abhängigkeit von der Gebäudehöhe festgelegt, wobei – ggf. unter Beachtung der Feuerwiderstandsklasse und/oder Baustoffklasse der Gebäudeaußenwände – ein bestimmter Mindestwert nicht unterschritten werden darf. Gebäude aus Holz wie z. B. Blockhäuser, Holzständerbauten und Holzriegelwandbauten müssen im Allgemeinen von den Nachbargrundgrenzen mindestens 5 m entfernt sein; Gebäude mit höchstens zwei Vollgeschossen und schwerentflammbaren Außenwandbauteilen mindestens 3 m.

11.2 Brandschutz durch Abschottung

11.2.1 Brandwände

Die älteste und zugleich auch wirksamste Maßnahme des vorbeugenden baulichen Brandschutzes ist das „Abschottungsprinzip". Durch die Anordnung von „Feuermauern" in enger Verbauung versuchte man schon sehr frühzeitig, das Übergreifen von

Bränden auf angrenzende Gebäude oder Gebäudeteile zu verhindern. Das Abschottungsprinzip kann jedoch nur dann wirksam werden, wenn die abschottenden bzw. brandabschnittsbildenden Bauteile keine Schwachstellen aufweisen und eine ausreichende Feuerwiderstandsdauer und Standsicherheit aufweisen. Schwierigkeiten bereiten jedoch, neben den baulichen Anschlüssen von Wänden und Decken und der richtigen Ausführung im Dachanschlussbereich, die für die Nutzung des Gebäudes oft notwendigen Öffnungen und Durchführungen in den brandabschnittsbildenden Bauteilen. Die Begriffe „Brandabschnitt", „Brandwand" und „Feuermauer" sind wie folgt definiert.

Brandabschnitt:

— Teil eines Gebäudes, einer Gebäudegruppe, der durch Brandwände begrenzt ist;
— Teil eines Geländes, der durch Brandschutzstreifen oder Schutzzonen begrenzt bzw. unterteilt ist.

Brandwand:

— Mindestens feuerbeständige Trennwand nach DIN 4102-4/+A1:2004-11 und DIN EN 13501-2 zur Bildung von Brandabschnitten. Sie muss durch alle Geschosse bis über das Dach oder mindestens bis zur harten Bedachung geführt werden; alle Öffnungen in ihr müssen durch Feuerschutzabschlüsse geschützt werden.
— Äußere Brandwand; wenn die Abschlusswand eines Gebäudes gegenüber der Grundstücksgrenze einen kleineren Abstand als 2,5 m hat, muss diese als Brandwand ausgebildet werden.
— Innere Brandwand; eine Trennwand innerhalb ausgedehnter Gebäude, welche nach MBO in Abständen von höchstens 40 m als Brandwand auszuführen ist.

Feuermauer: Eine an der Grundstücksgrenze stehende Brandwand (auch „äußere Brandwand" genannt).

Wegen der Struktur moderner Fertigungsbetriebe und der Baulandknappheit sind die aus Brandschutzgründen wünschenswerten Abstände zwischen den Gebäuden nicht immer einzuhalten. Andererseits kann aufgrund der in den Bebauungsplänen festgelegten Art der Bebauung eine Anbauverpflichtung an seitlichen Grundgrenzen vorgeschrieben sein, wie z. B. bei einer geschlossenen oder gekuppelten Bebauungsweise. In diesen Fällen ist eine bauliche Trennung (Brandabschnittsbildung) durch Brandwände zwingend erforderlich. Zweck der Anordnung von Brandwänden ist die Bildung von Brandabschnitten, die das Übergreifen eines Brandes auf andere Gebäude oder Gebäudeteile verhindern (bzw. erschweren) sollen, wobei auch der Nachbarschaftsschutz zu beachten ist. Anforderungen, wann und wo Brandwände zu errichten sind, enthalten die Landesbauordnungen oder sie werden in Sachverständigengutachten (z. B. bei gewerblichen oder industriellen Objekten) festgelegt. In allen Bauordnungen wird grundsätzlich Folgendes verlangt:

— Außenwände an der Grundgrenze – ausgenommen Grundgrenzen zu öffentlichen Verkehrsflächen und Grünflächen (z. B. Parkanlagen) – sind als äußere Brandwand (auch als „Feuermauer" bezeichnet) auszubilden.
— Ferner werden Brandwände innerhalb von Gebäuden und bei aneinandergebauten Gebäuden auf demselben Grundstück in Abständen von höchstens 30 bis 40 m verlangt, wobei vielfach auch eine höchstzulässige Brandabschnittsgröße (z. B. max. 1600 m^2) vorgeschrieben ist; größere Abstände und Brandabschnitte können gestattet werden, wenn die Nutzung der Gebäude es erfordert, und wenn hinsichtlich des Brandschutzes keine Bedenken bestehen.
— Brandwände sind erforderlich innerhalb von Gebäuden mit reihenartiger Anordnung der Wohnungseinheiten jeweils zwischen den Nutzungseinheiten.
— Brandwände sind zu errichten zwischen Wohngebäuden und -anbauten, gewerblichen, land- oder forstwirtschaftlichen Betriebsgebäuden und Stallgebäuden.

Für Betriebsräume gilt allgemein, dass brand- und explosionsgefährdete Anlagenbereiche sowie Lager mit (leicht) brennbaren Stoffen von anderen betriebswichtigen Einrichtungen, z. B. Büro- oder Verwaltungsgebäuden, durch Brandwände zu trennen sind (siehe Bild 11.2.1).

Bild 11.2.1: *Die Anordnung von Brandwänden verhinderte die Brandausbreitung in einem Industriebaukomplex bei einem Schadenfeuer*

11.2.2 Brandabschnitte in Gebäuden

Ein Brand soll sich im Inneren eines Gebäudes nicht ungehindert ausbreiten können, sondern auf den Umfang seiner Entstehung, auf den Brandraum, in dem er ausgebrochen ist, mindestens jedoch auf den Brandabschnitt beschränkt bleiben. Das Baurecht fordert deshalb die Errichtung von Brandwänden zur Bildung von Brandabschnitten im Inneren ausgedehnter Gebäude. Die Musterbauordnung, die grundsätzlich nur den Bau von Wohngebäuden und landwirtschaftlichen Betriebsgebäuden regelt, schreibt innerhalb ausgedehnter Gebäude die Anordnung von Brandwänden in Abständen von höchsten 40 m vor. Allgemein wird so verfahren, dass die 40 m in beiden Dimensionen (Gebäudebreite und -tiefe) gemessen werden. Daraus ergibt sich eine Brandabschnittsgröße von maximal 1600 m². Wenn dies auch nicht dem Willen des Gesetzgebers entsprechen mag, scheint diese Fläche bei Zellenbauweisen als vertretbar wie sich aus jahrzehntelangen Branderfahrungen und Schadensstatistiken ergibt. Die höchstzulässigen Brandabschnittsflächen für bauliche Anlagen besonderer Art oder Nutzung (z. B. Sonderbauten) sind besonders geregelt.

Die Aufzählung in Tabelle 11.2.1 erlaubt einige generelle Aussagen über die möglichen Bauweisen:

— Brandabschnitte in Kellergeschossen sind kleiner als in oberirdischen Vollgeschossen.
— Bei erdgeschossigen Gebäuden sind die Brandabschnitte am größten.
— Im Geschossbau wird bei offener Verbindung der Geschossflächen der Brandabschnitt aus der Summe der Geschossflächen gebildet.

Tabelle 11.2.1: Typische Brandabschnittsflächen/Brandbekämpfungsabschnitte baulicher Anlagen besonderer Art oder Nutzung

Bauliche Anlage	maximale Brandabschnittsfläche
Werk- und Lagerräume in Kellergeschossen von Verkaufsstätten	500 m²
Werk- und Lagerräume in Verkaufsstätten	1.000 m²
Unterirdische Garagengeschosse (Rauchabschnitt)	2.500 m²
Schulen je Vollgeschoss	3.000 m²
Oberirdische geschlossene Garagen (Rauchabschnitt)	5.000 m²
Verkaufsstätten je Geschoss mit Löschanlage	5.000 m²
Erdgeschossige Verkaufsstätten mit Löschanlage	10.000 m²
Erdgeschossige Industriebauten ohne Anforderungen an die Bauteile	10.000 m²
Industriebauten mit Löschanlage[1]	30.000 m²

1) Nach der Industriebaurichtlinie sind unter bestimmten Bedingungen Brandbekämpfungsabschnitte bis 120.000 m² Fläche möglich [5].

Dies ist eine sinnvolle Anwendung der Erfahrung, weil die Flucht, Rettung und der Löschangriff im Erdgeschoss am einfachsten zu bewerkstelligen sind. Ursprünglich war nur von der Brandabschnittsbildung durch feuerbeständige Wände oder Brandwände die Rede, d. h. von sogenannten vertikalen Brandabschnittsunterteilungen. Die MBO erlaubt jedoch, dass statt durchgehender innerer Brandwände auch feuerbeständige Wände in Verbindung mit öffnungslosen feuerbeständigen Decken gestattet werden können, wenn die Nutzung dies erfordert und eine senkrechte Brandübertragung, z. B. über die Fassade, nicht zu befürchten ist. Das Verspringen von Brandwänden führt dazu, dass im Gegensatz zur durchgehenden Brandwand, die Brandabschnitte nun durch feuerbeständige Wände und Decken getrennt sind. Horizontale Brandabschnitte findet man auch bei baulichen Anlagen besonderer Art oder Nutzung durch die Forderung nach feuerbeständigen Decken beispielsweise in folgenden Rechtsvorschriften:

— § 6 Garagenverordnung (GV),
— § 3 Versammlungsstättenverordnung (VStättV)
— § 7 Verkaufsstättenverordnung (VStVO).

Der Begriff des Brandabschnittes wird durch den sogenannten „horizontalen Brandabschnitt" verwässert. Ein „echter" Brandabschnitt sollte nur durch eine Brandwand, die in einer Ebene vom Fundament bis über das Dach geführt wird, begrenzt werden. Die Bildung eines horizontalen Brandabschnittes ist lediglich die Einführung einer feuerbeständigen Geschossdecke. Somit sollte ein horizontaler Brandabschnitt als „Brandbekämpfungsabschnitt" bezeichnet werden, um den Unterschied zu einem echten Brandabschnitt zu verdeutlichen. Im Baurecht ist eine spezielle „Branddecke" nicht definiert.

Die Nutzung von Gebäuden ist bei Einhaltung der höchstzulässigen Brandabschnittsgrößen häufig nur schwer oder gar nicht durchführbar. Daher müssen Lösungen gefunden werden, die auch noch bei „übergroßen" Brandabschnitten eine ausreichende Sicherheit gegen eine Brandausbreitung bieten. Die Musterbauordnung enthält diesbezüglich folgende Regelung gemäß § 3 Absatz (3), Satz 3: „Von den technischen Baubestimmungen kann abgewichen werden, wenn mit einer anderen Lösung im gleichen Maße die allgemeinen Anforderungen des Absatzes 1 erfüllt werden" (Zitat).

Im Allgemeinen bestehen solche Bedenken nicht, wenn das Gebäude mit einer Sprinkleranlage ausgestattet ist. Der Sprinklerschutz erlaubt die Ausbildung von drei- bis vierfach größeren Brandabschnittsflächen. Weiterhin bestehen hinsichtlich größerer Brandabschnittsflächen in der Regel keine brandschutztechnischen Bedenken, wenn die Nutzung des Gebäudes die Verwendung oder Lagerung brennbarer Stoffe ausschließt und das Gebäude selbst aus nichtbrennbaren Baustoffen errichtet wird.

Wenn man den Brandabschnitt nicht als Summe der miteinander in Verbindung stehenden Flächen ansetzt, stellt sich die Frage, auf wie viel Geschosse sich die Fläche des Brandabschnittes verteilen darf. Nach verschiedenen Sonderbauverordnungen dürfen mehrere (F 90-) Geschossebenen zu einem Brandabschnitt zusammengefasst werden, wenn der Brandschutz auf andere Weise gesichert ist. In Verkaufsstätten dürfen sich 3.000 m^2 große Brandabschnitte über drei Geschosse erstrecken. Bei Sprinklerung dürfen die Brandabschnitte pro Geschoss 5.000 m^2 groß sein, und es dürfen beliebig viele Geschosse bis zur Hochhausgrenze in offener Verbindung stehen. Legt man eine Geschosshöhe von jeweils 4,0 m zu Grunde, und beachtet man, dass Verkaufsräume nicht über der Hochhausgrenze liegen dürfen, so ergibt sich bei Sprinklerung eine maximal zulässige Brandabschnittsfläche von etwa 5 x 5.000 = 25.000 m^2, verteilt über 5 gesprinklerte Geschosse.

11.2.3 Anforderungen an Brandwände

Die Anforderungen an Brandwände sind im Kapitel 10.2 ausführlich dargestellt, so dass hier nur wenige Ergänzungen gemacht werden. Brandwände müssen brandbeständig und so beschaffen sein, dass sie bei einem Brand ihre Standsicherheit (Prüfung mit einer Stoßbeanspruchung von 3000 Nm) nicht verlieren und die Ausbreitung von Feuer auf andere Gebäude oder Gebäudeabschnitte verhindern bzw. erschweren. Sie sind möglichst unversetzt durch alle Geschosse über Dach zu führen. Äußere Brandwände dürfen keine Öffnungen (z. B. Fenster) haben.

Bauteile und technische Einrichtungen wie Stützen, anschließende Wände, Unterzüge, Träger, Kranbahnen, Rohr- und Luftleitungen sind im Bereich von Brandwänden so auszuführen, dass sie im Brandfall die Standsicherheit der Brandwände nicht gefährden (siehe Bild 11.2.2). Die Standsicherheit von Brandwänden kann beispielsweise gefährdet werden durch Zwangskräfte aus thermischen Längenänderungen sowie durch Versagen und Einsturz von ungeschützten Stahlkonstruktionen in und vor Brandwänden.

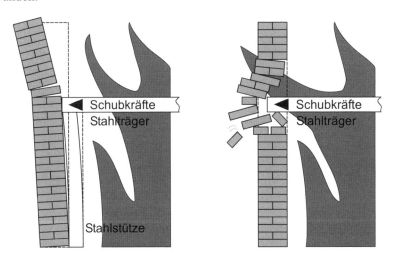

Beispiel : Ein 10 m langer Stahlträger dehnt sich bei einer Temperaturdifferenz von 600 K um etwa 9 cm aus.

Bild 11.2.2:   Gefährdung der Standsicherheit von Brandwänden durch ungeschützte Stahlkonstruktionen nach [1]

Die Anordnung von Brandwänden zwischen oder innerhalb von Gebäuden hängt von den Gebäudeabmessungen, der jeweiligen Wirkung der Gebäudeteile und den konstruktiven sowie brandschutztechnischen Gegebenheiten ab. Das Bild 11.2.3 zeigt einige Ausführungsbeispiele von Brandwänden innerhalb oder zwischen einzelnen Gebäuden. Brandwände sind nach MBO grundsätzlich mindestens 30 cm über Dach zu führen. Über die Brandwände hinweg dürfen Teile aus brennbaren Dachbahnen o. Ä. nicht verlegt werden [2].

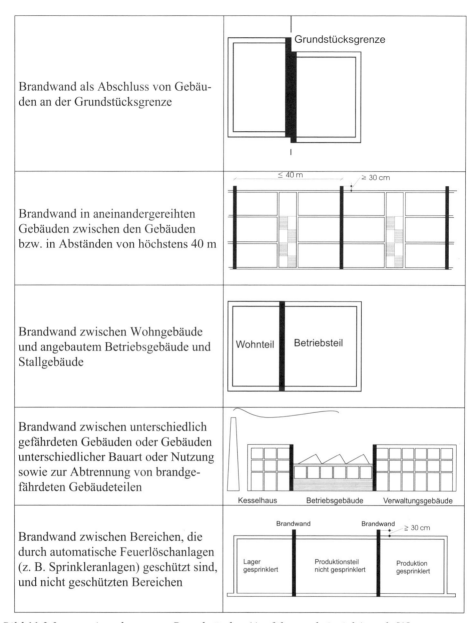

Bild 11.2.3:   Anordnung von Brandwänden (Ausführungsbeispiele) nach [1]

11.2.4 Anschlüsse und Abschlüsse von Brandwänden

Für eine ordnungsgemäße Brandabschnittsbildung ist der Anschlussbereich Brandwand–Dach entsprechend auszubilden (s. Bild 11.2.4). Der auf der Brandwand aufliegende Teil der Dachdeckung ist, wenn es der Baustoff zulässt, hohlraumfrei in Mörtel zu betten; andernfalls ist die Brandwand über Dach hochzuführen. Die Hochführung sollte mindestens 30 cm, bei weicher Dachdeckung mindestens 50 cm betragen. Die in der Musterbauordnung geforderte Mindesthöhe beträgt 30 cm. In der Industriebaurichtlinie werden 50 cm gefordert.

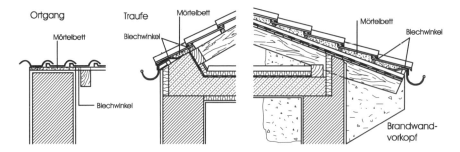

Bild 11.2.4:   Traufen- und Ortgangausbildung an der Brandwand (Ausführungsbeispiele)

Öffnungen in Dächern oder Dachdecken müssen in Abständen von mindestens 5,0 m von den Brandwänden entfernt angeordnet werden. Dieses gilt insbesondere für die Anordnung von RWA-Geräten und Lichtkuppeln auf Dächern oder Dachdecken von Industriegebäuden.

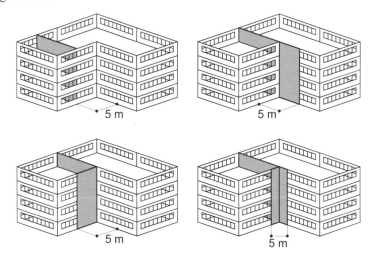

Bild 11.2.5:   Brandwände im Inneneck von Gebäuden

Wenn Gebäude oder Gebäudeteile auf einem Grundstück übereck zusammenstoßen und im Eckbereich durch eine Brandwand getrennt werden, so muss der Abstand der Brandwand von der inneren Ecke mindestens 5 m betragen oder die Brandwand muss mindestens 5 m verlängert werden. Ist dieses nicht möglich, so genügt es auch, die beiden im Inneneckbereich zusammenstoßenden Außenwände nur soweit als Brandwände auszubilden, dass deren Eckpunkte 5 m voneinander entfernt sind (siehe Bild 11.2.5).

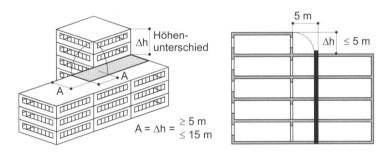

Bild 11.2.6: Brandwandausführungen zwischen Gebäuden mit unterschiedlichen Höhen

Soweit Gebäude unterschiedlicher Höhe aneinanderstoßen ist die Brandwand in der vollen Höhe des höheren Gebäudes auszubilden (siehe Bild 11.2.3). Abweichend davon darf der Brandüberschlagsweg durch „Umklappen" der Brandwand gemäß Bild 11.2.6 ausgebildet werden, wenn die angegebenen Mindestmaße der Überschlagswege eingehalten werden und eine entsprechende Ausbildung der Bauteile in Brandwandqualität erfolgt.

Bauteile aus brennbaren Baustoffen dürfen nicht in Brandwände eingreifen oder diese überbrücken. Bei Außenwänden aus brennbaren Baustoffen sind Brandwände mindestens 30 cm (besser 50 cm) vor die Außenwand zu führen. Stahlstützen dürfen in Brandwänden nur dann eingreifen, wenn sie keine Verbindung zu anderen ungeschützten Stahlkonstruktionen haben und brandbeständig ummantelt sind (s. Bild 11.2.7).

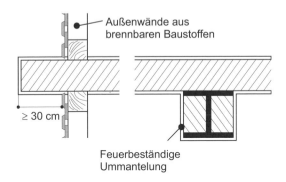

Bild 11.2.7: Anschlüsse und Abschlüsse an Brandwänden

Brandwände sollten grundsätzlich unversetzt durch alle Geschosse geführt werden. Ist wegen der Nutzung eine versetzte Ausbildung der inneren Brandwand erforderlich, so können an deren Stellen Wände in Verbindung mit öffnungslosen, brandbeständigen Decken ausgeführt werden, wenn eine vertikale Brandübertragung nicht zu befürchten ist. Für die Wände gelten die Anforderungen wie für Brandwände entsprechend. Die Ausbildung von Brandwänden in Gebäuden mit Flachdächern ist beispielhaft in dem Bild 11.2.8 dargestellt. Eine ausführliche Darstellung der möglichen Ausführungen von Brandwänden ist in [3] zu finden.

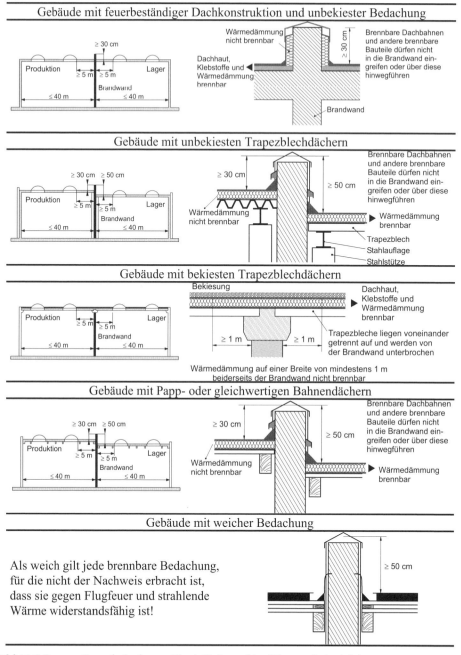

Bild 11.2.8: *Brandwände von Flachdächern (Ausführungsbeispiele)*

Um eine vertikale Brandübertragung über die Außenfassade im versetzten Bereich der Brandwand zu verhindern bzw. zu erschweren, ist zwischen Fenstersturz und Parapet übereinanderliegender Fensteröffnungen ein Abstand von mindestens 1,50 m erforderlich.

11.2.5 Öffnungen in Brandwänden

In äußeren Brandwänden („Feuermauern") sind Öffnungen unzulässig, sofern nicht in Einzelfällen hierfür Ausnahmen gestattet werden. So können gegebenenfalls in Brandwänden an der Grundstücksgrenze, nach Zustimmung der Anrainer, Nebenfenster und Lüftungsöffnungen bewilligt werden, wenn keine Bedenken wegen des Brandschutzes bestehen. In inneren Brandwänden können Öffnungen und ggf. lichtdurchlässige Teilflächen aus Gründen der Nutzung erforderlich sein. Derartige Öffnungen müssen dann mit feuerbeständigen Bauteilen oder selbstschließenden Feuerschutzabschlüssen versehen sein; dergleichen sind lichtdurchlässige Teilflächen in inneren Brandwänden mindestens feuerbeständig abzuschließen.

11.3 Sonstige Brandabschnitte oder feuerbeständige Bereiche

Über größere Brandabschnitte hinaus – gebildet durch äußere und innere Brandwände – ist es erforderlich, dass bestimmte Räume als feuerbeständige Bereiche ausgeführt werden. Dies sind beispielsweise Brennstofflagerräume, Heizungsräume und dergleichen. Für derartige Bereiche, sogenannte „F 90-Bereiche", müssen die raumbegrenzenden Bauteile mindestens feuerbeständig und der Fußboden i. d. R. nichtbrennbar ausgeführt werden. Für Zugangsöffnungen wird in den Landesbauordnungen meist nur eine feuerhemmende Ausführung der Abschlüsse (Türen) verlangt. Durch oder aus derartigen „Brandabschnitten" geführte Lüftungsleitungen sind jedoch mindestens feuerbeständig auszuführen, oder es sind beim Durchtritt durch die brandabschittsbildenden Bauteile (Wand, Decke) entsprechende Brandschutzklappen einzubauen.

11.4 Brandschutztechnische Unterteilung durch Komplextrennwände

Für sehr große Risiken werden von den Sachversicherern gelegentlich Anforderungen gestellt, die über die Anforderungen des Bauordnungsrechtes hinausgehen. Gebäude müssen ggf. in brandschutztechnisch abgeschottete Komplexe unterteilt werden, die durch Komplextrennwände voneinander getrennt sind. Ein Komplex besteht aus einem oder mehreren Brandabschnitten, die versicherungstechnisch einen Gefahrenbereich bilden. Der Komplex ist Grundlage zur Beurteilung des wahrscheinlichen Höchstschadens und einer risikogerechten Prämie in der Feuer- und Feuer-Betriebsunterbrechungsversicherung.

Komplextrennwände sind Brandwände höherer Anforderung (hochfeuerbeständig). Sie unterteilen Gebäude oder Gebäudeabschnitte in versicherungstechnisch relevante Komplexe, d. h., sie sind insbesondere als Tarifierungsgrenze für unterschiedliche Gefahrenbereiche von Bedeutung. Aus versicherungs- und brandschutztechnischer Sicht sind Komplextrennwände von Bedeutung für:

— Unterteilungen ausgedehnter Produktions- und Lagerflächen,
— die Abtrennung produktionswichtiger Anlagen,
— bauliche Trennungen zwischen Bereichen unterschiedlicher Nutzung,

— bauliche Trennungen zwischen Bereichen, die mit automatischen Feuerlöschanlagen geschützt sind, und nicht geschützten Bereichen,
— bauliche Trennungen zwischen Bereichen, die durch Brandmeldeanlagen überwacht sind, und nicht überwachten Bereichen,
— den Ersatz eines fehlenden räumlichen Abstandes zu anderen Gebäuden oder Lägern im Freien.

Die Komplextrennwand ist bei nicht feuerbeständigen Dächern mindestens 50 cm (empfehlenswert 1 m) über das Dach oder die Shedspitze zu führen und bei feuerbeständigen Dächern unmittelbar daran anzuschließen. Dabei gilt ein Dach als feuerbeständig, wenn es beidseitig der Komplextrennwand mindestens über 7 m Breite öffnungslos und einschließlich der Tragwerke feuerbeständig sowie aus nicht brennbaren Baustoffen (hochfeuerbeständig) ausgebildet ist. Bei Gebäuden unterschiedlicher Höhe kann die Komplextrennwand nach einer der folgenden Möglichkeiten angeordnet werden:

— Die Komplextrennwand ist mindestens 50 cm (besser 1 m) über die Dachhaut des höheren Gebäudes zu führen.
— Die Komplextrennwand ist so weit vom höheren Gebäudeteil abzurücken, wie die Differenz zwischen den Gebäudehöhen beträgt, mindestens jedoch 7 m. Mehr als 15 m sind nicht erforderlich. Dies gilt auch bei Höhendifferenzen von weniger als 2 m.

Beim Anschluss an Außenwände müssen

— Komplextrennwände mindestens 50 cm über die Außenwandebene hinausgeführt werden oder
— die Außenwände in einer Gesamtbreite von mindestens 5 m feuerbeständig ausgeführt sein.

Brennbare Baustoffe dürfen nicht über den Außenwandbereich geführt werden. Außenliegende Komplextrennwände als Ersatz für eine räumliche Komplextrennung sind an dem höheren der sich gegenüberliegenden Gebäude zu erstellen. Sie sind mindestens 50 cm über die Dachhaut des höheren Gebäudes zu führen. Außenliegende Komplextrennwände sind wie innenliegende Komplextrennwände auszuführen. Sind Gebäude oder Gebäudeteile in einem Winkel von ≤ 120° zueinander angeordnet, so besteht eine erhöhte Gefahr der Brandausbreitung übereck. In solchen Fällen gilt:

— Der Abstand der Komplextrennwand von der inneren Ecke muss mindestens 7 m betragen, oder
— eine der beiden Außenwände ist auf einer Länge von mindestens 7 m, oder Teile beider Außenwände sind im inneren Winkel auf einer Länge von mindestens 7 m (horizontal-diagonal gemessen) feuerbeständig und aus nichtbrennbaren Baustoffen (feuerbeständig, mindestens A2) auszubilden.

Tabelle 11.4.1: Anforderungen an Komplextrennwände nach VdS-Katalog „Baustoffe, Bauteile – VdS 2094"

Konstruktionsmerkmale, Bauart	Mindestdicke d (cm)	
	einschalige Ausführung	zweischalige Ausführung
Wände aus Mauerwerk nach DIN 1053 Teil 1, gemauert in Mörtelgruppe II, IIa oder III bei Verwendung von Steinen der Rohdichteklasse > 1,2		
Mauerziegel nach DIN 105, Voll- oder Hohlblockziegel (Langlochziegel ausgenommen)	36,5	2 x 24
Kalksandsteine nach DIN 106 Teil 1 und 2	36,5	2 x 24
Hüttensteine nach DIN 398	36,5	2 x 24
Gasbeton-Blocksteine und Gasbeton-Plansteine nach DIN 4165	36,5	2 x 24
Gasbeton-Plansteine der Festigkeitsklassen G2, G4 und G6, Vermörtelung der Stoß- und Lagerfugen	36,5	2 x 24
Hohlblocksteine aus Leichtbeton nach DIN 18 151	36,5	2 x 24
Vollsteine und Vollblöcke aus Leichtbeton nach DIN 18 152	36,5	2 x 24
Hohlblocksteine aus Beton nach DIN 18 153	36,5	2 x 24
Wände aus Normalbeton bei Verwendung von unbewehrtem Beton nach DIN 1045		
- max. Druckrandspannung $\leq 0,5\ \beta_R/2,1$	24	2 x 18
- max. Druckrandspannung $\leq 1,0\ \beta_R/2,1$	30	2 x 18
bewehrtem Beton nach DIN 1045, nichttragend, liegend oder stehend angeordneten Wandplatten	18	2 x 14
bewehrtem Beton nach DIN 1045, tragenden Wandplatten		
- max. Druckrandspannung $\leq 0,5\ \beta_R/2,1$	20	2 x 14
- max. Druckrandspannung $\leq 1,0\ \beta_R/2,1$	30	2 x 18
bewehrtem Ortbeton nach DIN 1045, tragend		
- max. Druckrandspannung $\leq 0,5\ \beta_R/2,1$	20	2 x 14
- max. Druckrandspannung $\leq 1,0\ \beta_R/2,1$	30	2 x 18
Wände aus Leichtbeton mit haufwerksporigem Gefüge nach DIN 4232	35	2 x 24
Wände aus bewehrtem Gasbeton nach DIN 4223 mind. der Festigkeitsklasse GB 4.4		
nichttragenden, liegend angeordneten Wandplatten mit einer Rohdichte $\geq$ 500 kg/m^3	24	2 x 20
tragenden, stehend angeordneten Wandplatten mit einer Rohdichte $\geq$ 600 kg/m^3		
- max. Druckrandspannung $\leq 0,5\ \beta_R/2,1$	24	2 x 20
- max. Druckrandspannung $\leq 1,0\ \beta_R/2,1$	30	2 x 20
Wände aus Ziegelfertigbauteilen nach DIN 1053 Teil 4	24	2 x 16,5

Dieser Wandabschnitt darf keine oder nur feuerbeständig geschützte Öffnungen und keine Dachüberstände aus brennbaren Baustoffen haben. Voraussetzung für beide Ausführungen ist eine ungefähr gleiche Traufenhöhe beider Gebäude. Anderenfalls ist die Komplextrennwand im höheren Gebäude oder die feuerbeständige Außenwand am höheren Gebäude anzuordnen. Komplextrennwände entsprechen der Feuerwiderstandsklasse REI-M* (nichtbrennbar) nach DIN EN 13501-3. Sie behalten ihre Standsicherheit auch bei einer dreimaligen Stoßbeanspruchung von M* = 4000 Nm und wahren den Raumabschluss. Komplextrennwände müssen unversetzt durch alle Geschosse führen, ein Verspringen im Bereich von feuerbeständigen Geschossdecken ist nicht zulässig. Die Anforderungen an Komplextrennwände werden erfüllt durch:

— Wände, deren Konstruktionsmerkmale im VdS-Katalog „Baustoffe, Bauteile – VdS 2094" aufgeführt sind (s. Tabelle 11.4.1), oder
— eine besonders geprüfte Bauart mit Nachweis eines allgemeinen bauaufsichtlichen Prüfzeugnisses.

Bei Komplextrennwänden muss für die Fugenkonstruktion die Feuerwiderstandsklasse Hochfeuerbeständig nachgewiesen werden. Öffnungen in Komplextrennwänden sind grundsätzlich feuerbeständig zu schützen, d. h. Feuerschutzabschlüsse sind in EI 90-C, Abschottungen und Absperrvorrichtungen in EI 90, Installationskanäle in I 90 und Verglasungen in EI 90 auszuführen. In der Tabelle 11.4.1 sind die zulässigen Mindestwanddicken von ein- und zweischaligen Komplextrennwänden zusammengestellt [4].

11.5 Literatur zum Kapitel 11

[1] Schneider, U.; Lebeda, Chr.: Baulicher Brandschutz. 1. Auflage, Verlag W. Kohlhammer, Stuttgart, 2000 (vergriffen)

[2] N.N.: Brandwände und Komplextrennwände – Merkblatt für die Anforderung und Ausführung. Hessische Brandversicherungsanstalt, VdS Form 2234, Köln, Juni 1990

[3] Mayr, J.; Battran, L.: Brandschutzatlas; Baulicher Brandschutz Band 1. Feuertrutz GmbH, Verlag für Brandschutzpublikationen, Wolfratshausen, 2007

[4] N.N.: Baustoffe, Bauteile – VdS-Katalog mit Angaben über das Brandverhalten nach DIN 4102. VdS Form 2094, Köln, Juni 1988

[5] MIndBauRL: Muster-Richtlinie über den baulichen Brandschutz im Industriebau (Muster-Industriebaurichtlinie – MIndBauRL). Fachkommission Bauaufsicht der ARGEBAU, Fassung März 2000

[6] DIN 4102 Teil 4/+A1:2004-11: Brandverhalten von Baustoffen und Bauteilen, Zusammenstellung und Anwendung klassifizierter Baustoffe, Bauteile und Sonderbauteile. Beuth Verlag GmbH, Berlin, März 1994

12 Maßnahmen zur Personenrettung – Rettungswege

12.1 Grundanforderungen an Rettungswege

Entsprechend der Grundanforderung der MBO dürfen Leben und Gesundheit von Menschen und Tieren durch bauliche Anlagen nicht gefährdet werden. Dieses wird dadurch sichergestellt, dass die Gebäude mit Rettungswegen ausgestattet werden, so dass die anwesenden Personen das Gebäude unverzüglich verlassen und einen sicheren Bereich (das Freie) erreichen können. Prinzipiell enden die Rettungswege nicht auf den Flächen des Grundstückes, sondern auf öffentlichen Verkehrsflächen. Gemäß § 33 Abs. 1 der MBO muss jede Nutzungseinheit mit Aufenthaltsräumen in jedem Geschoss über mindestens zwei voneinander unabhängige Rettungswege erreichbar sein [1]. Der erste Rettungsweg muss in Nutzungseinheiten, die nicht zu ebener Erde liegen, über mindestens eine notwendige Treppe führen; der zweite Rettungsweg kann eine mit Rettungsgeräten der Feuerwehr erreichbare Stelle oder eine weitere notwendige Treppe sein.

Ein zweiter Rettungsweg ist nicht erforderlich, wenn die Rettung über einen Treppenraum möglich ist, in welchem Feuer und Rauch nicht eindringen können (Sicherheitstreppenraum). Gebäude, bei denen der zweite Rettungsweg über Rettungsgeräte der Feuerwehr führt und bei denen die Oberkante der Brüstungen notwendiger Fenster oder sonstiger zum Anleitern bestimmter Stellen mehr als 8 m über der festgelegten Gebäudeoberfläche liegen, dürfen nur errichtet werden, wenn die erforderlichen Rettungsgeräte von der Feuerwehr und die Angriffswege (Anleiterbarkeit) vorhanden sind.

Jede Person muss einen Aufenthaltsraum aus eigener Kraft über Gänge, Ausgänge, Flure und notwendige Treppen ins Freie verlassen und auf einen öffentlichen Verkehrsweg gelangen können. Man nennt dieses den ersten Rettungsweg oder auch Fluchtweg. Dieser Rettungsweg muss gesichert, d. h., gegen Brandeinwirkungen geschützt sein.

Zusätzlich muss der Aufenthaltsraum auf einem zweiten Rettungsweg verlassen werden können, z. B. wenn der erste Rettungsweg durch Brandeinwirkung nicht begehbar ist. Der zweite Rettungsweg muss vom ersten unabhängig sein. Der zweite Rettungsweg wird entweder aus eigener Kraft begangen (Selbstrettung) oder er wird unter Zuhilfenahme der Feuerwehr benützt (Fremdrettung). Die Fremdrettung erfolgt z. B. über anleiterbare Fenster, Balkone o. Ä. [1]. Fenster, die als Rettungswege nach MBO § 37 Abs. 5 dienen, müssen im Lichten mindestens 0,90 x 1,20 m groß und nicht höher als 1,20 m über FOK angeordnet sein.

Auf Bild 12.1.1 ist das Prinzip der Rettungsweganordnung in Gebäuden dargestellt. Verfügt die örtliche Feuerwehr nicht über das erforderliche Rettungsgerät, muss der zweite Rettungsweg im Gebäude selbst durch eine weitere notwendige (bauliche) Treppe geschaffen werden, sofern nicht ein Sicherheitstreppenraum vorhanden ist. Bei Gebäuden geringer Höhe, das sind solche, bei denen der Fußboden keines Geschosses mit Aufenthaltsräumen mehr als 7 m (Brüstungshöhe ≤ 8 m) über der Geländeoberfläche liegt, wird davon ausgegangen, dass der zweite Rettungsweg über die bei jeder Feuerwehr vorhandenen tragbaren Leitern erfolgt.

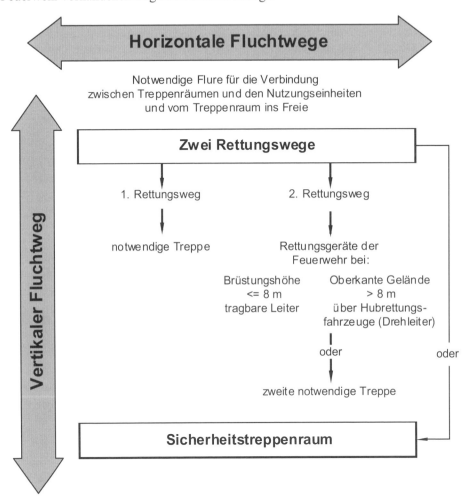

Bild 12.1.1: Rettungswege in Gebäuden nach der Musterbauordnung

Bei der Beurteilung der Rettungswege ist zu beachten, dass diese zugleich Angriffswege der Feuerwehr bilden. Beide Rettungswege dienen somit

— der Selbstrettung,
— der Fremdrettung,
— dem Löschangriff.

Der erste Rettungsweg setzt sich aus horizontalen und vertikalen Teilen zusammen; nur bei Erdgeschossen entfallen die vertikalen Rettungswege (s. Bild 12.1.1). Rettungswege bestehen von jeder Stelle eines Aufenthaltsraumes aus gesehen aus folgenden Wegen oder Teilen:

— aus einem Gang im Raum zum Ausgang,
— aus einem Gang im Raum und einem allgemein zugänglichen Flur in den Treppenraum einer notwendigen Treppe oder in einen Sicherheitstreppenraum.

Daran anschließend verläuft der Rettungsweg über die notwendige Treppe zum sicheren Ausgang ins Freie und von dort über Rettungswege auf dem Grundstück zur öffentlichen Verkehrsfläche. Erst diese ist der sichere Bereich – das Freie nach MBO. Die vertikalen Rettungswege, also die durchgehenden Treppen in besonders ausgestalteten Treppenräumen mit dem Ausgang ins Freie, verdienen besondere Aufmerksamkeit, weil sie im Gefahrenfall der Räumung aus allen Geschossen dienen. Daher ist auch die Forderung nach Wänden in Brandwandqualität und ein weitgehendes Verbot der Verwendung brennbarer Baustoffe in Treppenräumen gerechtfertigt.

Schwachstellen in Treppenräumen sind die Zugänge von Wohnungen oder deren Flure. An die zugehörigen Türen sind bisher (außer bei Hochhäusern) keine Anforderungen gestellt, diesbezüglich werden in verschiedenen Verordnungen der Länder in Neubauten Wohnraummelder verlangt. In einigen Bauordnungen wird verlangt, dass Flure vom Treppenraum „rauchdicht" und von Wohnungen „dichtschließend" abgeschlossen sein müssen. Für den Abschluss von Kellergeschossen, nicht, gewissermaßen als Alternative, ausgebauten Dachräumen, Werkstätten, Läden, Lagerräumen und ähnlichen Räumen, also Räumen mit erwiesenermaßen erhöhter Brandgefahr, müssen mindestens feuerhemmende Türen eingebaut werden. Diese Türen sollten neben der Feuerwiderstandsfähigkeit auch Rauchdichtigkeit aufweisen. Diese Anforderungen entsprechen der europäischen Klasse EI_2-C5-S_{200}.

Bei den notwendigen Fluren, die als Rettungswege dienen, handelt es sich um die Verbindung vom notwendigen Treppenraum zu den Wohnungen oder vergleichbaren Nutzungseinheiten. Hier genügen in der Regel feuerhemmende Trennwände (EI 30). Sind diese Flure mehr als 30 m lang, sollen sie durch rauchdichte und selbstschließende Türen unterteilt werden. Unter einer „Nutzungseinheit mit Aufenthaltsräumen" ist in erster Linie eine Wohnung zu verstehen. Andere Nutzungseinheiten können eine Arztpraxis, eine Anwaltskanzlei oder ein anderes Büro sein, wenn sie nicht größer als eine Wohnung (maximal 400 m^2) sind. Nutzungseinheiten können auch nur aus einem einzigen Aufenthaltsraum bestehen, z. B. Hotelzimmer oder Krankenzimmer.

Die Rettungsweglänge ist nach MBO gemäß § 35 Abs. 2 mit 35 m festgelegt, d. h., nach dieser Weglänge muss entweder ein Ausgang ins Freie oder ein Treppenraum einer notwendigen Treppe erreichbar sein. Der notwendige Treppenraum muss einen sicheren Ausgang ins Freie haben. Er muss mindestens so breit wie die notwendige Treppe sein. Bekleidungen, Dämmstoffe und Einbauten aus brennbaren Baustoffen sind in Treppenräumen und ihren Ausgängen ins Freie nicht zulässig. In Geschossen mit mehr als vier Wohnungen oder Nutzungseinheiten vergleichbarer Größe müssen allgemein zugängliche Flure angeordnet sein, die vom Treppenraum mindestens rauchdicht abgeschlossen sind. Der Wert der höchstzulässigen Rettungsweglänge schwankt in den Landesbauordnungen. In verschiedenen Sonderbauordnungen werden die in Tabelle 12.1.1 angegeben maximalen Rettungsweglängen gefordert.

Tabelle 12.1.1: Höchstzulässige Rettungsweglängen nach Sonderbauordnungen (Beispiele)

Sonderbau	maximale Rettungsweglänge
Hochhäuser nach [2]	35 m
Schulen	25 m
Versammlungsstätten (bis zu einem Ausgang)	30 m
geschlossene und unterirdische Garagen	30 m
Versammlungsstätten (vom Ausgang zum Treppenraum)	30 m
Krankenhäuser nach [3]	30 m
Verkaufsstätten	35 m
Gast- und Beherbergungsstätten	35 m
offene Garagen	50 m

Aus der Rettungsweglänge ergibt sich die Zahl und Anordnung der notwendigen Treppen im Gebäude. Die Zahl der notwendigen Treppen ergibt sich weiterhin aus der Forderung nach mindestens zwei Treppen in Hochhäusern, in Versammlungsstätten, in Verkaufsstätten, in Schulen mit mehr als zwei Vollgeschossen, in Beherbergungsstätten mit mehr als 30 Gastbetten in einem Obergeschoss oder mit mehr als 60 Gastbetten in Obergeschossen und in Gaststätten mit mehr als 200 Gastplätzen in Obergeschossen.

Die Treppen, die zur Einhaltung der Rettungsweglänge notwendig sind oder von vornherein ohne Zusammenhang mit der Rettungsweglänge vom Baurecht gefordert werden, heißen „notwendige" Treppen. Andere, nicht notwendige Treppen können zusätzlich angeordnet werden. Sie sind brandschutztechnisch entweder als Deckendurchbrüche zu behandeln oder wie notwendige Treppen auszuführen.

Nach anderen gesetzlichen Vorschriften gelten für die Rettungswege die nachstehenden Werte. Von jedem Punkt eines Raumes darf in den im Folgenden aufgeführten Gebäuden bzw. Räumen die Entfernung bis zum nächstgelegenen Ausgang höchstens die in Tabelle 12.1.2 angegebenen Werte ausmachen. In der Muster-Industriebaurichtlinie sind die Rettungswege und Rettungsweglängen wie folgt beschrieben [2]: „Zu den Rettungswegen in Industriebauten gehören insbesondere die Hauptgänge in den Produktions- und Lagerräumen, die Ausgänge aus diesen Räumen, die notwendigen Flure, die notwendigen Treppen und die Ausgänge ins Freie. Jeder Produktions- oder Lagerraum mit einer Fläche von mehr als 200 m² muss mindestens zwei Ausgänge haben. Für mehrgeschossige Industriebauten mit einer Grundfläche von mehr als 1 600 m² müssen in jedem Geschoss mindestens zwei möglichst entgegengesetzt liegende bauliche Rettungswege vorhanden sein. Einer dieser Rettungswege darf über Außentreppen ohne Treppenräume, über Rettungsbalkone, über Terrassen und/oder über begehbare Dächer auf das Grundstück führen, wenn er im Brandfall durch Feuer und Rauch nicht gefährdet werden kann."

Tabelle 12.1.2: Maximale Rettungsweglängen nach verschiedenen gesetzlichen Vorschriften

Gebäude, Räume	max. Rettungsweglängen	Gesetzliche Vorschriften
mit explosionsgefährdeten Stoffen	10 m	ArbStättV [6]
explosionsgefährdete und giftstoffgefährdete Räume	20 m	ArbStättV
brandgefährdete Räume	25 m	ArbStättV
brandgefährdete Räume mit Sprinklerung oder vergleichbaren Sicherheitsmaßnahmen	35 m	ArbStättV
Industriegebäude	35 m bis 70 m	MIndBauRL

Es ist zu beachten, dass die MIndBauRL ausdrücklich die Flucht in benachbarte Brandabschnitte bzw. Brandbekämpfungsabschnitte erlaubt. Über die Rettungsweglängen ist weiterhin Folgendes gesagt: „Von jeder Stelle eines Produktions- oder Lagerraums muss mindestens ein Ausgang ins Freie, ein notwendiger Treppenraum, ein anderer Brandabschnitt oder ein anderer Brandbekämpfungsabschnitt erreichbar sein, bei

— Räumen mit einer mittleren lichten Raumhöhe von bis zu 5 m in höchstens 35 m Entfernung,
— Räumen mit einer mittleren lichten Raumhöhe von mindestens 10 m in höchstens 50 m Entfernung."

„Bei Vorhandensein einer

— automatischen Brandmeldeanlage mit geeigneten, schnell ansprechenden Meldern, wie Rauch- oder Flammenmelder, und einer daran angeschlossenen Alarmierungseinrichtung für die Nutzer (Internalarm) oder
— selbsttätigen Feuerlöschanlage und einer Alarmierungsanlage mit mindestens Handauslösung

ist es zulässig, dass der Ausgang ins Freie, der notwendige Treppenraum, der andere Brandabschnitt oder der andere Brandbekämpfungsabschnitt bei

— Räumen mit einer mittleren lichten Raumhöhe von bis zu 5 m in höchstens 50 m Entfernung,
— Räumen mit einer mittleren lichten Raumhöhe von mindestens 10 m in höchstens 70 m Entfernung erreichbar ist."

„Bei mittleren lichten Raumhöhen zwischen 5 m und 10 m darf zur Ermittlung der zulässigen Entfernungen zwischen den angegebenen Höchstwerten interpoliert werden. Die Entfernung wird in der Luftlinie und nicht durch Bauteile hindurch gemessen. Bei der Ermittlung der mittleren lichten Raumhöhe werden untergeordnete Räume mit einer Fläche von bis zu 400 m² nicht berücksichtigt. In Produktions- oder Lagerräumen mit höher gelegenen betriebstechnischen Ebenen mit Arbeitsbereichen ist die mittlere Raumhöhe in diesen Bereichen auf diese Ebene zu beziehen."

Von jeder Stelle eines Produktions- oder Lagerraumes soll mindestens ein Hauptgang nach höchstens 15 m Lauflänge erreichbar sein. Hauptgänge müssen mindestens 2 m breit sein; sie sollen geradlinig auf kurzem Wege zu Ausgängen ins Freie, zu notwendigen Treppenräumen, zu anderen Brandabschnitten oder zu anderen Brandbekämpfungsabschnitten führen. Diese anderen Brandabschnitte oder Brandbekämpfungsabschnitte müssen Ausgänge unmittelbar ins Freie oder zu notwendigen Treppenräumen mit einem sicheren Ausgang ins Freie haben.

Hinsichtlich der Breite von Gängen und Türen gilt für Versammlungsstätten als Grundwert 1,20 m für 200 Personen, die Personenlaufbreite wird mit 60 cm bewertet. Die Länge eines Ganges im Raum ist immer in Verbindung mit der höchstzulässigen Rettungsweglänge zu sehen. Sie ist bei Erdgeschossen bis ins Freie, bei nicht zu ebener Erde liegenden Geschossen bis zum Treppenraum der nächstgelegenen notwendigen Treppe zu messen. Die zulässige Rettungsweglänge korreliert stark mit der lichten Höhe des Brandabschnittes im Industriegebäude. Die Rettungsweglänge kann wie folgt näherungsweise berechnet werden [6]:

$$L \leq 25 \cdot \frac{(H-4)}{2} \qquad \text{Gl. (12.1.1)}$$

H lichte Höhe in m mit $6 \leq H \leq 12$ m
L Länge des Rettungsweges in m

Diese Entfernung ist bei geringen Raumhöhen und erfahrungsgemäß rascher Verrauchung oder mangelnder Ortskenntnis der Personen nicht mit angehaltenem Atem überbrückbar. Dennoch rechtfertigen die vorliegenden Erfahrungen diese Länge für Gebäude mit entsprechender Deckenhöhe, akustischen Alarmanlagen o. Ä. und ortskundigen, gehfähigen Personen. Entscheidend für die tatsächlich im Brandfall zurückzulegende Strecke ist die Art und Weise, in der die Rettungsweglänge gemessen wird. Folgende Möglichkeiten werden in der Praxis diskutiert:

— Die tatsächliche Laufweglänge, die sich aufgrund der Grundrissgestaltung unter Berücksichtigung der Ausstattung und Möblierung letztlich ergibt. Dieses Maß kann, von Sonderfällen wie Versammlungsstätten und Warenhäusern einmal abgesehen, in der Regel im Baugenehmigungsverfahren überhaupt nicht ermittelt werden, da weder Raumausstattung noch Möblierung festliegen.
— Die tatsächliche Laufweglänge, die sich aufgrund der Raumaufteilung ergibt. Sie geht davon aus, dass innerhalb eines Raumes der Weg zur Tür in direkter Richtung zurückgelegt werden kann. Diese Messmethode setzt eine festliegende

Raumaufteilung voraus und lässt Raumausstattung und Möblierung außer Betracht.
— Die Entfernung zwischen den Bezugspunkten wird in Luftlinie, d. h. durch Zirkelschlag ermittelt. Die Methode ist praktisch und zeitsparend. Bei dieser Messmethode können sich tatsächlich zu kleine Laufweglängen ergeben. Nach vorliegenden Erfahrungen ist die Vergrößerung der Laufweglängen mit dem Faktor 1,6 zu bewerten.

In den verschiedenen Bauordnungen und Verordnungen der Länder finden sich unterschiedliche Angaben über die Länge des Rettungsweges und wie er zu messen ist. Im Normalfall gilt: Die Entfernung ist in der Luftlinie, jedoch nicht durch Bauteile hindurch zu messen. Wesentlich für die tatsächlich zurückzulegende Strecke sind auch die Bezugspunkte, zwischen denen die Entfernung gemessen wird. Das Ende des Rettungsweges ist in erdgeschossigen Bauten die Tür ins Freie oder zum Rettungstunnel. In nicht zu ebener Erde liegenden Geschossen kann der Endpunkt entweder der Zugang zur notwendigen Treppe, d. h. die Tür zum Treppenraum sein oder man misst den Rettungsweg bis zum Antritt der obersten Stufe der notwendigen Treppe. Die Messmethode beeinflusst natürlich stark die Grundrissgestaltung, insbesondere die Zahl und Lage der Treppenräume.

Weiter sind Rettungswege zu sichern. Das Ziel hierbei ist, die Fliehenden gegen die Einwirkung von Feuer und Rauch zu schützen. Im Inneren des Raumes kann nur der Weg zur Tür in Form eines Ganges bereitgestellt werden. Auf diesem Teil des Weges sind die Personen nicht gegen Feuer- und Raucheinwirkung gesichert. Dieses ist vertretbar, da sich die Personen im Brandentstehungsraum befinden und den Brand schon in einer frühen Phase sehen, hören und riechen können. Dieses ergibt in allen Fällen, in denen eine normale Brandgefahr vorliegt, eine ausreichende Zeitspanne, um sich zu orientieren und den Raum sicher zu verlassen. Der Ausgang aus einem Aufenthaltsraum und der Ausgang aus dem Treppenraum ins Freie sind wesentliche Bestandteile des Rettungsweges. Unter einem Ausgang ist stets eine Tür zu verstehen, die ungehindert und aufrecht begangen werden kann. Ist dies nicht der Fall, kann man nur von einem Ausstieg sprechen. Ein derartiger Ausstieg, etwa aus einem Fenster, kommt nur als zweiter Rettungsweg in Frage.

Münden die Ausgänge notwendiger Treppenräume in Durchgänge oder Passagen, dann darf die Entfernung bis zur öffentlichen Verkehrsfläche bis zu 20 m betragen, wenn diese auf zwei, möglichst entgegengesetzt führenden Wegen erreicht werden kann und durch bauliche Maßnahmen sichergestellt ist, dass nicht beide Wege gleichzeitig durch Brandeinwirkung gefährdet werden können. Grenzen an eine derartige Passage Schaufenster, so darf der Ausgang eines Treppenraumes nur 5 m zurückversetzt werden. Die Schaufenster sind gegen die Läden abzumauern oder mit feuerhemmender Verglasung zu versehen.

An Türen zu Rettungswegen sind gesonderte Anforderungen zu stellen. Die Türen müssen in Fluchtrichtung durch einen einzigen Griff leicht in voller Breite zu öffnen sein. Bei einflügeligen Türen ist dieser Griff in der Regel die Türklinke. Bei Hebelverschlüssen, den sogenannten Panikriegeln, muss der Griff etwa 1,5 m über dem Fußboden liegen und von oben nach unten zu öffnen sein. Wesentlich besser sind die nach europäischen Normen entwickelten Panikverschlüsse, bei denen die Türen durch Druck auf eine Querstange in Hüfthöhe geöffnet werden. Dazu bedarf es nicht einmal einer Handbewegung. Falls Personen an die Tür drücken oder gedrückt werden, öffnet sich diese ohne weiteres Zutun. Kanten- und Schubriegel als Türverschlüsse sind gefährlich und daher unzulässig.

Hinsichtlich der lichten Türbreite gilt die allgemeine Beziehung für Rettungswegbreiten von 1,20 m für 200 darauf angewiesene Personen. Die einzelne Tür darf nicht schmaler als 1,20 m sein (MVStättVo). Diese Türbreiten haben sich bei Großschadenslagen wie dem Flughafenbrand in Düsseldorf 1996 als vollkommen ausreichend erwiesen [7].

Häufig ist es erwünscht, im Zuge von Fluren und Rettungswegen rauchdichte Türen anzuordnen. Diese Türen sollten so weit wie möglich eine feuerhemmende Verglasung erhalten, damit die Fliehenden den Verlauf und die Fortsetzung des Rettungsweges sehen können. Türen im Zuge von Rettungswegen dürfen auch nicht verspiegelt sein. Dies ist vor allem bei spezifischen Nutzungen wie Warenhäuser, Gaststätten, Bars und Diskotheken zu beachten.

Flure im Verlauf von horizontalen Rettungswegen müssen gesichert sein; dieses ist dann erfüllt, wenn folgende Anforderungen berücksichtigt sind:

— Flure dürfen durch Einbauten nicht eingeengt werden,
— Flure müssen allgemein zugänglich und belichtet bzw. beleuchtet sein,
— Flure müssen rauchfrei bleiben, eingedrungener Rauch muss entfernt werden können,
— Flure dürfen keine Brandlasten enthalten,
— Flure sollen die Flucht in zwei Richtungen erlauben, die Fluchtrichtung muss gekennzeichnet oder erkennbar sein,
— Fliehende sind gegen Wärmestrahlung zu schützen.

Nach § 36 MBO muss die nutzbare Breite allgemein zugänglicher Flure für den größten zu erwartenden Verkehr ausreichen, d. h. 1,20 m pro 200 Personen (MVStättV). Flure von mehr als 30 m Länge sollten durch nicht abschließbare, rauchdichte und selbstschließende Abschlüsse unterteilt werden. In Fluren ist eine Folge von weniger als drei Stufen unzulässig.

Wände allgemein zugänglicher Flure sind mindestens feuerhemmend und in den wesentlichen Teilen aus nichtbrennbaren Baustoffen, in Gebäuden geringer Höhe mindestens feuerhemmend herzustellen. Türen müssen dicht schließen. Ausnahmen können gestattet werden, wenn wegen des Brandschutzes Bedenken nicht bestehen. Wände, Decken und Brüstungen von offenen Gängen vor den Außenwänden, welche die einzige Verbindung zwischen Aufenthaltsräumen herstellen, sind mindestens feuerhemmend und in den wesentlichen Teilen aus nichtbrennbaren Baustoffen, in Gebäuden geringer Höhe mindestens feuerhemmend herzustellen. Die Bekleidungen einschließlich Unterdecken und Dämmstoffen aus brennbaren Baustoffen sind in allgemein zugänglichen Fluren und offenen Gängen unzulässig; dies gilt nicht in Gebäuden geringer Höhe. Fußbodenbeläge in Rettungswegen müssen mindestens der Baustoffklasse B1 (schwerentflammbar) nach DIN 4102-1 entsprechen. Fußbodenbeläge in Sicherheitsschleusen und Vorräumen von Feuerwehraufzügen müssen nichtbrennbar (Klasse A) sein.

Flure im Verlauf von Rettungswegen sind gegen das Eindringen von Brandrauch zu schützen. Eingedrungener Brandrauch muss rasch abgeführt werden können, damit der Flur wieder begehbar wird. Hierfür eignen sich insbesondere Fenster oder andere verschließbare Öffnungen. Die Anordnung von Fenstern erfordert, dass der Flur an einer Außenwand liegt. Selbstverständlich müssen die Fenster auch zu öffnen sein. Meist verwendet man die an der Außenwand liegenden Zonen der Geschosse für Nutzräume und ordnet die Flure innenliegend an. Dann kann die Rauchabführung nur über den Treppenraum erfolgen, dabei entsteht eine sehr unbefriedigende Situation. Insbesondere ist das Problem, eine ausreichende Menge an Zuluft bereitzustellen, vom Planer zu lösen.

In größeren Gebäuden werden die Flure ggf. mechanisch belüftet (Luftspülung) und entraucht. Wenn aus der Sicht des Vorbeugenden Brandschutzes eine maschinelle Rauchabführung gefordert werden muss, so ist es am vorteilhaftesten, die Zuführung von Frischluft über Schächte und die Abführung des Rauches über die Räume oder über Schächte zu leiten. Eine maschinelle Rauchabsaugung erfordert einen mindestens zehnfachen Luftwechsel und eine wärmebeständige Ausführung des Lüfters bis etwa 300 °C [8]. Als Alternative zur Spülung von z. B. Treppenräumen wird derzeit die Druckbelüftung nach EN 12101-6: 2005 zunehmend eingesetzt. Diese Maßnahme setzt entsprechende bauliche Maßnahmen und geeignete Brandbekämpfungs- und Evakuierungskonzepte voraus.

12.2 Anforderungen an Treppen

Die tragenden Teile notwendiger Treppen müssen feuerbeständig sein. Bei Gebäuden geringer Höhe müssen sie aus nichtbrennbaren Baustoffen bestehen oder mindestens feuerhemmend sein. Steinstufen ohne Bewehrung sind auf ihrer ganzen Länge aufzulagern, da es sich bei solchen Steinstufen meist um Naturstein handelt, der im Brandfall nur eine geringe Standfestigkeit besitzt. Da es eine Bauteilprüfung für das Sonderbauteil „Treppen" nicht gibt, läuft die Forderung darauf hinaus, den Treppenlauf wie feuerbeständige Bauteile auszuführen. Aus der Grundanforderung nach der Feuerbeständigkeit des Treppenlaufes geht zwangsläufig die Forderung hervor, eine solche Treppe geschlossen, d. h., mit Tritt- und Setzstufen auszuführen. In der Versammlungsstättenverordnung, der Verkaufsstättenverordnung und im Muster der Hochhausrichtlinie sind derartige Bestimmungen enthalten. Eine notwendige Treppe in Gebäuden muss danach auch im Falle der direkten Brandeinwirkung auf den Treppenraum begehbar bleiben, d. h., dass die Flammen nicht zwischen den Treppenstufen hindurchschlagen dürfen.

Ein wichtiges Kriterium einer notwendigen Treppe ist die lichte Breite zwischen den Handläufen. Grundsätzlich muss die nutzbare Breite der Treppen für den größten zu erwartenden Verkehr ausreichen. Die Tabelle 12.2.1 gibt die Mindestlaufbreiten von Treppen an. Die höchstzulässige Breite notwendiger Treppen beträgt 2,40 m (vergl. MVStättV, Fassung Juni 2005).

Tabelle 12.2.1: Mindestlaufbreiten von Treppen (lichte Breite)

Treppen in	Mindestlaufbreite
- Gebäudebereichen mit geringer Benutzung dürfen schmaler sein als	80 cm
- Wohngebäuden mit nicht mehr als zwei Wohnungen, innerhalb von Wohnungen (Maisonetten)	mind. 80 cm
- Wohngebäuden sowie andere Gebäude und Garagen	mind. 1,00 m
- Versammlungsstätten und Gaststätten,	
je 200 darauf angewiesene Personen bzw.	1,20 m
bei ≤ 200 Personen mindestens	0,90 m
- Hochhäusern nach [2]	mind. 1,20 m
- Krankenhäusern nach [3]	mind. 1,50 m
- Verkaufsstätten	mind. 2,00 m

Die Treppenlaufbreite ist wie überhaupt die Breite von Rettungswegen auf die Erfordernisse des Einzelfalls abzustimmen (z. B. Krankentrage). In Seniorenheimen, Krankenhäusern und anderen Sonderbauten gelten die jeweiligen Vorschriften des Bundeslandes. In allen Zweifelsfällen gilt die Formel „mindestens 1,20 m pro 200 darauf angewiesene Personen". Es ist zu beachten, dass die Festlegung der Zahl und Breite der notwendigen Treppen nicht anhand einer einfachen Formel erfolgen kann, vielmehr ist dabei Rücksicht zu nehmen auf die Führung und Länge der Rettungswege. Hierbei ist zu beachten, dass Treppen nach der MBO grundsätzlich so zu verteilen sind, dass die Rettungswege möglichst kurz werden.

Von allen Teilen eines Gebäudes, die im Brandfall von Bedeutung sind, ist der wichtigste der Treppenraum. Er spielt als erster Rettungsweg für die Bewohner und als Rettungs- und Angriffsweg für die Feuerwehr die größte und entscheidende Rolle. Notwendige Treppenräume müssen daher u. a.

— einen sicheren Ausgang ins Freie haben,
— belichtet oder beleuchtet werden können,
— gegen Brandeinwirkung aus den Geschossen gesichert sein,
— gegen das Eindringen von Feuer und Rauch von außen geschützt sein,
— im Brandfall standsicher und sicher begehbar bleiben,
— eine Entrauchungseinrichtung haben,
— frei von Brandlasten sein.

Nach § 35 MBO muss jede notwendige Treppe in einem eigenen, durchgehenden und an einer Außenwand angeordneten Treppenraum liegen. Innenliegende Treppenräume können gestattet werden, wenn ihre Benutzung durch Raucheintritt nicht gefährdet werden kann und wenn wegen des Brandschutzes Bedenken nicht bestehen. Für die innere Verbindung von Geschossen derselben Wohnung sind innenliegende Treppen ohne eigenen Treppenraum zulässig, wenn in jedem Geschoss zusätzlich ein anderer Rettungsweg erreicht werden kann. Jeder Treppenraum muss auf möglichst kurzem Wege einen sicheren Ausgang ins Freie haben. Der Ausgang muss mindestens so breit sein wie die zugehörige Treppe und darf nicht eingeengt werden. Bekleidungen, Dämmstoffe und Einbauten aus brennbaren Baustoffen sind in Treppenräumen und ihren Ausgängen ins Freie unzulässig.

Die Wände von Treppenräumen notwendiger Treppen und ihre Ausgänge ins Freie müssen bei der Gebäudeklasse 5 in der Bauart von Brandwänden (MBO § 35 Abs. 4) hergestellt sein; bei Gebäuden geringer Höhe müssen sie feuerbeständig sein. Dies gilt nicht, soweit die Wände der Treppenräume Außenwände sind, aus nichtbrennbaren Baustoffen bestehen und durch andere Wandöffnungen im Brandfall nicht gefährdet werden können. Bekleidungen in Treppenräumen notwendiger Treppen müssen aus nichtbrennbaren Baustoffen bestehen. Der obere Abschluss des Treppenraumes muss feuerbeständig, bei Gebäuden geringer Höhe mindestens feuerhemmend sein. Dies gilt nicht für obere Abschlüsse gegenüber dem Freien.

Öffnungen zwischen Treppenräumen und Kellergeschossen, nicht ausgebauten Dachräumen, Werkstätten, Läden, Lagerräumen und ähnlichen Räumen müssen mit mindestens feuerhemmenden, selbstschließenden Abschlüssen versehen sein. Öffnungen zwischen Treppenräumen und allgemein zugänglichen Fluren müssen mit rauchdichten Abschlüssen versehen sein. Treppenräume müssen zu belüften und zu beleuchten sein. Treppenräume, die an einer Außenwand liegen, müssen in jedem Geschoss Fenster von mindestens 60 cm x 90 cm erhalten, die geöffnet werden können. Innenliegende Treppenräume müssen in Gebäuden mit mehr als fünf oberirdischen Geschossen eine von der allgemeinen Beleuchtung unabhängige Beleuchtung haben.

In Gebäuden mit mehr als fünf oberirdischen Geschossen und bei innenliegenden Treppenräumen ist an der obersten Stelle des Treppenraumes eine Rauchabzugsvorrichtung in einer Größe von mindestens 5 % der Grundfläche, mindestens jedoch von 1 m^2 anzubringen, die vom Erdgeschoss und vom obersten Treppenabsatz aus zu öffnen sein muss. Es kann verlangt werden, dass die Rauchabzugsvorrichtung auch von anderen Stellen aus bedient werden kann. Ausnahmen können gestattet werden, wenn der Rauch auf andere Weise abgeführt werden kann. Die Betätigungsstellen in den Geschossen sind mit der Aufschrift „Rauchabzug" zu kennzeichnen. Es ist bei der Planung innenliegender Treppenräume zu beachten, dass der Rauchabzug nur dann wirksam ist, wenn die entsprechende Zuluft (Frischluft) zur Verfügung steht. Das Ansaugen der „Frischluft" aus den benachbarten Räumen für die Entrauchung eines innenliegenden Treppenraumes ist eine gravierende brandschutztechnische Schwachstelle, welche in den bauordnungsrechtlichen Vorschriften derzeit (leider) keine Beachtung findet, weil es in diesem Zusammenhang keine Regeln über die Zuluftführung gibt [7].

In Hochhäusern dürfen innenliegende Treppenräume nur über Schleusen oder Vorräume zugänglich sein [2]. Die Vorräume dürfen weitere Öffnungen nur zu allgemein zugänglichen Fluren, Aufzügen und Sanitärräumen haben. In den Fällen ohne allgemein zugängliche Flure müssen statt der Vorräume Schleusen angeordnet werden (siehe Bild 12.2.1). Darüber hinaus ist in Hochhäusern der innenliegende Treppenraum mit einer Lüftungsanlage zu versehen, die ihn im Brandfall mit einer Zuluftrate von 10 000 m³/h von unten nach oben durchspült. Die Treppenläufe dürfen nicht durch Wände oder Schächte voneinander getrennt sein, also beispielsweise nicht um einen Aufzugskern herumgeführt werden. Die Rauchabführung soll möglichst geradlinig, am besten durch ein Treppenauge erfolgen. Alternativ dazu werden Sicherheitstreppenräume derzeit zunehmend mit Druckbelüftungsanlagen ausgestattet.

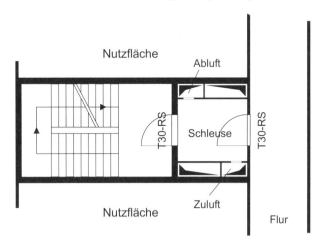

Bild 12.2.1: Grundriss eines innenliegenden Treppenraumes mit Schleuse und T 30-RS (EI$_2$-CS$_{200}$) Türen und Zwangsbelüftung (Spülluft)

Der Ausbildung der Treppenräume kommt in Hochhäusern allergrößte Bedeutung zu, da sie dort im Brandfall den einzigen Flucht- und Angriffsweg bilden [9]. Wegen der erhöhten Personenzahl ist eine größere lichte Treppenlaufbreite erforderlich. In der Regel sind dies mindestens 1,20 m. Die Mindestzahl notwendiger Treppen in Abhängigkeit von der Gebäudehöhe ist in Tabelle 12.2.2 angegeben.

Tabelle 12.2.2: Mindestzahl notwendiger Treppen in Abhängigkeit von der Gebäudehöhe nach [10]

Geschosszahl Gebäudehöhe	innenliegende offene Treppen	außenliegende Treppenräume	innenliegende Treppenräume	außenliegende Sicherheitstreppenräume	innenliegende Sicherheitstreppenräume
2 Geschosse	1				
3 Geschosse	(1)[1]	1 oder	(1)		
4 Geschosse	(1)[1]	1 oder	(1)		
Hochhäuser bis 60 m	(1)[2]	2 oder		1 oder	1
Hochhäuser über 60 m	(1)[2]			2 oder oder 1 +	2 1

1) Nur zur Verbindung von Geschossen derselben Wohnung zulässig, z. B. bei Maisonetten.
2) Für "unechte Maisonetten", da jedes Geschoss Anschluss an die notwendigen Treppen haben muss.

Für Hochhäuser fordert das Baurecht die Anordnung mehrerer Treppenräume oder die Anordnung einer oder mehrerer Treppen in einem Sicherheitsraum (siehe Tabelle 12.2.2). Der Sicherheitstreppenraum muss so beschaffen sein, dass Feuer und Rauch nicht in ihn eindringen können. Man nimmt dann an, dass er im Brandfall begehbar bleibt und verzichtet auf den zweiten Rettungsweg.

Die ursprüngliche und sicherste Form der Ausführung verbindet die Rettungswege im Gebäude mit dem Treppenraum über einen Balkon oder offenen Gang im Freien. Der mit dem Fliehenden aus dem Gebäude dringende Rauch wird ins Freie abgeführt und dringt nicht oder nur in unschädlicher Menge in den Treppenraum ein. Der sicher am wirksamsten geschützte Treppenraum ist vollständig vom Gebäudegrundriss abgesetzt, die Übergänge sind beidseitig ab Brüstungshöhe offen und liegen quer zur Hauptwindrichtung. Rückt der Treppenraum an die Fassade heran, so muss der Zugang über einen Balkon erfolgen.

Der Balkon muss genügend lang sein (s. Bild 12.2.2). Der Abstand von der Ausgangstür auf den Balkon bis zur Treppenraum-Zugangstür muss mindestens 3 m betragen. Der offene Gang oder Balkon, der die Verbindung herstellt, darf nicht in Gebäudenischen, einspringenden Gebäudewinkeln und auch nicht zu einem Innenhof hin angeordnet sein. Münden auf dem offenen Gang vor der Außenwand nicht nur allgemein zugängliche Flure, sondern direkt mehrere Wohnungen, so spricht man von einem Laubengang. Laubengänge sind auf einer Längsseite offene Gänge, die als einziger horizontaler Rettungsweg zu einem notwendigen Treppenraum, zu zwei Treppenräumen (davon ein notwendiger Treppenraum) oder zu einem Sicherheitstreppenraum führen.

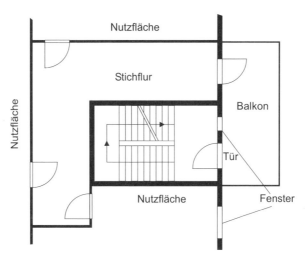

Bild 12.2.2:   *Grundriss eines Zugangs zu einem Sicherheitstreppenraum*

Das Bild 12.2.2 zeigt den Grundriss eines Zugangs zu einem Sicherheitstreppenraum. Der Sicherheitstreppenraum darf keine Öffnung zu anderen Räumen haben, also nicht mit Kellergeschossen, elektrischen Betriebsräumen, Aufzugs-, Installations- oder Müllabwurfschächten in Verbindung stehen. Türen des Sicherheitstreppenraumes dürfen nur auf die offenen Gänge oder ins Freie führen. Sie müssen selbstschließend und rauchdicht sein und in Fluchtrichtung aufschlagen. Dabei ist darauf zu achten, dass die freie Treppenlaufbreite auf den Podesten durch die aufschlagenden Türen nicht eingeengt wird.

In zunehmendem Maße werden derzeit innenliegende Sicherheitstreppenräume gebaut. Der Zugang erfolgt hierbei über einen druckbelüfteten Treppenraum und eine damit verbundene Sicherheitsschleuse, d. h. dass im Brandfall der Treppenraum durch eine besondere Lüftungsanlage unter Überdruck gesetzt wird. Durch die Überdruckhaltung wird bewirkt, dass beim Öffnen der Tür von der Schleuse zum Brandraum ein Luftstrom in Richtung Brandraum entsteht, so dass das Einströmen von Rauch in die Schleuse und damit in den Treppenraum verhindert wird. Wichtig dabei ist, dass an allen geschlossenen Türen der Nutzungsbereiche/Geschosse keine größere Druckdifferenz als 50 N/m^2 entsteht, da diese sich sonst – je nach Aufschlagrichtung – nicht mehr ohne größere Kraftanstrengung öffnen lassen. Die Lüftungsanlagen müssen an eine Ersatzstromversorgungsanlage angeschlossen werden. Aus sicherheitstechnischer Sicht erfordern derartige Treppenräume aufgrund des großen technischen Aufwandes besonders sorgfältige Planungen und gesonderte Funktionsprüfungen im Zuge der Bauabnahme. Dabei sollte auch der thermisch bedingte Druckaufbau in brennenden Gebäudebereichen ermittelt und berücksichtigt werden.

12.3 Rettungswege nach der Muster-Hochhaus-Richtlinie (MHHR)

Die Muster-Richtlinie über den Bau und Betrieb von Hochhäusern, in der Fassung November 2007 [2] unterscheidet zwischen vertikalen und horizontalen Flucht- und Rettungswegen, wobei im Hinblick auf die Gebäudestruktur unterschieden werden:

— horizontale Rettungswege nach MBO 2002,
— vertikale Rettungswege in Form von
  - notwendigen Treppenräumen,
  - Sicherheitstreppenräumen und
  - Feuerwehraufzügen ab 20 m Höhe.

Die Anforderungen gelten auch für den Breitfuß von Hochhäusern und dienen im Besonderen der Sicherstellung eines wirksamen Innenangriffes der Feuerwehr.

Als spezifische Anforderungen in der Sicherheitstechnik gelten die Einrichtungen von Feuerwehraufzügen und Druckbelüftungsanlagen in Treppenräumen und Aufzugsräumen notwendiger Flure. An die Druckbelüftungsanlagen werden u.a. folgende allgemeine Anforderungen gestellt:

- Auslösung durch eine Brandmeldeanlage,
- Druckkaskade zur Verhinderung des Eindringens von Rauch in
  - innenliegende Sicherheitstreppenräume und Vorräume,
  - Feuerwehraufzugsschächte und deren Vorräume,
- Luftstrom entgegen der der Fluchtrichtung.

Die technischen Vorgaben der MHHR für Druckbelüftungsanlagen betreffen die Bemessung und Ausführung für Abströmgeschwindigkeiten bei offenen Türen in Höhe von

- 2 m/s zwischen der geöffneten Tür des Sicherheitstreppenraumes und des Vorraumes und von der Tür des Vorraumes zum notwendigen Flur,
- 0,75 m/s zwischen der geöffneten Tür des Vorraumes eines Feuerwehraufzuges zum notwendigen Flur.

Die vorgeschriebenen Geschwindigkeiten gelten für die ungünstigsten klimatischen Bedingungen und müssen im Rahmen von Abnahmeprüfungen durch Prüfsachverständige nachgewiesen werden. Bei Hochhäusern mit nur einem innenliegenden Sicherheitstreppenraum sind die Überdruckaggregate redundant auszuführen und mit ebenfalls redundanten Systemen zu versorgen.

An die Feuerwehraufzüge werden folgende Anforderungen gestellt:

- Haltestellen in jedem Geschoss,
- erreichbar in maximal 50 m Entfernung (Lauflinie),
- eigene Fahrschächte mit:
  - verglasten Sichtöffnungen von mindestens 600 cm^2,
  - ortsfesten Leitern,
  - Vorräumen mit Überdruck,
- Fahrkörbe für Krankentragen geeignet.

Die Vorräume der Feuerwehraufzugsschächte sind wie folgt auszubilden:

- ≥ 6 m^2 Grundfläche,
- geeignet für Krankentrage,
- mit raumabschließenden Bauteilen,
- nur Türöffnungen (Abstand mindestens 3 m)
  - zu notwendigen Fluren mit Vorräumen,
  - zu Fahrschächten,
  - ins Freie,
- Geschosskennzeichnung,
- gemeinsame Vorräume mit Aufzügen nur dann, wenn die Anforderungen an die Vorräume der Feuerwehraufzugsschächte erfüllt sind.

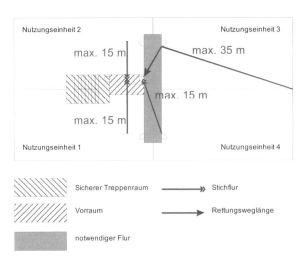

Bild 12.3.1: Stichflur von max. 15 m Länge von der Nutzungseinheit bis zum Sicherheitstreppenraum

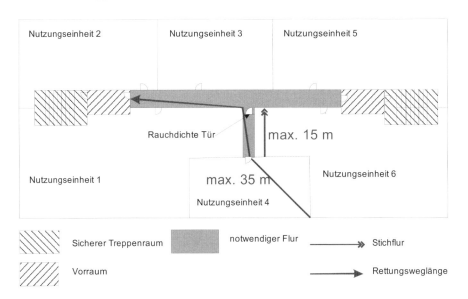

Bild 12.3.2: Stichflur von max. 15 m Länge zum notwendigen Flur mit rauchdichter Tür

An die horizontalen Rettungswege werden nach MHHR [2] folgende Anforderungen gestellt:

— die maximal zulässige Rettungsweglänge ist 35 m (statt 25 m), um weniger Treppenräume zu haben,
— die maximale Größe der Nutzungseinheiten (Praxen, Büros, Studios) beträgt 400 m^2,

- die Wände notwendiger Flure sind feuerhemmend und aus nichtbrennbaren Baustoffen auszuführen,
- die Treppenräume dürfen über Ringflure erschlossen werden,
- die Länge von Stichfluren darf 15 m nicht überschreiten (siehe Bild 12.3.1 und Bild 12.3.2).

Bezüglich der vertikalen Rettungswege (Treppenräume, Treppe) werden folgende Anforderungen gestellt:

- Für Hochhäuser bis 60 m sind entweder 2 außenliegende notwendige Treppenräume oder
- 1 (auch innenliegender) Sicherheitstreppenraum erforderlich.
- Für hohe Hochhäuser über 60 m sind 2 (auch innenliegende) Sichheitstreppenräume erforderlich.
- Alle notwendigen innenliegenden Treppenräume sind als Sicherheitstreppenräume auszubilden.

Innenliegende Sicherheitstreppenräume müssen die folgenden Anforderungen erfüllen:

- Zugang über Vorräume oder direkt ins Freie,
- Öffnungen in Vorräumen nur zum Sicherheitstreppenraum und zu notwendigen Fluren,
- Mindestabstand der Tür vom Sicherheitstreppenraum bis zur Tür des notwendigen Flures ≥ 3 m.

12.4 Anforderungen an die Lage und Zugänglichkeit von Gebäuden

Die Feuerwehr kann nur dann schnelle Rettungsmaßnahmen und wirksame Löscharbeiten durchführen, wenn sie den Brandherd bzw. das betroffene Gebäude leicht erreichen kann. Bezüglich der Lage und Zugänglichkeit baulicher Anlagen auf Grundstücken sind entsprechende Vorschriften in den Bauanordnungen und Normen enthalten [12]. Grundsätzlich werden vier Arten von Flächen für die Feuerwehr auf Grundstücken unterschieden:

- Zugänge,
- Feuerwehrzufahrten,
- Aufstellflächen für die Feuerwehr,
- Bewegungsflächen für die Feuerwehr.

Die Zugänge, Zufahrten, Aufstell- und Bewegungsflächen sind ständig frei zu halten, so dass die Zugänglichkeit der Gebäude für die Feuerwehr jederzeit möglich ist (Hinweisschild und gesonderte Zufahrt). Zufahrten, Umfahrten, Durchfahrten sowie Aufstell- und Bewegungsflächen für die Feuerwehr dürfen nicht durch Einbauten eingeengt werden. Sie sind zu kennzeichnen und müssen für Feuerwehrfahrzeuge ausreichend befestigt und tragfähig sein. Zufahrten und Umfahrten müssen von den Außenseiten der Gebäude mindestens 2 m entfernt sein. Industriebauten mit einer Grundfläche von mehr als 5000 m^2 sollen eine für Feuerwehrfahrzeuge befahrbare Umfahrt haben. An der Umfahrt sind in Abständen von höchstens 100 m entsprechende Aufstell- und Bewegungsflächen mit entsprechender Tragfähigkeit für die Feuerwehrfahrzeuge sowie Hydranten anzuordnen [4].

Jeder Brandbekämpfungsabschnitt muss mit mindestens einer Seite an einer Außenwand liegen und von dort für die Feuerwehr in ganzer Länge zugänglich sein. Bei Brandbekämpfungsabschnitten in Industriegebäuden, die sowohl länger als auch breiter als 100 m sind, müssen durch die Gebäude führende, für die Feuerwehrfahrzeuge befahrbare, geradlinige und mindestens 5 m breite Verkehrswege hergestellt werden. Die Verkehrswege dürfen untereinander einen Abstand von nicht mehr als 100 m haben. Wand- und Deckenbekleidungen sowie Dämmschichten müssen im Bereich dieser Verkehrswege aus nichtbrennbaren Baustoffen bestehen.

12.5 Literatur zum Kapitel 12

[1] Musterbauordnung (MBO) für die Länder der Bundesrepublik Deutschland, Fassung gemäß Beschluss der ARGEBAU, Ausgabe November 2002

[2] Muster-Richtlinie über den Bau und Betrieb von Hochhäusern (Muster-Hochhaus-Richtlinie – MHHR), Fachkommission Bauaufsicht, Projektgruppe MHHR, Fasssung 22. November 2007

[3] Muster einer Verordnung über den Bau und Betrieb von Krankenhäusern (Krankenhausbauverordnung – KhBauV0), Fachkommission der ARGEBAU, Fassung Dezember 1976

[4] MIndBauRL: Projektgruppe „Brandschutz im Industriebau" der Fachkommission Bauaufsicht der ARGEBAU. Muster-Richtlinie über den baulichen Brandschutz im Industriebau (Muster-Industriebaurichtlinie – MIndBauRL), Fassung März 2000

[5] Arbeitsstättenverordnung insbesondere §§ 5,8,10,19 und 55, Ausgabe März 1975

[6] Schneider, U.; Kersken-Bradley, M.; Max, U.: Untersuchungsvorhaben VDA – „Flucht- und Rettungswege" Arbeitsgemeinschaft Brandsicherheit, Abschlussbericht, Kassel/München, Sept. 1989

[7] Autorenkollektiv: Berichte der Unabhängigen Sachverständigenkommission zur Analyse des Brandes am 11. April 1996 – Empfehlungen und Konsequenzen für den Rhein-Ruhr-Flughafen Düssel-

dorf. Teil I und II, Staatskanzlei NRW, Düsseldorf, 1997

[8] Schneider, U.; Lebeda C.: Entrauchung von großen Geschoßflächen und unterirdischen Parkdecks. VdS Fachtagung: Brandschutzanlagen, Maschinelle Entrauchung. Verband der Sachversicherer e.V., Köln, Oktober 1994

[9] Kendik, E.; Schneider U.: Berechnung der Evakuierungszeiten eines Hochhauses – Grundlage für die Flucht- und Rettungsplanung. Bundesministerium für Raumordnung, Bauwesen und Städtebau, Wien, Juli 1996

[10] Klingsohr, K.: Vorbeugender baulicher Brandschutz. 4. Auflage, W. Kohlhammer Verlag, Stuttgart, 1994

[11] DIN 4102-14: Brandverhalten von Baustoffen und Bauteilen; Bodenbeläge und Bodenbeschichtungen; Bestimmung der Flammenausbreitung bei Beanspruchung mit einem Wärmestrahler; Beuth Verlag GmbH, Berlin, Mai 1990

[12] DIN 14090: Flächen für die Feuerwehr auf Grundstücken. Beuth Verlag GmbH, Berlin, Mai 1990

13 Grundlagen der rechnerischen Nachweisverfahren für Bauteile im Brandfall nach Eurocode

13.1 Vorbemerkungen

Die Ingenieurmethoden im Brandschutz legen nahe, zukünftig auch die Feuerwiderstandsdauer von tragenden Konstruktionen rechnerisch zu bestimmen. In diesem Zusammenhang wurden in den zurückliegenden Jahren eine Reihe von Bemessungsnormen für den Brandschutz entwickelt, welche als europäische Normen erschienen und auch zum Teil in die Musterliste der eingeführten Technischen Baubestimmungen aufgenommen wurden. Dabei handelt es sich um folgende Dokumente (siehe Tabelle 13.1.1):

Tabelle 13.1.1: Liste der vorliegenden Eurocodes für das Bauwesen

Eurocode		Für Raumtemperatur	Für den Brandfall
EC 0:	Grundlagen der Tragwerksplanung	EN 1990	-
EC 1:	Einwirkungen auf Tragwerke	EN 1991-1-1	EN 1991-1-2
EC 2:	Bemessung und Konstruktion von Stahlbeton- und Spannbetontragwerken	EN 1992-1-1	EN 1992-1-2
EC 3:	Bemessung und Konstruktion von Stahlbauten	EN 1993-1-1	EN 1993-1-2
EC 4:	Bemessung und Konstruktion von Verbundtragwerken aus Stahl und Beton	EN 1994-1-1	EN 1994-1-2
EC 5:	Bemessung und Konstruktion von Holzbauten	EN 1995-1-1	EN 1995-1-2
EC 6:	Bemessung und Konstruktion von Mauerwerksbauten	EN 1996-1-1	EN 1996-1-2
EC 7:	Entwurf, Berechnung und Bemessung in der Geotechnik	EN 1997	-
EC 8:	Auslegung von Bauwerken gegen Erdbeben	EN 1998	-
EC 9:	Bemessung und Konstruktion von Aluminiumbauten	EN 1999-1-1	EN 1999-1-2

Der Bearbeitungsstand der Eurocodes für den Brandschutz [1 bis 8] und der zugehörigen nationalen Anwendungsdokumente (NAD) ist unterschiedlich weit gediehen und es ist zu beachten, dass gemäß den baurechtlichen Bestimmungen nur die in der M-LTB aufgeführten Eurocodes mit den zugehörigen NAD gültig sind. Sofern von CEN neue Codes veröffentlicht werden, sind diese zunächst nicht anzuwenden, wenn die bauaufsichtliche Einführung und die dazugehörigen nationalen Anwendungsdokumente fehlen. Die Eurocodes haben den Status harmonisierter technischer Normen. Sie sehen gemeinsame Entwurfsverfahren vor, die den Mitgliedstaaten als Bezugsdokumente dienen sollen

— für den Nachweis der Übereinstimmung von Hoch- und Ingenieurbauwerken oder von Teilen davon mit den wesentlichen Anforderungen der mechanischen Festigkeit und Standsicherheit sowie der wesentlichen Anforderung Brandschutz einschließlich Dauerhaftigkeit,
— um diese wesentlichen Anforderungen, die für die Bauwerke und für Teile davon gelten, in technischen Begriffen zu beschreiben,
— zur Bestimmung der Leistung von tragenden Bauteilen und Bausätzen bezüglich der mechanischen Festigkeit und Standsicherheit und des Feuerwiderstandes, soweit sie Teil der Angaben zur CE-Kennzeichnung ist (z.B. deklarierte Werte).

Die Eurocodes (EC) gliedern sich generell in folgende Dokumente:

— Eurocode 0 legt Prinzipien und Anforderungen zur Gebrauchstauglichkeit, Tragsicherheit und Dauerhaftigkeit von Tragwerken fest. Er beruht auf dem Konzept der Bemessung nach Grenzzuständen mit Teilsicherheitsbeiwerten und gibt Hinweise zu Fragen der in diesem Zusammenhang geltenden Zuverlässigkeitsanforderungen.
— Eurocode 1 behandelt unterschiedliche Einwirkungen auf Tragwerke. Er enthält Entwurfshinweise und Angaben für Einwirkungen für die Tragwerksplanung.
— Eurocode 2 bis 6 und Eurocode 9 gelten für die Bemessung und Konstruktion von Hoch- und Ingenieurbauten. Sie behandeln Anforderungen an die Gebrauchstauglichkeit, die Tragfähigkeit, die Dauerhaftigkeit und den Feuerwiderstand von Tragwerken und Bauteilen für verschiedene Baustoffe (siehe Tabelle 13.1.1).
— Eurocode 7 behandelt die geotechnischen Aspekte und Anforderungen an die Festigkeit, Standsicherheit und Dauerhaftigkeit von Bauwerken und Eurocode 8 gilt für die Bemessung und Konstruktion von Bauwerken des Hoch- und Ingenieurbaus in Erdbebengebieten.

Die Eurocodes 1 bis 6 und Eurocode 9 bestehen aus 2 separaten Dokumentteilen, ein Teil davon bezieht sich jeweils auf die allgemeinen Einwirkungen unter Umgebungstemperatur, der andere Abschnitt auf die Brandeinwirkungen. Die Eurocodes 0, 7 und 8 beinhalten keine Brandeinwirkungen.

In den Eurocodes wurden einige Größen für eine geringe Anzahl von Parametern nicht explizit festgelegt. Für diese Werte werden Vorschläge gemacht, die Umsetzung bleibt jedoch in der Zuständigkeit der Mitgliedstaaten. So werden etwaige unterschiedliche Bedingungen geographischer, klimatischer (z.B. Wind oder Schnee) oder lebensgewohnheitlicher Art sowie unterschiedliche Schutzniveaus, die gegebenenfalls auf einzelstaatlicher, regionaler oder lokaler Ebene bestehen, durch Wahlmöglichkeiten in den Eurocodes für bestimmte Zahlenwerte, Klassen oder alternative Verfahren berücksichtigt. Diese sind auf nationaler Ebene festzulegen (so genannte national festzulegende Parameter). Auf diese Weise wird es den Mitgliedstaaten gestattet, das Schutzniveau einschließlich der Aspekte der Dauerhaftigkeit und Wirtschaftlichkeit zu wählen, das für Bauwerke auf ihrem Gebiet gilt. Bei der Bestimmung ihrer national festzulegenden Parameter sollen die Mitgliedstaaten

- aus den in den Eurocodes vorgesehenen Klassen auswählen, oder
- den empfohlenen Wert oder einen Wert aus dem empfohlenen Wertebereich für ein Symbol auswählen, soweit die Eurocodes eine Empfehlung geben, oder
- wenn alternative Verfahren vorgegeben sind, das empfohlene Verfahren anwenden, soweit die Eurocodes eine Empfehlung geben,
- berücksichtigen, dass die national festzulegenden Parameter, bestimmt für die unterschiedlichen Eurocodes und deren verschiedene Teile, kohärent sein müssen.

Am Anfang jedes Eurocodes steht eine vollständige Liste dieser national festgelegten Parameter. Jeder Mitgliedstaat muss daher ein Nationales Anwendungsdokument (NAD) zu den Eurocodes verfassen, in dem für die o. g. Wahlparameter festgelegte Größen angeführt sind. In Deutschland ist für 2008 die Herausgabe neuer (überarbeiteter) NAD vorgesehen. Die vorliegenden Ausgaben aus den 90er Jahren sind teilweise überholt.

13.2 Zuverlässigkeitsnachweis gemäß dem semiprobabilistischen Sicherheitskonzept nach EN 1990

Die brandschutztechnische Bemessung soll sicherstellen, dass das Versagen eines Bauteils oder Tragsystem unter den bei einem Brand in einem Brandabschnitt vorhandenen bzw. auftretenden thermischen und mechanischen Einwirkungen nicht eintritt. Wegen der zufälligen Streuung von Einflussgrößen und Ungenauigkeiten der Grenzzustandsmodelle kann allerdings ein Versagen nicht mit absoluter Sicherheit ausgeschlossen werden.

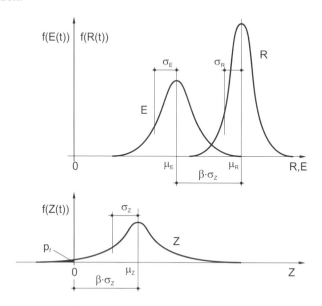

Bild 13.2.1: Verteilungsdichten von Beanspruchbarkeit (R), Beanspruchung (E) und Sicherheitsabstand (Z) bei einer Normalverteilung

Wenn jedoch bei der Bemessung über die gesamte Branddauer ein ausreichender Sicherheitsabstand zwischen der aufnehmbaren Schnittkraft $M_R(t)$ (Beanspruchbarkeit) und der vorhandenen Schnittkraft $M_E(t)$ (Beanspruchung) eingehalten wird, können die Bauteile als zuverlässig gelten, weil ihre Versagenswahrscheinlichkeit hinreichend klein ist [8]. Aufgrund der unvermeidlichen Streuungen von Beanspruchbarkeit und Beanspruchung in Abhängigkeit der o.g. Parametereinflüsse und Modellunsicherheiten streut auch der Sicherheitsabstand zwischen Widerstand R und Einwirkung E. Die Verteilung des Sicherheitsabstandes Z kann aus den Verteilungen der Beanspruchbarkeit und der Einwirkung berechnet werden (vgl. Bild 13.2.1 mit R für die Beanspruchbarkeit und E für die Beanspruchung, welche entsprechend einer Gauß'schen Normalverteilung statisch verteilt angenommen sind) [9], [10] und [11].

Die Tragfähigkeit bei Normaltemperatur wird bei den untersuchten Bauteilen im Wesentlichen durch geometrische Größen wie Querschnittsabmessungen, Bauteillängen und Vorverkrümmungen bzw. Lastexzentrizitäten, bei Stahlbeton- und Verbundbauteilen durch die Lage und Menge der Bewehrung sowie durch die temperaturabhängigen Baustoffkennwerte wie Festigkeit, E-Modul und σ-ε-Linie beeinflusst (vgl. [9] und [10]). Bei der Berechnung unter Temperaturbeanspruchung müssen weitere Parameter berücksichtigt werden wie Brandraumtemperatur, thermische Dehnungen, Wärmeübergangsbedingungen, Feuchte von Baustoffen und Bekleidungen, temperaturabhängige thermische Baustoffkennwerte, Dicke der Bekleidung und bei den Holzbauteilen das Abbrandverhalten gemäß den jeweilige Holzarten.

Je nach Bauteilart (Balken, Stütze, Wand usw.) und dem Grenzzustandsmodell wird nur eine bestimmte Anzahl der aufgeführten Parameter beim Tragfähigkeitsnachweis wirklich berücksichtigt. Diese Parameter stellen die sog. Basisvariablen dar. Sie müssen für eine Zuverlässigkeitsanalyse des betreffenden Grenzzustandes, d. h. zur Berechnung des Sicherheitsindexes β (als Maß für die Zuverlässigkeit) und der Wichtungsfaktoren $α_i$ (als Maß für die Streuungseinflüsse der Basisvariablen) durch Wahrscheinlichkeitsverteilungen beschrieben werden.

Nach DIN 18230-1 [12] soll der Sicherheitsindex β bei baulichen Anlagen in Abhängigkeit von deren Größe und Bedeutung sowie möglicher Folgen eines Versagens in einem betrachteten Grenzzustand innerhalb vorgegebener Bandbreiten liegen. Bei Grenzzuständen der Tragfähigkeiten liegt er im Allgemeinen zwischen 4,2 und 5,2 für einen Bezugszeitraum von einem Jahr; dies entspricht der rechnerischen Versagenswahrscheinlichkeit p_f zwischen 10^{-5} und 10^{-7} pro Jahr. Für das außergewöhnliche Ereignis Brand genügt ein reduzierter Sicherheitsindex $β_{fi}$, wenn sich unter Berücksichtigung der geringen Auftretenswahrscheinlichkeit p_{fi} eines Brandes etwa die gleiche Gesamtversagenswahrscheinlichkeit ergibt, d. h. $p_f = p_{f,fi} \cdot p_{fi}$. Man berechnet $p_{f,fi}$ als bedingte Versagenswahrscheinlichkeit aus: $p_{f,fi} = p_f / p_{fi}$, d. h. bei sehr geringer Auftretenswahrscheinlichkeit eines Vollbrandes darf die bedingte Versagenwahrscheinlichkeit relativ hoch angesetzt werden. Im Grenzfall $p_{fi} = p_f$ ist keine Bauteilbemessung gegen Brandeinwirkung mehr erforderlich. Davon wird in der Praxis gelegentlich Gebrauch gemacht, z. B. durch den Verzicht (oder Abminderung) auf bauliche Brandschutzmaßnahmen bei Installation einer stationären Löschanlage mit hoher Zuverlässigkeit. Der Sicherheitsindex β_{fi} lässt sich aus den Parametern der Verteilung des Sicherheitsabstandes Z wie folgt berechnen:

$$\beta_{fi} = \frac{\mu_Z}{\sigma_Z} \qquad \text{Gl. (13.2.1)}$$

μ_Z Mittelwert des Sicherheitsabstandes Z(t)
σ_Z Standardabweichung des Sicherheitsabstandes Z(t)

Der Sicherheitsindex β_{fi} gibt an, die wievielfache Standardabweichung σ_Z als mittlerer Sicherheitsabstand zwischen Beanspruchbarkeit und Beanspruchung des Bauteils eingehalten werden sollte (vergl. [9] bis [12]). Die bedingte Versagenswahrscheinlichkeit entspricht der Wahrscheinlichkeit, dass Z(t) kleiner null wird. Mit Hilfe tabellierter Werte der Gauß-Normalverteilung (z. B. nach [11]) lässt sie sich wie folgt bestimmen:

$$p_{f,fi} = P\{Z(t) = M_R(t) - M_S(t) \leq 0\} \qquad \text{Gl. (13.2.2)}$$

Für praktische Nachweise wird $p_{f,fi}$ mit Hilfe des Sicherheitsindexes β_{fi} ausgedrückt. Dieser ist über die inverse Funktion der Standardnormalverteilung mit $p_{f,fi}$ verknüpft.

$$p_{f,fi} = \Phi(-\beta_{fi}(t)) \qquad \text{Gl. (13.2.3)}$$

Im Folgenden sind die Bemessungsgrundlagen von Bauteilen nach den Eurocodes 2 bis 6 beschrieben.

13.3 Bemessungsgrundlagen nach EN 1991-1-2: Allgemeine Einwirkungen

Die Entwurfsphilosophie der Eurocodes basiert auf dem Konzept der Grenzzustände, d. h. Zustände über die hinaus die Gebäudestruktur die Entwurfs- und Leistungsanforderungen nicht länger erreicht. Der Lastfall der Brandeinwirkung wird in den Eurocodes als außergewöhnliche, unvorhergesehene Situation bewertet, die eine Verifikation nur im Hinblick auf den ultimativen Grenzzustand (im Gegensatz zum Grenzzustand der Gebrauchstauglichkeit) verlangt. Ultimative Zustände sind Zustände, die einen strukturellen Zusammenbruch oder andere ähnliche Formen des strukturellen Versagens, wie z. B. Verlust des Kräftegleichgewichts, Versagen infolge extremer Verformungen etc., zur Folge haben.

In dem beschriebenen semiprobabilistischen Ansatz wird der Bemessungswert dem Grenzzustand gegenübergestellt: d. h. die Tragfähigkeit eines Bauwerks, die sich errechnet aus den Bemessungswerten der Materialeigenschaften, wird mit der maßgebenden Beanspruchung, die sich aus dem Bemessungswert der Einwirkungen ergibt, verglichen (siehe Gl. (13.3.1)).

$R_{fi,d,t}(X_{d,fi}) > E_{fi,d}(F_{fi,d})$ Gl. (13.3.1)

$R_{fi,d,t}$ Bemessungswert der Tragfähigkeit eines Bauteils im Brandfall zum Zeitpunkt t
$X_{d,fi}$ Bemessungswert der Materialeigenschaften im Brandfall
$E_{fi,d}$ Bemessungswert der maßgebenden Beanspruchungen im Brandfall
$F_{fi,d}$ Bemessungswert der Einwirkungen im Brandfall

Sowohl die Tragfähigkeit als auch die maßgebenden Beanspruchungen basieren auf charakteristischen Werten der geometrischen Daten, die im Entwurf festgelegt sind, wie z. B. Querschnittsgrößen. Geometrische Fehler und Mängel, wie z. B. Formabweichungen eines geraden Balkens oder anfängliche Winkelabweichungen eines Rahmens, werden durch Bemessungswerte berücksichtigt. Die Methode der Teilsicherheitsbeiwerte zieht in Betracht, dass die Bemessungswerte der Materialeigenschaften und der Einwirkungen von repräsentativen oder charakteristischen Werten, die mit Skalarfaktoren multipliziert werden, abgeleitet sind.

Die Bemessungswerte der Materialeigenschaften $X_{d,fi}$ werden für jedes Material in dem jeweils zugehörigen Eurocode beschrieben, so z. B. Stahl im Eurocode 3. Diese materialbezogenen Teile der Eurocodes erläutern darüber hinaus wie die Tragfähigkeit eines Bauteils, basierend auf diesen Materialeigenschaften, berechnet wird. Eurocode 1 beschreibt wie sich der Bemessungswert der Einwirkungen $F_{fi,d}$ errechnet. Im Allgemeinen treten verschiedene Arten von Struktureinwirkungen gleichzeitig auf, so z. B.:

— ständige Einwirkungen
— dominierende veränderliche Einwirkungen
— außergewöhnliche, unvorhergesehene Einwirkungen
— sonstige veränderliche Einwirkungen.

In Fällen, in denen es nicht offensichtlich ist, welche der veränderlichen Einwirkungen führend ist, muss jede veränderliche Einwirkung im Berechnungsverfahren einmal als führende veränderliche Einwirkung berücksichtigt werden; abhängig von der Anzahl der veränderlichen Einwirkungen ergeben sich dementsprechend zahlenmäßig mehrere Kombinationen für eine Brandberechnung. Für den Brandfall, der eine außergewöhnliche, unvorhergesehene Entwurfssituation darstellt, und bei einer geringen Variabilität der ständigen Einwirkungen, wie dies in den meisten praktischen Fällen gegeben ist, finden die folgenden Gl. (13.3.2) und Gl. (13.3.3) Anwendung:

$$E_{fi,d} = G_k + P_k + \psi_1 Q_{k1} + \sum_{i>1} \psi_{2,i} Q_{ki}$$ Gl. (13.3.2)

$$E_{fi,d} = G_k + P_k + \sum_{i} \psi_{2,i} Q_{ki}$$ Gl. (13.3.3)

G_k, Q_k, P_k Charakteristische Werte der ständigen und veränderlichen dominierenden Einwirkungen (einschließlich Vorspannung)

ψ_1 Kombinationsfaktor für den Wert einer veränderlichen Einwirkung, üblicherweise ein Wert der eine Häufigkeit von 0,05- oder 300-mal pro Jahr übersteigt

ψ_2 Kombinationsfaktor für den quasi-ständigen Wert einer veränderlichen Einwirkung, üblicherweise ein Wert der eine Häufigkeit von 0,50 übersteigt oder der über eine Zeitspanne gemessene durchschnittliche Wert

In diesem Zusammenhang muss angemerkt werden, dass partielle Faktoren für ständige, veränderliche und dominierende Vorspann-Einwirkungen in außergewöhnlichen, unvorhergesehenen Situationen gleich 1,0 sind. Die nachfolgende Tabelle 13.3.1 zeigt die Kombinationsbeiwerte ψ gemäß Tabelle A1-1 der EN 1990, die bei Brandeinwirkung in Gebäuden in Abhängigkeit von der Nutzung generell zur Anwendung kommen [1].

Tabelle 13.3.1: Kombinationsbeiwerte ψ für die Belastung von Bauwerken

Einwirkung	ψ_1	ψ_2
Ständige Lasten in Gebäuden		
Kategorie A: Häuser, Wohnungen	0.5	0.3
Kategorie B: Büro	0.5	0.3
Kategorie C: Versammlungsbereiche	0.7	0.6
Kategorie D: Einkauf	0.7	0.6
Kategorie E: Lager	0.9	0.8
Verkehrslasten in Gebäuden		
Kategorie F: Fahrzeuggewicht $\leq$ 30kN	0.7	0.6
Kategorie G: 30kN < Fahrzeuggewicht < 160kN	0.5	0.3
Kategorie H: Dächer	0.0	0.0
Schneelasten		
Für Bauten in einer Höhenlage von H $\leq$ 1000 m	0.2	0.0
Für Bauten in einer Höhenlage von H > 1000 m	0.5	0.2
Windlasten	0.2	0.0

Die Vorgabe, ob der häufigste Wert einer veränderlichen Einwirkung (siehe Gl. (13.3.2)) oder der quasi-ständige Wert einer veränderlichen Einwirkung (siehe Gl. (13.3.3)) als führende, veränderliche Einwirkung anzuwenden ist, ist ein auf nationaler Ebene festzulegender Parameter. Tatsächlich sind nicht nur die Wahlmöglichkeiten zwischen den beiden Kombinationsfaktoren ψ_1 und ψ_2 national festzulegende Parameter, sondern auch die Werte, die für diese Faktoren angesetzt werden. Demgemäß können in den verschiedenen Mitgliedstaaten unterschiedliche Werte, die von den Größen in Tabelle 13.3.1 abweichen, für die Kombinationsfaktoren ψ_1 und ψ_2 zur Anwendung kommen.

Die Gl. (13.3.2) ist die einzige Formel, die in ENV 1991-1-2 angeführt ist. Die Gl. (13.3.3) findet sich in prEN 1991-1-2; und in EN 1991-1-2 wird die Anwendung des quasi-ständigen Werts für veränderliche Einwirkungen empfohlen. Der Beweggrund vom häufigen auf den quasi-ständigen Wert einer veränderlichen Einwirkung zu wechseln, als die ENV in den prEN-Status überging, war, dass diese Vorgehensweise bei Erdbeben gewählt wird, und diese ebenso wie Brände außergewöhnliche, unvorhergesehene Einwirkungen auf Tragwerke darstellen. Es stellte sich demnach die Frage: Warum sollte man den Brandfall anders behandeln? Eine Begründung, warum der quasi-ständige Wert für eine führende, veränderliche Einwirkung im Brandfall nicht zur Anwendung kommen sollte, ist, dass der Kombinationsfaktor ψ_2 für Wind 0 ist; d. h. wenn der Windeinfluss mit einem Wert von 0 berücksichtigt wird, selbst wenn er die führende, veränderliche Einwirkung auf das Tragwerk darstellt, kann für Tragwerke, die einem Feuerangriff ausgesetzt sind, kein Nachweis unter horizontalem Lastangriff geführt werden. Im Falle eines Erdbebens sind horizontale Belastungen durch die außergewöhnliche, unvorhergesehene Einwirkung naturgemäß immer vorhanden und der Einfluss des Windes ist grundsätzlich nicht von wesentlicher Bedeutung.

In Deutschland hat man entschieden, den quasi-ständigen Wert für alle veränderlichen Einwirkungen gemäß Gl. (13.3.3) anzusetzen. Diese Vorgehensweise vereinfacht den Nachweis für Tragwerke, weil sich dadurch die Anzahl der zu berücksichtigenden Lastfallkombinationen verringert. In den meisten Fällen muss nur eine Lastfallkombination untersucht werden. Etliche Kombinationsmöglichkeiten ergeben sich hingegen, wenn der Windeinfluss in die Nachweisführung mit einbezogen wird: Es müssen unterschiedliche Windrichtungen und Druckverhältnisse, die infolge des möglichen Winddrucks/-sogs im Gebäude entstehen können, berücksichtigt werden.

Der Bemessungswert der o. g. außergewöhnlichen, unvorhergesehenen Einwirkung ist in den Gl. (13.3.2) und Gl. (13.3.3) nicht enthalten, weil im Brandfall die Brandeinwirkung nicht dieselbe Form annimmt wie die anderen Einwirkungen. Der Brand wird nicht definiert durch N oder N/m^2 und kann somit nicht zum Eigengewicht oder zur Windlast hinzugerechnet werden. Brandeinwirkungen nehmen bedingt durch den Festigkeitsverlust und/oder die unterdrückte thermische Ausdehnung indirekt Einfluss auf die Tragstruktur. Ob diese Einflüsse grundsätzlich und falls ja, auf welche Art und Weise, berücksichtigt werden, wird in den einzelnen materialspezifischen Eurocodes diskutiert und umgesetzt.

13.4 Beispiele für Lastannahmen

13.4.1 Charakteristische Einwirkungen für ein Bürogebäude

Was sind die relevanten Lastkombinationen für ein Bürogebäude ohne vorgespannte Betonelemente (H < 1.000 m)?

Bei Anwendung der Gl. (13.3.2) ergeben die passenden Werte für ψ aus der Tabelle 13.3.1 die nachfolgenden Kombinationsmöglichkeiten für die anzusetzenden Lasten:

— Die Verkehrslast ist die führende, veränderliche Einwirkung:
  $E_{fi,d}$ = Eigenlast + 0,5 x Verkehrslast
— Die Schneelast ist die führende, veränderliche Einwirkung:
  $E_{fi,d}$ = Eigenlast + 0,2 x Schneelast + 0,3 x Verkehrslast

— Die Windlast ist die führende, veränderliche Einwirkung:
  $E_{fi,d}$ = Eigenlast + 0,5 x Windlast (verschiedene Windrichtungen möglich) + 0,3 x Verkehrslast

Bei Anwendung der Gl. (13.3.3) besteht nur eine Kombinationsmöglichkeit:

— $E_{fi,d}$ = Eigenlast + 0,3 x Verkehrslast

13.4.2 Träger auf zwei Stützen für ein Einkaufszentrum

Wie groß ist die Bemessungslast für einen Träger auf zwei Stützen, der in der Decke in einem Einkaufszentrum eingebaut ist?

Ein Träger auf zwei Stützen, der Teil der Decke in einem Einkaufszentrum ist, wird gemäß der nachfolgenden Kombination berechnet, weil weder Wind- noch Schneelasten auf diesen Träger einwirken können:

— $E_{fi,d}$ = Eigenlast + 0,7 x Verkehrslast

13.4.3 Träger auf zwei Stützen für ein Dachtragwerk

Wie groß ist die Bemessungslast für einen Träger auf zwei Stützen, der Teil eines Dachtragwerks ist (H > 1.000 m)?

Gemäß Gl. (13.3.2) bestehen für einen Träger auf zwei Stützen, der in einem Dach eingebaut ist, abhängig davon, ob die Wind- oder die Schneelast die führende, veränderliche Einwirkung auf das Tragwerk ist, folgende Möglichkeiten der Lastkombinationen:

— $E_{fi,d}$ = Eigenlast + 0,5 x Schneelast
— $E_{fi,d}$ = Eigenlast + 0,2 x Windlast + 0,2 x Schneelast

Bei Anwendung der Gl. (13.3.3) besteht nur eine Kombinationsmöglichkeit:

— $E_{fi,d}$ = Eigenlast + 0,2 x Schneelast

13.4.4 Näherungslösungen für Lastannahmen

Gemäß Abschnitt 4.3.2 (2) in EN1991-1-2 gilt für die Fälle, in denen die indirekten Brandeinwirkungen nicht ausdrücklich zu berücksichtigen sind, dass die Beanspruchungen von den Beanspruchungen unter Normaltemperatur abgeleitet werden dürfen, indem ein Multiplikationfaktor $\eta_{fi,t}$ gemäß Gl. (13.4.1) eingeführt wird:

$E_{fi,d,t} = \eta_{fi,t} \, E_d$ Gl. (13.4.1)

$E_{fi,d,t}$ die Bemessungsgröße der maßgebenden Beanspruchungen aus der grundlegenden Kombination nach EN 1991-1-1

$\eta_{fi,t}$ ein Abminderungsfaktor für die Beanspruchungen bei Brand

Für $\eta_{fi,t}$ gilt:

$$\eta_{fi,t} = (G_k + \psi_{fi} Q_{k,1}) / (\gamma_G G_k + \gamma_{Q,1} Q_{k,1}) \qquad \text{Gl. (13.4.2)}$$

$\psi_{fi} = \psi_{1,1}$ oder $\psi_{2,1}$, jeweils abhängig von den nationalen Festlegungen
γ_G und $\gamma_{Q,1}$, Teilsicherheitsbeiwert für ständige und veränderliche Einwirkungen

Mit der Kombinationsregel für außergewöhnliche Ereignisse, in der die Teilsicherheitsbeiwerte für ständige und veränderliche Einwirkungen $\gamma_G = \gamma_Q = 1,0$ gesetzt sind, wird die maßgebliche statische Beanspruchung $E_{fi,d,t}$ während der Brandeinwirkung festgelegt:

$$E_{fi,d,t} = \sum \gamma_{GA} \cdot G_K + \psi_{1,1} \cdot Q_{k,1} + \sum \psi_{2,i} \cdot Q_{k,i} + \sum A_d(t) \qquad \text{Gl. (13.4.3)}$$

γ_{GA} Teilsicherheitsbeiwert für ständige Einwirkungen bei außergewöhnlichen Ereignissen nach Eurocode 1 Teil 2-2 Abschnitt F.3.1, $\gamma_{GA} = 1,0$ (Brand)
G_K charakteristischer Wert der ständigen Einwirkungen
$\psi_{1,1}, \psi_{2,i}$ Kombinationsbeiwerte nach Eurocode 1 Teil 1-1
$Q_{k,1}$ charakteristischer Wert einer (d.h. der wichtigsten) veränderlichen Einwirkung (Nutzlast)
$Q_{k,i}$ charakteristischer Wert weiterer veränderlicher Einwirkungen
$A_d(t)$ Bemessungswerte der Einwirkung (z. B. Zwangskräfte) infolge der Brandbeanspruchung

Konstruktiv bedingte Einwirkungen infolge Brandbeanspruchung sind Kräfte und Momente, die durch thermische Ausdehnungen, Verformungen oder Verkrümmungen hervorgerufen werden. Sie brauchen nicht berücksichtigt zu werden, sofern sie das Tragverhalten nur geringfügig beeinflussen und/oder durch entsprechende Ausbildung der Auflager von der Konstruktion aufgenommen werden. Bei der Beurteilung der indirekten Einwirkungen sind besonders zu beachten:

— Zwangskräfte in Bauteilen, z. B. bei Stützen mehrgeschossiger rahmenartiger Bauwerke in Verbindung mit aussteifenden Wänden,
— unterschiedliche thermische Ausdehnungen in statisch unbestimmt gelagerten Bauteilen, z.B. eine durchlaufende Decke,
— Eigenspannungen infolge thermischer Krümmungen,
— Auswirkungen thermischer Ausdehnungen auf angrenzende Bauteile, z. B. Verschiebung des Stützenkopfes infolge thermischer Ausdehnung horizontaler Bauteile, die vom Feuer beansprucht werden.

Für den Fall, dass die konstruktiv bedingten Einwirkungen vernachlässigt werden, wird die maßgebliche Beanspruchung $E_{fi,d,t}$ für den Zeitpunkt t = 0 ausgewertet ($A_d(t = 0) = 0$, Bemessungswerte der Einwirkung infolge der Brandbeanspruchung). Als weitere Vereinfachung können die Einwirkungen während der Brandbeanspruchung direkt aus den Einwirkungen bei Normaltemperatur wie folgt ermittelt werden:

$$E_{fi,d,t} = \eta_{fi} \cdot E_d \qquad \text{Gl. (13.4.4)}$$

E_d Bemessungswert der Einwirkung nach Eurocode 1 Teil 1-1 mit Berücksichtigung der Teilsicherheitswerte für ständige γ_G und veränderlicher Einwirkungen γ_Q

$$\eta_{fi} = \frac{\gamma_{GA} + \psi_{1,1} \cdot \xi}{\gamma_G + \gamma_Q \cdot \xi} \qquad \text{Gl. (13.4.5)}$$

$$\xi = \frac{Q_{k,1}}{G_K} \qquad \text{Gl. (13.4.6)}$$

$Q_{k,1}$ charakteristischer Wert einer (d.h. der wichtigsten) veränderlichen Einwirkung
G_k ständige Einwirkungen

Werte für den Reduktionsfaktor η_{fi} sind den Eurocodes 2 bis 5 zu entnehmen. Bild 13.4.1 zeigt die Auswertung mit Teilsicherheitswerten für die kalte Bemessung mit γ_G=1,35 und γ_Q=1,5 für drei Kombinationsbeiwerte $\psi_{1,1}$ nach Eurocode 0 (Grundlagen der Tragwerksplanung).

Der Abminderungsfaktor $\eta_{fi,t}$ ist kleiner als 1,0 und nimmt seinen Ursprung in der Abminderung der Bemessungslast beim Übergang vom Zustand der Raumtemperatur zur Brandtemperatur. Diese Vereinfachung ist in komplexen Bauwerken, in denen die Beanspruchungen bei Raumtemperatur E_d bereits festgelegt wurden, von Interesse. In diesem Fall ist es von Vorteil, wenn man die o. g. Ergebnisse einfach mit einem Skalarfaktor multiplizieren kann, anstatt eine oder mehrere zusätzliche Analysen für die Brandeinwirkungen durchführen zu müssen.

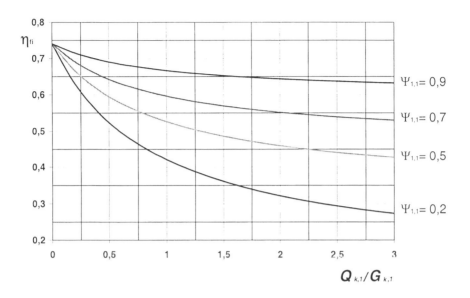

Bild 13.4.1: Verhältnis zwischen den Bemessungswerten der Beanspruchung im Brandfall und der kalten Bemessung in Abhängigkeit vom Verhältnis zwischen führender veränderlicher und ständiger Einwirkung bei Teilsicherheitswerten von $\gamma_G=1{,}35$ und $\gamma_Q=1{,}5$ nach [2]

Dazu muss jedoch angemerkt werden, dass bei praktischen Anwendungen diese vereinfachte Berechnungsmethode den Berechnungsumfang äußerst selten maßgeblich verringert. Das liegt daran, dass

— für sehr einfache Tragwerke die Beanspruchungen im Brandfall mindestens genauso schnell, wenn nicht sogar schneller ermittelt werden können, als wenn man den Reduktionsfaktor $\eta_{fi,t}$ berechnet und anschließend die Beanspruchungen bei Raumtemperatur mit diesem Faktor multipliziert.
— für komplexe Tragwerke es zurzeit üblich ist, die Beanspruchungen mittels numerischer Methoden, wie z. B. durch die Anwendung von finiten Elementen festzulegen. In diesem Fall ist es eine leichte Aufgabe einige zusätzliche Lastkombinationsfälle für das Tragwerk durchzuführen, nämlich die möglichen Lastkombinationen für den Brandfall.
— bei der Anwendung des vereinfachten Berechnungsverfahrens, sich die Entscheidung, welche der Lastkombinationen bei Raumtemperatur die wesentliche ist, oft schwierig gestaltet. Aus diesem Grund müssen mit Gl. (13.4.1) mehrere Berechnungsdurchgänge durchgeführt werden, in denen unterschiedliche Beanspruchungen als dominierende Einwirkung berücksichtigt werden. Es ist sogar möglich, dass mit der vereinfachten Berechungsmethode Ergebnisse erzielt werden, die statistisch gesehen falsch sind. Das ist dann der Fall, wenn verschiedene Lasten auf das Tragwerk einwirken, so dass sowohl Axialkräfte als auch Biegemomente auftreten. In diesem Fall kann die Lastkombination bei der Bemessung nicht einfach

durch eine skalare Reduktion der Bemessungslast bei Raumtemperatur berücksichtigt werden, weil die Teilsicherheitsbeiwerte und die Kombinationsfaktoren, die für diese verschiedenen Lasten angesetzt werden, nicht dieselben sind. Die Auswirkungen sind von Bedeutung insbesondere bei Bauteilen, die ein höchst unsymmetrisches M-N (Moment-Normalkraft)-Wechselwirkungsdiagramm aufweisen, wie z. B. Stahlbeton, Spannbeton, Verbundbauteile aus Stahl und Beton.

Als weitere Vereinfachung kann bei einem Vorentwurf ein willkürlicher Schätzwert von η_{fi} = 0,65 für den Reduktionsfaktor angenommen werden, wodurch sich die Berechnung der Beanspruchungen im Brandfall äußerst simpel gestaltet. Diese Vorgehensweise ist im Anfangsstadium eines Entwurfs, bei dem die endgültigen Lastannahmen noch nicht bekannt sind und nur wenig Zeit zur Verfügung steht, sinnvoll.

13.5 Teilsicherheitsbeiwerte für Baustoffkennwerte

Das Sicherheitskonzept der Eurocodes verlangt, dass im Grenzzustand der Tragfähigkeit die Bemessungsschnittgrößen aus den anzusetzenden Beanspruchungen der Einwirkung kleiner sein müssen als die vom Tragwerk oder dem Querschnitt aufzunehmenden Werte des Widerstandes oder der ertragbaren Spannungen bzw. Formänderungen. Für den Nachweis im Grenzzustand der Tragfähigkeit im Brandfall ist der Bemessungswert der thermischen und mechanischen Baustoffkennwerte $X_{fi,d}$ aus den charakteristischen Baustoffkennwerten X_k, unter Berücksichtigung der Teilsicherheitsbeiwerte im Brandfall $\gamma_{M,fi}$ nach den Eurocodes 2 bis 6 wie folgt zu ermitteln [3 bis 7].

a) Thermische Eigenschaften:

Wenn eine Zunahme der Eigenschaft für die Sicherheit günstig ist, gilt:

$$X_{fi,d} = \frac{X_k(\Theta)}{\gamma_{M,fi}}$$ Gl. (13.5.1)

Wenn eine Zunahme der Eigenschaft für die Sicherheit ungünstig ist, gilt:

$$X_{fi,d} = X_k(\Theta) \cdot \gamma_{M,fi}$$ Gl. (13.5.2)

b) Mechanische Eigenschaften

Festigkeits- oder Verformungseigenschaften für die Tragwerksberechnung berechnen sich aus:

$$X_{fi,d} = \frac{k(\Theta) \cdot X_k}{\gamma_{M,fi}}$$ Gl. (13.5.3)

$X_k(\Theta)$ charakteristischer Wert einer Materialeigenschaft bei der Brandbemessung, allgemein abhängig von der Materialtemperatur

X_k charakteristischer Wert einer Festigkeit oder Verformungseigenschaft (z. B. f_{ck} und f_{yk}) für die Bemessung bei Normaltemperatur

$k(\Theta)$ temperaturabhängiger Reduktionsfaktor für die Festigkeit oder Verformungseigenschaften

$\gamma_{M,fi}$ Teilsicherheitsbeiwerte für eine Materialeigenschaft bei der Brandbemessung

In der nachfolgenden Tabelle 13.5.1 sind die Teilsicherheitsbeiwerte $\gamma_{M,fi}$ für Normaltemperatur und im Brandfall zur Ermittlung der Bemessungswerte der Baustoffe zusammengefasst. Die Werte für $X_k(\Theta)$ und $k(\Theta)$ sind in den Abschnitten thermische Einwirkungen der jeweiligen Eurocodes 2 bis 6 angegeben (siehe Abschnitt 0).

Tabelle 13.5.1:   Teilsicherheitsbeiwerte $\gamma_{M,fi}$ im Brandfall

Eurocode Teil 1-2	thermische Stoffwerte			mechanische Stoffwerte			
	Beton	Stahl	Holz	Beton	Beton-stahl	Bau-stahl	Holz
2	1,0	1,0		1,0	1,0		
3		1,0				1,0	
5			1,0				1,0

13.6 Thermische Einwirkungen nach EN 1991-1-2

Eurocode 1 Teil 1-2 beschreibt die Vorgehensweise für die Modellierung der thermischen Beanspruchung, die bei einem Brand in einem Tragwerk auftritt. Für die Abbildung der Brandbeanspruchung werden unterschiedliche Ansätze gewählt:

— Temperatur-Zeit-Beziehungen,
— Zonenmodelle oder
— lokale Brandmodelle.

13.6.1 Temperatur-Zeit-Beziehungen

Die Temperaturzeitkurven, welche im Eurocode 1 durch eine direkt zu lösende Gleichung angegeben und üblicherweise für die Klassifizierung oder den Nachweis der Feuerwiderstandsfähigkeit anerkannt sind, werden nominelle Temperaturzeitkurven genannt.

1. Die Einheits-Temperaturzeitkurve (gemäß EN 13501-2 auch Standard ISO 834 Kurve genannt) ist gegeben durch:

$$\theta_g = 20 + 345 \log_{10}(8t+1) \qquad \text{Gl. (13.6.1)}$$

Diese Temperaturzeitkurve stellt einen voll entwickelten Brand in einem Gebäudebereich dar. Der konvektive Wärmeübergang ist mit $\alpha_c = 25$ W/m^{2}K angegeben.

2. Die externe Brandkurve wird abgebildet durch:

$$\theta_g = 20 + 660\,(1 - 0{,}687\,e^{-0{,}32\,t} - 0{,}313\,e^{-3{,}8\,t}) \qquad \text{Gl. (13.6.2)}$$

Diese Kurve kommt bei den Außenflächen raumabschließender Außenwände zur Anwendung, wenn diese von verschiedenen Teilen der Fassade aus einem Brand ausgesetzt sein können; d.h. wenn diese dem Flammenkegel unmittelbar aus dem Inneren des jeweiligen Brandabschnittes oder aus einem Brandabschnitt, der sich unter der jeweiligen Außenwand befindet oder an diese angrenzt, ausgesetzt sind. Der konvektive Wärmeübergang ist ebenfalls mit $\alpha_c = 25$ W/m²K angegeben.

3. Die Hydrokarbon-Brandkurve ist gegeben durch:

$$\theta_g = 20 + 1.080\,(1 - 0{,}325\,e^{-0{,}167\,t} - 0{,}675\,e^{-2{,}5\,t}) \qquad \text{Gl. (13.6.3)}$$

Diese Kurve stellt die Auswirkungen eines Hydrokarbon-Brandes dar und wird u. a. für Straßentunnel verwendet. Der konvektive Wärmeübergangskoeffizient ist mit $\alpha_c = 50$ W/m²K angegeben. Die o. g. nominellen Temperaturzeitkurven nach EC 1 sind auf dem Bild 13.6.1 zusammengefasst.

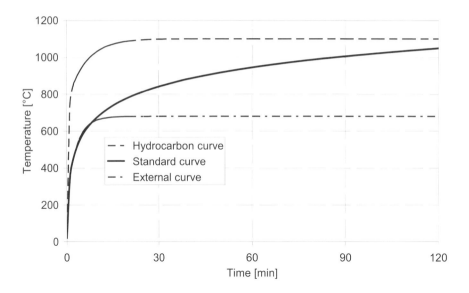

Bild 13.6.1: Standard-Temperatur-Zeitkurven nach Eurocode 1 Teil 1-2

13.6.2 Äquivalente Normbranddauer

Im Anhang F des EC 1 ist das Verfahren der äquivalenten Branddauer beschrieben, das sich auf die Einheits-Temperaturzeitkurve bezieht. Das Verfahren basiert auf drei wesentlichen, physikalischen Einflüssen:

— der Bemessungsbrandlast,
— der Anzahl und Art der Öffnungen und

— den thermischen Eigenschaften der Wände.

Eine relativ einfache Gleichung gibt als Funktion der zuvor genannten drei Parameter die Dauer des Normbrandes an, der dieselben Auswirkungen auf das Tragwerk nimmt wie ein tatsächlicher Brand unter den entsprechenden Gegebenheiten. Diese Methode ist Grundlage der Bemessung nach DIN 18 230-1 „Baulicher Brandschutz im Industriebau" und der bauaufsichtlich eingeführten Muster-Industriebau Richtlinie (MIndBauR).

13.6.3 Parametrische Temperatur-Zeitkurven

Die Temperatur des Brandgeschehens kann ebenso durch das Verfahren der parametrischen Temperatur-Zeitkurve, das im Anhang A des Eurocodes 1 beschrieben ist, abgebildet werden. In dem Anhang ist eine Vielzahl von Gleichungen enthalten, mittels derer Temperatur-Zeitkurven auf der Grundlage von Brandmodellen und den spezifischen physikalischen Parametern, die die Bedingungen im Brandabschnitt beschreiben, berechnet werden können. Das Verfahren gilt für Brandabschnitte ohne Öffnungen im Dach mit einer Grundfläche von bis zu 500 m^2 und einer maximalen Höhe von 4,0 m. Es wird davon ausgegangen, dass der Brandabschnitt vollständig ausbrennt. Die Eingabegrößen sind:

— Thermische Eigenschaften der Wände, der Decke und des Bodens, wie z. B. die Wärmeleitfähigkeit λ in W/mK, die Wärmekapazität c in J/kgK und die Dichte ρ in kg/m^3.
— Geometrische Größen, wie z. B. die Gesamtfläche der Raumhülle (Wände, Decke und Boden einschließlich der Öffnungen) A_t in m^2, die Gesamtfläche der vertikalen Öffnungen in allen Wänden A_v in m^2 und das gewichtete Mittel der Fensterhöhen in allen Wänden h_{eq} in m.
— Bemessungswert für die Brandlastdichte $q_{t,d}$ in MJ/m^2 bezogen auf die Gesamtfläche der Gebäudehülle A_t.
— Brandentwicklungsraten schnell, mittel und langsam.
— Öffnungsfaktor (Ventilationsfaktor) O des Brandabschnitts.
— Wärmeeindringfaktor b der Raumhülle.

Im Eurocode ist nicht angegeben, welche Brandlasten (Feststoff, Flüssigkeit) und Brandausbreitungen bzw. welches Brandregime (ventilations- oder brandlastkontrolliert) den angegebenen Parametern zu Grunde liegen. Es bestehen Zweifel, ob die Brandraumkurven für Brandräume von 200 bis 500 m^2 Grundfläche und hohen Brandlasten allgemein gelten.

13.6.4 Zonenmodelle

Bei Zonenmodellen wird zwischen Ein-Zonen-Modellen (Vollbrandmodelle) und Mehrraum-Zonen-Modellen unterschieden. Diese Brandmodelle basieren auf der Annahme einer gleichmäßigen Gastemperatur im Brandbereich und dessen näherer Umgebung. Physikalische Einflussgrößen, wie z. B. die Eigenschaften der Wände und Öffnungen, können einzeln dargestellt und jede Wand kann mit ihren thermischen Eigenschaften erfasst werden. Im Hinblick auf die Anwendbarkeit solcher Modelle ist aufgrund ihrer Komplexität die Unterstützung der Rechenprozesse durch numerische Computersoftware erforderlich.

Die weit entwickelten Mehrraum-Mehrzonenmodelle, wie z. B. MRFC (Mulitroom-Fire-Code) oder CFAST, ermöglichen über die Ermittlung einer zeitabhängigen Rauchgastemperatur hinaus, die Berechnung der Heißgastemperaturen unter der Decke, die Verrauchung und Rauchschichtdicken sowie die Bestimmung lokaler Temperatureinwirkungen auf die Bauteile im Bereich des Brandherdes bzw. oberhalb des Feuerplumes. Diese Modelle stellen derzeit den Stand der Technik auf dem Sektor der Bauteilberechnung dar und gestatten rasche und zuverlässige Lösungen bei der Berechnung von Bauteiltemperaturen (vergl. Kapitel 6 und 0).

Die thermischen Einwirkungen werden durch den Netto-Wärmestrom $\dot{h}_{net}$ in die Oberfläche des Bauteils gegeben. Bei brandbeanspruchten Oberflächen wird der Netto-Wärmestrom $\dot{h}_{net}$ unter Berücksichtigung der Wärmeübertragung durch Konvektion und Strahlung nach Eurocode 1 Teil 1-2 gemäß Gl. (13.6.4) ermittelt:

$$\dot{h}_{net} = \dot{h}_{net,c} + \dot{h}_{net,r} \; [W/m^2] \hspace{2cm} Gl. \; (13.6.4)$$

Dabei ist $\dot{h}_{net,c}$ gegeben durch Gl. (13.6.5) und $\dot{h}_{net,r}$ durch Gl. (13.6.6). Der konvektive Anteil des Netto-Wärmstroms wird berechnet mit Gl. (13.6.5):

$$\dot{h}_{net,c} = \alpha_c \cdot (\Theta_g - \Theta_m) \; [W/m^2] \hspace{2cm} Gl. \; (13.6.5)$$

α_c der Wärmeübergangskoeffizient für Konvektion [W/m²K]
Θ_g die Gastemperatur in der Umgebung des beanspruchten Bauteils [°C]
Θ_m die Oberflächentemperatur des Bauteils [°C]

Angaben zum Wärmeübergangskoeffizienten für Konvektion bei Verwendung nomineller Temperatur-Zeitkurven enthält Abschnitt 13.6.1. Für die brandabgewandte Seite von trennenden Bauteilen sollte der Netto-Wärmestrom unter Verwendung von Gl. (13.6.4) mit $\alpha_c = 4 \; W/m^2K$ bis $9 \; W/m^2K$ festgelegt werden, wobei die höheren Werte die Wärmübertragung durch Strahlung bei langen Branddauern mit abdeckt (siehe hierzu Tabelle 13.6.1). Der Netto-Wärmstrom durch Strahlung wird bestimmt durch Gl. (13.6.6):

$$\dot{h}_{net,r} = \Phi \cdot \varepsilon_m \cdot \varepsilon_f \cdot \sigma \cdot \left[(\Theta_r + 273)^4 - (\Theta_m + 273)^4\right] \; [W/m^2] \hspace{1cm} Gl. \; (13.6.6)$$

Φ der Konfigurationsfaktor
ε_m die Emissivität der Bauteiloberfläche
ε_f die Emissivität des Feuers
σ die Stephan Boltzmann Konstante ($= 5,67 \cdot 10^{-8} \; W/m^2K^4$)
Θ_r die wirksame Strahlungstemperatur des Brandes [°C]
Θ_m die Bauteiloberfläche [°C]

Falls in den baustoffbezogenen Brandschutzteilen der Eurocodes 2 bis 9 nichts anderes angegeben ist, darf $\varepsilon_m = 0{,}8$ verwendet werden. Die Emissivität der Flamme darf im Allgemeinen mit $\varepsilon_f = 1{,}0$ angenommen werden. Wenn in den Brandschutzteilen der Eurocodes 1 bis 9 keine anderen Werte angegeben sind, sollte der Konfigurationsfaktor $\Phi = 1{,}0$ verwendet werden. Dieser Faktor darf kleiner als 1,0 gesetzt werden, um Positions- und Abschattungseffekte zu berücksichtigen. Ein Verfahren zur Berechnung dieses Konfigurationsfaktors Φ wird im Anhang G des Eurocodes 1 Teil 1-2 gegeben. Wenn das Bauteil vollständig von Flammen eingeschlossen ist, darf die Strahlungstemperatur Θ_r durch die Gastemperatur der Bauteilumgebung Θ_g ausgedrückt werden. Die Oberflächentemperatur Θ_m ist ein Ergebnis der Temperaturberechnung des Bauteils nach den entsprechenden Brandschutzteilen der EC's 2 bis 9. Als Gastemperatur Θ_g dürfen die nominellen Temperaturzeitkurven nach Abschnitt 13.6.1 oder die mit Brandmodellen nach Abschnitt 0 ermittelten Temperaturen verwendet werden.

Die Werte, die für die Wärmeübergangszahlen der Konvektion α_c angesetzt werden, beziehen sich auf die berücksichtigte Brandkurve und die Lage der Bauteiloberflächen zum Brandherd, d. h. ob sie sich auf der dem Brand zu- oder abgewandten Seite befinden. Tabelle 13.6.1 stellt die nach Eurocode 1 vorgeschlagenen Werte für unterschiedliche Brandsituationen dar.

Tabelle 13.6.1: Wärmeübergangszahlen für Konvektion nach Eurocode 1

	α_c [W/m^{2}K]
Brand abgewandte Seite von trennenden Bauteilen:	
Möglichkeit 1: Wärmübergang durch Strahlung wird gesondert berücksichtigt	4
Möglichkeit 2: Wärmübergang durch Strahlung ist enthalten	9
Brand zugewandte Seite der Bauteiloberfläche:	
Einheitstemperaturzeitkurve oder externe Brandkurve	25
Hydrocarbon-Kurve	50
Parametrische Brände, Zonenmodelle oder außenliegende Bauteile	35

13.6.5 Lokale Temperaturberechnungen

Als lokaler Brand wird ein Brand bezeichnet, der nur eine begrenzte Fläche der Brandlast in einem Brandabschnitt entfacht. Im Falle eines lokalen Brandes wird die Flammenlänge L_f in [m] gemäß der Flammenhöhe-Korrelation nach Heskestad [13] berechnet:

$$L_f = 0{,}0148\, Q^{0{,}4} - 1{,}02\, D \qquad\text{Gl. (13.6.7)}$$

Q   Brandleistung [W]
D   Durchmesser des Brandes [m], z. B. bei einem runden Brandherd, oder effektiver Durchmesser: z.B. $D = 2\cdot(a+b)/\pi$ für ein Rechteck mit $A = a\cdot b$

Die Gl. (13.6.7) gilt für Flammen, welche nicht direkt die Decke (das Bauteil) treffen. Für geringe Brandleistungen und große Werte für den Durchmesser des Brandes kann der Fall eintreten, dass die Gl. (13.6.7) ein negatives Ergebnis für die Flammenhöhe liefert. Dies entspricht naturgemäß keinem physikalischen Ergebnis und zeigt lediglich, dass sich der Flammenherd in unterschiedlich unterteilte Zonen gliedert [14].

Bei einem Brand, bei dem die Flamme nicht die Decke erreicht ($L_f < H$; siehe Bild 13.6.2) oder bei einem Brand im Freien wird die Temperatur $\theta_{(z)}$ entlang der vertikalen Symmetrieachse der Flamme gemäß Gl. (13.6.9) berechnet. Der gedachte Ursprung z_0 der Achse wird vorab bestimmt mit Gl. (13.6.8). Die Werte für z_0 sind negativ, weil der virtuelle Ursprung tiefer liegt als die Brandquelle.

$$z_0 = 0{,}00524\, Q^{0{,}4} - 1{,}02\, D \qquad\qquad \text{Gl. (13.6.8)}$$

$$\theta_{(z)} = 20 + 0{,}25\, Q_c^{2/3}\, (z-z_0)^{-5/3} \leq 900 \qquad\qquad \text{Gl. (13.6.9)}$$

D   der Durchmesser des Feuers [m], siehe Bild 13.6.2
Q   die Brandleistung der Flamme [W]
Q_c der konvektive Anteil der Brandleistung [W], mit $Q_c = 0{,}8\, Q$ als Vorgabe
z   die Höhe [m] entlang der Flammenachse, siehe Bild 13.6.2
z_0 gedachter Ursprung der Höhe z
H   der Abstand [m] zwischen dem Brandherd und der Decke, siehe Bild 13.6.2

Die o. g. Gleichungen für Flammenhöhen und -temperaturen in der Flammenachse stimmen mit den Angaben in neueren Veröffentlichungen überein [15, 16]. Die Gl. (13.6.9) begrenzt die Flammentemperatur auf ≤ 900 °C, dieser Wert wird bei Flüssigkeitsbränden eventuell deutlich überschritten.

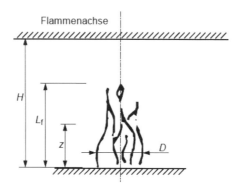

Bild 13.6.2:   Lokale Temperaturberechnungen nach EC 1 für einen Brand, bei dem die Flamme nicht die Decke erreicht

Jeder Anwender muss anschließend eigene Grundannahmen treffen, um den Wärmestrom, der infolge der Flammen auf die Oberflächen der tragenden Bauteile einwirkt, zu berechnen. Um diesen Wärmestrom abschätzen zu können, müssen Annahmen im

Hinblick auf die Flammenausbildung, wie z. B. zylindrische Flammenform, und auf die Temperaturverteilung in der horizontalen Ebene der Flamme, z. B. konstante Temperaturverteilung, erfolgen.

Anschließend können die Konfigurationsfaktoren für unterschiedliche Flammenausbildungen gemäß dem Anhang G im EC 1 festgelegt und abschließend der Wärmestrom näherungsweise berechnet werden. Der Konfigurationsfaktor gibt den Anteil der gesamten Wärmestrahlung an, die von einer gegebenen Oberfläche ausgestrahlt wird und eine gegebene empfangende Oberfläche erreicht. Seine Größe ist abhängig von der Größe der strahlenden Oberfläche, dem Abstand zwischen der strahlenden und der empfangenden Oberfläche und der Orientierung der Oberflächen zueinander. Obwohl im Eurocode nicht ausdrücklich angeführt, kann der Anhang B über thermische Einwirkungen auf außenliegende Bauteile hierbei äußerst sinnvoll sein, z. B. für die Abschätzung der Abstrahlung des Flammenherdes. Es muss jedoch beachtet werden, dass der EC 1 von strahlenden „grauen" Oberflächen ausgeht, wohingegen in der Realität Flammen- und Gasstrahlungen mit sehr differenziertem Verhalten vorliegen. Die angeführten Betrachtungen im EC 1 sind diesbezüglich noch verbesserungsfähig.

Das Bild 13.6.3 zeigt die Entwicklung der Flammentemperatur als Funktion der Flammenhöhe für unterschiedliche Durchmesser bei einem runden Brandherd (D = 1, 2, 3, 4, 6, 8, 10 m) und einer spezifischen Brandleistung von 500 kW/m². Die im Diagramm eingetragene horizontale Linie bei 520 °C stellt den mit der Temperaturentwicklung der Flammenspitze übereinstimmenden Wert dar.

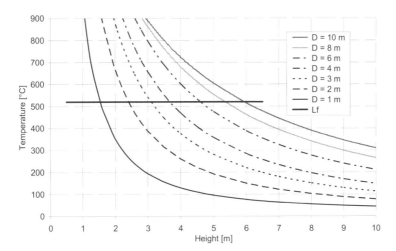

Bild 13.6.3: Entwicklung der Flammentemperatur über der Plumehöhe (Flammenspitze ~ 520 °C, spezifische Brandleistung = 500 kW/m²)

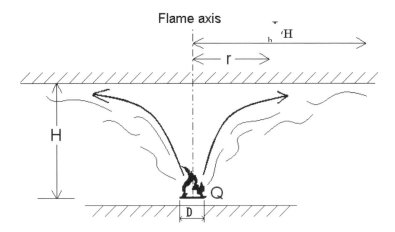

Bild 13.6.4:   *Flammenbildung unter der Decke ($L_f = H + L_h$)*

In Brandsituationen ohne Flammeneinwirkungen an der Decke, z. B. in Brandabschnitten mit großer Raumhöhe, kann der Wärmestrom, der auf eine vom Brand umschlossene Stütze einwirkt, nach Gl. (13.6.9) ermittelt werden. Es kann angenommen werden, dass die Stütze entlang der vertikalen Symmetrieachse der Flamme situiert ist, sodass die Gl. (13.6.9) eine obere Abschätzung der Flammentemperatur darstellt. Im Falle, dass die Flammen länger sind als die Raumhöhe, entsteht ein so genannter Ceiling-Jet, welcher aus der Quadratwurzel der entsprechenden Froudezahl ($Fr^{0,5} = Q^*_D$) nach Gl. (13.6.10) berechnet wird (vergl. Bild 13.6.4).

$$Q^*_D = \frac{Q}{1,11 \cdot 10^6 \cdot D^{2,5}} \qquad \text{Gl. (13.6.10)}$$

Q^*_D stellt den Brandleistungskoeffizienten bezogen auf den Durchmesser D eines lokalen Brandes dar und erreicht einen großen Wert bei Bränden, bei denen die Gasgeschwindigkeit groß ist verglichen mit dem Einfluss des Auftriebs. Die vertikale Lage des gedachten Brandherdes z' wird gemäß Gl. (13.6.11) berechnet. Im Gegensatz zu Gl. (13.6.8) wurde die Gl. (13.6.11) so angepasst, dass sie auch dann einen positiven Wert für die vertikale Position des gedachten Brandherdes ergibt, wenn der gedachte Brandherd unterhalb der Brandquelle liegt:

$$z' = 2,4\, D\, (Q^{*\,2/5}_D - Q^{*\,2/3}_D) \quad \text{wenn } Q^*_D < 1,0$$
$$z' = 2,4\, D\, (1,0 - Q^{*\,2/5}_D) \qquad \text{wenn } Q^*_D \geq 1,0 \qquad \text{Gl. (13.6.11)}$$

Eine weitere Froudezahl Q^*_H als dimensionslose Brandleistungsrate bezieht sich auf den Abstand zwischen Brandherd und Decke und ergibt sich aus Gl. (13.6.12):

$$Q^*_H = \frac{Q}{1,11 \cdot 10^6 \cdot H^{2,5}} \qquad \text{Gl. (13.6.12)}$$

Die Flammenlänge, $H + L_h$, wird gemäß Gl. (13.6.13) berechnet:

$$H + L_h = 2{,}9\, H\, (Q_H^*)^{0{,}33} \qquad \text{Gl. (13.6.13)}$$

Der Wärmestrom in W/m², der auf die brandbeanspruchte Fläche des Tragwerks im Abstand r von der Flammenachse, in der Höhe der Decke einwirkt, beträgt nach Gl. (13.6.14):

$$\dot{h} = 100000 \qquad \text{wenn } y \leq 0{,}30$$

$$\dot{h} = 136300 - 121000 \cdot y \qquad \text{wenn } 0{,}30 < y < 1{,}0 \qquad \text{Gl. (13.6.14)}$$

$$\dot{h} = 15000 \cdot y^{-3{,}7} \qquad \text{wenn } 1{,}0 \leq y$$

Die dimensionslose Beziehung y kann nach Gl. (13.6.15) ermittelt werden. Sie stellt das Verhältnis zwischen dem horizontalen Abstand von der vertikalen Feuerachse zu dem Ort an der Decke, an dem der Wärmestrom berechnet wird, und der horizontalen Flammenlänge vom gedachten Brandherd bis zur Flammenspitze dar.

$$y = \frac{z' + H + r}{z' + H + L_h} \qquad \text{Gl. (13.6.15)}$$

z' vertikale Position des gedachten Brandherdes [m]
H Abstand [m] zwischen dem Brandherd und der Decke, siehe Bild 13.6.4
r horizontaler Abstand [m] zwischen der vertikalen Flammenachse und dem Ort an der Decke, für den der Wärmestrom berechnet wird, siehe Bild 13.6.4
L_h horizontale Flammenlänge [m], siehe Bild 13.6.4

Der Netto-Wärmestrom $\dot{h}_{net}$ ist die Differenz zwischen dem vom Bauteil empfangenen Wärmestrom und dem Wärmeenergieverlust des Bauteils an die Umgebung infolge der Wärmekonvektion und -strahlung nach Gl. (13.6.16):

$$\dot{h}_{net} = \dot{h} - \alpha_c(\theta_{m,t} - 293) - \varepsilon_m \sigma(\theta_{m,t}^4 - 293^4) \qquad \text{Gl. (13.6.16)}$$

$\theta_{m,t}$ Oberflächentemperatur des Bauteils [K]

Im Zonenmodell MRFC ist eine Auswertung der Temperaturen der Deckenbauteile direkt möglich, weil dazu der im Modell vorhandene Ceiling-Jet ausgewertet werden kann [23]. Da der Wärmestrom nur für den Bereich der Deckenebene berechnet wird, ist das beschriebene Verfahren nicht für die Ermittlung der Beanspruchungen einer Stütze durch einen lokalen Brand im Deckenbereich geeignet [14, 18].

13.6.6 CFD-Modelle

Nach Eurocode 1 besteht die Möglichkeit rechnergestützte Fluid-Dynamik-Modelle (Computational Field Dynamics) einzusetzen. Dabei handelt es sich um CFD-Modelle, die mit dem Verfahren der Fluid-Dynamik die Temperaturentwicklung in einem Brandabschnitt in Abhängigkeit der Zeit und des Ortes berechnen. Im Anhang D des Eurocodes EN 1991-1-2 sind generelle Richtlinien für die Anwendung festgelegt. Demgemäß darf ein CFD-Code zur numerischen Lösung der partiellen Differenzialgleichungen, die an allen Orten des Brandabschnittes die thermodynamischen und aerodynamischen Unbekannten liefern, verwendet werden. Des Weiteren besagt der EC 1, dass CFD-Modelle Systeme unter Berücksichtigung der Rauchgasströmung, der Wärmeübertragung und den damit verbundenen Phänomenen des Wärmestroms berechnen. Der EC 1 macht keine Aussagen darüber, wie die Herleitung des Wärmestroms, der auf die Oberflächen der tragenden Bauteile einwirkt, von der Temperatur im Brandabschnitt durch das CFD-Modell zu erfolgen hat. Die genannte Thematik ist Gegenstand laufender Forschungen und aus diesem Grund ist es verfrüht, verbindliche Empfehlungen diesbezüglich im Eurocode abzugeben.

Der EC 2 ermöglicht somit nur dann die Anwendung von CFD-Modellen zur Berechnung von Bauteilbeanspruchungen, wenn der Wärmeübergang nach EC 1 eindeutig beschrieben und nachgewiesen ist. Zurzeit ist der Einsatz von CFD-Modellen bei der Bauteilberechnung nicht gängige Praxis und findet nur bei äußerst erfahrenen Benutzern Anwendung. Der EC 1 sieht vor, dass jedes Land für sich die Vorgehensweise bei der Berechnung der Wärmezustände mittels hoch entwickelter Brandmodelle über ein NAD festlegen kann.

13.6.7 Beispiel für ein lokales Brandereignis im Parkhaus

Ein Auto steht in Brand und liefert eine Brandleistung von 5 MW. Das Auto befindet sich in einem Parkhaus mit einer Raumhöhe von 2,80 m. Wie groß ist der Wärmestrom, der auf ein Bauteil im Deckenbereich einwirkt, das in einem horizontalen Abstand von 5 m vom Zentrum des Autos entfernt ist?

Durchmesser des Brandes D:

Es wird unterstellt, dass der Brandherd rechteckig ist und eine Grundfläche von 10 m² (2 x 5) aufweist, d. h. der äquivalente Durchmesser ist D = 3,57 m.

Dimensionslose Froudezahl Q_D^*:

$$Q_D^* = 5 \cdot 10^6 / (1{,}11 \cdot 10^6 \cdot 3{,}57^{2{,}5}) = 0{,}187$$

Vertikale Position des gedachten Brandherdes z´:

$$z' = 2{,}4 \cdot 3{,}57 \cdot (0{,}187^{0{,}4} - 0{,}187^{0{,}67}) = 1{,}59 \text{ m}$$

Dimensionslose Froudezahl Q_H^*:

$Q_H^* = 5 \cdot 10^6 / (1{,}11 \cdot 10^6 \cdot 2{,}30^{2,5}) = 0{,}561$

Anmerkung: Der Brandherd soll 0,50 m oberhalb des Fußbodens situiert sein, aus diesem Grund ist H = 2,30 m.

Gesamte Flammenlänge $H + L_h$:

$H + L_h = 2{,}9 \cdot 2{,}30 \cdot 0{,}561^{0,33} = 5{,}50 \, \text{m}$

Dimensionsloser Koeffizientenparameter y:

y = (1,59 + 2,30 + 5,00) / (1,59 + 5,50) = 8,89 / 7,09 = 1,254

Wämestrom pro m² Oberfläche $\dot{h}$ (inklusive Strahlung):

$\dot{h} = 15.000 / 1{,}254^{3,7} = 6.492 \, \text{W/m}^2$

13.7 Bauteilberechnungen

13.7.1 Auswahl der Berechnungsmethode

Es liegt in der Verantwortung des Planers auszuwählen, welcher Teil des Tragwerkes einer statischen Berechnung unterzogen wird. Es stehen die folgenden Möglichkeiten zur Verfügung:

Globale Tragwerksanalyse

Wenn das Tragwerk relativ einfach ist, oder, im Falle eines komplexen Tragwerkes, wenn ein ausreichend entwickeltes Werkzeug für die Analyse verfügbar ist, besteht die Möglichkeit, das gesamte Tragwerk als Ganzes zu betrachten und als ein einzelnes Objekt zu analysieren. Bei einer globalen Tragwerksanalyse müssen alle indirekten Brandeinwirkungen, die sich im Tragwerk während des Brandverlaufes entwickeln, in Betracht gezogen werden.

Bei der Analyse von Teiltragwerken, werden die Auflagerbedingungen und / oder Einwirkungen, die an der Grenze des Tragwerksteiles auftreten zur Zeit t = 0, d. h. zu Beginn des Brandes, ausgewertet und während des gesamten Brandverlaufes als konstant angenommen. Indirekte Brandeinwirkungen können sich jedoch auch innerhalb des Tragwerksteiles entwickeln.

Bauteil-Analyse

Wenn das Tragwerk als eine Ansammlung von Einzelbauteilen betrachtet werden kann, hier definiert als tragende Elemente, die in ihren Dimensionen entweder durch ein Auflager in der Bauwerksgründung oder durch ein Gelenk mit anderen Elementen begrenzt sind, ist es möglich das Tragwerk als Summe der Bauteile zu analysieren, indem die Feuerwiderstandsdauer des Tragwerkes als die kürzeste Feuerwiderstandsdauer aller betrachteten Einzelbauteile angesetzt wird. Typischerweise bezeichnet das Wort "Bauteil" einen Balken, eine Stütze, eine Platte, usw.

Bei der Bauteilanalyse werden die Randbedingungen ebenfalls mit dem Wert zu Brandbeginn festgesetzt, aber im Bauteil werden keine indirekten Brandeinwirkungen berücksichtigt, mit Ausnahme jener, die aus thermischen Gradienten resultieren. Tatsächlich sind die einzigen Fälle, in denen die Auswirkungen von thermischen Gradienten erhebliche Auswirkungen auf die Feuerwiderstandsdauer von einfachen Bauteilen haben Kragträger oder einfach gelagerte Wände oder Stützen, die nur einseitig vom Feuer beansprucht werden. In diesen Fällen kann die seitliche Durchbiegung, die durch den thermischen Gradienten hervorgerufen wird, erhebliche zusätzliche Biegemomente aufgrund von Auswirkungen 2. Ordnung bewirken. Dies ist eindeutig ein Fall, in dem die Auswirkungen des thermischen Gradienten auch bei Bauteilbetrachtungen berücksichtigt werden müssen.

Der Planer muss jedoch beachten, dass im Tragwerk thermische Dehnungen stattfinden werden und es liegt in seiner Verantwortung die Teilung des Tragwerkes in Elemente und/oder Teiltragwerke so zu wählen, dass diese Hypothese der konstanten Randbedingungen sinnvoll ist und zumindest in guter Näherung der tatsächlichen Brandsituation entspricht.

Analyse eines Teiltragwerkes

Dies ist eine Zwischenlösung der oben genannten Grenzfälle; jeder Teil der Konstruktion, der größer als ein Element ist, wird als Teiltragwerk bezeichnet. Im Eurocode werden keine konkreten Empfehlungen gegeben, wie die Randbedingungen bei den Teilungspunkten zwischen einem Element oder einem Teiltragwerk und dem Rest des Tragwerkes definiert werden sollen. Die folgende Methode zur Wahl der Randbedingungen eines Teiltragwerkes oder eines Elementes wurde in [17] vorgestellt.

a) Die Einflüsse der Einwirkungen müssen im gesamten Tragwerk zur Zeit t = 0, unter der Lastkombination, die im Brandfall betrachtet wird, bestimmt werden.

b) Die Grenzen des Teiltragwerkes müssen gewählt werden. Die Wahl wird mit dem widersprüchlichen Ziel durchgeführt, dass das Teiltragwerk so einfach wie möglich bleibt, aber gleichzeitig die Hypothese der konstanten Randbedingungen während des Brandes eine gute Näherung der tatsächlichen Situation, in Bezug auf die thermische Ausdehnung, die in der Realität auftritt, darstellt. Die Wahl der Grenzen des Teiltragwerkes ist natürlich stark von der Lage des Brandherdes abhängig. Eine ingenieurmäßige Beurteilung ist erforderlich.

c) Alle Auflager des Tragwerkes, die zum Teiltragwerk gehören, müssen als Auflager des Teiltragwerkes berücksichtigt werden.

d) Alle äußeren mechanischen Lasten, die im Brandfall auf das Teiltragwerk einwirken müssen, berücksichtigt werden.

e) Für jeden Freiheitsgrad, der an der Grenze zwischen dem Teiltragwerk und dem Rest des Tragwerkes gegeben ist, muss eine passende Wahl getroffen werden, um die Gegebenheiten möglichst passend zu berücksichtigen. Die beiden Möglichkeiten sind, die

- Verschiebung (oder die Verdrehung) hinsichtlich jeden Freiheitsgrades wird festgesetzt,
- oder die Kraft (bzw. das Biegemoment), die in der Analyse des Gesamttragwerkes gemäß Schritt a ermittelt wurde, wird angesetzt.

Es kann lediglich eine der beiden Möglichkeiten angewendet werden, da es nicht möglich, ist gleichzeitig eine Verschiebung und die dazugehörige Kraft an einem Freiheitsgrad anzusetzen. Bei jeder Wahl bleiben jedoch die Verschiebungen und die Kräfte an den Grenzen während des Brandes konstant

f) Eine neue statische Berechnung bei Raumtemperatur wird für das Teiltragwerk oder das Element, das festgelegt wurde, durchgeführt und es ergeben sich die Einflüsse der Einwirkungen, die bei dem Teiltragwerk oder dem Element zu berücksichtigen sind.

g) Bei der Analyse des Teiltragwerks müssen die indirekten Brandeinwirkungen, die sich im Tragwerk während des Brandverlaufes entwickeln können (z.B. größere Exzentritäten) berücksichtigt werden.

Wie bereits zuvor erwähnt müssen die Auswirkungen der Einwirkungen zur Zeit t = 0, $E_{fi,d,0}$, bestimmt werden, um eine Bauteil- oder Teiltragwerksanalyse durchzuführen. Im Eurocode werden keine Angaben bezüglich der Analysemethode für die Bestimmung der Auswirkungen der Einwirkungen gemacht. Praktisch wird dies in der Regel in Form einer elastischen Berechnung durchgeführt, weil davon ausgegangen werden kann, dass das Tragwerk unter der Bemessungslast im Brandfall sehr geringe Nichtlinearitäten aufweist. Vergleicht man die Gegebenheiten zu Brandbeginn mit jenen, die für die Bemessung unter Normalbedingungen berücksichtigt wurden, so sind die Bemessungswerte der mechanischen Lasten, sowie die Teilsicherheitsbeiwerte, durch die die Materialkennwerte dividiert werden, geringer.

Eine Stahlkonstruktion, die unter normalen Bedingungen für eine Bemessungslast in Höhe von 1,35 G + 1,50 Q mit einem Widerstand von $f_y / \gamma_{M,1} = f_y / 1,15$ ausgelegt ist, wird zum Beispiel sehr wenig Nichtlinearität zu Brandbeginn aufweisen, wenn die Last nur 1,00 G + 0,50 Q beträgt und der volle Widerstand $f_y / \gamma_M = f_y$ mobilisiert werden kann. Weil die Auswirkungen der Einwirkungen zur Zeit t = 0 bestimmt werden, wird die Steifigkeit des Materials bei Raumtemperatur ebenfalls berücksichtigt.

13.7.2 Berechnungsmethoden nach EN 1991-1-2

Nach EC 1 können drei unterschiedliche Berechnungsmethoden für die Bestimmung des Brandwiderstandes eines Tragwerkes oder eines Elementes angewendet werden. Diese unterscheiden sich sehr stark in ihrer Komplexität, aber auch in ihrem Anwendungsgebiet und darin, was sie leisten können. Es ist wichtig, bevor eine Auswahl der Methode getroffen wird, dass diese Unterschiede klar erkannt werden.

Tabellarische Daten

Aus tabellarischen Daten kann die Brandwiderstandsdauer unter der Standard-Brandkurve als Funktion eines begrenzten Satzes von einfachen Parametern, z. B. der Betonüberdeckung der Bewehrungsstäbe in einem Stahlbetonquerschnitt, des Ausnutzungsgrades oder der Abmessungen des Querschnittes, direkt ermittelt werden. Dieses Modell ist daher sehr einfach anzuwenden. Tabellarische Daten resultieren in der Regel aus empirischen Beobachtungen, d. h. entweder aus experimentellen Versuchsergebnissen oder aus Ergebnissen von Berechnungen mit verfeinerten Modellen. Die Methode der tabellierten Daten zielt darauf ab, diese Ergebnisse mit der bestmöglichen Anpassung darzustellen. Die Hauptanwendungsgrenzen der tabellierten Daten sind:

— Es gibt solche tabellierten Daten nur für einfache Bauteile und
— die tabellarischen Daten gelten nur für die Einheits-Temperaturzeitkurve (ISO-Kurve).

Während tabellarische Daten für die Berechnung von Beton- und Verbundtragwerken sowie Mauerwerk weitgehend zur Anwendung kommen, sind im Eurocode 3 keine tabellarischen Daten für Stahlstrukturen zu finden. Für die Bemessung von Holztragwerken wird ebenfalls häufig auf tabellarische Daten zurückgegriffen.

Einfache Berechnungsmodelle

Einfache Berechnungsmodelle müssen auf Gleichgewichtsgleichungen basieren. Die Eignung eines Elements oder einer Struktur die aufgebrachten Lasten zu tragen, wird dann unter Berücksichtigung der Temperaturzunahme im Baustoff überprüft. Bei einer Vielzahl der vereinfachten Berechnungsmodelle handelt es sich um eine direkte Hochrechnung (Extrapolation) von Berechnungsmodellen, die für die Bemessungen bei Raumtemperatur zur Anwendung kommen. Für diese Modelle wurden die Materialeigenschaften demgemäß angepasst, dass sie den Einfluss der Temperaturerhöhung berücksichtigen.

Im Gegensatz zu tabellarischen Daten sind einfache Berechnungsmodelle für jede Temperatur-Zeit-Brandkurve anwendbar, vorausgesetzt, dass die entsprechenden Materialeigenschaften bekannt sind. So ist es z. B. wesentlich zu wissen, ob eine der Materialeigenschaft, die während der ersten Erwärmungsphase des Brandgeschehens festgelegt wurde, während der Abkühlphase, die in einem Naturbrand immer vorkommt, reversibel ist. Ebenso muss darauf geachtet werden, ob die Erwärmungs- oder Abkühlrate des Baustoffs im Rahmen der festgelegten Materialeigenschaften liegt. Das Hauptanwendungsgebiet für vereinfachte Berechnungsmodelle ist die Element-Analyse, obwohl ein Teil der einfachen Tragwerke theoretisch auch mit einfachen Berechnungsmethoden überprüft werden kann.

Fortgeschrittene Berechnungsmodelle

Fortgeschrittene Berechnungsmodelle sind hoch entwickelte Computermodelle (FEM-Modelle), die darauf abzielen, die Brandbeanspruchung möglichst naturgetreu abzubilden. Diese Modelle basieren auf den anerkannten Regeln und Prinzipien der Strukturmechanik. Es muss ebenfalls beachtet werden, dass der Umstand, ein einfaches Berechnungsverfahren als Computerprogramm zu erstellen, um dessen Handhabung zu erleichtern, dieses Modell nicht zu einem fortgeschrittenen Berechnungsmodell macht. Fortgeschrittene Berechnungsmodelle sind für jede Temperatur-Zeit-Brandkurve anwendbar, vorausgesetzt, dass die entsprechenden (auch irreversiblen) Materialeigenschaften bekannt sind. Sie können zur Bewertung von gesamten Tragwerken herangezogen werden, weil sie auch die indirekten Brandeinwirkungen berücksichtigen. Im europäischen Raum ist diesbezüglich vor allem der FEM-Code SAFIR bekannt, welcher für Stahlbeton-, Verbund- und Stahltragwerke entwickelt wurde [21].

13.7.3 Beziehung zwischen dem Berechnungsmodell und dem analysierten Tragwerksteil

Häufig werden die drei o. g. Berechnungsmodelle, nämlich die tabellarischen Daten, einfache Berechnungsmodelle und fortgeschrittene Berechnungsmodelle aus Abschnitt 13.7.2, verwechselt mit den in Abschnitt 13.7.1 erläuterten drei Ebenen der Strukturanalysen, d.h. der globalen Tragwerksanalyse, der Bauteil-Analyse und der Analyse eines Teiltragwerkes. Obwohl beide Vorgehensweisen zwei unterschiedliche Aspekte derselben Fragestellung darstellen, gibt es naturgemäß Berührungspunkte in den Betrachtungsweisen. Die nachfolgende Tabelle 13.7.1 dient zur Verdeutlichung der Beziehungen zwischen dem gewählten Berechnungsmodell und dem zu analysierenden Tragwerksteil.

Tabelle 13.7.1: Beziehung zwischen den Berechnungsmodellen und der Tragwerksunterteilung

Art der Modellierung	Bauteil (member)	Teiltragwerk (sub-structure)	Tragwerk (structure)
Tabellarische Daten	++	-	--
Einfache Berechnungsmodelle	++	+	-
Fortgeschrittene Berechnungsmodelle	+	++	+

Nach Tabelle 13.7.1 zeigt sich im Hinblick auf die Anwendbarkeit grundsätzlich Folgendes:

— Tabellarische Daten kommen im Wesentlichen nur bei einfachen Bauteilen zur Anwendung.

— Einfache Berechnungsmodelle werden für Bauteilberechnungen und bis zu einem gewissen Grad auch für einfache Teiltragwerke verwendet. Die Bewertung und Untersuchung von gesamten Tragwerken kann im Normalfall nicht durch einfache Berechnungsmodelle erfolgen.
— Fortgeschrittene Berechnungsmodelle werden für die Berechnung von Teiltragwerken und gesamten Tragwerken verwendet. Mittels dieser Berechnungsmodelle können naturgemäß auch einfache Bauteiluntersuchungen durchgeführt werden.

13.7.4 Last-, Zeit- oder Temperatur-Bereich für nominelle Brände

Die Tragfähigkeitsanalyse für ein Tragwerk kann gemäß Eurocode auf verschiedene Arten erfolgen: im Zeit-Bereich, im Last-Bereich und für bestimmte Fälle, im Temperatur-Bereich. Diese unterschiedlichen Möglichkeiten der Tragfähigkeitsanalyse sind auf dem Bild 13.7.1 für einen einfachen Anwendungsfall, bei dem die angesetzte Last, d. h. der Bemessungswert der maßgebenden Beanspruchung im Brandfall $E_{fi,d}$, während der Brandeinwirkung konstant ist und die Tragfähigkeit des Bauteils allein durch eine Temperatur $\theta_{Structure}$ charakterisiert wird, dargestellt.

Das Bild 13.7.1 bezieht sich auf einen nominellen Brand, bei dem die Brandtemperatur θ_{Fire} kontinuierlich ansteigt. Die Temperatur des Tragwerks $\theta_{Structure}$ wird daher durch eine ebenso kontinuierlich ansteigende Zeit-Funktion beschrieben und es kann angenommen werden, dass dies zu einer kontinuierlich abnehmenden Tragfähigkeit $R_{fi,d}$ führt. Der Term t_{req} stellt die erforderliche Feuerwiderstandsdauer für das Tragwerk dar. Die Ausgangssituation zu Beginn des Brandgeschehens wird durch Punkt A in der Grafik dargestellt und, falls die Analyse durch ein fortgeschrittenes Berechnungsmodell erfolgt, wird die Programmsoftware üblicherweise die Entwicklung des Tragwerks bis zum Punkt B, der für den Einsturz der Tragstruktur steht, verfolgen. Die Mehrzahl der Softwareprogramme arbeitet hierfür mit transienten step-by-step Analysen; das bedeutet, dass die Kurve $R_{d,fi}(t)$, die die Entwicklung der Tragfähigkeit darstellt, dem Planer nicht bekannt ist.

Wenn im Gegensatz dazu die Analyse durch ein einfaches Berechnungsmodell durchgeführt wird, gibt es unterschiedliche Möglichkeiten, die Stabilität des Tragwerks nachzuweisen. In der Regel wird auf einen bestimmten Punkt der in Bild 13.7.1 dargestellten Kurve verwiesen. Die drei Nachweismöglichkeiten sind dabei:

a) Nachweis im Zeit-Bereich:

Es muss nachgewiesen werden, dass die Zeitspanne bis zum Einsturz des Tragwerks $t_{failure}$ größer ist als die erforderliche Feuerwiderstandsdauer t_{req}. Diese Beziehung wird in Gl. (13.7.1) abgebildet und stimmt mit dem Nachweis ① in Bild 13.7.1 überein.

$$t_{failure} \geq t_{req} \qquad \text{Gl. (13.7.1)}$$

b) Nachweis im Last-Bereich:

Nach Ablauf der erforderliche Feuerwiderstandsdauer t_{req} wird nachgewiesen, dass die Resttragfähigkeit des Tragwerks $R_{fi,d}$ noch immer größer ist als die maßgebende Beanspruchung im Brandfall $E_{fi,d}$. Die Gl. (13.7.2) stellt diese Beziehung dar und deckt sich mit dem Nachweis ② in Bild 13.7.1.

$R_{fi,d} \geq E_{fi,d}$ zum Zeitpunkt $t = t_{req}$ \hfill Gl. (13.7.2)

Mittels der Kurven in Bild 13.7.1 kann gezeigt werden, dass bei einem Brandfall, ohne Abkühlphase, durch das Erreichen der in Gl. (13.7.2) geforderten Größen gleichzeitig die Gl. (13.7.1) erfüllt wird.

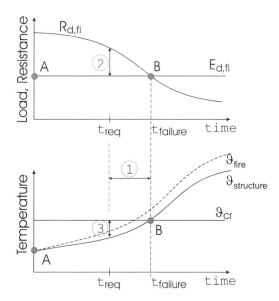

Bild 13.7.1: Last-, Zeit- oder Temperatur-Bereich für einen nominellen Brand

c) Nachweis im Temperatur-Bereich:

Nach Ablauf der erforderlichen Feuerwiderstandsdauer t_{req} muss nachgewiesen werden, dass die Temperatur des Tragwerks $\vartheta_{structure}$ niedriger ist als die kritische Temperatur ϑ_{cr}. Als kritische Temperatur ϑ_{cr} wird die Temperatur bezeichnet, die zum Einsturz des Tragwerks führt. Die o. g. Beziehung wird in Gl. (13.7.3) abgebildet und stimmt mit dem Nachweis ③ in Bild 13.7.1 überein.

$\vartheta \leq \vartheta_{cr}$ zum Zeitpunkt $t = t_{req}$ \hfill Gl. (13.7.3)

Dieser Nachweis stellt einen speziellen Fall für einen Nachweis im Last-Bereich dar, der jedoch nur dann möglich ist, wenn die Tragfähigkeit des Tragwerks von einem bestimmten Temperaturbereich abhängig ist, was z. B. bei einem Stahlbauteil unter einheitlicher Temperaturverteilung der Fall ist oder bei einem Stahlbetonbauteil, das allein aufgrund von Temperatureinwirkung in den Bewehrungseisen versagt.

Die Situation stellt sich völlig anders dar für Naturbrände, bei denen das Brandgeschehen eine Erwärmungsphase und eine darauf folgende Abkühlphase aufweist. Während der Abkühlphase des Brandes kann die Tragfähigkeit des Tragwerks gegebenenfalls teilweise bzw. vollständig zurückgewonnen werden. Dies gilt insbesondere für Stahlbauteile. Die Tragfähigkeit kann jedoch in der Abkühlphase auch noch weiter abnehmen. Bei einem Brandgeschehen, das eine Abkühlphase aufweist, kann demnach unter bestimmten Umständen der Fall eintreten, dass die Gl. (13.7.2) und Gl. (13.7.3) eingehalten werden, die Gl. (13.7.1) jedoch nicht mehr erfüllt wird [9,10].

Im Hinblick auf die für die oben diskutierten rechnerischen Nachweise erforderlichen Materialeigenschaften und Temperaturkennwerte der Konstruktionsbaustoffe sei hier auf die Kapitel 8 und 14 bis 18 dieses Buches hingewiesen.

13.8 Literatur zum Kapitel 13

[1] Eurocode 0: Grundlagen der Tragwerksplanung; Deutsche Fassung EN 1990:2002

[2] Eurocode 1 : Einwirkungen auf Tragwerke – Teil 1-2: Allgemeine Einwirkungen; Brandeinwirkungen auf Tragwerke; Deutsche Fassung EN 1991-1-2:2002

[3] Eurocode 2: Bemessung und Konstruktion von Stahlbeton- und Spannbetontragwerken – Teil 1-2: Allgemeine Regeln – Tragwerksbemessung für den Brandfall; Deutsche Fassung EN 1992-1-2:2004

[4] Eurocode 3: Bemessung und Konstruktion von Stahlbauten – Teil 1-2: Allgemeine Regeln – Tragwerksbemessung für den Brandfall; Deutsche Fassung EN 1993-1-2:2005 + AC:2005

[5] Eurocode 4: Bemessung und Konstruktion von Verbundtragwerken aus Stahl und Beton – Teil 1-2: Allgemeine Regeln – Tragwerksbemessung für den Brandfall; Deutsche Fassung EN 1994-1-2:2005

[6] Eurocode 5: Bemessung und Konstruktion von Holzbauten – Teil 1-2: Allgemeine Regeln – Tragwerksbemessung für den Brandfall; Deutsche Fassung EN 1995-1-2:2004 + AC:2006

[7] Eurocode 6: Bemessung und Konstruktion von Mauerwerksbauten – Teil 1-2: Allgemeine Regeln – Tragwerksbemessung für den Brandfall; Deutsche Fassung EN 1996-1-2:2005

[8] Eurocode 9: Bemessung und Konstruktion von Aluminiumtragwerken – Teil 1-2: Tragwerksbemessung für den Brandfall; Deutsche Fassung EN 1999-1-2:2007

[9] Hosser, D.; Schneider U.: Sicherheitskonzept für Brandschutztechnische Nachweise von Stahlbetonbauteilen nach der Wärmebilanztheorie. Abschlußbericht zum Forschungsvorhaben Az: IV/1-5-252/80 des Instituts für Bautechnik, Berlin, vom Institut für Baustoffe, Massivbau und Brandschutz (iBMB) der Technischen Universität Braunschweig, 1980

[10] Schneider, U., Lebeda, C.: Baulicher Brandschutz. 1. Auflage, Schriftenreihe Brand- und Explosionsschutz, Band 4, Verlag W. Kohlhammer, Stuttgart, 2000, vergriffen

[11] Schneider, J.: Sicherheit und Zuverlässigkeit im Bauwesen. Grundwissen für Bauingenieure. Verlag der Fachvereine, Zürich, und Verlag Teubner, Stuttgart, 1994

[12] Bub, H. et al.: Eine Auslegungssystematik für den baulichen Brandschutz. Schriftenreihe Brandschutz im Bauwesen, Heft 4, Erich Schmidt Verlag GmbH, Berlin, 1983

[13] Heskestad, G.: Fire Safety Journal, Elsevier, 5, 103, 1983

[14] Heskestad, G.: Fire Plumes. The SFPE Handbook of Fire Protection Engineering, 2nd Edition, SFPE-NFPA, 1995

[15] Schneider, U: Ingenieurmethoden im Baulichen Brandschutz; Kontakt & Studium Band 531; Renningen, expert verlag, 5. Auflage, 2007

[16] Schneider, U.: Grundlagen der Ingenieurmethoden im Brandschutz. 1. Auflage, Werner Verlag GmbH, Düsseldorf, 2002, vergriffen

[17] Franssen, J.-M.; Zaharia, R.: Design of Steel Structures subjected to Fire – Background and design guide to Eurocode 3. 2nd Edition, Les Editions de l'Université. de Liège, Liège, 2006

[18] Kamikawa, D.; Hasemi, Y.; Wakamatsu, T.; Kagiva, Y.: Experimental flame heat transfer and surface temperature correlations for a steel column exposed to a localised fire. 9th Interflam Conference, Interscience Ltd., 2001

[19]   Cadorin, J. F.; Franssen, J. M.: A tool to design steel elements submitted to compartment fires – Ozone V2. Part 1: pre- and post-flashover compartment fire model. Fire Safety Journal, Elsevier, 38, 395–427, 2003

[20]   Cadorin, J. F.; Pintea, D.; Dotreppe, J. C.; Franssen, J. M.: A tool to design steel elements submitted to compartment fires – Ozone V2. Part 2: Methodology and application. Fire Safety Journal, Elsevier, 38, 439–451, 2003

[21]   Franssen, J. M.: Design of Steel Structures subjected to Fire – Background and design guide to Eurocode 3. Les Editions de l'Univ. de Liège, 2006

[22]   Gulvanessian, H.; Calgaro, J. A.; Holicky, M.: Designer's Guide to EN 1990. Eurocode: Basis of structural design: Thomas Telford Publishing, London, 2002

[23]   Max, U.; Lebeda, C.: MRFC Version 3.1: Installation und Kurzreferenz des Simulationsprogramms MRFC (Multi Room Fire Code). Arbeitsgemeinschaft Brandsicherheit AGB, Wien/Bruchsal, 2006

14 Bemessung von Stahlbetontragwerken nach Eurocode 2

14.1 Allgemeine Grundlagen

Stahlbetonbauteile unterliegen im Brandfall nichtlinearen Temperaturverteilungen. Als Konsequenz daraus ergibt sich, dass in jedem Punkt eines Querschnittes das Material unterschiedliche Festigkeiten und Steifigkeiten hat, welche in dem Brandschutznachweis berücksichtigt werden müssen. Diesbezüglich sind im EC 2 drei Nachweisverfahren angegeben, d.h. der Brandschutz wird nachgewiesen durch:

— tabellierte Daten (für ETK Brände)
— vereinfachte Berechnungsmethoden
— fortgeschrittene Berechnungsverfahren.

Die maßgebliche Feuerwiderstandsdauer t wird nachgewiesen für:

$$E_{d,fi} \leq R_{d,t,fi} \qquad \text{Gl. (14.1.1)}$$

$E_{d,fi}$ Bemessungswert der Schnittgrößen im Brandfall nach EC 2 unter Berücksichtigung von Ausdehnungen und Verformungen
$R_{d,t,fi}$ der zugehörige Bemessungswert des Widerstandes im Brandfall

Die Tragwerksanalyse im Brandfall muss nach EN 1990, Abschnitt 5, ausgeführt werden. Als Vereinfachung dürfen die Beanspruchungen aus der Bemessung für Normaltemperatur übernommen werden:

$$E_{d,fi} = \eta_{fi} \cdot E_d \qquad \text{Gl. (14.1.2)}$$

E_d Bemessungswert der zugehörigen Schnittgrößen (Kraft oder Moment) für Normaltemperatur (siehe EN 1990)
η_{fi} Reduktionsfaktor für den Bemessungswert der Einwirkungen im Brandfall

Der Brandschutznachweis wird dadurch erleichtert, weil Stahlbetonbauteile in der Regel auf Zugversagen der Bewehrung bemessen werden und auch im Brandfall diese Versagensart bei Weitem überwiegt. Weiterhin sind die Temperaturgradienten in den Bauteilen sehr steil, d.h. die „inneren" Bereiche der Querschnitte ändern ihre Materialeigenschaften nur gering gegenüber den Werten bei Raumtemperatur.

14.2 Tabellarische Daten nach EN 1992-1-2

Im EC 2 ist eine Vielzahl von Tabellenwerten für verschiedene Stahlbetonbauteile angegeben. Um den notwendigen Achsabstand der Bewehrung sicherzustellen, sind die Tabellenwerte für eine kritische Stahltemperatur $\Theta_{cr} = 500\,°C$ festgelegt. Diese Annahme entspricht näherungsweise den Festlegungen $E_{d,fi} = 0{,}7 \cdot E_d$ und $\gamma_s = 1{,}15$ (Stahlspannung $\sigma_{s,fi}/f_{yk} = 0{,}60$). Bei Spanngliedern wird als kritische Temperatur der Stäbe 400 °C und der Litzen und Drähte 350 °C angenommen. Das entspricht näherungsweise $E_{d,fi} = 0{,}7 \cdot E_d$ und $f_{p0,1k}/f_{pk} = 0{,}9$ und $\gamma_s = 1{,}15$ (Stahlspannung $\sigma_{s,fi}/f_{p0,1k} = 0{,}55$) (s. Abschnitt 0). Als Beispiel für tragende Betonwände ist hier die nachstehende Tabelle 14.2.1 aus EC 2 angegeben. Es ist zu beachten, dass die in den Tabellen angegebenen Randbedingungen wie Belastung, Querschnittsabmessungen und Achsabstände der Bewehrung genau eingehalten werden müssen.

Tabelle 14.2.1: *Beispiel für die Mindestdicke und -achsabstände für tragende Stahlbetonwände unter Normbrandbeanspruchung nach [1]*

Feuerwider-standsklasse	Mindestmaße (mm) Wanddicke/Achsabstand für			
	$\mu_{fi} = 0{,}35$		$\mu_{fi} = 0{,}7$	
	Brandbean-sprucht auf einer Seite	Brandbean-sprucht auf zwei Seiten	Brandbean-sprucht auf einer Seite	Brandbean-sprucht auf zwei Seiten
1	2	3	4	5
REI 30	100/10*	120/10*	120/10*	120/10*
REI 60	110/10*	120/10*	130/10*	140/10*
REI 90	120/20*	140/10*	140/25	170/25
REI 120	150/25	160/25	160/35	220/35
REI 180	180/40	200/45	210/50	270/55
REI 240	230/55	250/55	270/60	350/60

* Normalerweise reicht die nach EN 1992-1-1 erforderliche Betondeckung.
Anmerkung: Für die Definition von μ_{fi} siehe 5.3.2 (3).

14.3 Berechnungsmethoden nach EN 1992-1-2

14.3.1 Einführung

Die Grundlage der vereinfachten Berechnungsmethoden basiert auf den bekannten Methoden, welche bei Raumtemperatur angewendet werden, wobei folgende Modifikationen zur Anwendung kommen [1]:

— Die temperaturabhängige Festigkeit der Stahlbewehrung wird berücksichtigt, und
— die Reduktion der Druckzone durch die Temperatureindringung wird in Rechnung gestellt.

Diese Methode ist leicht anwendbar, wenn die Temperaturverteilung im Querschnitt berechnet werden kann. Für einfache Fälle sind im EC 2 auch die Isothermen im Bauteilquerschnitt unter ETK-Beanspruchung angegeben. Daraus berechnet sich die Traglast für definierte Zeitpunkte. Bei einer vorgegebenen Traglast muss man dann 2- oder 3-mal iterieren, um die Feuerwiderstandsdauer genau zu berechnen.

14.3.2 Anwendungsbeispiel: Berechnung einer Kragstütze nach EC 2, Abschnitt 5.3

Eine bewehrte Kragstütze mit einem Querschnitt von 40 x 30 cm² und einer Länge von 6 m in einem Bürogebäude soll unter ETK-Beanspruchung beurteilt werden. Die Längsbewehrung besteht aus 6 $\varnothing$ 25 Stäben mit einem Abstand von 50 mm (s. Bild 14.3.1). Die Stahlgüte S 500 und Beton der Klasse C 35/45 kommen zur Anwendung. Die konstante Belastung ergibt sich aus dem Gewicht der Stütze (3 kN/m), einer horizontalen Kraft H von 10 kN und einer vertikalen Last V = 200 kN mit einer Exzentrizität von 1 mm. Die beiden vorkommenden veränderlichen Lasten sind:

– eine vertikale Last am Stützenkopf von 100 kN mit einer Exzentrizität von 1 mm (Verkehrslast)
– eine horizontale Last von 5 kN am Stützenkopf und eine über die Länge verteilte Last p von 2,4 kN/m (Windlast).

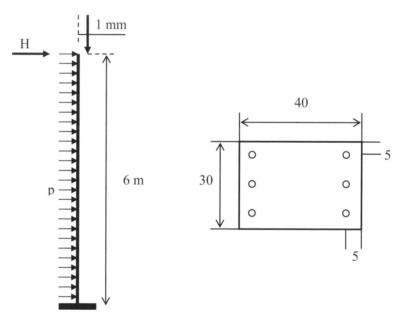

Bild 14.3.1:   *Querschnitt und Belastung der vorliegenden Kragstütze*

Die Kombinationsbeiwerte nach EN 1991-1-2 ergeben sich zu: $\psi_1 = 0{,}5$ (Verkehrslast) und $\psi_1 = 0{,}2$ (Windlast). Die Kombinationsbeiwerte für quasi-permanente Einwirkungen für variable Lasten $\psi_2 = 0{,}3$ für Verkehrslasten und $\psi_2 = 0{,}0$ für Windlasten [2].

Die Feuerwiderstandsdauer wird anhand verschiedener Methoden nachgewiesen. Zuerst soll die Methode nach tabellierten Werten für Stützen nach Abschnitt 5.3.2 von EN 1992-1-2 zur Anwendung kommen. Dazu ist vorab Folgendes anzumerken: Die im

EC 2 tabellierten Werte von Stützen gelten nur für Stützen in eingespannten Rahmen. Tabellenwerte für nicht eingespannte Stützen sollten in den Nationalen Anhängen der EU-Länder angegeben werden (derzeit – Stand Januar 2008 - sind entsprechende Anhänge in Deutschland nicht veröffentlicht). Es wird hier also angenommen, dass die Berechnungsmethode auch für nicht in Rahmen eingespannte Stützen akzeptiert ist, wenn die tatsächliche Knicklänge der Stützen berücksichtigt wird.

Aber in diesem Fall ist zu beachten, dass der Anwendungsbereich der Berechnungsmethode nach Abschnitt 5.3.2(2) des Eurocode 2 auf effektive Stützenlängen von 3 Meter begrenzt ist. Im vorliegenden Fall ist die effektive Länge jedoch 12 m, d.h. die Anwendung der folgenden Berechnung beinhaltet eine erhebliche Extrapolation des gedachten Anwendungsbereiches. Die Berechnung wird dennoch durchgeführt, um das Ergebnis mit den anderen Berechnungsmethoden nach EC 2 vergleichen zu können. Des Weiteren zeigt dieses Beispiel wie diese Methode in der Praxis grundsätzlich anzuwenden ist. Gemäß der Gl. (5.7) nach EC 2, Abschnitt 5.3.2, berechnet sich der Feuerwiderstand von Stützen aus mehreren Größen:

$$R = 120 \left((R_{\eta,fi} + R_a + R_l + R_b + R_n)/120\right)^{1,8} \qquad \text{Gl. (14.3.1)}$$

Der Beitrag aus der Belastung ist:

$$R_{\eta,fi} = 83 \cdot \left[1,0 - \mu_{fi} \frac{1+\omega}{\frac{0,85}{\alpha_{cc}}+\omega}\right]$$

mit: $\alpha_{cc} = 1,0$ (Abminderungsbeiwert für Druckbeanspruchung)

$$\omega = \frac{A_s f_{yd}}{A_c f_{cd}} = \frac{29,45 \cdot 500}{(1200-29,45) \cdot 35} = 0,359$$

und $\dfrac{A_s}{A_c} = \dfrac{29,45}{1200-29,45} = 0,025 \leq 0,040$ (okay)

Der Wert μ_{fi} kann im Rahmen der Sicherheitsbewertung als auf der sicheren Seite liegender Näherungswert mit η_{fi} gleichgesetzt werden, unter der Annahme, dass die Stütze bei Raumtemperatur unter Volllast ist. Als weitere Vereinfachung, welche sich aus Satz (2) im Abschnitt 2.4.2 (3) nach EC 2 ergibt, wird zunächst versuchsweise angenommen, dass $\eta_{fi} = 0,7$ ist, ohne weitere Berechnung. Daraus ergibt sich folgende Widerstandsdauer:

$$R_{\eta,fi} = 83 \cdot \left[1,0 - 0,7 \frac{1+0,359}{\frac{0,85}{1,0}+0,359}\right]$$

- Beitrag aus den Achsabständen

    $R_a = 1{,}6(a-30) = 1{,}6(50-30) = 32$ min

- Beitrag aus der effektiven Länge

    $R_l = 9{,}6(5{,}0-l_{0,fi}) = 9{,}6(5{,}0-12{,}0) = -67$ min

- Beitrag aus der Querschnittsgröße

    $R_B = 0{,}09 \dfrac{2 \cdot A_c}{b+h} = 0{,}09 \dfrac{2 \cdot 120000}{300+400} = 31$ min

- Beitrag aus der Bewehrung, welche nicht in den Ecken liegt

    $R_n = 12$ min, weil mehr als 4 Eckstäbe vorhanden sind.

Daraus ergibt sich nach Gl. (14.3.1):

$$R = 120 \left(\sum_i R_i / 120 \right)^{1,8} = 120(26/120)^{1,8} = 7{,}5 \text{ min}$$

Das Ergebnis zeigt, dass die getroffene Annahme zu keinem plausiblen Wert führt. Im Folgenden wird der Einfluss der verwendeten Vereinfachungen über die Lastannahmen untersucht. Der Ausnutzungsgrad im Brandfall μ_{fi} beträgt im vorliegenden Fall 0,38 oder weniger. Daraus ergäbe sich die Feuerwiderstandsklasse R 30, für einen Ausnutzungsgrad $\mu_{fi} = 0{,}10$ ergäbe sich R 60, d.h. diese Methode ist so nicht zielführend.

Tatsächlich lässt sich der Ausnutzungsgrad $\mu_{fi} = N_{Ed,fi} / N_{Rd}$ nicht so einfach berechnen, weil dafür der Bemessungswiderstand bei Raumtemperatur mit einer Exzentrizität der Belastung, die der gleichen Exzentrizität von $N_{Ed,fi}$ entspricht, bekannt sein müsste. Die Lastkombination im Brandfall entspricht nicht einer dimensionslosen Multiplikation der Lastkombination bei Raumtemperatur, sondern erfordert eine zusätzliche Berechnung unter Normalbedingungen für jede Brandfallkombination (Exzentrizität). Im vorliegenden Fall wurden diese Berechnungen bei Raumtemperatur mit dem nichtlinearen FEM-Berechnungscode SAFIR durchgeführt. Dabei wurden die empfohlenen Materialmodelle für Beton und Stahl gemäß EN 1992-1-1 verwendet. Für die Sicherheitsbeiwerte wurden für Beton $\gamma_c = 1{,}5$ und für Stahl $\gamma_S = 1{,}15$ eingesetzt. Als Lastkombination wurden folgende Variationen betrachtet:

a) Fall 1: 1 x ständige Lasten + 0,5 x Verkehrslasten

b) Fall 2: 1 x ständige Lasten + 0,2 x Windlasten + 0,3 x Verkehrslasten

Jede Lastkombination wurde untersucht bis zum Versagenszeitpunkt. Für die Lastkombination Fall 1 wurde der 3,02fache Wert der Bemessungslast für den Brandfall im Versagenszeitpunkt von SAFIR errechnet, d.h. der Ausnutzungsgrad μ_{fi} ist gleich 0,33. Für den Fall 2 wurde der 2,59fache Wert der Bemessungslast für den Brandfall vor dem Versagen von SAFIR errechnet, d.h. der Ausnutzungsgrad war μ_{fi} = 0,39. Wenn man diesen Wert in die Gl. (14.3.1) einsetzt, ergibt sich eine Feuerwiderstandsdauer von 64 min. Die vorgestellte Methode ist vergleichsweise leicht anzuwenden, wenn μ_{fi} bekannt ist und erfordert keine Interpolationen. Sie ist gut geeignet zur Bemessung von Stützen, welche nicht mit den empfohlenen Tabellenwerten nach EC 2 übereinstimmen.

Als zweites Beispiel wird die Berechnung von Stützen gemäß Abschnitt 5.3.3 von EN 1992-1-2 gezeigt. Auch hierzu ist anzumerken, dass die untersuchte Stütze nach Bild 14.3.1 außerhalb des vorgesehenen Anwendungsbereiches liegt, d.h. das Beispiel dient Vergleichszwecken und zur Demonstration der vorgeschlagenen Methode. Die Ausnutzung ist in diesem Fall wie folgt definiert:

$$n = \frac{N_{0,Ed,fi}}{0,7 \cdot (A_c f_{cd} + A_s f_{yd})}$$ Gl. (14.3.2)

Es wird angenommen, dass im relevanten NAD die Bemessungslast sich aus der ständigen Last und der größten veränderlichen Last ergibt. Im vorliegenden Fall sind dieses nach Bild 14.3.1 und den angegebenen Lasten:

$N_{0,Ed,fi}$ = 1,0 (6 · 3 + 200) + 0,5 · 100 = 268 kN

Aus Gl. (14.3.2) ergibt sich: $n = \frac{268 \cdot 10^3}{0,7(117055 \cdot 35 + 2945 \cdot 500)} = 0,048$

Im vorliegenden Fall darf die Tabelle 5.2 b nach EC 2 nicht angewendet werden, weil diese nur für eine maximale Schlankheit von 30 gilt; d.h. der Annex C von EC 2 muss angewendet werden. Für die Ausmitte nach Theorie 1. Ordnung im Brandfall ergibt sich:

$e = M_{0Ed,fi}/N_{0Ed,fi}$ Gl. (14.3.3)

$e = (10 \cdot 6\,000 + 250 \cdot 1) / 268 = 225$ mm

Aus den Tabellen im Annex C für Stützen nehmen wir den Wert n = 0,15, d.h. diese Tabellen enthalten keine kleineren n-Werte. Die Näherung (n = 0,15) liegt allerdings auf der sicheren Seite, weil kleinere n-Werte geringere Querschnitte ergeben. Der mechanische Bewehrungsgrad ist wie bereits angegeben ω = 0,359. Die Tabellen im Annex C enthalten nur die mechanischen Bewehrungsgrade ω = 0,1, 0,5 und 1,0. Wir wählen zunächst ω = 0,100, welcher auf der sicheren Seite liegt verglichen mit dem vorhandenen Wert von 0,359. Weiterhin benutzen wir die Tabelle C3 für eine Ausmitte e = 0,5 · b ≤ 200 mm. Im vorliegenden Fall ist e = 225 mm = 0,56 · b. Dieses ist eine geringe Extrapolation in der vorgeschlagenen Methode, welche allerdings auf der unsicheren Seite liegt! Es sollte auch beachtet werden, dass im Belastungsfall mit Wind als dominierende veränderliche Last, die Ausmitte sogar noch größer ist, d.h. ca. 300 mm beträgt, was im Rahmen dieser Methode nicht mehr behandelt werden kann.

Die größte Schlankheit nach dieser Methode ist mit 80 vorgegeben; wohingegen die Schlankheit in der Richtung der Momente 1. Ordnung 104, und in Richtung der kleineren Achse 139 beträgt. Tatsächlich berechnen wir damit also eine Stütze von nunmehr $6 \cdot 80/104 = 4,6$ m Länge. Die Tabelle C3 ergibt für diese Situation eine minimale Abmessung für den Querschnitt von 550 mm und einen Achsabstand der Bewehrung von 25 mm, um die Klasse R 30 zu erreichen. Es ist somit nicht möglich festzustellen ob dieser Querschnitt von minimal 300 mm, aber mit einem Achsabstand von 50 mm die Feuerwiderstandsklasse R 30 erreicht.

Aus der Tabelle C6 für einen mechanischen Bewehrungsgrad ω von 0,500 ergeben sich erforderliche Werte für den Querschnitt von ≥ 150 mm und für das Achsmaß von 25 mm. Aus der linearen Interpolation zwischen den beiden ω-Werten und dem Querschnittswert ergibt sich für $\omega = 0,359$ ein $b \geq 290$ mm. Aufgrund der verschiedenen Näherungen in der vorliegenden Berechnung, die eine auf der sicheren, die andere auf der unsicheren Seite, kann man nicht direkt schlussfolgern, dass die Stütze unter der vorliegenden Lastkombination die Klasse R 30 erreicht.

Die Methode nach Abschnitt 5.3.3 ist insoweit schwieriger anzuwenden als die Methode nach Abschnitt 5.3.2, wenn die Feuerwiderstandsdauer von Stützen berechnet werden soll, weil sie stets mehrere Interpolationen zwischen allen Parametern erfordert. Sie ist jedoch leicht anzuwenden im Rahmen einer frühen Projektplanung, weil dann die Querschnitte und Bewehrungsgehalte vorab festgelegt werden können, so dass die erforderliche Feuerwiderstandsklasse erreicht wird. Die Anwendungen sind jedoch nur auf Stützen anzuwenden, wenn die in EC 2 angegebenen Randbedingungen eingehalten werden.

14.3.3 Anwendungsbeispiel: Stütze – nach der 500 °C-Isothermen-Methode

Grundlage dieser Methode ist die Berechnung der 500 °C-Isotherme in Stahlbetonquerschnitten. Die Betonbereiche ≥ 500 °C werden in der Berechnung nicht berücksichtigt. Die Betonfestigkeit des Restquerschnittes wird dem Bemessungswert der Betonklasse zugeordnet. Die Festigkeit der Bewehrung wird entsprechend der vorliegenden Temperatur auf dem Achsmaß berechnet. Das Bild 14.3.2 zeigt ein Temperaturfeld in einem Stahlbetonquerschnitt von 300×400 mm² nach EN 1992-1-2. Die 500 °C-Isotherme nach 30 min Branddauer erreicht von der Seite und von unten im ungestörten Bereich eine Tiefe von 10 mm. Die Temperatur einer Bewehrung mit 50 mm Überdeckung beträgt ca. 200 °C. Dieser Wert gilt z.B. für eine Stütze mit vier Stück Eckbewehrungen. Die Temperatur für vier Bewehrungseisen auf der Mittelachse des Bauteiles wäre etwas niedriger. Dieses wird hier nicht berücksichtigt.

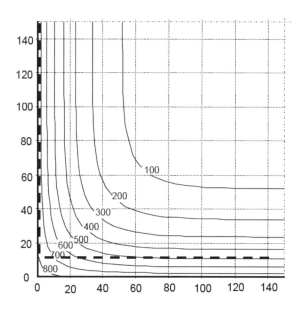

Bild 14.3.2:   Isothermen in einem Stahlbetonquerschnitt von 300 x 400 mm² nach 30 min ETK-Beanspruchung

Die Streckgrenze der Bewehrung wird für 200 °C um den Faktor $k_s(\Theta) = 0{,}9$ reduziert gemäß Kurve 3 auf Bild 4.2a nach EC 2 (s. Abschnitt 0). Die Kurve gilt für Druck- und Zugbewehrungen mit Spannungen unter 2 %. Die Berechnung erfolgt nunmehr ganz konventionell mit einem reduzierten Querschnitt von 280 · 380 mm², einem Achsmaß der Bewehrung von 40 mm und einer reduzierten Streckgrenze von $0{,}9 \cdot 500 = 450$ N/mm². (Der E-Modul müsste ggf. um den gleichen Faktor reduziert werden!) Die Betonklasse ist C35/45, also gilt für den Restquerschnitt $f_{c,fi} = 35$ N/mm².

Mit dem nichtlinearen FEM-Code SAFIR wurde die Stütze nach Abschnitt 14.3.2 und die Lastkombinationen entsprechend den dort angegebenen Werten für Fall 1 und Fall 2 entsprechend der ETK berechnet. Für die Lastkombination Fall 1 ergab sich der 2,7 fache Wert der Bemessungslast nach 30 min und für Fall 2 der 2,3fache Wert; d.h. dass der ungünstigste Ausnutzungsfaktor $\mu_{fi} = 0{,}43$ ist. Die Stütze hat nach dieser Bewertung somit eine Feuerwiderstandsdauer von > 30 min.

Das nachstehende Bild 14.3.3 zeigt einen Stützenquerschnitt von 300 · 400 mm² analog Bild A12, nach EC 2. Die 500 °C - Isotherme liegt nach 60 min Branddauer in der Querschnittsachse auf 22 mm Tiefe, die Temperatur der Stahlbewehrung mit 50 mm Achsmaß beträgt 400 °C. Daraus ergibt sich ein Reduktionsfaktor $k_s(\Theta) = 0{,}7$ gemäß der Kurve 3 auf Bild 4.2a nach EC 2 (s. Abschnitt 0).

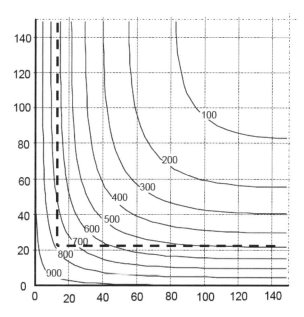

Bild 14.3.3:   Isothermen in einem Stahlbetonquerschnitt von 300 x 400 mm² nach 60 min ETK-Beanspruchung

Es wurde auch für diesen Fall eine nichtlineare Berechnung mit dem FEM-Code SAFIR für die Stütze gemäß Abschnitt 14.3.2 und die Lastkombinationen Fall 1 und Fall 2 durchgeführt. Der reduzierte Berechnungsquerschnitt beträgt 356 · 256 mm², das Achsmaß der Bewehrung 28 mm und die reduzierte Fließgrenze 0,7 · 500 = 350 N/mm². (Der E-Modul muss mit dem gleichen Faktor reduziert werden.) Die Festigkeit im Restquerschnitt des Betons ist 35 N/mm². Für die Lastkombination Fall 1 ergibt sich nach 60 min der 2,24fache Wert der Bemessungslast und für den Fall 2 der 1,93fache Wert; d.h. $\mu_{fi,1} = 0,47$ und $\mu_{fi,2} = 0,52$, die Stütze erreicht eine Feuerwiderstandsdauer von > 60 min.

Eine Untersuchung für 90 min Branddauer ergibt eine Eindringungstiefe der 500 °C-Isotherme von 32 mm und Stahltemperaturen von 520 °C, welche eine Abminderung der Streckgrenze auf 0,523 zur Folge hat. Die Lastkombination Fall 1 erreicht nach 90 min Brandauer den 1,65fachen Wert der Bemessungslast und die Lastkombination Fall 2 den 1,41fachen Wert.

Nach 120 min Branddauer ergibt sich eine Eindringtiefe der 500 °C-Isotherme von 42 mm und eine Stahltemperatur von 620 °C, welche eine Reduktion der Streckgrenze auf 0,288 zur Folge hat. Die Lastkombination Fall 1 kann nunmehr nur noch 0,56fach aufgebracht werden, d.h. die Stütze hat einen Feuerwiderstand von < 120 min. Eine lineare Interpolation der Berechnungsergebnisse zwischen 90 und 120 Minuten Branddauer ergibt, dass die Stütze nach diesem Rechenmodell eine Feuerwiderstandsdauer von 104 min hat. Das Ergebnis unterscheidet sich deutlich von den Ergebnissen nach Abschnitt 14.3.2, d.h. die vereinfachte Methode ist nicht anwendbar.

14.3.4 Anwendungsbeispiel: Stütze – Methode der Zonenmodellierung

Im Anhang B2 von EC 2 wird ein weiteres Berechnungsmodell vorgeschlagen, welches auf der Methode der Unterteilung des Querschnittes in verschiedene Zonen beruht. Sie stellt eine genauere Methode für Stützen dar als die 500 °C Isothermen-Methode. Sie darf nur für die Normbrandbeanspruchung verwendet werden. Der Querschnitt wird in diesem Fall in eine Anzahl paralleler (n ≥ 3) Zonen gleicher Dicke (rechteckige Elemente) unterteilt und die mittlere Temperatur, die Druckfestigkeit $f_{cd}(\Theta)$ und ggf. der E-Modul $E_c(\Theta)$ jeder Zone werden ermittelt. Der vom Brand geschädigte Querschnitt wird durch einen reduzierten Querschnitt repräsentiert, wobei eine Dicke a_z an den brandbeanspruchten Seiten vernachlässigt wird. Der Bezug zu einem äquivalenten Bauteil (z.B. Wand) wird hergestellt, wobei der Bezugspunkt M auf der zentralen Linie im äquivalenten Bauteil dazu verwendet wird, die reduzierte Druckfestigkeit für den gesamten reduzierten Querschnitt zu bestimmen. Auf der Grundlage des vorhergehenden Beispiels (Abschnitte 14.3.2 und 14.3.3) wird der Ausnutzungsgrad der gewählten Kragstütze nach 90 min Branddauer nach der Zonenmethode berechnet. Die Temperaturverteilung nach 90 min ETK ergibt sich gemäß Bild 14.3.4.

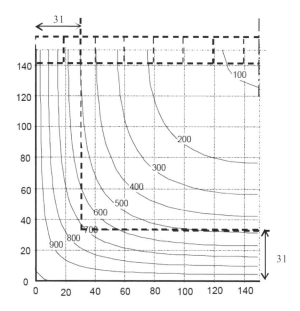

Bild 14.3.4:   *Temperaturverteilung nach 90 min ETK-Beanspruchung*

Der 30 cm breite Querschnitt nach Bild 14.3.4 wird in 15 Zonen von jeweils 20 mm Breite unterteilt. Die mittlere Temperatur jeder Zone wird an der oberen Seite der Abbildung erreicht. Jeder Zone wird eine mittlere Betontemperatur und eine definierte Betonfestigkeitsreduzierung $k_c(\Theta)$ zugewiesen (s. Tabelle 14.3.1).

Tabelle 14.3.1:   Reduzierte Betonfestigkeit $f_{c,\Theta}/f_{ck}$ nach Tabelle 3.1 EN 1992-1-2

Θ_{av}	770	500	340	230	170	130	90	60	90	130	170	230	340	500	770
$k_c(\Theta)$	0.32	0.74	0.88	0.95	0.98	0.99	1.00	1.00	1.00	0.99	0.98	0.95	0.88	0.74	0.32

Der mittlere Reduktionsfaktor wird nach folgender Gleichung berechnet:

$$k_{c,m} = \frac{(1-0,2/n)}{n} \sum_{i=1}^{n} k_c(\Theta_i) \qquad \text{Gl. (14.3.4)}$$

Darin sind n die Anzahl der Zonen (hier n = 15). Die Gleichung ergibt $k_{c,m} = 0{,}837$. Die Breiten der zerstörten Zone für Stützen mit Effekten 2. Ordnung werden gemäß der folgenden Gl. (14.3.5) berechnet:

$$a_z = \frac{b}{2}\left[1-\left(\frac{k_{c,m}}{k_c(\Theta_M)}\right)^{1,3}\right] = 150\left[1-\left(\frac{0{,}837}{1{,}000}\right)^{1,3}\right] = 31\,\text{mm} \qquad \text{Gl. (14.3.5)}$$

$k_c(\Theta)$ ist der Reduktionsfaktor der Druckbeanspruchung für die Temperatur im Zentrum des Querschnittes. In diesem Fall ist $\Theta < 100\,°C$, d.h. $k_c(\Theta)$ ist 1,0. Es ergibt sich aus Gl. (14.3.5) somit $a_z = 31$ mm; dieser Wert ist mit dem Wert von 32 mm für die zerstörte Betonzone nach der 500 °C-Isothermen Methode kompatibel. Die Zonenmethode berücksichtigt bei der Berechnung des Tragverhaltens zu einer bestimmten Zeit somit die Streckgrenze des Stahls bei gegebener Temperatur und eine reduzierte Druckfestigkeit $k_c(\Theta)_M$. Beide Methoden ergeben insofern ähnliche Ergebnisse. Allerdings wird die Zonenmethode andere Ergebnisse liefern je weiter die 500 °C-Isotherme in den Betonquerschnitt hineinwandert, weil die Zonenmethode auch bei Erreichen des Querschnittszentrums immer noch eine geringe Traglast ergibt, wohingegen nach der Methode der 500 °C-Isothermen die Traglast bei 500 °C gleich null ist. Dieses ist bei dünnen Querschnitten und langen Branddauern der Fall.

14.3.5 Vereinfachte Berechnungsmethode nach Momenten-Krümmungs-Beziehungen

Für Stützen mit signifikanten Effekten gemäß der Theorie II. Ordnung ist es möglich, die bei Raumtemperatur verwendeten Verfahren, basierend auf Momenten-Krümmungs-Beziehungen, welche für eine axiale Last bestimmt werden können, anzuwenden und diese mit der Kombination aus den Momenten der Theorie I. und II. Ordnung zu vergleichen. Um diese Effekte bei hoher Temperatur zu berücksichtigen, muss der Querschnitt in mehrere Zonen unterteilt werden, in denen die Festigkeits- und Steifigkeitseigenschaften entsprechend den Temperaturen zu berücksichtigen sind. Das Verfahren wird hier nicht weiter behandelt, weil es zu aufwendig ist und die Unterteilung des Querschnittes in viele Zonen grundsätzlich bereits Gegenstand der sogenannten fortgeschrittenen Berechnungsverfahren ist.

14.3.6 Fortgeschrittene Berechnungsverfahren

Im Folgenden wird das sogenannte Fortgeschrittene Nachweisverfahren (auch Level 3 Methode genannt) kurz beschrieben und anhand eines Beispiels vorgestellt. Der Bauteilquerschnitt wird in diesem Fall in eine Vielzahl kleiner Zonen (Finite Elemente) unterteilt wie auf dem Bild 14.3.5 beispielhaft gezeigt ist. Die Abbildung zeigt, dass die Elemente dreieckig sind, sie können jedoch auch als Vierecke dargestellt werden, soweit erforderlich.

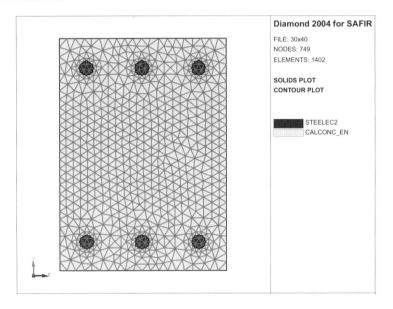

Bild 14.3.5:   Berechnung einer Kragstütze mit dem FEM-Brandschutzcode SAFIR

Jedem Element im Querschnitt wird ein Material zugeordnet, wobei die Zusammensetzung einzelner Elemente die genaue Darstellung von Beton- und Stahlbereichen im Querschnitt erlaubt, d.h. es können auch Verbundquerschnitte derart dargestellt werden. An den Knotenpunkten der einzelnen Elemente werden nach jedem Zeitschritt alle Temperaturen berechnet. Die mittlere Temperatur jedes Elementes wird berechnet und gespeichert, z.B. jede Minute. Es ist somit möglich in kurzen Zeitabständen die Isothermen in den Bauteilquerschnitten graphisch darzustellen (s. Bild 14.3.6).

Das Bild 14.3.6 zeigt, dass die Temperaturen der Bewehrung an den 4 Eckpunkten bei 300 bis 400 °C liegen, dagegen haben die beiden mittleren Stäbe Temperaturen von 200 bis 300 °C. Die detaillierten Kenntnisse der Temperaturen im gesamten Querschnitt ermöglichen eine sehr genaue Bestimmung der Festigkeits- und Steifigkeitseigenschaften des Querschnittes. Die Stütze selbst wird in Längsrichtung durch 10 Balkenelemente gemäß Bild 14.3.7 dargestellt, um die Länge von 6 m nachzubilden. Die Randbedingungen am Fußpunkt sind ebenso wie die konzentrierten und verteilten Lasten auf der Abbildung gezeigt.

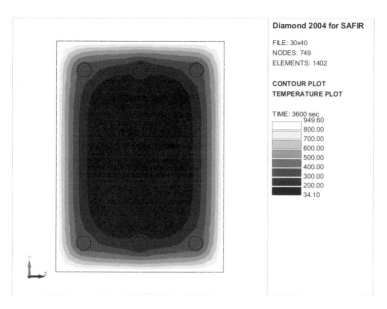

Bild 14.3.6: Darstellung der Isothermen in dem untersuchten Querschnitt der Kragstütze nach 60 min ETK-Branddauer

Die Eigenschaften in jedem Balkenelement werden an 2 bzw. 3 Punkten des Elements entlang der gesamten Länge des Balkenelements berechnet, unter Berücksichtigung der Temperatur und der Verschiebung an jedem Endknoten des Elements. Das Beispiel zeigt die Lastkombination für den Fall 1.

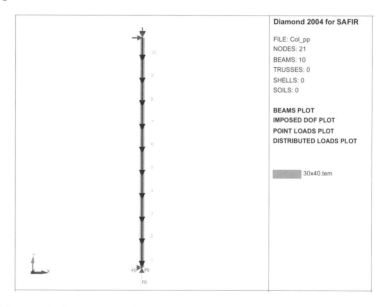

Bild 14.3.7: Diskretisierung der Kragstütze in Längsrichtung

Die Berechnungen werden unter der Annahme des Ebenbleibens der Querschnitte durchgeführt. Falls erforderlich, gestattet SAFIR auch eine komplette 3D-Simulation, welche zusätzlich Verschiebungen senkrecht zur Ebene der aufgebrachten Spannungen und Torsionsverschiebungen berücksichtigt. Die Spannungen, Steifigkeiten, Verschiebungen und äußeren Einwirkungen in der Stütze werden in Abständen von 1 Minute berechnet, bis kein Gleichgewicht mehr möglich ist. Dieses ist der Zeitpunkt der gesuchten Feuerwiderstandsdauer. Das Bild 14.3.8 zeigt z.B. die Verschiebung der Stütze kurz vor dem Versagen nach 92 Minuten und 41 Sekunden. Dieses Ergebnis zeigt auch, dass die vordem diskutierten Näherungslösungen für schlanke Stützen in der Regel nicht anwendbar sind.

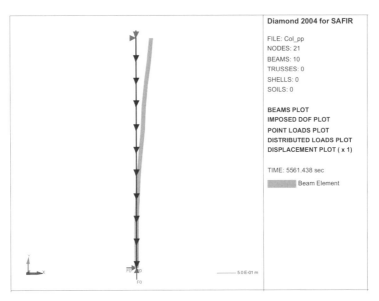

Bild 14.3.8   Verformung der 6 m langen Kragstütze zum Versagenszeitpunkt

Das Bild 14.3.9 zeigt die zeitliche Entwicklung der Verformungen in horizontaler und vertikaler Richtung am Kopf der Kragstütze mit einem deutlichen Ausknicken der Kragstütze nach ca. 92 min. Hinsichtlich der vertikalen Verformungen zeigt sich zunächst eine geringe Verkürzung infolge der Last zum Zeitpunkt t = 0, gefolgt von einer thermischen Dehnung und schließlich der Dehnungsumkehr infolge des Ausknickens der Stütze.

Das Bild 14.3.10 zeigt die Verteilung der Biegemomente entlang der Kragstütze vor der Feuereinwirkung und zum Zeitpunkt des Versagens. Man erkennt daran, dass die Momentenverteilung durch die großen Verschiebungen sich im Laufe der Feuereinwirkung enorm verändert. Im Falle, dass die Stütze im Brandfall an der Ausdehnung durch Zwangskräfte behindert wird, werden nicht nur die Momente, sondern auch die Längskräfte deutlich verändert, d.h. solche Effekte lassen sich mit vereinfachten Berechnungsmodellen praktisch nicht mehr darstellen.

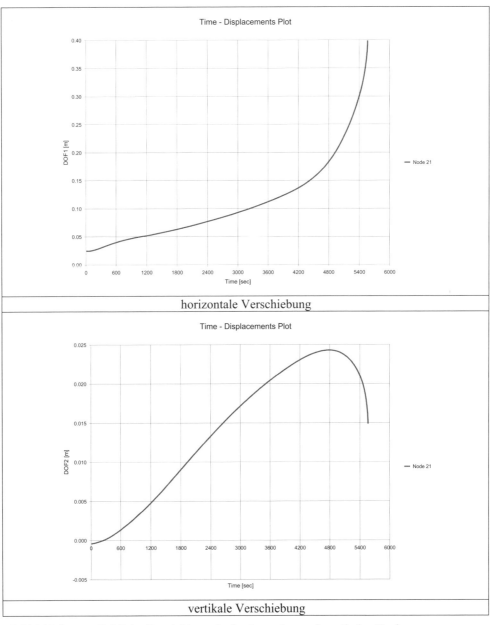

Bild 14.3.9: Zeitliche Entwicklung der horizontalen und vertikalen Verformungen am Kopf der Kragstütze

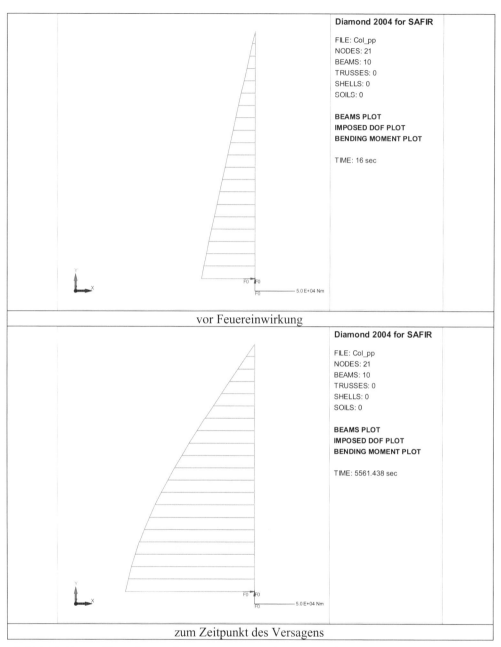

Bild 14.3.10: Veränderung der Momentenverteilung längs der Kragstütze unter ETK-Bedingungen

Das Bild 14.3.11 zeigt abschließend die Entwicklung der Zug- und Druckspannungen am Stützenfuß der Kragstütze im Balkenelement 1, Punkt 1. Man sieht deutlich die geringen Zugspannungen vor Beginn des Brandes am oberen Rand der Stütze, welche sich im Verlauf des Brandes in den inneren Bereich des Querschnittes verlagern. Gegen Brandende gehen, infolge der großen Verschiebungen bzw. des zurückgehenden Momenteneinflusses, die Druckkräfte am Rand jedoch wieder deutlich zurück und die Kragstütze knickt aus.

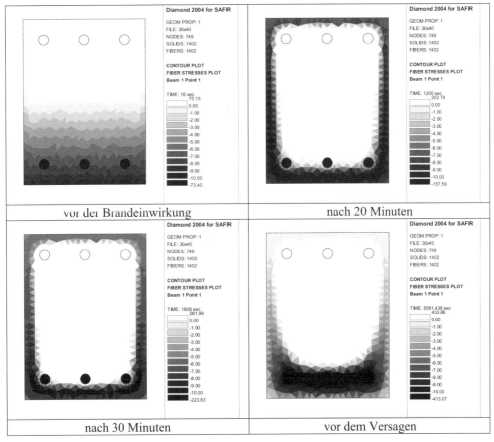

Bild 14.3.11:   Zeitliche Entwicklung der Zug- und Druckspannungen im Stützenquerschnitt oberhalb des Stützenfußes

Die Feuerwiderstandsdauer der Kragstütze beträgt für die Lastkombination Fall 1 92 min und 41 s und für die Lastkombination Fall 2 90 min und 46 s, d.h. die Kombination 2 ergibt die stärkere Belastung im Brandfall.

14.4   Literatur zum Kapitel 14

[1]   DIN EN 1992-1-2: 2006-10 und ÖNORM EN 1992-1-2: Eurocode 2: Bemessung und Konstruktion von Stahlbeton- und Spannbetontragwerken, Teil 1-2: Allgemeine Regeln – Tragwerksbemessung für den Brandfall. Österreichisches Normungsinstitut, Wien, Febr. 2007

[2]   DIN EN 1991-1-2: Eurocode 1 – Einwirkungen auf Tragwerke – Teil 1-2: Allgemeine Einwirkungen; Brandeinwirkungen auf Tragwerke; Deutsche Fassung EN 1991-1-2:2002

[3]   DIN-Fachbericht 92: Nationales Anwendungsdokument (NAD) Richtlinie zur Anwendung von DIN V ENV 1992-1-2: Eurocode 2: Planung von Stahlbeton- und Spannbetontragwerken, Teil 1-2: Allgemeine Regeln – Tragwerksbemessung für den Brandfall. DIN Deutsches Institut für Normung e.V., Beuth Verlag GmbH, Berlin, 2000

[4]   Beuth-Kommentare: Brandschutz in Europa – Bemessung nach Eurocodes. Erläuterungen und Anwendungen zu den Brandschutzteilen der Eurocodes 1 bis 6; Herausgeber: DIN Deutsches Institut für Normung e.V. u. Hosser, D., Beuth Verlag GmbH, Berlin, 2000

15 Bemessung von Stahlbauteilen nach Eurocode 3

15.1 Allgemeine Grundsätze

Die Tragfähigkeit von Stahlbauteilen nach einer definierten Normbranddauer ($R_{d,fi}$ = Tragwiderstand) wird rechnerisch ermittelt und mit den Einwirkungen unter Brandbedingungen ($E_{d,fi}$ = äußere Lasten) verglichen. Die Tragfähigkeit ist erfüllt, solange $R_{d,fi} \geq E_{d,fi}$ ist. Die erforderlichen Berechnungsschritte sind:

a) Berechnung der zeitabhängigen Stahltemperaturen $\Theta_{s,t}$ (t),

b) Berechnung der temperaturabhängigen Materialeigenschaften für $\Theta_{s,t}$ (t),

c) Berechnung der Tragfähigkeit als Funktion der Branddauer t.

Für die Berechnung sind entsprechende Materialmodelle, Temperaturmodelle und mechanische Modelle erforderlich.

15.2 Materialmodell für Baustahl nach EN 1993-1-2

Bei Erwärmungsgeschwindigkeiten zwischen 2 K/min und 50 K/min sind die Festigkeits- und Verformungseigenschaften von Stahl unter erhöhter Temperatur der Spannungs-Dehnungsbeziehung nach Kapitel 8.5 zu entnehmen. Die Spannungs-Dehnungsbeziehung sollte für die Berechnung der Tragfähigkeiten bei Zug-, Druck-, Momenten- und Schubbeanspruchung verwendet werden. Die Tabelle 15.2.1 enthält die Abminderungsfaktoren für die Spannungs-Dehnungsbeziehung von Stahl unter erhöhter Temperatur nach Bild 15.2.1. Diese Abminderungsfaktoren sind wie folgt definiert (siehe Bild 15.2.2):

- effektive Fließgrenze, relativ zur Fließgrenze bei 20 °C: $k_{y,\theta} = f_{y,\theta} / f_y$

- Proportionalitätsgrenze, relativ zur Fließgrenze bei 20 °C: $k_{p,\theta} = f_{p,\theta} / f_y$

- Steigung im elastischen Bereich, relativ zu der Steigung bei 20 °C: $k_{E,\theta} = E_{a,\theta} / E_a$

Alternativ darf bei Temperaturen unter 400 °C die in Bild 15.2.1 angegebene Spannungs-Dehnungsbeziehung um die in EC 3, Anhang A, beschriebene Verfestigung erweitert werden, vorausgesetzt, es tritt kein frühzeitiges lokales oder globales Stabilitätsversagen auf.

Dehnungsbereich	Spannung σ	Tangentenmodul
$\varepsilon \leq \varepsilon_{p,\theta}$	$\varepsilon\, E_{a,\theta}$	$E_{a,\theta}$
$\varepsilon_{p,\theta} < \varepsilon < \varepsilon_{y,\theta}$	$f_{p,\theta} - c + (b/a)\left[a^2 - (\varepsilon_{y,\theta} - \varepsilon)^2\right]^{0,5}$	$\dfrac{b(\varepsilon_{y,\theta} - \varepsilon)}{a\left[a^2 - (\varepsilon_{y,\theta} - \varepsilon)^2\right]^{0,5}}$
$\varepsilon_{y,\theta} \leq \varepsilon \leq \varepsilon_{t,\theta}$	$f_{y,\theta}$	0
$\varepsilon_{t,\theta} < \varepsilon < \varepsilon_{u,\theta}$	$f_{y,\theta}\left[1 - (\varepsilon - \varepsilon_{t,\theta})/(\varepsilon_{u,\theta} - \varepsilon_{t,\theta})\right]$	-
$\varepsilon = \varepsilon_{u,\theta}$	0,00	-
Parameter	$\varepsilon_{p,\theta} = f_{p,\theta} / E_{a,\theta}$ $\varepsilon_{y,\theta} = 0,02$	$\varepsilon_{t,\theta} = 0,15$ $\varepsilon_{u,\theta} = 0,20$
Funktionen	$a^2 = (\varepsilon_{y,\theta} - \varepsilon_{p,\theta})(\varepsilon_{y,\theta} - \varepsilon_{p,\theta} + c/E_{a,\theta})$ $b^2 = c(\varepsilon_{y,\theta} - \varepsilon_{p,\theta})E_{a,\theta} + c^2$ $c = \dfrac{(f_{y,\theta} - f_{p,\theta})^2}{(\varepsilon_{y,\theta} - \varepsilon_{p,\theta})E_{a,\theta} - 2(f_{y,\theta} - f_{p,\theta})}$	

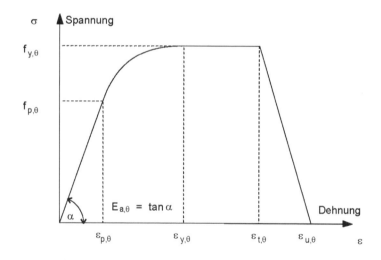

Legende
$f_{y,\theta}$ effektive Fließgrenze $f_{p,\theta}$ Proportionalitätsgrenze
$E_{a,\theta}$ Steigung im elastischen Bereich $\varepsilon_{p,\theta}$ Dehnung an der Proportionalitätsgrenze
$\varepsilon_{y,\theta}$ Fließdehnung $\varepsilon_{t,\theta}$ Grenzdehnung für die Fließgrenze
$\varepsilon_{u,\theta}$ Bruchdehnung

Bild 15.2.1:   *Spannungs-Dehnungsbeziehung von Stahl unter erhöhter Temperatur*

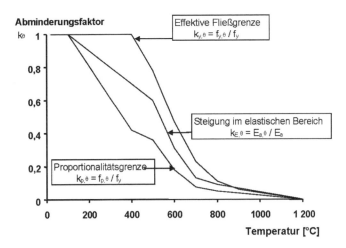

Bild 15.2.2: Abminderungsfaktoren für die Spannungs-Dehnungsbeziehung von Kohlenstoffstahl unter erhöhten Temperaturen

Tabelle 15.2.1: Abminderungsfaktoren für die Spannungs-Dehnungsbeziehung von Kohlenstoffstahl unter erhöhter Temperatur

Stahl-temperatur θ_a	Abminderungsfaktoren bei Temperatur θ_a relativ zu dem Wert f_y oder E_a bei 20 °C		
	Abminderungsfaktor (relativ zu f_y) für die effektive Fließgrenze $k_{y,\theta} = f_{y,\theta} / f_y$	Abminderungsfaktor (relativ zu f_y) für die Proportionalitätsgrenze $k_{p,\theta} = f_{p,\theta} / f_y$	Abminderungsfaktor (relativ zu E_a) für die Steigung im elastischen Bereich $k_{E,\theta} = E_{a,\theta} / E_a$
20 °C	1,000	1,000	1,000
100 °C	1,000	1,000	1,000
200 °C	1,000	0,807	0,900
300 °C	1,000	0,613	0,800
400 °C	1,000	0,420	0,700
500 °C	0,780	0,360	0,600
600 °C	0,470	0,180	0,310
700 °C	0,230	0,075	0,130
800 °C	0,110	0,050	0,090
900 °C	0,060	0,0375	0,0675
1000 °C	0,040	0,0250	0,0450
1100 °C	0,020	0,0125	0,0225
1200 °C	0,000	0,0000	0,0000
Anmerkung: Zwischenwerte dürfen linear interpoliert werden.			

Die Rohdichte von Stahl ρ_a darf unabhängig von der Temperatur wie folgt angenommen verwendet werden: $\rho_a = 7\,850$ kg/m³. Die spezifische Wärmekapazität ist im Abschnitt 8.5 als Funktion der Temperatur angegeben.

15.3 Temperaturmodell für Stahlbauteile

15.3.1 Unbekleidete Stahlprofile

Die Temperaturen in Stahlquerschnitten werden als gleichmäßig verteilt angenommen und wie folgt schrittweise berechnet:

$$\theta_{s,t,i} = \theta_{s,t,i-1} + \Delta\theta_{s,t} \qquad \text{Gl. (15.3.1)}$$

$$\Delta\theta_{s,t} = k_{sh} \frac{A_m/V}{c_a \rho_a} \dot{h}_{net,d} \Delta t \qquad \text{Gl. (15.3.2)}$$

$\Delta\theta_{s,t}$ Temperaturanstieg des Stahlquerschnittes im Zeitintervall Δt
k_{sh} Korrekturfaktor für Strahlungsabschattung
A_m Stahloberfläche pro Einheitslänge
V Stahlvolumen pro Einheitslänge
c_a spezifische Wärmekapazität von Stahl
ρ_a Dichte von Stahl
$\dot{h}_{net,d}$ Netto-Wärmefluss pro Flächeneinheit
Δt Zeitintervall: $\Delta t = t_i - t_{i-1}$, es ist in der Berechnung mit 1 s anzunehmen

Der in Gl. (15.3.2) angegebene Profilfaktor A_m/V ist auf dem Bild 15.3.1 a und b angegeben.

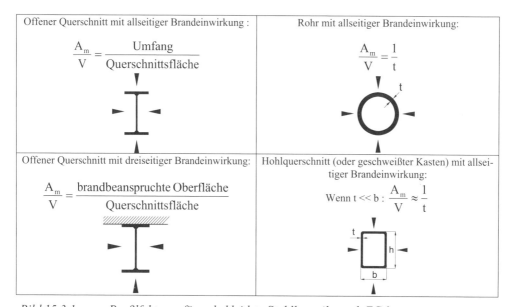

Bild 15.3.1a: *Profilfaktoren für unbekleidete Stahlbauteile nach EC 3*

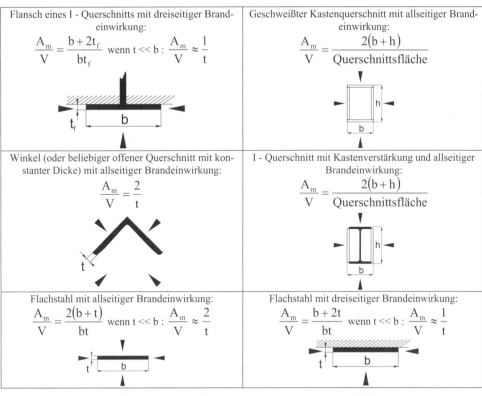

Bild 15.3.1b: Profilfaktoren für unbekleidete Stahlbauteile nach EC 3

15.4 Erwärmung von Stahlbauteilen im Brandfall

15.4.1 Wärmestrom und Wärmeübergang

Der Profilfaktor A_m/V ist der charakteristische Bauteilwert, welcher die Aufheizung des Stahlprofiles bestimmt. Große Werte erhöhen die Aufheizrate, kleine Werte führen zu einer langsameren Aufheizung der Profile (s. Bild 15.4.2). Der Gesamtwärmeübergang wird aus dem konvektiven und radiativen Anteil additiv berechnet:

$$\dot{h}_{net,d} = \dot{h}_{net,c} + \dot{h}_{net,r} \qquad \text{Gl. (15.4.1)}$$

$$\dot{h}_{net,c} = \alpha_c \cdot (\Theta_g - \Theta_m) \qquad \text{Gl. (15.4.2)}$$

$$\dot{h}_{net,r} = \varphi \cdot \varepsilon_m \cdot \varepsilon_f \cdot \sigma \left[(\Theta_r + 273)^4 - (\Theta_m + 273)^4 \right] \qquad \text{Gl. (15.4.3)}$$

α_c konvektiver Wärmeübergang: $\alpha_c = 25$ W/m²K
Θ_g wirksame Brandtemperatur in der Bauteilumgebung in °C
Θ_m Oberflächentemperatur in °C

Θ_r wirksame Strahlungstemperatur in der Bauteilumgebung in °C
ε_m Emissivität von Stahl: $\varepsilon = 0,7$
ε_f Emissivität der wirksamen Strahlung: $\varepsilon_f = 1,0$ (Anmerkung: Im EC 3, Ausgabe 1994, war dieser Wert mit 0,9 angegeben.)
φ Einstrahlzahl: $0 \leq \varphi \leq 1$, Regelfall $\varphi = 1,0$ (Anmerkung: Wird bei der Berücksichtigung lokaler Flammenstrahlung nach EC 3, Anhang B, berechnet.)
σ Stephan-Boltzmann-Konstante ($= 5,67 \cdot 10^{-8}$ W/m²K⁴)

Der Abschattungsfaktor k_{sh} ergibt sich aus dem Verhältnis des äußeren Umfanges (siehe Strichlinien auf dem Bild 15.4.1) zum geometrischen Umfang der Stahlprofile. Für die auf dem Bild 15.4.1 dargestellte Situation erhält man:

$$k_{sh} = \frac{[A_m/V]_b}{[A_m/V]} = \frac{A_{m,b}}{A_m} \leq 1 \qquad \text{Gl. (15.4.4)}$$

Für den Normbrand nach ISO 834 und I-Profile gilt.

$$k_{sh} = 0,9 \cdot \frac{[A_m/V]_b}{[A_m/V]} = 0,9 \cdot \frac{A_{m,b}}{A_m} \qquad \text{Gl. (15.4.5)}$$

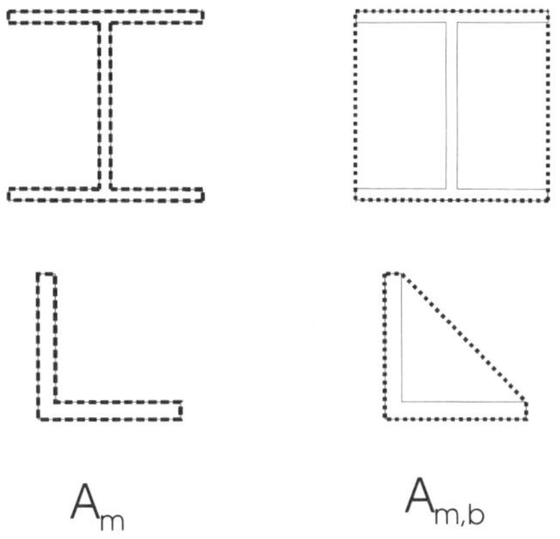

Bild 15.4.1: Oberflächenumfang A_m und äußerer Umfang $A_{m,b}$

Das nachstehende Bild 15.4.2 zeigt die Berechnung der Erwärmung von Stahlprofilen nach der Einheitstemperaturkurve in Abhängigkeit von $k_{sh} \cdot (A_m/V)$ nach verschiedenen Branddauern für $A_m^* = A_m$, $= A_{m,b}$ oder $= 0,9 \cdot A_{m,b}$. Die Berechnung zeigt, dass nach 30 Minuten Branddauer, abgesehen von ganz massiven Stahlquerschnitten, die Stahltemperaturen stets über 700 °C betragen. Der Faktor A^*/V wird als Profilfaktor bezeichnet.

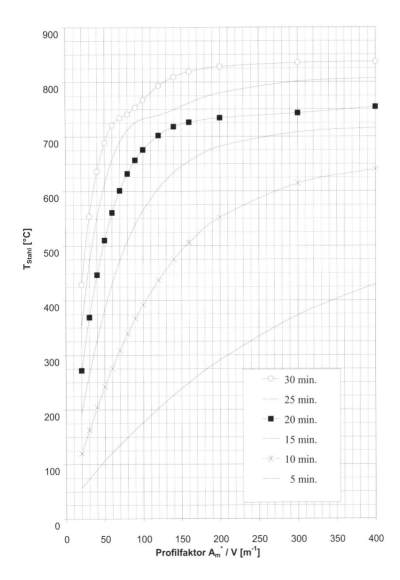

Bild 15.4.2: Temperatur von Stahlprofilen unter ETK-Beanspruchung als Funktion des Profilfaktors

15.4.2 Ummantelte Stahlprofile

Die Berechnung der Temperaturen von ummantelten Stahlprofilen erfolgt analog zur Gl. (15.3.2) gemäß Gl. (15.4.6):

$$\Delta\theta_{a,t} = \frac{\lambda_p \cdot A_p/V \cdot (\theta_{g,t} - \theta_{a,t})}{d_p \cdot c_a \cdot \rho_a \cdot (1+\Phi/3)} \cdot \Delta t - \left(e^{\Phi/10} - 1\right) \cdot \Delta\theta_{g,t} \qquad \text{Gl. (15.4.6)}$$

Die o.g. Größen sind teilweise unter der Gl. (15.3.2) definiert, neu sind folgende Parameter:

λ_p Wärmeleitfähigkeit der Brandschutzplatte
A_p/V Profilfaktor für ummantelte Stahlprofile
A_p Außenfläche der Ummantelung
$\theta_{a,t}$ Stahltemperatur zur Zeit t
d_p Dicke der Ummantelung
c_p spezifische Wärmekapazität der Ummantelung
ρ_p Dichte der Ummantelung

$$\Phi = \frac{c_p \cdot \rho_p}{c_a \cdot \rho_a} \cdot d_p \cdot A_p/V \quad \text{Korrekturterm}$$

Skizze	Beschreibung	Profilfaktor (A / V)
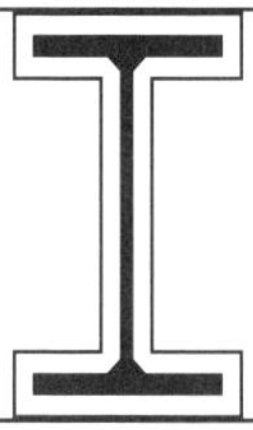	profilfolgende Bekleidung konstanter Dicke	$\dfrac{A_p}{V} = \dfrac{\text{Stahlumfang}}{\text{Stahlfläche}}$
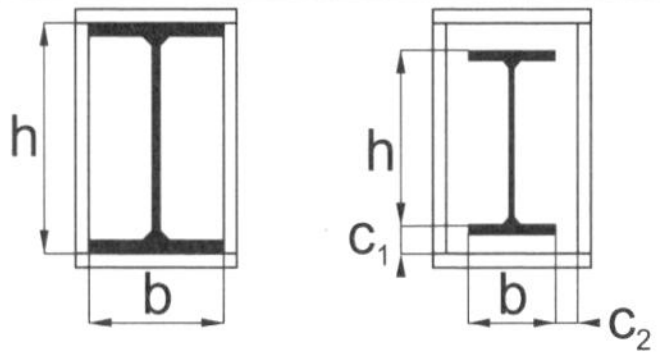	Kastenverkleidung [1] konstanter Dicke	$\dfrac{A_p}{V} = \dfrac{2(b+h)}{\text{Stahlfläche}}$
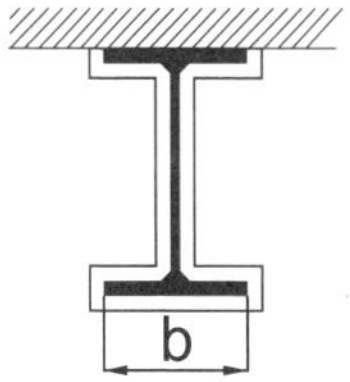	profilfolgende Bekleidung konstanter Dicke mit dreiseitiger Brandbeanspruchung	$\dfrac{A_p}{V} = \dfrac{\text{Stahlumfang} - b}{\text{Stahlfläche}}$
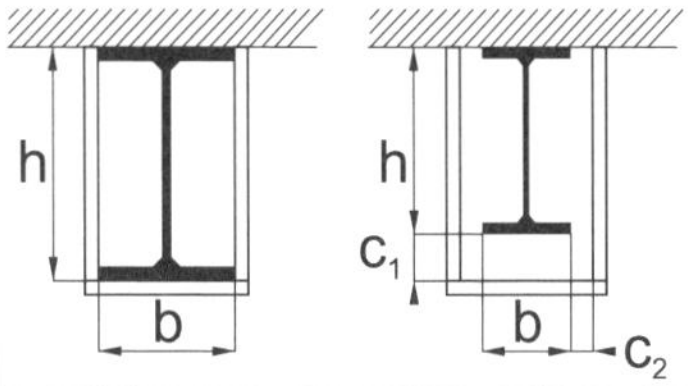	Kastenverkleidung [1] konstanter Dicke mit dreiseitiger Brandbeanspruchung	$\dfrac{A_p}{V} = \dfrac{2h + b}{\text{Stahlfläche}}$

1) Die Größe der Zwischenräume c_1 und c_2 sollen h/4 nicht überschreiten.

Bild 15.4.3:   Profilfaktor A_p/V für ummantelte Stahlprofile

Das Bild 15.4.3 zeigt die Bestimmung des Profilfaktors (früher U/A - Wert) für ummantelte Stahlprofile. Die Gl. (15.4.6) muss ebenfalls schrittweise integriert werden, wobei Zeitschritte von $\Delta t = 30$ s zulässig sind. Die Gleichung enthält einen Korrekturterm Φ, welcher verhindert, dass bei Materialien mit hoher Wärmekapazität die Stahltemperaturen beim Aufheizen in den ersten Zeitschritten negativ werden. In vielen Fällen kann $\Phi = 0$ gesetzt werden, sodass die Aufheizung der Stahlprofile allein durch

$$k_p = \frac{\lambda_p}{d_p} \cdot \frac{A_p}{V} \text{ in W/m}^3\text{K}$$
Gl. (15.4.7)

bestimmt wird. Das nachstehende Bild 15.4.4 zeigt entsprechende Temperatur-Zeit-Kurven für Stahlprofile berechnet nach der Einheitstemperaturkurve (ETK).

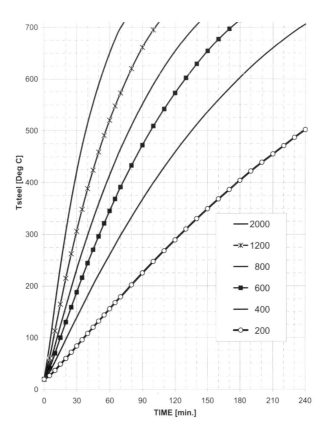

Bild 15.4.4:   Entwicklung der Temperatur von Stahlprofilen unter ETK-Beanspruchung als Funktion der Zeit für verschiedene Werte des Faktors k_p in W/m³K

15.5 Mechanische Modelle unter Berücksichtigung des Brandangriffes

Im Eurocode 3 sind genormte (tabellierte) Stahlbauteile mit definierter Feuerwiderstandsdauer nicht aufgeführt. Es gibt somit nur die Möglichkeit entweder die Bauteile zu prüfen oder rechnerisch die Feuerwiderstandsdauer zu bestimmen. Im Folgenden werden diesbezüglich nur Berechnungen nach dem sogenannten vereinfachten Verfahren (Level 2) vorgestellt. Dieses stellt eine Erweiterung der Bemessung bei Raumtemperatur dar. Die Berechnung des Bauteilwiderstandes erfolgt bei Raumtemperatur nach

$R_d = f(E, f_y)$ Gl. (15.5.1)

und entsprechend unter Brandeinwirkung gemäß:

$R_{d,fi} = f(E(\theta), f_y(\theta))$ Gl. (15.5.2)

In beiden Fällen werden lediglich die elastischen und plastischen Widerstände des Querschnittes ermittelt, wobei es zwei Unterschiede gibt:

a) bei hohen Temperaturen gibt es evtl. kleine Temperaturunterschiede im Querschnitt und somit zusätzliche Temperaturspannungen,

b) die Spannungs-Dehnungs-Beziehung ist bei hohen Temperaturen nicht linear im Gegensatz zum linear-elastischen-plastischen Modell bei Raumtemperatur.

In den Brandschutzberechnungen ist Folgendes zu beachten: Der Stahlquerschnitt darf wie bei Raumtemperatur mit einem reduzierten ε-Wert klassifiziert werden:

$\varepsilon = 0{,}85 \, (235/f_y)^{0,5}$ Gl. (15.5.3)

Die 0,85 ergeben sich aus der Tatsache, dass der E-Modul bei hohen Temperaturen schneller abnimmt als die Fließspannung. Daraus ergibt sich, dass z.B. einige Klasse-1-Querschnitte im Brandfall in die Klasse 2 kommen.

— Instabilitäten werden im EC 3 unter Berücksichtigung der nicht linearen σ-ε-Beziehung berücksichtigt. Dies gilt für die Fälle Druck und Biegung sowie für das Beulen unter Torsionsbeanspruchung.
— Die Knicklänge wird festgelegt unter Berücksichtigung der Rotationsfähigkeit der Auflager bei Brandangriff. Werden die Auflager nicht oder wenig erwärmt, so dürfen die Stützen als eingespannte Bauteile berechnet werden.
— Der Biegewiderstand von Querschnitten der Klasse 1, 2 und 3 darf berechnet werden unter der Annahme, dass die Temperaturen gleichmäßig über den Querschnitt verteilt sind. Es darf jedoch berücksichtigt werden, dass die oberen Flansche teilweise vom Brandangriff geschützt sind und auch die Auflagerbereiche der Stahlkonstruktion, sodass diese niedrigere Temperaturen aufweisen als der Regelquerschnitt. Diese Effekte dürfen durch die Faktoren κ_1 und κ_2 mit jeweils < 1 berücksichtigt werden.

Die Faktoren κ für nicht gleichmäßige Temperaturverteilungen in den Querschnitten sind wie folgt festgelegt:

- $\kappa_1 = 1{,}00$ für 4-seitig erwärmte Balken

- $\kappa_1 = 0{,}70$ für 3-seitig erwärmte nicht ummantelte Balken und einer Betonplatte auf der 4. Seite

- $\kappa_1 = 0{,}85$ für 3-seitig erwärmte ummantelte Balken und einer Betonplatte auf der 4. Seite

- $\kappa_2 = 0{,}85$ für alle statisch unbestimmten Auflager von Balken

- $\kappa_2 = 1{,}00$ für alle anderen Auflager und Auflagersituationen

Querschnitte der Klasse 4 werden auf der Basis von Materialeigenschaften bei Raumtemperatur berechnet. Für die Brandberechnung sind die Grenzwerte der Streckgrenze, welche zur Bestimmung der Torsions-, Druck- oder Schubwiderstände benutzt werden, als 0,2 % der Zugfestigkeit anzunehmen, wohingegen für Klasse 1, 2 und 3 die 2%-Zugfestigkeitswerte anzunehmen sind.

15.6 Beispiele nach EN 1993-1-2

15.6.1 Druckbeanspruchte Stahlstütze

Eine einfach gelagerte geschweißte I-Profil-Stütze ($f_y=235$ N/mm^2) mit einer Höhe von 3,5 m wird von allen Seiten dem Feuer ausgesetzt. Die vertikale Last während des Brandes beträgt 200 kN. Das Bild 15.6.1 zeigt einen Querschnitt der Stütze.

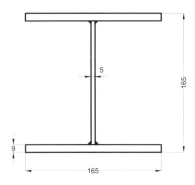

Bild 15.6.1: Querschnitt der Stahlstütze

Folgende Fragestellungen sollen untersucht werden:

a) Erreicht die Stütze einen Brandwiderstand von 30 Minuten unter Standardbrandbeanspruchung und unter Berücksichtigung des Knickens um die starke Achse?

b) Wie dick muss eine Brandschutzbekleidung (Wärmeleitfähigkeit $\lambda_p = 0{,}15$ W/mK) sein, um einen Brandwiderstand von 60 Minuten zu erreichen?

15.6.1.1 Tragfähigkeit einer Stahlstütze mit ungeschütztem Querschnitt nach 30 min Branddauer

Zunächst erfolgt die Berechnung des Profilfaktors für das I-Profil unter Normbrandbeanspruchung und unter Berücksichtigung des Abschattungsfaktors k_{sh}:

$A_m^* / V = k_{sh} \; A_m / V = 0{,}9 \; A_{m,b} / V$

$A_m^* / V = 0{,}9 \cdot 2(h + b) / A = 0{,}9 \cdot 2(0{,}165 + 0{,}165) / (37{,}05 \cdot 10^{-4}) = 160 \text{ m}^{-1}$

Die obere Kurve auf Bild 15.4.2 zeigt eine Stahltemperatur von 820 °C nach 30 Minuten Brandbeanspruchung.

Als Nächstes erfolgt die Klassifizierung des Querschnittes nach Tabelle 5.2 in EN 1993-1-1:

$\varepsilon = 0{,}85 \; (235/f_y)^{0{,}5} = 0{,}85$

Flansche: $c/t_f = 76/9 = 8{,}44$

            $c/t_f > 9 \cdot \varepsilon = 7{,}56$ → Flansche sind nicht Klasse 1

            $c/t_f > 10 \cdot \varepsilon = 8{,}5$ → Flansche sind Klasse 2

Steg: $c/t_w = 139/5 = 27{,}8 < 33 \cdot \varepsilon = 28{,}1$ → Steg ist Klasse 1

Ergebnis: Der Querschnitt der Stahlstütze ist Klasse 2. (Anmerkung: Die Schweißnaht ist 4 mm breit.)

Schlankheit der Stütze bei Raumtemperatur:

$\lambda = l_f / i_z = 350 / 7{,}23 = 48{,}41$

Schlankheit nach Euler:

$\lambda_E = \pi \sqrt{E/f_y} = \pi \sqrt{2{,}1 \cdot 10^5 / 235} = 93{,}91$

Dimensionslose Schlankheit bei Raumtemperatur:

$\bar{\lambda} = \lambda / \lambda_E = 48{,}41 / 93{,}91 = 0{,}515$

Die dimensionslose Schlankheit bei erhöhter Temperatur ist eine Funktion der Temperatur. Bei 820 °C bzw. mit $k_{y,\Theta} = 0{,}100$ und $k_{E,\Theta} = 0{,}0855$ gilt:

$$\overline{\lambda}_\Theta = \overline{\lambda}\sqrt{k_{y,\Theta}/k_{E,\Theta}} = 0{,}515\sqrt{0{,}100/0{,}0855} = 0{,}557$$

Imperfektionsbeiwert:

$$\alpha = 0{,}65\sqrt{235/f_y} = 0{,}65\sqrt{235/235} = 0{,}65$$

$$\varphi_\Theta = 0{,}5\left(1 + \alpha\overline{\lambda}_\Theta + \overline{\lambda}_\Theta^2\right) = 0{,}5\left(1 + 0{,}65 \cdot 0{,}557 + 0{,}557^2\right) = 0{,}836$$

$$\chi_{fi} = \frac{1}{\varphi_\Theta + \sqrt{\varphi_\Theta^2 - \overline{\lambda}_\Theta^2}} = \frac{1}{0{,}836 + \sqrt{0{,}836^2 - 0{,}577^2}} = 0{,}685$$

$N_{b,fi,t,Rd} = \chi_{fi}\, k_{y,\Theta}\, A\, f_y / \gamma_{Mfi} = 0{,}685 \cdot 0{,}100 \cdot 3705 \cdot 235 / 1 = 59{,}6$ kN < 200 kN

Die Brandwiderstandsdauer beträgt keine 30 Minuten. Die Stütze muss ummantelt werden, siehe nachfolgende Berechnung.

15.6.1.2 Stahlstütze ummantelt mit Brandschutzplatten

Der erste Schritt ist die Versagenstemperatur der Stütze zu berechnen. Wenn die Knickbeanspruchung vernachlässigt wird, ergibt sich die Lastausnutzung zu:

$k_{y\Theta} = N_{d,fi} / A\, f_y = 200000 / 3705 \cdot 235 = 0{,}23$

$k_{y,\Theta} = 0{,}23$ entspricht einer kritischen Temperatur von 700 °C. Bei dieser Temperatur ist $k_{E,\Theta} = 0{,}13$ und es gilt:

$$\overline{\lambda}_\Theta = \overline{\lambda}\sqrt{k_{y,\Theta}/k_{E,\Theta}} = 0{,}515\sqrt{0{,}23/0{,}13} = 0{,}685$$

$$\varphi_\Theta = 0{,}5\left(1 + \alpha\overline{\lambda}_\Theta + \overline{\lambda}_\Theta^2\right) = 0{,}5\left(1 + 0{,}65 \cdot 0{,}685 + 0{,}685^2\right) = 0{,}957$$

$$\chi_{fi} = \frac{1}{\varphi_\Theta + \sqrt{\varphi_\Theta^2 - \overline{\lambda}_\Theta^2}} = \frac{1}{0{,}957 + \sqrt{0{,}957^2 - 0{,}685^2}} = 0{,}615$$

$N_{b,fi,t,Rd} = \chi_{fi}\, k_{y,\Theta}\, A\, f_y / \gamma_{Mfi} = 0{,}615 \cdot 0{,}23 \cdot 3705 \cdot 235 / 1 = 123$ kN

Folgerung: Da 123 kN < 200 kN, ist die Versagenstemperatur < 700 °C.

Für T = 650 °C gilt: $k_{y,\Theta} = 0{,}350$ und $k_{E,\Theta} = 0{,}220$

$$\overline{\lambda}_\Theta = \overline{\lambda}\sqrt{k_{y,\Theta}/k_{E,\Theta}} = 0{,}515\sqrt{0{,}35/0{,}22} = 0{,}650$$

$$\varphi_\Theta = 0{,}5\left(1 + \alpha\overline{\lambda}_\Theta + \overline{\lambda}_\Theta^2\right) = 0{,}5\left(1 + 0{,}65 \cdot 0{,}650 + 0{,}650^2\right) = 0{,}923$$

$$\chi_{fi} = \frac{1}{\varphi_\Theta + \sqrt{\varphi_\Theta^2 - \overline{\lambda}_\Theta^2}} = \frac{1}{0{,}923 + \sqrt{0{,}923^2 - 0{,}650^2}} = 0{,}634$$

Ergebnis: $N_{b,fi,t,Rd} = \chi_{fi}\, k_{y,\Theta}\, A\, f_y / \gamma_{Mfi} = 0{,}634 \cdot 0{,}35 \cdot 3705 \cdot 235 / 1 = 193$ kN

Mit ein oder zwei weiteren Rechenschritten würde die genaue Versagenstemperatur ermittelt werden können, in etwa liegt sie bei 640 °C. Für 2 Stunden Branddauer und 640 °C Stahltemperatur beträgt nach Bild 15.4.4 der erforderliche k_p-Wert der Brandschutzplatte k_p = 775 W/m³K. Für einen Schutz durch eine Ummantelung gilt:

$[A_p / V]$ = Stahlumriss / Querschnitt = $[2 \cdot b + 2 \cdot h + 2 \cdot (b - t_w)] / A$ =

= $[2 \cdot 0{,}165 + 2 \cdot 0{,}165 + 2 \cdot (0{,}165 - 0{,}005)] / (37{,}05 \cdot 10^{-4})$ = 265 m⁻¹

$k_p = [A_p / V] \cdot [\lambda_p / d_p]$ = 775 W/m³K

→ λ_p / d_p = 775 / 265 = 2,92

→ d_p = 0,15 / 2,92 = 0,051 m, d.h. die Brandschutzplatte muss ≥ 5,1 cm dick sein.

15.7 Literatur zum Kapitel 15

[1] DIN EN 1993-1-2: 2005+AC: 2005 sowie ÖNORM EN 1993-1-2: Eurocode 3: Bemessung und Konstruktion von Stahlbauten, Teil 1-2: Allgemeine Regeln – Tragwerksbemessung für den Brandfall. Österreichisches Normungsinstitut, Ausgabe 2007-02, Wien, 2007

[2] DIN Fachbericht 93: Nationales Anwendungsdokument (NAD) – Richtlinie zur Anwendung von DIN V ENV 1993-1-2:1997-05 – Eurocode 3: Bemessung und Konstruktion von Stahlbauten – Teil 1-2: Allgemeine Regeln; Tragwerksbemessung für den Brandfall. DIN Deutsches Institut für Normung e.V., Beuth Verlag GmbH, Berlin, 2000

[3] Beuth - Kommentare: Brandschutz in Europa – Bemessung nach Eurocodes. Erläuterungen und Anwendungen zu den Brandschutzteilen der Eurocodes 1 bis 6; Herausgeber: DIN Deutsches Institut für Normung e.V. u. Hosser, D., Beuth Verlag GmbH, Berlin, 2000

[4] Franssen, J-M, Design of Steel Structures subjected to Fire – Background and design guide to Eurocode 3, Les Editions de l'Univ. de Liège, Liège, Belgien, 2006

[5] ÖNORM EN 1993-1-1:Eurocode 3: Bemessung und Konstruktion von Stahlbauten – Teil 1-1: Allgemeine Bemessungsregeln und Regeln für den Hochbau (konsolidierte Fassung). Österreichisches Normungsinstitut, Ausgabe 2006-10, Wien, 2006

[6] Designing Steel Structures for Fire Safety, Franssen, J.-M., Kodur, V. & Zaharia, R., Taylor & Francis, Leiden, the Netherlands, to be published in 2008

16 Bemessung von Verbundbauteilen nach Eurocode 4

16.1 Allgemeine Grundsätze

Stahl-Beton-Verbundbauteile vereinigen die Vorteile dieser beiden Materialien für konstruktive Anwendungen, d.h. die hohe Tragfähigkeit von Stahl mit der großen Steifigkeit und Brandsicherheit von Stahlbeton. Dadurch wird allerdings die rechnerische Brandschutzanalyse sehr komplex, weil beide Materialen im Brandfall ein nicht lineares Verhalten haben.

Ebenso ist es schwierig die Vielzahl verschiedener Verbundbauteile zu behandeln, weil sie jeweils zu verschiedenen rechnerischen Ansätzen führen. Dies gilt z.B. für Stahlprofile, welche teilweise in Stahlbetonplatten einbetoniert sind oder für Stahlhohlprofile, welche immer mit Beton ausbetoniert sind. Für einige spezielle Profile sind im EC 4 die Brandschutzeigenschaften tabelliert.

16.2 Brandschutztabellen und prinzipielle Angaben nach EC 4

Die Bemessung von Verbundbauteilen erfolgt entsprechend dem Grundprinzip der Eurocodes. Als wichtigster Parameter gilt die Belastung im Brandfall $\eta_{fi,t}$ gemäß:

$$\eta_{fi,t} = \frac{E_{fi,d,t}}{R_d} \qquad \text{Gl. (16.2.1)}$$

$E_{fi,d,t}$ Einwirkungen im Brandfall zum Zeitpunkt t
R_d Bemessungswiderstand für die Bemessung bei Normtemperatur einschließlich von Exzentrizitäten

Die folgenden Tabellen 16.2.1 bis 16.2.7 zeigen Auszüge aus dem EC 4. Es ist zu beachten, dass die angegebenen Werte sich ausschließlich auf die vorgegebenen Geometrien beziehen und eine Kaltbemessung nach Eurocode 4 Teil 1-1 beinhalten. Die Länge von Stützen darf nicht den 30-fachen Wert der minimalen Querschnittsabmessungen überschreiten.

Die folgenden Tabellen 16.2.1 und 16.2.2 gelten für Verbundträger mit Kammerbeton nach EC 4, Abschnitt 4.2, sie gelten für Baustahl S 355 und Betonstahl S 500.

Tabelle 16.2.1: Mindestquerschnittsabmessungen min b und erforderliche Verhältnisse min (A_s/A_f) von Zulagebewehrung zur Untergurtfläche für Verbundträger mit Kammerbeton

Anwendungsbedingungen:
Decke: $h_c \geq 120$ mm, $b_{eff} \leq 5$ m
Stahlquerschnitt: $b/e_w \geq 15$, $e_f/e_w \leq 2$
Verhältnis der Zulagebewehrung zur Gesamtfläche zwischen den Flanschen: $A_s/(A_c+A_s) \leq 5\%$

		Feuerwiderstandsklasse				
		R30	R60	R90	R120	R180
1	Mindestquerschnittsabmessungen für den Lastausnutzungsfaktor $\eta_{fi,t} \leq 0{,}3$ min b in mm und erforderliches Verhältnis der Zulagebewehrung zur Untergurtfläche des Verbundträgers A_s/A_f					
1.1	$h \geq 0{,}9 \times$ min b	70/0,0	100/0,0	170/0,0	200/0,0	260/0,0
1.2	$h \geq 1{,}5 \times$ min b	60/0,0	100/0,0	150/0,0	180/0,0	240/0,0
1.3	$h \geq 2{,}0 \times$ min b	60/0,0	100/0,0	150/0,0	180/0,0	240/0,0
2	Mindestquerschnittsabmessungen für den Lastausnutzungsfaktor $\eta_{fi,t} \leq 0{,}5$ min b in mm und erforderliches Verhältnis der Zulagebewehrung zur Untergurtfläche des Verbundträgers A_s/A_f					
2.1	$h \geq 0{,}9 \times$ min b	80/0,0	170/0,0	250/0,4	270/0,5	-
2.2	$h \geq 1{,}5 \times$ min b	80/0,0	150/0,0	200/0,2	240/0,3	300/0,5
2.3	$h \geq 2{,}0 \times$ min b	70/0,0	120/0,0	180/0,2	220/0,3	280/0,3
2.4	$h \geq 3{,}0 \times$ min b	60/0,0	100/0,0	170/0,2	200/0,3	250/0,3
3	Mindestquerschnittsabmessungen für den Lastausnutzungsfaktor $\eta_{fi,t} \leq 0{,}7$ min b in mm und erforderliches Verhältnis der Zulagebewehrung zur Untergurtfläche des Verbundträgers A_s/A_f					
3.1	$h \geq 0{,}9 \times$ min b	80/0,0	270/0,4	300/0,6	-	-
3.2	$h \geq 1{,}5 \times$ min b	80/0,0	240/0,3	270/0,4	300/0,6	-
3.3	$h \geq 2{,}0 \times$ min b	70/0,0	190/0,3	210/0,4	270/0,5	320/1,0
3.4	$h \geq 3{,}0 \times$ min b	70/0,0	170/0,2	190/0,4	270/0,5	300/0,8

Wenn der umschließende Beton des Stahlträgers lediglich isolierende (keine tragende) Funktion besitzt, darf ein ausreichender Feuerwiderstand R 30 bis R 180 bei Einhaltung der Betondeckung c nach Tabelle 16.2.3 angenommen werden. Für die Feuerwiderstandsklasse R 30 ist nur der Kammerbeton erforderlich. Wenn der umschließende Beton lediglich isolierende Funktion hat, dann sind in der Regel, ausgenommen bei Feuerwiderstandsklasse R 30, Betonstahlmatten anzuordnen.

Tabelle 16.2.2: Mindestachsabstände der Zulagebewehrung mit ausbetonierten Kammern

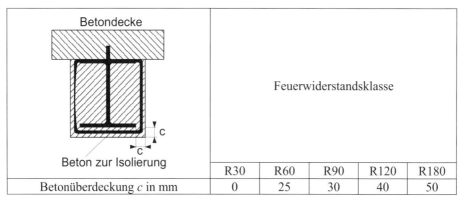

Profilbreite b [mm]	Mindestachsabst. u_1, u_2 [mm]	Feuerwiderstandsklasse			
		R60	R90	R120	R180
170	u_1	100	120	-	-
	u_2	45	60	-	-
200	u_1	80	100	120	-
	u_2	40	55	60	-
250	u_1	60	75	90	120
	u_2	35	50	60	60
≥ 300	u_1	40	50	70	90
	u_2	25*	45	60	60

*) Dieser Wert muss nach EN 1992-1-1, 4.4.1.2 überprüft werden.

Tabelle 16.2.3: Mindestbetondeckung c für Stahlquerschnitte mit Beton als Brandschutzverkleidung

	Feuerwiderstandsklasse				
	R30	R60	R90	R120	R180
Betonüberdeckung c in mm	0	25	30	40	50

Die Bemessungstabellen 16.2.4 bis 16.2.7 gelten für Verbundstützen in ausgesteiften Tragwerken. Der Lastausnutzungsfaktor $\eta_{fi,t}$ in Tabelle 16.2.6 und 16.2.7 wurde unter der Annahme der beiderseitigen gelenkigen Lagerung der Stützen für die Berechnung von R_d und unter der Voraussetzung, dass im Brandfall beide Stützenenden vollständig eingespannt sind, bestimmt. Dies ist in der Regel der Fall, wenn angenommen wird, dass nur das betrachtete Stockwerk dem Brand ausgesetzt ist.

Für die Anwendungen der Tabelle 16.2.6 und 16.2.7 muss bei der Berechnung von R_d die doppelte Knicklänge wie bei der Bemessung im Brandfall angesetzt werden. Bei der Berechnung des Bemessungswertes der Beanspruchung bei Normaltemperatur R_d ist die Exzentrizität zu berücksichtigen.

Verbundstützen mit vollständig einbetonierten Stahlquerschnitten dürfen in Abhängigkeit von den Querschnittsabmessungen b_c oder h_c, der Betondeckung c des Stahlquerschnittes und des Mindestachsabstandes u_s der Längsbewehrung nach Tabelle 16.2.4 klassifiziert werden. Es dürfen alle Ausnutzungsfaktoren $\eta_{fi,t}$ angesetzt werden.

Tabelle 16.2.4: Mindestquerschnittsabmessungen min h_c und min b_c, Mindestbetonüberdeckung min c des Stahlquerschnittes und Mindestachsabstand der Bewehrungsstäbe min u_s bei Verbundstützen mit vollständig einbetoniertem Stahlquerschnitt

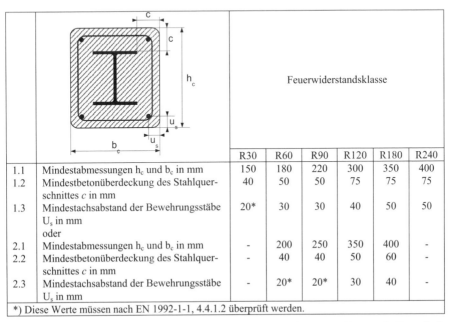

		Feuerwiderstandsklasse					
		R30	R60	R90	R120	R180	R240
1.1	Mindestabmessungen h_c und b_c in mm	150	180	220	300	350	400
1.2	Mindestbetonüberdeckung des Stahlquerschnittes c in mm	40	50	50	75	75	75
1.3	Mindestachsabstand der Bewehrungsstäbe U_s in mm	20*	30	30	40	50	50
	oder						
2.1	Mindestabmessungen h_c und b_c in mm	-	200	250	350	400	-
2.2	Mindestbetonüberdeckung des Stahlquerschnittes c in mm	-	40	40	50	60	-
2.3	Mindestachsabstand der Bewehrungsstäbe U_s in mm	-	20*	20*	30	40	-

*) Diese Werte müssen nach EN 1992-1-1, 4.4.1.2 überprüft werden.

Tabelle 16.2.5: Mindestbetondeckung für Stahlquerschnitte mit Beton als Brandschutzverkleidung

	Feuerwiderstandsklasse				
	R30	R60	R90	R120	R180
Betonüberdeckung c in mm	0	25	30	40	50

Wenn der umschließende Beton des Stahlquerschnittes lediglich isolierende (keine tragende) Funktion besitzt, darf ein ausreichender Feuerwiderstand R 30 bis R 180 bei Einhaltung der Betondeckung c nach Tabelle 16.2.5 angenommen werden. Für die Feuerwiderstandsklasse R 30 ist nur der Kammerbeton erforderlich. Wenn der umschließende Beton lediglich isolierende Funktion hat, dann sind, mit Ausnahme der Feuerwiderstandsklasse R 30, in der Regel Betonstahlmatten anzuordnen.

Verbundstützen mit Kammerbeton dürfen in Abhängigkeit vom Ausnutzungsfaktor $\eta_{fi,t}$, den Querschnittsabmessungen b oder h, dem Mindestachsabstand der Längsbewehrungsstäbe U_s und dem Verhältnis von Stegdicke e_w zur Flanschdicke e_f nach Tabelle 16.2.6 klassifiziert werden. Bei der Berechnung von R_d und $R_{fi,d,t}= \eta_{fi,t}R_d$ in Verbindung mit Tabelle 16.2.6 sind in der Regel Bewehrungsgrade $A_s/(A_c+A_s)$, die größer als 6 % oder kleiner als 1 % sind, nicht in Rechnung zu stellen. Es dürfen die Baustähle S 235, S 275 und S 355 angewendet werde.

Tabelle 16.2.6: Mindestquerschnittsabmessungen, Mindestachsabstand der Bewehrung und Mindestbewehrungsgrad von Verbundstützen mit Kammerbeton

		\multicolumn{4}{c}{Feuerwiderstandsklasse}			
		R30	R60	R90	R120
	Mindestverhältnis von Steg- zu Flanschdicke e_w/e_f	0,5	0,5	0,5	0,5
1	Mindestquerschnittsabmessungen für den Lastausnutzungsfaktor $\eta_{fi,t} \le 0{,}28$				
1.1	Mindestabmessungen h und b in mm	160	200	300	400
1.2	Mindestachsabstand der Bewehrungsstäbe u_s in mm	-	50	50	70
1.3	Mindestbewehrungsgrad $A_s/(A_c+A_s)$ in %	-	4	3	4
2	Mindestquerschnittsabmessungen für den Lastausnutzungsfaktor $\eta_{fi,t} \le 0{,}47$				
2.1	Mindestabmessungen h und b in mm	160	300	400	
2.2	Mindestachsabstand der Bewehrungsstäbe u_s in mm	-	50	70	
2.3	Mindestbewehrungsgrad $A_s/(A_c+A_s)$ in %	-	3	4	
3	Mindestquerschnittsabmessungen für den Lastausnutzungsfaktor $\eta_{fi,t} \le 0{,}66$				
3.1	Mindestabmessungen h und b in mm	160	400		
3.2	Mindestachsabstand der Bewehrungsstäbe u_s in mm	40	70		
3.3	Mindestbewehrungsgrad $A_s/(A_c+A_s)$ in %	1	4		

ANMERKUNG: Die Werte des Lastausnutzungsfaktors $\eta_{fi,t}$ wurden an das Rechenverfahren von EN 1994-1-1 für Verbundstützen angepasst.

Verbundstützen aus betongefüllten Hohlprofilen dürfen in Abhängigkeit vom Ausnutzungsfaktor $\eta_{fi,t}$, der Querschnittsabmessung b, h oder d, dem Bewehrungsverhältnis $A_s/(A_c + A_s)$ und dem Mindestachsabstand der Bewehrungsstäbe u_s nach Tabelle 16.2.7 klassifiziert werden. Die Werte gelten für eine Betonstahlgüte S 500. Bei der Berechnung von R_d und $R_{fi,d,t}= \eta_{fi,t}R_d$ in Verbindung mit Tabelle 16.2.7 sind folgende Regeln zu beachten:

— unabhängig von der Stahlgüte des Hohlprofilquerschnittes ist eine nominelle Streckgrenze von 235 N/mm² anzusetzen;

- die Wanddicke des Hohlprofilquerschnittes wird bis maximal 1/25 von b oder d berücksichtigt;
- Bewehrungsgrade $A_s/(A_c+A_s)$ größer als 3 % dürfen nicht angesetzt werden;
- die Betonfestigkeit wird wie bei der Bemessung unter Normaltemperatur angesetzt.

Tabelle 16.2.7: *Mindestquerschnittsabmessungen, Mindestbewehrungsgrade, Mindestachsabstand min u_s der Bewehrungsstäbe zur Profilinnenseite bei gefüllten Hohlprofilen*

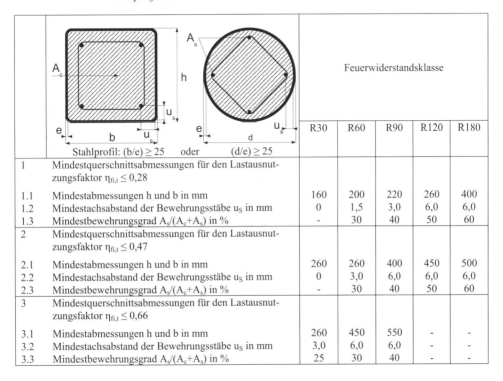

	Stahlprofil: $(b/e) \geq 25$ oder $(d/e) \geq 25$	R30	R60	R90	R120	R180
1	Mindestquerschnittsabmessungen für den Lastausnutzungsfaktor $\eta_{fi,t} \leq 0{,}28$					
1.1	Mindestabmessungen h und b in mm	160	200	220	260	400
1.2	Mindestachsabstand der Bewehrungsstäbe u_s in mm	0	1,5	3,0	6,0	6,0
1.3	Mindestbewehrungsgrad $A_s/(A_c+A_s)$ in %	-	30	40	50	60
2	Mindestquerschnittsabmessungen für den Lastausnutzungsfaktor $\eta_{fi,t} \leq 0{,}47$					
2.1	Mindestabmessungen h und b in mm	260	260	400	450	500
2.2	Mindestachsabstand der Bewehrungsstäbe u_s in mm	0	3,0	6,0	6,0	6,0
2.3	Mindestbewehrungsgrad $A_s/(A_c+A_s)$ in %	-	30	40	50	60
3	Mindestquerschnittsabmessungen für den Lastausnutzungsfaktor $\eta_{fi,t} \leq 0{,}66$					
3.1	Mindestabmessungen h und b in mm	260	450	550	-	-
3.2	Mindestachsabstand der Bewehrungsstäbe u_s in mm	3,0	6,0	6,0	-	-
3.3	Mindestbewehrungsgrad $A_s/(A_c+A_s)$ in %	25	30	40	-	-

16.3 Vereinfachte Berechnungsverfahren

16.3.1 Bemessungsmethoden für Platten und Balken

Für Verbundplatten und -balken mit Stahlprofilen der Klasse 1 oder 2 wird die Biegebemessung nach der Plastizitätstheorie durchgeführt. Das Stahlprofil wird in verschiedene Zonen unterteilt, z.B. Flansche und Stegbereiche und ebenso der Betonquerschnitt. Jeder Zone wird entsprechend der Branddauer eine gemittelte Temperatur, und daraus abgeleitet eine mittlere Festigkeit zugeordnet. Die Zugfestigkeit von Beton wird vernachlässigt.

Eine alternative Methode ist die, dass man die kritische Temperatur des Stahlbetons bestimmt und alle Bereiche im Beton mit noch höheren Temperaturen vernachlässigt, wohingegen Betonbereiche mit niedrigeren Temperaturen mit ihrer Festigkeit bei Raumtemperatur berechnet werden.

In Bereichen mit nicht ummanteltem Stahl darf die lokale Stahltemperatur wie bei ungeschützten Stahlprofilen berechnet werden.

16.3.2 Verbundplatten mit ungeschütztem Stahlblech

Für Plattenbauteile wird angenommen, dass das Kriterium E (Raumabschluss) stets erfüllt ist. Die Klasse R 30 wird praktisch von allen Bauteilen automatisch erreicht, wenn sie entsprechend dem EC 4 bei Raumtemperatur bemessen wurden. Im Annex D des EC 4 ist ein entsprechendes Rechenverfahren zur Ermittlung der Tragfähigkeit R angegeben (s. Bild 15.2.1).

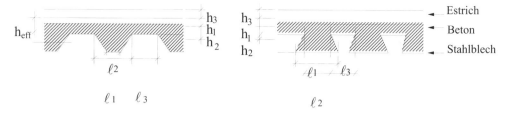

Bild 16.3.1:   *Querschnitte durch ungeschützte Stahlverbundplatten mit profilierten Stahlblechen*

Die Berechnung umfasst verschiedene Formeln zur Berücksichtigung der Temperaturen in einzelnen Bereichen des Stahlbleches und der Betonbewehrung als Funktion der Geometrie und der Zeit für ETK-Bedingungen. Damit werden die entsprechenden Festigkeiten für die plastische Bemessung zur Ermittlung der Biegetragfähigkeit bestimmt. Die Bestimmung des Biegemomentes erfolgt entsprechend der normalen Vorgehensweise bei der Bestimmung des plastischen Biegenachweises bei Raumtemperatur, lediglich die Materialfestigkeit wird entsprechend angepasst.

16.3.3 Verbundbauteile mit ungeschützten Stahlprofilen

Verbundbalken müssen gegen Biegung, vertikalen Schub und Längsschub bemessen werden. Die Biegebeanspruchung wird nach der Plastizitätskurve bestimmt mit Ausnahme von Profilen der Klasse 4. Der Stahlflansch im Druckbereich eines einfach gelagerten Balkens ist der Klasse 1 zugeordnet, unter der Annahme, dass er mit der Platte fest verbunden ist (s. Bild 16.3.2).

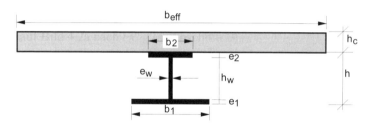

Bild 16.3.2: *Querschnitte eines ungeschützten Verbundbalkens*

Die vertikale Schubfestigkeit wird allein durch das Stahlprofil übernommen. Es ist kein Nachweis erforderlich, wenn der Stahlgurt teilweise im Beton liegt, wenn das Stahlprofil allein alle Schubkräfte aufnimmt.

Der Horizontal- (Längs-) Schub wird gemäß der Biegebeanspruchung ermittelt. Dabei wird die Normalkraft im Beton und im Stahl über eine kritische Länge berücksichtigt.

16.3.4 Verbundstützen

Für Stützen als Teil eines ausgesteiften Rahmens ist ein einfaches Rechenmodell vorgeschlagen. Die grundlegende Gleichung basiert auf der Multiplikation des nichtlinearen (plastischen) Widerstandes gegenüber axialem Druck $N_{fi,pl,Rd}$ und ist mit dem Knickkoeffizienten χ und dem Bemessungswert für Druckbeanspruchung $N_{fi,Rd}$ zu berechnen:

$$N_{fi,Rd} = \chi \cdot N_{fi,pl,Rd} \qquad \text{Gl. (16.3.1)}$$

Der Knickkoeffizient χ ist in der Knickkurve c im EC 3 (EN 1993-1-1) für die Bemessung von Stahlbauteilen bei Normaltemperatur festgelegt. In der folgenden Gl. (16.3.2) ist angegeben wie der plastische Bemessungswiderstand für axialen Druck berechnet wird, wenn der Querschnitt in verschiedene Zonen aus Stahl (A_a), Stahlbewehrung (A_s) und Beton (A_c) für jeweils individuell zugeordnete mittlere Temperaturen (θ) berechnet wird:

$$N_{fi,pl,Rd} = \sum_j (A_{a,\theta} f_{ay,\theta})/\gamma_{M,fi,a} + \sum_k (A_{s,\theta} f_{sy,\theta})/\gamma_{M,fi,s} + \sum_m (A_{c,\theta} f_{c,\theta})/\gamma_{M,fi,c} \qquad \text{Gl. (16.3.2)}$$

Die effektive Biegesteifigkeit zur Berechnung der kritischen Eulerspannung im Brandfall ergibt sich nach Gl. (16.3.3) gemäß:

$$(EI)_{fi,eff} = \sum_j \left(\varphi_{a,\theta} E_{a,\theta} I_{a,\theta}\right) + \sum_k \left(\varphi_{s,\theta} E_{s,\theta} I_{s,\theta}\right) + \sum_m \left(\varphi_{c,\theta} E_{c,sec,\theta} I_{c,\theta}\right) \qquad \text{Gl. (16.3.3)}$$

darin ist φ_i jeweils ein Reduktionskoeffizient zur Berücksichtigung von Temperaturspannungen und $E_{c,sec,\theta}$ ist der Sekantenmodul von Beton zwischen der Druckfestigkeit und der Bruchdehnung ε_u. Aufgrund der ständigen Abnahme der kritischen Eulerspannung im Brandfall, nimmt auch das dimensionslose Schlankheitsverhältnis, welches zur Berechnung des Knickkoeffizienten benötigt wird, ständig ab.

$$\overline{\lambda}_\theta = \sqrt{N_{fi,pl,R}/N_{fi,cr}} \qquad \text{Gl. (16.3.4)}$$

Das Rechenmodell unterliegt verschiedenen geometrischen und mechanischen Parametern, welche im EC 4 angegeben sind. Es gilt nur für einen Feuerwiderstand von maximal R 120.

16.4 Berechnungsbeispiele nach Eurocode 4

Untersucht wird eine Verbundkonstruktion für ein Bürogebäude bestehend aus einer Trapezblechdecke aus Stahlbeton, welche auf I-Trägern mit Bolzen verbunden ist. Die Stahlträger unterliegen während des Brandes einer konstanten Bemessungslast von $F_{fi,d} = 48{,}7$ kN/m (s. Bild 16.4.1). Gesucht ist die Feuerwiderstandsdauer des Verbundbalkens und der Decke.

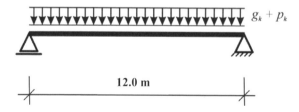

Bild 16.4.1:   *Einfach gelagerter Verbundbalken im Brandfall*

Im Folgenden sind die geometrischen Abmessungen und Materialdaten angegeben (s.Bild 16.4.2 und Bild 16.4.3).

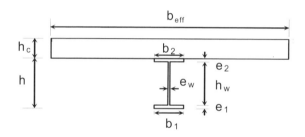

Bild 16.4.2:   *Geometrische Daten der Verbundkonstruktion*

Balken:

Profil:	HE 360 B
Stahlart:	S 355
Streckgrenze:	$f_{y,a} = 355$ N/mm²
Höhe:	$h = 360$ mm
Höhe des Steges:	$h_w = 315$ mm
Breite:	$b = b_1 = b_2 = 300$ mm
Breite des Steges:	$e_w = 12{,}5$ mm
Dicke des Flansches:	$e_f = e_1 = e_2 = 22{,}5$ mm
Stahlquerschnitt:	$A_a = 180{,}6$ cm²

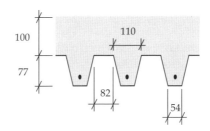

Bild 16.4.3:   Geometrische Daten der Betondecke

Platte:

Betonsorte :   C 25/30
Höhe: h_c = 177 mm
Effektive Breite: b_{eff} = 3000 mm
Druckfestigkeit: f_c = 25 N/mm²
E-Modul : E_{cm} = 30500 N/mm²
Betonquerschnitt: A_b = (100 + 0,5·77)·192 = 26 592 mm²
Länge: 12 m

Stahlblech:

Streckgrenze: f_{yp} = 320 kN/m²

Bolzen:

Anzahl: n = 110
Durchmesser: d = 19 mm
Zugfestigkeit: f_u = 450 N/mm²

Berechnung:

Das Biegemoment für den Brandfall ergibt sich zu:

$$M_{fi,Ed} = \frac{F_{fi,d} \cdot L^2}{8} = \frac{48,7 \cdot 12^2}{8} = 877 \text{ kNm}$$

Bestimmung der Querschnittsklasse im Brandfall:

Nach EN 1993-1-2, § 4.2.2, $\varepsilon = 0,85\sqrt{\dfrac{235}{f_y}} = 0,69$

Stegklasse nach EN 1993-1-1, Tabelle 5.2, $\dfrac{d}{t_w} = \dfrac{261}{12,5} = 20,88 \leq 78 \cdot \varepsilon$ => Klasse 1

Die Klasse des oberen Flansches ergibt sich nach EN 1994-1-2, § 4.3.4.1.2 (2). Der Flansch ist verbunden mit der Betonplatte somit ergibt sich Klasse 1.

Klasse des unteren Flansches: Zugbereich => Klasse 1.

Zur Ermittlung der Temperaturen in den Querschnitten wird der Stahlquerschnitt unterteilt in Unterflansch, Steg und Oberflansch:

Berechnungsparameter:

Unterflansch: $\left(\dfrac{A}{V}\right)_1 = \dfrac{2(b_1 + e_1)}{b_1 \cdot e_1} = \dfrac{2(0,3 + 0,0225)}{0,3 \cdot 0,0225} = 95,6 \text{ m}^{-1}$

Steg: $\left(\dfrac{A}{V}\right)_1 = \dfrac{2(h_w)}{h_w \cdot e_w} = \dfrac{2(0,315)}{0,315 \cdot 0,0125} = 160,0 \text{ m}^{-1}$

Oberflansch: Wie beim Unterflansch, weil die Verbundplatte nicht 85 % der oberen Seite des Flansches abdeckt.

Die folgenden Gleichungen werden für die Temperaturberechnung verwendet:

$$\Delta\theta_{a,t} = k_{shadow} = \left(\dfrac{1}{c_a \cdot \rho_a}\right) \cdot \left(\dfrac{A_i}{V_i}\right) \cdot \dot{h}_{net} \cdot \Delta t$$

$$\text{mit } k_{shadow} = 0,9 \dfrac{e_1 + e_2 + \dfrac{1}{2}b_1 + \sqrt{h_w^2 + \dfrac{1}{4}(b_1 - b_2)^2}}{h_w + b_1 + \dfrac{1}{2}b_2 + e_1 + e_2 - e_w} = 0,593$$

c_a: spez. Wärmekapazität von Stahl: nach EC 4 § 3.3.1(4).

ρ_a : Stahldichte [kg/m³]

$\dot{h}_{net}$: Netto-Wärmefluss [W/m²], $\dot{h}_{net} = \dot{h}_{net,c} + \dot{h}_{net,r}$

Δt: Zeitschrittweite (nicht größer als 5 s) [s]

Die numerische Integration dieser Gleichung ergibt für die zwei (A/V)-Werte die Stahltemperaturen nach 30 min Branddauer (siehe Tabelle 16.4.1).

Tabelle 16.4.1: Stahltemperaturen des ungeschützten Stahlprofils nach 30 min und 60 min Branddauer nach ETK

	Stahltemperaturen nach 30 Minuten in °C
Oberflansch	709
Steg	757
Unterflansch	709
	Stahltemperaturen nach 60 Minuten in °C
Oberflansch	928
Steg	937,5
Unterflansch	928

Die Temperaturen in der Betonplatte sind nicht homogen. Es wird angenommen, dass der Beton bis 250 °C nicht von der Temperatur beeinträchtigt wird. Für höhere Temperaturen wird die Druckfestigkeit mit dem Faktor $k_{c,\Theta}$ reduziert. Die nachstehende Tabelle 16.4.2 kann der EN 1994-1-2, Annex D.3, Tabelle D.5 entnommen werden.

Tabelle 16.4.2: Betontemperaturen in der 10 cm dicken Betonplatte bei ETK-Beanspruchung

Abstand x [mm]	Temperatur θ_c [°C] bezogen auf die Brandeinwirkung in Minuten					
	30	60	90	120	180	240
5	535	705				
10	470	642	738			
15	415	581	681	754		
20	350	525	627	697		
25	300	469	571	642	738	
30	250	421	519	591	689	740
35	210	374	473	542	635	700
40	180	327	428	493	590	670
45	160	289	387	454	549	645
50	140	250	345	415	508	550
55	125	200	294	369	469	520
60	110	175	271	342	430	495
80	80	140	220	270	330	395
100	60	100	160	210	260	305

Die Verifikation des Biegewiderstandes erfolgt gemäß Annex E im Eurocode 4 (siehe Bild 16.4.4).

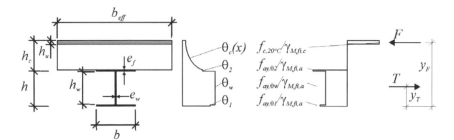

Bild 16.4.4: Nachweis des Biegewiderstandes der Verbunddecke nach EC 4

Die folgende Tabelle 16.4.3 zeigt die Reduktionsfaktoren für das Stahlprofil und die zugehörigen Streckgrenzen für die Temperaturwerte gemäß Tabelle 16.4.1.

Tabelle 16.4.3: Materialkennwerte für das Stahlprofil nach 30 min Branddauer

	$\theta_{a,max,30}[°C]$	$k_{y,\theta}$ [-]	$f_{ay,\theta}$ [N/mm^2]
Oberflansch	709	0,22	78,1
Steg	757	0,16	56,8
Unterflansch	709	0,22	78,1

Die Zugfestigkeit des Stahlprofils berechnet sich wie folgt:

$$T = \frac{f_{ay,\theta1} \cdot b \cdot e_f + f_{ay,\theta w} \cdot h_w \cdot e_w + f_{ay,\theta2} \cdot b \cdot e_f}{\gamma_{M,fi,a}}$$

$$T = \frac{78,1 \cdot 300 \cdot 22,5 + 56,8 \cdot 315 \cdot 12,5 + 78,1 \cdot 300 \cdot 22,5}{1} = 1278 \text{ kN}$$

Der Punkt für die Krafteinleitung für die Zugkraft errechnet sich wie folgt:

$$y_T = \frac{f_{ay,\theta1} \cdot \left(\frac{b \cdot e_f^2}{2}\right) + f_{ay,\theta w} \cdot (h_w \cdot e_w)\left(e_f + \frac{h_w}{2}\right) + f_{ay,\theta2} \cdot (b \cdot e_f)\left(h - \frac{e_f}{2}\right)}{T \cdot \gamma_{M,fi,a}}$$

$$y_T = \frac{78,1 \cdot \left(\frac{300 \cdot 22,5^2}{2}\right) + 56,8 \cdot (315 \cdot 12,5)\left(22,5 + \frac{315}{2}\right) + 78,1 \cdot (300 \cdot 22,5)\left(360 - \frac{22,5}{2}\right)}{1278 \cdot 10^3 \cdot 1} = 18 \text{ cm}$$

Anmerkung: In diesem Sonderfall ergibt sich dieser Wert direkt aus Symmetriegründen als halbe Höhe des Profils (36 cm : 2 =18 cm).

Für einfach gelagerte Balken ist die Zugspannung des Profils begrenzt durch die Tragfähigkeit der Balken:

$T \leq N \cdot P_{fi,Rd}$

N Anzahl der Dübel innerhalb der kritischen Länge

$P_{fi,Rd}$ Bemessungsschubfestigkeit der Verbinder im Brandfall

Aus EC 4 Abschnitt 4.3.4.2.5 (2) ergibt sich, dass die Temperatur von Bolzen im Brandfall für die 2 Versagensarten (Stahlversagen oder Verbundversagen) 80 % und 40 % aus der Temperatur der Oberflansche bestimmt werden kann. Nach EN 1994-1-2, § 3.2.1, Tabelle 3.2 und 3.3, ergeben sich für die Stahltemperatur θ die folgenden Abminderungsfaktoren für den Verbund:

$\theta_v = 0,8 \cdot 709 = 567\ °C$ $\Rightarrow$ $k_{u,\theta} = 0,57$

$\theta_c = 0,4 \cdot 709 = 284\ °C$ $\Rightarrow$ $k_{c,\theta} = 0,87$

Die Schubfestigkeit bei Raumtemperatur berechnet sich nach EN 1994-1-1, § 6.6.3.1, indem man γ_v durch $\gamma_{M,fi,v}$ ersetzt:

$$P'_{Rd,1} = 0,8 \cdot \frac{f_u}{\gamma_{M,fi,v}} \cdot \frac{\pi \cdot d^2}{4} = 0,8 \cdot \frac{450}{1} \cdot \frac{\pi \cdot 19^2}{4} = 102\ kN$$

$$P'_{Rd,2} = 0,29 \cdot \alpha \cdot d^2 \cdot \frac{\sqrt{f_c \cdot E_{cm}}}{\gamma_{M,fi,v}} = 0,29 \cdot 1,0 \cdot 19^2 \cdot \frac{\sqrt{25 \cdot 30500}}{1,0} = 91\ kN$$

Die Festigkeit der Bolzen im Brandfall ergibt sich aus dem Minimum beider Werte.

$P_{fi,Rd,2} = k_{c,\theta} \cdot P'_{Rd,2} = 0,87 \cdot 91 = 79,2\ kN$

$P_{fi,Rd,1} = 0,8 \cdot k_{u,\theta} \cdot P'_{Rd,1} = 0,8 \cdot 0,57 \cdot 102 = 46,5\ kN$

Daraus ergibt sich:

$P_{fi,Rd} = 46,5$ kN

Die Verifikation der Zugkraftübertragung durch die Ankerbolzen ist:

1278 kN < 55·46,5 = 2557,5 kN

Darin ist N = 55 gesetzt, dieses entspricht der halben Trägerlänge. Die Höhe der Biegedruckzone der Betonplatte ergibt sich aus der Berechnung des Kräftegleichgewichts unter Berücksichtigung der effektiven Balkenbreite b_{eff} bei Raumtemperatur.

$$h_u = \frac{T}{b_{eff} \cdot \frac{f_c}{\gamma_{M,fi,c}}} = \frac{1278}{3000 \cdot \frac{25}{1,0}} = 0,017\ m = 17\ cm$$

Anhand der Temperaturwerte nach EC 4, Annex D.3, Tabelle D.5, wurde verifiziert, dass die Temperaturen im Druckbereich kleiner 250 °C sind.

Gemäß EC 4, Annex D.4, muss nun zunächst die effektive Höhe der Platte berechnet werden (siehe Bild 16.4.5).

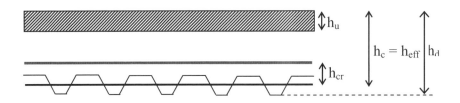

Bild 16.4.5: *Berechnung der effektiven Betonhöhe der Stahlverbundplatte*

Nach Annex D.4 ergibt sich:

$$h_{eff} = h_1 + 0{,}5 \cdot h_2 \cdot \left(\frac{l_1+l_2}{l_1+l_3}\right) = 100 + 0{,}5 \cdot 77 \cdot \left(\frac{110+54}{110+82}\right) = 132{,}9 \text{ mm}$$

Mit h_1, l_1, l_2, l_3 aus den Sickenabmessungen.

Da $h_u < h_1$ ist, können die Werte aus der Tabelle 16.4.2 für gerippte Platten verwendet werden. Die Höhe der Zone ist kleiner als 250 °C:

$(h_c - h_u) = 13{,}3 - 1{,}7 = 11{,}6 \text{ cm} \geq h_{cr} = 3{,}5 \text{ cm}$

Der Wert für h_{cr} wurde aus Tabelle 16.4.2 für t = 30 min genommen.

Der Krafteinleitungspunkt für die Druckkraft unter Berücksichtigung des unteren Flansches ist:

$y_F = h + h_d - (h_u/2) = 36 + 17{,}7 - (1{,}7/2) = 52{,}85 \text{ cm}$

Das Widerstandsmoment ergibt somit:

$M_{fi,Rd} = T(y_F - y_T) = 1278(0{,}528 - 0{,}18) = 445 \text{ kNm}$

Der Vergleich der Einwirkungen mit den Widerständen ergibt:

$$\frac{M_{fi,Ed}}{M_{fi,Rd}} = \frac{877}{445} = 19{,}7 > 1$$

Im vorliegenden Fall sind die Widerstände nach 30 min Branddauer viel kleiner als die äußeren Einwirkungen, d. h. die Tragfähigkeit der Konstruktion ist nicht gewährleistet. Es ist notwendig, die Stahlträger mit einer Brandschutzbekleidung zu schützen.

16.5 Literatur zum Kapitel 16

[1] DIN EN 1994-1-2: 2005 (D) und ÖN EN 1994-1-2: Eurocode 4: Bemessung und Konstruktion von Verbundtragwerken aus Stahl und Beton, Teil 1-2, Allgemeine Regeln – Tragwerksbemessung für den Brandfall. Österreichisches Normungsinstitut, Wien, Ausgabe Febr. 2007

[2] DIN-Fachbericht: Nationales Anwendungsdokument (NAD), Richtlinie zur Anwendung von DIN V ENV 1994-1-2: 1997-06, Eurocode 4, Bemessung und Konstruktion von Verbundtragwerken aus Stahl und Beton, Teil 1-2: Allgemeine Regeln – Tagwerksbemessung für den Brandfall, Beuth Verlag GmbH, Berlin, 2000

[3] Beuth Kommentar: Brandschutz in Europa – Bemessung nach Eurocode. Erläuterungen und Anwendungen zu den Brandschutzteilen der Eurocodes 1 bis 6. Herausgeber: DIN und Hosser, D.; Beuth Verlag GmbH, Berlin, 2000

[4] Eurocode 2: Bemessung und Konstruktion von Stahlbeton- und Spannbetontragwerken – Teil 1-2: Allgemeine Regeln – Tragwerksbemessung für den Brandfall; Deutsche Fassung EN 1992-1-2:2004

[5] Eurocode 3: Bemessung und Konstruktion von Stahlbauten – Teil 1-2: Allgemeine Regeln – Tragwerksbemessung für den Brandfall; Deutsche Fassung EN 1993-1-2:2005 + AC:2005

[6] Eurocode 5: Bemessung und Konstruktion von Holzbauten - Teil 1-2: Allgemeine Regeln - Tragwerksbemessung für den Brandfall; Deutsche Fassung EN 1995-1-2:2004 + AC:2006

17 Bemessung von Holzbauteilen nach Eurocode 5

17.1 Allgemeine Grundsätze

Die Brennbarkeit und das Brandverhalten von Holzbauteilen wurde im Kapitel 7 bereits beschrieben, so dass diesbezüglich nur noch Folgendes anzumerken ist. Die mechanischen Eigenschaften von Holz, insbesondere die Zugfestigkeit, nimmt im Bereich 100 bis 200 °C bereits ab, bei 300 °C ist die Festigkeit im Druck- und Zugbereich praktisch null. Allerdings sind die Eindringung der Pyrolysefront und der Temperaturfront > 100 °C unter ETK-Bedingungen vergleichsweise gering, so dass die mechanischen Eigenschaften im Inneren dicker Bauteile entsprechend lange erhalten bleiben. Bei der Berechnung des Brandverhaltens von Holzbauteilen sind diesbezügliche Angaben und Festlegungen in DIN 4102-4/+A1: 2004-11 einzuhalten (siehe Kapitel 9).

17.2 Grundlage des vereinfachten Berechnungsmodells für Holzbauteile

In der Berechnung wird angenommen, dass der vom Brand beanspruchte Holzquerschnitt in Abhängigkeit von der Branddauer kleiner wird und sich ein effektiver Restquerschnitt ergibt, welcher den äußeren Einwirkungen unterliegt. Der Restquerschnitt wird zunehmend kleiner, bis ein Versagen des Bauteils eintritt. Diesbezüglich können spezielle Effekte berücksichtigt werden:

— Abbrandrate als Funktion der Oberflächenorientierung,
— Abbrandrate als Funktion des Bauteils (Vollholz, Brettschichtholz, Holzpaneele),
— Zwischenbereich der Pyrolysegrenze und Temperaturgrenze für den Festigkeitsverlust des Holzes,
— Abbrandrate als Funktion der Brandintensität (EC 5-Werte gelten nur für ETK-Brände).

17.3 Berechnungsmodell nach EN 1995-1-2

17.3.1 Mechanische Eigenschaften

Für die Berechnung der Tragfähigkeit sind die Bemessungswerte gemäß Gl. (17.3.1) und Gl. (17.3.2) festgelegt:

$$f_{d,fi} = k_{mod,fi}\, k_{fi}\, f_k / \gamma_{M,fi} \qquad \text{Gl. (17.3.1)}$$

$$E_{d,fi} = k_{mod,fi}\, k_{fi}\, E_{k,0.05} / \gamma_{M,fi} \qquad \text{Gl. (17.3.2)}$$

— f_k und $E_{k,0.05}$ sind die Festigkeit und der E-Modul bei Raumtemperatur, abhängig von der Holzklasse.

- k_{fi} ein Koeffizient zur Transformation des 5%-Fraktilwerts einer Materialeigenschaft in den 20%-Fraktilwert. Dieser Koeffizient ist:

  - 1,25 für Massivholz
  - 1,15 für Leimholz
  - 1,10 für Funierschichtholz,
  - 1,05 für Schubverbindungen aus Metallen oder Verbindungen unter Zug

- $k_{mod,fi}$ berücksichtigt die Abnahme der Festigkeit und Steifigkeit bei erhöhter Temperatur.
- $\gamma_{M,fi}$ ist der partielle Sicherheitsbeiwert für Holzbauteile im Brand. Im Eurocode als 1,0 definiert, ebenso im deutschen NAD [2].

17.3.2 Abbrandraten nach EN 1995-1-2

In EN 1995-1-2 werden zwei unterschiedliche Abbrandraten definiert; die einaxiale Rate β_0 und eine reale Abbrandrate β_n, welche die Effekte von Rissen und Rundungen an Kanten berücksichtigt. Die Tabelle 17.3.1 zeigt die empfohlenen Werte nach EC 5.

Tabelle 17.3.1: Abbrandraten für Holzbauteile nach EC 5 für ETK-Bedingungen [1]

	β_0 mm/min	β_n mm/min
a) Nadelholz und Buche		
Brettschichtholz mit $\rho_k \geq 290$ kg/m³	0.65	0.70
Vollholz mit $\rho_k \geq 290$ kg/m³	0.65	0.80
b) Laubholz[a]		
Vollholz oder Brettschichtholz mit $\rho_k \geq 290$ kg/m³	0.65	0.70
Vollholz oder Brettschichtholz mit $\rho_k \geq 450$ kg/m³	0.50	0.55
c) Furnierschichtholz mit $\rho_k \geq 480$ kg/m³	0.65	0.70
c) Platten[b] ($\rho_k = 450$ kg/m³ und $h_p \geq 20$ mm)		
Sperrholz	1.00	N/A
Andere	0.90	N/A

a) Lineare Interpolation zwischen 290 und 450 kg/m³ für Vollholz.
b) Diese Werte müssen für andere Rohdichten ρ_k mit $\sqrt{450/\rho_k}$ und für andere Werkstoffdicken h_P mit $\sqrt{20/h_P}$ für $h_P < 20$ mm multipliziert werden.

Für andere Brandkurven müssen die Abbrandraten nachgewiesen werden, solange der Annex A von EC 5 nicht bauaufsichtlich anerkannt ist. Holzpaneele können die Abbrandraten verzögern, bis sie zerstört sind. Nach dem Abfallen ist der Abbrand jedoch schneller als bei einem Bauteil ohne Paneel [3].

17.3.3 Feuerwiderstand von Holzbauteilen

Methode des reduzierten Querschnitts:

Der effektive Restquerschnitt ergibt sich aus dem ursprünglichen Querschnitt abzüglich der Verkohlungsschicht und der Abbrandschicht nach Gl. (17.3.3) gemäß Bild 17.3.1.

$$d_{ef} = \beta_n\, t + k_0\, d_0 \qquad \text{Gl. (17.3.3)}$$

d_0 Dicke 7 mm
t Branddauer in min

Der 2. Summand in Gl. (17.3.3) berücksichtigt die Zone mit reduzierter Festigkeit. Der Faktor k_0 steigt linear von $k_0 = 0$ für $t = 0$ bis $k_0 = 1{,}0$ für $t = 20$ min. Bei der Anwendung dieser Methode muss nach Gl. (17.3.1) und Gl. (17.3.2) $k_{mod,fi} = 1{,}0$ gesetzt werden.

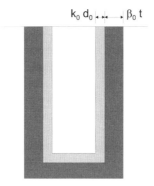

Bild 17.3.1:   *Methode der reduzierten Querschnitte*

Methode der reduzierten Eigenschaften:

Bei dieser Methode wird nur die Abbrandtiefe zur Berechnung des Restquerschnitts berücksichtigt. Wenn die einaxiale Rate β_0 angewendet wird, dann müssen die Radien des Abbrandes gesondert berechnet werden. Die Zwischenschicht $k_0 \cdot d_0$ nach Bild 17.3.1 wird nicht berücksichtigt. Um die reduzierten Materialeigenschaften zu berücksichtigen, wird jedoch mit einem reduzierten $k_{mod,fi}$ gerechnet. Dieser Wert hängt ab von

— der Art der Biege-, Druck- oder Zugbelastung,
— der Massivität des beanspruchten Querschnitts, berechnet als Verhältnis des Umfangs zum Querschnitt,
— der Branddauer: Nach EC 5 fällt $k_{mod,fi}$ von 1,0 bei $t = 0$ linear ab bis $t = 20$ min, danach ist der Wert konstant.

Fortgeschrittene Berechnungsmodelle:

Diese Methoden erfordern die Bestimmung der Festigkeit und Steifigkeit an jedem Punkt des Bauteils unter Berücksichtigung des Brandes, der lokalen Temperaturen und Feuchtigkeiten sowie die Berechnung der Abbrandrate und Rissbildung im Bauteil. Es ist zu beachten, dass die im EC 5 definierten Abbrandraten nur für den Normbrand gelten. Derzeit gibt es keine anerkannten Verfahren, welche die entsprechenden Voraussetzungen für andere Brandkurven beinhalten. Im EC 5 sind diesbezüglich nur wenige Hinweise im Annex B enthalten. Zur Berechnung von Verbindungen muss der Verschiebungsmodul unter Brandbedingungen berücksichtigt werden. Dieser berechnet sich aus:

$K_{fi} = \eta_f K_u$ Gl. (17.3.4)

K_u Verschiebungsmodul für den Grenzzustand der Beanspruchbarkeit bei Normaltemperatur

η_f Umrechnungsfaktor für den Verschiebungsmodul: $\eta_f = 0{,}2$ für Nägel und Schrauben; $\eta_f = 0{,}67$ für Dübel

17.4 Anwendungsbeispiel – Holzleimbinder

Es soll geprüft werden, ob der vorliegende Holzleimbinder nach Eurocode 5, unter Anwendung der Methode der reduzierten Eigenschaften, eine Feuerwiderstandsdauer von 60 min erreicht. Die Eingangsparameter sind:

— Holzleimbinder der Klasse 24
— Bemessungsbiegefestigkeit: 24 N/mm²
— Charakteristische Dichte: 380 kg/m³
— Durchschnittliche Dichte: 460 kg/m³
— Querschnitt: 14 x 115 cm²
— Spannweite: 13 m
— Abstand zwischen den Balken: 4 m
— Bemessungswert der Belastung: 2000 N/m²
— Die Binder unterstützen eine Decke, sodass der Brandangriff dreiseitig und die Aussteifung gegeben ist.

Lösung:

Die Abbrandrate ergibt sich aus Tabelle 17.3.1 zu: $\beta_n = 0{,}70$ mm/min

Die Bemessungslast ergibt sich zu:

$q_{fi,d} = 2.000$ N/m² $\cdot$ 4 m² + 0,14 $\cdot$ 1,15 $\cdot$ 4.600 N/m³ = 8.740 N/m

Der Bemessungswert für das Biegemoment ist:

$M_{fi,d} = (8.740 \cdot 13^2)/8 = 185.000$ Nm

Die Abbrandtiefe nach 60 min Branddauer ist: $d_{char} = 0{,}7$ m/min $\cdot$ 60 min = 42 mm

Größe des effektiven Restquerschnitts:

$b_{eff} = 140 - 2 \cdot 42 = 56$ mm $\qquad h_{eff} = 1.150 - 1 \cdot 42 = 1.108$ mm

Widerstandsmoment des effektiven Querschnitts:

$$\left(\frac{I}{v}\right)_{eff} = \frac{56 \cdot 1108^2}{6} = 11.500.000 \text{ mm}^3$$

Biegespannung nach 60 min Branddauer: $\sigma_{fi,d} = M_{fi,d} / \left(\frac{I}{v}\right)_{eff} = 16{,}1$ N/mm^2

Bemessungswiderstand unter Berücksichtigung der Festigkeitsabnahme für den Brandfall nach [1]:

$k_{mod,fi} = 1{,}0 - \frac{1}{200} \cdot \frac{P_{eff}}{A_{eff}} = 1{,}0 - \frac{1}{200} \cdot \frac{2{,}272}{0{,}062} = 0{,}82$

Umfang: $P_{eff} = b_{eff} + 2 \cdot h_{eff} = 2.272$ mm $= 2{,}272$ m

Fläche: $A_{eff} = b_{eff} \cdot h_{eff} = 62.048$ mm^2 $= 0{,}062$ m^2

Zulässiger Widerstand nach Gl. (17.3.1) mit $\gamma_{M,fi} = 1{,}0$:

$f_{fi,d} = k_{mod,fi} \cdot \sigma_{fi,d} = 22{,}6$ N/mm^2

Ergebnis:

$\sigma_{fi,d} < f_{fi,d}$, d. h. der Holzleimbinder hat einen Feuerwiderstand von mehr als 60 min.

17.5 Berechnungsbeispiel – Vollholzbalken

Weichholzbalken der Klasse C24 in einem Bürogebäude unterstützen die darüberliegende Decke, welche als Aussteifung dient. Die Abmessungen sind:

— Querschnitt : 75 x 225 mm^2
— Spannweite: 5 m
— Balkenabstand: 350 mm
— Feuerangriff: dreiseitig

a) Bestimme die maximale Traglast nach 30 min Branddauer.

b) Vergleiche die Traglast unter Beachtung der Bemessungslasten für den Brandfall für Bürogebäude.

b_1) Bemessungswert der ständigen Lasten: 0,5 kN/m^2

b_2) Bemessungswert der Verkehrslasten: 3 kN/m^2

Lösung zu a):

Die Bemessungslast für den Brandfall von 30 min Dauer errechnet sich aus der folgenden Bedingung:

$\sigma_{fi,d} = f_{fi,d}$, darin ist: $\sigma_{fi,d} = \dfrac{M_{fi,d}}{I/v}$

$M_{fi,d} = \dfrac{q_{fi,d} \cdot l^2}{8}$, daraus folgt:

$q_{fi,d} = \dfrac{8}{l^2} \cdot \left(\dfrac{I}{v}\right)_{eff} \cdot f_{fi,d}$

Der Abbrand berechnet sich aus Gl. (17.3.3): $d_{ef} = \beta_n \cdot t + k_0 \cdot d_0$

$d_{ef} = 0{,}8 \cdot 30 + 1 \cdot 7 = 31$ mm

Reduzierter Querschnitt:

$b_{eff} = b - 2 \cdot d_{ef} = 13$ mm

$h_{eff} = h - 1 \cdot d_{ef} = 194$ mm

Bemessungsbiegefestigkeit im Brandfall:

$f_{fi,d} = k_{mod,fi} \cdot k_{fi} \cdot \dfrac{f_k}{\gamma_{M,fi}} = 1{,}0 \cdot 1{,}25 \cdot \dfrac{24}{1{,}0} = 30$ N/mm^2

Bemessungslasten für den Brandfall:

$q_{fi,d,max} = \dfrac{8}{5.000^2} \cdot 81.545 \cdot 30 = 0{,}783$ N/mm

Ergebnis:

Die maximale Bemessungslast für $R_f = 30$ min beträgt 783 N/m bzw. 0,783 kN/m.

Lösung zu b):

Die maximale verteilte Last ergibt sich aus: $G_d = 783/0{,}35 = 2{,}237$ kN/m^2

Die Lastkombination für Bürogebäude ergibt: $G_{fi,d} = G_k + \psi_1 \cdot Q_k$ mit $\psi_1 = 0{,}5$

$G_{fi,d} = 0{,}5 + 0{,}5 \cdot 3 = 2$ kN/m^2

Ergebnis:

$G_{fi,d} < G_d$, d. h. die Bemessungslast für den Brandfall stellt sicher, dass der Feuerwiderstand $R_f > 30$ min beträgt.

17.6 Literatur zum Kapitel 17

[1] Eurocode 5: Entwurf und Bemessung von Holzbauten, Teil 1-2, Allgemeine Regeln – Bemessung für den Brandfall; Deutsche Fassung DIN EN 1995-1-2: 2004 (D) + AC:2006 (D), Deutsches Institut für Normung, Beuth Verlag GmbH, Berlin, Mai 2007; Öster. Fassung ÖN EN 1995-1-2, Österreichisches Normungsinstitut, Wien, Okt. 2006

[2] DIN-Fachbericht 95: Nationales Anwendungsdokument (NAD), Richtlinie zur Anwendung von DIN V ENV 1995-1-2: 1997-05, Eurocode 5, Bemessung und Konstruktion von Holzbauten, Teil 1-2: Allgemeine Regeln – Tragwerksbemessung für den Brandfall. Deutsches Institut für Normung. Beuth Verlag GmbH, Berlin, 2000

[3] Frangi, A.; Fontana, M.; Bochicchio, G.: Experimentelle und numerische Untersuchungen zum Brandverhalten von Brettschichtholzplatten. Bauphysik, 29. Jahrgang, Heft 6, S. 387/397; Verlag Ernst & Sohn, Berlin, 2007

18 Bemessung von Mauerwerksbauten nach Eurocode 6

18.1 Allgemeine Grundlagen

Das Brandverhalten vom Mauerwerk ist abhängig von

- der Mauersteinart – Ziegel, Kalksandstein, Porenbeton, Betonwerkstein, Betonsteine und
- Leichtbetonsteine;
- der Steinsorte – Voll- oder Lochsteine (Art der Lochung, Lochanteil), Dicke der Innen- und Außenstege;
- der Mörtelart – Normalmörtel, Dünnbettmörtel oder Leichtmörtel;
- dem Ausnutzungsfaktor der Wand;
- der Schlankheit der Wand;
- der Lastexzentrizität;
- der Trockenrohdichte der Steine;
- der Art der Wandkonstruktion;
- etwaigen Oberflächenbeschichtungen (z.B. Putzen).

Die Brandschutzteile des EC 6, Teil 1-2, behandeln spezielle Aspekte des passiven Brandschutzes, indem Tragwerke und ihre Teile für eine ausreichende Tragfähigkeit bemessen werden. Die Ergebnisse von Normbrandprüfungen bilden den größten Teil der Eingangsdaten für das brandschutztechnische Bemessungsverfahren. Der EC 6 behandelt daher vorwiegend die Bemessung für die Normbrandbeanspruchung. Neben der Normbrandprüfung kommen dabei drei Verfahren zum Nachweis des Feuerwiderstandes von Bauteilen in Frage:

- Anwendung tabellierter Werte basierend auf Bauteilprüfungen oder Berechnungsmodellen,
- vereinfachte Berechnungsverfahren zum Nachweis des Feuerwiderstandes sowie
- umfassende analytische Verfahren für brandschutztechnische Nachweise.

Ein umfassender analytischer brandschutztechnischer Nachweis muss das Verhalten des Tragwerks bei erhöhten Temperaturen, die mögliche Wärmebeanspruchung und die positiven Effekte aktiver Brandschutzmaßnahmen einschließlich der mit diesen drei Aspekten zusammenhängenden Unsicherheiten sowie die Bedeutung des Tragwerks (Folgen des Versagens) berücksichtigen. Bei einer Brandschutzbemessung nach EN 1996-1-2 ist auch der Eurocode 1, EN 1991-1-2, erforderlich, z.B. für die Bestimmung von Temperaturfeldern in Bauteilen, oder wenn allgemeine Rechenverfahren verwendet werden bzw. für die Analyse des Bauteilverhaltens.

Der EC 6 enthält weiterhin alternative Methoden bzw. Werte und Empfehlungen für Klassifizierungen. Anmerkungen unter den betreffenden Abschnitten weisen darauf hin, wo nationale Parameter festgelegt werden können. Das nationale Anwendungsdokument (NAD), welches mit der die EN 1996-1-2 zusammen bauaufsichtlich eingeführt wird, enthält alle national zu bestimmenden Parameter für die Bemessung von Mauerwerks- und Ingenieurbauten. Die Auswahl nationaler Parameter ist in der EN 1996-1-2 in den folgenden Abschnitten vorgesehen:

2.2 (2)	Einwirkungen;
2.3 (2)	Bemessungswerte der Materialeigenschaften;
2.4.2 (3)	Bauteilbemessung;
3.3.3.1 (1)	Temperaturabhängige Dehnung;
3.3.3.2 (1)	Spezifische Wärmekapazität;
3.3.3.3	Wärmeleitfähigkeit;
4.5(3)	Globaler Sicherheitsbeiwert γ_{Glo};
Anhang B	Tabellenwerte des Feuerwiderstands von Mauerwerkswänden;
Anhang C	Wert der Konstanten c.

18.2 Bestimmung der Feuerwiderstandsdauer von Mauerwerkswänden anhand von Tabellenwerten

Die erforderliche Dicke einer Mauerwerkswand t_F, für eine Feuerwiderstandsdauer $t_{fi,d}$, kann den Tabellen B.1, B.2, B.3, B.4, B.5 und B.6 nach [1] für die entsprechenden Wände und Belastungen entnommen werden (siehe Tabelle 18.2.1 bis 18.2.6). Die Tabellen gelten nur für Wände nach EN 1996-1-1, EN 1996-2 und EN 1996-3, und die entsprechende Wandart und -funktion (z.B. nichttragend). In den Tabellen wird die erforderliche Wanddicke ohne zusätzliche Bekleidungen angegeben. Die erste Zeile eines Zeilenpaares gibt die erforderliche Wanddicke für Wände ohne einen geeigneten Putz, z. B. Gipsputzmörtel nach EN 13 279-1 oder Leichtputze LW oder nach EN 998-1, an. Werte in Klammern () in der zweiten Zeile eines Zeilenpaares gelten für Wände mit einem Putz mit einer Mindestdicke von 10 mm auf beiden Seiten einer einschaligen Wand bzw. auf der Außenseite einer zweischaligen Wand.

Die Tabellenwerte für unverputztes Mauerwerk dürfen für Mauerwerk aus Steinen mit hoher Maßgenauigkeit und glatten, unvermörtelten Stoßfugen mit mehr als 2 mm aber weniger als 5 mm Breite nur verwendet werden, wenn auf mindestens einer Seite der Wand ein Putz mit einer Dicke von mindestens 1 mm aufgebracht ist. Für Wände mit unvermörtelten Stoßfugen von höchstens 2 mm Breite ist kein Putz erforderlich, um die Tabellenwerte für unverputztes Mauerwerk anwenden zu dürfen. Für Mauerwerk mit unvermörtelten Stoßfugen aus Steinen mit Nuten und Federn in der Stoßfläche dürfen für Stoßfugenbreiten bis 5 mm die Tabellenwerte für unverputztes Mauerwerk verwendet werden.

Tabelle 18.2.1: Mindestdicke nichttragender raumabschließender Wände (Kriterien EI) zur Einstufung in Feuerwiderstandsklassen (B.1)

Baustoffe	Mindestwanddicke (mm) t_F zur Einstufung in die Feuerwiderstandsklasse EI in (Minuten) $t_{fi,d}$									
	15	20	30	45	60	90	120	180	240	360
Steinart, Mörtelart, Steingruppe, inklusive Querstegsummendicke falls erforderlich, und Trockenrohdichte	Wanddicke t_F									

Tabelle 18.2.2: Mindestdicke tragender raumabschließender einschaliger Wände (Kriterien REI) zur Einstufung in Feuerwiderstandsklassen (B.2)

Baustoffe Ausnutzungsfaktor	Mindestwanddicke (mm) t_F zur Einstufung in die Feuerwiderstandsklasse REI in (Minuten) $t_{fi,d}$									
	15	20	30	45	60	90	120	180	240	360
Steinart, Mörtelart, Steingruppe, Trockenrohdichte, Ausnutzungsfaktor $\alpha \leq 1,0$ und $\alpha \leq 0,6$	Wanddicke t_F									

Tabelle 18.2.3: Mindestdicke tragender nichtraumabschließender einschaliger Wände, Länge $\geq 1,0$ m (Kriterien R) zur Einstufung in Feuerwiderstandsklassen (B.3)

Baustoffe Ausnutzungsfaktor	Mindestwanddicke (mm) t_F zur Einstufung in die Feuerwiderstandsklasse R in (Minuten) $t_{fi,d}$									
	15	20	30	45	60	90	120	180	240	360
Steinart, Mörtelart, Steingruppe, Trockenrohdichte, Ausnutzungsfaktor α 1,0 und $\alpha \leq 0,6$	Wanddicke t_F									

Tabelle 18.2.4: Mindestlänge tragender nichtraumabschließender einschaliger Wände, Länge $< 1,0$ m (Kriterien R) zur Einstufung in Feuerwiderstandsklassen (B.4)

Baustoffe Ausnutzungsfaktor	Mindestwanddicke mm	Mindestwandlänge (mm) t_F zur Einstufung in die Feuerwiderstandsklasse R in (Minuten) $t_{fi,d}$									
		15	20	30	45	60	90	120	180	240	360
Steinart, Mörtelart, Steingruppe, Trockenrohdichte, Ausnutzungsfaktor $\alpha \leq 1,0$ und $\alpha \leq 0,6$	t_F	Wanddicke t_F									

Tabelle 18.2.5: *Mindestdicke tragender und nichttragender einschaliger und zweischaliger Brandwände (Kriterien REI-M und EI-M) zur Einstufung in Feuerwiderstandsklassen (B.5)*

Baustoffe Ausnutzungsfaktor	Mindestwanddicke (mm) t_F zur Einstufung in die Feuerwiderstandsklasse REI-M in (Minuten) $t_{fi,d}$									
	15	20	30	45	60	90	120	180	240	360
Steinart, Mörtelart, Steingruppe, Trockenrohdichte, Ausnutzungsfaktor $\alpha \leq$ 1,0 und $\alpha \leq 0,6$	Wanddicke t_F									

Tabelle 18.2.6: *Mindestdicke raumabschließender zweischaliger Wände mit einer tragenden Wand (Kriterien REI) zur Einstufung in Feuerwiderstandsklassen (B.6)*

Baustoffe Ausnutzungsfaktor	Mindestwanddicke (mm) t_F zur Einstufung in die Feuerwiderstandsklasse REI in (Minuten) $t_{fi,d}$									
	15	20	30	45	60	90	120	180	240	360
Steinart, Mörtelart, Steingruppe, Trockenrohdichte, Ausnutzungsfaktor $\alpha \leq$ 1,0 und $\alpha \leq 0,6$	Wanddicke t_F									

Die Feuerwiderstandsdauern von 15 bis 360 Minuten in den Tabellen 18.2.1 bis 18.2.6 decken die ganze Bandbreite der Entscheidung der Kommission vom 3. Mai 2000 ab, die im Amtsblatt L133/26 vom 6.6.2000 veröffentlicht wurde. Der Mitgliedstaat kann entscheiden, wie viele der Feuerwiderstandsdauern in den gezeigten Tabellen sowie welche Materialkombinationen und Belastungsbedingungen im nationalen Anhang angegeben werden. Wände mit Lagerfugenbewehrung nach EN 845-3 sind durch diese Tabellen abgedeckt. Die Einstufungen für Wände in den Tabellen für nichttragendes Mauerwerk, d.h. Klassifizierung EI oder EI-M, gelten nur für Wände mit einem Höhe/Dicke-Verhältnis ≤ 40.

Der Nationale Anhang zum Eurocode 6 – das NAD war zum Zeitpunkt der Drucklegung noch nicht veröffentlicht – enthält unter Bezug auf die oben stehenden Tabellen vereinbarte Werte für t_F oder l_F in mm, für die Verwendung im jeweiligen Mitgliedstaat. Die Materialeigenschaften, d.h. Mauersteinart und -gruppe, Mörtelart und Trockenrohdichte zusammen mit der Art der Belastung, d.h. tragend oder nichttragend, sollen für die gewählten Feuerwiderstandsdauern, z.B. 30, 60, 90, 120, 240 Minuten, tabelliert werden. Für tragende Wände muss der Ausnutzungsfaktor angegeben werden. Empfohlene Werte für t_F oder l_F für die üblicherweise verwendeten Steinarten, Steingruppen, Rohdichten, Mörtelarten und Ausnutzungsfaktoren sind in den nachfolgenden Tabellen 18.2.7 bis 18.2.11 angegeben. In den Tabellen wird die Wanddicke für Brandwände für einschalige Wände angegeben. Wenn in den Tabellen zwei durch einen Schrägstrich getrennte Wanddicken (z.B. 90/100) angegeben werden, ist dies ein

Wertebereich, d.h. die empfohlene Wanddicke beträgt 90 bis 100 mm. Im EC 6 sind folgende Tabellenwerte angegeben:

N.B.1.1–N.B.1.6 Ziegelmauerwerk
N.B.2.1–N.B.2.6 Kalksandstein-Mauerwerk
N.B.3.1–N.B.3.6 Betonstein-Mauerwerk (Steine mit dichten und porigen Zuschlägen)
N.B.4.1–N.B.4.6 Porenbeton-Mauerwerk
N.B.5.1–N.B.5.2 Betonwerksteinmauerwerk

Von den o. g. Tabellenwerten sind in den folgenden Tabellen 18.2.7 bis 18.2.11 nur die jeweiligen Tabellenwerte für N.B.1.1 bis N.B.5.1 beispielhaft angegeben.

a) N.B.1 Ziegelmauerwerk: Mauerziegel nach EN 771-1

Tabelle 18.2.7: Ziegelmauerwerk – Mindestdicke nichttragender raumabschließender Wände (Kriterien EI) zur Einstufung in Feuerwiderstandsklassen

Zeilen Nr.	Materialeigenschaften Trockenrohdichte ρ [kg/m³]	Mindestwanddicke (mm) t_F zur Einstufung in die Feuerwiderstandsklasse EI in (Minuten) $t_{fi,d}$						
		30	45	60	90	120	180	240
1		Gruppe 1S, 1, 2, 3 und 4						
1.1		Normalmörtel, Dünnbettmörtel, Leichtmörtel						
		$500 \leq \rho \leq 2400$						
1.1.1		60/100	90/100	90/100	100/140	100/170	160/190	190/210
1.1.2		(50/70)	(50/70)	(60/70)	(70/100)	(90/140)	(110/140)	(170)

b) N.B.5 Betonwerksteinmauerwerk: Betonwerksteine nach EN 771-5

Tabelle 18.2.8: Betonwerksteinmauerwerk – Mindestdicke nichttragender raumabschließender Wände (Kriterien EI) zur Einstufung in Feuerwiderstandsklassen

Zeilen Nr.	Materialeigenschaften: Steindruckfestigkeit f_b [N/mm²] Trockenrohdichte ρ [kg/m³]	Mindestwanddicke (mm) t_F zur Einstufung in die Feuerwiderstandsklasse EI in (Minuten) $t_{fi,d}$					
		30	60	90	120	180	240
1		Gruppe 1					
1.1		Normalmörtel, Dünnbettmörtel, Leichtmörtel					
		$1200 \leq \rho \leq 2200$					
1.1.1		50	70/90	90	90/100	100	100/170
1.1.2		(50)	(50/70)	(70)	(70/90)	(90/100)	(100/140)

c) N.B.4 Porenbeton-Mauerwerk: Porenbetonsteine nach EN 771-4

Tabelle 18.2.9: Porenbeton-Mauerwerk – Mindestdicke nichttragender raumabschließender Wände (Kriterien EI) zur Einstufung in Feuerwiderstandsklassen

Zeilen Nr.	Materialeigenschaften: Steindruckfestigkeit f_b [N/mm²]	Mindestwanddicke (mm) t_F zur Einstufung in die Feuerwiderstandsklasse EI in (Minuten) $t_{fi,d}$						
	Trockenrohdichte ρ [kg/m³]	30	45	60	90	120	180	240
1		Gruppe 1 und 1S						
1.1		Normalmörtel, Dünnbettmörtel						
1.1.1	$350 \leq \rho \leq 500$	50/70	60/65	60/75	60/100	70/100	90/150	100 / 190
1.1.2		(50)	(60/65)	(60/75)	(60/70)	(70/90)	(90/115)	(100/190)
1.1.3	$500 \leq \rho \leq 1\,000$	50/70	60	60	60/100	60 / 100	90/150	100 / 190
1.1.4		(50)	(50/60)	(50/60)	(50 / 60)	(60 / 90)	(90/100)	(100/190)

d) N.B.3 Betonstein-Mauerwerk (aus Steinen mit dichten und porigen Zuschlägen): Mauersteine aus Beton (mit dichten und porigen Zuschlägen) nach EN 771-3

Tabelle 18.2.10: Betonstein-Mauerwerk (aus Steinen mit dichten und porigen Zuschlägen) – Mindestdicke nichttragender raumabschließender Wände (Kriterien EI) zur Einstufung in Feuerwiderstandsklassen

Zeilen Nr.	Materialeigenschaften: Steindruckfestigkeit f_b [N/mm²]	Mindestwanddicke (mm) t_F zur Einstufung in die Feuerwiderstandsklasse EI in (Minuten) $t_{fi,d}$						
	Trockenrohdichte ρ [kg/m³]	30	45	60	90	120	180	240
1		Gruppe 1						
		Normalmörtel, Dünnbettmörtel, Leichtmörtel						
1.1		Leichtbetonsteine $2 \leq f_b \leq 15$ $400 \leq \rho \leq 1600$						
1.1.1		50	70	70/90	70/140	70/140	90/140	100/190
1.1.2		(50)	(50)	(50/70)	(60/70)	(70/140)	(70/140)	(70/170)
1.2		Betonsteine $6 \leq f_b \leq 35$ $600 \leq \rho \leq 2400$						
1.2.1		50	70	70/90	90/140	90/140	100/190	100/190
1.2.2		(50)	(50)	(50/70)	(70)	(70/90)	(90/100)	(100/170)

e) N.B.2 Kalksandstein-Mauerwerk: Kalksandsteine nach EN 771-2

Tabelle 18.2.11: Kalksandstein-Mauerwerk – Mindestdicke nichttragender raumabschließender Wände (Kriterien EI) zur Einstufung in Feuerwiderstandsklassen

Zeilen Nr.	Materialeigenschaften: Trockenrohdichte ρ [kg/m³]	Mindestwanddicke (mm) t_F zur Einstufung in die Feuerwiderstandsklasse EI in (Minuten) $t_{fi,d}$						
		30	45	60	90	120	180	240
1		Gruppe 1S, 1, 2 und 3						
1.1		Normalmörtel						
		$600 \leq \rho \leq 2400$						
1.1.1 1.1.2		70 (50)	70/90 (70)	70/90 (70)	100 (90)	100/140 (90/140)	140/170 (140)	140/200 (170)
1.2		Dünnbettmörtel						
		$600 \leq \rho \leq 2400$						
1.2.1 1.2.2		70 (50)	70/90 (70)	70/90 (70)	100 (90)	100/140 (90/140)	140/170 (140)	140/200 (170)

18.3 Berechnungsmethoden nach EN 1996-1-2

18.3.1 Anwendungsbereich

Der Feuerwiderstand von Mauerwerkswänden kann rechnerisch nachgewiesen werden, wenn die relevanten Versagensfälle bei Brandbeanspruchung, die temperaturabhängigen Materialeigenschaften, die Schlankheit und die Effekte wie thermische Dehnungen und Verformungen berücksichtigt werden. Nach EC 6, Anhang C und D, stehen derzeit zwei Berechnungsverfahren für Wände zur Verfügung:

— Anhang C (derzeit noch informativ) enthält ein vereinfachtes Berechnungsverfahren für Wände.
— Anhang D (derzeit noch informativ) enthält ein genaueres Berechnungsverfahren für Wände.

18.3.2 Vereinfachte Bemessungsverfahren – Zonenmethode

Im vereinfachten Rechenverfahren wird die Tragfähigkeit eines Restquerschnitts des Mauerwerks nach einer definierten Branddauer unter Verwendung der Lasten bei Raumtemperatur bestimmt. Im vereinfachten Rechenverfahren werden die Bauteilquerschnitte in drei Bereiche unterteilt. Auf der Feuerseite gibt es einen zeitabhängigen nichttragenden Bereich, dahinter gibt es einen tragenden Bereich mit temperaturabhängiger Festigkeit und danach folgt ein tragender Bereich mit unveränderter Festigkeit. Die Bestimmung des Temperaturprofils des Querschnitts, des nichttragenden Bereichs und des Restquerschnitts und die Berechnung der Tragfähigkeit im Bruchzustand mit dem Restquerschnitt sind im EC 6 angegeben bzw. beschrieben (s. Bild 18.3.1). Danach folgt ein Vergleich der berechneten Tragfähigkeit mit den Einwirkungen aus der relevanten Lastkombination nach EN 1991-1-2. Im Grenzzustand der

Brandbeanspruchung muss der Bemessungswert der Vertikallast auf einer Wand bzw. einem Pfeiler kleiner oder gleich dem Bemessungswiderstand der Wand/des Pfeilers sein, so dass die folgende Gleichung eingehalten ist:

$N_{Ed} \leq N_{Rd,fi,Ti}$ Gl. (18.3.1)

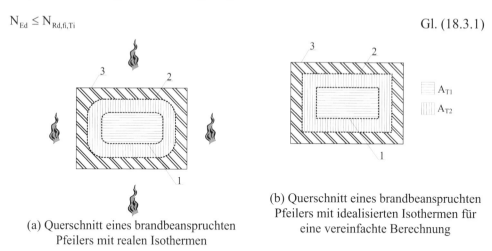

(a) Querschnitt eines brandbeanspruchten Pfeilers mit realen Isothermen

(b) Querschnitt eines brandbeanspruchten Pfeilers mit idealisierten Isothermen für eine vereinfachte Berechnung

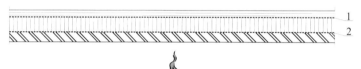

(c) raumabschließender Querschnitt

1 volltragender Bereich
2 Übergangsbereich
   nicht tragender Bereich

Legende:
3   Grenzen des ursprünglichen Querschnitts
2   Isotherme für $T = T_2$ in °C
1   Isotherme für $T \leq T_1$ in °C

Bild 18.3.1:   Erläuterung zu den Mauerwerksquerschnitten mit hohen Temperaturen bis zur Grenze T_2 (nichttragender Bereich), zwischen T_2 und T_1 (tragender Bereich), sowie dem volltragenden Bereiche $T < T_1$ nach EC 6

Der Bemessungswert der vertikalen Tragfähigkeit einer Wand (eines Pfeilers) wird aus der Gleichung

$N_{Rd,fi,T_2} = \Phi \cdot (f_{dT_1} A_{T_1} + f_{dT_2} A_{T_2})$ Gl. (18.3.2)

ermittelt, mit:

A   Gesamtquerschnitt des Mauerwerks
A_{T1} Mauerwerksquerschnitt bis zur Isotherme T_1
A_{T2} Mauerwerksquerschnitt zwischen den Isothermen T_1 und T_2

T_1	Temperatur, bis zu der die Festigkeitseigenschaften von Mauerwerk von Normaltemperatur angenommen werden dürfen
T_2	Temperatur, oberhalb derer keine Materialfestigkeit angesetzt werden darf
N_{Ed}	Bemessungswert der Vertikallast
$N_{Rd,fi,T2}$	Bemessungswert des Widerstands im Brandfall
f_{dT1}	Bemessungs-Druckfestigkeit von Mauerwerk bis zur Temperatur T_1
f_{dT2}	Bemessungs-Druckfestigkeit von Mauerwerk zwischen T_1 und T_2 °C, dargestellt als $cf_{d\,T1}$
c	Konstante, die aus Spannungs-Dehnungslinien aus Druckversuchen bei erhöhten Temperaturen ermittelt werden kann (mit Indizes)
Φ	Abminderungsbeiwert zur Berücksichtigung der Schlankheit und Lastausmitte in Wandmitte nach EN 1991-1-1, Abschnitt 6.1.2.2, unter Berücksichtigung der zusätzlichen Exzentrizität $e_{\Delta T}$
$e_{\Delta T}$	Exzentrizität aus dem Temperaturprofil im Mauerwerk

Die Temperaturverteilung in einem Bauteilquerschnitt und die Temperatur T_2, oberhalb derer der Querschnitt keine rechnerische Tragfähigkeit mehr aufweist, ist in Abhängigkeit von der Dauer der Brandbeanspruchung zu berechnen oder sollte aus Prüfungen bzw. aus Datensammlungen ermittelt werden. Falls solche Ergebnisse nicht vorliegen, können die in den Bildern 18.3.2 und 18.3.3 beispielhaft für Ziegelmauerwerk und Porenbeton angegebenen Werte verwendet werden. Für Mauerwerk generell können diese Daten auch der prEN 12602 entnommen werden.

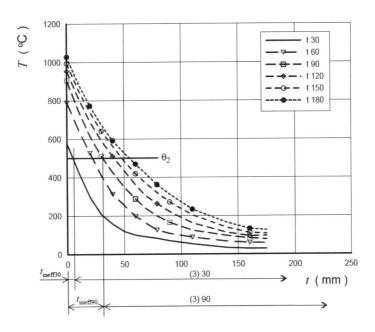

Bild 18.3.2:   *Ziegelmauerwerk, Trockenrohdichte 1000 kg/m³ bis 2000 kg/m³*

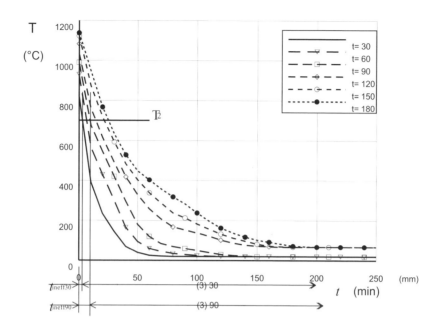

Bild 18.3.3: Mauerwerk aus Porenbetonsteinen für die Trockenrohdichte 600 kg/m³ in Abhängigkeit von der Normbranddauer

Erläuterungen zu den Bildern 18.3.2 und 18.3.3:

$t_{ineff\,30}$ zerstörte Schichtdicke, die nach 30 Minuten keine Tragfähigkeit mehr aufweist

$t_{ineff\,90}$ zerstörte Schichtdicke, die nach 90 Minuten keine Tragfähigkeit mehr aufweist

T_2 Temperatur oberhalb der keine Tragfähigkeit des Porenbetonmauerwerks mehr angesetzt werden darf (Tiefe des zerstörten Querschnittes)

$T < T_2$ tragender Restquerschnitt mit temperaturabhängiger Tragfähigkeit

$T < T_1$ tragender Restquerschnitt mit voller Tragfähigkeit

Das Bild 18.3.2 zeigt, dass im EC 6 angenommen wird, dass ein Mauerziegel die Festigkeit null besitzt, sodass nach 90 min Normbrand ca. 3 cm vom Ziegel zerstört (Festigkeit = 0) sind. Diese Annahme kann nach vorliegenden Erfahrungen nicht generell bestätigt werden. Für Porenbeton wird nach Bild 18.3.3 nach 90 min Normbranddauer eine ca. 10 mm dicke Schicht mit T > 700 °C als zerstört angenommen. Auch dieser Wert ist nicht allgemein nachgewiesen (vergl. Abschnitt 8.7).

Sofern die Pfeiler oder das Mauerwerk bewehrt sind, sind bei der Ermittlung der „heißen" Tragfähigkeit die Bewehrungsquerschnitte und -temperaturen bei der Tragfähigkeitsanalyse (mit temperaturabhängigen Materialkennwerten) entsprechend der Geometrie und dem statischen System zu berücksichtigen (s. prEN 12602:2007/01 und Abschnitt 8.7).

Die Exzentrizität infolge Brandbeanspruchung $e_{\Delta T}$, zur Verwendung in diesem vereinfachten Rechenverfahren, kann aus Prüfungen oder aus Gl. (18.3.3) oder Gl. (18.3.4) bestimmt werden.

$$e_{\Delta T} = \tfrac{1}{8} h_{ef}^2 \frac{\alpha_t (T_2 - 20)}{t_{Fr}} = h_{ef}/2 \qquad \text{Gl. (18.3.3)}$$

$e_{\Delta T} = 0$ für allseitige Brandbeanspruchung Gl. (18.3.4)

h_{ef} effektive Wandhöhe
α_t Wärmedehnungskoeffizient von Porenbetonmauerwerk nach Abschnitt 3.7.4 in EN 1996-1-1
20 angenommene Temperatur auf der feuerabgewandten Seite in °C
t_{Fr} Dicke des Querschnitts, dessen Temperatur T_2 nicht überschreitet (s. Bild 18.3.4)

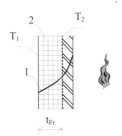

Legende:

1 Temperaturverteilung nach Bild 17.3.2 oder 17.3.3

2 Restquerschnittsfläche mit angenommener Tragfähigkeit ($A_{T1} + A_{T2}$)

Bild 18.3.4: Vertikaler Schnitt durch eine Porenbetonwand

Das Bild 18.3.4 zeigt die zugehörigen Parameter, welche gemäß Gl. (18.3.3) benötigt werden. Der Faktor c, welcher die Dicke des zerstörten Bereichs mit einer rechnerischen Festigkeit $f_{cd,T} = 0$ beschreibt und mit den Temperaturen T_2 und T_1 verknüpft ist, wurde für alle Steinarten gemäß EC 6, Tabelle 4.13 angegeben. Die Tabelle 17.3.1 zeigt, dass das Mauwerk von allen Steinarten am günstigsten bewertet ist. Tatsächlich zeigt Mauerwerk aus Porenbeton bis 400 °C praktisch eine Festigkeitszunahme und bis 700 °C keine Festigkeitsverluste (vgl. Abschnitt 8.7), d.h. in der Praxis liegen die EC 6-Werte für Mauerwerk sehr weit auf der sicheren Seite. Die Werte von T_1 sind für alle Mauerwerksarten sehr gering angenommen.

Tabelle 18.3.1: *Werte der Konstanten c, sowie der Temperaturen T_1 und T_2 für verschiedene Mauerwerksarten nach Eurocode 6 [1]*

Mauersteine und Mörtel (unverputzte Wandoberfläche)	Werte der Konstanten c	Temperatur °C T_2	Temperatur °C T_1
Mauerziegel mit Normalmörtel	c_{cl}	600	100
Kalksandsteine mit Dünnbettmörtel	c_{cs}	500	100
Leichtbetonsteine (Bimszuschlag) mit Normalmörtel	c_{la}	400	100
Betonsteine mit Normalmörtel	c_{da}	500	100
Porenbetonsteine mit Dünnbettmörtel	c_{aac}	700	200

Die Isothermen c_{T1} geben die Grenzbereiche der Restquerschnittsflächen zwischen 20 °C und T_1 an, in denen die Festigkeiten jeweils den charakteristischen Festigkeiten der jeweiligen Steinarten bis 20 °C entsprechen. Aufgrund des besonders guten Temperaturverhaltens von Porenbeton wurde T_1 auf 200 °C festgelegt, wohingegen für alle anderen Steinarten T_1 = 100 °C gilt. Generell sind die Festlegungen von T_1 und T_2 im EC 6 je nach Steinart als zu niedrig anzusehen und sollten für T_1 z. B. auf das 2,5-Fache erhöht werden.

18.3.3 Fortgeschrittene Bemessungsverfahren

Genauere Berechnungsverfahren müssen gemäß dem informativen Anhang D des EC 6, basierend auf grundsätzlichen physikalisch-mechanischen Zusammenhängen, das Verhalten von Bauteilen im Brandfall zuverlässig beschreiben. Genauere Berechnungsverfahren sollen Modelle für die Ermittlung

– der Temperaturentwicklung und -verteilung in einem Bauteil (thermisches Berechnungsmodell) sowie
– des mechanischen Verhaltens des Tragwerks oder seiner Bestandteile (mechanisches Berechnungsmodell)

enthalten. Sie sollten in Verbindung mit jeder Aufheizkurve verwendet werden können, wenn die Materialeigenschaften in dem entsprechenden Temperaturbereich und für die entsprechende Aufheizrate bekannt sind. Bei Berechnungen unter Einbeziehung der Abkühlung des Tragwerkes sind besondere (irreversible) Materialgesetze erforderlich, welche in allen Eurocodes nicht enthalten sind.

Genauere Berechnungsverfahren sollten auf den anerkannten Prinzipien und Annahmen der Theorie der Wärmeübertragung basieren. Das thermische Berechnungsmodell sollte die maßgebenden thermischen Einwirkungen nach 1991-1-2 und temperaturabhängigen thermischen Materialeigenschaften (vergl. Abschnitt 8.7) berücksichtigen. Für die Strahlungseigenschaften des Feuers wird konservativ ε_{fl} = 1,0 empfohlen. Die Strahlung von Mauerwerksoberflächen wird mit ε_m = 0,7 angegeben. Der Einfluss des Feuchtegehalts auf die Temperaturentwicklung darf unter Berücksichtigung eines modifizierten c_p-Wertes berechnet werden. Die Effekte einer ungleichmäßigen Brandbeanspruchung und einer Wärmeableitung zu benachbarten Bauteilen dürfen berücksichtigt werden.

Die Berechnungsverfahren sollen auf den anerkannten Prinzipien und Annahmen der Baustatik unter Berücksichtigung der temperaturabhängigen Veränderung der Materialeigenschaften basieren. Die Effekte thermischer Dehnungen und Spannungen aus Temperaturanstieg und/oder Temperaturunterschieden sollten berücksichtigt werden. Die im Berechnungsverfahren implizierte Verformung im Grenzzustand der Tragfähigkeit sollte begrenzt werden, um die Verträglichkeit zwischen allen Tragwerksteilen sicherzustellen. Falls erforderlich sollte das Modell geometrische nicht-lineare Effekte berücksichtigen. Beim Nachweis einzelner Bauteile oder Bauteilgruppen sollten die Lagerungsbedingungen geprüft und definiert werden, um eine ausreichende Aussteifung der Bauteile sicherzustellen. Es sollte nachgewiesen werden, dass allgemein gilt:

$$E_{fi,d}(t) \leq R_{fi,t,d} \qquad \text{Gl. (18.3.5)}$$

$E_{fi,d}$ Bemessungswert der Einwirkungen im Brandfall, ermittelt nach EN 1991-1-2, einschließlich der Effekte aus thermischer Dehnung und Verformung
$R_{fi,t,d}$ der zugehörige Bemessungswiderstand im Brandfall
t die für die Bemessung angenommene Branddauer in Minuten

Bei der Tragwerksbemessung sollten die Versagensmechanismen im Brandfall, temperaturabhängige Materialeigenschaften einschließlich Steifigkeit sowie die Effekte aus thermischer Dehnung und Verformung (indirekte Brandwirkungen) berücksichtigt werden. Im informativen Anhang D des EC 6 sind temperaturabhängige Materialeigenschaften angegeben, welche allerdings weder hinsichtlich ihres Umfangs noch ihrer allgemeinen Anwendbarkeit hinreichend nachgewiesen sind und weitere Forschungsaktivitäten unabdingbar machen [3].

Als Beispiele für die Temperaturabhängigkeit von thermischen Stoffwerten sind auf Bild 18.3.5 die Materialeigenschaften von Ziegelsteinen gemäß dem informativen Anhang D des EC 6 angegeben. Die Abbildung zeigt die Werte $\lambda(T)$, $\rho(T)$ und $c(T)$ jeweils als Vielfaches des Ausgangswertes bei 20 °C, welcher bei 20 °C willkürlich mit 1,0 eingesetzt ist. Es ist zu erwarten, dass diesbezüglich je nach Steinsorte noch wesentliche Verbesserungen, Erweiterungen und Anpassungen an neue Brandversuche erforderlich sind.

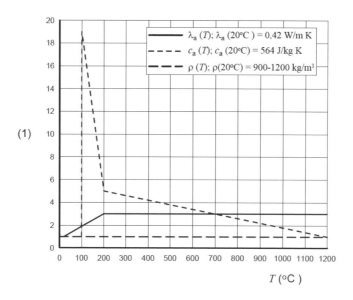

Bild 18.3.5: Bemessungswerte temperaturabhängiger Materialeigenschaften von Mauerziegeln mit einer Trockenrohdichte von 900 kg/m³ bis 1200 kg/m³

Das Bild 18.3.6 zeigt die Spannungs-Dehnungslinie von Mauerziegel (Gruppe 1) in Abhängigkeit von der Prüftemperatur. Auch hierfür gilt generell das oben Gesagte. Für Porenbetonsteine sind im Abschnitt 8.7 neuere allgemeine Materialeigenschaften beschrieben, welche nicht im EC 6 angegeben sind, aber auf einer Vielzahl von abgesicherten Einzelversuchen beruhen.

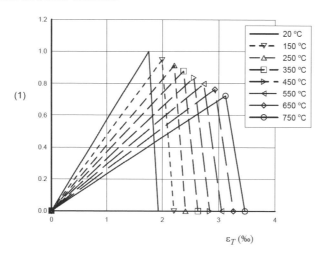

Bild 18.3.6: Bemessungswerte der temperaturabhängigen Spannungs-Dehnungslinien von Mauerziegeln (Gruppe 1) mit einer Steindruckfestigkeit von 12 N/mm² bis 20 N/mm² und einer Trockenrohdichte von 900 kg/m³ bis 1200 kg/m³ nach [1]

18.4 Literatur zum Kapitel 18

[1] DIN EN 1996-1-2:2006-05; Eurocode 6: Bemessung und Konstruktion von Mauerwerksbauten Teil 1-2: Allgemeine Regeln – Tragwerksbemessung für den Brandfall. Beuth Verlag GmbH, Berlin, Okt. 2006

[2] Hahn, C.; Hosser, D.; Richter, E.: Entwicklung eines rechnerischen Nachweisverfahrens für das Brandverhalten von Mauerwerk. IBMB Forschungsbericht Nr. 9104/6713, MPA Braunschweig, Juni 1996

19 Stichwortverzeichnis

A

Abbrandfaktor 165, 168, 174
Abbrandgeschwindigkeit 262, 263, 265
Abschottung 395
Anschlüsse 315
Äquivalenten Branddauer 165
Aufzüge 39, 64
Ausgänge 62
Außenwandbauteile 361, 362
Außenwände 58

B

Bauproduktenrichtlinie 11, 54, 67, 70, 73, 80, 81, 86, 87, 88, 89, 90, 280
Bauregelliste 54, 77, 78, 79, 80, 81, 83, 84, 87, 90, 102, 293
Baustahl 241, 253, 256
Baustoffe 52, 56, 69, 72, 75, 105, 107, 108, 112, 113, 114, 196, 198, 200, 208, 278, 280, 281, 293, 347, 348, 393, 394, 408, 427
Baustoffklassifizierung 85, 105, 110
Bauteile 56, 113, 152, 276, 280, 347
Bauteilklassifizierung 100
Bauteiltemperaturen 234
Bedachung 109, 389, 390
Bedachungen 61, 96, 109, 112, 115, 123, 200, 303, 348, 388, 389, 390, 391, 392, 394
Bemessungsgrundlagen 432
Berechnungsmethoden 453
Beton 211, 218, 225, 227, 233, 307
Betonstahl 241, 243, 250, 251
Brandabschnitte 37, 395, 397, 405
Brandbekämpfungsabschnitte 181, 183, 187, 192
Brandbelastung 38, 172
Brandchemie 128
Brandentstehung 66, 93, 94, 125, 126, 146, 147, 196, 284
Brandmeldekonzept 40
Brandmodelle 151
Brandphysik 128
Brandrisiko 16, 19, 22, 191
Brandschutz 11, 12, 13, 14, 19, 22, 23, 25, 26, 28, 29, 30, 32, 33, 34, 35, 37, 40, 44, 45, 46, 47, 49, 52, 53, 68, 69, 70, 75, 76, 81, 88, 89, 91, 92, 93, 94, 95, 96, 97, 98, 119, 120, 121, 123, 149, 151, 152, 156, 157, 158, 159, 160, 161, 165, 166, 173, 194, 195, 208, 209, 268, 277, 278, 279, 280, 292, 298, 321, 347, 348, 349, 350, 365, 372, 393, 394, 395, 399, 408, 426, 427, 428, 429, 443, 459, 461, 478, 492, 509
Brandschutzanforderungen 47
Brandschutzbekleidung 320, 327
Brandschutzbemessung 118
Brandschutzklappen 38, 104, 117, 118, 183, 184, 350, 351, 352, 370, 371, 373, 392, 405
Brandschutzkonzept 30, 32, 36, 42
Brandschutzmaßnahmen 13
Brandschutzplanung 22, 25, 27, 37

Brandschutzprüfung 112
Brandschutzverglasungen 101, 113, 175, 350, 379, 380, 381, 382, 393
Brandsicherheitsklasse 183
Brandsimulation 160
Brandursachen 11, 15, 16
Brandverhalten 52, 56, 69, 72, 75, 105, 107, 108, 112, 113, 114, 152, 196, 198, 200, 208, 276, 278, 280, 281, 293, 347, 348, 350, 393, 394, 408, 427
Brandverlauf 145
Brandversuche 289
Brandwände 26, 58, 59, 60, 96, 113, 170, 281, 282, 294, 297, 317, 318, 347, 350, 351, 352, 353, 354, 355, 356, 357, 359, 372, 373, 374, 377, 393, 395, 396, 397, 398, 400, 401, 402, 403, 404, 405, 408, 520
Brennbarkeit 197, 201
Brennbarkeitsklassen 203
Brüstungen 58

C

CFD-Modelle 450

D

Dächer 61
Dämmschichtbildner 331
Decken 61
DIN 18 230-1 160
DIN EN 1363 288
Dokumentation 35, 41

E

Einwirkungen (charakteristische) 435
Einwirkungen (thermische) 441
Entrauchungskonzept 39
Eurocode 428
Eurocode 2 461
Eurocode 3 479
Eurocode 4 494
Eurocode 5 510
Eurocode 6 517
Evakuierung 41, 45

F

Fenster 64
Feuer 395
Feuerplumes 138
Feuerschutzabschlüsse 37, 38, 96, 97, 101, 102, 103, 113, 114, 116, 117, 178, 183, 184, 295, 299, 350, 364, 365, 366, 394, 396, 408
Feuerschutztüren 365
Feuerungsanlagen 66
Feuerwiderstand 284
Feuerwiderstandsdauer 170
Feuerwiderstandsfähigkeit 85, 280
Feuerwiderstandsklasse 71, 75, 77, 85, 100, 101, 191, 192, 237, 280, 281, 285, 287, 292, 297, 299, 307,

308, 315, 321, 322, 323, 327, 328, 333, 334, 340, 350, 361, 362, 370, 372, 375, 376, 381, 385, 519, 520, 521, 522, 523
Feuerwiderstandsklassen 191
Flammenausbreitung 141
Flammenbildung 138
Flure 63
Funktionserhalt 384

G

Gänge 63
Gefahrenabwehr 42, 45
Grundlagendokument – Brandschutz 91

H

Holz 259, 262, 263, 265, 266
Holzbauteile 333, 334, 336, 341, 510

I

Industriebau 160, 192
Installationskanäle 66
Installationsschächte 52, 66, 114, 183, 184, 386, 387, 394

K

Kabelabschottungen 101, 114, 183, 184, 375, 376, 377, 378, 393
Klassifizierung 293
Kommunikation 39
Komplextrennwände 405
Konstruktionsbaustoffe 210

L

Lastannahmen 435
Leitungsanlagen 66
Löschanlagenkonzept 40
Löschwasserkonzept 40
Lüftungsanlagen 66
Lüftungsleitungen 372

M

Mauerwerk 268, 299, 308, 517
MBO 2002 49, 54, 56
Mehrraum-Zonenmodelle 161
Mindestverbrennungstemperatur 126

N

Nachweisverfahren 428
Normbranddauer (Äquivalente) 442

P

Personenrettung 409
Porenbeton 269, 271, 273
Profilfaktor 325

Prüfbrandkurven 124

R

Rauch 395
Rauchabschnitte 37
Rettungsweg 62
Rettungswege 39, 409, 422, 425
Rohrleitungen 384

S

Schürzen 58
Sicherheitskonzept 430
Sonderbauteile 350
Spannstahl 241, 243, 248, 250, 251
Stahlbauteile 241, 258, 324, 479
Stahlbeton 227, 236, 299, 303
Stahlbetontragwerke 461
Stahlstützen 325
Stahltragwerke 328
Stahlunterzüge 325
Stützen (tragend) 57

T

Technischen Baubestimmungen 67
Teilsicherheitsbeiwerte 440
Temperatureigenschaften 210
Temperaturverhalten 211, 218
Temperaturverteilung 236, 238, 240
Trennwände 58
Treppen 62, 417
Treppenräume 39, 62
Türen 64

U

U/A-Wert 325
Umrechnungsfaktor 165, 174, 175
Umwehrungen 64

V

Verbrennungsvorgang 129, 131
Verbundbauteile 494
Verwendungsvorschriften 47

W

Wände (tragend) 57
Wärmeabzugsfaktor 165, 175, 176, 177
Wärmebilanzrechnung 160, 161

Z

Zonenmodelle 161, 441, 443, 445
Zulassungen 67, 82
Zündtemperatur 126
Zuverlässigkeitsnachweis 430